“十三五”国家重点出版物出版规划项目

现代机械工程系列精品教材

# 冷库制冷工艺设计

## 第2版

主编　李　敏

参编　叶　彪　曹小林　张昳玮

机械工业出版社

本书共13章，涵盖了与冷库制冷工艺设计相关的全部内容，比较全面地讲述了蒸气压缩式制冷系统用于冷库设计中的制冷工艺设计，包括制冷系统的组成及分类、冷库耗冷量的计算、制冷压缩机及设备的选型计算、库房冷却设备的设计与计算、制冷及其系统设备的设计，以及与制冷系统相关的管路、机器设备的布置设计，并介绍了制冷系统自控部分的设计以及制冷系统的安装、调试和验收特点。本书在强化理论的基础上，注重实践应用能力的提高。通过对冷库制冷工艺设计实例的分析，本书还介绍了多种不同类型的制冷剂系统的制冷工艺设计。本次修订特别增加了螺杆式压缩机系统的相关内容及降氨制冷系统设计方面的内容。本书在理论分析上具有一定的深度，引入了近年来国内外制冷技术领域的一些科研成果，书中附有大量的图表，并引入了许多近年出现的制冷空调新工质的热物性图。

本书可供高等院校能源与动力工程专业的学生作为专业教材使用，也可供从事制冷工程设计和管理的相关技术人员自学和参考。

**图书在版编目（CIP）数据**

冷库制冷工艺设计/李敏主编. —2版. —北京：机械工业出版社，2021.4（2023.12重印）

“十三五”国家重点出版物出版规划项目 现代机械工程系列精品教材

ISBN 978-7-111-67951-6

Ⅰ.①冷… Ⅱ.①李… Ⅲ.①冷藏库-制冷技术-高等学校-教材 Ⅳ.①TB657.1

中国版本图书馆CIP数据核字（2021）第061514号

机械工业出版社（北京市百万庄大街22号 邮政编码100037）

策划编辑：蔡开颖 责任编辑：蔡开颖 段晓雅 安桂芳

责任校对：肖 琳 封面设计：张 静

责任印制：单爱军

北京虎彩文化传播有限公司印刷

2023年12月第2版第3次印刷

184mm×260mm · 25.25印张 · 622千字

标准书号：ISBN 978-7-111-67951-6

定价：74.80元

电话服务 网络服务

客服电话：010-88361066 机 工 官 网：www.cmpbook.com

010-88379833 机 工 官 博：weibo.com/cmp1952

010-68326294 金 书 网：www.golden-book.com

**封底无防伪标均为盗版** 机工教育服务网：www.cmpedu.com

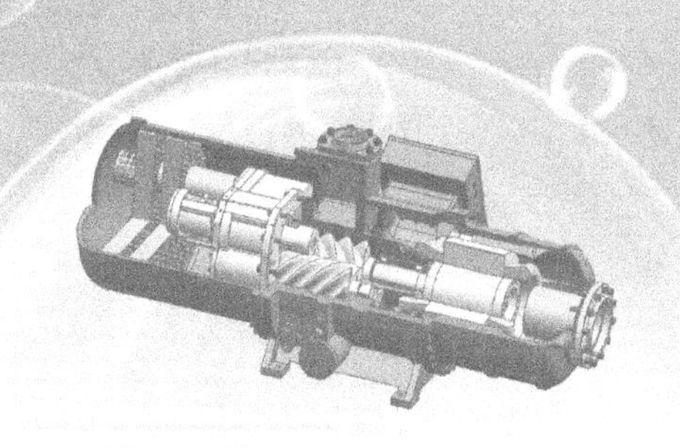

# 前言

冷库制冷工艺设计一直以来都是能源与动力工程专业的重要专业课，也是制冷工程设计人员必须掌握的基本功。通过本书的学习，学生可以掌握冷库制冷系统设计的全过程和基本方法以及制冷系统设计计算方法，合理布置制冷设备和管道，完成制冷工艺设计图样，培养从事制冷工艺设计以及制冷系统管理和制冷设备安装等技术工作的能力。为了达到相关专业的培养目标，编者在引入了许多与本领域的新技术、新工艺和新设备相关内容的前提下编写了本书。

本书以冷库的制冷工艺设计为主，重点介绍了以氨和氟利昂为制冷剂的冷库制冷工艺的设计特点，介绍两种工质的共同设计，包括制冷系统的组成及分类、冷库耗冷量的计算、制冷压缩机及设备的选型计算、机房及其设备的布置设计、自控系统的设计、库房冷却设备的设计与计算，还根据氨制冷系统和氟利昂制冷系统的不同特点分别介绍了这两种系统的管道设计等。此外，本书还对近年来得到广泛应用的速冻装置、整体式制冰装置等进行了介绍，引入了成熟的新技术和新设备，还介绍了冷库制冷装置的安装、调试和验收，冷量测试原理等。与第1版相比，本次修订对螺杆机油冷却系统的设计与计算进行了完善，增加了氨-二氧化碳系统的相关工艺与设计及工程实例，在管道和系统设备的选型方面进行了全面完善和补充，使本书更具系统性和前沿性。

本次修订的主要特点表现在以下几个方面：

1）充实了许多新内容，引入了新技术、新设备和新工艺。

2）系统地介绍了整个冷库制冷工艺设计所涵盖的全部内容。

3）将学习理论和强化技能有机地结合起来，以对设计实例的分析来强化读者对理论的理解和实践动手能力。

本书由广东海洋大学李敏教授担任主编。绪论和第2、3、4、8、9、10章及附录由李敏教授编写，第1章由中南大学曹小林教授编写，第5、7、13章由广东海洋大学叶彪副教授编写，第6、11和12章由广东石油化工学院张昳玮副教授编写。

本书由上海交通大学谷波教授主审。在编写之初，谷波教授就对本书提出了非常宝贵的意见，从而使本书内容更加充实、完整，在此向谷波教授表示衷心的感谢。

本书在编写和出版过程中得到了关志强教授的关心和支持，林致棒工程师和林俊鑫工程师等为编者提供了不少帮助，烟台冰轮集团公司及大连冰山集团公司等为本书提供了有关实例及技术材料，在此一并表示衷心的感谢。

本书涉及面广，并引入了许多新内容，书中不足之处在所难免，恳请读者批评指正。

编　者

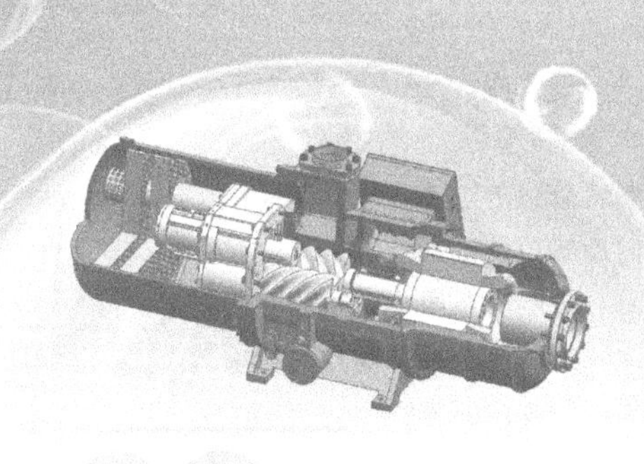

# 目录

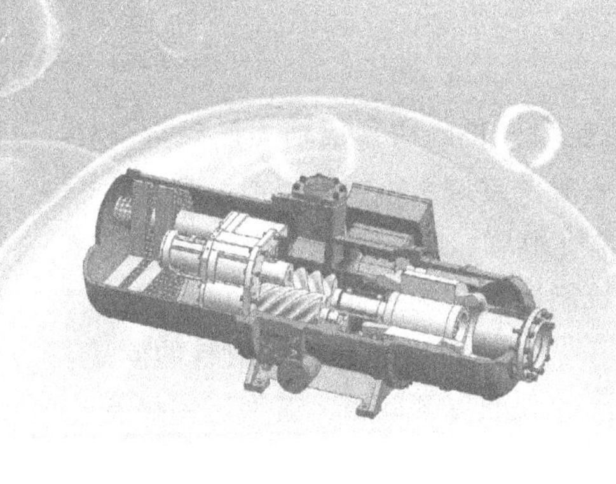

# 绪　论

1. 制冷工艺的定义及其设计的基本内容

制冷工艺是制冷系统中的一个具体概念，是制冷循环系统中各个组成部分的有机联合工艺技术。所有的制冷装置无论大小均需要进行制冷工艺的设计。冷库制冷工艺设计是大型制冷工程设计的重要组成部分。本书主要研究食品冷藏工业的制冷装置中制冷工艺的设计，也就是冷库制冷工艺设计。“冷库”是对易腐食品进行冷加工或冷藏的建筑物，它既要符合生产的需要，又要符合流通的需要。冷库提供的冷冻、冷藏条件，使加工及贮存的易腐食品保质保量，为农、牧业生产服务，为人民生活服务。而制冷工艺设计就是为各空间提供冷源，也就是为各冷间提供不因室外空气参数和室内条件而变化的较为稳定的“温湿度”，以达到延长易腐食品的贮存期限、最大限度地保持食品质量的目的，这就是制冷工艺课程的主要任务。冷库设计要确保技术先进、经济合理、节能优化、安全适用和质量保证。

完整的冷库设计包括制冷工艺设计、土建设计、电气设计、采暖与通风设计，以及给排水设计等五个方面。其中，制冷工艺设计是先行和主导，其他设计要根据制冷工艺设计提出的条件和数据来进行设计。各个专业的设计要密切配合、协同一致，共同完成冷库设计。

冷库制冷工艺设计即根据制冷机工作的原理，根据易腐食品冷加工或冷藏的技术要求、卫生要求，参照有关设计规范或标准，合理地选择和装设全部制冷机器与设备（包括管道、阀门、管件和仪表等）。设计前，应进行可行性研究和调查，了解建库地区的自然、社会情况以及各种物质、技术条件。设计时，应吸取同类冷库设计、生产建设经验；参考国内外科学技术新成就；在总结实践经验和科学实验的基础上，积极慎重地采用新技术、新设备、新工艺和新材料；使冷库系统投入使用时生产流程合理，节约能源，操作维修方便。

国内冷库建设近几年发展非常迅速，新型高效的制冷工艺及技术在不断突破传统技术的不足。新建的食品冷库越来越多，特别是物流冷库和中转冷库随着物流链的不断完善越来越多。冷库不仅在数量上不断增加，而且新增的冷库都在不断应用新技术，自动化程度也越来越高，在设计、使用、维护和保养等方面都包含越来越多的技术含量，使冷库在使用中真正做到安全、节能、好用。

近三十几年来，人们积极地对 CFCs 类氟利昂制冷剂的替代展开研究，其中冷库或其他小型制冷装置用制冷剂的替代研究表明，氨是一种很好的替代物。它不仅在大型冷库中作为制冷剂，而且随着新研究成果的出现，如密封性好的装置和设备的研制成功、低黏度 PAO 润滑油与氨互溶性的发现等，氨还可以用在小型的制冷装置及空调系统中。目前已研制出专门用氨做制冷剂的氨用小型压缩机。扩大氨制冷机组的使用可以部分解决 CFCs 的替代问题。随着氨在大小型系统中的使用率越来越高，氨用系统制冷工艺的设计就显得更加突出。

当然，氨也存在泄漏引起的潜在风险，制冷系统和工艺的设计已遇到前所未有的问题，氨系统的争议，氟利昂系统的技术问题及应用中可能遇到的领域瓶颈问题，新型压缩机及其设备的更新换代，制冷工艺管路布局的新思路等，使得现有学习内容对教材内容提出更高的要求，低氨系统、氨-二氧化碳系统不断在行业中被开发并推广应用，与其相配的新技术措施、新工艺材料、新设计理念已在不断挑战行业新高度。

近年来在人居密集地限制氨冷库的建设，所以降氨制冷系统开始在近城区域推广应用，包括氨-二氧化碳载冷剂系统、氨-二氧化碳复叠式制冷系统以及个别适应地区的纯二氧化碳系统、氟利昂系统，这些系统的出现和更新，大大减少了氨在系统中的充注量，将氨制冷系统的潜在风险降到最低。本书的前几章重点讲述以氨作为制冷工质的制冷工艺设计，并在其中特别补充介绍降氨制冷系统的原理及与纯氨系统中设计、布置及选型工艺上的差异，这也是第 2 版的更新；后几章主要讲述以氟利昂为工质的制冷工艺设计，并特别强调其与氨制冷系统的不同之处。

2. 制冷新技术的发展及其推动力

1）制冷剂和制冷方式的替代开发研究，源于保护环境的需要——臭氧消耗和全球变暖。

① 冰箱和冰柜冰种的替代：R600、R134A、R152A/R22 等混合替代。

② 冷水机组：R123 替代 R11，R134A 替代 R12，R134A 替 R500，R124 替代 R114 等。

③ 空调机组（20~420kW）AREP 项目：R407C 与 R410A 替代 R22。

④ 制冷与冷藏方面：在大量采用无机制冷工质的同时，开始引入氟利昂系统替代工质，结合二氧化碳制冷剂的应用。

⑤ 汽车空调：天然气、液氮、$CO_2$ 等自然工质的引入，空气工质的引入研究。

⑥ CFCs 发泡剂的控制：第一代：HCFC-141b 替代 CFC-11；第二代：R142b 替代 R12；第三代：HFC 替代 HCFC（氢氯氟烃类）。

2）制冷空调智能技术的发展。它包括：

① 智能控制（中央控制、智能一体化）。

② 电子技术在制冷技术上的应用和发展，包括数字处理芯片、智能功率模块和高频技术。

③ 蓄冷技术的发展和推广应用。

3）降氨制冷系统的开发与应用。$CO_2$ 汽车空调使汽车空调技术进入到一个新阶段，工艺设计也跟着发生变化。

4）流体流动测量技术。热线测速仪、激光多普勒测速仪、红外热成像测温仪等的使用，极大地推动了许多新技术措施的实施和技术手段的采用。

5）新能源制冷技术不断发展。太阳能制冷、余热制冷、新型吸收及吸附式制冷技术等不断更新发展。

### 3. 本书的主要研究内容

本课程的主要研究内容有：

1）了解冷库的分类和组成，以及各冷间的作用与库容量确定方法。

2）冷库工程建设可行性研究，工程建设项目报批、筹建等过程的方法。

3）冷库设计过程中制冷工艺与土建、给排水、供配电等工种的配合方法要求。

4）制冷系统的组成及其制冷方案的热力学分析。

5）冷库冷负荷的计算方法。

6）制冷压缩机及其设备的选择计算方法。

7）库房冷却设备的选型及其布置设计。

8）机房设计及管道的布置方法。

9）管道管径的选择计算方法。

10）设备管道吊装支架的设计方法。

11）冷库自动控制技术及设计简介。

12）制冷工艺的安装、试运转及检验投产。

13）冷库制冷工艺实例设计分析。

按照主要内容的分配，本书共分 13 章，前几章以氨用制冷系统为重点，着重对氨用冷库制冷工艺设计的全过程做了系统的讲述，并重点介绍了制冷系统方案设计、冷库耗冷量的计算、制冷压缩机和设备的选型计算、库房冷却设备的选择和布置设计、制冷系统管道设计和布置、机房设计、制冰与贮冰设计。为了强调氨制冷系统在设计中与氟利昂制冷系统的不同之外，本书有两章专门介绍氟利昂制冷系统及其管道设计。最后介绍了冷库制冷工艺的安装、调试及制冷工艺设计估算法等内容。在理论计算的通用介绍中穿插介绍了一些特征设计实例，如滑冰场的设计计算、空调冷冻站的设计、氟利昂系统的典型装置和降氨系统的设计特点等内容，使理论与实践融为一体，内容丰富，增加了本书的可读性和实用性。与第 1 版相比，第 2 版增加了近几年新出现的行业技术新特点、设计新方向和技术发展新动向等内容。补充了螺杆机匹配虹吸油冷却系统的相关内容，特别补充了降氨制冷系统的设计措施，氨-二氧化碳系统的设计原理及应用，相应的设备特点、管道设计特点及工程案例，压力容器在设计和匹配中的新工艺等内容，使本书更先进、更实用，理论的学习可以直接应用于工程实际。

制冷工艺设计课不仅要求理论要强，而且要求密切联系实际，注重实用，要贯彻理论联系实际的原则，在学习理论的同时，还必须深入到生产中去，进一步了解和掌握整个制冷系统，才能掌握制冷工艺设计所要求的基本技能。在学习和使用本书时，要采用理论联系实践的方法，强化图表的应用，正确有效地查取相关资料，才能真正达到学习目的。

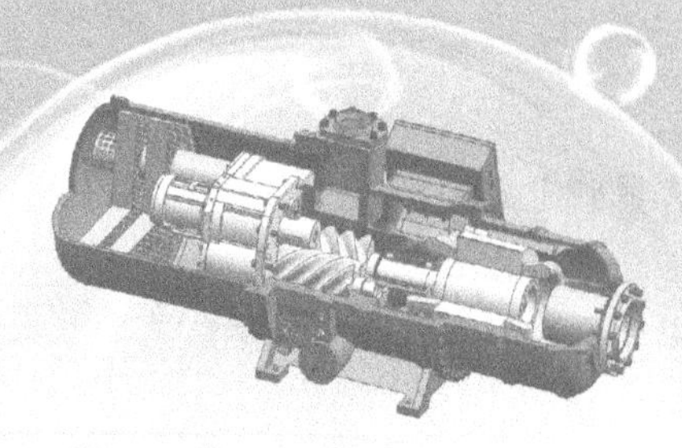

# 第 1 章

# 概　　述

冷库主要用于食品的冷冻加工及冷藏。与一般的仓库不同，冷库需要通过人工制冷保持库内一定的温度和湿度条件，气调库还需要控制氧和二氧化碳气体成分的比例，从而保证食品贮藏的质量。以保持冷库合适的温湿度条件为目的，介绍相关工艺、设备及其管道的设计成为本书的重要内容。作为本书的总论，本章简单地介绍了冷库的组成和分类，并结合冷库按公称容积和吨位来分类的特点进一步介绍了冷库的容量计算，对冷库制冷工艺设计的特点和步骤进行了简单论述，最后对氨制冷系统、氨-二氧化碳系统和氟利昂系统的进展做了概述。

## 1.1　冷库在食品冷链中的地位和作用

### 1.1.1　食品冷链

为了在食品冷加工处理过程中获得最高效率，必须使食品从生产到消费的各阶段冷加工装置组成一个冷链。

冷链是在食品从原料供应、生产、冷加工、冷藏、运输、流通直至消耗的过程中保证各式各样易腐败食品的品质和质量的技术手段和技术过程的综合。冷链的各个环节都是相互依赖的，它们在每个特定场合的功能和作用都是相互关联的。其中一个环节的最佳条件被破坏就可能导致食品质量严重下降，甚至腐坏。例如，如果肉的冷藏、融霜或运输条件不佳，那么投入到冻结过程的所有费用和努力就会毁于一旦。

形成冷链的观点是由俄罗斯专家提出的，他们在 20 世纪初就提出了各种计划以及问题的解决方法。然而，直到现在也没有人可以肯定地表示，那时就已经获得很大发展的冷链的各个环节已经连接恰当了。因此，制冷技术各个分支、有比例、统一协调地发展仍然非常关键。

1. 冷链的系统结构和组成

冷链包括制冷建筑、制冷装置和其他设备，如图 1-1 所示。冷链的组成可以分为四个部分。第一部分是大型冷库，包括农村地区和沿海地区的大型冷库，在这些地区收获的易腐败变质的原料和食物需要短期冷藏；生产性冷库，即食品工业企业的冷加工车间，它起着对原材料、成品进行冷加工和冷藏的作用；分配性冷库，用来贮存季节性食品和大量在运输到零售企业之前的易腐败流通食品；还有中转性冷库，包括冷藏需要由一种运输装置转换到另一种运输装置而重新装载商品的港口冷库。第二部分包括商业、餐饮业所用的制冷装置，以及家用冰箱。第三部分由铁路冷藏车、冷藏汽车、冷藏船、冷藏飞机和冷藏集装箱组成，冷藏运输保证了食品运输过程的最佳温度与湿度，甚至对于某些情况，它还保证了空气的成分。第四部分包括各式各样不直接参与食品冷加工和食品运输的辅助装置、结构与设备，但是它们对于实现这个过程起着重要的作用（例如，为铁路冷藏车、冷藏汽车消毒的清洗站、制冰站、集装箱站等）。

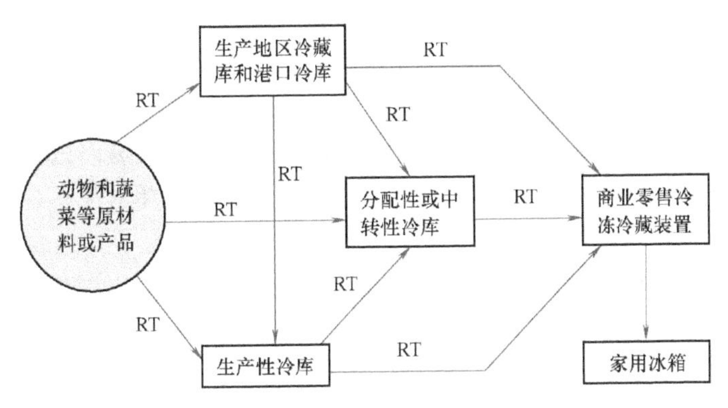


**图 1-1 连续冷链的系统和结构图**

RT—冷藏运输

各种冷链可能会互不相同，它不仅与原材料或成品的种类有关，而且与使用范围和其他因素有关，如与该食品是季节性还是全年性生产和冷藏有关等。

对于冷却和冻结的肉、肉制品、黄油、奶酪和听装食品，可以采用以下冷链：生产性冷库（PR）—铁路冷藏运输（RRT）—分配性冷库（DR）—汽车冷藏运输（DRT）—商业制冷装置（CR）。然而在秋季，当牲畜的屠宰处于高峰期时，部分冷却肉可以从生产性冷库直接送往商业制冷装置销售。这时，前面的冷链就变得简单了。

肉类、黄油、奶酪和其他需要特别处理的食品在出口贸易中，可以采用以下冷链：生产性冷库—铁路冷藏运输—消费者，或者生产性冷库—铁路冷藏运输—中转性冷库—海洋冷藏运输—消费者。对于从其他国家通过海上船舶运输进口的食品，可以采用以下冷链：海洋冷藏运输—中转性冷库—铁路冷藏运输—分配性冷库—汽车冷藏运输—商业冷藏装置。

冷却和冻结鱼及海鲜产品可采用以下冷链：捕鱼船—冷藏母船—海洋冷藏运输—中转性冷库—铁路冷藏运输—分配性冷库—汽车冷藏运输—商业冷藏装置。在这个冷链中，捕鱼船给冷藏母船提供鱼类和海鲜产品，在冷藏母船上对食品进行初级冷加工处理。如果鱼类直接从运输船转移到铁路冷藏车，就可以去除中转性冷库这一环节。

水果、蔬菜、蛋类的冷链可能包含从生产供应商那里获得产品的收集性冷库。这时可以采用第一种冷链，即：生产供应商—收集性冷库—铁路冷藏运输—分配性冷库—汽车冷藏运输—商业冷藏装置。当然，也可以采用第二种冷链，即：生产供应商—铁路冷藏运输—分配性冷库—汽车冷藏运输—商业冷藏装置，这时，食品是在冷藏车中直接冷却的。然而，研究和实践经验证明，收购后就立即进行速冻的蔬菜和水果在接下来的运输与冷藏过程中将减少

2/3 的损失，因此应优先选用第一种冷链。如果蔬菜和水果采用内陆河流冷藏运输，冷链可能如下：内陆河流冷藏运输—中转性冷库—汽车冷藏运输—分配性冷库—汽车冷藏运输—商业冷藏装置。在这个冷链中，铁路冷藏运输可以代替汽车冷藏运输。

牛奶和乳制品可以采用以下冷链：收集性冷库—铁路（或汽车）冷藏运输—生产性冷库—汽车冷藏运输—商业冷藏装置。在这个冷链中，生产性冷库同时也起到了分配性冷库的作用。

由此可见，冷库在上述各种冷链中起到生产、冷藏、中转和分配等多方面的作用。

2. 冷链作用的原理

冷链结构虽然可能不同，但是一些条件对其充分发挥作用是十分必需的，特别是以下条件：易腐败食品冷加工、冷藏和运输的条件是统一的；静止冷库和冷藏运输的容量要合理相对应（根据每年的流通运输能力对车辆进行相应的增减）；食品从生产到消费之间的运输计划应合理，以使长距离运输和交叉运输最少；冷链各个环节中对易腐败食品的最终各项指标要进行适当观察；冷链各环节各自的吞吐量与企业生产能力要相对应；易腐败食品从生产到消费过程的运输率和费用要最优化。

从上述内容可以清楚地看到，正如其他系统一样，冷链也可以用其一定的特征与参数来描述。下面讨论其最重要的几个方面。

1）运行的连续性反映了冷链各个环节容量平衡的必要性。例如，制冷设备应具有足够的容量以满足原材料和成品的冷加工要求；冷库应有充足的冷藏容量以满足高峰时期的易腐败食品的冷藏；冷藏运输工具有足够的运输能力等。

2）冷藏条件的连续性和稳定性反映了冷链中各个环节的所有商品都处于最佳冷藏条件的必要性，如特定的温度、湿度、气流速度和循环比、冷藏空间的卫生条件等。

3）冷库或其他冷藏装置的冷藏空间的堆放密度要求是在计算过程中必须考虑食品的几何形状、允许堆放高度和堆放方式。

4）成本指标要求考虑易腐败食品的各项成本，并在计算过程中区分哪些成本项明显超出了食品的对应平均价值。

5）冷藏的最终时间决定了易腐败食品在冷链各个环节的典型条件下按照冷加工过程要求的最终时间。

### 1.1.2　国内外冷库发展现状及趋势

1. 国外冷库发展现状

国外冷库行业发展较快的国家主要有日本、美国、芬兰、加拿大等。日本是亚洲最大的速冻食品生产国，-20℃以下的低温库占冷库总数的 80%以上。

2018 年全球冷库容量约为 6.16 亿 $m^3$，在一些国家新建冷库数量以及容量非常显著，特别是南美和印度。全球有 17 个国家冷藏仓储容量已经呈现出每年超过 5%的增长速度，其中增长率最高的是印度、中国和土耳其。全球主要国家冷藏容量数据显示，全球最大的冷库产业是在印度、美国和中国。印度在 2014 年已经超过美国，成为拥有最大冷库空间的国家。2018 年，印度拥有冷库 7645 座，冷库总容量达到 1.50 亿 $m^3$，美国拥有 1.31 亿 $m^3$ 的冷库容量，其中 76%的容量作为公共冷库租赁，我国冷库总体保有量为 1.13 亿 $m^3$。

城市居民人均冷库占有量是衡量一个国家冷链发展程度的重要指标。2018 年，荷兰成为城市居民人均冷库占有量最高的国家，近年来基本稳定在 1.144$m^3$/人。爱尔兰、丹麦、英国、美国、德国、印度、加拿大和乌拉圭都达到 0.3~0.5$m^3$/人。上述国家的国际食品贸易非常发达，这也是他们拥有较高冷库容量的原因之一。我国虽然冷库总体保有量达 1.13 亿 $m^3$，但城市居民人均冷库占有量仅为 0.132$m^3$/人。由此看出，我国冷链的发展空间非常巨大。

2. 国内冷库发展现状

(1) 建设容量和规模不断扩大　1955 年，我国建造了第一座冷库，总容量 4 万 t。1968 年，北京建造了第一座水果机械冷库，1978 年又建造了第一座气调库。1995 年，开封空分集团有限公司首次引进组合式气调库先进工艺，并在山东龙口建造 15000t 气调冷库获得成功，开创了国内大型组装式气调冷库的先例。1997 年，又在陕西西安建造了一座 10000t 的气调冷库，气密性能达到国际先进水平。

从 20 世纪 70 年代起，各地冷库容量增长较快，至 2002 年年底，全国冷库总容量已突破 700 万 t，其中畜肉类冷库容量为 400 万 t（中国肉类协会统计）、水产冷库为 162 万 t（2002 年中国水产年鉴）、全国供销系统的果蔬冷库为 90 万 t。此外，外贸、轻工系统及外资、港台商和民营企业也各拥有相当数量的各类冷库。至 2006 年，我国冷库容量约为 880 万 t（中国制冷学会资料），折成库容积约为 3800 万 $m^3$，其中冷却物冷藏库约 160 万 t。2014 年我国冷库总体保有量为 8300 万 $m^3$。

我国冷库的单库规模，大型冷库的每座容量为 0.5 万 t 以上，小型冷库为 100t 左右。建筑形式：大、中型冷库以多层建筑为主，小型冷库均为单层建筑。从 20 世纪 80 年代起，我国新建了一批由多座单位万吨级冷库组成的“冷库群”，这对降低建设成本和运行能耗以及规范管理都是有利的，并形成了我国数家冷藏行业的“航空母舰”企业，如上海吴泾冷藏公司、北京东方友谊食品配送公司、辽宁省大连海洋渔业集团公司冷冻厂和浙江省杭州联合肉类有限公司等。上海吴泾冷藏公司的冷库建造于 20 世纪 80 年代初，由总容积为 26 万 $m^3$ 的四座万吨级单位冷库（每座高 7 层、1.3 万 t）构成，其低温冷库总容量为 52000t，高温冷库总容量为 1200t，冻结间容量为 52t，配有完整的运输设施，建有六车道铁路专用线，沿黄浦江有万吨级的固定深水码头和千吨级的专用浮动码头，有 8 个公路站台，可供近百辆汽车同时装卸作业。

(2) 冷链物流形成与管理体制转变　我国逐步形成完整独立的冷链系统，冷冻冷藏企业改造成连锁超市的配送中心，形成冷冻冷藏企业、超市和连锁经营企业联营经营模式。建立食品冷藏供应链，将易腐、生鲜食品从产地收购、加工、贮藏、运输、销售，直到消费者的各个环节都处于标准的低温环境之中，以保证食品质量，减少不必要损耗，防止食品变质与污染。

从 20 世纪 90 年代中期起，大多数冷库的服务功能开始面向市场，逐步向社会公共冷库过渡。即从计划经济时期的“旺吞淡吐”的“蓄水池”逐步向“冷链物流配送中心”方向发展。

(3) 冷库建造方式转为以装配式冷库为主　20 世纪 90 年代起新建的冷库，绝大多数已采用单层、高货位的预制装配式夹心板的做法，现场安装迅速，大大缩短了建库周期。20 世纪 80 年代前，冷库主要是土建冷库，其隔热主要采用稻壳、膨胀珍珠岩和软木等天然材料，20 世纪 80 年代后开始采用发泡聚苯乙烯或聚氨酯作为冷库隔热材料，并迅速推广应用。现在主要有两种形式：一是多层的钢筋混凝土混合结构，多采用聚氨酯现场发泡做法；二是单层高货位冷库，多采用预制装配式夹芯板，两面为薄钢板，中间充填发泡聚氨酯（或者采用发泡聚苯乙烯）。

（4）制冷新技术、新设备得到了广泛应用　冷库建设推动了制冷技术的进步，制冷新技术的应用又进一步促进了冷藏业的发展。

1）制冷设备逐步更新换代。开启型活塞式制冷压缩机一统天下的局面已得到改变，由于螺杆式压缩机具有结构简单、运行可靠、能效比高、易损件少和操作调节方便等优点，它正逐步替代活塞式压缩机，占据着越来越大的市场份额。以节电、节水为主要特点的蒸发式冷凝器正在逐步推广应用。从20世纪70年代末起，多数冷库采用强制空气循环的冷风机替代传统的自然对流降温方式的顶、墙冷却排管。

2）食品冻结技术的快速进步。随着我国食品结构和包装形式的变革，特别是小包装冷冻食品业的快速发展，食品冻结方式有了重大变革，从20世纪五六十年代起广为采用的间歇式、慢速的库房式和搁架式冻结间已改为采用快速、连续式冻结装置（隧道式、螺旋式、流态化等）为主。冻结室的温度已从-35～-33℃降至-42～-40℃，因而加快了冻结速度、提高了冻品的质量。

3）制冷系统与供液方式日趋多样化。大、中型冷库多采用集中式的液泵强制循环供液系统；对于多种蒸发温度要求的食品冷库，分散式的直接膨胀系统由于具有结构简单、施工周期短、易于自控等优点也得到了广泛应用。

4）制冷剂。目前我国的大中型冷库大多数仍采用氨（R717）作为制冷剂，小型冷库尤多采用R22，R404A和$CO_2$制冷剂在一些新建的冷库中得到应用。R22属于HCFC类制冷剂，由于其消耗臭氧潜能值ODP≠0，其温室效应潜能值GWP=1700，因此它不是一种长期理想的制冷剂，最终将被淘汰。而R404A，其ODP=0，而且其标准沸点比R22低，可以实现低达-45℃的蒸发温度。而氨是一种价格低廉的无机化合物，由于其具有良好的热力学性能（单位容积制冷量大）、对大气层无任何不良效应（ODP=0，GWP=0），故在我国冷库中应用历史较长。当然由于它具有一定的毒性和可燃性，在空间积聚的浓度达到一定程度时具有潜在的爆炸危险，故其应用场所受到一定限制。$CO_2$是一种环保制冷剂（ODP=0，GWP=1），无毒，不燃烧，非常安全，而且单位容积制冷量非常大。

5）冷库制冷系统的自控技术应用。大、中型冷库基本上都实现了对库温、制冷系统压力、设备运行状态等的实时显示和自动记录，并设有较完善的安全保护装置。2003年，由烟台冰轮股份有限公司承建的（日本）伊藤忠株式会社青岛低温物流万吨冷库投产，其氨制冷系统采用全自动控制，操作人员从原来的12人减少到目前的2人，而且提高了运行的可靠性。

（5）专业性冷库有了一定的发展　从20世纪80年代中期起，除了传统的冷却物冷藏库和冻结物冷藏库以外，我国各省市陆续兴建一批专业性冷藏库，如变温库（多用途冷库）、气调库、立体自动化冷库、超低温冷库、粮食冷库、生物制品冷库和化工原料冷库等，这对完善我国现代冷藏技术体系起了促进作用。现择其中数例简介如下：

1）气调冷库。我国属于农业大国，近年来全国年产水果约6000万t，年产蔬菜约3亿t。据统计，我国每年有20%～25%的果品和20%的蔬菜在中转运输或贮藏中腐烂损耗，最高达上亿吨，折合人民币约750亿元。我国水果的品种、采后处理技术和贮藏保鲜技术等均落后于国际水平。水果和蔬菜是具有呼吸作用的活性食品，要保持高的鲜度和品质，必须抑制微生物的繁殖和其自身的生理活动。如果在普通冷藏的基础上对贮藏果蔬的气体成分再按一定标准进行人工控制，则可取得比普通冷藏更好的贮藏效果，具有这种功能的冷库称为气调（Control Atmosphere）冷库，简称CA冷库。

CA冷库的工作原理：在每个产品各自理想的温、湿度条件下，通过相对增加$CO_2$含量和降低氧气的含量抑制果蔬的正常生理过程，即减缓其自然成熟的速度，从而延长果蔬的贮藏期，且不影响其质量和原味（口感）。

CA冷库的优缺点：水果这类季节性很强的商品通过气调贮藏，能有效保持营养、原有风味、色泽、硬度和酸度，并能延长保质期，从而具备最佳的市场价值，但CA冷库的初次设备投资和运行费用均比较高。

目前我国气调库总量接近25万t，但仅占我国果品贮藏量的1/10左右，蔬菜气调贮藏更少，与发达国家相比存在不小的差距，同时也反映了气调贮藏在我国还有巨大的发展空间。

2）立体自动化冷库。所谓立体自动化冷库指的是在采用预制装配式隔热围护结构的单层冷库内设有轻型钢制作的多层高位货架，供存放货物的托盘用，托盘的装卸依靠巷道式堆垛起重机，根据电子计算机的指令在库内进行水平和竖直移动，可从指定的货格中取出或放入货物托盘，并用平面输送带进行货物进出库的自动化操作。冷库的顶部装有空气冷却器，使库房上部空间形成低温空气层，靠对流进行冷却，以保持库内设定的温度。

立体化自动化冷库的优点：①库内装卸和堆垛作业及库温控制、制冷设备运行全部实现自动化，库内不需任何操作人员；②可确保库存商品按“先进先出”的原则进行管理，有利于提高商品贮藏质量和减少损耗；③装卸作业迅速、吞吐量大；④采用计算机管理，能随时提供库存货物的品名、数量、货位和库温履历、自动结算保管费用和开票等，提高了管理效率，并大大减少了管理人员。这种冷库的缺点是初次投资费用较大，对操作管理人员的技术水平要求较高。

3）超低温冷库。随着我国远洋渔业的快速发展，特别是金枪鱼围钓业的崛起，“超低温冷库”建设已有进展。为了保持金枪鱼的品质和色泽，在捕捉后需立即进行冻结加工（-60~-55℃）和-60℃的冷藏舱贮藏。用于冻结、冷藏金枪鱼的制冷系统，由于蒸发温度低于-60℃，故一般采用复叠式制冷系统，以往高温侧循环系统的制冷剂多采用R22，但考虑到环保因素，现在多提倡用R717或R404A等制冷剂替代。近年来，山东、上海、浙江等省市均已有了捕捉、加工金枪鱼的远洋渔轮，2001年山东远洋食品有限公司在烟台建成了我国首座超低温冷库，它包括库温为-60℃、库容量达3000t的超低温冷库和库温为-30℃、库容量为3000t的低温库各三间，标志着我国水产冷库超低温化的进程已跨上了一个新台阶。

### 3. 国内冷库的发展趋势及冷库建设未来发展方向

（1）冷库布局调整和新的食品冷链物流配送体系构建　如今在城市建造冷链物流配送中心，都将离开城市中心城区，并按城市的物流发展规划和道路网络，建在有便利、快捷的运输设施（公路、铁路、水运）地区，如上海西北物流区（江桥）的中外运上海冷链物流中心、东部的外高桥保税区的上海外联发物流有限公司、东北部宝山区的上食大场冷藏物流和杨浦区的上海廿一世纪冷藏运输有限公司、中部闵行区的上海交荣冷链物流有限公司、南部奉贤区的中农国际水产城冷链物流中心和洋山深水港物流园区的同盛低温物流配送中心等。

（2）冷库功能转型　大部分新建的冷库其功能将从“低温仓储”型向“冷链物流配送”型发展，故其设施应按低温配送中心的要求进行建造。库房温度应较宽，以适应多品种商品的贮存，一般应拓宽至-25～20℃。冷库建设中还需要考虑：①建设封闭式站台，并设有电动滑升式冷藏门、防撞柔性密封口、站台高度调节装置（升降平台），以实现“门对门”式装卸作业；②设置有温度要求的理货间（区）；③配置符合环保、节能要求的制冷装置，并有完善的库温自动检测、记录和控制装置；④建立完善的计算机网络系统，使低温物流配送管理科学化。

（3）冷库建设更注重环保和节能　我国经济要走可持续发展道路，必须注重两大问题：环境保护和能源效率。就冷冻冷藏行业来说，要采取切实可行的措施在制冷系统中淘汰 CFCs、限制 HCFCs 和改用 HFCs 及扩大使用氨、$CO_2$ 等作为制冷工质。我国“十一五”规划提出：单位 GDP 能源消耗要比“十五”期末降低 20%。国际制冷学会（IIR）要求：在未来的 20 年内，应“使每个制冷设备耗能减少 30%～50%”。然而，从表 1-1 可以看出，我国冷藏企业耗电的现状与发达国家相比还有一定差距。

表 1-1　冷库耗电量对比　[单位：$kW \cdot h/(m^3 \cdot a)$]

| 中国 | | 日本 | | 英国 | |
|---|---|---|---|---|---|
| 上海冷藏企业平均水平 | 全国冷藏企业平均水平 | 先进水平 | 平均水平 | 先进水平 | 平均水平 |
| 76<br>[0.58kW·h/(t·d)] | 131<br>[1.0kW·h/(t·d)] | 32 | 48～56 | 16 | 60 |

因而，努力降低制冷能耗是每个企业提高市场竞争力，走可持续发展道路的必然选择。近年来，颇有成效的冷库节能措施有：①围护结构采用节能型隔热层厚度；②减少通过冷藏门洞口的热湿空气浸入；③采用 COP（能效比）高的制冷压缩机、高效率的水泵和风机；④更广泛采用蒸发式冷凝器；⑤冷冻机能量的合理调节；⑥蒸发器采用合理的融霜方法并及时融霜；⑦制冷设备的合理操作，如提高谷电使用率。

（4）实施冷链物流规范管理、确保食品安全　食品安全已成为我国食品冷链物流发展必须遵循的重要原则，为了确保食品质量，现在强调从食品生产者到消费者之间流通的所有环节，即从原料产地、生产加工、低温贮藏、冷藏运输到零售的各个环节，都需要考虑保持适度的低温状态。例如，上海市经济委员会组织有关行业协会编制上海市地方标准，即“食品冷链物流技术与管理规范”，已于 2007 年 5 月经上海市质量技术监督局组织会审通过，并于 2007 年 10 月在上海市实施。

## 1.2　冷库的分类和组成

### 1.2.1　冷库的分类

#### 1. 按生产性质分类

按照冷库的使用性质，水产冷库一般可划分为生产性冷库和中转性冷库；商业冷库（包括肉、禽、蛋、水果、蔬菜等类型的冷库）一般可以划分为生产性冷库、分配性冷库、零售性冷库和综合性冷库。

(1) 生产性冷库 生产性冷库主要建设在货源较集中的地区或渔业基地，通常是食品联合加工企业的重要组成部分。这类冷库配有相应的屠宰间或理鱼间、整理间，具有较大的冷却、冻结能力和一定的冷藏容量，食品在此进行冷加工后经过短期贮存后运往其他地区或运至分配性冷库贮存。由于它的生产方式为零进整出，因此必须建在交通便利的地方，如我国的一些鱼品加工厂、肉类联合加工厂、禽蛋加工厂等冷库就具有这类性质。所以它的主要特点是：冷库加工能力较大，有一定容量的周转用冷藏库。

鱼类生产性冷库为了供给渔船用冰，还设有较大能力的制冰车间和冰库。

生产性冷库的工艺流程图如图 1-2~图 1~5 所示。

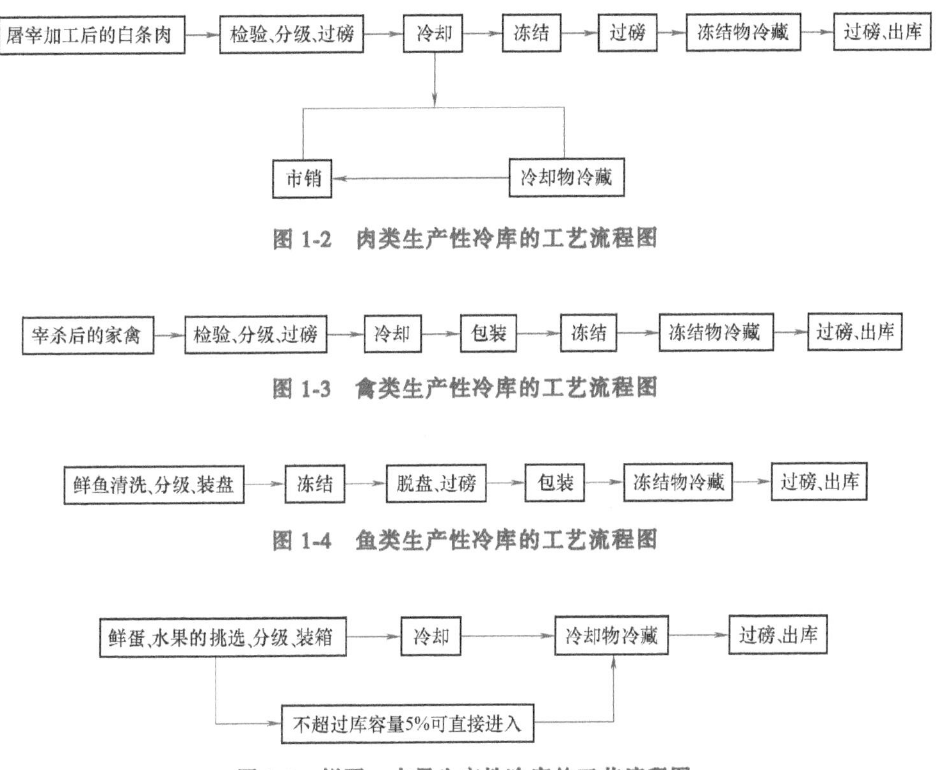


图 1-2 肉类生产性冷库的工艺流程图

图 1-3 禽类生产性冷库的工艺流程图

图 1-4 鱼类生产性冷库的工艺流程图

图 1-5 鲜蛋、水果生产性冷库的工艺流程图

(2) 中转性冷库 中转性冷库主要是指建设在渔业基地的水产冷库，它能完成大批量冷加工任务，与各种运输工具（冷藏车、冷藏船）相衔接，起中间转运作用，以向外地调拨或提供出口。

(3) 分配性冷库 分配性冷库一般建设在大中城市或水陆交通枢纽和人口较多的工矿区，作为市场供应中转运输和贮藏之用。具有较大的冷藏容量和少量的冻结加工能力，主要承担大批经过冷加工食品的长期贮存任务，以调节淡旺季，保证市场供应，这类冷库的食品多为整进零出，仅在港口或交通的转运点时才有成批外运。这类冷库的生产特点是冻结量小，冷藏容量大，进出货物比较集中，吞吐迅速。分配性冷库冻结工艺流程图如图 1-6 所示。贮藏鲜蛋、水果的分配性冷库的工艺流程与图 1-5 相同。

(4) 零售性冷库 零售性冷库一般建设在工矿企业或城市大型副食店、菜场内，供临

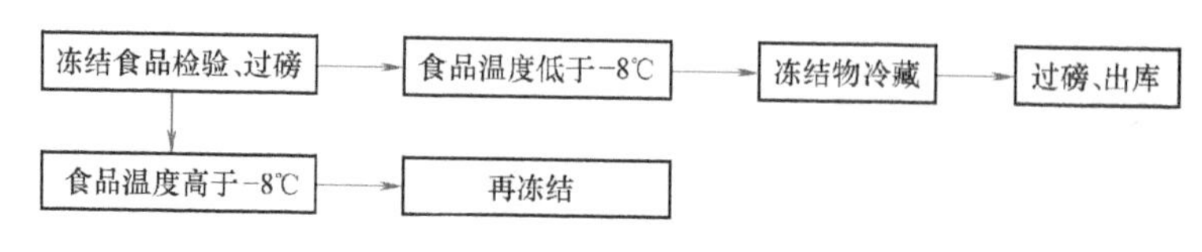


**图 1-6　分配性冷库冻结工艺流程图**

时贮存零售食品之用，一般采用装配式冷库。其特点是库容量小，贮存期短，其库温则随使用要求而异。

（5）综合性冷库　综合性冷库库容量大，功能比较齐全，兼有生产性冷库和分配性冷库的功能，有整理加工间、冻结间、冻结物冷藏间、冷却物冷藏间，以及制冰间和冰库，有的还设有屠宰间。它是我国普遍采用的一种冷库类型。

### 2. 按其建筑结构型式分类

为了保持库内低温和保证食品贮藏质量，冷库的建筑结构型式不同于一般的工业与民用建筑，它具有独特的结构。冷库按其建筑结构型式可分为土建式冷库和装配式冷库。

（1）土建式冷库　土建式冷库建筑一般由围护结构和承重结构组成。

1）围护结构。外墙一般采用砖砌而成。内衬墙有采用砖砌的，也有采用预制钢筋混凝土板的，外墙与内衬墙之间及阁楼层中填充保温材料。围护结构是冷库的“外套”，不仅能阻挡风、雪、雨和太阳辐射，而且起着防潮隔气层、隔热层的作用。

2）承重结构。冷库的主体结构是承重结构。单层冷库有采用内柱支承阁楼层和外柱支承屋顶的两套承重结构，也有与多层冷库一样采用全部用内柱支承阁楼层和屋顶的一套承重结构。承重结构起着承受风力、积雪的重量、自重、货物、设备和人的重量的作用。

土建式冷库主体结构中的柱、楼板、屋顶及基础多采用现浇钢筋混凝土结构。

冷库的地面要求隔热防冻，它的柱、墙体、楼板、屋面，都要求具有隔热性、密封性、坚固性和抗冻性，以保证主库建筑物的质量。

（2）装配式冷库　装配式冷库一般为轻钢结构的单层冷库，也有采用钢筋混凝土框架结构和预应力钢筋混凝土结构的。装配式冷库采用工厂成套预制的彩钢—聚氨酯（或聚苯乙烯）—彩钢的夹心保温板现场拼装而成。装配式冷库的主要特点是库体组合灵活、随意，可根据不同的场地拼装成不同外形尺寸的冷库；可在室外安装，也可以室内安装，还可拆装搬迁；由于采用了轻钢结构和复全隔热墙板，故库体重量轻，对基础的压力减小，整体抗震性能好。按其承重方式，装配式冷库分为内承重结构、外承重结构和自承重结构三种。

1）内承重结构。在库房内侧设钢柱、钢梁、轻钢龙骨。外挂预制隔热墙板、隔热屋面板，利用库房内的钢框架安装制冷设备。这种结构便于制冷设备、照明灯具、管线的安装。

2）外承重结构。在库房外侧设钢柱、钢梁、轻钢龙骨，内挂预制隔热墙板、隔热顶板。这种结构对制冷设备、照明灯具、管线的安装都比较复杂。一般照明灯具和温度传感器都挂在尼龙钩上，尼龙钩穿过隔热顶板固定在龙骨上。电线管线也沿库外框架或龙骨敷设。入库的孔洞用密封材料密封。

3）自承重结构。没有框架，利用预制隔热板自身良好的机械强度，构成无框架结构，这种结构多用于室内安装。

### 3. 按库容量分类

我国商业冷库的设计规模以冷藏间或冰库的公称容积为计算标准。公称容积大于

$20000m^3$ 为大型冷库，5000~$20000m^3$ 为中型冷库，小于 $5000m^3$ 为小型冷库。

### 1.2.2 冷库的组成

冷库是一个以主库为中心的建筑群，由主库、制冷压缩机房、设备间、循环水泵房、变配电间及其他辅助设施等组成。

1. 主库

主库是冷库的主体建筑，有晾肉间、冻结间、冷却物冷藏间、冻结物冷藏间、冰库、制冷间，以及沟通库内外运输的穿堂、站台、楼梯间和电梯间等。贮藏品种不同，工艺不同，主体建筑的组合也不一样。各个冷间功能不同，贮藏食品的品种不同，对温度和相对湿度要求也不尽相同，详见表 1-2。

表 1-2 冷间设计温度和相对湿度（摘自 GB 50072—2010）

| 序号 | 冷间名称 | 室温/℃ | 相对湿度(%) | 适用食品范围 |
|---|---|---|---|---|
| 1 | 冷却间 | 0~4 | — | 肉、蛋等 |
| 2 | 冻结间 | -23~-18 | — | 肉、禽、兔、冰蛋、蔬菜、冰淇淋等 |
|  |  | -30~-23 | — | 鱼、虾等 |
| 3 | 冷却物冷藏间 | 0 | 85~90 | 冷却后的肉、禽 |
|  |  | -2~0 | 80~85 | 鲜蛋 |
|  |  | -1~+1 | 90~95 | 冰鲜鱼 |
|  |  | 0~+2 | 85~90 | 苹果、鸭梨等 |
|  |  | -1~+1 | 90~95 | 大白菜、蒜薹、葱头、菠菜、香菜、胡萝卜、甘蓝、芹菜、莴苣等 |
|  |  | +2~+4 | 85~90 | 土豆、橘子、荔枝等 |
|  |  | +7~+13 | 85~95 | 柿子椒、菜豆、黄瓜、番茄、菠萝、柑等 |
|  |  | +11~+16 | 85~90 | 香蕉等 |
| 4 | 冻结物冷藏间 | -20~-15 | 85~90 | 冻肉、禽、兔及其副产品、冰蛋、冻蔬菜、冰棒等 |
|  |  | -23~-18 | 90~95 | 冻鱼虾等 |
| 5 | 冰库 | -6~-4 | — | 盐水制冰的冰块 |

（1）冷却间　冷却间是食品进行冷冻加工或冷藏前，预先冷却的库房。水果、蔬菜等常温食品在进入冷藏前，需要先在冷却间降温冷却，以除去田间热，防止某些生理病害。库内一般相对湿度为 90%。鲜蛋在进入冷藏前也需要降温冷却，以免突然遇冷时，蛋液收缩，蛋内压力降低，空气中微生物随空气进入蛋壳内而使鲜蛋变质。冷却间的温度一般保持在 0~4℃。

屠宰后在冷却间短期贮存（中心温度 0~4℃）的肉类称为冷却肉，其肉味较冻肉更鲜美。

加工好的鱼虾、肉类也须先进入冷却间降温冷却后再进冻结间，冷却间的室温保持在 -5~0℃。但仅做冻结加工的水产品无须经过冷却工序而可直接冻结，因而水产冷库如不承担其他食品的冷加工任务，一般可以不设冷却间。

（2）冻结间　冻结间是食品进行冷冻加工的库房，要求温度较低。需要长期贮藏的肉、禽、兔、冰蛋、蔬菜、冰淇淋等需要由常温或冷却状态迅速降到-18～-15℃的冻结状态，此时冻结间要维持室温在-23～-18℃；鱼、虾等水产品则要求冻结间室温维持在-30～-23℃（国外有采用-40℃或更低温度的）。达到冻结终温的食品称为“冻结物”。冻结间的冷却设备大部分使用强烈吹风式空气冷却器，也有采用搁架式排管的，当采用空气冷却器冻结时，其蒸发盘管采用热氨融霜和水冲霜相结合。当采用搁架式排管冻结时，可用人工扫霜，定期用热氨融霜去冰壳，使管内润滑油排出，冷库门设置电热丝防冻。冷冻好的食品送入冻结物冷藏间贮存。冻结间可移出主库而单独建造，也可采用速冻装置直接放置于加工整理间内。冻结装置除了平板冻结机外，大多采用连续冻结，如流态化冻结机、螺旋式冻结机、隧道式冻结机和液氮冻结机等。其冻结方式有风冻式、接触式、半接触式、浸渍式和喷淋式等。

（3）制冰间和冰库　冰在食品保鲜中用途很多，如从海中或养殖场内捕捞鱼虾后运输到加工间需要冰，鲜货长途运输需要冰，医疗、科研、生活服务等部门也需要冰。所以大、中型冷库中常附设制冰间，制冰方式有盐水制冰、桶式快速制冰、沉箱管组式快速制冰和管冰机制冰及片冰机制冰等，不同的食品生产工艺需要采用不同的制冰设备，各种制冰设备具有不同的特点。

盐水制冰是广泛采用的一种制冰方式，一般大、中型冷库附设盐水制冰间，采用成套盐水制冰设备。成套盐水制冰设备有日产5t、10t、15t、20t、30t、60t、180t、240t等规格。

制冰间的位置靠近设备间和冰库。盐水制冰间内设置有电动葫芦，用来起吊冰块。制冰池旁设置搅拌机、氨液分离器等设备。

制冰间的建筑本身不需要隔热，而制冰设备则需要隔热设施，如管冰机和颗粒冰机的蒸发器应予以隔热，片冰机和板冰机的周围应设置隔热板。

冰库即贮冰间。冰库与冻结物冷藏间相似，它的冷却设备也采用光滑顶排管，室高6m及6m以上时增设墙排管，通常冰库的冷却系统接入-15℃的蒸发温度系统。冰库的温度一般要求为-6～-4℃。快速制冰的冰库库温要求为-10℃。

（4）冷藏间

1）冷却物冷藏间（俗称高温库）。冷却物冷藏间主要贮藏新鲜的蛋品、水果、蔬菜、花卉、中药材，以及高档家具和衣物等商品，贮藏品种不同，要求室温也不一样，详见表1-2。冷却设备采用空气冷却器，安装在库房一端的中央，采用多喷口的风道均匀送风，由于果蔬在贮藏中仍有呼吸作用，因此库内除保持合适的温湿度条件外，还要引进适当的新鲜空气（室外新风）。如果贮藏的是冷却肉，则其贮藏期不能超过20天。

2）冻结物冷藏间（俗称低温库）。冻结物冷藏间用于贮藏已冻结好的食品，其库温范围为-35～-18℃。一般肉类的冷冻贮藏温度为-25～-18℃，水产品的贮藏温度为-30～-20℃，冰淇淋制品的贮藏温度为-30～-23℃。某些特殊水产品要求更低的贮藏温度，达-40℃以下，如贮藏金枪鱼的冷藏间温度达到-50～-40℃，甚至-60℃。

（5）原料暂存间　在速冻蔬菜厂、冷饮品厂和冷冻食品厂等，均设有原料暂存间，用于贮藏季节性大量到货的商品，或者生产加工中的原料和半成品等。根据需要，原料暂存间应设有冷却降温系统，维持其一定的低温存放环境。

（6）解冻间　解冻间一般用于冷冻食品加工厂。通过用空气、水或微电解液等方法，对冻结物原料进行加热，使其温度升至-2～0℃，以便于分割加工。

（7）气调保鲜间 水果、蔬菜在冷库内贮藏时，仍然有呼吸作用，这种呼吸作用消耗了水果、蔬菜组织中的糖类、酸类物质及其他的有机物质。这种呼吸作用越强，水果、蔬菜衰老也就越快。因此，低温贮藏还达不到理想的保鲜效果。必须抑制果、蔬的呼吸作用，延缓衰老，达到保鲜目的。抑制水果、蔬菜的呼吸作用的方法，就是采用气调方法改变水果、蔬菜库内空气组成比例，适当降低空气中氧的含量，提高二氧化碳的含量，以抑制水果、蔬菜的新陈代谢作用，达到延长贮藏保鲜的目的，简称“CA”贮藏。

新鲜空气的标准组成（体积分数）是：氧（$O_2$）21%，氮（$N_2$）78%，其他1%［其中二氧化碳（$CO_2$）含量约为0.03%］。而不同品种的水果、蔬菜气调贮藏中，对气体成分的要求不同，见表1-3。

表1-3 水果、蔬菜对气体成分的要求

| 名称 | 贮藏温度/℃ | 相对湿度(%) | $O_2$ 的体积分数(%) | $CO_2$ 的体积分数(%) | 贮藏期/d | 气调方式选择 |
|---|---|---|---|---|---|---|
| 红玉苹果 | 1 | 85~90 | 1.5 | 1 | 120 | 箱装，整库气调 |
| 黄元帅苹果 | 0 | 85~90 | 1.5 | 3.5 | 120 | 箱装，整库气调 |
| 红元帅苹果 | -0.5 | 85~90 | 1.5 | 3.5 | 120 | 箱装，整库气调 |
| 鸭梨 | ±0.5 | 90 | 2 | 3 | 120 | 箱装，整库气调 |
| 香梨 | -1 | 90 | 3~5 | 1~1.5 | 240 | 硅膜或帐式 |
| 哈密瓜 | 3~4 | 80 | 3 | 1 | 120 | 硅膜或帐式 |
| 樱桃 | -1 | 85~90 | 7~16 | 4~10 | — | 硅膜 |
| 柑橘 | +8 | 95 | — | — | — | 箱装，整库气调 |
| 西红柿 | 12 | 90 | 4~8 | 0~4 | 60 | 硅膜 |
| 芹菜 | 1 | 95 | 3 | 5~7 | 90 | 帐式 |
| 生菜 | 1 | 95 | 3 | 5~7 | 10 | 帐式 |
| 蒜薹 | 0 | 95 | 5~8 | 5~10 | 240 | 硅膜袋或帐式 |
| 胡萝卜 | 1 | 95 | 3 | 5~7 | 180 | 帐式 |
| 香菜 | 1 | 95 | 3 | 5~7 | 90 | 帐式 |

气调保鲜有自然降氧法和机械降氧法两种。自然降氧法是将水果、蔬菜装入硅橡胶薄膜袋子内，靠水果、蔬菜本身的呼吸作用的耗氧能力来降低空气中氧气含量和提高二氧化碳的含量，并利用薄膜对气体的渗透，透出更多的二氧化碳，补入消耗的氧气，起到自发气调作用。机械降氧法是采用催化燃烧降氧设备、二氧化碳脱除设备、乙烯脱除设备等来改变室内气体成分，达到气体调节的目的。

气调设备都自带控制设备，只需提供电源。

（8）穿堂 穿堂是食品进出冷库的通道，也是联系各冷间的交通枢纽，按其温度的不同分为低温穿堂、中温穿堂和常温穿堂三种。

1）低温穿堂。设置有隔热措施和冷却排管或吊顶风机。

2）中温穿堂。只设置隔热措施，没有冷却设备。

3）常温穿堂。不设置隔热措施和冷却设备。

（9）晾肉间 肉类食品采用直接冻结工艺必须配备晾肉间，它的作用是去除肉体表面水分，使肉类食品温度下降至28℃左右。室内配备小型风机或鼓风机，使室温保持在20℃

左右。晾肉间也可与屠宰间合建。

（10）电梯间　电梯在多层冷库中用来竖直运输，电梯的数量及大小视吞吐量由工艺设计规范决定。GB 50072—2010《冷库设计规范》第4.2.8条中规定了设置货梯的数量，按下列规定计算：

1）5t型电梯运载能力按34t/h计算，3t型电梯运载能力按20t/h计算，2t型电梯运载能力按13t/h计算。

2）以铁路进出货为主的冷库及港口中转冷库，应按一次进出货吞吐量和装卸允许时间确定电梯的数量。

3）全部为公路运输的冷库，其电梯数量应按日高峰进出货吞吐量和日低谷进出货吞吐量的平均值确定。

4）在以铁路、水运进出货吞吐量确定电梯数量的情况下，电梯位置可兼顾日常生产和公路进出货使用的需要，不宜再另设电梯。

（11）站台　站台是火车、汽车等装卸货物的台架。冷库站台可分为敞开式站台和封闭式站台。敞开式站台多为罩棚式，设有较大跨距的立柱。封闭式站台适用于汽车装卸，站台内一般维持恒定的穿堂温度，它不仅供货物装卸，也可供理货或暂存。封闭式站台的装卸口一般设有电动滑升式隔热门、软性接头和站台高度调节板。封闭式站台在装卸货过程中，基本不受外界气温的影响，符合食品冷链的工艺要求，可较好地保证食品质量。这种新型结构的站台，目前一些新建大、中型冷库采用较多。

1）铁路站台。

① 站台宽度不宜小于7m。

② 站台边缘顶面应高出轨道顶面1.1m，站台边缘与铁路中心线的水平距离为1.75m。

③ 站台长度应与铁路专用线装卸作业段的长度相同。

④ 站台上应设罩棚，罩棚柱边与站台边缘净距不应小于2m，檐高和挑出长度应符合铁路专用线的限界规定。

⑤ 在站台的适当位置应布置满足使用需要的上、下站台的台阶和坡道。

2）公路站台。

① 站台宽度不宜小于5m。

② 站台边缘停车侧面应装设缓冲橡胶条块，并应涂有黄、黑相间防撞警示色带。

③ 站台上应设罩棚，靠站台一侧如有结构柱时，柱边与站台边缘净距不宜小于0.6m，罩棚挑檐挑出站台边缘的部分不应小于1.00m，净高应与运输车辆的高度相适应。

④ 应设有组织排水。

⑤ 根据需要可设封闭站台，封闭站台应与冷库穿堂合并布置。

⑥ 封闭站台的宽度及其内部的温度可根据使用要求确定，其外维护结构应满足相应的保温要求。

⑦ 封闭站台的高度、门洞数量应与货物吞吐量相适应，并应设置相应的冷藏门和连接冷藏车的密闭软门套。

⑧ 在站台的适当位置应布置满足使用需要的上、下站台的台阶和坡道。

（12）主库辅助房间　库房工作人员需要的办公室、更衣室、休息室及卫生间布置于穿堂附近，多层库宜设置在首层，一般按出入合理的路线和卫生要求合理设置。

### 2. 制冷压缩机房

制冷压缩机房是冷库的主要动力车间，主要安装制冷压缩机及其配套设备。按 GB 50016—2014《建筑设计防火规范》的规定，氨压缩机房的火灾危险性分类应属于乙类，因此机房的耐火等级、层数、面积、防火间距、防爆、安全疏散等设计要求均需按照该规范中对乙类生产厂房的规定。一般机房设置在主库附近，为独立单层建筑，有两个通向室外的出入口，门窗向外开，有良好的采光和通风对流条件，并要求安装事故通风设备，以确保安全。

### 3. 设备间

设备间与机房相连接，主要安装低压循环贮液桶、氨泵等辅助设备及操作平台。应设两个出入口，至少要有一个出入口通向室外。

### 4. 油处理间

油处理间与机房相连接，主要安装油桶、油泵及油处理机，必须安装通风设备。

### 5. 循环水泵房

循环水泵房一般与机房相连接，或靠近机房设置，主要安装循环水泵和冲霜水泵，屋顶安装冷却塔。当消防水压不能满足消防要求时，需设置消防水泵。消防水泵也安装在循环水泵房。

### 6. 电控室和变配电间

电控室内设有制冷压缩机和辅助动力设备电气起动控制柜、制冷系统的操作控制柜，并可配以模拟图或数据采集系统，以及主、辅机运行操作流程和安全报警系统。自动化程度较高的冷库中，主、辅机房内的电控室可实现遥控指令操作或全自动控制。冷库变配电间一般靠近主机房，要有良好的通风条件，并满足消防要求。

### 7. 整理加工间

整理加工间是鱼虾、蛋品、果蔬等食品在进库前，进行挑选、分级、整理、过磅、装盘或包装等整理工作的场所。其面积大小由产品品种、工艺流程而定，处理鱼一般按加工 1t 鱼配 10~15$m^2$ 操作面积计算，处理虾、贝类则根据具体操作方式适当扩大，水果、蔬菜、蛋类等产品在加工前先在整理间进行挑选、分级、整理、过磅、装盘、包装，以保证产品质量，其操作面积要比处理水产品的大些。

整理加工间要求有良好的采光和通风条件。每小时应进行 1~2 次通风换气。地面要便于冲洗，排水要通畅。

### 8. 氨库

氨库是贮藏氨气瓶的仓库，一般建在厂区的下风处，与作业区保持一定的安全防护距离。一般要求建在离生产厂房 20~30m 的地方，距离住宅区 50~150m，应选用不低于二级的耐火建筑材料，采用轻型屋面，门窗涂白漆或用毛玻璃，门窗均应向外开，地面平整而不滑，库内净高不低于 3.5m，并应有良好的自然通风条件，保持室温在 35℃以下，室内照明要用防爆灯具。

### 9. 其他辅助设施

其他辅助设施包括充电间、发电机房、锅炉房、化验室、办公室等，它们是冷库群体不可少的辅助设施。

## 1.3　冷库容量的确定

冷库容量包含冷库的生产能力和冷藏容量两方面的内容。冷库容量一般由计划任务书或设计委托书做出明确的规定，是冷库建设的一项重要指标，根据冷库容量就能确定冷库的建筑结构型式、面积、高度和设计方案。

1）决定冷却间和冻结间生产能力的主要因素如下：

① 每天最大的进货量，并应考虑进货的不均匀情况。

② 货物堆放形式。

③ 货物冷却或冷冻所需的时间及货物装卸所需的时间。

2）决定高温库和低温库（贮藏性库房）冷藏容量的主要因素如下：

① 冷却间或冻结间的生产能力。

② 货物堆放形式。

③ 贮藏时间。

### 1.3.1　冷却间、冻结间冷加工能力的计算

冷却间、冻结间的冷加工能力与冷加工形式、时间（包括进出货时间）有关，目前常用的冷风机采用吊轨、搁架排管式鼓风机和小车装载式的形式。

1）设有吊轨的冷却间、冻结间每日冷加工能力为

$$G=\frac{Lgn}{1000}=\frac{Lg}{1000}\frac{24}{\tau} \tag{1-1}$$

式中，$G$ 为冷却间、冻结间每日冷加工能力（t）；$L$ 为吊轨有效总长度（扣除吊轨弯头长度的两倍），冷间内吊轨的轨距及轨面高度，应按吊挂食品和运载工具的实际尺寸、通风间距及必要的操作空间确定，一般可按表1-4选用；$g$ 为吊轨单位长度净载货量（kg/m）；$n$ 为每日冷却或冻结的周转次数，一般取1，1.5，2，…，$\frac{24}{\tau}$，$n$ 为1.1、1.2、1.3时取1；$\tau$ 为冷却或冻结周转一次的时间（h），为冷却或冻结时间和加工食品进出库时间的总和，一般加工食品进出库时间每库房为4h。

表1-4　吊轨轨距和轨面高度

| 食品类别 | 轨距/mm | 轨面高度/mm | 备注 |
|---|---|---|---|
| 猪白条肉 | 人工推动：750~850 | 2300~2500 | 冻牛羊肉的轨距和轨面高度可按当地的牛、羊体形大小确定 |
| | 机械传动：900~1000 | | |
| 鱼虾 | 人工推动：1000~1100 | 2100~2300 | |

其中，$g$ 可按下列规定取值：

| | | |
|---|---|---|
| 肉类 | 人工推动 | $g=200\sim230\text{kg/m}$ |
| | 机械传动 | $g=170\sim210\text{kg/m}$ |
| 鱼 | 15kg铁盘装 | $g=400\text{kg/m}$ |
| | 20kg铁盘装 | $g=540\text{kg/m}$ |
| 虾 | | $g=270\text{kg/m}$ |

2）设有排管式搁架的冷却间、冻结间每日冷加工能力为

$$G=\frac{nF}{f}\frac{g}{1000}\frac{24}{\tau} \tag{1-2}$$

式中，$G$为冷却间、冻结间每日冷加工能力（t）；$n$为搁架利用系数；$F$为搁架各层水平面积之和（不包括弯头部分）（$m^2$）；$f$为每件（盘、听或箱）冻食品容器所占面积（$m^2$）；$g$为每件（盘、听或箱）食品净重（kg）；$\tau$为冷却或冻结周转一次的时间（h），为冷却或冻结时间和加工食品进出库时间的总和，一般加工食品进出库时间每库房为4h。

其中，搁架利用系数$n$可按下列规定取值：

冻盘装食品　　$n=0.85\sim0.90$

冻听装食品　　$n=0.70\sim0.75$

冻箱装食品　　$n=0.70\sim0.85$

例1-1　某鱼类水产品冷库的冻结间，库内净长11m，宽6m，库内装两列吊轨，总有效长度为18m，用吊笼装盘进行冻结，一天两冻，求该冻结间的生产能力。

解　由题意可知，吊轨的有效长度$L=18m$，鱼类按15kg铁盘装$g=400kg/m$；一天两冻，说明冻结时间为12h，代入式（1-1）得

$$G=\frac{Lgn}{1000}=\frac{Lg}{1000}\frac{24}{\tau}=\frac{18\times400}{1000}\times\frac{24}{12}t=14.4t$$

所以冻结间的生产能力为每天冻结14.4t鱼。

3）小车装载式食品的冷却间、冻结间每日冷加工能力，其计算式为

$$G''=\frac{agn}{1000} \tag{1-3}$$

式中，$G''$为冷却间、冻结间每日冷加工量（t）；$a$为冷间可容纳小车的数量；$g$为每辆小车可装载食品的净质量（kg）；$n$为每日冷却或冻结的周转次数。

### 1.3.2　冷库（冷藏）容量的计算

冷库的设计规模应以冷藏间或贮冰间的公称容积为计算标准。所谓冷间的公称容积为冷藏间或贮冰间的净面积（不扣除柱、门斗和制冷设备所占面积）乘以房间的高度，根据不同的内净容积，通过实际的测定，推荐不同的容积利用系数。由此冷库计算吨位就可按式（1-4）进行，即

$$G=\frac{\sum V_i\rho\eta}{1000} \tag{1-4}$$

式中，$G$为每间库房的计算吨位（t）；$\rho$为存放食品的密度（$kg/m^3$），见表1-5；$V_i$为冷藏间或贮冰间的公称容积（$m^3$）；$\eta$为冷藏间或贮冰间的容积利用系数，不应小于表1-6中的规定值。

表 1-5　常见食品密度

| 食品名称 | 密度/(kg/m³) | 食品名称 | 密度/(kg/m³) |
|---|---|---|---|
| 冻猪白条肉 | 400 | 纸箱冻蛇 | 450 |
| 冻牛白条肉 | 330 | 纸箱冻兔(带骨) | 500 |
| 冻羊腔 | 250 | 纸箱冻兔(去骨) | 650 |
| 块装冻剔骨肉或副产品 | 600 | 木箱鲜鸡蛋 | 300 |
| 块装冻鱼 | 470 | 篓装鲜鸡蛋 | 230 |
| 块装冻冰蛋 | 630 | 篓装鸭蛋 | 250 |
| 冻猪油(冻动物油) | 650 | 筐装新鲜水果 | 220(200~230) |
| 纸箱冻家禽 | 550 | 箱装新鲜水果 | 300(270~330) |
| 盘冻鸡 | 350 | 固定货架存蔬菜 | 220 |
| 盘冻鸭 | 450 | 篓装蔬菜 | 250(170~340) |
| 盘冻蛇 | 700 | 其他 | 按实际密度采用 |

注：同一冷库如同时存放猪、牛、羊肉（包括禽、兔），其密度均按 400kg/m³ 计；当只存冻羊腔时，密度按 250kg/m³ 计；当只存牛、羊肉时，密度按 330kg/m³ 计。

表 1-6　冷藏间、贮冰间的容积利用系数

| 冷藏间公称容积/m³ | 容积利用系数 $\eta$ | 贮冰间净高/m | 容积利用系数 $\eta$ |
|---|---|---|---|
| 500~1000 | 0.4 | 4.2 | 0.4 |
| >1000~2000 | 0.5 | >4.2~5.0 | 0.5 |
| >2000~10000 | 0.55 | >5.0~6.0 | 0.6 |
| >10000~15000 | 0.6 | >6.0 | 0.65 |
| >15000 | 0.62 | | |

注：1. 对于仅存冻结食品或冷却食品的冷库，表内公称容积为全部冷藏间公称容积之和；对于同时贮存冻结食品和冷却食品的冷库，表内公称容积分别为冻结食品冷藏间或冷却食品冷藏间各自的公称容积之和。
2. 蔬菜冷库的容积利用系数应按照表内数值乘以 0.8 的修正系数。

## 1.4　冷库制冷工艺设计的一般流程

冷库制冷工艺的基本任务，是根据制冷原理和需冷场的性质、冷加工工艺的要求，把制冷压缩机、冷凝器、蒸发器、节流阀及其辅助设备组合起来，构成一个完整、合理的制冷循环系统，创造生产过程中所需求的低温环境，用于易腐食品的冻结和冷藏。

冷加工工艺要求是制冷工艺设计的主要依据，制冷工艺设计是冷库设计内容中的主要组成部分。冷库设计中的土建设计、给排水设计、采暖通风设计和电气设计都应符合制冷工艺的要求，但制冷工艺设计也要受建筑、结构及水电方面各自特点的制约。其中，制冷工艺设计是先行和主导，其他设计要依据制冷工艺设计提出的条件和数据来进行设计。

### 1.4.1　食品冷加工的机理及影响食品冷加工质量的主要因素

在进行制冷工艺设计时，首先要根据制冷机的工作原理，其次要根据易腐食品冷加工或冷藏的技术要求、卫生要求，参照有关设计规范或标准，合理选择和装设全部制冷机器与设

备（包括管道、阀门、管件、仪表等）。因此，一个冷库制冷工艺设计得成功与否，是看最终能否满足冻结和冻藏等冷加工食品的质量要求。为了能更好地设计制冷工艺，首先必须对食品冷加工的机理和影响食品冷加工的主要因素进行了解。

1. 食品冷加工的机理

引起食品腐败变质的主要原因是微生物的作用和酶的催化作用，而作用的强弱均与温度紧密相关。一般来讲，温度降低均使作用减弱，从而阻止或延缓食品腐烂变质的速度。因此，食品可以低温下做长时间的贮藏而不变质，这就是人们利用低温保藏食品的机理。

食品的冷加工主要包括冷却、冻结、冷藏和升温解冻等内容。各种食品应按其特点和贮藏要求，选用适宜的温度，即分别采用不同的冷加工工艺。例如，对于水果、蔬菜等植物性食品，由于采摘后仍是一个有生命力的物体，冷加工前先要经过预冷间以除去田间热，然后进入冷加工流程。除加工成冻结食品外，对新鲜水果、蔬菜不仅必须维持它的“活体”状态，而且要减弱它的呼吸作用，所以一般都在“冷却”状态下，即在冷却物冷藏间进行保藏，而冷却物冷藏间要针对不同的品种设定不同的温度、相对湿度条件，详见表1-3。而对于肉类动物性食品，经加工整理后，肉体细胞已经死亡，只有把它放在低温环境下，减弱酶的活性及抑制冷微生物的生命活动才能延长保藏期。所以对于肉类食品是经整理后马上进行急冻间冻结，待肉体中心温度达-15℃以下后，再放到-25～-18℃的低温冷藏间中低温冷藏。

一般来说，冻藏时的温度越低，食品的保藏期就越长。值得注意的是，冷藏的温度条件和贮藏期的长短，还涉及投资和长期经营运转的经济成本，必须要加以综合考虑。冷藏的温度越低，不仅投资会增加，而且消耗能量增大，冷加工的总成本就高。因此，合理选择冷藏库的温度，使其在保持食品质量的前提下，减少初投资，降低能耗，是制冷工艺设计中必须重视的问题。一些食品在特定条件下的贮存期可参考表1-7。

表1-7 一些食品在特定条件下的贮存期

| 食品名称 | 冷藏温度/℃ | 相对湿度(%) | 最长贮存期 |
|---|---|---|---|
| 冻猪肉 | -24～-18 | 85～95 | 2～8个月 |
| 冻牛肉 | -23～-18 | 90～95 | 9～12个月 |
| 冻羊肉 | -18～-12 | 80～85 | 3～8个月 |
| 冻家禽 | -30～-10 | 80 | 3～12个月 |
| 冻家兔 | -24～-12 | 80～90 | 6个月 |
| 冻鱼 | -20～-12 | 90～95 | 8～10个月 |
| 冻蛋 | -18 | 85～95 | 12个月 |
| 鲜蛋 | -1～-0.5 | 80～85 | 8个月 |
| 苹果 | -1～+1 | 85～90 | 2～7个月 |
| 橘子 | 0～1.2 | 85～90 | 8～10个星期 |
| 柚子 | 0～10 | 85～90 | 3～12个月 |
| 梨 | -0.5～+1.5 | 85～90 | 1～6个月 |

2. 影响食品冷加工质量的主要因素

食品冻结、冷藏的目的在于最大限度地保持食品的原有品质。因此，在进行制冷工艺设计时，首先应分析影响食品质量的各种因素，才能根据贮藏对象设计出最适宜的冻结方法和贮藏方法。

（1）冻结速度对食品质量的影响　食品冻结时形成的冰晶大小，直接影响食品组织细胞破坏的程度和解冻后液汁流失量的多少。实践证明：快速冻结使食品内部形成小的冰晶，组织细胞被破坏程度轻微，解冻后液汁流失少；而慢速冻结则刚好相反。所谓快速冻结，从食品热中心的降温速率来说，是指食品热中心温度从-1℃降到-5℃所用时间小于30min，若大于30min就属于慢速冻结；若从冰峰移动速率来说，以-5℃作为冰峰面，当冰峰移动速度处于5~20cm/h时，就是快速冻结，而当冰峰移动速度处于0.1~1cm/h时，就是慢速冻结。不同的冷库在进行制冷工艺设计时对食品冻结速度的快慢是要提前考虑到的。

（2）冻结方法对食品质量的影响　食品冻结方法有很多，包括空气吹风冻结、接触式冻结、液体喷淋式冻结、固定隧道式冻结以及采用连续式速冻装置等，不同的食品对冻结方法的敏感程度是不同的，有的冻结方法可能会造成食品失重或变色或风味改变等。在制冷工艺设计中都是要提前计划好的。

（3）贮藏条件对食品质量的影响　低温冷藏可以延长食品的贮藏期限，高的空气相对湿度可以减少食品的干耗，但也为微生物的滋生创造了条件。蒸发器表面温度和室内空气温度的温差小，需要过大的蒸发面积，但大的温差又会增加食品的干耗。外部热量的侵入会加剧库温的波动，从而引起食品冻藏质量的明显下降，造成食品的干耗、脂肪氧化、蛋白质变性，甚至食品的食用价值低下，品质变劣。因此，合理设计冷库配置装置的各个部分，保证合适的冷藏条件，是至关重要的。

### 1.4.2　冷库制冷工艺设计的原则

#### 1. 制冷方案设计的意义和内容

在冷库工程设计中，为了保证制冷工艺设计有条不紊地进行，避免顾此失彼，就必须首先制订出设计方案。设计方案是依据设计任务书上的要求提出的初步设想。所以，确定制冷方案阶段是一个关键的环节，如果确定的方案欠佳，不仅会给冷库建设造成不应有的经济损失，还会给冷库投产后的运行操作等留下难以克服的后患。在确定方案时，要通过分析对比，权衡利弊，选择出最佳设计方案。

制冷方案设计的内容主要包括：制冷剂的选择、压缩级数的确定、蒸发温度回路的划分、系统的供液方式和冷却方式以及蒸发器的冲霜方式等。

#### 2. 制冷工艺方案设计的基本原则

1）要满足食品冷加工要求，降低食品的干耗，保证食品的质量。只有这样，所采用的制冷系统、制冷机器与设备，才能最大限度地保持食品原有的质量。

2）应尽量采用先进的制冷方法和制冷系统。既要简化制冷系统，便于施工安装和操作管理，又要保证制冷系统完善化，使之调整灵活、便于检修、运行安全可靠。避免由于设计不当造成制冷剂的泄漏、压缩机的湿冲程和失油，从而避免危及人身安全和导致经济损失。要避免制冷管道系统和设备过大的压力损失，保证各个蒸发器得到合理、充分的供液。在可能的条件下尽量实现系统的自动化。采用合理的工艺流程，以减轻工人的劳动强度，避免或减少低温环境中的操作时间。

3）既要考虑冷库的建设造价，又要考虑冷库的运行管理费用，同时还要考虑技术经济发展的趋势。制冷装置运转的经济指标，是机器、设备的投资，年度工作时数，机器、设备折旧年限，电力消耗以及食品的干耗率等指标的综合，在设计过程中，要根据具体情况辩证地处理，以求得较高的经济指标。

4）要充分利用制冷系统的各种能源，降低能耗，减少制冷成本。

### 1.4.3 冷库设计的基本程序

冷库的建造是一项比较复杂的综合性工作，既有建设单位、设计单位、施工单位参加，又有土建、工艺、电气、给排水等多专业的配合，因此必须有一个合理、完整的方案和一整套施工图样与文件，做到设计有依据、施工有图样，从而避免盲目施工，保证工程的顺利进行。

冷库工程与其他工程一样，都要遵循一定的程序和履行必要的审批手续。具体地说，一般由设计任务书的编制和审核，建设基地的选定、勘察、征用、设计（包括总体设计和各专业的设计），土建设计，机器设备及管线的安装、试车验收、交工使用、总结提高等环节组成。

#### 1. 设计任务书的编制和审核

1）设计任务书的形式。设计任务书的形式有两种：一种是由建设单位根据生产需要，组织人员编制，报上级批准；另一种是由上级机关根据国民经济的发展需要，直接下达或责成建设单位编制。

2）设计任务书的内容。设计任务书的内容包括：建设的缘由和依据；企业名称；建设地区或地点；建设地区的经济技术资料（资源产销情况以及今后发展估计，水、电源、地质、气候、水文、交通运输、施工力量等情况）；冷库的性质和规模，根据当地货源情况，确定待建冷库的性质规模，是生产性、分配性、零售性还是综合性，是肉类、水产类还是果蔬类、禽蛋类，说明其冷库的屠宰、加工、冷却、冻结、制冷能力、冷藏容量等；冷库的建筑结构型式（是单层还是多层），建筑材料和工程结构概述等；投资金额（概算书）；建设期限（开竣工、投产日期）；水、电、燃料来源；其他说明，包括污水处理措施、拟协作项目和协作单位，以及公用工程网和设施连接的技术条件、人防等内容。

3）设计任务书的呈报。冷库设计与其他工程一样，是国民经济的组成部分，只有报上级批准，列入国家或省市计划才能动工筹建，当然也包含着局部要服从全局的意义，以避免重复建设的浪费现象。

#### 2. 库址的选择、勘察和征用

设计任务书批准之后，一般都要建立筹建机构（筹建处）。同设计单位进行选址或会同设计单位对已选定的地址进行审核。当然，选定的库址应符合城市发展规划的要求，要得到城管部门批准。选址前要认真做好必要的组织准备和技术准备，如根据设计任务书着手编制工艺布置方案，初步确定冷库占地面积、外形以及各建筑物的大概尺寸，做出工艺总平面布置方案图，估算冷库占地面积，进行各项主要指标（设备总数、主要设备台数、建筑面积、职工人数）的估算等。选址工作必须深入现场，进行详细周密的调查研究，收集和核实可能建库的库址地区的有关设计基础资料（可参考表1-8）。在选择库址时，可提供两个以上的方案，分别从技术条件、建设费用和经营管理费用等方面综合分析其优缺点，以供选择比较。

#### 3. 设计过程

冷库的设计过程有分两个阶段的，也有分三个阶段的。分三个阶段的是初步设计、技术设计和施工设计。分两个阶段的是将初步设计和技术设计合并，并称为扩大初步设计。

表 1-8　选址参考资料

| 序号 | 选址内容 |
|---|---|
| 1 | 批准的计划任务书等有关文件 |
| 2 | 库址需用面积,居住区需用面积,全库居民区总面积 |
| 3 | 1/5000 或 1/10000 区域地形图,1/500 或 1/1000 库区地形图 |
| 4 | 原料及产品主要运输方式,最大调入量,最大运出量 |
| 5 | 铁路、公路接点标高,当地铁路部门建议的路线示意图 |
| 6 | 批准的全库工人数,白天工作总数,居住区人口总数,单身及带人口数 |
| 7 | 生产需用电力及备用电源的用电量、电压等 |
| 8 | 生产需用量最大的及平均的蒸气量 |
| 9 | 库内生产、生活及消防用水量,生产污水、生活污水排水量 |
| 10 | 水源、电源的引入点,污水排出方向及卫生要求 |
| 11 | 风玫瑰图,历年最大风速 |
| 12 | 施工期间劳动力、水、电等需用量 |
| 13 | 总额布置示意图,原有建筑物的利用及今后企业扩展示意图 |

（1）初步设计　由建设单位根据设计任务书所规定的性质、规模，提出设想方案，内容包括说明书、总平面布置、建设形式、生产流程、冷间划分、冷却系统以及冷凝方式等的设计说明。

（2）技术设计　一般在初步设计方案批准后，由设计单位承担。其内容就是说明初步设想方案在技术上的可能性以及具体的实施方案，编出概算，报上级或相关部门审核批准。

整个设计工作由工艺、土建、给排水、电气仪表等专业要求配合进行，以工艺为主导，其他专业都要围绕着工艺的要求进行设计，同时工艺也要受到其他专业要求的制约。具体做法是：制冷工艺设计人员提出工艺要求，其专业人员根据工艺条件进行相应的设计，如果其他专业人员在设计中满足不了工艺目的要求，而向工艺专业人员提出反条件，工艺专业人员则在不违反制冷工艺原则的前提下，修改工艺设计，向有关专业人员提出条件要求，在各方面经周密的研究，共同找出一合理的、完整的方案后，进行会签，其设计内容包括：

1）设计说明书。说明书中内容主要有：设计任务（包括设计依据和生产规模）；库址概述（包括所在位置、气象、水文、地形、地质等自然条件）；工程概况（包括冷库组成、生产能力、主要设备、电力安装容量、用水量、运输量、蒸气用量、投资总额等）；设计组成（包括总平面布置、生产工艺流程、制冷工艺流程、耗冷量的计算及机器设备的选型计算、土建结构型式、设计荷载、围护结构处理、基础处理、地震设防、给排水、供电、供热等设计方案）。

2）工程图样。工程图样包括冷藏总平面图、主库立面图、分层平面图、制冷系统原理图、冻结间平面图和必要的剖面图、机房平面图和剖面图、电气系统图、给排水系统图等。

3）主要设备总明细表、材料表。

4）工程概算。

（3）施工设计　把初步设计、技术设计或扩大初步设计的内容用施工图样的形式表达出来，以供安装施工之用，称为施工设计，其内容包括：

1）施工设计说明书。施工设计说明书主要说明设计的依据、生产指标、设计范围、设计条件、概述设计方案的拟定及其特点，列出主要机器设备一览表。

2）施工设计计算书。施工设计计算书包括库房耗冷量的计算、制冰耗冷量的计算、制冷压缩机及辅助设备的选型计算。

3）施工图样。施工图样的详尽程度，必须保证施工单位能根据它进行各项工程的实际施工，一般有建筑、结构、制冷工艺、电气、给排水、供热等部分图样。其制冷工艺的施工图应包括：设计说明书，制冷工艺安装说明书，设备材料规格数量表，机器间、设备间的平面图和剖面图，机房系统透视图，冷藏间的平面图和剖面图，冻结间的平面图和剖面图，冷风机安装图，设备、管道隔热层包扎图，冷藏间顶管制作图，管道安装图，安装吊点图，定型及非标准设备的制作图，以及选用的通用图等。

4）编制预算书及设备、材料明细表。根据设计说明书及图样，计算出工程的经费（土建、材料、机器设备、施工安装费等），编制表备用。

5）配合现场施工，及时下达勘误通知书或变更通知书。由于设计有误、供应材料变更、设备改型、客观情况有异等原因，需要修改图样时，应及时下达更改通知书，通知施工、建设单位及其他专业人员，以便统一安排，以免延误工期或造成浪费。

6）试车验收。

7）绘制竣工图样（一般由施工单位承担）。

8）回访，工程使用情况反馈，总结提高。

### 1.4.4 制冷工艺设计的一般流程

#### 1. 设计基础资料和设计依据

设计基础资料是制冷工艺设计的重要依据之一。如果设计基础资料不全或有错误，就会导致设计方案的不合理，甚至可能造成制冷工艺设计的失败与经济上的重大损失。因此，在制冷工艺设计开始时，先要了解和掌握设计基础资料。

设计者在计算和设计前应了解设计对象的基本情况，主要包括：项目的地理位置、使用功能以及当地的气候条件、能源价格、用户发展规划等。将资料和数据整理并编制设计说明书，为下一步工作打下良好的基础。

设计依据主要是指：

1）甲方提供的设计任务书。充分了解甲方委托设计的要求与任务。

2）地质勘测部门提供的相关地质、水文资料与地质报告。

3）制冷工艺设计应遵照执行的规范、规定和标准。

#### 2. 冷库库体的建筑设计

冷库建筑设计和结构设计、给排水设计、通风设计、电气设计及制冷设计等构成了冷库设计，为冷库的建筑施工提供图样和依据。冷库建筑施工图主要确定施工中所需要的建筑各部分的详细尺寸和标高，确定冷库在总平面图中的准确位置及标高，施工图还应包括全部建筑构造详图和材料选用、设计说明等。

冷库建筑设计包括平面设计、剖面设计和立面设计。

1）平面设计是根据设计任务书的要求和客观限定条件，确定建筑平面中各组成部分的范围及相互关系。在进行冷库建筑平面设计时，首先要仔细分析冷库建筑的功能，依据冷库生产工艺流程，布置好冷库生产工艺流程上的各个环节的位置，处理好相互间的关系，在满足生产工艺流程要求下，尽量减少交通辅助面积和结构面积，提高建筑平面的利用系数，降低建筑造价，节约投资。

2）剖面设计是确定冷库各生产间的层高、竖向布置和冷库建筑各个部位的标高，并且还要确定冷库各冷间及其附属部分的建筑构造。冷藏间的层高主要取决于库内的堆货高度，而堆货高度取决于堆货的工具。如人工堆货，高度就是3.1m，而机器码垛，可以高达数十米。冻结间的高度取决于吊轨的高度，一般吊轨的高度在2.3m左右，而冻结间的高度在4m左右。冰库的高度一般在4m以上。而设备间净高大于4m，一般为5m左右。冷库建筑标高主要依据铁路轨顶标高，铁路站台标高比轨顶标高要高出1m，室内标高一般要高出站台标高0.05m。

3）当平面、剖面设计有了初步的方案时，就要对冷库建筑立面进行深入细致的推敲，对建筑立面的各个部分，进行合理的组织和艺术加工，使之冷库建筑不仅满足功能上的贮藏物品的要求，而且在客观上能达到美观的效果。立面设计要从整体到局部，从大面到细节逐步深入，大面关系到整体，并影响整个立面的效果，要掌握大面上各个部分的比例和相互关系；其次对一些重点细节做深入处理，使整个冷库建筑的立面比例协调，互相衬托，形成一个完整的统一体。

冷库建筑立面上的主要构件有墙面、屋顶、檐、女儿墙、柱壁、外门、勒脚、台阶等，在附属建筑和楼、电梯间中还有窗户。立面的材料质地和色彩有着十分重要的作用。冷库建筑从功能出发，一般要求主库外表做浅色的，以反射外来热量的辐射能量，有的做成浅灰色等，都可以起到反射作用，这也形成了冷库建筑的特点，即高大的浅色实墙面建筑实体。

### 3. 冷库的耗冷量计算

冷库的耗冷量计算是设计制冷系统和选择制冷设备的依据。冷库的耗冷量计算可分为库房冷却设备冷负荷计算和制冷机械冷负荷计算两部分。

冷库一般有冷却间、冻结间、冷却物冷藏间、冻结物冷藏间、贮冰间等多间库房，各库房的用冷过程和用冷条件不尽相同。计算库房冷却设备冷负荷时，必须明确每间库房的用冷条件，计算出每间库房围护结构传热量、货物热量、通风换气热量和操作热量等，将这些热量相加就可得到每间库房冷却设备的冷负荷，它可用来选择或设计库房的冷却设备。

冷库各库房的用冷温度基本可以分为两种：−23～−15℃和0℃以上。将用冷温度基本相同的各库房冷却设备的冷负荷相加，就可得到冷库的机械冷负荷，它是设计制冷系统和选择制冷设备的依据。

冷库的耗冷量计算详见本书第3章。

### 4. 制冷系统的设计

设计制冷系统时，极为重要的一项工作就是对所用系统的选定。必须依据工程建设的实际需要来选定合适的制冷系统，这时必须考虑到制冷系统所能达到的温度范围、制冷量的大小、当地能源供应条件、当地水源供应条件、环境保护要求、对振动强度的要求、对噪声高低的要求以及制冷机的适用范围，方可选定出合适的制冷系统。

当遇有两种以上制冷系统可选择时，则应对其技术、经济、环境保护和长远规划等方面进行综合分析对比后再选定。

在冷库的耗冷量计算中，不仅可得到各库房的冷却设备冷负荷，还可得到制冷机械的冷负荷及其用冷温度。根据用冷温度和当地的气候条件来确定工况，如蒸发温度、冷凝温度、吸气温度、过冷温度，对于两级压缩制冷系统还要确定中间冷却温度等，并进行制冷方案和制冷系统的设计，然后进行热力计算，得出制冷系统各部件的容量大小和使用要求。具体的制冷方案和制冷系统的设计参见本书第 2 章。

接下来就要选择制冷压缩机、冷凝器、膨胀阀、冷却设备以及各种辅件。首先，要根据设计对象对制取温度的要求、制冷机械冷负荷和使用特点，确定压缩机的类型和单机制冷量，结合生产情况，选定合理的机组台数；然后对冷凝器等其他部件也要根据其容量大小和使用要求进行选型。具体的选型计算参见本书第 4 章。

库房冷却设备主要有排管和冷风机两种，冻结物冷藏间一般采用排管，其他一般采用冷风机。每间库房的冷却设备要根据该库房的冷负荷大小和使用特点确定，具体的选型设计参见本书第 5 章。

5. 制冷站站房的布置

应当按照生产工艺的要求和制冷站服务对象的分布状况，确定制冷站在工厂厂区的位置。站房在厂区的位置很重要，应使它靠近主要冷负荷区域。站房位置布置得合理，不仅能够保证生产商的要求，而且使厂区管网缩短，节约钢材和其他材料，并给投产后的运行、维护、管理等方面提供有利的条件。设计时，必须与总图和工艺等有关专业设计者共同研究商定。

制冷站站房的布置方式分为集中与分散两种。分散布置的制冷站是指在一个工厂里由于用冷户的分散而分散布置。这类站房在一般情况下与用冷户共同建筑在一个厂房内。集中布置的制冷站是指在一个工厂里建立一个或几个制冷站供给所在工厂中的多个用冷户，即建立全厂性或厂区区域性的制冷站。对于大型氨冷库，一般采用集中布置，且考虑到氨是有毒物质，为了确保安全，在机器间和设备间的上、下面和直接相邻的四周，不宜建有宿舍、病房、学校、幼儿园、礼堂、餐厅、游艺场所、商店及其他人多聚众的场所。

大、中型制冷站站房可分为机器间和设备间，并应根据全厂的具体情况来确定在站房中变配电间、水泵间、维修间、贮存间、控制间、值班室等单独的隔间。因为制冷站消耗的电量较大，所以对于大、中型制冷站站房均将变配电间布置在机房之旁。

新建的制冷站站房布置应当考虑到远景规划，因而需要在布置站房时留有发展的余地。在设计中，常将站房的一端作为其发展端，这样做是为了站房改建时不致造成对生产的更大影响。

制冷机房的设计具体参见本书第 8 章。

6. 制冷管道的设计与敷设

一个制冷系统设计得成功与否，在相当大的程度上取决于制冷剂管道系统的设计是否合理，以及设计者对该系统中的制冷设备的认识水平。

设计制冷剂管道系统应当遵循的几项原则如下：

1）必须使制冷系统的所有管道，做到工艺系统流程合理，操作、维修、管理方便，运行安全可靠，确保生产顺利进行。

2）设备与设备、管道与设备、管道与管道之间，必须保持合理的位置关系。

3）必须保证供给蒸发器适量的制冷剂，并且能够顺利地在制冷系统内往复循环。

4）管道的长度要合理，不允许有过大的压力降产生，以防止系统的效率和制冷能力不必要的降低。

5）根据制冷系统的不同特点和不同管段，必须设计有一定的坡度和坡向。

6）输送液体的管段，除特殊要求外，不允许设计成倒“U”字形管段。以免形成气囊，阻碍流体的流通。

7）输送气体的管段，除特殊要求外，不允许设计成“U”字形管段，以免形成液囊，阻碍流体的流通。

8）必须防止润滑油积聚在制冷系统的其他无关部分。

9）制冷系统开始工作后，如遇有部分停机或全部停机时，必须防止液体进入制冷压缩机。

10）必须按照制冷系统所用的制冷剂的特点，选用管材、阀门和仪表等。

制冷系统的管道敷设可分为三种方式，即架空敷设、地沟敷设、埋地敷设（或称为直埋敷设）。

架空敷设是敷设管道中的常用方法，也是最好的敷设方式。它对于安装、维护和操作运行均比较方便，且经济，又不受地下水等外界因素的影响。无论是站内还是站外管道的敷设，通常应将管道沿建筑物的墙壁设置管道支架，或设置专用的支架。

采用地沟敷设时，应特别注意解决地沟防水的问题。一般情况下，地沟底标高必须比最近30年地下最高水位高200mm，在没有足够地下水位资料时，应该高于已知地下水位500mm以上，否则应考虑防水措施，如采用防水地沟敷设处地下水位等。另外，还应对地沟底面设计泄水坡度，一般$i \geq 0.003$。当地沟最低点高于下水道水位时，积水直接排入下水道；当地沟最低点低于下水道水位时，则应设置集中排水地沟。地沟在室外时，在雨量较集中的地区还应防止地面水的倒灌。

直埋敷设适用于冷冻水管道和载冷剂管道，冷冻水管道直埋敷设比较常见，而载冷剂管道直埋敷设国内尚较少采用。

直接埋地敷设是近年来新发展的一种管道敷设方式，具有很多突出的优点，是一种很好的敷设方式，在实际工程应用中逐渐被人们所重视。因为取消了地沟，将管道直接埋地敷设，所以不仅加工简单、方便，节省大量劳动力和建筑材料，而且大幅度地降低工程造价并缩短施工周期。

制冷系统的管道，一般采用输送流体用无缝钢管。氟利昂制冷系统管道的选用：对于小直径（直径在20mm以下）的管道，一般均采用纯铜管；对于较大直径的管道，一般均采用输送流体用无缝钢管。

制冷管道的设计具体参见本书第6章。

## 1.5　氨制冷系统、氨-二氧化碳系统和氟利昂系统的进展概述

目前，人们认为制冷技术已经历了三代制冷剂。第一代是1930年以前的原生代，以$NH_3$和$CO_2$等自然工质为主。第二代是含氯的合成制冷剂，即CFCs（R11、R12、R114等）和HCFCs（R22、R142b），从诞生开始就逐渐取代了原生代，被广泛推广应用。随着人类对臭氧层破坏的认识，发现是CFCs和HCFCs化合物中的氯原子或溴原子与大气上空平流层的臭氧发生反应，消耗了臭氧。自从1987年国际上签订了蒙特利尔议定书，便逐步削减并

停止生产严重破坏臭氧层的 CFC 等，并开发第三代替代制冷剂。第三代制冷剂（HCFC、HFC）解决了臭氧层破坏问题，在当时被称为“环保工质”“绿色工质”等，被称之为中长期替代物。但随后人们又发现，这些第三代制冷剂具有强烈的温室效应，成为 1997 年《京都议定书》中受限物质之一。这预示着人们必须研发第四代制冷工质：零 ODP 并低 GWP。第四代制冷剂有两个发展方向：一个是再寻找更难于合成的新化合物；另一个是退回第一代制冷剂，即自然工质。自然工质主要包括氨、二氧化碳及丙烷等碳氢化合物，还包括水、空气以及用于低温制冷的甲烷、氦、氮等。从近十多年替代物的发展看，无论从理论上或从实践上，很难找到一种不影响环境的完全理想的替代物（ODP=0，GWP 小于 100，高效、安全且价格不贵）。因此，许多专家提出，第四代制冷剂退回自然工质是必然的趋势。

1. 氨制冷系统的进展

目前冷库采用氨制冷剂是主流，今后氨仍将是主要制冷剂。当蒸发温度为-35℃以上时，压缩式制冷采用氨制冷剂是最节能的。采用氨制冷剂的关键问题是安全问题。在制冷剂的发展动向中，$CO_2$ 系统成为新一代制冷剂关注的重点，$NH_3/CO_2$ 复叠式制冷系统具有较大的发展潜力。

根据国内贸易工程设计研究院考察团 2005 年对美国冷库的考察，在美国冷库中氨仍然是一种主要的制冷剂。尤其大型冷库基本均采用氨作为制冷剂。同时，天然工质 $CO_2$ 已经在冷库制冷系统中得到实际应用，采用 $NH_3/CO_2$ 复叠式制冷系统的大型冷库已经开始使用，并运行良好。

当蒸发温度为-35℃以上时，氨制冷剂的热力学性质是所有制冷剂中最佳的。当蒸发温度为-35℃以下的低温时，$CO_2$ 与氨复叠式系统的能耗和一次投资都具有优势。目前在我国各个行业中运行的冷库，80%是采用氨作为制冷剂，其余 20%（多半是中、小型冷库）中制冷剂主要采用无毒而较为安全的卤代氯氟烃（R22 和 R404A）。

（1）氨制冷系统的优点

1）氨是除空气与水外最廉价的一种制冷工质。

2）标准沸腾温度低，在冷凝器和蒸发器中压力适中。

3）单位容积制冷量大，单位冷量所需的制冷剂循环量少，热传导率高，汽化潜热大。

4）节流损失少，运行效率高。

5）运转压力低，对机器的要求低，冷冻系统材料成本低。

6）有刺激性气味，泄漏时极容易由气味及测漏试纸、试药测出，空气中含有 $50mg/m^3$ 的氨时，人的嗅觉即可分辨。

7）与矿物油不相溶，在低温下与油容易分离，氨的密度比油小，冷冻油往往沉于氨液之下，可方便地对冷冻系统进行回油。

8）常温及低温下热力学性质、化学性质稳定。

9）ODP=0，GWP=0。

（2）氨制冷系统的缺点

1）当氨蒸气在空气中含量（体积分数）达到 0.5%～1%时，人在其中停留 30min 即会中毒甚至死亡。

2）氨会燃烧和爆炸，当空气中氨的含量（体积分数）达到 16%～25%时遇明火可引起爆炸；当空气中氨的含量达到 11%～14%时即可点燃（其燃点为 630℃）。

3）氨作为制冷剂应用于冷库制冷系统中用量是比较大的。例如：一座公称体积为 $2200m^3$（500t）的冷库，当其采用氨制冷系统时，其用氨量约为3500kg；而一座公称体积为 $43000m^3$（10000t）的冷库，其充氨量将达20000kg。

系统中的氨充灌量与其发生危险的可能性密切相关，在系统设计中通过优化系统、采用板式换热器和干壳式蒸发器、采用氨直接膨胀供液方式、采用 $NH_3/CO_2$ 复叠式制冷循环等措施可以使制冷剂的充注量大幅度减少。另外，采用直接膨胀供液和与氨互溶的润滑油简化的大型氨制冷系统也会因系统的简化，使用氨量大大降低。

采用高效冷风机，减少冷间内存氨量。当前国际上氨系统的发展趋势是减少系统灌氨量，选用高效、节能的冷风机。库内蒸发器可选用高效变片距不锈钢盘管冷风机，其在相同冷量时只占传统光滑排管灌氨量的5%，即减少95%灌氨量。

氨制冷系统设计应尽量采用自动控制，以减少氨的泄漏，确保操作人员的安全。

### 2. 氟利昂系统的进展

不少外资食品加工企业的速冻制冷系统采用氢氟烃或氢氯氟烃制冷系统取代氨制冷系统。使用的制冷剂主要有R404A、R507及R22。从制冷剂的价格看，氨低于4000元/t，而氢氟烃制冷剂的价格达到7～8万元/t。但是，氟利昂制冷系统与氨制冷系统相比要简单许多，因此系统整体造价还是可能更低。另一方面，氟利昂制冷系统几乎不需要专门培训的人员进行操作。在安全性方面，采用氟利昂系统无疑具有明显的优势。

但氟利昂制冷系统在节能方面还比不上氨系统，采用R22的系统比采用氨的相同系统耗电量增加了约18%。而且，目前使用的氢氟烃制冷剂R404A及R507，由于受到《京都议定书》的限制，也只是过渡产品。

### 3. $NH_3/CO_2$ 复叠式制冷系统的进展

在常用的自然工质中，$CO_2$ 最具竞争力，在可燃性和毒性有严格限制的场合，$CO_2$ 是最理想的。$CO_2$ 制冷剂是一种安全无毒、不可燃的自然工质，不破坏臭氧层，温室效应系数GWP=1，价格低廉，不需回收，可降低设备报废处理成本。$CO_2$ 的热力学性质很好，单位容积制冷量为人工制冷剂的3～10倍。因此，$CO_2$ 系统成为新一代制冷剂中关注的重点。

$CO_2$ 制冷剂是一种具有很大潜力的天然制冷剂。但是，$CO_2$ 的临界温度仅31.1℃，即高于该温度就无法冷凝。人们利用复叠系统，解决了该问题。$NH_3/CO_2$ 复叠式制冷系统可扬长避短，发挥了两种制冷剂的优点，避开了它们的缺点，其特点如下：

1）两种制冷剂均为天然物质，纯 $CO_2$ 液体比 $NH_3$ 液便宜，ODP和GWP可视为0。

2）两种制冷剂各自成为一个独立的制冷系统，$CO_2$ 在低压级运行，而 $NH_3$ 则在高压级运行。这样既避免了 $CO_2$ 制冷系统的冷凝压力超临界压力，又避免了 $NH_3$ 制冷系统在低温下（如蒸发温度为-50℃）负压易渗漏空气的问题。

3）系统更为紧凑，减少了系统灌氨量。$CO_2$ 低压级吸入压力约为1.3MPa。

4）排出压力为3.5MPa，大大降低了系统承受的压力。

5）$CO_2$ 的运动黏度较低，在0℃时，饱和液体的运动黏度为氨的5.2%，饱和蒸气的运动黏度只是氨的31%，这样可以提高 $CO_2$ 流速而压降不会太大。节流后各回路间制冷剂的分配比较均匀，使 $CO_2$ 系统有更少的回路、更高的系统负荷、更紧凑的蒸发器。

6）$CO_2$ 单位容积制冷量相当高，在0℃时为 $NH_3$ 的5.18倍，这意味着相同的制冷负荷下，$CO_2$ 制冷系统的部件尺寸、阀门、管道的截面积比 $NH_3$ 制冷系统小，$CO_2$ 的系统灌注量也少，相应减少单位冷量的轴功率，故 $CO_2/NH_3$ 复叠式制冷系统在满负荷和 50% 负荷时，其单位冷量耗功均低于双级 $NH_3$ 系统，这些优点体现在节省系统的基建投资和日常的运行费用。

7）库房内的蒸发器中运行的是 $CO_2$，克服了氨引起的安全问题。

表 1-9 为 $NH_3/CO_2$ 复叠式制冷系统与传统两级压缩氨系统的安全水平比较。

表 1-9　$NH_3/CO_2$ 复叠式制冷系统与传统两级压缩氨系统的安全水平比较

| 比较项目 | 压缩机车间 | | 冻结-包装车间 | |
|---|---|---|---|---|
| | $NH_3/NH_3$ | $NH_3/CO_2$ | $NH_3/NH_3$ | $NH_3/CO_2$ |
| 最大充氨量/kg | 8660 | 40 | 260 | 无 |
| 万一全部泄漏时氨蒸气质量浓度/$(g/m^3)$ | 1487(达到爆炸浓度) | 16(未达爆炸浓度) | 185 | 无 |
| 万一爆炸的破坏半径/m | 33 | 不会爆炸 | 6 | 无 |
| 万一泄漏的污染半径/m | 2500 | 50 | 460 | 无 |

$NH_3/CO_2$ 复叠式制冷系统在我国山东烟台冰轮集团等单位已开发出样机，已经在国内一些地区的冷库中推广应用。

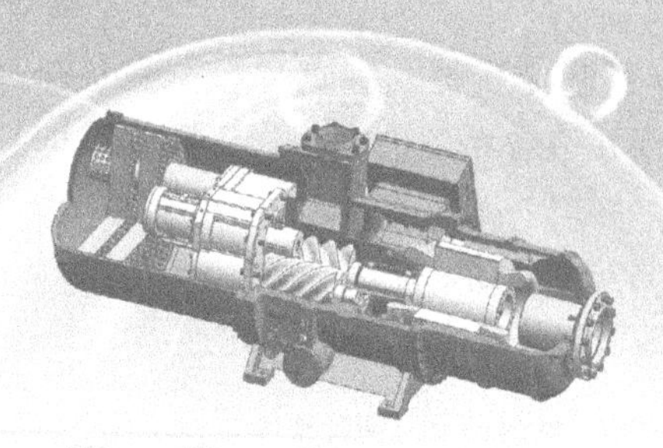

# 第 2 章

# 制冷系统方案设计

任何使用外部能量使热量从温度低的物质或环境转移到温度较高的物质或环境的系统称为制冷系统。制冷系统的类型有很多，我国食品冷藏中多采用蒸气压缩式制冷系统。它由压缩机、冷凝器、节流阀、蒸发器、辅助设备以及一系列管道和配件组成。这种制冷系统从广义上来说，应该包括制冷剂循环系统、冷却水系统和润滑油系统，间接冷却的场合还包括载冷剂循环系统等几个部分。制冷作用就是靠这几部分联合作用达到的，在这几部分中以制冷剂循环系统最为重要，也较复杂。通常所说的制冷系统，往往是指制冷剂循环系统。制冷剂循环系统按照制冷剂的种类，可分为氨制冷系统和氟利昂制冷系统；按照所采用的压缩机的型式，又可分为活塞式压缩机制冷系统、螺杆式压缩机制冷系统或其他型式的压缩机制冷系统；按照压缩机的配置方式，可分为单级压缩制冷系统和双级压缩制冷系统等。本章主介绍氨蒸气压缩式制冷系统的设计方案，并介绍制冷系统的优化方法。

## 2.1 制冷系统的分类

概括地说，蒸气压缩式制冷系统（即制冷剂循环系统）可分为两个部分，即机房系统和库房系统（又称冷却系统）。机房系统是指从氨液分离器或低压循环桶后的吸入管算起，包括压缩机、中间冷却器、油分离器、冷凝器、贮液器、总调节站到节流阀之间的管段。这部分的主要作用是把从库房蒸发来的低温低压制冷剂蒸气进行压缩，提高压力，使之成为高压状态的制冷剂蒸气，再冷凝为高压状态的制冷剂液体，然后节流降压。其作用是使制冷剂恢复蒸发吸热的能力。由于这一部分的机器、设备均在库体围护结构之外，大部分在机房、设备间内，因此称它为机房系统。库房系统是指从节流阀后算起，包括库房氨液分离器、低压循环桶、氨泵、液体分调节站、冷却设备、气体分调节站、机房氨液分离器及这一区间的所有管段。系统为安全工作而设置的空气分离器、集油器、排液桶、热氨冲霜管路等设备和管段，是不易划分的。人们往往把空气分离器、集油器、排液桶等列入机房系统，而热氨冲霜管路则单独介绍，称为融霜系统。

制冷系统的用途是和库房隔热结构一起来维持库房冷加工和冷藏工艺条件——温度和湿度。

制冷系统的设计是冷库制冷工艺设计中的重要环节之一，它与企业生产和经济性、安全可靠性及产品质量、操作的简繁有直接关系，因此制冷系统的正确设计是一个十分重要的问题。

制冷系统的设计工作是一开始就要解决的，以后的工作都要以它为依据。制冷系统是通过包括全部机器、设备、指示和控制仪表、制冷管道、阀门等在内的系统原理图表达出来的。这一系统原理图为整个设计工作提供了前提条件，又在设计全过程中不断被修改、充实和完善。制冷系统原理图中常用的图例参见表 2-1～表 2-3，表中列举了制冷工艺常用管线、阀件及小件设备图例。用图例所绘制出来且能表示实际制冷系统的机器、设备、阀件、仪表之间的关系图，称为制冷系统原理图，如图 2-1 所示。

**表 2-1　单线式管线图例**(立面系从右下方观视)

| | | | | | |
|---|---|---|---|---|---|
| 透视 | | | | | |
| 平面 | | | | | |
| 立面 | | | | | |
| 透视 | | | | | |
| 平面 | | | | | |
| 立面 | | | | | |
| 透视 | | | | | |
| 平面 | | | | | |
| 立面 | | | | | |

**表 2-2　制冷工艺常用管线图例**

| 图　　例 | 名　　称 | 图　　例 | 名　　称 | 图　　例 | 名　　称 |
|---|---|---|---|---|---|
| —————— | 回气管或吸入管 | ——x——x—— | 放空气管 | —s—s— | 上水管 |
| - - - - - - | 热氨管或高压气体管 | ——XX——XX—— | 安全管 | —S—S— | 下水管 |
| —————— | 氨液管 | ——o——o—— | 导压管或接压力表管 | 大径 —— 小径 | 氨管线换径 |
| —·—·—·— | 排液管 | ——·——·——·—— | 导温管 |  | 氨管线三通 |
| —O—O— | 溢流管 | ——I——I—— | 盐水进管 |  | 管道伸缩节 |
| —y—y— | 放油管 | ——L——L—— | 盐水出管 |  | 预留吊点 |

注：1. 所有管线必须绘出表示流向的箭头。

2. 上下水管若成对绘在制冷工艺图上，则按本表图例绘制，否则按固定标准绘制。

**表 2-3　管阀及小件设备图例**

| 图　　例 | 名　　称 | 图　　例 | 名　　称 | 图　　例 | 名　　称 |
|---|---|---|---|---|---|
|  | 直角截止阀 |  | 安全阀 |  | 压差控制器 |
|  | 直通截止阀 |  | 浮球阀 |  | 湿度控制器 |
|  | 节流阀 |  | 过滤器 |  | 温差控制器 |
|  | 热力膨胀阀 |  | 液位控制器 |  | 铂电阻 |
|  | 恒压阀 |  | 油位控制器 |  | 温度计 |
|  | 电磁阀 |  | 流量计 |  | 观察孔 |
|  | 正恒阀 |  | 时间控制器 |  | 压力表 |
|  | 旁通阀 |  | 温度控制器 |  |  |
|  | 止逆阀 |  | 压力控制器 |  |  |

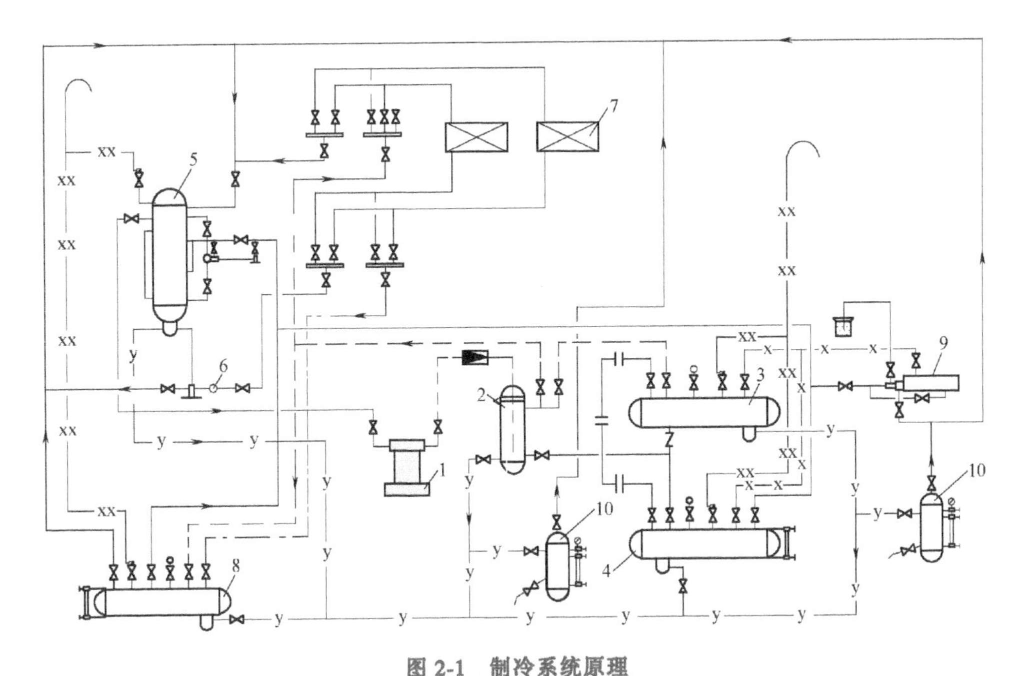

图 2-1 制冷系统原理

1—压缩机 2—洗涤式油分离器 3—冷凝器 4—贮氨器 5—低压循环桶 6—氨泵 7—冷分配设备 8—排液桶 9—空气分离器 10—集油器

## 2.2 制冷系统的特点

### 2.2.1 机房系统

机房系统在整个制冷系统中的作用，是通过制冷压缩机把库房系统吸回的低压制冷剂蒸气压缩为高压蒸气，排入油分离器分离去除蒸气所夹带的润滑油之后，进入冷凝器（双级压缩后，低压级制冷压缩机排气先经中间冷却器冷却，再被高压级制冷压缩机吸入，压缩到冷凝压力，再经油分离器分离润滑油，然后进入冷凝器），将高压高温的制冷剂蒸气冷凝为高压常温的液体，泄入高压贮液器，然后再经过节流阀送入库房系统，使制冷循环得以进行。为了便于说明，一般将机房系统分为吸入管段、排气管段和高压液体管段三个部分。

1. 制冷压缩机的吸入管段

制冷压缩机的吸入管段是指从氨液分离器或低压循环桶后至压缩机吸入端之间的管段，由于冷库生产及贮存货物对库房温度的要求不同，故采用不同的蒸发系统。各蒸发系统的制冷剂液体在蒸发盘管内的一定蒸发压力下吸热蒸发，所产生的气体被该蒸发系统配置的制冷机吸入，因而每个蒸发系统都应该单独设立吸入总管。

（1）单级压缩机的吸入管段　一个蒸发系统的单级压缩机的吸入管段对于单一的高温冷库或制冷厂，其蒸发系统只有一个，此时吸入管与压缩机的连接方案是比较简单的，如图 2-2 所示。

多个蒸发系统的单级压缩机的吸入管段，为使压缩机在使用中有一定的灵活性，在满足

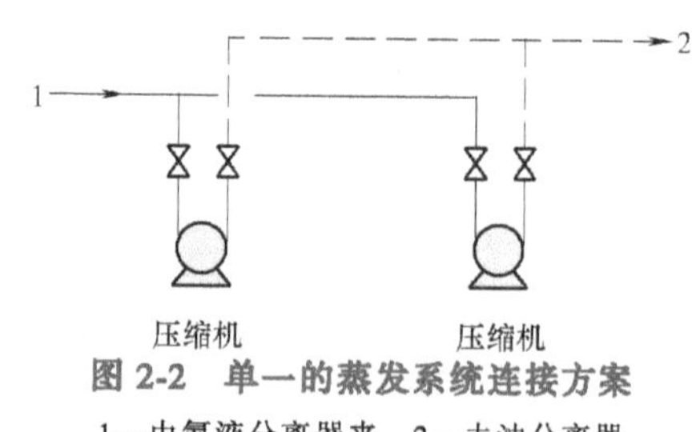

图 2-2　单一的蒸发系统连接方案
1—由氨液分离器来　2—去油分离器

一个蒸发系统对应一台或几台压缩机的条件下，可在吸入管道上加一些短管、阀门来沟通不同的蒸发系统，以使在某台压缩机发生故障或负荷变小时，可通过阀门的调节用其他压缩机兼顾，这对调节生产和检修都是十分有利的，但也要注意不应把所有的压缩机的全部蒸发系统都接通，以免浪费管子、阀门，使操作复杂化，而实际使用时却价值不大。图 2-3 所示为三个蒸发系统的压缩机与吸入总管的连接方法，其中图 2-3a 所示是一台（或一组）压缩机以一种蒸发系统为主而兼顾连接一种蒸发系统，图 2-3b 所示是以一种蒸发系统为主兼顾其他蒸发系统，图 2-3c 所示则是任何一台压缩机可顾及几个系统。可以看出，图 2-3c 所示方案并不可取。

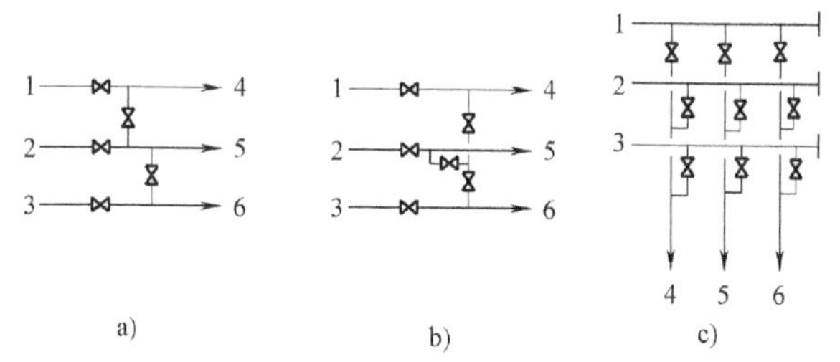

图 2-3　三个蒸发系统的压缩机与吸入总管的连接方法
1—接蒸发温度为 $t_{01}$ 的系统　2—接蒸发温度为 $t_{02}$ 的系统　3—接蒸发温度为 $t_{03}$ 的系统　4—接 1#压缩机　5—接 2#压缩机　6—接 3#压缩机

（2）双级压缩机的吸入管段　双级压缩制冷系统，不管是单级压缩相配组的，还是使用单机双级压缩机的，它们与蒸发系统的连接都与单级压缩相仿，只要从每个蒸发系统引出来的吸入管和与其对应的低压级压缩机或单机双级压缩机的低压级连接即可，并在各个蒸发系统的吸入管之间辅以连接管道和阀门，以便操作时灵活调节。

对于单级、双级兼有的压缩机的吸入管段，压缩机与蒸发系统的连接，除考虑单级、双级各自的灵活性外，还应在单级、双级蒸发系统之间采取措施。如图 2-4 所示。-15℃蒸发

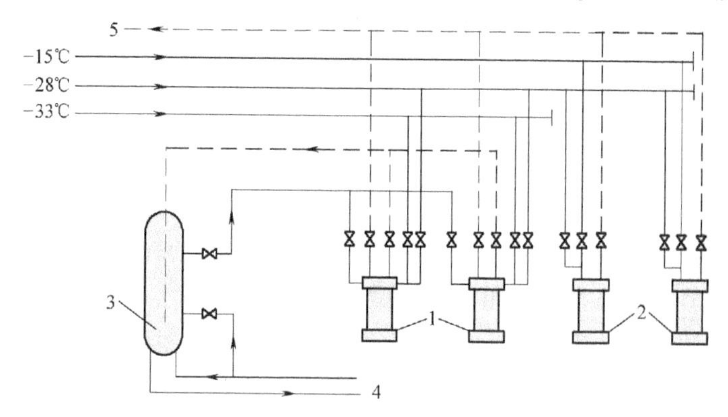

图 2-4　单级、双级兼有的压缩系统连接方案
1—单机双级压缩机　2—单级压缩机　3—中间冷却器　4—接总调节站　5—接油分离器

系统的热负荷是用两台单级压缩机负担的，-28℃、-33℃蒸发系统则是由两台单机双级压缩机负担的，但由于各个蒸发系统吸入管路辅助以连接的短路和阀门，使两台单级压缩机既可以同时负担-15℃或者-28℃蒸发系统，也可以同时负担-28℃或者-33℃蒸发系统，两台机器之间还可以互相使用。

当压缩机不自带过滤器时，不论是单级压缩还是双级压缩，都必须在吸入管上加过滤器，特别是对于初投产阶段或抢修后开车更应注意。

2. 制冷压缩机的排气管段

制冷压缩机的排气管段是指从制冷压缩机排气出口至冷凝器气体入口之间的管段。由于制冷系统的冷凝压力都是由冷却介质的温度确定的，通常只有一个，都用一根总排气管引出。

制冷压缩机的排气管上一般需要装设油分离器，双级压缩制冷循环中，低压级压缩机排气先进入中间冷却器，对中压制冷剂蒸气冷却降温，然后被高压级压缩机吸入，对于润滑油的分离一般只在高压级压缩机的后面装设油分离器，个别情况下，也可同时在低压级压缩机的排气端装设油分离器。

制冷压缩机排气管至冷凝器，可以是一台（双级压缩时为一组）压缩机对一台冷凝器，也可以是多台（双级压缩时为多组）压缩机以串联或并联式对一台冷凝器或多台冷凝器。

（1）单级压缩制冷循环的排气管段　单级压缩制冷循环的氨压缩机排气端连接方式如图 2-5a 所示，油分离器常用洗涤式，也可用干式，分离出的油一般放入集油器，减压放出，也可以直接送回到压缩机曲轴箱。单级压缩制冷循环的氟利昂压缩机排气端连接方式如图 2-5b 所示，除小型压缩机组（2FZ-10 以下）外，一般需装设油分离器。单级压缩制冷循环两台压缩机对一台冷凝器的连接方式如图 2-6 所示。

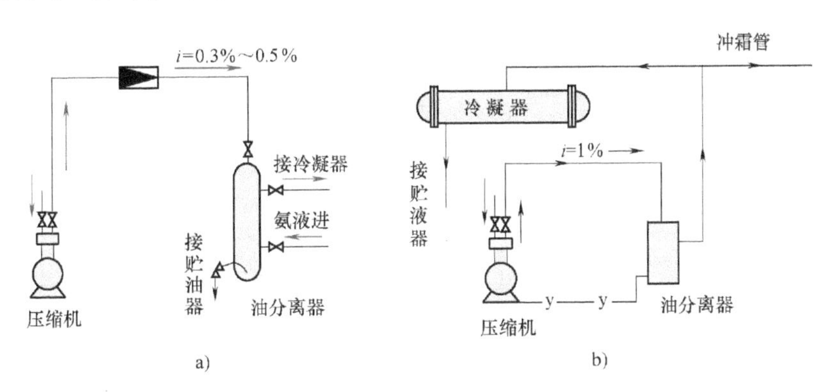


**图 2-5　单级压缩制冷循环一台压缩机对一台冷凝器排气端连接方式**

a）氨压缩机排气端连接方式　b）氟利昂压缩机排气端连接方式

单级压缩制冷循环多台压缩机对多台冷凝器的连接方式如图 2-7 所示。制冷压缩机的排气管（多台压缩机并联使用时是热气总管）上，有时要装设止逆阀，使高压管道保持单向畅通，以防止制冷压缩机停车时制冷剂蒸气逆流，凝结于车头，不利于重新起动。如果使用干式油分离器，则止逆阀装于油分离器前后的管线上均可；如果使用洗涤式油分离器，则止逆阀应装于油分离器之前的管线上，以防止制冷剂液体倒流入压缩机。

（2）双级压缩制冷循环的排气管段　双级压缩制冷循环与单级压缩的不同是，低压级

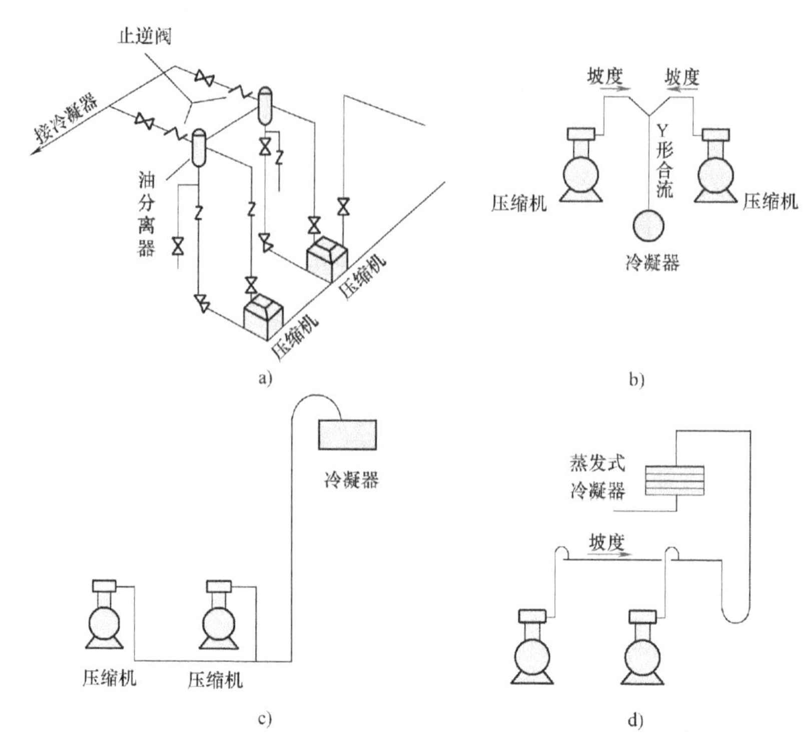


**图 2-6　单级压缩制冷循环两台压缩机对一台冷凝器的连接方式**

a）两台氨单级压缩机对一台冷凝器连接方式　b）两台氟利昂压缩机对一台冷凝器、冷凝器位置低于压缩机的连接方式　c）氟利昂单级压缩、两台压缩机对一台冷凝器、冷凝器位置高于压缩机的连接方式　d）氟利昂单级压缩、两台压缩机对一台冷凝器的另一种连接方式

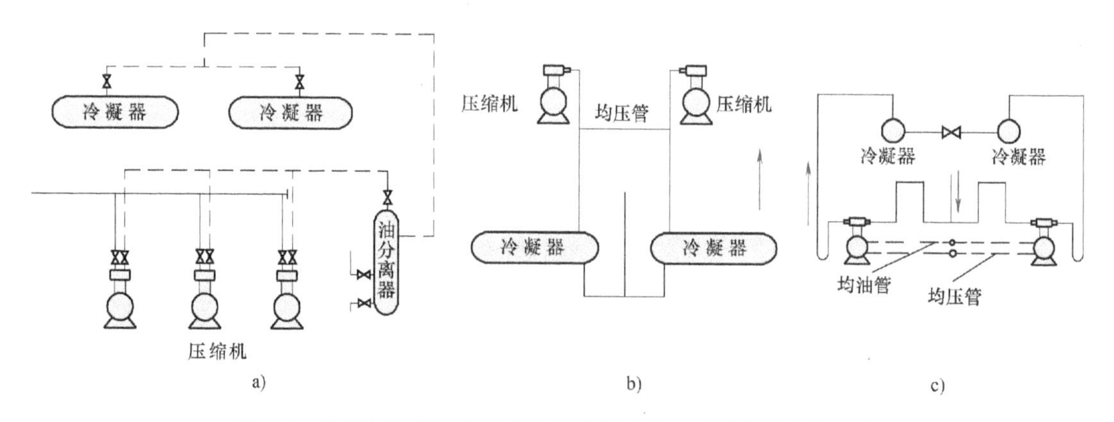


**图 2-7　单级压缩制冷循环多台压缩机对多台冷凝器的连接方式**

a）氨制冷压缩机排气端连接示意图　b）冷凝器位置在压缩机以下的氟利昂制冷压缩机排气端连接示意图　c）冷凝器位置在压缩机以上的氟利昂制冷压缩机排气端连接示意图

压缩和高压级压缩之间要装中间冷却器，中间冷却器的型式很多，氨制冷系统多采用一次节流完全中间冷却的制冷循环，并且多用立式中间冷却器（图 2-8）。这种立式中间冷却器内有蛇形盘管，高压液体在管内被冷却，盘管内液体仍为冷凝压力，可向较高楼层及较远地方的冷却设备供液。

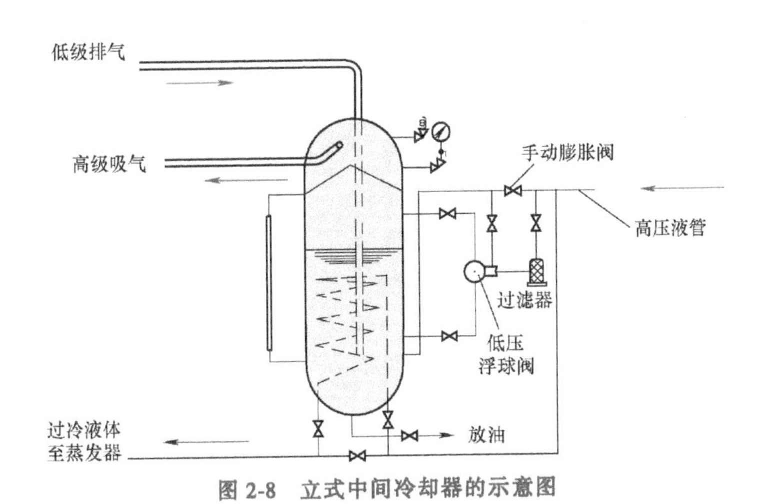


图 2-8 立式中间冷却器的示意图

双级压缩制冷循环系统的连接如图 2-9 和图 2-10 所示。

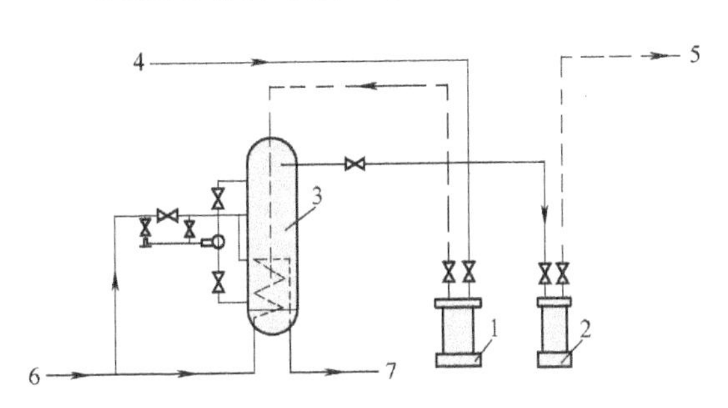

**图 2-9 配组双级压缩系统连接方案**

1—低压机 2—高压机 3—中间冷却器 4—接自氨液分离器 5—接油分离器 6—接自贮液器 7—供液

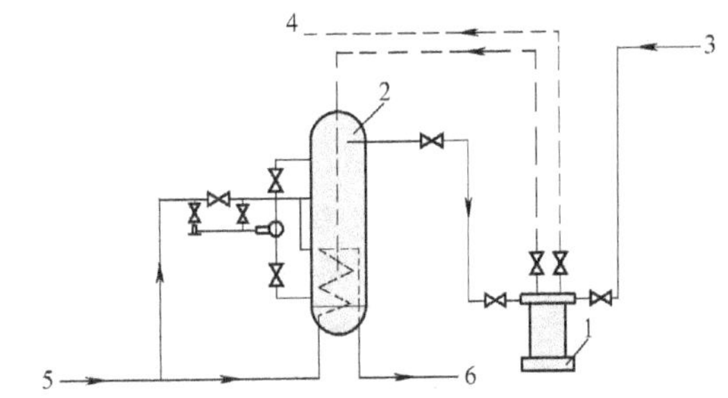

**图 2-10 单机双级压缩系统连接方案**

1—单机双级压缩机 2—中间冷却器 3—接自低压循环贮液桶 4—接油分离器 5—接自总调节站 6—供液

有些制冷系统中采用新系列压缩机时，应指定在某台压缩机上加设反向运载装置，以供高压管道等抽空、循环融霜或冷凝器抽空时使用。但不必在每台压缩机上都加设反向运载装置，这将使系统复杂化，还增加了发生事故的可能。反向运载装置是在吸入管和排气管上另接两根管，八缸机（12.5 系列）用 $D=100\text{mm}$，四缸机用 $D=57\text{mm}$，每根管上加一个截止阀即可，如图 2-11 所示。正常使用时阀 A、B 开启，阀 C、D 关闭；到逆向抽空时，阀 A、B 关闭，阀 C、D 开启。

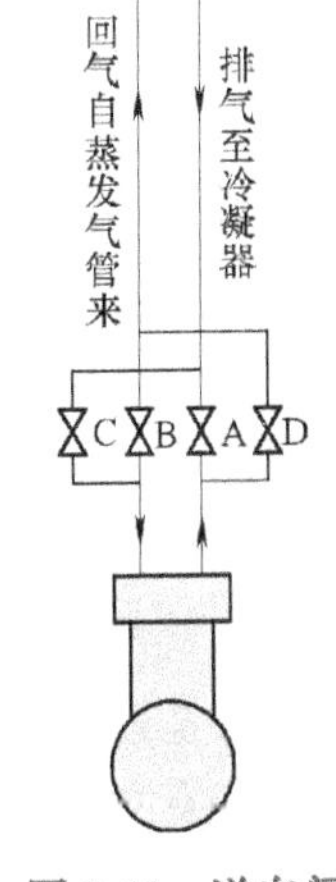


**图 2-11 逆向阀**

### 3. 冷凝器至节流阀的高压液体管段

经过油分离器分离润滑油后，高压高温制冷剂蒸气进入冷凝器冷却冷凝成高压的液体并实现一定的过冷度，这种高压制冷剂液体通过冷凝器汇液管汇集于高压贮液器，并由此向低压部分的制冷设备供液，借助于膨胀阀的节流效应变为低温低压液体蒸发吸热，达到制冷的目的。

（1）冷凝器至高压贮液器的管道系统连接　从冷凝器到高压贮液器的管子有两个作用：其一，使液态制冷剂能及时地从冷凝器流向高压贮液器，使冷凝器中不留存制冷剂液体；其二，当贮液器中液面升高时必然有一部分气体排出，气体便从贮液器至冷凝器的连接管中流回冷凝器，连接管的目的是使两者通畅。其连接方法根据所采用的贮液器的类型不同而有所区别。

若采用涨缩式贮液器，其连接方式如图 2-12 所示。贮液器的顶端至少比冷凝器底部低 300mm，贮液器中可能达到的最高液面应比冷凝器的泄液出口低 350～700mm，泄液管上的阀门应尽可能装在低的位置，因为阀门有一定的阻力。

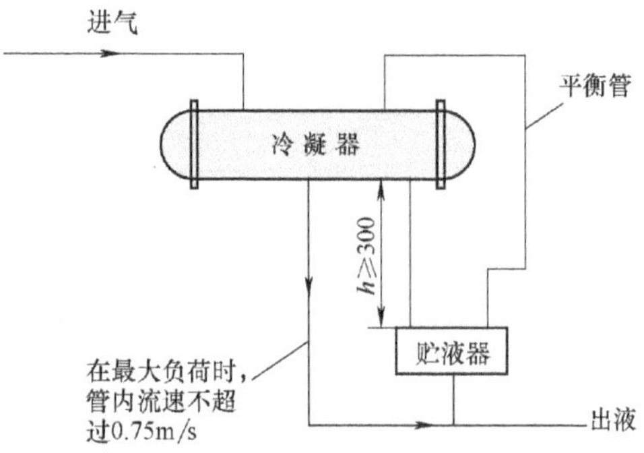

**图 2-12　涨缩式贮液器的连接方式**

若采用直通式贮液器，其连接方式如图 2-13 所示。当冷凝器至贮液器的泄液管中液体流速不超过 0.5m/s 时，一般可以不用平衡管，如果需要在冷凝器与贮液器间设计有平衡管，则应从冷凝器与贮液器的顶部引出接管，如图 2-13 中点画线所示。

在进行管道设计时应注意：贮液器应低于冷凝器，弯头和弯管应尽量少，水平管要有一定坡度向贮液器方向倾斜，一般每米管长取 20mm 的坡度。

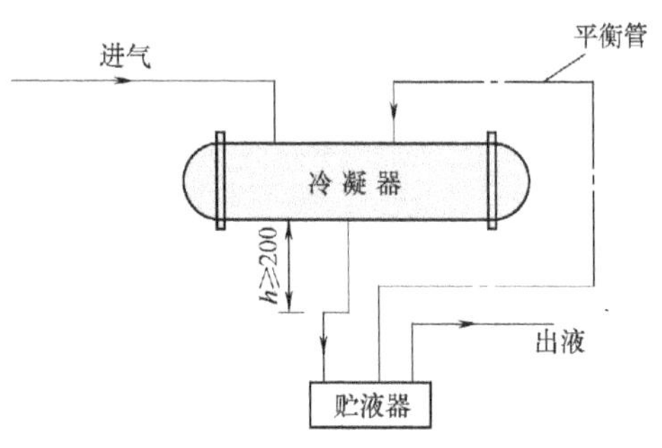


**图 2-13　直通式贮液器的连接方式**

这种接法的不利之处是，冷凝器中带有一些过冷的液体进入贮液器后将失去过冷。目前国内广泛使用的是所谓“直通式”贮液器，而少用“涨缩式”贮液器，其原因是“涨缩式”贮液器易于将润滑油带进库房系统，且在贮液器处没有形成液封，不凝性气体也可能被带进低压系统，影响蒸发器中的热交换。

在氨制冷系统中多采用洗涤式油分离器。而洗涤式油分离器的特点是，需要从冷凝器的出液管引进氨液，而且要控制两者之间的相对高差以维持氨油分离器中的液面线。设计时，一般首先确定贮液器的标高，然后确定冷凝器的标高，要求冷凝器中氨液能自流入贮液器，最后确定洗涤式油分离器的标高，使氨油分离器的进液管标高比冷凝器的出液器标高低 300mm，使氨油分离器进液阀上方有一段液柱，从而克服阀门及弯头阻力，氨油分离器的进液管应从冷凝器出液集管的底部接出。氨油分离器、立式冷凝器和贮液器的连接方式如图 2-14 和图 2-15 所示。

由于制冷压缩机轴封或其他因低压侧不严密或润滑油发生分解等原因，会有一部分不凝性气体（主要是空气）带进系统中。不凝性气体的存在直接影响制冷系统的正常运转，应及时从系统中排除。由于贮液器的液封作用，进入系统中的空气都积聚在冷凝器和贮液器内，因此，放空气管可从这两个设备中引出，而其他设备中不必加放空气管。从理论上说，空气可以直接从冷凝器或贮液器放出，但这样做制冷剂损失较多，且操作不安全，所以制冷系统中一般都设有空气分离器，通过空气分离器可排除制冷系统中的不凝性气体。只有在小型制冷装置中，才直接从冷凝器、贮液器或排气管的放空气阀中把不凝性气体放出。常用空气分离器有立式自动空气分离器和卧式四重套管式空气分离器两种，两种空气分离器的型式及其接管方式如图 2-16 所示。空气分离器与冷凝器和贮液器的连接方式如图 2-17 所示。

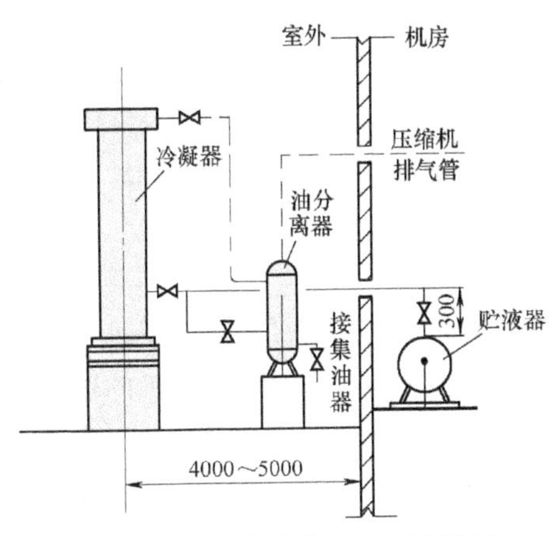


**图 2-14　氨油分离器、立式冷凝器和贮液器连接方式（一）**

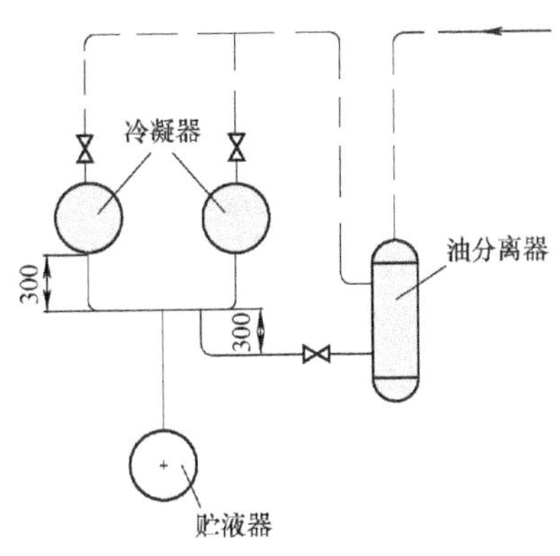


**图 2-15　氨油分离器、立式冷凝器和贮液器连接方式（二）**

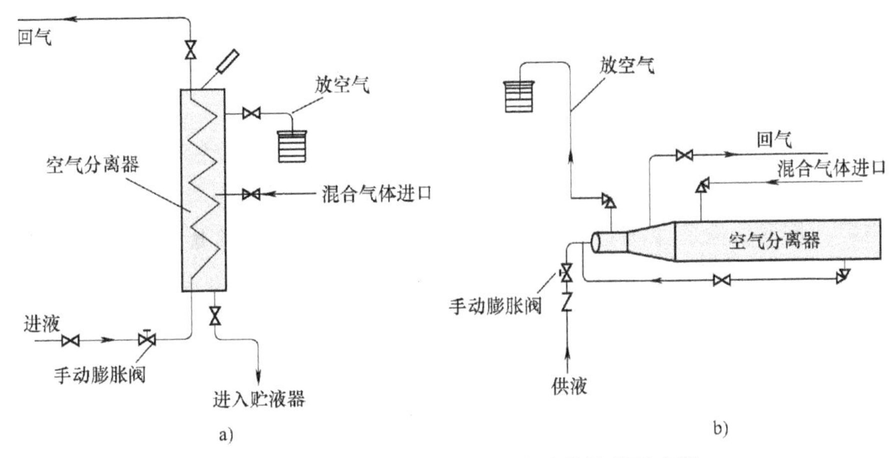


**图 2-16　两种空气分离器的型式及其接管示意图**

a）立式自动空气分离器　b）卧式四重套管式空气分离器

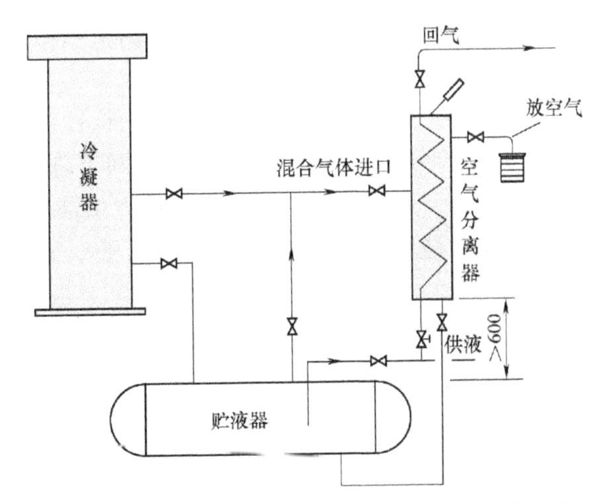


**图 2-17　空气分离器与冷凝器和贮液器的连接方式**

空气分离器与系统其他设备接管时应注意以下几点：

1）冷凝器顶上和贮液器顶上的放空气接头应接至一个共同的空气分离器，各支管上应装有截止阀，总管的直径与各支管的管径可以相同，一般采用15mm已足够。放空气操作时要分别进行。为了使凝结出来的液体可以顺利排出，空气分离器应高于高压贮液器，泄液管管径最好不小于25mm。

2）供液管可以由贮液器直接供液，也可以由总调节站供液。

3）回气管（减压管）应接到蒸发温度较低、负荷稳定的蒸发系统的总回气管上（如接在冷却盘管与氨液分离器的回气管上），不可直接与吸入管连接，以免引起压缩机的事故。

4）放空气管可用橡皮管接入水桶中。

5）集油器的接管尽管有油分离器，但油分离器的分油效率并不是100%，因而总是不可避免地有一部分润滑油随制冷剂流入设备和管道，这对于冷凝器、冷却设备等换热设备是很不利的，所以凡是有可能积油的容器设备都应有放油接头和控制阀门，用以放油。由于油、氨密度不同，故放油接头应从容器底部引出。在有些设备上，放油接头是用一根管插入桶底的，连接时不要弄错，以免放不出油来，由各积油容器接出的放油管又接入不包隔热层的集油器中，集油器上部有一减压管，操作时将集油器器内降压，使油氨混合物中的氨液吸热汽化而被抽走，留在集油器中的油则在低压下被放出。

高压与中压容器中的工作压力大于系统的回气压力，其中的润滑油可借助压力差流入集油器，不必考虑集油器与设备之间的相对高差，对于低压容器则应考虑积油设备与集油器之间的相对高差。同时，宜将集油器置于温度较高的地方，放油时将集油器与系统切断，待集油器中压力上升到大气压力以上时再开放油阀。较大的制冷系统可设两个集油器，将高压、低压容器分开。

此外，集油器的降压管一般都接在蒸发温度较低、负荷稳定的蒸发系统，以便于操作调节，确保安全。同时，为保证安全运转，应将降压管接于氨液分离器或低压循环桶的回气管上，而不能直接接在压缩机的吸气管上，以免引起压缩机湿冲程。集油器在整个系统中的连接如图2-1所示。

还应指出，冷凝器、贮液器上应设有安全阀，用共通的管道引至周围半径为50m内最高建筑物上1m处，并采取防雨措施。为便于检修、试压，安全阀前设有截止阀，平时呈开启状态。

（2）高压贮液器至节流阀之间的连接　从高压贮液器出来的高压制冷剂液体一般先接至高压液体调节总站（也有的经过再冷却器再接至高压液体调节总站），再按照所采用的制冷系统不同，分别接到中间冷却器、直接供液的节流阀、重力供液的液体分离器进液节流阀或液泵强制循环供液的低压循环贮液桶进液节流阀，进入低压冷却系统（制冷循环的低压部分）。

高压液体调节总站是为了便于集中控制高压液体向蒸发器、低压容器、中间冷却器等设备，或者向冲霜排液桶、放空气器的排液系统分配而设置的，其连接示意如图2-18所示，图2-18a、b为简单型的，一般蒸发系统比较简单；图2-18c、d为复杂型的，系统较复杂。

机房系统原理如图2-19所示。

## 2.2.2 库房系统

来自机房系统的高压常温制冷剂液体，通过节流阀降压降温后，按一定的供液方式进入冷却设备，吸收被冷却物品的热量而汽化，然后被制冷压缩机抽回，完成周而复始的循环过程。

库房系统应能在保证食品原有质量的前提下，节约能源和资源，包括节约制冷剂充注量、节约运行费用和冷却设备的初投资等。

按照冷却方式、制冷装置的构造型式和辅助设备的不同，制冷循环的库房系统可分为直接冷却和间接冷却两大类。通过制冷剂在冷却设备中直接循环来吸收被冷却环境或被冷却物体的热量，而达到制冷的目的，称为直接冷却。通过已被制冷系统降温的载冷剂在冷却设备中循环来吸收被冷却环境或被冷却物体的热量，从而达到制冷的目的，称为间接冷却。

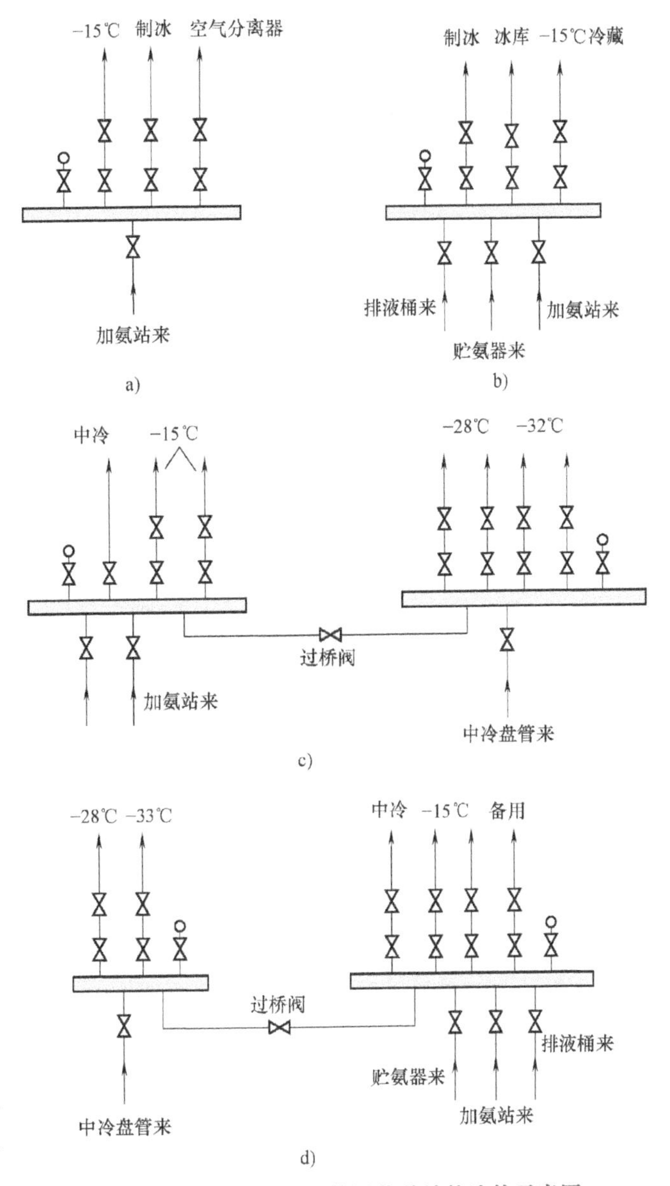


图 2-18 氨系统高压液体调节总站的连接示意图

直接冷却的制冷剂蒸发温度和被冷却物体的温度之间存在一级温差，而间接冷却的制冷剂蒸发温度和被冷却物体的温度之间存在两级温差。因此，达到同样低的环境温度或物体温度，间接冷却的制冷剂蒸发温度要比直接冷却的制冷剂蒸发温度低，从而降低了压缩机的制冷能力，增加了功耗。但是，直接冷却库房的冷却设备和管路的密封性要特别好，严防制冷剂泄漏，以免污染食品。而在间接冷却的冷却设备和管路中循环的是少害或无害的载冷剂，因而要安全可靠得多。

不管是直接冷却还是间接冷却，制冷剂带走热量的形式都与不同的冷却设备型式存在很大的关系。在设计中应在保证食品质量、节约金属材料和动力消耗、减少占用面积的前提下，尽量强化冷却设备的热交换效能。因此，了解库房系统的热交换方式是做好库房系统设计的基础。

### 1. 库房系统的热交换方式

库房系统的热交换方式一般有四种：对流换热、接触传热、混合换热和直接喷淋。

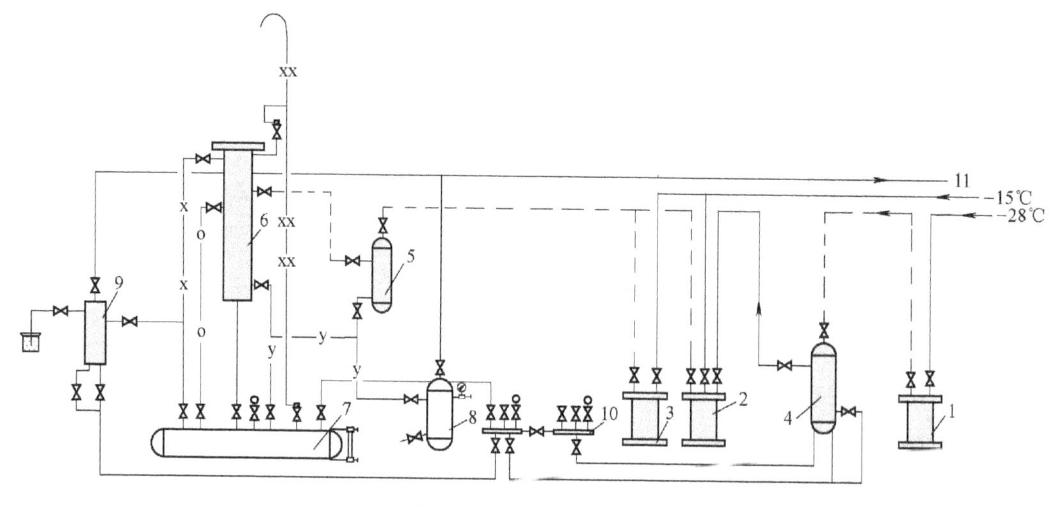


图 2-19　机房系统原理

1—低压机　2—高压机　3—单级机　4—中间冷却器　5—干式油分离器　6—冷凝器　7—高压贮液桶　8—集油器　9—空气分离器　10—总调节站　11—接往回气管

（1）对流换热　冷却设备和被冷却食品之间的热交换是通过中间介质空气或载冷剂，在冷却设备与中间介质以及中间介质与被冷却食品之间两级温差的推动下，或者借助于机械力来实现的，这就是对流换热。当温差是对流换热的唯一动力时，称为自然对流换热，如冷藏室内的墙、顶排管，由于冷却排管温度低于室内空气温度，而室内空气温度低于食品温度，在温差的推动下，形成空气的自然对流，使热量从高温的食品传到了冷却设备，从而把食品冷下来。

除温差引起的自然对流外，在许多冷冻装置上主要借助于鼓风机，强制空气在冷却设备和被冷却食品之间循环，把食品的热量传送给冷却设备，或借助于搅拌机强制盐水载冷剂在冷却设备和被冷却物体之间流动，把物体热量转移至冷却设备，这称为强制对流换热，如冻结间的冷风机和盐水浸冻设备，皆属于此类。

强制空气对流比自然对流换热效果好，库温均匀，食品降温快，并可以把冷却设备集中于一体，节约管材和减少占用面积，便于操作管理和冲霜，容易实现自动控制，但食品干耗增大，且消耗鼓风动力。但如果把风速控制在较小范围内，采取较低的库温和较高的相对湿度，即可避免食品干耗大的缺点。据报道，如风速控制在0.1~0.2m/s，相对湿度比自然对流时提高5%，或者将库温降低5℃左右，比没有提高相对湿度或降低库温的自然对流的冷藏间，食品干耗还会少一些，因此，微风速的强制空气对流换热方式可适用于冷藏间，特别是带包装食品冷藏间。

（2）接触传热　食品直接和冷却设备接触，利用冷却设备金属表面和食品之间的热量传导达到冷却食品的目的，称为接触传热。这种冷却方式的传热系数比以空气为介质的对流换热方式要高得多。接触传热用于食品冻结，速度快、食品质量高、占地面积小，并且冷却装置可置于常温室内，改善了工人的劳动条件。因此，接触传热在冻结工艺中得到广泛的应用，平板冻结器就是接触传热的冷却设备。

（3）混合换热　搁架式冻结装置是将食品置于冷却管架之上，既有空气的对流换热，又有和金属管直接接触的接触换热，是一种混合换热的冷却设备。对流换热中，可以是空气的自然对流，也可以是强制空气对流，当货间风速在1~2m/s时，冻结时间可以比空气自然循环缩短20%~30%，风速加大后，甚至可使冻结速度提高一倍左右。

搁架式冻结装置结构简单，适合冻听装或盘装食品，一些小型冷库仍较多采用，但由于它存在装卸操作时不能连续冻结、劳动强度大，以及除霜不便等缺点，故一般冻结量超过5t时不宜采用这种冷却设备。

（4）直接喷淋　液化气体式冻结装置是利用高压液体直接喷淋到被冷却的物体上，液体瞬间汽化吸收大量的热量而使被冷却物体的温度降低的冻结装置。液氮、液体制冷剂或液态的二氧化碳使用的就属于这种方式。例如液氮在大气压下的沸点是-196℃，汽化热为201kJ/kg，可在5~15min内使食品冻结，这是一种超速冻结方式。由于液氮消耗太大（1kg食品需消耗1kg液氮）以及液氮对食品可能造成的一些潜在影响还不是很明朗，故这种液氮冻结方式还没能推广应用。

2. 制冷装置供液系统的型式

通常情况下，制冷装置供液系统的型式有三种：直接膨胀供液（包括手动和自动两种）系统、重力供液系统和氨泵供液系统。

（1）手动直接膨胀供液系统　由高压贮液器来的液体，经手动节流阀节流后直接进入蒸发器，液体在蒸发器内蒸发后形成的气体，经吸气管被压缩机吸入。这种系统简单，无氨液分离器等设备，完全依靠人工调节，调节很困难，液体供得太少，排管末端易产生过热，不仅降低了蒸发排管的制冷效果，而且使压缩机发生液击现象，不能保证系统的安全运转。此外，液体节流后产生的闪发气体随着液体进入蒸发器，降低了蒸发器的制冷效果。因此，目前这种系统在冷藏库内已很少采用。图2-20所示为手动直接膨胀供液系统原理。

（2）热力膨胀阀（自动）直接膨胀供液系统　图2-21所示为热力膨胀阀直接膨胀供液系统示意，这种系统与手动直接膨胀供液系统的区别在于，应用热力膨胀阀代替了手动节流阀，通过感温包的作用，根据回气过热度的变化，在一定的范围内自动调节系统的供液量，使之与系统的负荷相匹配。当系统负荷增大，回气过热增大，感温包中压力上升，推动热力膨胀阀阀针，使阀口开大，增大供液量，反之则减少供液量，因此其对负荷变化的适应性比手动节流阀要强些。采用热力膨胀阀的直接膨胀供液系统，其回气管路上可以不设气液分离

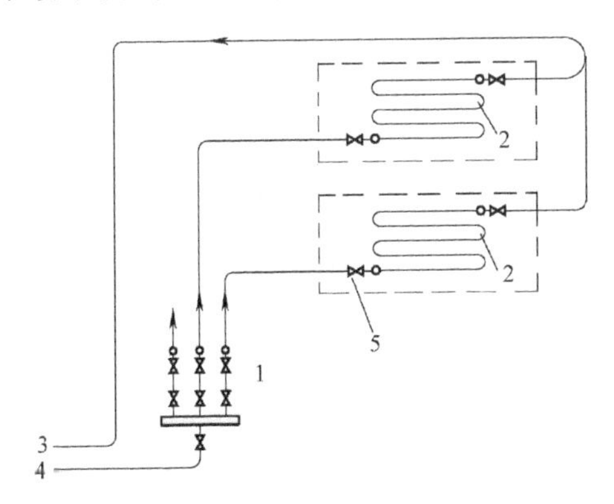


图2-20　手动直接膨胀供液系统原理

1—调节站　2—冷却排管　3—制冷压缩机的吸入管　4—来自高压贮液器的液体管　5—手动节流阀

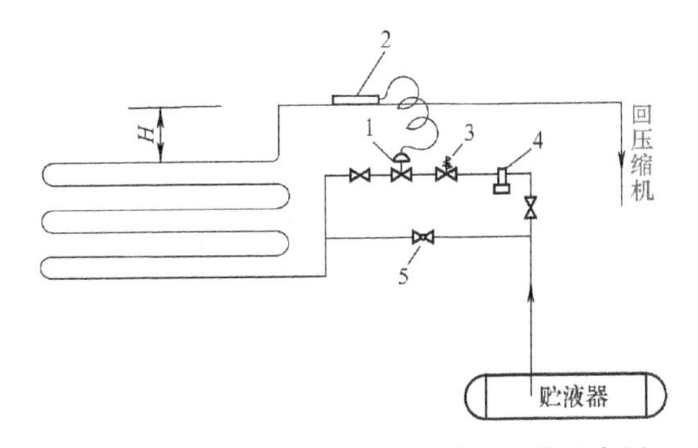


图2-21　热力膨胀阀直接膨胀供液系统示意图

1—热力膨胀阀　2—感温包　3—电磁阀　4—过滤器　5—旁通手动膨胀阀

器，也便于实现操作的自动化。但在采用自动操作的系统中，热力膨胀阀前应装电磁阀，电磁阀与压缩机联动，停机时自动切断液体通路。回气管上不设置气液分离器时，压缩机的吸入总管应比蒸发盘管高一些，如图 2-21 中 $H=200\sim300$mm，以免突然停机时蒸发盘管内的液体进入吸入管路和压缩机的吸气管内，从而引起再次自动开机时发生液击的现象。

目前热力膨胀阀直接膨胀供液系统主要适用于氟利昂制冷系统，一个热力膨胀阀只宜用于单一通路的蒸发盘管供液。

（3）重力供液系统　这种系统与直接膨胀供液系统的区别在于增加了氨液分离器，氨液分离器内要控制一定的液面，与冷却设备保持一定的高差，利用静液柱向库房冷却设备供液。来自高压贮液器的氨液，经浮球阀（或手动节流阀）节流后进入氨液分离器，此时因节流所产生的气体，在氨液分离器内分离后被压缩机吸走，氨液则积聚在氨液分离器内，依靠液体静压，不断地通过液体分配站向库房冷却设备供液，从蒸发器回来的湿蒸气，再通过液体分离器的分离，将液体分离出来，气体被压缩机吸走，从而保护压缩机不发生液击现象。重力供液系统原理如图 2-22 所示，其供液示意如图 2-23 所示。

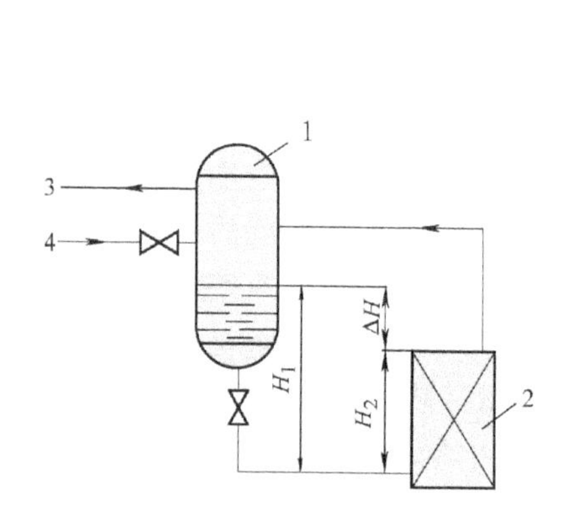


**图 2-22　重力供液系统原理**

1—氨液分离器　2—冷分配设备

3—回气　4—供液

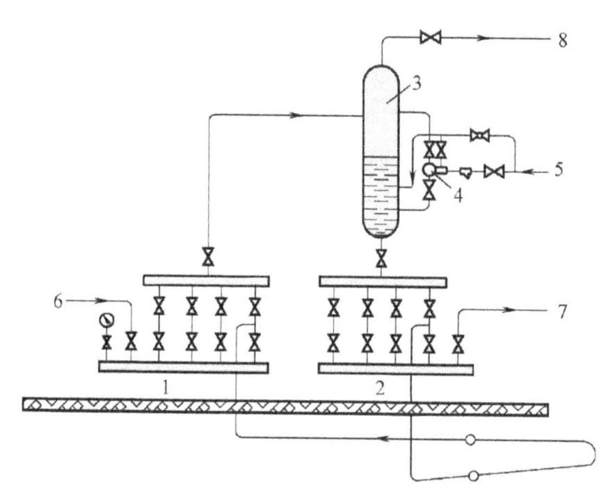


**图 2-23　重力供液系统供液示意图**

1—气体分调站　2—液体分配站　3—氨液分离器

4—浮球阀　5—来自高压贮液器的供管　6—热氨

7—排液管至排液器　8—吸入管至制冷压缩机

此外，还有满液式重力供液系统，如图 2-24 所示，它将氨液分离器与蒸发器设在同一层上，利用液体的均压作用，使氨液分离器所控制的液面与蒸发器的内液面趋于一致（一般在排管容积的 60%~80%），这样可免除液柱压力对蒸发压力的影响，但蒸发器必须靠近氨液分离器，否则就会因静柱不够，而出现供液不均现象，这种系统一般用于低温冻结装置，每个蒸发器都单独有一个氨液分离器。

重力供液系统的优点是只要保持氨液分离器的液面就能保证供液均匀，同时吸回气体又经过氨液分离器分离，使制冷压缩机运行工况得到改善，而且也比较安全。其缺点是保持合适的静液柱比较困难，静液柱过小，易产生供液不足；静液柱过大，则影响系统的蒸发压力。此外，重力供液系统必须设置氨液分离器，为了控制氨液分离器液面又需要液面控制装置（如浮球阀或其他液面控制装置），增加了设备投资，有时，为保证系统供液，往往需要把氨液分离器布置在比库房设备高一层的地方，单层冷库就需要在机房顶部设一氨液分离器间，这就相应地增加了造价。重力供液系统内，由于液体流速较慢，蒸发器和管道最低处容易积油，时间久了就会影响蒸发器的制冷效果。因此，近年来在大中型冷库中，重力供液系统已逐渐为氨泵供液系统所代替，只有制冷装置总装机容量在 35kW（标准制冷量）以下时，才建议采用重力供液系统。目前，盐水制冰系统都是采用重力供液系统来供液的。

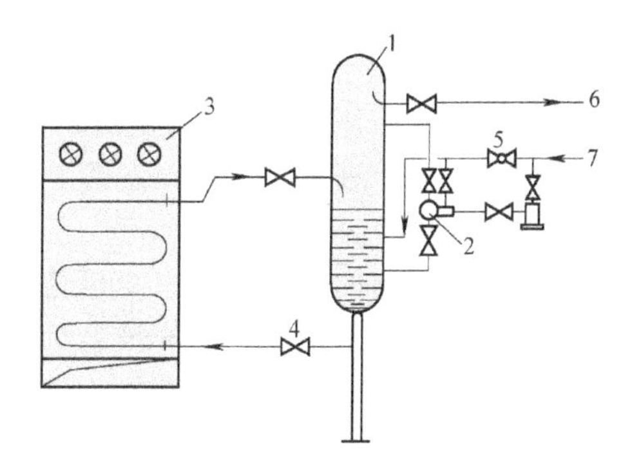


**图 2-24 满液式重力供液系统示意图**

1—氨液分离器 2—氨浮球阀 3—冷风机 4—单向阀 5—节流阀 6—接压缩机回气管 7—来自供液管

重力供液系统的设计要点如下：

1）氨液分离器内的液面与冷却设备内液面间的液位差 $\Delta H$（图 2-22）要合适。液位差的大小视系统的摩擦阻力和局部阻力而定。$\Delta H$ 必须足以克服管道阻力，同时又不宜过大，以免影响系统的蒸发压力。$\Delta H$ 克服了总阻力后，其剩余压差对蒸发温度的影响不应超过 1℃。各蒸发系统所对应的剩余压差值略有不同。一般的 -33℃ 蒸发系统不大于 0.0049MPa，-28℃ 蒸发系统不大于 0.00588MPa，-15℃ 蒸发系统不大于 0.0125MPa。在满足剩余压力条件的范围内，尽量选用流通阻力较小的冷却设备，合理布置系统管线，适当增加液位差 $\Delta H$ 对系统的正常工作是有利的。

一般情况下，氨液分离器正常液面可高于冷却设备最高点（如顶排管的最上面一根管子）0.5~2.0m，常取 1.5m。

2）几个库房同时使用一个氨液分离器时，必须设有液体和气体分调节站，以便在冷却设备阻力不均匀的情况下，通过调节阀门的开度来调节。在有热氨冲霜的装置中，分调节站要设立上、下两排截止阀（图 2-23）。正常情况时，下面一排截止阀关闭，上面一排截止阀开启；冲霜操作时，则上面一排截止阀关闭，下面一排截止阀开启。

在分调节站上设立供液、回气管的原则是，一个冷间应设一根供液管和一根回气管。如果冷间内的冷却设备较多或设备的型式不同，为了使供液均匀，应分开供液，而回气管的配置是否合用应视具体情况而定。墙排管、顶排管都有的冷间应尽量分开供液。如果只设了一根管供液，则应先供顶排管，后供墙排管。

3）氨液分离器的数量，应视蒸发系统的多少、库房间数和层数而定，一般都是不同蒸发温度分别设置，多层冷库分层设置。

4）由氨液分离器向冷却设备供液必须采用下进上出方式，以便供液均匀。多组冷却设备既可并联连接，也可串联连接，但每个通路的总长度不得超过由允许压力降及单位负荷决定的允许长度。冷库库房的冷却排管，多用 $\phi$38mm×2.2mm 无缝钢管制成，每条供液通路的长度不宜超过 120m。

5）由分调节站至库房蒸发器的氨系统管道上，凡液体管道应防止“气囊”的形成，气体管道应防止“液囊”的阻塞。

（4）氨泵供液系统 氨泵供液系统是利用氨泵将低压循环桶内经过节流的低温液体，以数倍于蒸发时的流量，直接输送到冷库各蒸发器中去，在蒸发器中一部分制冷剂液体蒸发汽化，多余的液体随同气体回至低压循环桶，经气液分离后，气体被制冷机吸走，留在桶内的液体连同从高压贮液桶补充来的液体（相当于蒸发量），又由氨泵送至蒸发器进行循环，如图 2-25 所示。

氨泵供液系统向冷却设备的供液方式，可采用下进上出（从蒸发器下部进液、上部回气，图 2-25）和上进下出（从蒸发器上部进液、下部回气，图 2-26）两种方式。这两种供液方式各有优缺点。

对于上进下出的供液方式，氨液进入蒸发器以后是靠液体的重力自然下流的。因而流向冷却设备的充液量较少，充液量只有蒸发管容积的 25%～30%。且流向蒸发器管组的阻力大致相等，蒸发温度不受蒸发管组本身高度所形成的液柱静压影响，停止氨泵供液后，蒸发管组内存的液体和油很快地自行排出，有利于融霜和控制库房温度。但是，只有当低压循环贮液桶低于冷库最低层库房中一组蒸发管时，才能使蒸发管中的液体自流至低压循环贮液桶，也只有当各蒸发管组及管路的阻力相等时，才能保证均匀供液，如图 2-26 所示。

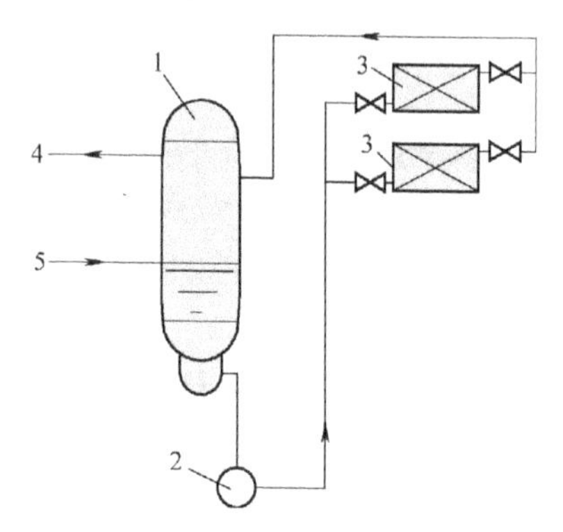


**图 2-25　氨泵供液系统原理**

1—低压循环桶　2—氨泵　3—蒸发器　4—回气　5—供液

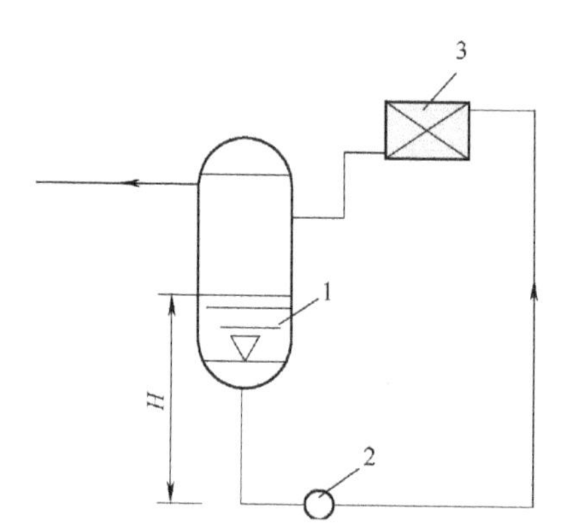


**图 2-26　上进下出氨泵供液系统原理**

1—低压循环桶　2—氨泵　3—蒸发器

对于下进上出的供液方式，氨液始终在管道内做受迫流动，易于均匀供液，传热效果好，适应性强，得到广泛应用。但是，蒸发管组充液量大，充液量要达到蒸发管容积的 60%左右，而且液柱静压对蒸发温度有影响，积油不易于排除，冲霜时必须先行排液，操作费时费事，如图 2-25 所示。

氨泵供液系统的设计要点如下：

1）低压循环桶内正常液面与泵的相对高度 $H$（图 2-26）要合适。氨泵没有吸入扬程，所以其安装位置必须在低压循环桶下面，液体借桶内液面与泵中心线间高差的静压来克服阻力流入泵体。但是，当液体由桶内经进液管流入泵体时，如作用于泵吸入口的压力低于氨液实际温度下的饱和压力时，液体即沸腾产生气泡，破坏了氨泵的正常工作，甚至损坏氨泵，这种现象称为“气蚀”。为了防止气蚀现象的产生，要求氨泵的吸入口应保持一定的压头，即“净正吸入压头”。

净正吸入压头 *NPSH*（Net Positive Suction Head），是氨泵性能参数中的一个重要数据，其大小与泵的性能有关，一般由氨泵制造厂家提供。在设计中，应保证泵吸入口有足够的净正吸入压头，以克服泵入口处因加速度和涡流现象所引起的压力损失。净正吸入压头通常是以低压循环正常液面与泵中心线间保持一定的高差来保证的。这个高差 $H$ 形成的液体静压在克服沿程阻力损失和局部阻力损失后，尚应大于泵所要求的 $NPSH$。用公式表达则为

$$H\gamma-(LR+Z)>NPSH \tag{2-1}$$

或

$$H\gamma-(LR+Z)=1.3NPSH \tag{2-2}$$

式中，$H$ 为桶内正常液面至泵中心线的高差（m）；$\gamma$ 为蒸发压力下饱和氨液的密度（$kg/m^3$）；$L$ 为泵进液管的长度（m）；$R$ 为每米管长的压力降（kPa）；$Z$ 为局部阻力损失之和（kPa）；1.3 为安全系数。

在实际设计或使用中，可采用商业设计院提供的数据，见表 2-4。

表 2-4 低压循环桶中液面与泵中心线的高差选择数据

| 氨泵型式 | | $H$/m |
|---|---|---|
| 齿轮泵 | | 1~1.5 |
| 离心泵 | -15℃蒸发系统 | 1.5~2.0 |
| | -28℃蒸发系统 | 2.0~2.5 |
| | -33℃蒸发系统 | 2.5~3.0 |

2）氨液的循环量要选择合理。氨泵供液系统中，泵的质量流量与系统的蒸发量之比称为再循环倍数。再循环倍数关系到冷却设备的传热效果以及泵长期运转费用，因而要合理选择。在确定其再循环倍数时，应以提高冷却设备的传热系数，减少制冷剂的流动阻力以及供液分配不均匀时仍能保证每通路所需要供液量等为原则。

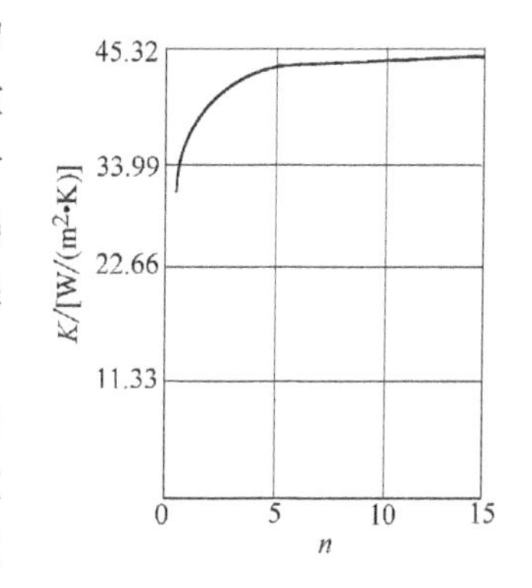

图 2-27 传热系数 $K$ 与再循环倍数 $n$ 的关系

实验表明，冷却设备的传热系数 $K$ 随再循环倍数的增加而增大，它们的关系如图 2-27 所示。但过大的再循环倍数又将使制冷剂在冷却设备和液管内产生较大的压力降，导致蒸发温度与库温之间的平均温差缩小。由于流量增加，使泵的功耗增加。由图 2-27 可看出，$K$ 值与再循环倍数不是成直线关系，当再循环倍数大于 4 以后，$K$ 的增长就不明显了。所以，就提高冷却设备传热系数来说，再循环倍数在 2~3 是较合适的。当然，还应根据制冷系统的特点及供液量均匀程度等因素来综合考虑。一般情况下可按表 2-5 来确定。

表 2-5 再循环倍数的经验取值表

| 稳定状态，冷却设备组数少 | 波动状态，冷却设备组数多 |
|---|---|
| 3~4 | 5~6 |

注：表中的稳定状态指热负荷稳定、空气自然对流的状况（如冷藏间、排管等）；波动状态指热负荷波动较大、空气强制流动的状况（如冻结间、冷风机等）。

3）要设立分调节站。氨泵压头的选择是以满足阻力最大的冷却设备的供液为依据的。对于蒸发温度较低或阻力较小的冷却设备，这将会引起蒸发温度上升的现象，所以应设立调节站，用于调节压力和控制液量。有的调节站上有高压液体管，以便氨泵故障时仍能生产，氨泵供液系统的分调节站型式如图 2-28 所示。

4）要合理配管。如果配管不合理，则会出现气蚀现象。其中包括适当选取泵的进、出液管的管径，以减少进液流速，使阻力降低。一般进液管流速为 0.4~0.5m/s，出液管流速

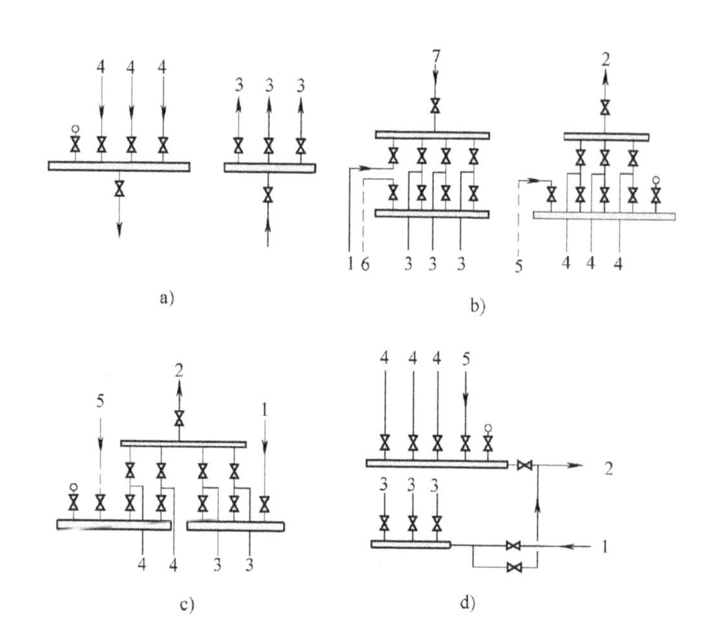


**图 2-28 氨泵供液系统的分调节站型式**

a）不带热氨融霜 b）带热氨融霜及排液桶 c）、d）带热氨融霜及不带排液桶

1—接自供液泵 2—往低压循环桶 3、4—供液、回气 5—热氨蒸气接自油分离器 6—往排液桶 7—贮氨器供液

为 1.0m/s。管径可按表 2-6 来选取。

表 2-6 氨泵进、出液管的管径选择表

| 管道 | 氨泵流量/($m^3$/h) | | | | | | | |
|---|---|---|---|---|---|---|---|---|
| | 3 | 4 | 5 | 6 | 7 | 8 | 9 | 10 |
| 进液管(管径/mm)×(壁厚/mm) | 57×3 | 63×3 | 76×3.5 | 76×3.5 | 89×3.5 | 89×3.5 | 89×3.5 | 89×3.5 |
| 出液管(管径/mm)×(壁厚/mm) | 38×2.2 | 42×2.2 | 57×3 | 57×3 | 57×3 | 63×3 | 63×3 | 76×3.5 |

其次在泵进液管上应尽量少设弯头、阀门，管子要短而平直，以减少局部阻力和沿程阻力。泵入口过滤器等应尽量靠近氨泵，以减少液体汽化机会。氨泵要设安全保护装置，氨泵自动控制回路系统原理如图 2-29 所示。图中在过滤器和氨泵之间设有抽气管，并接至总回气管（也可直接与低压低循环贮液桶连接），用以排除进液管或泵体内因液体蒸发而产生的气体。氨泵的出液管要设止回阀（图 2-29 中 7），防止液体返回低压循环桶和防止氨泵倒转。

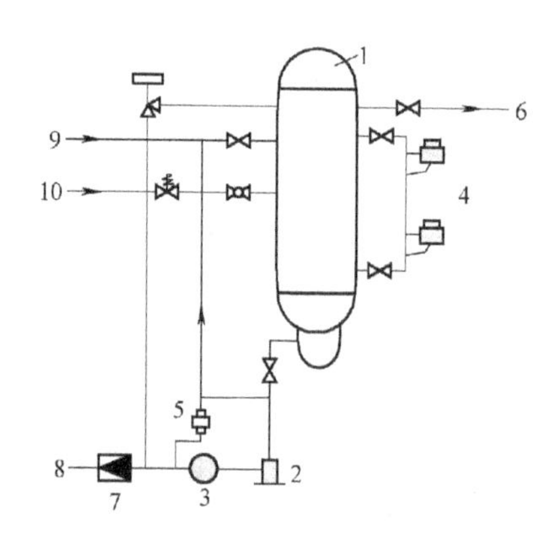


**图 2-29 氨泵自动控制回路系统原理**

1—低压循环桶 2—过滤器 3—氨泵 4—浮球液位控制器 5—差压控制器 6—去压缩机 7—止回阀 8、9—库房供液、回气 10—高压来液

为了避免液体进氨泵时产生涡流，低压循环贮液桶的出液管（氨泵的进液管）的连接方式也很重要，一般常见的有图 2-30

所示的三种连接方法。图 2-30a 方式中，出液管从低压循环贮液桶中间接出，出液管端设有导流叶片的防涡流装置，要求导流叶片与低压循环贮液桶内正常液面的距离不少于 300mm。图 2-30b 方式中，出液管从低压循环贮液桶的侧面接出，并有一定的倾斜度，而出液管可不设导流叶片，但要求低压循环贮液桶内始终保持稳定的正常液面。图 2-30c 方式中，出液管从低压循环贮液桶底部与桶成 17°角度方向接出。

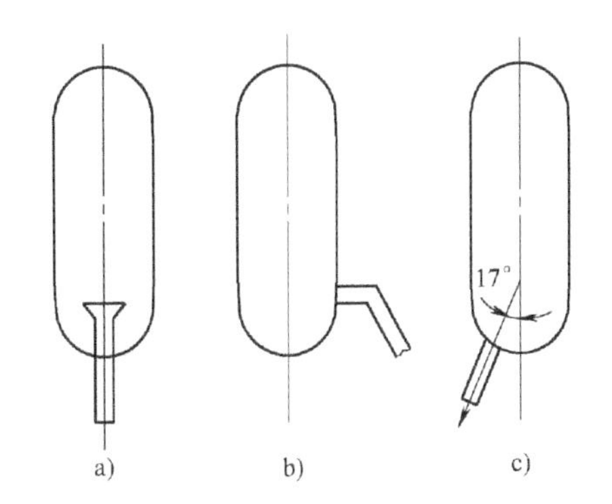


图 2-30 低压循环贮液桶中出液的三种方式

氨泵进出液管应按不同蒸发温度包扎隔热层，氨泵泵体可设一能拆掉的防潮箱子，内充填松散隔热材料，既能隔热，又便于检修。

5）要控制每一通路的压力。氨泵供液系统中，冷却设备中的压力降相当于饱和蒸发温度降 1℃时的压力降，蒸发温度与管道的直径和通路长短、所通过的流体的量有关。设计部门曾规定氨泵供液系统的允许通路长度不超过 300m，实际设计中可参照执行。

氨泵供液系统与重力供液系统相比，制冷装置的效率高、安全性高、管理方便、造价低，易于实现自动化操作，适用于各种类型的冷库，得到广泛的应用。

（5）液泵溢流供液系统　它是氨泵供液系统和重力供液系统相结合的供液方式，如图 2-31 所示。冷库的每一层设一个液体分离器，在该液体分离器中保持一定的液面，向该层的蒸发器供液，多余的液体从该层液体分离器的溢流管流入下一层的液体分离器，也保持一定的液面，向该层的蒸发器供液，多余的液体通过溢流管再向更下一层的液体分离器供液，如此依次溢流使各层的液体分离器均保持一定液面向各层蒸发器供液，最后一个液体分离器多余的液体回流入低压循环桶，这种供液方式除最高一层液体分离器供液是由液泵来完成外，其余和重力供液方式是相同的。

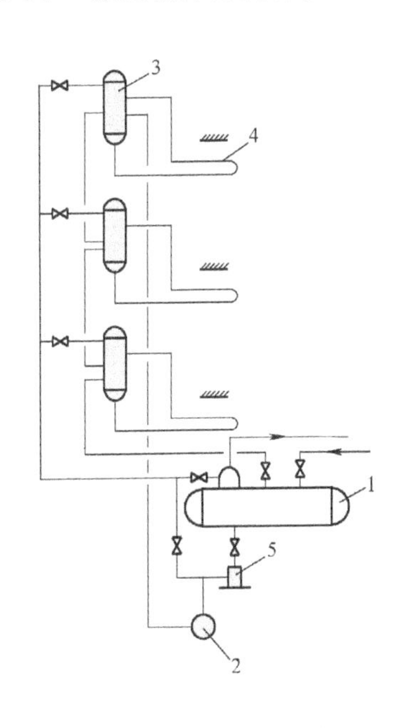


图 2-31 液泵溢流供液方式原理

1—低压循环桶 2—氨泵 3—氨液分离器 4—顶排管 5—过滤器

液泵溢流供液方式的优点在于正常运行情况下，可以保持各层液体分离器中有相同的压力，因此供液比较均匀，同时，由于各层液体分离器中的液面可以用溢流管自动保持，只需控制低压循环贮液桶的液面即可，所以可使系统的自动控制设备简化。

但是，液泵溢流供液方式在运行中也可能发生下述情况：当冷库的部分冷间停止工作或负荷很轻时，则有较多的制冷剂液体溢流入低压循环贮液桶，即部分制冷剂做无功循环，使功耗增加；而当供液不足时，最下一层库房很可能供不到液体，以致冷却设备无法工作。

因此，有的设计将液泵供出的制冷剂液体分别送入每一层的液体分离器，并在每一个液体分离器进口处装设阀门，以便对液体制冷剂流量进行调节。这样一来上下两层间液体分离器的溢流管只起较小的作用，或者不起作用。如果去掉液体分离器之间的溢流管而直接用液泵将制冷剂液体供给每一层库房的液体分离器，就成为非溢流供液方式了。

为了克服下层供液不足或供不到液，可对一、二层设直流供液装置。为了防止液泵失灵或液泵供液不足，还可对每层液体分离器都加设直流供液装置（手动控制），作为直流供液的制冷剂高压液体以经过中间冷却盘管再冷却者为宜。

## 2.2.3　热制冷剂冲霜系统

冷间内的空气相对湿度都比较高，冷库设备和冷间内的湿空气换热过程中，空气冷却达到空气的露点时必然会离析出水分来，并且凝结在冷却管子的外表面，当管壁温度低于0℃时，就会有霜层出现。由于霜层的导热系数远比金属管壁小，霜层的存在就会直接影响冷却设备的传热。特别对于由翅片管组成的冷风机影响更为突出，因为当翅片管外表面结霜时，翅片间的空气流通截面积减少，空气流动阻力增加。实践证明，在温度为10℃、库房温度为-18℃的条件下，工作一个月的冷却盘管，其$K$值仅为原来的70%左右。因此，必须定期及时地从管组表面除去霜层。

目前主要的除霜方法有人工扫霜、电除霜、空气除霜、水冲霜、热气冲霜、乙二醇除霜（采用独立换热管，主要应用于二氧化碳制冷系统）等多种，本节仅就热制冷剂冲霜的管道连接加以介绍。

热制冷剂冲霜管路包括由制冷压缩机排气管上接出冲霜管、排液管和一个冲霜排液桶。

在较大的制冷系统中，蒸发盘管冲霜应一组组分别进行，一组蒸发盘管冲霜时，其他蒸发管仍在进行工作，制冷压缩机也仍在正常运转，因而有足够的排气供冲霜使用。只有一组蒸发盘管的制冷系统也可用排气冲霜，但操作比较复杂。

传统的冲霜液体排入冲霜排液桶的系统管路连接如图2-32（制冷剂为氨）所示。

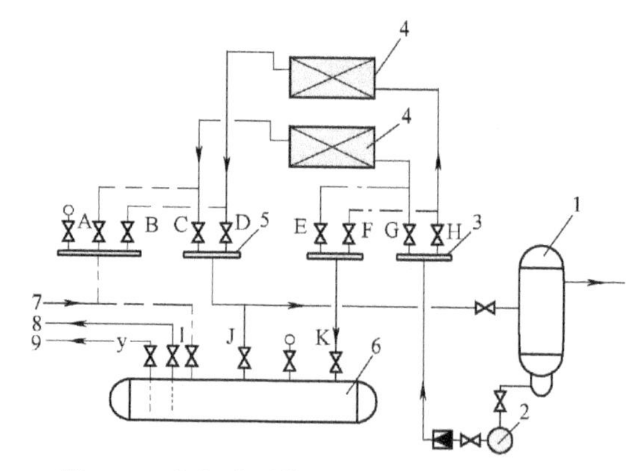


图2-32　热氨冲霜管道连接方案示意图（一）

1—低压循环桶　2—氨泵　3—液体分调节站　4—冷分配设备　5—气体分调节站　6—排液桶　7、8、9—热氨、供液、放油

冲霜排液桶也是一个高压贮液桶，冲霜时处于回气压力下，因此蒸发盘管在冲霜过程中凝结出来的液体能够流入桶内。冲霜完毕后转入冷凝压力下，因而积聚的液体能够转入高压输液管。冲霜排液桶的容积能够贮存一次冲霜所排出的全部液体，一般不小于一次冲霜的蒸发盘管容积。

冲霜排液桶和高压贮液桶一样，桶上应有压力表、安全阀、液面指示器和放油接头。但可以不设置放空气接头和紧急泄氨接头。由于管中排出的液体温度低，故冲霜排液桶外面应包有隔热层。

如果氨泵供液再循环系统蒸发盘管内的液体可以全部泄入低压贮液桶，则可以不用冲霜排液桶，如图 2-33 所示。

冲霜用的热氨应从油分离器后的高压热氨管上接出，从蒸发盘管顶端接入，氨液从底端排出，管径一般为 25~50mm。

单个蒸发盘管的小型氨制冷系统一般很少用热氨冲霜，但也可以通过制冷压缩机车头上的旁通阀和抽空阀把系统转入逆循环（蒸发器变成冷凝器，冷凝器变成蒸发器），以达到冲霜的目的。车头上没有这两个阀的，可以设在管路上，如前面的图 2-11 所示。

冷凝器需要抽空检修时，也可以用这个方法把氨转移到蒸发器里去，在手动操作的氨制冷压缩机中，旁通阀是在开车时卸载负荷用的。

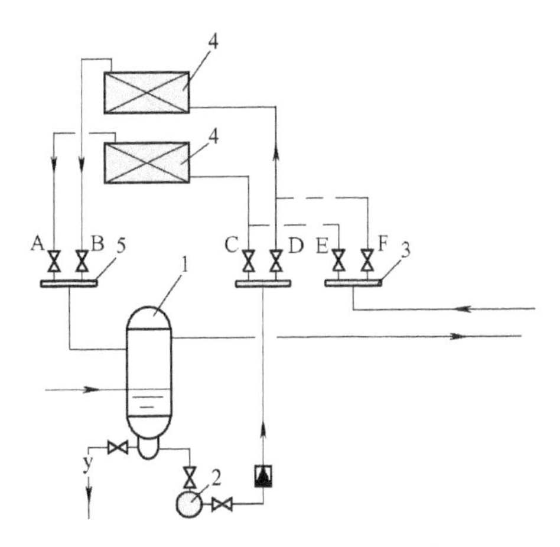


**图 2-33 热氨冲霜管道连接方案示意图（二）**

1—低压循环桶 2—氨泵 3—液体分调节站 4—冷分配设备 5—气体分调节站

为了提高综合效率，实现节能运行，有专家提出了改进型的融霜方案，将融霜回来的冷凝液体直接排入闪发式经济器或者中间冷却器，这种方式一方面可以避免融霜冷凝液进入低压循环桶或者分离器中引起无效过热效应，另一方面可以避免高压力冷凝液对正在进行降温的冷风机运行的干扰，其改进后的局部方案示意如图 2-34 所示。

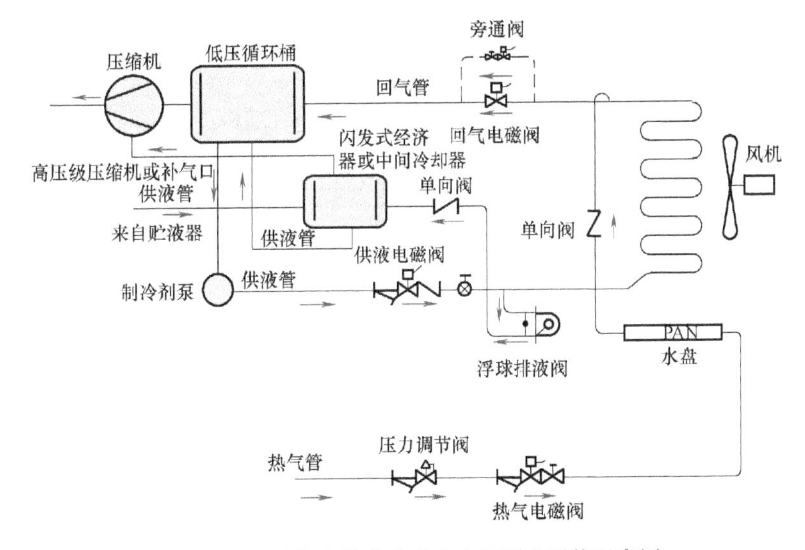


**图 2-34 融霜排出的液体进入中间压力系统示意图**

机房系统、库房系统和热制冷剂冲霜系统组成了制冷剂的循环系统，在绘制制冷系统图时，为了增加直观感，便于施工，除系统原理图（图 2-1）、平面图、剖面图、立面图外，一般还设计有制冷系统透视图。在较复杂的制冷系统中，系统透视图可分几部分绘制，如图 2-35 所示。对于较简单的系统，则可在一张图纸上绘制，如图 2-36 所示。

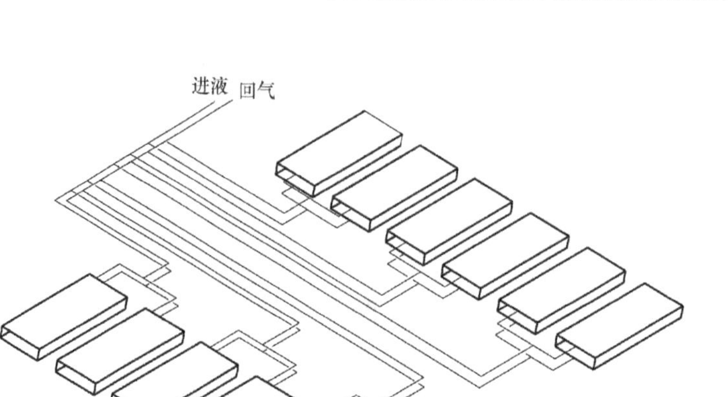


图 2-35　冷却排管供液透视图示例

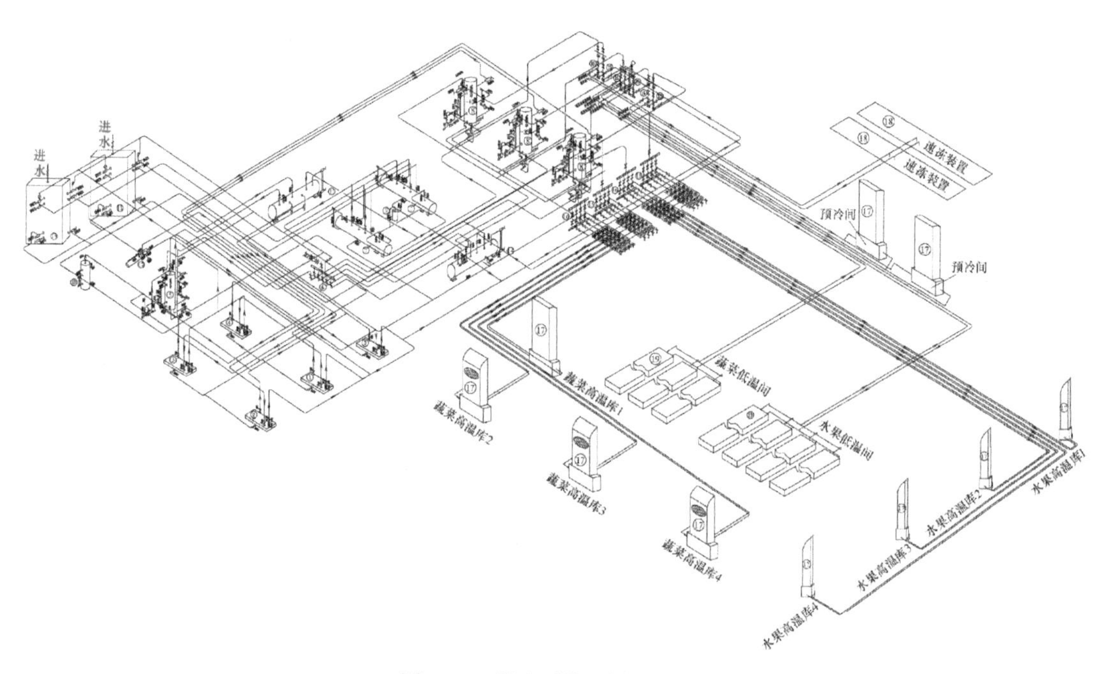


图 2-36　制冷系统透视图示例

## 2.3　制冷循环方案的热力学分析

在制冷系统中，制冷剂的循环过程有几种不同的方案。也就是说，同样的制冷量可用不同的循环方案来实现。例如可以用单级压缩制冷循环，也可以用双级压缩制冷循环，一机可以配套一库，也可以配套多库。但是压缩机的活塞行程容积和所消耗的功是不一样的。为了分析比较各种方案的优劣，从工程实例出发来对其热力循环加以分析。

### 1. 按蒸发温度配机的单级压缩制冷循环方案

这种制冷循环方案是指系统中每一种蒸发温度都单独配置一台（或一组）单级压缩机。其制冷循环示意如图2-37所示。

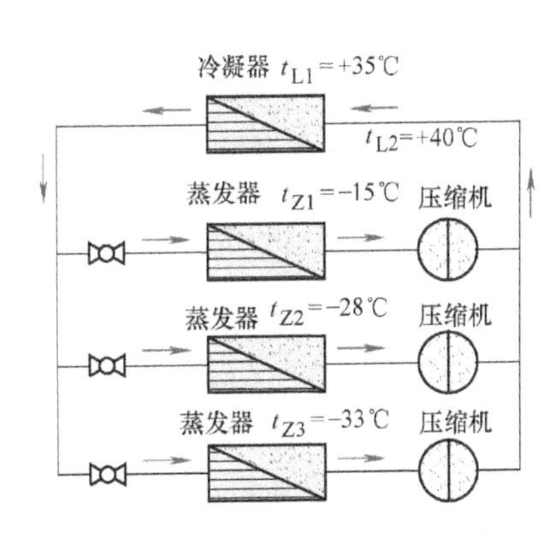


图2-37 按蒸发温度配机的单级压缩制冷循环示意图

采用三种蒸发温度，分别为-15℃、-28℃、-33℃，每种蒸发温度的循环回路中均单独配置一台（组）JZYS812.5型压缩机，但共用一台冷凝器，假设有两种冷凝温度和过冷温度，分别是（制冷剂为氨）

$$\begin{cases}t_{L1}=35℃\\t_{g1}=30℃\end{cases}\quad\begin{cases}t_{L1}=40℃\\t_{g1}=35℃\end{cases}$$

1）JZYS812.5型压缩机在-15℃制冷循环回路中的产冷量为$Q_C$、电动机功率为$P$、单位功率的产冷量为$Q_C/P$，压力比为$p_L/p_Z$，压力差为$p_L-p_Z$。

在冷凝温度为35℃、过冷温度为30℃的外部工况条件下，求解此问题。

画出制冷循环的压焓图，如图2-38所示。并在给定的工况下，查出各状态点的参数值，见表2-7。

表2-7 图2-38中各状态点的参数值

| 状态点 | 压力/×10$^5$Pa | 温度/℃ | 比焓/(kJ/kg) | 比体积/(m$^3$/kg) |
|---|---|---|---|---|
| 1 | 2.36 | -15 | 1664.08 | 0.5088 |
| 2 | 13.5 | 112 | 1921.74 | |
| 3 | 13.5 | 30 | 560.53 | |
| 4 | 2.36 | -15 | 560.53 | |

在给定工况下JZYS812.5型压缩机的理论排气量$q_{V_p}$，可以直接从《制冷设备手册》中查取，也可以通过计算而得：$q_{V_p}=566m^3/h$。

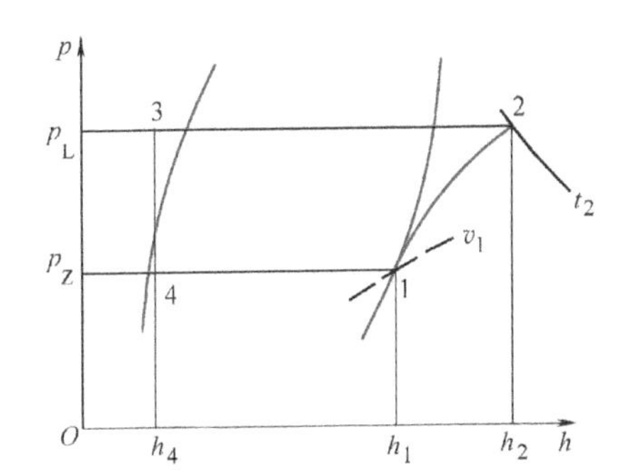


图2-38 单级压缩循环-15℃蒸发系统制冷回路的压焓图

压缩机的输气系数λ，可以查表，也可用计算法求得：按表所查取的参数并结合公式，可知其输气系数λ=0.6629。

这样可计算出通过压缩机的氨循环量$G$为

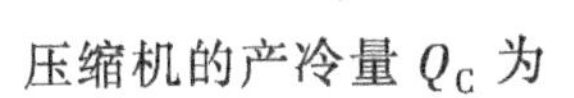

$$G=\frac{q_{V_p}\lambda}{v_1}=\frac{566\times0.6629}{0.5088}\text{kg/h}=737.42\text{kg/h}$$

压缩机的产冷量$Q_C$为

$$Q_C=\frac{G(h_1-h_4)}{3600}=\frac{737.42\times(1664.08-560.53)}{3600}\text{kW}=226.05\text{kW}$$

压缩机的轴功率$P_e$为

$$P_e=P_s+P_m$$

压缩机的指示功率$P_s$为

$$P_s=\frac{G(h_2-h_1)}{3600\eta_s}$$

其中 $\eta_s$ 是指示效率，用下式计算：

$$\eta_s=\frac{T_Z}{T_L}+bt_Z=\frac{273+(-15)}{273+35}+0.001\times(-15)=0.823$$

将 $\eta_s$ 代入可求出指示功率为

$$P_s=\frac{G(h_2-h_1)}{3600\eta_s}=\frac{737.42\times(1921.74-1664.08)}{3600\times0.823}\text{kW}=64.13\text{kW}$$

压缩机的摩擦功率 $P_m$ 为

$$P_m=\frac{60\times566}{3600}\text{kW}=9.43\text{kW}$$

由此计算得压缩机的轴功率为

$$P_e=P_s+P_m=64.13\text{kW}+9.43\text{kW}=73.56\text{kW}$$

所配电动机的功率 $P$ 为

$$P=1.1P_e=1.1\times73.56\text{kW}=80.92\text{kW}$$

单位功率的产冷量 $Q_C/P$ 为

$$\frac{Q_C}{P}=\frac{226.05}{80.92}=2.79\text{kW/kW}$$

压力比为

$$\frac{p_L}{p_Z}=\frac{13.5}{2.36}=5.7$$

压力差为

$$p_L-p_Z=(13.5-2.36)\times10^5\text{Pa}=11.14\times10^5\text{Pa}$$

当换成另一种工况，即冷凝温度换成40℃、过冷温度换成35℃时，其计算方法与上述方法相同。

2）用同样的方法可以计算，当JZYS812.5型压缩机用在-28℃和-33℃蒸发温度的制冷循环回路中的各指标的值。计算结果见表2-8。

表2-8　JZYS812.5型压缩机在蒸发温度为-15℃、-28℃、-33℃循环回路中运行情况对比

| 工　况 | $t_{Z1}$=-15℃ | | $t_{Z2}$=-28℃ | | $t_{Z3}$=-33℃ |
|---|---|---|---|---|---|
| | $t_{L1}$=35℃ | $t_{L2}$=40℃ | $t_{L1}$=35℃ | $t_{L2}$=40℃ | $t_{L1}$=35℃ |
| | $t_{g1}$=30℃ | $t_{g2}$=35℃ | $t_{g1}$=30℃ | $t_{g2}$=35℃ | $t_{g1}$=30℃ |
| 排气温度 $t_2$/℃ | 112 | 124 | 143 | 155 | 160 |
| 压力差($p_L-p_Z$)/$\times10^5$Pa | 11.14 | 12.16 | 12.45 | 13.14 | 14.22 |
| 压力比($p_L/p_Z$) | 5.7 | 6.6 | 10.25 | 11.8 | 13.1 |
| 产冷量 $Q_C$/kW | 226.05 | 210.08 | 102.73 | 92.85 | — |
| 单位功率产冷量 $Q_C/P$ | 2.72 | 2.39 | 1.71 | 1.55 | — |

由表2-8中各项指标进行比较分析可知：

首先，同样型号的压缩机（JZYS812.5型），在-15℃制冷循环回路中（即蒸发温度不

变），冷凝温度从35℃上升到40℃，每千瓦电动机功率每小时的产冷量降低12%；在-28℃制冷循环回路中，冷凝温度从35℃上升到40℃，每千瓦电动机功率每小时的产冷量降低9.8%。也就是说对单级压缩机，冷凝温度每升高1℃，其每千瓦电动机功率每小时的产冷量降低2%左右。因此，降低冷凝温度是提高压缩机产冷量、降低电力消耗的重要措施。

其次，同一台压缩机，冷凝温度不变，蒸发温度从-15℃下降到-28℃，每千瓦电动机功率每小时的产冷量将降低32%左右。即蒸发温度每降低1℃，每千瓦电动机功率每小时的产冷量将降低2.4%左右。因此，尽量提高蒸发温度是降低电力消耗、提高压缩机产冷量的重要途径。

再次，在-28℃制冷循环回路中，当冷凝温度为35℃时，对比国产制冷压缩机的工作允许范围，采用单级压缩机仍能勉强工作，但其产冷量只有-15℃时的45%左右；当冷凝温度提高到40℃时，在-28℃制冷循环回路中已不建议采用单级压缩制冷循环。而在-33℃的蒸发系统中不能采用单级压缩的制冷循环。

### 2. 不同库房温度采用同一蒸发温度的单级压缩制冷循环方案

设库房温度有 $t_{n1}=-5℃$ 和 $t_{n2}=-18℃$ 两种，取蒸发温度与库房温度之差 $\Delta t=10℃$，即蒸发温度为-28℃，并在系统配置一台（或一组）JZYS812.5型压缩机，其制冷循环示意如图2-39所示。

从前面的计算结果可以得知：当 $t_L=35℃$ 和 $t_g=30℃$ 时，JZYS812.5型压缩机在-15℃循环回路中的产冷量为226.05kW；在-28℃循环回路中的产冷量为102.73kW。由于-5℃的库房中也采用了-28℃的蒸发温度，要满足其产冷量226.05kW的要求，必须配置的台数为（226.05/102.73）台=2.2台，也就是说，对-5℃库温的制冷循环回路也采用-28℃的蒸发温度，虽然可以节省蒸发面积，但需要多配置一台同样的压缩机才能勉强满足需要。很明显，这种方案是不经济的，也是不合理的。在实际工程中，只有库房温度高的制冷循环回路耗冷量很少，不便单独配置一台压缩机时，才并到库温低的制冷循环回路中去。

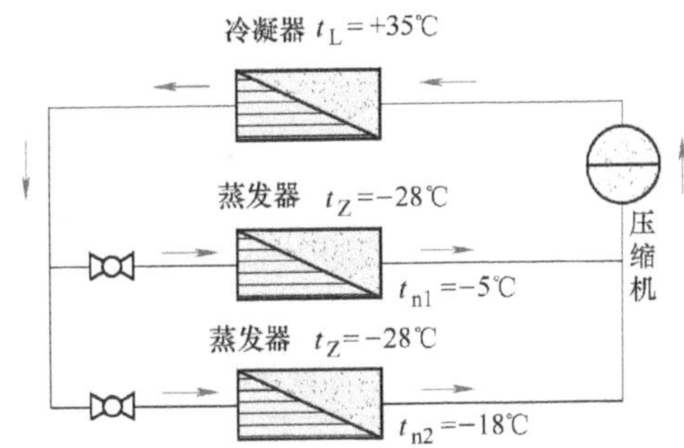


图2-39 不同库房温度采用同一蒸发温度的单级压缩制冷循环示意图

### 3. 一台（组）压缩机承担不同蒸发温度的单级压缩制冷循环方案

例如，设有两种蒸发温度分别为-15℃和-28℃，采用35℃的冷凝温度和30℃的过冷温度，-15℃制冷循环回路的机械负荷为226.05kW，-28℃制冷循环回路的机械负荷为102.73kW。在-15℃蒸发系统制冷循环回路的回气管上设置恒压阀或手动压力调节阀，以控制该回路保持-15℃的蒸发温度，而使阀后压力降至-28℃相对应的回气压力，再由压缩机吸入，如图2-40所示。

图2-41为该方案的热力循环过程压焓图。压缩机的吸入压力是和-28℃相对应的蒸气压力。-15℃蒸发系统回气管路的回气节流降压后和-28℃蒸发系统回气管路的回气混合，混合后平衡点的状态取决于两个蒸发温度循环回路的回气流量和状态。因此，首先要求得平衡点的状态，才能算出压缩机产冷量和电动机功率。

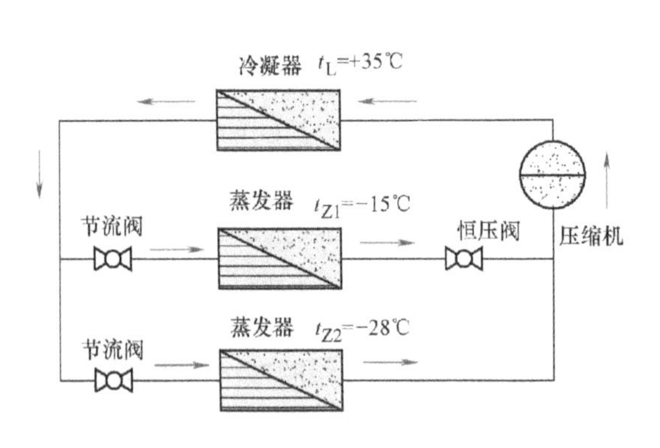


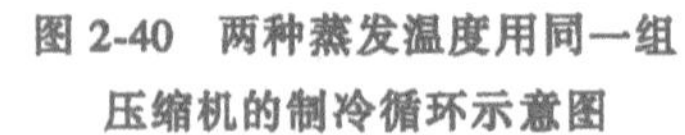
图 2-40　两种蒸发温度用同一组压缩机的制冷循环示意图

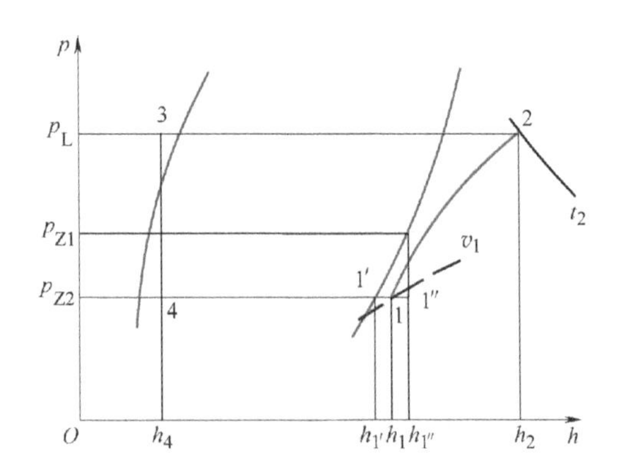


图 2-41　两种蒸发温度用同一组压缩机的单级压缩制冷循环的压焓图

按照本例题查出各相关状态点的参数值，见表 2-9。

表 2-9　图 2-41 中各状态点的参数值

| 状态点 | 1′ | 1″ | 3 | 4 |
| --- | --- | --- | --- | --- |
| 压力/×10⁵Pa | 1.32 | 1.32 | 13.50 | 1.32 |
| 温度/℃ | -28 | -15 | 30 | -28 |
| 比焓/(kJ/kg) | 1646.00 | 1664.08 | 560.53 | 560.53 |

1）确定平衡点，即压缩机的吸入状态点“1”的比焓。

-15℃蒸发系统制冷循环回路的氨循环量为

$$G_1=\frac{Q_{C1}\times3600}{h_{1''}-h_3}=\frac{226.05\times3600}{1664.08-560.53}\mathrm{kg/h}=737.42\mathrm{kg/h}$$

-28℃蒸发系统制冷循环回路的氨循环量为

$$G_2=\frac{Q_{C2}\times3600}{h_{1'}-h_3}=\frac{102.73\times3600}{1646.00-560.53}\mathrm{kg/h}=340.71\mathrm{kg/h}$$

混合后平衡点“1”的比焓为

$$h_1=\frac{h_{1''}G_1+h_{1'}G_2}{G_1+G_2}=\frac{1664.08\times737.42+1646\times340.71}{737.42+340.71}\mathrm{kJ/kg}=1658.37\mathrm{kJ/kg}$$

由此可在-28℃蒸发温度所对应的压力线上找到比焓为 1658.37kJ/kg 的状态点“1”，从而确定压缩机的循环过程。

2）压缩机的总产冷量为

$$Q_C=\frac{(G_1+G_2)(h_1-h_4)}{3600}=\frac{(737.42+340.71)\times(1658.37-560.53)}{3600}\mathrm{kW}=328.78\mathrm{kW}$$

3）压缩机台数的配置。由前述计算可知，当冷凝温度为 35℃，过冷温度为 30℃，蒸发温度为-28℃时，JZYS812.5 型压缩机的产冷量 $Q_C=102.73\mathrm{kW}$，因此应配置此类压缩机的台数为 $n=(328.78/102.73)$ 台=3.2 台，应配置 4 台。

4）计算结果的分析比较。如果不同蒸发温度的制冷循环回路都各自单独配置压缩机时，本来只要两台 JZYS812.5 型压缩机即可满足要求。而采用了一组压缩机带两种蒸发温度，其结果必须增配一台压缩机才能接近所需要的制冷量。

同时，该配置方案中压缩机的排气温度高达 151℃，要比在同样的运转工况，由一台压缩机单独负担-28℃蒸发温度的制冷循环回路时的排气温度（145℃）高出许多。这就意味压缩机的工作性能变差，电动机功率消耗增大。

因此，该配置方案同样是不经济的。

4. 采用双级压缩制冷循环方案

双级压缩制冷循环示意如图 2-42 所示。假设冷凝温度为 40℃，蒸发温度为 - 28℃，采用一台 JZY8SJ12.5 型单机双级机，无过冷器，采用一次节流中间完全冷却。

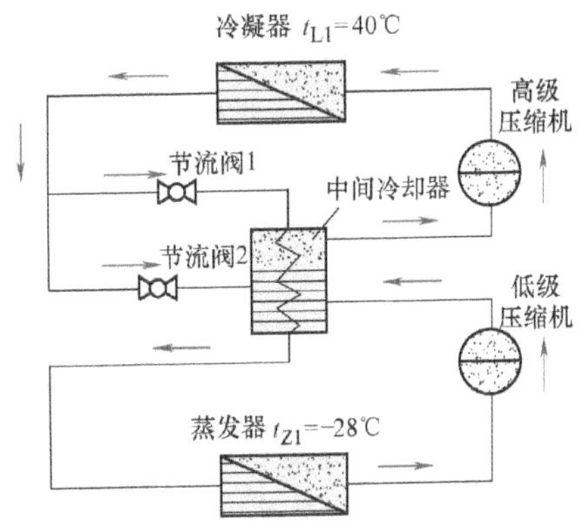


图 2-42　双级压缩制冷循环示意图

通过循环的热力计算可得出其计算结果如下：

产冷量 $Q_C$ = 112.53kW，电动机的功率 $P$ = 59.00kW，单位功率的产冷量为 1.91。高压级的排气温度为 85℃，与同样工况下采用单级压缩制冷循环供冷（表 2-8 中的数据）相比，产冷量提高了，电动机的功率降低了，单位功率的产冷量大幅增大了，压缩机的排气温度也下降了，压缩机的工作性能得到了改善。

由此可见，在制冷系统高低压力比超过一定程度时，采用双级压缩制冷循环，不仅能提高单位功率的产冷量，而且能改善压缩机的工作条件和性能，保证系统安全、有效地运行。

综上所述，制冷系统循环方案的合理选择是进行制冷工程设计的重要前提，也是设计系统有效使用、安全运行的重要保证。

## 2.4　制冷系统方案设计的主要内容

制冷工程的方案设计，直接关系到基本建设投资的多少、建设时间的长短、投产后制冷效率的高低、制作管理的简繁以及生产成本的高低等一系列的重要问题。因此，设计人员要在充分考虑建库地区的环境、冷藏对象、冷库规模和性质、技术条件、配合关系、物质基础等各方面因素之后，才能做出比较正确的设计方案。

显然，影响方案设计的因素很多，在进行制冷工艺的方案设计时，主要考虑以下几点：

1. 制冷剂的选择

(1) 氨（R717）　氨的正常蒸发温度低，冷凝压力和蒸发压力适中，单位容积制冷量大，导热系数和汽化潜热大，节流损失小，能溶解于水，泄漏时易被发现，价格低廉，适合于陆地上各类冷库制冷装置使用。目前，在我国自行设计建造的大型冷藏库中，大部分以氨作为制冷剂。如果没有特别要求，一般冷藏库中首选氨作为制冷剂。

但氨也存在缺点。氨有毒性，有刺激性气味，在有水分存在的情况下，对铜及铜合金（磷青铜除外）有腐蚀性，与空气混合达到一定的比例后有燃烧和爆炸的危险，在高温下会分解。因此，氨制冷装置要保证密封性能好，才能提高其安全性，方便实现自动控制。

(2) 氟利昂　氟利昂这类制冷剂大多无毒、无味，在制冷技术的温度范围内不燃、不爆，热稳定性好。它相对分子质量大，凝固温度低，对金属的润滑性好，因此曾经得到广泛的应用。但是，自从发现CFCs及HCFCs对臭氧层有破坏作用以来，有关国际组织多次召开会议，制定了保护臭氧层的原则和一系列措施。按照维也纳会议的规定，对CFCs（如R12）类物质，已在2010年停止使用（发达国家已在1995年底停止使用）；对HCFCs（如R22）类物质，发达国家最迟在2030年停止使用，发展中国家最迟在2040年停止使用，近期又有把停止使用日期提前的趋势。目前，还没有开发出在热力性质、安全性、价格等方面优于CFCs的替代制冷剂。从现有的资料来看，R12的替代制冷剂为R134A，作为R22的近期过渡性替代物，可采用含有R22及R152A等的二元或三元非共沸制冷剂替代。R22和R502的替代制冷剂是近几年新研究开发出的制冷剂，据现有报道，这些制冷剂多数为非共沸制冷剂，如R404A、R407A、R407B等均是R502的替代制冷剂，R407C、R410A等均是R22的替代制冷剂。共沸制冷剂R507A为R502和R22的替代制冷剂。这些新型制冷剂目前价格还非常昂贵，还难以应用于实际生产尤其是应用于大型冷库中。

2. 单、双级压缩循环的选择

根据食品对冻结速度、贮存期限、库房温度、干耗率等方面的要求，确定制冷系统的蒸发温度，再根据冷却水的水温，确定冷凝温度，然后计算冷凝压力与蒸发压力的比值，按下列标准确定采用单级或双级压缩制冷循环。

对氨制冷装置来说，当冷凝压力与蒸发压力之比$p_L/p_Z \leqslant 8$时，采用单级压缩制冷循环；当冷凝压力与蒸发压力之比$p_L/p_Z>8$时，采用双级压缩制冷循环。

对氟利昂装置来说，当$p_L/p_Z \geqslant 8 \sim 10$时，采用双级压缩制冷循环；否则可采用单级压缩制冷循环。

3. 冷却方式的选择

（1）直接冷却方式　直接冷却系统是指被冷却介质的热量直接由在冷却设备内蒸发的制冷剂吸收，而使被冷却介质的温度降低。

直接冷却系统的冷却效果比较好，陆地上冷库的食品冷加工和冷藏几乎都采用这种方式。

直接冷却方式的制冷系统对冷却设备、管道的密封性要求较高，特别是采用氨作为制冷剂的制冷系统，一旦泄漏将会对食品造成严重的污染。

（2）间接冷却方式　间接冷却方式是指制冷装置中的制冷剂不直接进入用冷环境的冷却设备，而是进入盐水蒸发器或其他载冷剂蒸发器中先冷却载冷剂，再用泵将低温载冷剂供入冷却设备，吸收被冷却介质的热量，以达到制冷的目的。

这种冷却方式易于集中安装制冷系统设备，便于冷量的均分与控制，便于密封检漏和运行管理，而且可大大减少制冷剂的充注量。其缺点是整个系统显得比较复杂，由于存在二级温差，因此需要更低的蒸发温度，制取同样的冷量会使功耗增大。

4. 供液方式的选择

（1）直接膨胀供液　在小型氟利昂制冷装置或组装式小冷库中都采用这种供液方式，但在氨系统中较少采用。

（2）重力供液　500t以下的小型冷库的氨制冷装置还在采用这种供液方式。

（3）液泵供液　在500t及500t以上的各型冷库中，目前基本上都采用这种供液方式。

5. 运转方式选择

(1) 手动式 制冷装置的起动、停止及各类操作，完全取决于操作人员的工作经验和意志，用人工的方式进行。

(2) 全自动式 冷库制冷系统全自动式的内容包括：

1) 安全保护装置。包括压缩机的高压、低压、油压差、水套断水保护装置，冷凝器的断水保护装置，设备上的超压安全旁通及高液位保护，液泵的安全保护装置。

2) 回路自动控制。包括液泵回路、冻结回路、冷藏回路、放空气回路、放油回路等自动控制。

3) 冻结流程的自动控制。包括冻结间、冻结装置和制冰设备等生产的程序控制；压缩机的自动开停和能量的自动调节；各辅助设备运行工序的自动化——冷凝器和冷却水系统的自动控制、放空气器的自动控制，系统放油、污油处理、压缩机加油等的自动控制。

全自动控制装置，自控设备复杂，投资大，平时维护检修要求严格，需要配备技术熟练的有关技术人员才能保证自控系统长期稳定地正常工作。

(3) 半自动式 冷库制冷系统的半自动控制应包括：安全保护装置、回路自动控制、冷库冷却设备在机房的远程控制。

冷库制冷装置的半自动控制和全自动控制比较起来，其投资大大降低，自控设施简化，维护检修也比较方便，而在确保制冷装置的可靠性和安全性以及减轻劳动强度等方面，已经基本上满足了要求。因此，在我国目前设计的自动化冷库中，多半采用半自动式。

6. 制冷系统组合方式的选择

(1) 集中供冷 制冷装置的主要机器设备安装在特设的机房内，采用供液、回气管道把各冷间的冷却设备连接起来。由机房集中供冷的方式，是目前应用最为广泛的一种组合方式。

集中供冷的优点是：一套制冷装置可以承担冷加工、冷藏、制冰等多种制冷负荷，同时若干个库房集中供冷，机器设备的利用率高，冷量分配灵活，可以相互支援。其缺点是：冷库建设周期长，建设费用高；制冷装置工作效率的高低，不仅取决于安装技术的好坏，而且一部分库房热负荷的波动，还会影响其他库房工况的稳定。

(2) 分散供冷 把制冷压缩机、冷凝器、膨胀阀、蒸发器以及必要的附属设备在制造厂组装起来，成为一套紧凑、高效、具有全自动性能的制冷机组。冷库隔热廓体建成后，直接把这种成套设备安装在冷库的穿堂、月台等地方，只要接通水电、安装好送回风管道，就可以投入运转。一般是一套制冷机组负责向一间库房供冷。因此，各库房都是一个独立的制冷系统，互不干扰，控温准确。由于大大简化了现场安装的工作量，因此使冷库建设的周期缩短。但是，各个制冷机组不能互相调节制冷量，设备利用率较低。

## 2.5 降氨制冷系统方案设计简介

氨因其具有优良的热力学性质，作为制冷剂在大型冷冻冷藏系统一直得到广泛应用，但是氨制冷系统如果运行管理不善，也会存在泄漏而引起事故的风险。氨（$NH_3$/R717）本是一种最理想的制冷剂，它的 ODP 与 GWP 都为 0，不会破坏臭氧层及影响气候变暖；但氨有一种强烈的气味，会对人造成伤害。不过氨的异味也有其两重性，不需要任何仪表即可感受到氨的泄漏，从而及时采取应急措施处理。因此，只要加强管理和有效控制其所在的范围或者减少氨的充注量，“氨”亦可安！

但随着蒸发温度的降低，氨在低温条件下的蒸发压力会大大减小，制冷性能也会大大降低。为了充分利用氨良好的制冷性能，又能最高标准地确保安全性，确保系统的低温适应性，业界部分人士开始思考氨制冷系统的改善及降氨制冷系统的研究问题，并产生了用其他制冷剂替代氨或者部分代替氨的诉求。

由于 $CO_2$ 具有良好的环保特性、优良的传热特性和相当大的单位容积制冷量等优点，前国际制冷学会主席洛伦森（G. Lorentzen）先生认为二氧化碳是无可取代的制冷工质，并提出跨临界循环理论，指出其可望在汽车空调和热泵领域发挥重要作用。他的主张得到众多学者的大力支持，从而在全球范围内掀起了一股 $CO_2$ 制冷工质的再开发与研究热潮。在冷库制冷剂选择与部分替代中，二氧化碳自然就成了重要选择，氨-二氧化碳的联合工作为大型冷库制冷系统降氨工艺的设计提供了很好的选择空间。

在较低蒸发温度系统的需求驱动下，当氨的温度达到-51℃时，饱和压力已经接近真空，不可能再作为制冷工质，而 $CO_2$ 仍能维持413kPa的饱和压力。因此，如果在蒸发温度低于-40℃时采用 $NH_3$ 系统就会带来蒸发压力过低的问题，而 $CO_2$ 则不存在这样的问题，所以可以采用复叠式系统或者载冷剂系统。根据国外专家的评估，蒸发温度在-35℃以下，采用 $CO_2$ 与氨-二氧化碳复叠式制冷系统或氨-二氧化碳载冷剂系统，不仅可以提高系统的运行效率，而且可大大减少系统的充氨量，使氨系统集中安装管理，更好地提高食品冷加工企业的安全系数。

$CO_2$ 常温常压下是气态，在常温一定压力下可以凝结成液体（乃至固体），压力撤销后迅速蒸发（升华），带走大量热，达到降温的目的，但 $CO_2$ 在常温下需要较高的压力（40MPa）才能冷凝成液体，如果采用与氨系统联合运行的模式，就可以既利用二氧化碳优良的热力学性质又可以避免高压下的冷凝，从而大大减小大型冷库制冷系统中氨的充注量，提高安全指数。

二氧化碳在与氨联合系统中用作制冷剂或者载冷剂，其优缺点主要表现在：

$CO_2$ 在常温常压下为无色、无臭、不助燃、不可燃的气体，是一种天然的制冷剂。其优点具体有以下几点：①良好的环保特性，它的ODP为零，GWP为1，远远小于CFCs和HFCs；②它安全无毒，并具有良好的热稳定性和化学稳定性，即使在高温下也不会分解出有害的气体。万一泄漏对人员、食品、生态都无损害，可适应各种润滑油和常用机械零部件材料；③具有优良的传热特性，动力黏度低（是 $NH_3$ 的5.2%），设备压降损失较小；④单位容积制冷量相当高，是氨的5倍，可减小制冷设备与管道的尺寸；⑤$CO_2$ 制冷循环的压缩比要比常规工质制冷循环低，压缩机的容积效率可维持在较高的水平；⑥$NH_3/CO_2$ 复叠式制冷系统的用氨量约为氨系统的1/10。

$CO_2$ 的缺点如下：①$CO_2$ 临界点温度很低，仅为31.1℃，在传统的 $CO_2$ 亚临界循环下要求冷凝温度低于31.1℃，这也使循环过程很接近临界点，导致相变过程线较短，使得循环的单位制冷量较小，COP低；②三相点压力较高，为0.518MPa，因此在常压下 $CO_2$ 只有固相和气相，而不存在液相，仅有固、气两相的转化，也就是人们熟悉的干冰升华；③无论亚临界循环还是跨临界循环，二氧化碳制冷系统的运行压力都高于传统的氨制冷系统，这给系统及设备部件的设计带来许多新的要求。

氨和二氧化碳联合运行常见的组合形式有氨-二氧化碳载冷剂系统和氨-二氧化碳复叠式

制冷系统两种。无论是哪种组合形式，二氧化碳在系统中都是承担末端工质的角色，作为末端产生制冷效应的制冷剂或者承担冷负荷的载冷剂直接作用于用冷场合。将 $NH_3$ 隔离在人群和食品密集区域外，避免了人员伤亡，而且与纯氨系统相比，这两种系统将 $NH_3$ 的充注量减少 90%，降低了 $NH_3$ 的使用危险和次生灾害影响。

## 2.5.1 $NH_3/CO_2$ 复叠式制冷系统

### 1. $NH_3/CO_2$ 复叠式制冷系统的原理

$NH_3/CO_2$ 复叠式制冷系统由高温级和低温级两部分组成，高温级使用 $NH_3$作为制冷剂，低温级使用 $CO_2$作为制冷剂。高温级系统中制冷剂 $NH_3$的蒸发用来使低温级排出的制冷剂气体 $CO_2$冷凝，用一个冷凝蒸发器将高、低温级两部分联系起来，它既是低温级的冷凝器，又是高温级的蒸发器。热负荷通过末端蒸发器传递给 $CO_2$制冷剂，$CO_2$制冷剂吸收的热量通过冷凝蒸发器传给高温级的 $NH_3$制冷剂，高温级的 $NH_3$制冷剂再将热量传至高温级的冷凝器，通过冷却介质向环境释放。在冷凝蒸发器中冷凝后的 $CO_2$，进入 $CO_2$ 贮液器，然后经干燥过滤器和节流阀进入 $CO_2$ 气液分离器，液态的 $CO_2$ 通过 $CO_2$ 循环泵送到 $CO_2$ 蒸发器（末端供冷装置，如单冻机或冷风机等）；经过蒸发器后的两相 $CO_2$ 返回气液分离器，气态的 $CO_2$ 被压缩机吸入，经过压缩后进入冷凝蒸发器冷凝。如此循环反复，完成整个复叠制冷循环。其系统流程示意如图 2-43 所示。

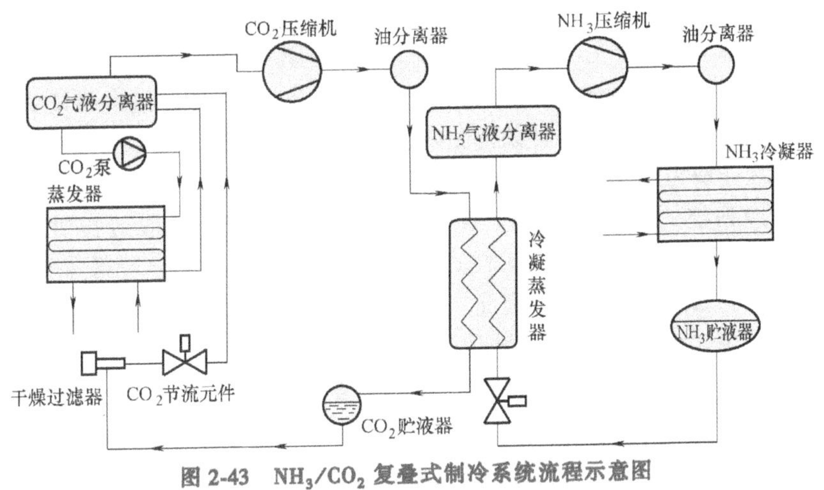


图 2-43 $NH_3/CO_2$ 复叠式制冷系统流程示意图

$NH_3/CO_2$ 复叠式制冷系统中，高、低温级各自为使用单一制冷剂的制冷系统。其设备组成也分为两部分：高温级 $NH_3$制冷系统与常规制冷系统相同，除制冷压缩机外，还包括冷凝器、贮液器、气液分离器和节流装置等；低温级 $CO_2$制冷系统，除 $CO_2$压缩机外，还包括冷凝蒸发器、贮液器、气液分离器、干燥过滤器、泵、节流装置、蒸发器和膨胀容器等。

$CO_2$气液分离器用于分离 $CO_2$压缩制冷系统中由蒸发器出来的 $CO_2$气体中的液滴，以避免压缩机发生湿冲程，泵运行时维持稳定液位，泵停止运行时贮存末端设备和管道回液。如果把气液分离器作为停止运行时 $CO_2$的贮存器，则其容积应该能够承纳系统中的所有 $CO_2$液体。同时，要在气液分离器顶部设置辅助蒸发器，以便停机后能有效防止 $CO_2$压力超高。在 $NH_3/CO_2$ 复叠式制冷系统中，冷凝蒸发器既是 $NH_3$侧的蒸发器，又是 $CO_2$侧的冷凝器，其中氨液在管程蒸发吸收热量，二氧化碳气体在壳程被冷凝成液体。$NH_3/CO_2$ 复叠式制冷系统的（双）压焓图如图 2-44 所示。

2. $NH_3/CO_2$ 复叠式制冷系统的优点

1）减少了 $NH_3$ 的不安全因素：①$NH_3/CO_2$ 复叠式制冷系统大大地降低了 $NH_3$ 制冷工质的充注量，约是传统氨制冷系统充注量的 1/10；②将 $NH_3$ 限制在机房、设备间里，相当于把“老虎”关在“笼子”里，由专业技术人员看守；③充分利用 $NH_3$ 在高温区良好的传热性能，用于冷却 $CO_2$。

2）$CO_2$ 作为介质进入人员密集的操作间（如单冻机）和库房，保证了人员及财产的安全。

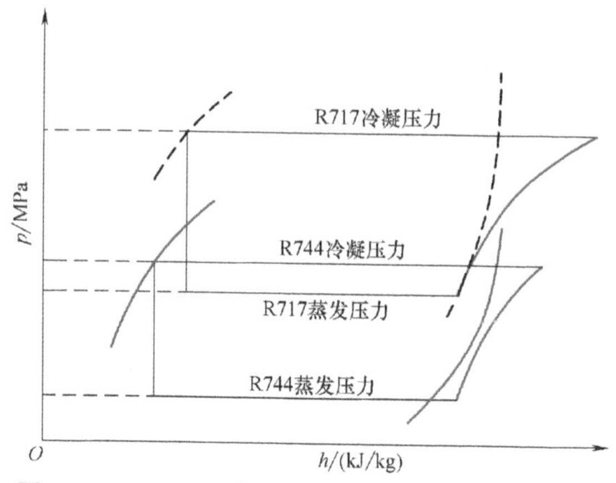


图 2-44　$NH_3/CO_2$ 复叠式制冷系统的（双）压焓图

3）$CO_2$ 作为低温级工质应用。不仅可以克服其压力高的缺点，而且充分利用 $CO_2$ 在低温工况下换热效率高的优势。

3. 冷冻冷藏业采用 $CO_2$ 制冷技术需考虑的几个问题

（1）$CO_2$ 制冷压缩机的适用条件　由于 $CO_2$ 的物理特性使得 $CO_2$ 制冷压缩机的适用条件与氨制冷压缩机不同，选择 $CO_2$ 制冷压缩机时应保证其运行工况满足压缩机的使用条件。

（2）系统设计压力　在 $NH_3/CO_2$ 复叠式制冷系统中，高温级系统与常规 $NH_3$ 制冷系统相同，高压侧设计压力与当地的设计条件相匹配，低压侧设计压力取决于为低压侧提供的工艺条件。其系统承压能力在 2.0MPa 范围内。

由于 $CO_2$制冷系统的运行压力大大高于传统的制冷系统，一般运行时低温侧压力为 0.5~1.2MPa，高温侧压力为 1.8~2.5MPa，这给系统和零部件的设计带来许多特殊要求，尤其是系统停机升温后压力会更高，因此，低温级 $CO_2$制冷系统的设计压力为 5.0MPa。

（3）设备与管系的材质　按管道设计压力分，$CO_2$ 制冷系统管道属于中压管道，管道材料必须依据管道的使用条件（设计压力、设计温度和流体类别）来选用，管件应选择与管道材质相同，公称压力大于 5.0MPa 的产品。通常，如果 $CO_2$ 制冷系统设计蒸发温度高于 -40℃，则管道可选择材质为 16Mn 的低合金钢无缝钢管（质量标准满足 GB/T 8163—2018《输送流体用无缝钢管》中要求）；如果 $CO_2$ 制冷系统设计蒸发温度低于-40℃，则管道可选择材质为 06Cr19Ni10 的高合金钢无缝钢管（质量标准满足 GB/T 12771—2019《流体输送用不锈钢焊接钢管》中要求）。$CO_2$ 制冷系统设备应由具有相应资质的设备制造商设计和制造，采购订货时应该提供使用条件。阀门（包括控制阀门）应选用适合低温条件使用，公称压力大于 5.0MPa 的产品。

（4）系统供液方式　$NH_3/CO_2$ 复叠式制冷系统低温级的供液方式有直接膨胀供液、重力供液和液泵供液三种。直接膨胀供液分液均匀性差，但易回油，中小系统采用较多。重力供液和液泵供液充注量及膨胀容器会有所增加，其优点是供液分配均匀，易控制。选择供液方式时应注意以下几项：

1）低温制冷剂液体分配的均匀性。

2）防止低温级回液现象的发生。

3）低温级冷冻油是否凝固，是否会堵塞微通道，是否能够返回压缩机吸气。

4）制冷剂的充注量及膨胀容器的大小。

（5）停机时 $CO_2$ 的贮存 $CO_2$低温系统在停机后由于温度的升高，系统压力也会升高，因此 $CO_2$低温系统设计中必须考虑停机后 $CO_2$液体的贮存问题。通常，有以下两种方式：

1）设置膨胀容器。膨胀容器内的低温制冷剂分为两部分：在运行中存在的制冷剂气体和停机后由于温度升高制冷剂膨胀而进入容器的气体。膨胀容器的容积可按下式计算：

$$V_h=(G_x v_h-V_x)\frac{v_x}{v_x-v_h}$$

式中，$V_h$ 为膨胀容器的容积（$m^3$）；$V_x$ 为低温系统除膨胀容器外的总容积（$m^3$）；$G_x$ 为低温系统 $CO_2$ 的充注量（kg）；$v_x$ 为环境温度、吸气压力下制冷剂气体的比体积（$m^3/kg$）；$v_h$ 为环境温度、平衡压力下制冷剂气体的比体积（$m^3/kg$）。

2）设置辅助制冷系统。$CO_2$ 制冷系统在停机后系统压力随温度升高而升高，设定辅助制冷系统维持 $CO_2$ 制冷系统处于低温状态即可避免系统压力的升高，由于系统的外表面积计算比较复杂，实际工程设计中，目前可以考虑用系统制冷量的 5%～7% 作为辅助设备的冷负荷。

## 2.5.2 $NH_3/CO_2$ 载冷剂系统

### 1. $NH_3/CO_2$ 载冷剂系统的基本概念

利用二氧化碳作为载冷剂，并与氨制冷系统组合，图 2-45 所示为 $NH_3/CO_2$ 载冷剂系统流程示意，其中 $CO_2$ 作为载冷剂，通过重力循环完成冷凝与换热的过程。

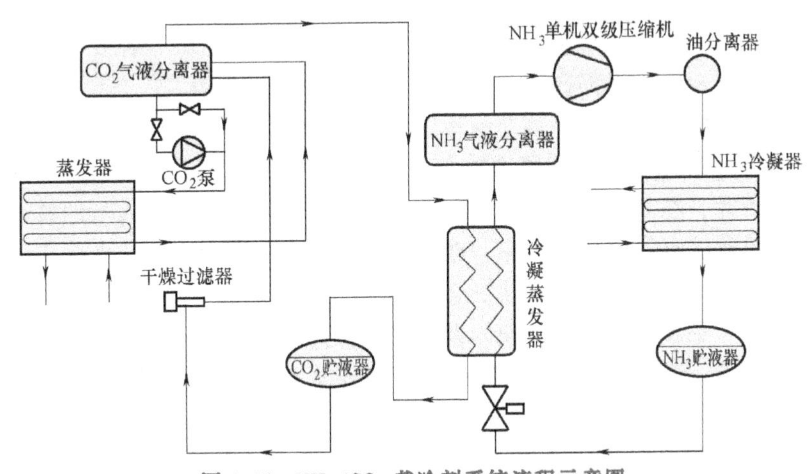


图 2-45 $NH_3/CO_2$ 载冷剂系统流程示意图

如果载冷剂系统中有中温区，则可以选择带中间负荷的系统，$CO_2$ 中间带负荷的流程图如图 2-46 所示。

### 2. $CO_2$ 作为载冷剂的特点

1）用于主制冷循环的二次回路。

2）$CO_2$ 是相变载冷。

3）在传递同等冷量的前提下，循环量远小于其他载冷剂。

总之，$CO_2$ 作为载冷剂与其他载冷剂比较，具有黏度低、换热 COP 高、比热容大、流量小等优点。

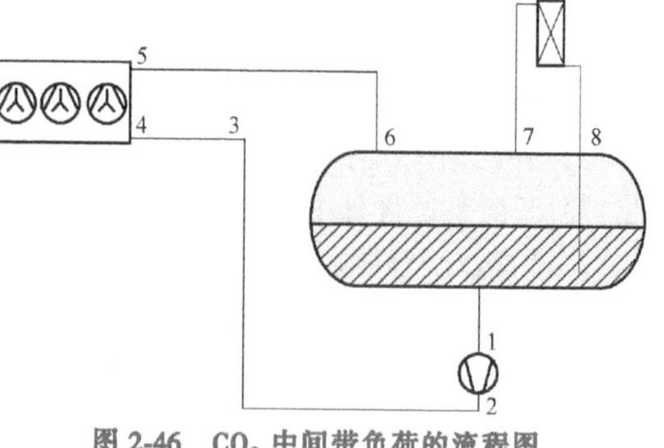

图 2-46　$CO_2$ 中间带负荷的流程图

## 2.5.3　$CO_2$ 制冷现阶段使用的局限性

$CO_2$ 作为制冷剂或者载冷剂参与冷冻冷藏，都会涉及使用中的一系列问题。

（1）管道材料的承压问题　因为管道采用不锈钢或 16MnDG 无缝钢，不锈钢焊口需经过处理，否则容易腐蚀，16MnDG 无缝钢焊接时采用焊丝（ER50-G）、焊条（J507），焊接后需经过热处理，但在现有条件下，现场没法进行处理，如果出现问题，具有一定的危险性。

（2）$CO_2$ 系统中水的影响　$CO_2$ 系统中如果有水分，不但会造成冰堵，而且 $CO_2$ 会和水反应生产碳酸，会对系统造成腐蚀。通常在系统中增加干燥过滤器，需经常更换干燥过滤器，但在如此高的压力下更换过滤器，对设备管理人员提出了更高的要求。

（3）$CO_2$ 冲霜的问题　如果采用电融霜，则运行费用非常高；如果采用水融霜，则融霜时间长，并且冷库地面会出现冻冰现象，因此通常采用工质融霜。$CO_2$ 制冷压缩机组的工作温度范围为-10～-5℃，当压缩机设计压力为 35MPa，而融霜温度在 10℃左右时，需增加进口压缩机进行融霜；当设计压力为 50～60MPa 时，融霜压缩机组都是进口的，如果出现故障，则现场很难处理，维修周期非常长。

（4）辅助制冷系统　由于 $CO_2$ 常温下压力过高，系统停止运行时，需开启辅助制冷系统，以防止系统压力升高。辅助制冷系统需配置专用发电机组，并且都要有备用，时刻保证辅助制冷系统和专用发电机组都在良好的工作状态，平时不使用，一旦制冷系统停止运行，必须保证辅助制冷系统可靠运行，辅助制冷压缩机采用进口的，维修相对麻烦。

（5）操作维护　$CO_2$ 制冷系统同 R22 制冷系统一样，系统很难回油，完全靠人工操作进行系统回油，因此，在如此高的压力和复杂的系统下，对设备操作人员的技术水平提出了非常高的要求。该系统有制冷压缩机组、融霜压缩机组和辅助制冷系统，各压缩机组都不能出现故障，对设备维护人员的技术要求比较高。该系统压力非常高，运行补充 $CO_2$ 和冷冻油或更换各种阀门，都要求有非常专业的设备维护人员。

（6）$CO_2$ 也具有一定的危险性　$CO_2$ 直接存在于人类的呼吸过程中，若空气中占比 3%将导致呼吸加重，5%时导致麻醉，10%时导致昏迷，占比超过 30%立即导致由于浓度过高而引起的死亡。大气中 $CO_2$ 和 $O_2$ 的浓度比为 1∶700。$O_2$ 浓度下降 1%～5%不会引起致命的危害，但 $CO_2$ 浓度上升 1%～5%是致命的，需要设置类似于 $NH_3$ 那样明显的警示标志，以便使现场受过训练的工作人员能够随时意识到可能存在的安全性问题。

## 2.5.4　不同替代氨制冷系统的比较分析

以冷冻冷藏为目的的冷库制冷系统中，可以有多种选择，如氨双级压缩制冷系统、$NH_3/CO_2$ 载冷剂制冷系统、$NH_3/CO_2$ 复叠式制冷系统、二氧化碳制冷系统和氟利昂制冷系统，在选择时除了地区安全需要之外，还需要进行相应的比较分析，见表2-10和表2-11。

$CO_2$制冷应用研究日趋成熟，但无论设计、安装、使用仍然有待进一步完善。随着我国冷藏冷冻食品市场的快速发展，对节能、环保制冷技术的需求急剧上升，“安全制冷”和“间接制冷技术”是否为一个更好的选择？制冷行业还在不断地探索中。

表2-10 替代氨制冷系统安全、环保及操作方面的比较分析

| 比较项目 | 氨双级压缩制冷系统 | $NH_3/CO_2$载冷剂制冷系统 | $NH_3/CO_2$复叠式制冷系统 | 二氧化碳制冷系统 | 氟利昂制冷系统 |
|---|---|---|---|---|---|
| 最高工作压力/MPa | 不高于1.5 | 不高于2 | 3~4 | 14 | 不高于2 |
| 环保 | $NH_3$:ODP=0，GWP=0，环保 | $CO_2$:ODP=0，GWP=1，$NH_3$:ODP=0，GWP=0，环保 | $CO_2$:ODP=0，GWP=1，$NH_3$:ODP=0，GWP=0，环保 | $CO_2$:ODP=0，GWP=1，环保 | R507A:ODP=0，GWP=3300 |
| 安全保护措施 | 针对$NH_3$ | 针对$NH_3$和$CO_2$，两种保护 | 针对$NH_3$和$CO_2$，两种保护 | 针对$CO_2$ | 针对R507A |
| 自动化程度 | 全自动，非常成熟 | 全自动，相对简单 | 全自动，烦琐 | 系统复杂 | 全自动，非常成熟 |
| 系统运行的稳定性及灵活性 | 根据负荷变化自由选择运行台数及能级，实际运行效率较高 | 根据负荷变化自由选择运行台数及能级，实际运行效率高 | 运行负荷变化对其系统有影响，运行不稳定 | 自动匹配负荷量 | 根据负荷变化自由选择运行台数及能级，实际运行效率较高 |
| 泄漏风险 | 工作压力低，泄漏风险低 | 工作压力低，泄漏风险低 | 工作压力高，泄漏风险高 | 压力非常高，有泄漏风险 | 工作压力低，泄漏风险低 |
| 腐蚀性 | 腐蚀性低 | 当低温段$CO_2$侧有水分存在时，会产生强酸性的羟基酸，产生内腐蚀 | 当低温段$CO_2$侧有水分存在时，会产生强酸性的羟基酸，产生内腐蚀 | 当低温段$CO_2$侧有水分存在时，会产生强酸性的羟基酸，产生内腐蚀 | 腐蚀性低 |
| 相关规范 | 国内现已非常健全 | 国内现无相关规范 | 国内现无相关规范 | 国内现无相关规范 | 国内现已非常健全 |
| 操作人员 | 比较成熟 | 要求比较高 | 要求比较高 | 要求比较高 | 比较成熟 |
| 系统氨充注量 | 相对较多 | 较小，且可集中在机房 | 较小，且可集中在机房 | 无 | 无 |

表2-11 替代氨制冷系统经济性方面的比较分析

| 比较项目 | 氨双级压缩制冷系统 | $NH_3/CO_2$载冷剂制冷系统 | $NH_3/CO_2$复叠式制冷系统 | 二氧化碳制冷系统 | 氟利昂制冷系统 |
|---|---|---|---|---|---|
| 适应蒸发温度 | >-33.4℃ | -30~0℃ | -52~-30℃ | -10~+80℃ | >-46.7℃(R507A) |
| 压缩机 | 仅氨压缩机 | 仅氨压缩机 | $NH_3$和$CO_2$两种压缩机 | $CO_2$跨临界压缩机和$CO_2$亚临界压缩机 | 氟利昂压缩机 |

（续）

| 比较项目 | 氨双级压缩制冷系统 | $NH_3/CO_2$ 载冷剂制冷系统 | $NH_3/CO_2$ 复叠式制冷系统 | 二氧化碳制冷系统 | 氟利昂制冷系统 |
|---|---|---|---|---|---|
| COP(100%)(-40℃) | 2.18 | 1.75 | 1.92 | 无法运行，1.66(-20℃) | 与制冷剂种类有关 |
| COP(100%)(-10℃) | 超低效运行，因为中间温度为-10℃左右，温差太小 | 3.3 | 存在风险，无法运行 | 2.36 | 与制冷剂种类有关 |
| 管道材质 | 20钢 | $CO_2$侧:16MnDG无缝钢或304不锈钢，氨侧:20钢 | $CO_2$侧:16MnDG无缝钢或304不锈钢，氨侧:20钢 | $CO_2$侧:16MnDG无缝钢或304不锈钢 | 铜、20钢 |
| 初投资(以氨制冷系统为1计算) | 1 | 高5%~10% | 高15%~20% | 工况不一致，一般不推荐 | 与具体匹配有关 |
| 运行费用 | 最低 | 较高 | 偏高 | 运行费用高 | 一般 |
| 维护保养费用 | 低 | 略高 | 较高 | 维护成本高 | 低 |
| 操作灵活性 | 简单 | 适中 | 烦琐 | 复杂 | 简单 |
| 蒸发器冲霜方式 | 可全工质融霜或混合冲霜 | 一般采用水冲霜 | 水冲霜或工质融霜(工质融霜压力较高) | 水冲霜或工质融霜(工质融霜压力较高) | 工质融霜、电热融霜、水冲霜 |

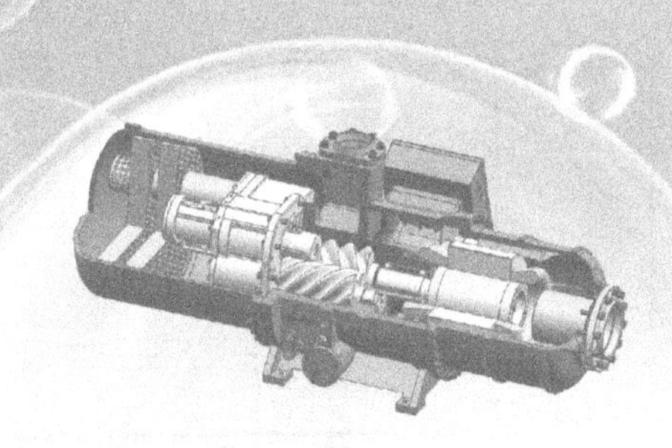

# 第 3 章

# 冷库耗冷量的计算

食品冷库的作用是建立一个贮藏易腐食品的低温环境，以便最大限度地保持食品原有的质量。冷库耗冷量是指为了保持这种低温环境，在单位时间内必须向库房供应的冷量，因此也称为冷负荷。冷库耗冷量计算的目的是为选择制冷机器、设备以及管道等提供必需的数据。冷库耗冷量不是一个恒定不变的值，其大小随着环境温度高低、进货量的多少以及经营管理方式等因素而变化。为了计算方便，先引出通用的计算公式，再根据不同的情况对公式乘以不同的系数加以修正，并最后归纳为库房的冷却设备负荷和机械负荷。

## 3.1 概述

### 1. 冷库耗冷量的分类

冷库耗冷量的计算一般可分两步进行。首先对各库房按不同性质的热源分别计算其耗冷量，然后再根据库房的特性计算库房冷却设备负荷，并按不同的蒸发温度计算制冷机的机械负荷。

冷库耗冷量按热源性质不同可分为下述五类：

(1) 围护结构传热引起的耗冷量 $Q_1$　它是由于冷库墙体、屋顶、地坪和楼板的传热作用，将库外空气的热量和太阳辐射热传入而引起的耗冷量。

(2) 食品冷加工耗冷量 $Q_2$　它是为了吸收食品在冷却、冻结或贮藏过程中释放出来的显热、潜热和呼吸热而引起的耗冷量。

(3) 通风换气耗冷量 $Q_3$　它是为了适应水果、蔬菜等食品贮藏要求和库内工作人员呼吸需要进行换气时由库外新鲜空气带入库内而引起的耗冷量。

(4) 电动机运行产生的耗冷量 $Q_4$　它是由于风机或运输工具等的电动机在运转时，将电能转成热能产生的耗冷量。

(5) 经营操作耗冷量 $Q_5$　它是为了对冷库进行操作管理，由库内照明、开门和操作人员散发热所引起的耗冷量。

冷库耗冷量，要通过循环于制冷系统中的制冷剂所吸收排出库外。为了使所配置的制冷装置在任何情况下都能确保所规定的低温环境，这五类耗冷量均应以一年中热源温度最高、生产量最大等不利的因素作为计算的依据。

表 3-1　食品冷藏库制冷工艺资料

| 序号 | 室名 | 室温/℃ | 相对湿度(%) | 冷分配设备 | 温度/℃ | | 冷加工时间/h | 每米吊轨载货量/kg | 备　注 |
|---|---|---|---|---|---|---|---|---|---|
| | | | | | 进货 | 出货 | | | |
| 1 | 冷却间 | | | | | | | | |
| | 肉 | -2 | 90 | 干式冷风机 | 35 | 4 | 20/10 | 200~250 | 分母为快速冷却 |
| | 副产品、分割肉 | ±0 | 90 | 干式冷风机 | 30 | 4 | 20 | | 内销副产品不需冷却 |
| 2 | 冻结间 | | | | | | | | |
| | 肉 | -23~-30 | | 干式冷风机 | 30/4 | -15 | 20/10 | 200~250 | 分子为一次冻结，分母为快速冻结 |
| | 副产品、分割内 | -23~-30 | | 吹风式搁架排管或冷风机或冻结装置 | 30/4 | -15 | 20/24 | 60~80 | 分子为未经冷却的冷加工时间，分母为分割肉的冷加工时间 |
| | 禽、兔 | -23~-30 | | 干式冷风机或冻结装置 | 30/25 | -15 | 40/80 | 60~80 | 分子为铁盘装冷加工时间，分母为纸盒装冷加工时间 |
| | 盘装冰蛋 | -23~-30 | | 干式冷风机或冻结装置 | | -15 | 24 | 60~80 | |
| | 听装冰蛋 | -23~-30 | | 干式冷风机或冻结装置 | | -15 | 52 | | |
| | 鱼虾 | -23~-30 | | 干式冷风机或冻结装置 | 15 | -15 | 12/8 | 540* | 分子为鱼，分母为虾 |
| 3 | 冷却物冷藏间 | ±0~-2 | 85 | 干式冷风机 | 4 | 0/-2 | 24~72 | | |
| 4 | 冻结物冷藏间 | -15~-25 | 95~100 | 墙、顶管或干式冷风机 | -15~-23 | -15~-25 | 24~48 | | 用冷风机时货间风速不应大于0.5m/s |
| 5 | 冰库 | -4 | | 光滑顶管 | 0/-10 | -4 | | | 分子为盐水制冰，分母为桶式快速制冰 |
| 6 | 晾肉间 | +20 | | （用空调方式） | | | | | |
| 7 | 脱盘间 | 常温 | | | | | | | |
| | 包装间 | -5 | | 干式冷风机 | | | | | |
| 8 | 穿堂 | 常温 | | | | | | | |
| | | ±0 | | 干式冷风机 | | | | | |
| | | -10 | | 干式冷风机 | | | | | |
| 9 | 准备间 | 0~-5 | | 干式冷风机 | 15 | | 暂存 | 540* | 专为鱼虾冻结前设置 |
| 10 | 卸盘间 | 10 | | 干式冷风机 | | | 暂存 | 540* | 专为鱼虾冻结后设置 |

注：1. 标记*的包括吊笼、吊挂的总重（总质量）。
2. 9栏中60~80表示每平方米搁架载货重。
3. 进货温度-15℃以下一般指冻结装置冻货。

2. 计算所必需的基础资料

1）建库地区的气象资料可查阅 GB 50019—2015《工业建筑供暖通风与空气调节设计规范》，还可以查《冷藏库设计手册》和《空气调节设计手册》等参考书。

2）注明围护结构构造的库房平剖面图，以决定围护结构面积的传热系数大小。

3）各冷间的进货量。

4）各冷间的制冷工艺资料及温度和相对湿度要求（见表 3-1 和表 1-3）。设置温度时要注意的是：对于冷却物冷藏间，设计时应按食品的产地、品种、成熟度和降温时间等调节其温度和相对湿度，一般库温可设 0℃。

## 3.2 冷库库房耗冷量的计算

### 3.2.1 围护结构传热引起的耗冷量 $Q_1$

因围护结构传热引起的耗冷量应按式（3-1）计算：

$$Q_1 = KAa(t_w - t_n) \tag{3-1}$$

式中，$K$ 为围护结构的传热系数［$W/(m^2 \cdot ℃)$］；$A$ 为围护结构的计算传热面积（$m^2$）；$a$ 为围护结构两侧温差修正系数；$t_w$ 为围护结构外侧的计算温度（℃）；$t_n$ 为围护结构内侧的计算温度（℃）。

式（3-1）中各参数应按下列方法计算或选用。

1. 传热系数 $K$ 值的计算

$K$ 值必须根据围护结构的实际构造来确定，在围护结构已定的情况下，可用式（3-2）计算：

$$K = \frac{1}{\sum R} = \frac{1}{\frac{1}{\alpha_w} + \frac{\delta_1}{\lambda_1} + \frac{\delta_2}{\lambda_2} + \cdots + \frac{\delta_n}{\lambda_n} + \frac{1}{\alpha_n}} \tag{3-2}$$

式中，$\alpha_w$、$\alpha_n$ 分别为围护结构外表面和内表面的表面传热系数［$W/(m^2 \cdot K)$］，与围护结构表面空气流速有关，可按表 3-2 选用；$\delta_1$、$\delta_2$、…、$\delta_n$ 为围护结构各构造层的厚度（m），在围护结构已定的情况下，应按实际情况确定，而直接铺设在土壤上的冷间地面，可直接计算其总热阻，$R_0 = \delta_0/\lambda_0$，可参照表 3-9 取值；$\lambda_1$、$\lambda_2$、…、$\lambda_n$ 为围护结构各构造层材料的导热系数［$W/(m \cdot K)$］，各种冷库隔热材料的导热系数可以从有关资料中查得，本书中可参看表 A-1、表 A-2 和表 3-3，也可以用导热系数测定仪测定，但必须注意：测定时，样品是在正常情况下进行，而实际取用的材料，考虑到可能受潮以及隔热层构造的某些不均匀性等因素，应对测定值加以修正，冷库隔热材料设计采用的导热系数值应按式（3-3）进行计算确定。

$$\lambda = \lambda' b \tag{3-3}$$

式中，$\lambda$ 为设计采用的导热系数［$W/(m \cdot K)$］；$\lambda'$ 为正常条件下测定的导热系数［$W/(m \cdot K)$］；$b$ 为导热系数的修正系数，见表 3-4。

表 3-2 围护结构表面传热系数的取值

| 围护结构部分及环境条件 | $\alpha_w$/[W/(m²·K)] | $\alpha_n$/[W/(m²·K)] |
|---|---|---|
| 无防风设施的屋面,外墙的外表面 | 23 | |
| 冷间上为阁楼或常温房间的顶棚的外表面、外墙外部紧邻其他建筑物的外表面 | 12 | |
| 外墙和顶棚的内表面,内墙和楼板的表面,地面的上表面:<br>1)冻结间和冷却间设有强力通风设施时<br>2)冷却物冷藏间设有强力通风设施时<br>3)冻结物冷藏间设有送风的冷却设备时<br>4)冷间无机械送风装置时 | | <br>29<br>18<br>12<br>8 |
| 地面下为通风架空层 | 8 | |

注：地面下为通风加热管和直接铺设于土壤的地面以及半地下室外入地下的部位，外表面的表面传热系数均不计。

表 3-3 常用建筑材料的导热系数和蓄热系数

| 材料名称 | 导热系数/[W/(m·K)] | | 蓄热系数 S/[W/(m²·K)] |
|---|---|---|---|
| | 测定值 λ′ | 设计值 λ | |
| 钢筋混凝土 | 1.55 | 1.55 | 12.85(14.9 方孔) |
| 实心贴砌体 | 0.81 | 0.81 | 9.65 |
| 中干砂填实 | 0.26 | 0.58 | 4.52 |
| 水泥砂浆 | 0.93 | 0.93 | 10.35 |
| 混合砂浆 | 0.87 | 0.87 | 9.47 |
| 红松(顺木纹) | 0.44 | 0.44 | 6.05 |
| 炉渣 | 0.29 | 0.40 | 4.22 |
| 炉渣混凝土 | 0.37 | 0.52 | 4.65 |
| 刨花板 | 0.22 | 0.22 | 3.02 |
| 普通型泡沫聚苯乙烯 | 0.036 | 0.046 | 0.23 |
| 泡沫聚氨酯 | 0.022 | 0.031 | 0.28 |
| 玻璃纤维板 | 0.037 | 0.081 | 0.44 |
| 矿渣棉 | 0.033 | 0.070、0.081 | 0.38 |
| 膨胀珍珠岩 | 0.087~0.010 | 0.087~0.010 | 0.81 |
| 沥青珍珠岩 | 0.0952 | 0.116 | 2.06 |
| 加气混凝土 | 0.116 | 0.151 | 2.02 |
| 软木 | 0.008 | 0.069 | 1.19 |
| 稻壳 | 0.060 | 0.151 | 0.94 |

表 3-4 隔热材料导热系数的修正系数 b 值

| 序号 | 材料名称 | b | 序号 | 材料名称 | b |
|---|---|---|---|---|---|
| 1 | 软木 | 1.2 | 8 | 聚氨酯泡沫塑料 | 1.4 |
| 2 | 稻壳 | 1.7 | 9 | 矿棉 | 1.8 |
| 3 | 膨胀珍珠岩 | 1.7 | 10 | 沥青珍珠岩 | 1.2 |
| 4 | 炉渣 | 1.6 | 11 | 泡沫混凝土 | 1.3 |
| 5 | 聚苯乙烯泡沫塑料 | 1.3 | 12 | 加气混凝土 | 1.3 |
| 6 | 玻璃棉 | 1.8 | 13 | 水泥膨胀珍珠岩 | 1.3 |
| 7 | 岩棉 | 1.8 | 14 | 水玻璃膨胀珍珠岩 | 1.3 |

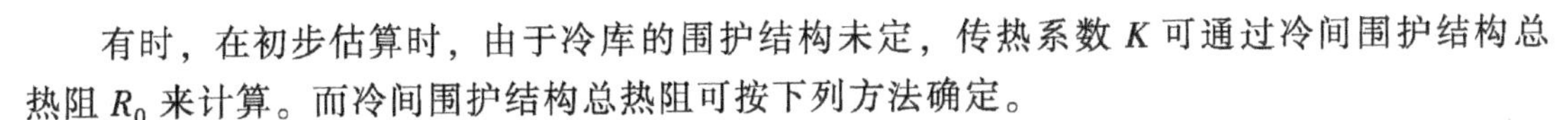


有时，在初步估算时，由于冷库的围护结构未定，传热系数 $K$ 可通过冷间围护结构总热阻 $R_0$ 来计算。而冷间围护结构总热阻可按下列方法确定。

1）冷间外墙、屋面或顶棚总热阻的确定，可根据室外计算温度与室内计算温度的温差（$\Delta t$）乘以表 3-5 中的温差修正系数 $a$ 进行修正，然后按表 3-6 查取外墙、屋面的传热系数，最后按热阻的定义式换算即可。

2）冷间隔墙总热阻的确定，可根据隔墙两侧室温及设计室温按表 3-7 选用。

3）冷间楼板总热阻的确定，可根据楼板上下冷间设计温度差按表 3-8 选用。

4）冷间直接铺设在土壤上的地面总热阻的确定，可根据冷间设计温度按表 3-9 选用。

5）冷间铺设在架空层上的地面总热阻的确定，可根据冷间设计温度按表 3-10 选用。

6）冷间外墙、屋面、隔墙当采用价格高的隔热材料时，一般可采用单位面积传入热量较大的热阻；当采用价格较低的隔热材料时，可采用单位面积传入热量较小的热阻。

表 3-5　围护结构两侧温差修正系数 $a$ 值

| 序号 | 围护结构部位 | $a$ 值 |
|---|---|---|
| 1 | $D$>4 的外墙：<br>冻结间、冻结物冷藏间<br>冷却间、冷却物冷藏间、贮冰间 | <br>1.05<br>1.05 |
| 2 | $D$>4 相邻有常温房间的外墙：<br>冻结间、冻结物冷藏间<br>冷却间、冷却物冷藏间、贮冰间 | <br>1.00<br>1.00 |
| 3 | $D$>4 的冷间顶棚，其上为通风阁楼，屋面有隔热层或通风层：<br>冻结间、冻结物冷藏间<br>冷却间、冷却物冷藏间、贮冰间 | <br>1.15<br>1.20 |
| 4 | $D$>4 的冷间顶棚，其上为不通风阁楼，屋面有隔热层或通风层：<br>冻结间、冻结物冷藏间<br>冷却间、冷却物冷藏间、贮冰间 | <br>1.20<br>1.30 |
| 5 | $D$>4 的无阁楼屋面，屋面有通风层：<br>冻结间、冻结物冷藏间<br>冷却间、冷却物冷藏间、贮冰间 | <br>1.20<br>1.30 |
| 6 | $D$≤4 的外墙：冻结物冷藏间 | 1.30 |
| 7 | $D$≤4 的无阁楼屋面：冻结物冷藏间 | 1.60 |
| 8 | 半地下室外墙外侧为土壤时 | 0.20 |
| 9 | 冷间地面下部无通风等加热设备时 | 0.20 |
| 10 | 冷间地面隔热层下有通风等加热设备时 | 0.60 |
| 11 | 冷间地面隔热层下为通风架空层时 | 0.70 |
| 12 | 两侧均为冷间时 | 1.00 |

注：1. 表中 $D$ 为围护结构的热惰性指标：$D=R_1S_1+R_2S_2+\cdots+R_nS_n$，式中 $R$ 为各层的热阻，$S$ 为各层材料的蓄热系数（见表 3 3）。

2. 表内未列的其他室温等于或高于 0℃ 的冷间可参照各项中冷却间的 $a$ 值选用，负温穿堂可参照冻结物冷藏间选用 $a$ 值。

3. 当室外计算温度采用夏季空气调节平均温度时按此表选用，否则 $a$=1.00。

表 3-6　屋顶、外墙传热系数　[单位：W/(m²·K)]

| 室内外温差/℃ | 单位面积传入热量/(W/m²) | | | | | 室内外温差/℃ | 单位面积传入热量/(W/m²) | | | | |
|---|---|---|---|---|---|---|---|---|---|---|---|
| | 8.1 | 9.3 | 10.5 | 11.6 | 12.8 | | 8.1 | 9.3 | 10.5 | 11.6 | 12.8 |
| 90 | 0.09 | 0.10 | 0.12 | 0.14 | 0.14 | 50 | 0.16 | 0.19 | 0.21 | 0.23 | 0.26 |
| 80 | 0.10 | 0.12 | 0.13 | 0.15 | 0.16 | 40 | 0.21 | 0.23 | 0.27 | 0.29 | 0.33 |
| 70 | 0.12 | 0.13 | 0.15 | 0.16 | 0.19 | 30 | 0.27 | 0.31 | 0.35 | 0.39 | 0.43 |
| 60 | 0.14 | 0.15 | 0.17 | 0.20 | 0.21 | 20 | 0.41 | 0.47 | 0.53 | 0.58 | 0.65 |

表 3-7　隔墙总热阻 $R_0$　(单位：m²·K/W)

| 隔墙两侧室温及设计室温 | 单位面积传入热量/(W/m²) | |
|---|---|---|
| | 10.5 | 12.8 |
| 冻结间-23℃——冷却间 0℃ | 3.61 | 2.97 |
| 冻结间-23℃——冻结间-23℃ | 2.67 | 2.19 |
| 冻结间-23℃——穿堂+4℃ | 2.58 | 2.11 |
| 冻结间-23℃——穿堂-10℃ | 2.11 | 1.55 |
| 冻结物冷藏间-20~-18℃——冷却物冷藏间 | 3.14 | 2.58 |
| 冻结物冷藏间-20~-18℃——贮冰间-4℃ | 2.67 | 2.19 |
| 冻结物冷藏间-20~-18℃——穿堂+4℃ | 2.67 | 2.19 |
| 冷却物冷藏间 0℃——冷却物冷藏间 0℃ | 2.11 | 1.55 |

注：表中隔墙总热阻已考虑生产中的温度波动因素。

表 3-8　楼板总热阻 $R_{01}$

| 楼板上下冷间设计温度差/℃ | $R_{01}$/(m²·K/W) | 楼板上下冷间设计温度差/℃ | $R_{01}$/(m²·K/W) |
|---|---|---|---|
| 35 | 4.77 | 8~12 | 2.55 |
| 23~28 | 4.09 | 5 | 1.80 |
| 15~20 | 3.31 | | |

注：1. 楼板总热阻已考虑生产中的温度波动因素。
2. 当冷却物冷藏间楼板下为冻结物冷藏间时，其楼板总热阻不宜小于 4.09m²·K/W。

表 3-9　直接铺设在土壤上的地面总热阻 $R_{0d}$

| 冷间设计温度/℃ | $R_{0d}$/(m²·K/W) | 冷间设计温度/℃ | $R_{0d}$/(m²·K/W) |
|---|---|---|---|
| 0~2 | 1.72 | -28~-23 | 3.91 |
| -10~-5 | 2.54 | -35 | 4.77 |
| -20~-15 | 3.18 | | |

表 3-10　铺设在架空层上的地面总热阻 $R_{0d}$

| 冷间设计温度/℃ | $R_{0d}$/(m²·K/W) | 冷间设计温度/℃ | $R_{0d}$/(m²·K/W) |
|---|---|---|---|
| 0~2 | 2.15 | -28~-23 | 4.09 |
| -10~-5 | 2.71 | -35 | 4.77 |
| -20~-15 | 3.44 | | |

**例 3-1**　广州地区某冻结物冷藏库，外墙外部紧邻其他建筑物的外表面，冷间无机械送风装置。其外墙的围护结构见下表，试求其外墙的传热系数。

| 层次 | 各层构造 | 厚度 $\delta$/mm | 导热系数 $\lambda$/[W/(m·K)] | 热阻 $R$/[(m²·K)/W] | 蓄热系数 $S$/[W/(m²·K)] | 热惰性指标 $D$ | 蒸气渗透系数 $u$/[(Pa·m²)/(m·s)] | 蒸气渗透阻 $H$/(s/Pa) |
|---|---|---|---|---|---|---|---|---|
| 1 | 水泥砂浆 | 0.02 | 0.93 | 0.022 | 10.35 | 0.223 | $9\times10^{-5}$ | $2.222\times10^{2}$ |
| 2 | 砖墙 | 0.24 | 0.81 | 0.296 | 9.65 | 2.859 | $1.05\times10^{-4}$ | $2.286\times10^{3}$ |
| 3 | 水泥砂浆 | 0.02 | 0.93 | 0.022 | 10.35 | 0.223 | $9\times10^{-5}$ | $2.222\times10^{2}$ |
| 4 | 冷底子油 | 0 | 1 | 0 | | 0 | | |
| 5 | 三毡三油 | 0.01 | 0.25 | 0.040 | | 0 | | $3.013\times10^{3}$ |
| 6 | 聚苯乙烯 | 0.2 | 0.046 | 4.348 | 0.23 | 1.000 | | |
| 7 | 混凝土板 | 0.06 | 1.55 | 0.039 | 14.94 | 0.578 | | |
| 总计 | | 0.55 | | 4.767 | | 4.883 | | 5743.400 |
| | | | | | | | | |
| 外表面传热系数 $\alpha_w$/[W/(m²·K)] | | | 12 | | | | | |
| 内表面传热系数 $\alpha_n$/[W/(m²·K)] | | | 8 | | | | | |

解　由式（3-2），得

$$K=\frac{1}{\sum R}=\frac{1}{\dfrac{1}{\alpha_w}+\dfrac{\delta_1}{\lambda_1}+\dfrac{\delta_2}{\lambda_2}+\cdots+\dfrac{\delta_n}{\lambda_n}+\dfrac{1}{\alpha_n}}$$

$$=\frac{1}{\dfrac{1}{12}+4.767+\dfrac{1}{8}}\mathrm{W/(m^2\cdot K)}$$

$$=0.201\mathrm{W/(m^2\cdot K)}$$

### 2. 传热面积 $A$ 值的计算

$A$ 值是传热面积，它由库房的建筑尺寸决定。在计算时，应根据其库房所处的位置是外墙还是内墙，按照下列规定进行计算。

（1）屋面和地坪的面积　屋面和地坪的面积由其长度、宽度确定，按下列规定选取。

1）自外墙外侧至外墙外侧：如图 3-1 中的 $l_1$。

2）自外墙外侧至内墙中心线：如图 3-1 中的 $l_2$ 和 $l_4$。

3）自内墙中心线至内墙中心线：如图 3-1 中的 $l_3$。

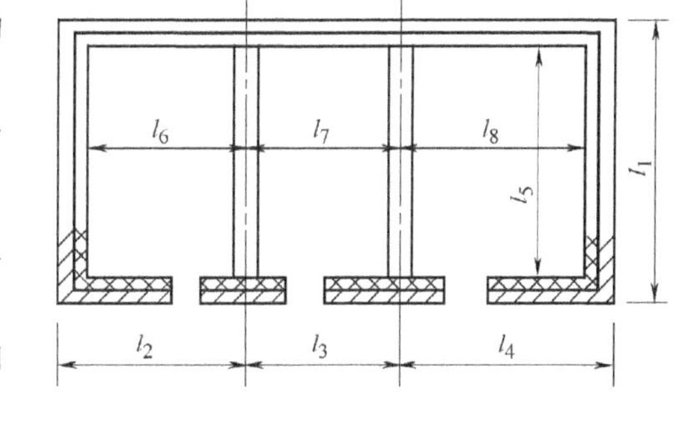

图 3-1　确定围护结构面积（长×宽）的示意图

（2）楼板的面积　楼板的长度、宽度尺寸应按下列规定选取。

1）自外墙内表面至外墙内表面：如图 3-1 中的 $l_5$。

2）自外墙内表面至内墙中心线：如图 3-1 中的 $l_6$ 和 $l_8$。

3）自内墙中心线至内墙中心线：如图 3-1 中的 $l_7$。

（3）墙的面积　墙的面积由墙的长度和高度来确定，按下列规定选取。

1）外墙的长度同地坪面积计算方法相同，内墙的长度同楼板面积计算方法相同。

2）外墙的高度：地下室应按图 3-2 中的 $h_1$、$h_2$ 计算，底层应按 $h_3$ 计算，中间层应按 $h_4$、$h_5$ 计算，顶层应按 $h_6$、$h_7$ 计算。

3）内墙的高度：地下室、底层和中间层应按图 3-2 中 $h_8$、$h_9$ 计算，顶层应按 $h_{10}$、$h_{11}$ 计算。

计算冷间楼板、地板面积时不扣除门斗所占面积。

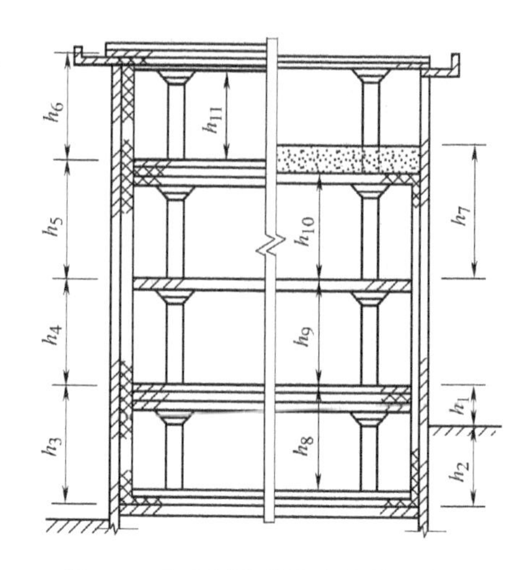

图 3-2　确定围护结构高度的示意图

### 3. 温差修正系数 $a$ 值的计算

温差修正系数 $a$ 值按表 3-5 取值。

### 4. 围护结构室外计算温度 $t_w$ 值的确定

围护结构室外计算温度 $t_w$ 应符合以下的取值规定：

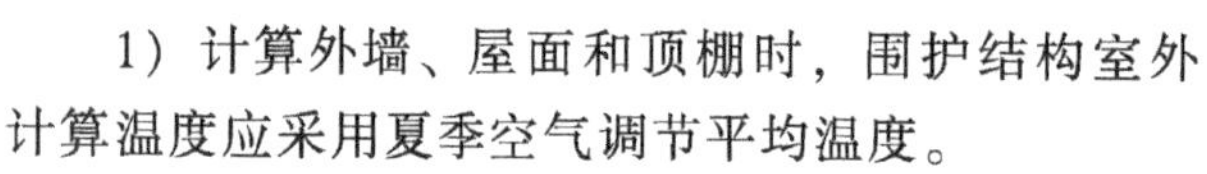

1）计算外墙、屋面和顶棚时，围护结构室外计算温度应采用夏季空气调节平均温度。

2）计算内墙和楼板时，围护结构室外计算温度应取其邻室的室温。当邻室为冷却间或冻结间时，应取该类冷间空库保温温度。冷却间应按 10℃计算，冻结间应按-10℃计算。

3）当冷间地面隔热层下设有通风加热装置时，其外侧温度按 1～2℃计算；当地面下部无通风等加热装置或地面隔热层下为架空层时，其外侧温度按室外计算温度计算。

### 5. 围护结构室内计算温度 $t_n$ 值的确定

围护结构室内计算温度 $t_n$ 的值可按表 3-1 中室温选取。

## 3.2.2　食品冷加工耗冷量 $Q_2$

一般食品进库时的温度都高于库房温度，为了维持库温不变，需要不断补充食品冷加工时需要消耗的冷量。对于生鲜食品来说，因其仍为活体时和动物一样要进行呼吸作用。吸入氧气在体内和酶类物质氧化分解，这种生理作用是放热反应。因而食品温度与库内空气温度有温度差，食品向周围空气传递热量，需要消耗部分冷量，此为呼吸耗冷量；另外还有包装材料或运载工具耗冷量。这些热量是从食品表面以对流换热的方式向空气传递的，这种热量即为食品冷加工或贮存时的耗冷量 $Q_2$。

在单位时间内食品传递给库内空气的热量一般以食品冷加工或贮藏前后的比焓差，或生鲜果蔬呼吸热的平均值作为计算基础，其计算公式为

$$Q_2 = Q_{2a} + Q_{2b} + Q_{2c} + Q_{2d} \tag{3-4}$$

式中，$Q_{2a}$ 为食品冷加工或贮存时放出的热量（W）；$Q_{2b}$ 为包装材料或运载工具的耗冷量（W）；$Q_{2c}$ 为货物冷却时的呼吸热量（W）；$Q_{2d}$ 为货物冷藏时的呼吸热量（W）。

食品冷加工过程中，由于冷加工工艺不同，有的食品需要冷却，有的食品则需要冻结、冷藏，因此热负荷各有不同。

### 1. 冷却间或冻结间食品冷加工耗冷量（kW）

$$Q_2 = Q_{2a} + Q_{2b}$$

即

$$Q_2 = \frac{G(h_1 - h_2)}{\tau} + \frac{GB(t_1 - t_2)c_b}{\tau} \tag{3-5}$$

式中，$G$ 为食品每次冷加工量（kg），冷却间或冻结间应按设计冷加工能力来计算；$h_1$、$h_2$ 分别为食品冷加工前、后的比焓（J/kg 或 kJ/kg），可按冷加工前后的对应温度从相应的食品比焓表中查取，见表 A-3；$\tau$ 为每次冷加工食品的时间（h）；$B$ 为货物包装材料或运载工具重量系数，可按表 3-11 的规定取值；$t_1$ 为包装材料或运载工具进入库房时的温度（℃）；$t_2$ 为包装材料或运载工具出库时的温度（℃），一般为库房的设计温度；$c_b$ 为包装材料或运载工具的比热容［kJ/（kg·K）］，见表 3-12。

表 3-11　货物包装材料及运载工具重量系数 $B$

| 序　号 | 食品类别 | | 重量系数 $B$ |
|---|---|---|---|
| 1 | 肉类<br>鱼类<br>冻蛋类 | 冷藏 | 0.1 |
| | | 肉类冷却或冻结(猪,单轨叉挡式) | 0.1 |
| | | 肉类冷却或冻结(猪,双轨叉挡式) | 0.3 |
| | | 肉类、鱼类、冻蛋类(搁架式) | 0.3 |
| | | 肉类、鱼类、冻蛋类(笼式或架子式,手推车) | 0.6 |
| 2 | 鱼类 | | 0.25 |
| 3 | 鲜蛋类 | | 0.25 |
| 4 | 鲜蔬类 | | 0.35 |

表 3-12　包装材料或运载工具的比热容

| 名　称 | $c_b$/[kJ/(kg·K)] | 名　称 | $c_b$/[kJ/(kg·K)] |
|---|---|---|---|
| 木板类 | 2.51 | 黄油纸类 | 1.51 |
| 黄铜 | 0.39 | 布类 | 1.21 |
| 铁皮类 | 0.42 | 竹器类 | 1.51 |
| 铝皮 | 0.88 | 塑料薄膜类 | 1.256 |
| 玻璃容器类 | 0.84 | 精瓷类 | |
| 马粪纸、瓦楞纸类 | 1.47 | | |

食品进库时比焓的对应温度，应按下列规定选取：

① 未经冷却的鲜肉温度应按 35℃ 计算，已经冷却的鲜肉温度应按 4℃ 计算。

② 冷藏库或船调入的冻结肉温度应按 -10～-8℃ 计算。

③ 冰鲜鱼虾整理后的温度应按 15℃ 计算。

④ 新鲜鱼虾整理进冷加工间的温度应按鱼虾用水的水温计算。

⑤ 鲜蛋、水果、蔬菜的进货温度应按当地食品进库旺月的月平均温度计算。

关于出库温度，冻结间一般按 -15℃ 计算，冷却间应按不同食品而异，冷却肉一般按 4℃ 计算。

$t_1$ 按下列规定取值：

① 在本库进行包装的货物，其包装材料温度取值应按夏季空气调节平均温度乘以包装材料或运载工具入库温度的修正系数，该系数见表 3-13。

表 3-13　包装材料或运载工具的入库温度修正系数

| 入库月份 | 1 | 2 | 3 | 4 | 5 | 6 | 7 | 8 | 9 | 10 | 11 | 12 |
|---|---|---|---|---|---|---|---|---|---|---|---|---|
| 修正系数 | 0.10 | 0.15 | 0.33 | 0.53 | 0.72 | 0.86 | 1.00 | 1.00 | 0.83 | 0.62 | 0.41 | 0.20 |

② 自外库调入已包装的货物，其包装材料温度为该货物的入库温度。

③ 运载工具进入库房的温度取值应按夏季空气调节平均温度乘以表 3-13 中的修正系数。

值得注意的是，如果冻结过程中需要加水，则应把加入的水的热量计算在 $Q_2$ 中。

若是果蔬加工冷却间，则仍按式（3-4）计算其冷却耗冷量。

### 2. 冷藏间、冻藏间食品贮存时的耗冷量（W）

$$Q_2=Q_{2a}+Q_{2b}+Q_{2c}+Q_{2d}$$
$$=\frac{G(h_1-h_2)}{\tau}+\frac{GB(t_1-t_2)c_b}{\tau}+\frac{G(q_1+q_2)}{2}+(G_n-G)q_2 \tag{3-6}$$

式中，$G$ 为食品每天的进货量（kg）；$q_1$ 为货物冷却初始温度时的呼吸热（W/kg），可查果蔬的呼吸热表，见表 A-4；$q_2$ 为货物冷却终止温度时的呼吸热（W/kg），可查果蔬的呼吸热表，见表 A-4；$G_n$ 为冷却物冷藏间的冷藏量（冷藏容量）（kg）；$h_1$、$h_2$、$B$、$\tau$、$t_1$、$t_2$ 和 $c_b$ 与式（3-5）中的符号意义一致，$\tau=24h=24\times3600s$。

$G$ 按下列规定取值：

① 存放果蔬的冷却物冷藏间应按不大于该间冷藏吨位的 5%计算。

② 存放鲜蛋的冷却物冷藏间应按不大于该间冷藏吨位的 5%计算。

③ 有从外库调入货物的冷库，其冻结物冷藏间每日进货量应按该间冷库冷藏吨位的 5%计算；无外库调入货物的冷库，其冻结物冷藏间每日进货量应按该库每日冻结量计算；若该进货量大于按该冷藏间吨位的 5%计算的进货量，则应按该间冷库冷藏吨位的 5%计算。

④ 冻结量大的水产冷库，其冻结物冷藏间的每日进货量可按具体情况而定。

值得注意的是，只有水果、鲜蔬菜冷却间或冷却物冷藏间才计算 $Q_{2c}$ 和 $Q_{2d}$。

### 3. 冰库贮冰耗冷量

间接冷却系统的冷却盐水制冰和直接冷却系统的各种快速制冰，其出冰温度一般为 0℃（海水制冰低于 0℃）。贮于冰库后，冰的温度将从 0℃降至库房温度（盐水制冰贮藏温度为 −4℃，快速制冰贮藏温度为 −10℃），冰在冰库中放出的热量（kW）可按式（3-7）计算：

$$Q_2=\frac{c_b(0-t_n)G}{24\times3600}=\frac{1000\times2.0935\times(0-t_n)G}{24\times3600} \tag{3-7}$$

式中，$t_n$ 为冰库库房温度（℃）；$G$ 为制冰设备每日的制冷能力（t/日）；$c_b$ 为冰的比热容，取为 2.0935kJ/(kg · K)。

## 3.2.3 通风换气耗冷量 $Q_3$

水果蔬菜等生鲜食品，在冷藏过程中不断进行呼吸、消耗氧气，放出 $CO_2$ 和水汽，如不及时更换新鲜空气，水果蔬菜等食品将腐烂变质，同时在有工人生产操作的低温车间，由于工人呼吸也需要补充新鲜空气，这种从外界补充的新鲜空气，其温度高于库房空气温度，因此进入库房内也要放出热量，其计算公式为

$$Q_3=Q_{3a}+Q_{3b}=\frac{(h_w-h_n)nV\rho_n}{24\times3600}+\frac{30n_r\rho_n(h_w-h_n)}{3600} \tag{3-8}$$

式中，$Q_{3a}$ 为冷却物冷藏间有呼吸的食品换气热量（kW）；$Q_{3b}$ 为有操作人员长期停留的冷藏间，如加工间、包装间等，操作人员需要新鲜空气的热量（kW），而其余冷间不计算；$h_w$ 为室外空气的比焓（kJ/kg），可查表 A-5；$h_n$ 为室内空气的比焓（kJ/kg），可查表 A-5；$n$ 为库房每日换气的次数，一般可采用 2~3 次；$V$ 为冷藏间内净容积（$m^3$）；$\rho_n$ 为冷藏间内空气的密度（$kg/m^3$）；24 为每日小时数（h）；30 为操作人员每小时需要的新鲜空气量（$m^3/h$）；$n_r$ 为操作人员数。

### 3.2.4 电动机运行产生的耗冷量 $Q_4$

在计算库房耗冷量时，冷却设备中所用电动机功率是未知的，因为该电动机的功率是在制冷装置的总耗冷量确定之后才能计算的。而电动机耗冷量又是总耗冷量的一部分。因此，必须先假设一个电动机功率值，来求总耗冷量，然后再对该功率数值进行校核。若所得结果与假设不相符，则再进行假设和计算，直到相符为止。在假设电动机功率时，可参照同类冷库确定，也可利用表 3-22~表 3-24 估算 $Q_q$ 值，求出所需要的冷却设备面积，再对照冷风机型号，由于冷风机已基本定型，故可根据该冷风机确定配备电动机的功率，其计算公式如下：

$$Q_4=\sum P\xi\rho \tag{3-9}$$

式中，$P$ 为电动机额定功率（kW）；$\xi$ 为热转化系数，电动机在冷间内时应取 1，电动机在冷间外时应取 0.75；$\rho$ 为电动机运转时间系数，对冷风机配用的电动机取 1，对冷间内其他设备配用的电动机可按使用情况取值。一般可按每昼夜操作 8h 计，则 $\rho=8/24=1/3$。

### 3.2.5 经营操作耗冷量 $Q_5$

这部分耗冷量一般是间歇进行的，操作的方式和时间长短大多数都不一定。在操作进行时，虽然会造成较大的热负荷，但是在非操作时间，这部分热负荷则完全没有。一般是根据冷库的生产条件和操作规律，推算出每天由于经营操作对冷库造成的总热负荷，大体上作为一个恒定的数值予以考虑。库房经营操作耗冷量为以下三类的总和，即

$$Q_5=Q_{5a}+Q_{5b}+Q_{5c} \tag{3-10}$$

#### 1. 库房照明耗冷量 $Q_{5a}$

$$Q_{5a}=q_dA \tag{3-11}$$

式中，$q_d$ 为每平方米地板面积照明耗冷量，冷藏间可取 1.74~2.30$W/m^2$，操作人员停留的加工间、包装间等可取 5.82$W/m^2$；$A$ 为有效照明面积（$m^2$）。

#### 2. 库房门开启耗冷量 $Q_{5b}$

由于食品和操作人员进出库房，库门经常要开启。这样，外界热空气就会侵入库内，与库内低温空气进行热交换。这部分热量与库门开启次数、开启时间、库内容积等因素有关，可按式（3-12）计算：

$$Q_{5b}=\frac{Vn(h_w-h_n)M\rho_n}{24\times3600} \tag{3-12}$$

式中，$V$为冷间内净容积（$m^3$）；$n$为每日开门换气次数，如图3-3所示；$h_w$、$h_n$分别为冷间外、内空气的比焓（kJ/kg），可按表A-5查取；$M$为有空气幕时的修正系数，可取0.5，如不设空气幕时，则取1；$\rho_n$为冷间空气的密度（$kg/m^3$）。

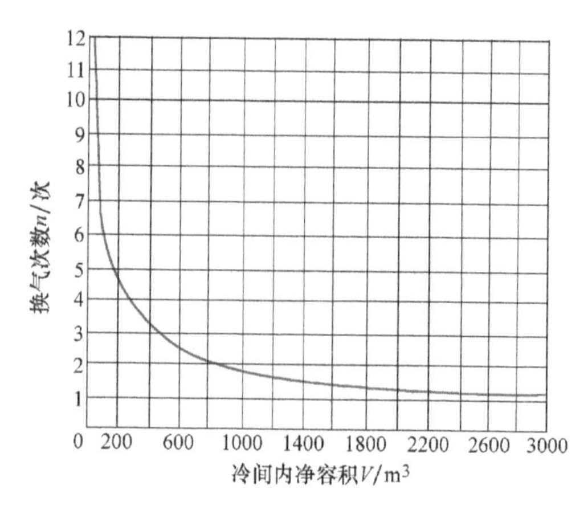


图3-3　冷间开门换气次数

3. 库房操作人员耗冷量 $Q_{5c}$

这部分耗冷量仅在有操作人员的冷间才加以计算，它与库房温度高低、操作人员多少、操作时间长短等均有关。库房温度是由工艺条件确定的，而操作人员数和操作时间则因机械化程度及冷加工食品种类等不同而不同。

$$Q_{5c}=0.125n_nq_r \tag{3-13}$$

式中，0.125为每日操作的时间系数，按每日操作3h计，即3/24=0.125；$q_r$为每个操作人员产生的耗冷量（W），冷间设计温度高于或等于-5℃时，取279W，冷间设计温度低于-5℃时，取419W；$n_n$为操作人员数，它与操作的机械化程度有关，可按实际情况估定，见表3-14。

表3-14　冷间操作人员数的估定

| 冷藏间容积/$m^3$ | 230~250 | 250~500 | 500~750 | 750~1000 | 1000以上 |
|---|---|---|---|---|---|
| 操作人员数/人 | 1 | 2 | 3 | 4 | 每增加250$m^3$增加1人 |

值得注意的是，对于冷却间或冻结间来说，是不计经营操作耗冷量的。

## 3.3　制冷设备负荷及制冷机械负荷的计算

冷间各项耗冷量算出之后，即可进行库房耗冷量的汇总计算，以确定系统的冷却设备负荷和机械负荷。

### 3.3.1　冷间冷却设备负荷（$Q_q$）的计算

计算冷间冷却设备负荷是为了确定冷间冷却设备的蒸发面积。该负荷是在冷间各项耗冷量计算的基础上，以每个冷间为单位进行汇总得来的，但在汇总时并不是五项耗冷量指标的简单叠加。因为，在分项计算上述五项耗冷量指标时并没有考虑到食品放热的不平衡性，而是把降温过程简单地视为线性关系，事实上食品降温并非如此简单。一方面，随着降温过程的不断进行，食品与冷间温差在不断缩小，所放出的热量在不断减少；另一方面，食品放热和食品的比热容也有密切的关系，食品在冻结点以下其比热容随着温度的降低而显著减小。所以，食品在降温过程中，所放出的热量是随温度和食品内水分的形态的变化而变化的。因此在计算冷间冷却设备负荷时，须对耗冷量$Q_2$进行修正，其计算公式为

$$Q_q=Q_1+pQ_2+Q_3+Q_4+Q_5 \tag{3-14}$$

式中，$Q_q$ 为冷间冷却设备负荷（W）；$Q_1$、$Q_2$、$Q_3$、$Q_4$、$Q_5$ 为冷间各项耗冷量的值，见本书3.2节的相关内容；$p$ 为负荷系数，冷却间和冻结间的负荷系数应取1.3，其他冷间取1。

由于各冷间所配置的制冷设备是以各自的耗冷量为依据计算的，因此各冷间的冷却设备负荷要分别计算。由于各冷间的作用不同，其冷却设备负荷的内容也不相同。各冷间的冷却设备负荷 $Q_q$ 组成见表3-15。

表3-15 各冷间的冷却设备负荷 $Q_q$ 组成

| 序号 | 冷间类别 | $Q_1$ | $pQ_2$ | $Q_3$ | $Q_4$ | $Q_5$ | $Q_q$ |
|---|---|---|---|---|---|---|---|
| 1 | 冷却间 | $Q_1$ | $1.3Q_2$ | — | $Q_4$ | — | $Q_q=Q_1+1.3Q_2+Q_4$ |
| 2 | 冻结间 | $Q_1$ | $1.3Q_2$ | — | $Q_4$ | — | $Q_q=Q_1+1.3Q_2+Q_4$ |
| 3 | 冷却物冷藏间 | $Q_1$ | $Q_2$ | $Q_3$ | $Q_4$ | $Q_5$ | $Q_q=Q_1+Q_2+Q_3+Q_4+Q_5$ |
| 4 | 冻结物冷藏间 | $Q_1$ | $Q_2$ | — | — | $Q_5$ | 为冷却排管<br>$Q_q=Q_1+Q_2+Q_5$ |
| | | $Q_1$ | $Q_2$ | — | $Q_4$ | $Q_5$ | 为冷风机<br>$Q_q=Q_1+Q_2+Q_4+Q_5$ |

## 3.3.2 制冷压缩机机械负荷（$Q_j$）的计算

机械负荷是选择压缩机的依据。冷库耗冷量是按最不利的生产条件求出的，但在实际生产过程中，各种不利因素同时出现的情况一般较少，主要因为：一般冷库的生产旺季多不在夏季；一台或一组制冷压缩机承担多个库房的制冷负荷，而各个库房不一定同时使用或操作，太阳辐射对围护结构各个部位的影响也不是同时出现的。同时，不同温度库房之间的热交换对整个冷库来说是相互抵消的。这样，如果以冷库最大耗冷量作为制冷压缩机负荷，势必会造成经济上的浪费。因此，在计算机械负荷时，应按不同蒸发温度系统来汇总，并且应该对按不同蒸发温度汇总的各项冷库耗冷量类别进行修正，将各项耗冷量都乘以不同的修正系数，以避免选配的制冷机组过大。考虑到管路、设备等的冷量损失，计算机械负荷时还应乘以冷损耗系数，压缩机机械负荷 $Q_j$ 的计算公式为

$$Q_j=(n_1\sum Q_1+n_2\sum Q_2+n_3\sum Q_3+n_4\sum Q_4+n_5\sum Q_5)R \tag{3-15}$$

式中，$Q_j$ 为制冷压缩机的机械负荷（W）；$n_1$ 为围护结构耗冷量的季节修正系数，一般根据生产旺季出现的月份，按表3-16规定采用，当全年生产无明显淡旺季之分时，应取 $n_1=1$；$n_2$ 为食品冷加工耗冷量的机械负荷修正系数，应根据冷间的性质确定，冷却间和冻结间应取1，冷却物冷藏间宜按下列数值取值：公称容积为10000m$^3$ 以下时，取0.6，公称容积为10001～30000m$^3$ 时，取0.45，公称容积为30001m$^3$ 以上时，取0.3；冻结物冷藏间宜按下列数值取值：公称容积为7000m$^3$ 以下时，取0.5，公称容积为7001～20000m$^3$ 时，取0.65，公称容积为20001m$^3$ 以上时，取0.8；$n_3$ 为同期换气系数，一般取0.5～1.0；$n_4$ 为冷间内电动机同期运转系数，对冷却间和冻结间中的冷风机取1，其余按表3-17选值；$n_5$ 为冷间同期操作系数，按表3-17选取；$R$ 为制冷装置和管道等冷损失补偿系数，一般直接冷却系统取1.07，间接冷却系统取1.12。

表 3-16　季节修正系数 $n_1$ 值

| 纬度 | 库温/℃ | 月份 | | | | | | | | | | | | 备注 |
|---|---|---|---|---|---|---|---|---|---|---|---|---|---|---|
| | | 1 | 2 | 3 | 4 | 5 | 6 | 7 | 8 | 9 | 10 | 11 | 12 | |
| 北纬40°以上 | 0 | -0.70 | -0.50 | -0.10 | 0.40 | 0.70 | 0.90 | 1.00 | 1.00 | 0.70 | 0.30 | -0.10 | -0.50 | 含40° |
| | -10 | -0.25 | -0.11 | 0.19 | 0.59 | 0.78 | 0.92 | 1.00 | 1.00 | 0.78 | 0.49 | 0.19 | -0.11 | |
| | -18 | -0.02 | 0.10 | 0.33 | 0.64 | 0.82 | 0.93 | 1.00 | 1.00 | 0.82 | 0.58 | 0.33 | 0.10 | |
| | -23 | 0.08 | 0.18 | 0.40 | 0.68 | 0.84 | 0.94 | 1.00 | 1.00 | 0.84 | 0.62 | 0.40 | 0.18 | |
| | -30 | 0.19 | 0.28 | 0.47 | 0.72 | 0.86 | 0.95 | 1.00 | 1.00 | 0.86 | 0.67 | 0.47 | 0.28 | |
| 北纬35°~40° | 0 | -0.30 | -0.20 | 0.20 | 0.50 | 0.80 | 0.90 | 1.00 | 1.00 | 0.70 | 0.50 | 0.10 | -0.20 | 含35° |
| | -10 | 0.05 | 0.14 | 0.41 | 0.65 | 0.86 | 0.92 | 1.00 | 1.00 | 0.78 | 0.65 | 0.35 | 0.14 | |
| | -18 | 0.22 | 0.29 | 0.51 | 0.71 | 0.89 | 0.93 | 1.00 | 1.00 | 0.82 | 0.71 | 0.38 | 0.29 | |
| | -23 | 0.30 | 0.36 | 0.56 | 0.74 | 0.90 | 0.94 | 1.00 | 1.00 | 0.84 | 0.74 | 0.40 | 0.36 | |
| | -30 | 0.39 | 0.44 | 0.61 | 0.77 | 0.91 | 0.95 | 1.00 | 1.00 | 0.86 | 0.77 | 0.47 | 0.44 | |
| 北纬30°~35° | 0 | 0.10 | 0.15 | 0.33 | 0.53 | 0.72 | 0.86 | 1.00 | 1.00 | 0.83 | 0.62 | 0.41 | 0.20 | 含30° |
| | -10 | 0.31 | 0.36 | 0.48 | 0.64 | 0.79 | 0.86 | 1.00 | 1.00 | 0.88 | 0.71 | 0.55 | 0.38 | |
| | -18 | 0.42 | 0.46 | 0.56 | 0.70 | 0.82 | 0.90 | 1.00 | 1.00 | 0.88 | 0.76 | 0.62 | 0.48 | |
| | -23 | 0.47 | 0.51 | 0.60 | 0.73 | 0.84 | 0.91 | 1.00 | 1.00 | 0.89 | 0.78 | 0.65 | 0.53 | |
| | -30 | 0.53 | 0.56 | 0.65 | 0.76 | 0.85 | 0.92 | 1.00 | 1.00 | 0.90 | 0.81 | 0.69 | 0.58 | |
| 北纬25°~30° | 0 | 0.18 | 0.23 | 0.42 | 0.60 | 0.80 | 0.88 | 1.00 | 1.00 | 0.87 | 0.65 | 0.45 | 0.26 | 含25° |
| | -10 | 0.39 | 0.41 | 0.56 | 0.71 | 0.85 | 0.90 | 1.00 | 1.00 | 0.90 | 0.73 | 0.59 | 0.44 | |
| | -18 | 0.49 | 0.51 | 0.63 | 0.76 | 0.88 | 0.92 | 1.00 | 1.00 | 0.92 | 0.78 | 0.65 | 0.53 | |
| | -23 | 0.54 | 0.56 | 0.67 | 0.78 | 0.89 | 0.93 | 1.00 | 1.00 | 0.92 | 0.80 | 0.67 | 0.57 | |
| | -30 | 0.59 | 0.61 | 0.70 | 0.80 | 0.90 | 0.93 | 1.00 | 1.00 | 0.93 | 0.82 | 0.72 | 0.62 | |
| 北纬25°以下 | 0 | 0.44 | 0.48 | 0.63 | 0.79 | 0.94 | 0.97 | 1.00 | 1.00 | 0.93 | 0.81 | 0.65 | 0.49 | |
| | -10 | 0.58 | 0.60 | 0.73 | 0.85 | 0.95 | 0.98 | 1.00 | 1.00 | 0.95 | 0.85 | 0.75 | 0.63 | |
| | -18 | 0.65 | 0.67 | 0.77 | 0.88 | 0.96 | 0.98 | 1.00 | 1.00 | 0.96 | 0.88 | 0.79 | 0.69 | |
| | -23 | 0.68 | 0.70 | 0.79 | 0.89 | 0.96 | 0.98 | 1.00 | 1.00 | 0.96 | 0.89 | 0.81 | 0.72 | |
| | -30 | 0.72 | 0.73 | 0.82 | 0.90 | 0.97 | 0.98 | 1.00 | 1.00 | 0.97 | 0.90 | 0.83 | 0.75 | |

$n_4$ 和 $n_5$ 的取值方法仅与冷间的数量有关，取值方法相同。因此，可归纳成表 3-17，表中冷间总数应按同一蒸发温度系统的总间数统计。

表 3-17　电动机同期运转系数 $n_4$ 值和冷间同期操作系数 $n_5$ 值

| 冷间总数 | $n_4$ 或 $n_5$ | 冷间总数 | $n_4$ 或 $n_5$ |
|---|---|---|---|
| 1 | 1 | 5~10 | 0.4 |
| 2~4 | 0.5 | >10 | 0.2 |

为了进行制冷设备和制冷压缩机的选型计算，一般都将上述计算进行汇总。其冷库冷却设备负荷汇总按每个冷间来统计，冷库机械负荷汇总按不同的蒸发系统来统计。汇总示例见表 3-18 和表 3-19。

表 3-18　冷库冷却设备负荷汇总示例

| 序号 | 库房名称 | 库温/℃ | $Q_1$/W | $pQ_2$/W | $Q_3$/W | $Q_4$/W | $Q_5$/W | $Q_q$/W |
|---|---|---|---|---|---|---|---|---|
| | | | | | | | | |

表 3-19　冷库机械负荷汇总示例

| 序号 | 蒸发系统 | 库温/℃ | $n_1\sum Q_1$/W | $n_2\sum Q_2$/W | $n_3\sum Q_3$/W | $n_4\sum Q_4$/W | $n_5\sum Q_5$/W | $Q_j$/W |
|---|---|---|---|---|---|---|---|---|
| | | | | | | | | |

**例 3-2**　廉江某果蔬冷库由四个高温冷藏间（库温为 0℃）、两个预冷间（库温为 0℃）和两个低温冷藏间（库温为-25℃）组成，用来加工果蔬，各冷间耗冷量计算结果见下表，试计算各冷间冷却设备负荷和不同蒸发系统的机械负荷。

| 类别 | 围护结构耗冷量/W | 食品冷加工耗冷量/W | 通风换气耗冷量/W | 电动机运行耗冷量/W | 经营操作耗冷量/W |
|---|---|---|---|---|---|
| 高温库水果 1 | 5186.5 | 4516.5 | 6922.2 | 4400 | 2783.6 |
| 高温库水果 2 | 5375.7 | 5134 | 7891.3 | 4400 | 3163.5 |
| 高温库蔬菜 1 | 6077.3 | 8934 | 8622.4 | 4400 | 3197.6 |
| 高温库蔬菜 2 | 6464.5 | 10155.7 | 9829.5 | 6600 | 3466.8 |
| 预冷间水果 | 3170.5 | 9587.2 | 6576.2 | 2200 | 1897.8 |
| 预冷间蔬菜 | 3727.9 | 12766.7 | 7659.6 | 2200 | 2346.8 |
| 低温库水果 | 11909.8 | 8224.8 | 0 | 0 | 3485.3 |
| 低温库蔬菜 | 10773.7 | 3932.3 | 0 | 0 | 4362.9 |

**解**　1）冷却设备负荷 $Q_q$。根据题意和相关规定，取冷藏间 $p=1$，预冷间 $p=1.3$，冷却设备负荷汇总见下表。

| 类别 | $Q_1$/W | $Q_2$/W | $p$ | $Q_3$/W | $Q_4$/W | $Q_5$/W | $Q_q$/W |
|---|---|---|---|---|---|---|---|
| 高温库水果 1 | 5186.5 | 4516.5 | 1.0 | 6922.2 | 4400 | 2783.6 | 23763.8 |
| 高温库水果 2 | 5375.7 | 5134 | 1.0 | 7891.3 | 4400 | 3163.5 | 25964.5 |
| 高温库蔬菜 1 | 6077.3 | 8934 | 1.0 | 8622.4 | 4400 | 3197.6 | 31231.3 |
| 高温库蔬菜 2 | 6464.5 | 10155.7 | 1.0 | 9829.5 | 4400 | 3466.8 | 34316.5 |
| 预冷间水果 | 3170.5 | 9587.2 | 1.3 | 6576.2 | 2200 | 1897.8 | 26307.9 |
| 预冷间蔬菜 | 3727.9 | 12766.7 | 1.3 | 7659.6 | 2200 | 2346.8 | 32511 |
| 低温库水果 | 11909.8 | 8224.8 | 1.0 | 0 | 0 | 3485.3 | 23619.9 |
| 低温库蔬菜 | 10773.7 | 3932.3 | 1.0 | 0 | 0 | 4362.9 | 19069 |

2）机械负荷 $Q_j$。该库有两个蒸发温度，均为直接冷却（$R=1.07$），查得各修正系数（$n_1=1$，$n_2=0.6$，$n_3=0.8$；$n_4$ 高温时取 0.5，低温时取 1；$n_5$ 对预冷间取 1，其余取 0.5），并按下式计算出机械负荷为

$$Q_j=(n_1\sum Q_1+n_2\sum Q_2+n_3\sum Q_3+n_4\sum Q_4+n_5\sum Q_5)R$$

机械负荷汇总见下表。

| 类　别 | | $\sum Q_1$/W | $\sum Q_2$/W | $\sum Q_3$/W | $\sum Q_4$/W | $\sum Q_5$/W | $Q_j$/W | |
|---|---|---|---|---|---|---|---|---|
| -15℃系统 | 高温库 | 23165.8 | 28740.1 | 33274.4 | 19800 | 10713.7 | 88046.27 | 128859.77 |
| | 预冷间 | 6897.9 | 22353.9 | 14235.8 | 4400 | 4244.6 | 40813.52 | |
| 低温库 | | 22683.5 | 12157 | 0 | 0 | 7848.2 | 34974.13 | |

## 3.4　冷库耗冷量的估算法

前面详细地介绍了制冷负荷的计算及汇总方法。经过准确的计算，确定出冷却设备负荷和机械负荷，为选择机器、设备提供依据。但在一些特定的情况下，对于耗冷量计算不一定要求很精确。例如做投资计划，在冷藏库的初步设计阶段或制冷工程技术人员在接受咨询、洽谈业务阶段，考虑冷分配设备和制冷压缩机的配置时，可粗略估计一下耗冷量；又如在冷库的改扩建、小型冷库（指副食品店或食堂等用的小冷库）的设计中，以及在没有设计能力或缺乏计算资料的情况下，则可对耗冷量进行大概的估算。这时快捷、简便的估算法就显得很实用。

国内的一些设计单位确定了估算用的经验数据——单位耗冷量，将单位耗冷量乘以货物加工量即可很方便地求得估算的总耗冷量。

### 3.4.1　肉类冷库冷加工耗冷量的估算

肉类食品可进行冷却和冻结加工，其冷却和冻结加工的耗冷量估算分别见表 3-20 和表 3-21。在估算时可按表中对应情况进行选择。

表 3-20　冷却每吨肉类食品的耗冷量估算表

| 序号 | 库房温度/℃ | 肉类降温情况 | | 冷却加工时间①/h | 单位耗冷量/(W/t) | |
|---|---|---|---|---|---|---|
| | | 入库时/℃ | 出库时/℃ | | 冷却设备负荷 | 机械负荷 |
| 1 | -2 | +35 | +4 | 20 | 3000 | 2300 |
| 2 | -7/-2② | +35 | +4 | 11 | 5000 | 4000 |
| 3 | -10 | +35 | +12 | 8 | 6200 | 5000 |
| 4 | -10 | +35 | +10 | 3 | 13000 | 10000 |

注：表内冷却设备负荷已经包括食品冷加工耗冷量系数 $p$ 的数值，机械负荷已经包括总管道等 7%的冷损耗数值。
① 冷加工时间不包括肉类进库和出库的搬运时间。
② 此处系指库温先为-7℃，待肉体表面温度降到 0℃时，改用库温-2℃继续冷却。

表 3-21　冻结每吨肉类食品的耗冷量估算表

| 序号 | 库房温度/℃ | 肉类降温情况 | | 冻结加工时间/h | 单位耗冷量/(W/t) | |
|---|---|---|---|---|---|---|
| | | 入库时/℃ | 出库时/℃ | | 冷却设备负荷 | 机械负荷 |
| 1 | -23 | +4 | -15 | 20 | 5300 | 4500 |
| 2 | -23 | +12 | -15 | 12 | 8200 | 6900 |
| 3 | -23① | +35 | -15 | 20 | 7600 | 5800 |
| 4 | -30 | +4 | -15 | 11 | 9400 | 7500 |
| 5 | -30 | -10 | -18 | 16 | 6700 | 5400 |

注：表内冷却设备负荷已经包括食品冷加工耗冷量系数 $p$ 的数值，机械负荷已经包括总管道等 7%的冷损耗系数。
① 指一次冻结（指肉类不经过冷却），氨系统直接用低于-33℃的蒸发温度。

### 3.4.2　水产冷库冷加工耗冷量的估算

水产冷库冷加工单位耗冷量估算见表 3-22。

表 3-22　水产冷库冷加工单位耗冷量估算表

| 库房名称 | 库房温度/℃ | 降温情况 | | 冷却加工时间/h | 单位耗冷量/(W/t) | |
|---|---|---|---|---|---|---|
| | | 入库时/℃ | 出库时/℃ | | 冷却设备负荷 | 机械负荷 |
| 准备间 | 0 | +20 | +4 | 10 | 4700 | 3500 |
| 冻结间 | -25 | +4 | -15 | 10 | 9300 | 7500 |
| 冻结间 | -25 | +20 | -15 | 16 | 7000 | 5600 |

注：表中冷却加工时间不包括进、出库时间。

### 3.4.3　冷藏间、制冰和贮冰间耗冷量的估算

冷藏间单位耗冷量估算见表 3-23，制冰和贮冰间单位耗冷量估算见表 3-24。

表 3-23　冷藏间单位耗冷量估算表

| 序号 | 库房名称 | 库房温度/℃ | 单位耗冷量/(W/t) | |
|---|---|---|---|---|
| | | | 冷却设备负荷 | 机械负荷 |
| 1 | 一般冷却物冷藏间 | 0,-2 | 88 | 70 |
| 2 | 250t 以下冻结物冷藏间 | -15,-18 | 82 | 70 |
| 3 | 500~1000t 冷库冻结物冷藏间 | -18 | 53 | 47 |
| 4 | 1000~3000t 单层库冻结物冷藏间 | -18,-20 | 41~47 | 30~35 |
| 5 | 1500~3500t 多层库冻结物冷藏间 | -18 | 41 | 30~35 |
| 6 | 4500~9000t 多层库冻结物冷藏间 | -18 | 30~35 | 24 |

注：表中机械负荷已经包括总管道等 7%的冷损耗数值。

表 3-24　制冰和贮冰间单位耗冷量估算表

| 序号 | 制冰方式 | 单位耗冷量/(W/t) |
|---|---|---|
| | | 机械负荷 |
| 1 | 盐水制冰 | 7000 |
| 2 | 桶式快速制冰 | 7800 |
| 3 | 贮冰间 | 25 |

注：表中机械负荷已经包括总管道等 7%的冷损耗数值。

### 3.4.4　小型冷库耗冷量的估算

小型冷库按照用途不同有肉、禽、水产品、果蔬和鲜蛋冷库，不同用途的冷库其耗冷量是不同的，其单位耗冷量估算见表 3-25~表 3-27。

表 3-25　肉、禽、水产品类小型冷库单位耗冷量估算表

| 序号 | 冷间名称 | 冷间温度/℃ | 单位耗冷量/(W/t) | |
|---|---|---|---|---|
| | | | 冷却设备负荷 | 机械负荷 |
| 1 | 50t 以下冷藏间 | -18~-15① | 195 | 160 |
| 2 | 50~100t 冷藏间 | | 150 | 130 |
| 3 | 100~200t 冷藏间 | | 120 | 95 |
| 4 | 200~300t 冷藏间 | | 82 | 70 |

① 进货温度按-15~-12℃，进货量按库容量的 5%计算，如果进货温度为-5℃，则需适当增大表中数值。

表 3-26　水果、蔬菜类小型冷库单位耗冷量估算表

| 序号 | 冷间名称 | 冷间温度/℃ | 单位耗冷量/(W/t) | |
|---|---|---|---|---|
| | | | 冷却设备负荷 | 机械负荷 |
| 1 | 100t 以下冷藏间 | 0~2 | 260 | 230 |
| 2 | 100~300t 冷藏间 | 0~2 | 230 | 210 |

表 3-27　鲜蛋类小型冷库单位耗冷量估算表

| 序号 | 冷间名称 | 冷间温度/℃ | 单位耗冷量/(W/t) | |
|---|---|---|---|---|
| | | | 冷却设备负荷 | 机械负荷 |
| 1 | 100t 以下冷藏间 | 0~2 | 140 | 110 |
| 2 | 100~300t 冷藏间 | 0~2 | 115 | 90 |

注：表中机械负荷已经包括总管道等7%的冷损耗数值。

### 3.4.5　室内型装配式冷库耗冷量的估算

1）库房冷却设备所需的传热面积可按冷库建筑面积进行估算。采用光管式蒸发排管时，冷库建筑面积与蒸发器传热面积之比可取为 1∶1.1~1∶1.3；采用冷风机时，其比值为 1∶1.5~1∶2.0。

2）制冷压缩机的耗冷量可按冷库公称容积进行估算，公称容积较小时，单位公称容积所需的耗冷量就较大，其变化曲线如图 3-4 和图 3-5 所示。

3）另一种估算方法是将表 3-25~表 3-27 中的耗冷量再乘以修正系数 1.2。

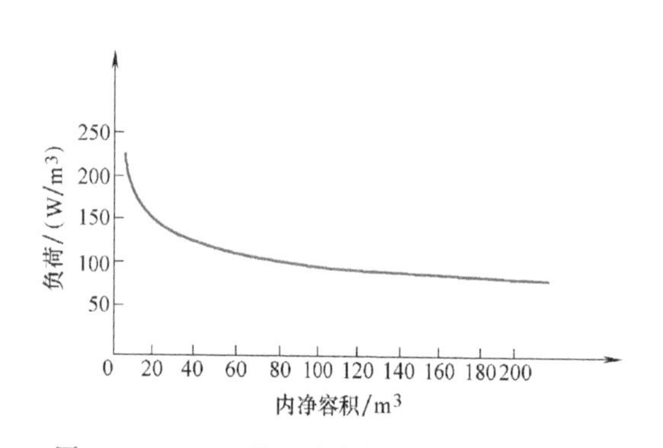


图 3-4　-5~5℃装配式冷库压缩机冷负荷估算

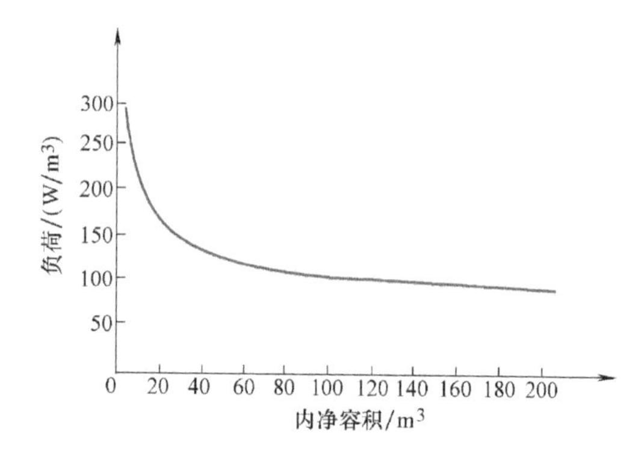


图 3-5　-18~-15℃装配式冷库压缩机冷负荷估算

### 3.4.6　简单计算估算法

在某些情况下，食品冷加工或冷藏耗冷量是经常变化的，有的则无法计算，此时，可采用一种简单计算法来估算耗冷量。

总的耗冷量可分为两部分：

（1）通过围护结构散失的冷量　通过围护结构散失的冷量可按前面所讲的方法计算。

（2）运行耗冷量　运行耗冷量按式（3-16）计算：

$$Q_r = Vf_r\Delta t \tag{3-16}$$

式中，$Q_r$ 为运行耗冷量（W）；$V$ 为冷库容积（$m^3$）；$f_r$ 为运行系数［W/($m^3$·℃)］，可查表 3-28；$\Delta t$ 为库内外的温差（℃）。

表 3-28 运行系数 $f_r$

| 冷库容积/$m^3$ | $f_r$/[W/($m^3$·℃)] | 冷库容积/$m^3$ | $f_r$/[W/($m^3$·℃)] |
|---|---|---|---|
| 140 | 0.31 | 1400 | 0.14 |
| 200 | 0.24 | 2100 | 0.14 |
| 280 | 0.19 | 2800 | 0.13 |
| 560 | 0.16 | | |

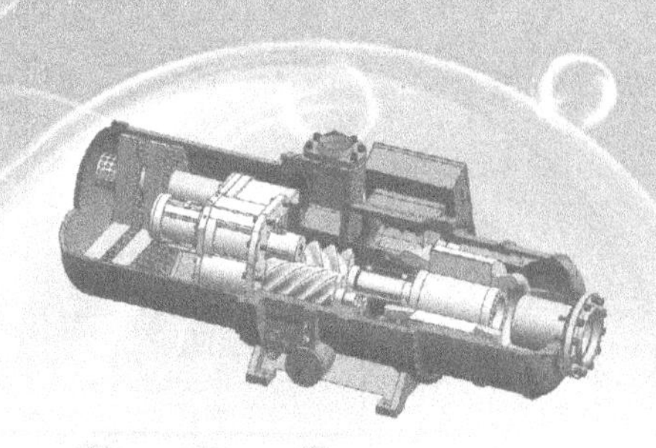

# 第 4 章 制冷压缩机及设备的选型计算

第 3 章依据冷库设计条件、设计参数详细分析了冷库热流量以及冷却设备负荷和机械负荷的计算。本章主要讨论在耗冷量已知的情况下，压缩机及设备的选择原则、依据和计算方法，其主要包括制冷压缩机、冷凝器、冷却设备、节流阀及必要的辅助设备（中间冷凝器、油分离器、高压贮液桶、气液分离器、低压循环贮液桶等）的选型计算。从冷库热负荷到机械设备选型计算的一般程序如图 4-1 所示。

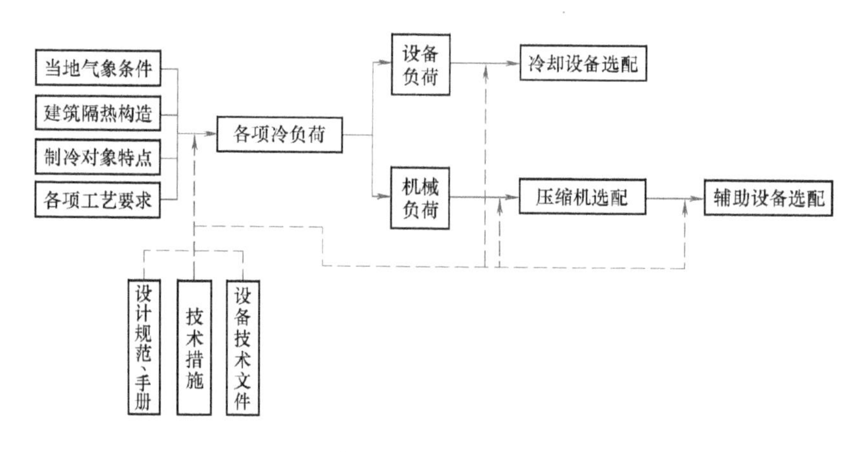


图 4-1　计算程序框图

## 4.1　制冷压缩机的选型计算

制冷压缩机是制冷装置的主要设备，其正确地选用非常重要。制冷压缩机的产冷量和配用电动机的轴功率，与蒸发温度和冷凝温度有着密切关系，蒸发温度越高，冷凝温度越低，产冷量就越大；反之，则越小。

冷凝温度由建库地区的水文气象条件决定，蒸发温度则由冷凝、冻结工艺要求来决定。

冷凝温度和蒸发温度是制冷压缩机的主要参数，通常称为制冷工况。在计算出制冷压缩机的负荷后，就可在已确定的制冷工况前提下，利用制冷压缩机的性能曲线或通过具体运算，选用容量适宜的制冷压缩机以及配用电动机。

### 4.1.1 制冷压缩机选型的一般原则

1）压缩机的制冷量应能满足冷库生产旺季高峰负荷的要求，所选机器制冷量应$\geqslant Q_j$，一般不设备用机器。在选择压缩机时，按一年中最热季节的冷却水温度确定冷凝温度，由冷凝温度和蒸发温度确定压缩机的运行工况。但是，冷库生产的高峰负荷并不一定恰好就在气温最高的季节，秋、冬、春三季冷却水温比较低（深井水除外），冷凝温度也随之降低，压缩机的制冷量有所提高。因此，选择压缩机时应适当考虑到这方面的因素。

2）单机容量和台数的确定。一般情况下，$Q_j$ 较大的冷库应选用大型压缩机，以免使机器台数过多；否则相反。压缩机用机总台数不宜少于两台。对于生活服务性小冷库，也可选用一台。

3）为不同蒸发系统配备的压缩机，应适当考虑机组之间有互相备用的可能性，尽可能采用相同系列的压缩机，以便于控制、管理及零配件互换。一个机器间所选压缩机的系列不宜超过两种，如仅有两台机器时应选用同一系列。

4）系列压缩机带有能量调节装置，可以对单机制冷量做较大幅度的调节，但只适用于运行中负荷波动的调节，不宜用作季节性负荷变化的调节。季节性负荷变化的负荷调节宜配置与制冷能力相适应的机器，其制冷量宜大小搭配，才能取得较好的节能效果。

5）氨制冷系统压力比 $p_L/p_Z>8$ 时采用双级压缩，氟利昂制冷系统压力比 $p_L/p_Z>8\sim10$ 时采用双级压缩。

6）制冷压缩机的工作条件不得超过制造厂家规定的压缩机使用条件。选用压缩机时应按其制造厂家规定的技术条件采用技术标准，并参照国家标准 GB/T 10079—2018《活塞式单级制冷剂压缩机（组）》中的设计和使用条件及名义工况。单级制冷压缩机的设计和使用条件见表 4-1。有机制冷剂压缩机（组）和 R717 制冷剂压缩机（组）的名义工况分别见表 4-2 和表 4-3。

表 4-1 单级制冷压缩机的设计和使用条件

| 类型 | 吸气饱和（蒸发）温度/℃ | 排气饱和（冷凝）温度/℃ | |
|---|---|---|---|
| | | 高冷凝压力 | 低冷凝压力 |
| 高温型 | -1～13 | 25～60 | 25～50 |
| 中温型 | -18～-1 | 25～55 | 25～50 |
| 低温型 | -40～-18 | 25～50 | 25～45 |

注：对于使用 R717 制冷剂的压缩机，吸气饱和（蒸发）温度范围为-30～5℃，排气饱和（冷凝）温度范围为 25～45℃。

### 4.1.2 主要工作参数的确定

#### 1. 蒸发温度 $t_Z$ 的确定

蒸发温度是根据工艺要求及节能等方面综合考虑而确定的，其取决于被冷却介质或被冷却环境所要求的温度。在氨直接冷却系统中，蒸发温度一般取比冷间温度低 10℃左右；在氨间接冷却系统中，蒸发温度取比载冷剂温度低 5℃。目前，一些要求较高或有特殊要求的冷库，如高温库或气调库，为保证食品质量，减小干耗，趋向于减小温差，有的只有1～2℃，但这要以相应增大蒸发面积为代价。蒸发器的设计温差可根据库房要求的相对湿度，由表4-4中查得。

表4-2　有机制冷剂压缩机(组)的名义工况

| 应用 | | 吸气饱和(蒸发)温度/℃ | 排气饱和(冷凝)温度/℃ | 吸气温度/℃ | 过冷度/K |
|---|---|---|---|---|---|
| 制冷 | 高温 | 10 | 46 | 21 | 8.5 |
| | | 7.0 | 54.5 | 18.5 | 8.5 |
| | 中温 | -6.5 | 43.5 | 4.5/18.5 | 0 |
| | 低温 | -31.5 | 40.5 | 4.5/-20.5 | 0 |
| 热泵 | | -15 | 35 | -4 | 8.5 |

表4-3　R717制冷剂压缩机(组)的名义工况

| 吸气饱和(蒸发)温度/℃ | 排气饱和(冷凝)温度/℃ | 吸气温度/℃ | 过冷度/K |
|---|---|---|---|
| -15 | 30 | -10 | 5 |

表4-4　蒸发器的设计温差

| 库内相对湿度(%) | 设计温差/℃ | |
|---|---|---|
| | 自然对流 | 吹风冷却 |
| 91～95 | 7～8 | 4.5～5.5 |
| 86～90 | 8～9 | 5.5～7 |
| 81～85 | 9～10 | 7～8 |
| 76～80 | 10～11 | 8～9 |
| 70～75 | 11～12 | 9～10 |

### 2. 冷凝温度 $t_L$ 的确定

冷凝温度主要取决于冷凝器的型式、冷却方式和冷却介质的温度，以及制冷压缩机允许的排气温度和压力。

按规范规定，R22和R717为制冷剂时，一般冷凝温度不超过40℃，设计冷凝温度不宜超过39℃；R12为制冷剂时，冷凝温度允许高达50℃，但一般应控制在45℃以下。

当冷凝器型式及冷却方式确定后，冷凝温度 $t_L$ 主要取决于冷却介质的温度。

对水冷式冷凝器，其冷凝温度主要取决于冷却水的温度和水量；对空气冷却式冷凝器，其冷凝温度取决于空气的温度、相对湿度和空气在冷凝面上的流动情况。

（1）立式、卧式及淋水式冷凝器冷凝温度 $t_L$ 的确定　这三种冷凝器的冷却介质均为水，在供水充足的前提下，其冷凝温度常按式（4-1）确定，即

$$t_L=\frac{t_1+t_2}{2}+\Delta t \tag{4-1}$$

式中，$t_L$ 为冷凝温度（℃）；$t_1$、$t_2$ 分别为冷凝器冷却水进、出口温度（℃），立式冷凝器 $t_2=t_1+(1.5\sim3)$℃，卧式冷凝器 $t_2=t_1+(4\sim6)$℃，淋水式冷凝器 $t_2=t_1+(2\sim3)$℃，一般情况下，$t_1\geqslant30$℃时取较小值，$t_1\leqslant20$℃时取较大值；$\Delta t$ 为温差（℃），水冷式氨制冷系统中，$\Delta t$ 一般取5～7℃，氟利昂制冷系统中，$\Delta t$ 一般取7～8℃，$t_1$ 高时取小值，$t_1$ 低时取大值。

（2）蒸发式冷凝器冷凝温度 $t_L$ 的确定　在蒸发式冷凝器中，蒸发管润湿表面的水分蒸发而引起的换热占全部换热量的80%左右，因此水分蒸发的快慢直接与冷凝温度有关。在一定风速下，水分蒸发速度取决于室外空气的相对湿度，因此，以湿球温度为基准，考虑适当温差而确定 $t_L$，其计算式为

$$t_L = t_S + (5 \sim 10)℃ \tag{4-2}$$

式中，$t_S$ 为与室外计算温度相对应的夏季湿球温度（℃）。

热湿地区不宜采用蒸发式冷凝器。

（3）空气冷却式冷凝器冷凝温度 $t_L$ 的确定　空冷式（或称风冷式）冷凝器是以空气为冷却介质的冷凝器。制冷剂在冷却管内流动，而空气则在管外掠过，吸收冷却管内制冷剂热量把它散发于周围大气中。为了加强空气侧的传热性能，通常都在管外加肋片（也称散热片），增加空气侧的传热面积。同时，采用通风机来加速空气流动，增加空气侧的传热效果。空冷式冷凝器的最大特点是不需要冷却水，因此特别适用于供水困难的地区。近年来，中小型氟利昂制冷系统多采用空冷式冷凝器。空冷式冷凝器冷凝温度一般比夏季通风室外计算温度高8~12℃。

### 3. 吸气温度 $t_x$ 的确定

吸气温度主要受下列几个方面因素影响：

1）由于吸入管受周围气温的影响，压缩机吸入气体的温度较蒸发温度有不同程度的提高（过热），其幅度随吸入管道的长短和环境温度的高低以及蒸发温度的高低而不同。

2）与制冷系统供液方式有关。在氨泵供液系统中，从冷却设备至低压循环桶的回气管内为气液两相流体，正常情况下不会产生过热，只在低压循环桶至压缩机的吸入管上才产生过热。在氨重力供液系统中，冷却设备至氨液分离器的回气管内可能会出现过热。

3）直接膨胀供液对管道过热的要求。在氟利昂制冷系统中，大多采用内平衡热力膨胀阀，膨胀阀靠回气过热度调节其流量，因此，要求回气管有适当的过热度。

因此，从蒸发器出来的干饱和蒸气，经过回气管道以及回气管道上的辅助设备到压缩机吸气口时，因管道渗入等因素影响已有相当的过热度。因为制冷系统供液方式和操作管理的不同，所以压缩机吸气过热度也不相同。不同蒸发温度下压缩机允许的吸入气体的最高温度见表4-5，否则属不正常运行。设计时，按表中温度来确定。

表4-5　氨压缩机允许的最高吸气温度

| 蒸发温度/℃ | 5 | 0 | -5 | -10 | -15 | -20 | -25 | -28 | -30 | -33 | -40 | -45 |
|---|---|---|---|---|---|---|---|---|---|---|---|---|
| 吸气温度/℃ | 10 | ±1 | -4 | -7 | -10 | -13 | -16 | -18 | -19 | -21 | -25 | -28 |

### 4. 排气温度 $t_p$ 的确定

由工程热力学可知，排气温度的计算式为

$$T_p = T_x \left( \frac{p_p}{p_x} \right)^{\frac{\kappa-1}{\kappa}} \tag{4-3}$$

式中，$T_x$、$T_p$ 分别为压缩机吸、排气热力学温度（K）；$p_x$、$p_p$ 分别为压缩机吸、排气压力（kPa）；$\kappa$ 为制冷剂的等熵指数。

实际上，排气温度取决于制冷剂的蒸发压力、冷凝压力以及吸入气体的干度和缸套冷却

介质温度。它与排气压力和吸入压力之比成正比，与吸气温度、过热度也成正比。压力比越大，吸气过热度越大，则排气温度就越高。排气温度还与压缩机的性能和操作有关，且与运行工况的变化有直接关系。通常氨压缩机的排气温度<150℃，正常运行时一般在100~130℃之间，详见表4-6。

表4-6　氨压缩机的排气温度　(单位:℃)

| 蒸发温度 | 冷凝温度 | | | | | | |
|---|---|---|---|---|---|---|---|
| | 20 | 22.5 | 25 | 27.5 | 30 | 32.5 | 35 |
| 0 | 45 | 53 | 60 | 65 | 70 | 73 | 80 |
| -2 | 50 | 58 | 64 | 69 | 74 | 77 | 85 |
| -4 | 55 | 63 | 68 | 73 | 78 | 81 | 90 |
| -6 | 62 | 69 | 79 | 82 | 89 | 91 | 95 |
| -8 | 66 | 74 | 80 | 87 | 93 | 96 | 100 |
| -10 | 71 | 79 | 85 | 92 | 98 | 101 | 105 |
| -12 | 75 | 83 | 89 | 96 | 103 | 106 | 110 |
| -14 | 80 | 87 | 93 | 101 | 108 | 111 | 115 |
| -16 | 84 | 92 | 99 | 106 | 113 | 116 | 120 |
| -18 | 89 | 99 | 101 | 111 | 119 | 121 | 125 |
| -20 | 93 | 102 | 109 | 116 | 123 | 126 | 130 |
| -22 | 98 | 107 | 114 | 121 | 128 | 131 | 136 |
| -24 | 103 | 113 | 120 | 126 | 133 | 136 | 140 |
| -26 | 109 | 118 | 125 | 130 | 137 | 140 | 143 |
| -28 | 114 | 123 | 130 | 134 | 140 | 143 | 146 |
| -30 | 120 | 128 | 133 | 138 | 143 | 146 | 150 |

### 5. 最佳中间冷却温度 $t'_{zj}$ 的确定

中间冷却温度（简称中间温度）是由中间压力所决定的，中间压力是指双级压缩制冷循环的中间冷却器内的压力。它与双级压缩机的低压级气缸容积和高压级气缸容积之比以及蒸发温度、冷凝温度有关，中间压力对双级压缩制冷循环的经济性、压缩机的容量、功率和效率等都有影响。两级压缩所消耗的总功率最小时的中间温度和中间压力称为最佳中间温度 $t'_{zj}$ 和最佳中间压力 $p'_{zj}$。最佳中间温度 $t_{zj}$ 可用下述方法求得

1）由最佳中间压力确定。最佳中间压力计算式为

$$p'_{zj}=\sqrt{p_Z p_L} \tag{4-4}$$

式中，$p'_{zj}$ 为最佳中间压力（MPa）；$p_Z$、$p_L$ 分别为蒸发压力和冷凝压力（MPa），以绝对压力计。

求得 $p'_{zj}$ 后，查制冷剂性质表，即可得到与之所对应的最佳中间温度值。

2）利用拉赛经验公式确定。在温度范围为-40~+40℃以内的氨制冷系统中，可用

拉赛经验公式确定最佳中间温度，计算式为

$$t'_{zj}=0.4t_L+0.6t_Z+3℃ \tag{4-5}$$

求得这个最佳中间温度后，即可参照该最佳中间温度，在其左右假定两个中间温度，求出两组高低压缩机理论输气量比，选定高低压缩机，根据实际选定的高低压缩机理论输气量的比值，用图解法反求中间温度。在工程设计中，也可按《冷库制冷设计手册》介绍的方

法确定中间温度。该方法将中间温度与蒸发温度、冷凝温度、高低压缩机理论输气量比的关系绘制成图，如图4-2所示。使用时，先确定高低压缩机理论输气量的比值，再根据冷凝温度和蒸发温度就可方便地查出中间温度。

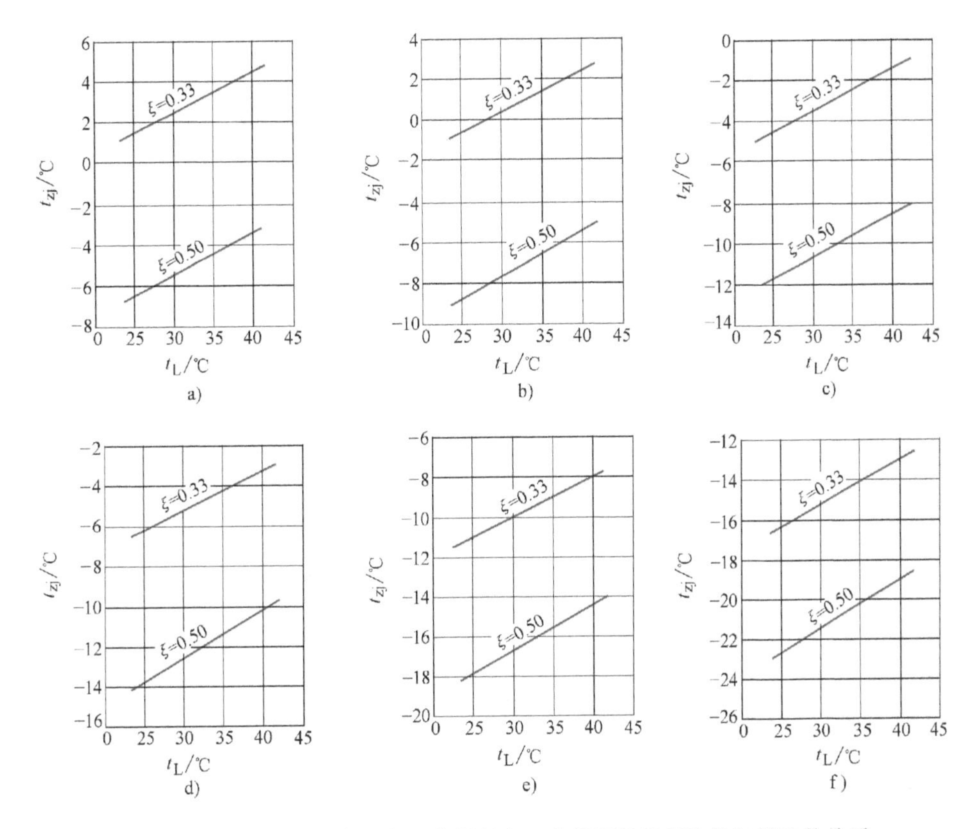


图4-2 中间温度与蒸发温度、冷凝温度、高低压缩机理论输气量比的关系

a) $t_Z=-28$℃ b) $t_Z=-30$℃ c) $t_Z=-33$℃ d) $t_Z=-35$℃ e) $t_Z=-40$℃ f) $t_Z=-45$℃

6. 过冷温度 $t_g$ 和中间冷却器蛇形盘管出液温度的确定

有些冷库为提高制冷效果，使用过冷器对高压制冷剂液体再冷却，这时液体的过冷温度比过冷器的进水温度高3℃。目前，在氨制冷系统中不再专设液体过冷器，故单级压缩制冷系统的高压液体在节流阀前均无过冷。中间冷却器蛇形盘管中出液温度比中间温度 $t_{zj}$ 高3~5℃。

### 4.1.3 压缩机的选型计算

选型计算是根据制冷压缩机总负荷 $Q_j$ 为各蒸发系统选配制冷压缩机的具体计算方法。

1. 单级活塞式压缩机的选型计算

如果设计工况与机器的标准工况基本相符，就可以不经换算，根据设计要求的机械负荷 $Q_j$ 直接从产品样本中选型和确定台数。但是，两者工况完全相符的情况是不多见的。

如果设计工况与机器的标准工况不同，就需进行换算选型。换算选型的方法有两种：一种是以压缩机的理论输气量选型，另一种是以压缩机的标准工况制冷量选型。

(1) 以压缩机的理论输气量选型 对于单级压缩制冷系统，其制冷循环示意图和压焓

图如图 4-3 所示。

首先，作出制冷循环的压焓图，根据设计工况查出所需的各状态参数。

然后，求出设计工况条件下机器的单位容积制冷量 $q_V$ 和输气系数 $\lambda$。$\lambda$ 值也可根据工况条件直接由表 4-7、表 4-8 及图 4-4~图 4-6 查得。

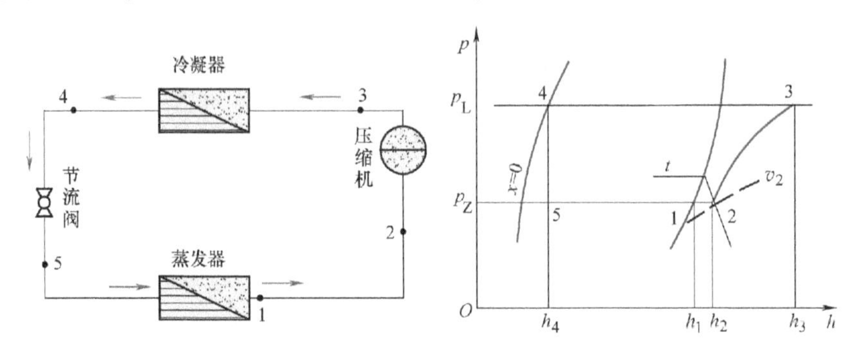


图 4-3　单级压缩制冷循环示意图和压焓图

在选配压缩机时，压缩机制冷量应和计算所得的压缩机总负荷 $Q_j$ 相匹配，利用制冷和需冷的平衡关系，求得压缩机的理论排气量（$m^3/h$）为

$$q_{VP}=\frac{Q_j v_2}{(h_1-h_5)\lambda 3600} \tag{4-6}$$

式中，$Q_j$ 为压缩机的机器负荷（kW）；$v_2$ 为吸入气体的比体积（$m^3/kg$）；$h_1$ 为蒸发器出口干饱和蒸气的比焓（kJ/kg）；$h_5$ 为节流阀出口制冷剂液体的比焓（kJ/kg）；$\lambda$ 为压缩机的输气系数，一般应按制造厂家给定值选用，也可由表 4-7、表 4-8 和图 4-4~图 4-8 查得。

表 4-7　立式、V、W 型氨压缩机输气系数 λ 值

| 蒸发温度/℃ | 冷凝温度/℃ | | | | | |
|---|---|---|---|---|---|---|
| | 15 | 20 | 25 | 30 | 35 | 40 |
| 10 | — | — | — | 0.88 | 0.85 | 0.82 |
| 5 | — | — | — | 0.85 | 0.82 | 0.79 |
| 0 | 0.90 | 0.87 | 0.84 | 0.81 | 0.78 | 0.74 |
| -5 | 0.86 | 0.83 | 0.80 | 0.77 | 0.73 | 0.69 |
| -10 | 0.82 | 0.79 | 0.76 | 0.72 | 0.68 | 0.64 |
| -15 | 0.78 | 0.74 | 0.70 | 0.66 | 0.62 | 0.57 |
| -20 | 0.72 | 0.68 | 0.64 | 0.59 | 0.54 | 0.49 |
| -25 | 0.66 | 0.61 | 0.56 | 0.51 | 0.45 | 0.39 |

表 4-8　立式、V 型 R12 压缩机输气系数 λ 值

| 蒸发温度/℃ | 冷凝（或过冷）温度/℃ | | | | | |
|---|---|---|---|---|---|---|
| | 25 | 30 | 32 | 35 | 38 | 40 |
| 10 | 0.898 | 0.868 | 0.858 | 0.838 | 0.817 | 0.803 |
| 5 | 0.858 | 0.828 | 0.816 | 0.798 | 0.777 | 0.763 |
| 0 | 0.818 | 0.788 | 0.776 | 0.758 | 0.737 | 0.723 |
| -5 | 0.778 | 0.748 | 0.736 | 0.718 | 0.697 | 0.683 |
| -10 | 0.738 | 0.708 | 0.696 | 0.678 | 0.657 | 0.643 |
| -15 | 0.698 | 0.668 | 0.656 | 0.638 | 0.617 | 0.603 |

（续）

| 蒸发温度/℃ | 冷凝(或过冷)温度/℃ | | | | | |
| --- | --- | --- | --- | --- | --- | --- |
| | 25 | 30 | 32 | 35 | 38 | 40 |
| -20 | 0.658 | 0.628 | 0.616 | 0.598 | 0.577 | 0.563 |
| -25 | 0.618 | 0.588 | 0.576 | 0.558 | 0.537 | 0.523 |

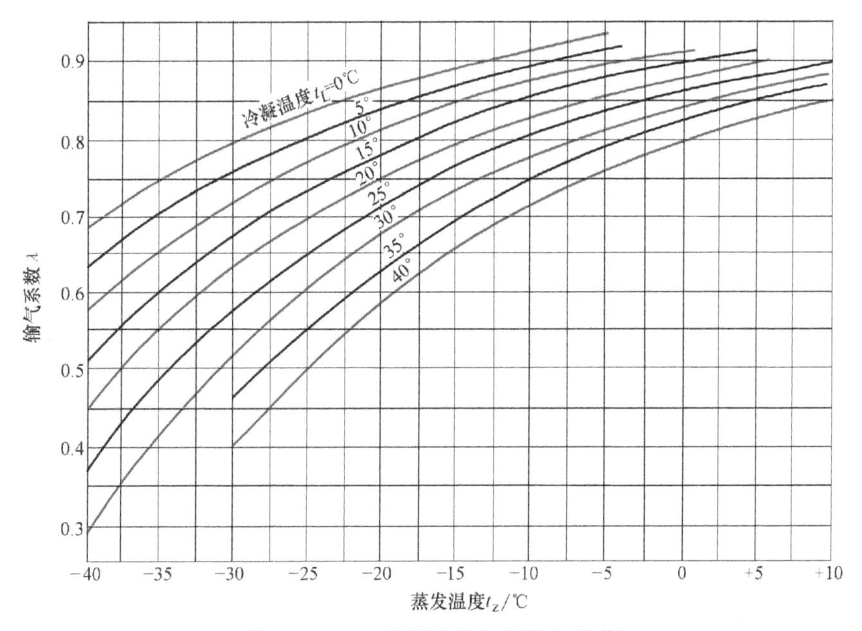


图 4-4 R717 压缩机输气系数 λ 的值

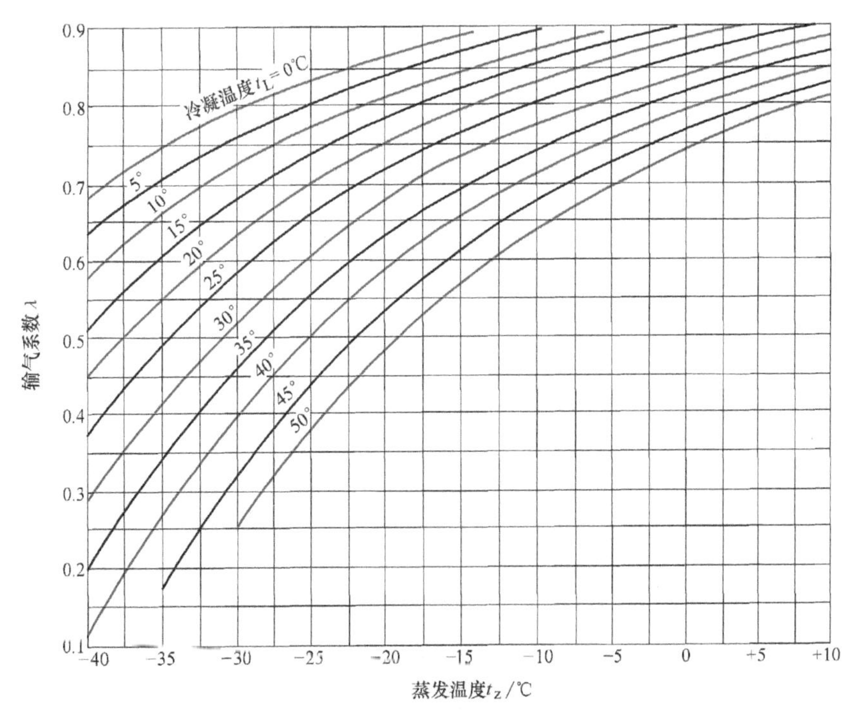


图 4-5 R12 压缩机输气系数 λ 的值

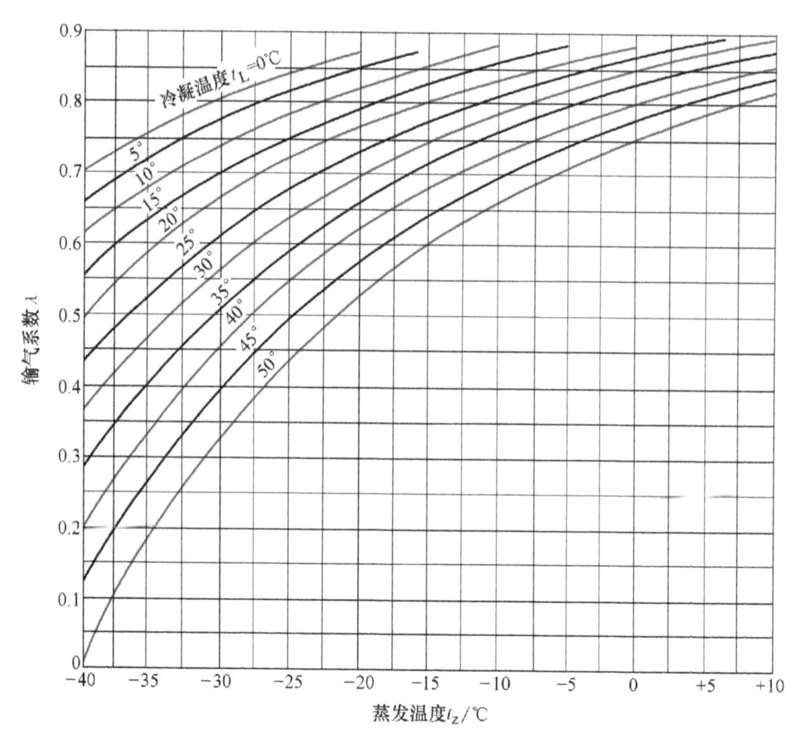


图 4-6　R22 压缩机输气系数 λ 的值

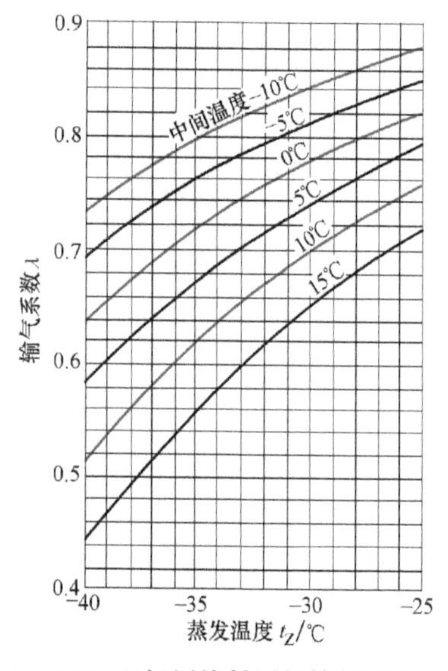


图 4-7　R717 双级压缩低压机输气系数 λ 的值

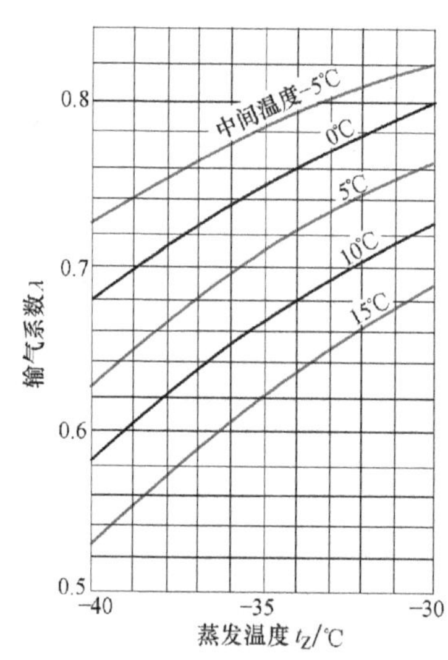


图 4-8　R22 双级压缩低压机输气系数 λ 的值

输气系数也可由下面的公式计算得出：

$$\lambda=\lambda_V\lambda_p\lambda_t\lambda_1 \tag{4-7}$$

容积系数 $\lambda_V$ 的计算公式为

$$\lambda_V=1-C\left[\left(\frac{p_L+\Delta p_L}{p_Z}\right)^{\frac{1}{m}}-1\right] \tag{4-8}$$

式中，$p_L$ 为制冷压缩机出口的排气压力或冷凝压力；$p_Z$ 为制冷压缩机进口的吸气压力或蒸发压力；$\Delta p_L$ 为制冷压缩机排气阀引起的压力降，氨制冷压缩机 $\Delta p_L = 0.058p_L$，氟利昂制冷压缩机 $\Delta p_L = 0.1p_L$；$m$ 为多变指数，氨制冷压缩机 $m = 1.1$，氟利昂制冷压缩机 $m = 1$；$C$ 为余隙容积百分比，一般在4%左右。

压力系数 $\lambda_p$ 的计算公式为

$$\lambda_p = 1 - \frac{1+C}{\lambda_V}\frac{\Delta p_Z}{p_Z} \tag{4-9}$$

式中，$\Delta p_Z$ 为制冷压缩机吸气阀引起的压力降，氨制冷压缩机 $\Delta p_Z = 0.035p_Z$，氟利昂制冷压缩机 $\Delta p_Z = 0.05p_Z$；$p_Z$、$C$ 和 $\lambda_V$ 与式（4-8）中一样。

在压缩机实际工作过程中，气缸壁的温度总是高于吸入气体的温度，这样在吸气期间，冷的气体与热的气缸壁之间进行热交换，使吸入气体的温度升高，即气体的比体积也增高了。因此，每小时吸入的气体质量就会减少，可以引入温度系数 $\lambda_t$ 来表示。其计算方法大多是采用经验公式，对于中小型空气压缩机，可用式（4-10）来计算：

$$\lambda_t = 1 - 0.025\left(\frac{p_L}{p_Z} - 1\right) \tag{4-10}$$

对于开启式制冷压缩机，可用式（4-11）来计算：

$$\lambda_t = \frac{T_Z}{T_L} \tag{4-11}$$

式中，$T_Z$、$T_L$ 分别为蒸发热力学温度（K）和冷凝热力学温度（K）。

对于全封闭式制冷压缩机，可用式（4-12）来计算：

$$\lambda_t = \frac{T_1}{aT_L + b\theta} \tag{4-12}$$

式中，$T_1$、$T_L$ 分别为吸气热力学温度（K）和冷凝热力学温度（K）；$\theta$ 为蒸气在吸入管中的过热度（K），$\theta = T_1 - T_Z$；$a$ 为压缩机的温度高低随冷凝温度而变化的系数，$a = 1.0 \sim 1.15$；$b$ 为容积损失和压缩机对周围空气散热的关系，$b = 0.25 \sim 0.8$。

泄漏系数 $\lambda_1$ 表示活塞环、阀门等处不紧密造成的泄漏，一般取 0.95～0.98。

有时为了简化压缩机的输气系数的计算，可以采用式（4-13）、式（4-14）等经验公式。

对于中速立式制冷压缩机（$n<720$r/min），余隙容积百分比 $C = 4\% \sim 6\%$，$\lambda$ 的计算公式为

$$\lambda = 0.94 - 0.0605\left[\left(\frac{p_L}{p_Z}\right)^{\frac{1}{m}} - 1\right] \tag{4-13}$$

对于高速立式制冷压缩机（$n \geq 720$r/min），余隙容积百分比 $C = 3\% \sim 4\%$，$\lambda$ 的计算公式为

$$\lambda = 0.94 - 0.085\left[\left(\frac{p_L}{p_Z}\right)^{\frac{1}{m}} - 1\right] \tag{4-14}$$

式中各符号同前一样。

对氨制冷压缩机，$m = 1.33$；对 R12 制冷压缩机，$m = 1.13$；对 R22 制冷压缩机，

$m=1.18$。

（2）以压缩机的标准工况制冷量选型　压缩机的制冷量随着工况的变化而不同，在标准工况（指 $t_Z=-15℃$，$t_x=-10℃$，$t_L=30℃$，$t_g=25℃$）下的制冷量为标准制冷量 $Q_b$。由耗冷量计算所求得的压缩机总负荷 $Q_j$ 是设计工况下所需要的制冷量，不是 $Q_b$。因此，不能用 $Q_j$ 直接选取压缩机，而应把 $Q_j$ 折算成标准工况下的制冷量 $Q_b$。

同一台压缩机，标准工况下的制冷量为

$$Q_b=q_{VP}\lambda_b q_{Vb} \tag{4-15}$$

设计工况下的制冷量为

$$Q_j=q_{VP}\lambda_j q_{Vj} \tag{4-16}$$

由于同一台压缩机的理论输气量 $q_{VP}$ 是一定的，因此可得出设计制冷量和标准制冷量的换算公式：

$$Q'_b=\frac{\lambda_b q_{Vb}}{\lambda_j q_{Vj}}Q_j \tag{4-17}$$

式中，$Q'_b$为折算成的标准工况制冷量（W）；$Q_j$ 为设计工况下的制冷量（W），与计算值一致；$\lambda_b$、$\lambda_j$ 为标准工况和设计工况下的压缩机输气系数；$q_{Vb}$、$q_{Vj}$ 分别为标准工况和设计工况下的单位容积制冷量（kJ/m³），见表 4-9～表 4-11。

表 4-9　R717 单级压缩机单位容积制冷量　（单位：kJ/m³）

| 蒸发温度/℃ | 冷凝温度或再冷却温度/℃ | | | | | | | | | | | |
|---|---|---|---|---|---|---|---|---|---|---|---|---|
| | 20 | 25 | 26 | 28 | 30 | 32 | 34 | 35 | 36 | 37 | 38 | 39 |
| 5 | 4568.2 | 4475.5 | 4459.2 | 4422.6 | 4386.0 | 4349.3 | 4312.4 | 4294.0 | 4275.5 | 4257.0 | 4238.4 | 4219.8 |
| 0 | 3962.4 | 3883.3 | 3867.5 | 3835.6 | 3803.7 | 3771.7 | 3739.6 | 3723.5 | 3707.4 | 3691.2 | 3675.1 | 3658.8 |
| -5 | 3324.0 | 3257.4 | 3244.0 | 3217.1 | 3190.3 | 3163.3 | 3136.2 | 3122.7 | 3109.1 | 3095.5 | 3081.9 | 3068.2 |
| -10 | 2756.0 | 2700.5 | 2689.3 | 2666.2 | 2644.5 | 2622.0 | 2599.5 | 2588.2 | 2576.9 | 2565.6 | 2554.2 | 2542.8 |
| -15 | 2172.3 | 2128.3 | 2119.4 | 2101.7 | 2084.0 | 2066.1 | 2048.3 | 2039.3 | 2030.4 | 2021.4 | 2012.4 | 2003.3 |
| -20 | 1761.2 | 1725.3 | 1718.1 | 1703.6 | 1689.1 | 1674.6 | 1660.0 | 1652.7 | 1645.4 | 1638.1 | 1630.8 | 1623.4 |
| -25 | 1422.4 | 1393.2 | 1387.3 | 1375.6 | 1363.8 | 1352.0 | 1340.2 | 1334.3 | 1328.3 | 1322.4 | 1316.4 | 1310.4 |

表 4-10　R717 双级压缩制冷机单位容积制冷量　（单位：kJ/m³）

| 蒸发温度/℃ | 中间冷却器蛇形管出液温度/℃ | | | | | | | | | | | | | |
|---|---|---|---|---|---|---|---|---|---|---|---|---|---|---|
| | -16 | -14 | -12 | -10 | -8 | -6 | -5 | -4 | -3 | -2 | -1 | 0 | 1 | 2 |
| -28 | 1367 | 1357 | 1348 | 1338 | 1329 | 1319 | 1314 | 1310 | 1305 | 1300 | 1295 | 1290 | 1285 | 1280 |
| -30 | 1283 | 1274 | 1265 | 1256 | 1247 | 1238 | 1233 | 1229 | 1224 | 1220 | 1215 | 1211 | 1206 | 1211 |
| -33 | 1076 | 1068 | 1061 | 1053 | 1046 | 1038 | 1034 | 1031 | 1027 | 1023 | 1019 | 1015 | 1009 | 1005 |
| -35 | 954 | 947 | 941 | 934 | 927 | 921 | 917 | 914 | 910 | 907 | 904 | 900 | 897 | 893 |
| -40 | 767 | 761 | 756 | 750 | 745 | 739 | 737 | 734 | 731 | 729 | 726 | 723 | 720 | 717 |
| -45 | 669 | 665 | 661 | 657 | 653 | 649 | 647 | 645 | 642 | 640 | 638 | 636 | 634 | 631 |

作为制冷量换算，也可直接按式（4-18）进行，即

$$Q'_b=\frac{Q_j}{A} \tag{4-18}$$

式中，$A$ 为制冷量的换算系数，见表 4-12。

表 4-11 R22 压缩机单位容积制冷量 （单位：kJ/m³）

| 蒸发温度/℃ | 节流阀前液体的温度/℃ | | | | | | | | | | | |
|---|---|---|---|---|---|---|---|---|---|---|---|---|
| | -15 | -10 | -5 | 0 | 5 | 10 | 15 | 20 | 25 | 30 | 35 | 40 |
| -40 | 1005 | 980 | 950 | 925 | 892 | 858 | 830 | 796 | 762 | 729 | 695 | 602 |
| -35 | 1264 | 1231 | 1193 | 1160 | 1122 | 1084 | 1043 | 1005 | 963 | 921 | 879 | 833 |
| -30 | 1562 | 1520 | 1478 | 1436 | 1386 | 1294 | 1244 | 1193 | 1143 | 1089 | 1038 | — |
| -25 | 1901 | 1851 | 1800 | 1750 | 1696 | 1673 | 1578 | 1520 | 1457 | 1398 | 1336 | 1273 |
| -20 | 2320 | 2357 | 2198 | 2135 | 2068 | 1997 | 1930 | 1859 | 1786 | 1708 | 1633 | 1558 |
| -15 | — | 2721 | 2650 | 2575 | 2495 | 2416 | 2328 | 2244 | 2156 | 2068 | 1980 | 1888 |
| -10 | — | — | 3190 | 3102 | 3006 | 2910 | 2809 | 2709 | 2600 | 2495 | 2391 | 2286 |
| -5 | — | — | — | 3697 | 3584 | 3471 | 3354 | 3236 | 3107 | 2985 | 2860 | 2734 |
| 0 | — | — | — | — | 4262 | 4228 | 3990 | 3848 | 3701 | 3555 | 3408 | 3257 |
| 5 | — | — | — | — | — | 4873 | 4710 | 4547 | 4375 | 4204 | 4032 | 3860 |

表 4-12 单级氨压缩机制冷量换算系数

| 蒸发温度/℃ | 冷凝温度或过冷温度/℃ | | | | | | | | | | |
|---|---|---|---|---|---|---|---|---|---|---|---|
| | -10 | -5 | 0 | 5 | 10 | 15 | 20 | 25 | 30 | 35 | 40 |
| -35 | 0.546 | 0.505 | 0.472 | 0.430 | 0.392 | 0.350 | 0.308 | 0.266 | 0.244 | | |
| -30 | 0.737 | 0.692 | 0.646 | 0.595 | 0.553 | 0.496 | 0.442 | 0.388 | 0.352 | 0.331 | |
| -25 | 0.970 | 0.920 | 0.863 | 0.805 | 0.753 | 0.700 | 0.630 | 0.563 | 0.505 | 0.453 | 0.406 |
| -23 | 1.064 | 1.022 | 0.960 | 0.900 | 0.851 | 0.785 | 0.725 | 0.640 | 0.610 | 0.538 | 0.475 |
| -22 | 1.110 | 1.076 | 1.006 | 0.950 | 0.895 | 0.825 | 0.787 | 0.703 | 0.635 | 0.575 | 0.516 |
| -20 | 1.230 | 1.180 | 1.120 | 1.064 | 1.010 | 0.930 | 0.865 | 0.777 | 0.720 | 0.650 | 0.580 |
| -18 | 1.340 | 1.300 | 1.250 | 1.180 | 1.110 | 1.040 | 0.870 | 0.890 | 0.813 | 0.750 | 0.672 |
| -15 | 1.550 | 1.490 | 1.430 | 1.370 | 1.304 | 1.235 | 1.154 | 1.057 | 0.980 | 0.890 | 0.818 |
| -13 | 1.680 | 1.630 | 1.570 | 1.510 | 1.430 | 1.350 | 1.270 | 1.190 | 1.080 | 1.030 | 0.950 |
| -12 | 1.770 | 1.770 | 1.640 | 1.580 | 1.523 | 1.430 | 1.345 | 1.265 | 1.180 | 1.128 | 1.005 |
| -10 | | 1.860 | 1.780 | 1.718 | 1.650 | 1.560 | 1.470 | 1.380 | 1.300 | 1.205 | 1.115 |
| -8 | | 1.999 | 1.950 | 1.870 | 1.790 | 1.720 | 1.625 | 1.540 | 1.430 | 1,300 | 1.243 |
| -6 | | 2.184 | 2.112 | 2.050 | 1.965 | 1.864 | 1.770 | 1.670 | 1.585 | 1.460 | 1.390 |
| -4 | | | 2.210 | 2.230 | 2.140 | 2.060 | 1.855 | 1.870 | 1.789 | 1.650 | 1.540 |
| -3 | | | 2.384 | 2.322 | 2.250 | 2.165 | 1.980 | 1.970 | 1.860 | 1.740 | 1.620 |
| -2 | | | 2.494 | 2.425 | 2.340 | 2.250 | 2.055 | 2.040 | 1.930 | 1.820 | 1.700 |
| -1 | | | 2.592 | 2.560 | 2.447 | 2.350 | 2.160 | 2.130 | 2.015 | 1.900 | 1.785 |
| 0 | | | | 2.620 | 2.540 | 2.470 | 2.330 | 2.210 | 2.115 | 2.000 | 1.885 |

这样，把设计工况下的制冷量换算成 $Q_b'$后就可直接选配压缩机。

用上述两种方法求得压缩机所需要的理论排气量，往往与压缩机的基本参数不一致。因此，可从产品样本、产品设备手册及有关资料中按与计算得到理论排气量或标准制冷量相近或稍大一些的原则选取压缩机。如果计算所得理论排气量较大，则可考虑有关原则要求，选用一台或几台压缩机。

（3）根据压缩机的性能曲线选型　压缩机制造厂对其制造的各种压缩机都要在实验台上针对某种制冷剂和一定的工作条件，测出不同工况下的制冷量和轴功率，并据此作出压缩机的性能曲线。选型时，只要找到设计工况下不同型号的压缩机的制冷量，与计算出的机械

负荷 $Q_j$ 相比较，再结合选机原则，即可方便地确定压缩机的型号、台数。图 4-9 和图 4-10 所示为八缸系列氨压缩机性能曲线。更多机型的性能曲线可从制造厂家的产品手册中查取。

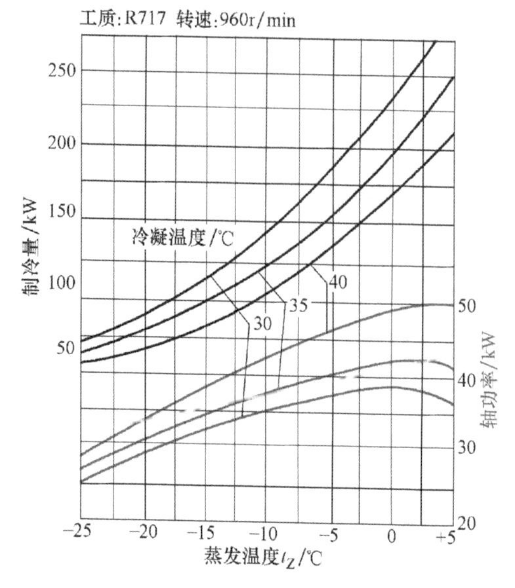


**图 4-9　8AS10 型压缩机性能曲线**

（如求 2、4、6 缸单级制冷压缩机制冷量及轴功率，可将该曲线中数值按缸数加以折算）

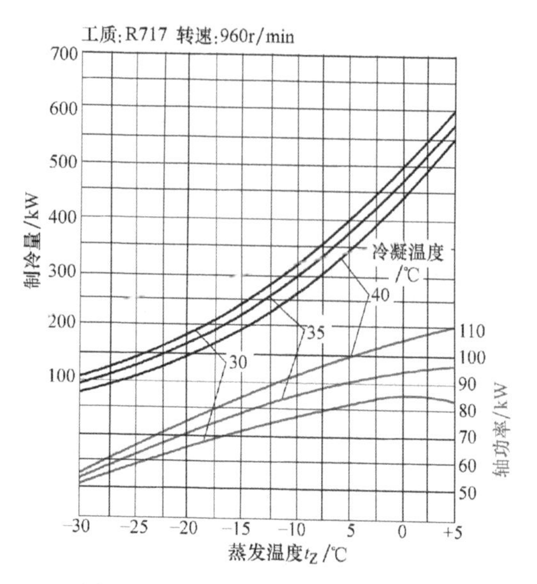


**图 4-10　8AS12.5 型压缩机性能曲线**

（如求 212.5，412.5，612.5 压缩机制冷量及轴功率，可将该曲线中数值按缸数加以折算）

（4）单级制冷压缩机的功率计算　在选定了符合要求的制冷压缩机之后，即可进行制冷压缩机功率的计算。

1）指示功率 $P_s$（kW）

$$P_s=\frac{G(h_3-h_2)}{3600\eta_s} \tag{4-19}$$

式中，$\eta_s$ 为指示效率；可用式（4-20）计算；$h_2$、$h_3$ 分别为压缩机吸气和排气的比焓（kJ/kg）；$G$ 为通过压缩机的制冷剂的循环量（kg/h），可用式（4-21）计算。

$$\eta_s=\lambda_t+bt_Z \tag{4-20}$$

式中，$\lambda_t$ 为温度系数，可用式（4-10）~式（4-12）来计算；$b$ 为系数，立式氨压缩机 $b=0.001$，卧式氨压缩机 $b=0.002$，立式氟利昂压缩机 $b=0.0025$。

$$G=\frac{q_{VP}\lambda}{v_2} \tag{4-21}$$

式中，$q_{VP}$ 为压缩机的理论输气量（$m^3/h$），可用式（4-22）求得；$v_2$ 为吸入气体的比体积（$m^3/kg$）。

$$q_{VP}=60\times\frac{\pi}{4}D^2SnZ \tag{4-22}$$

式中，$D$ 为压缩机气缸的直径（m）；$S$ 为活塞行程（m）；$n$ 为压缩机的转速（r/min）；$Z$ 为气缸数（个）。

一般压缩机的理论输气量也可直接从样本手册中查到。

2）摩擦功率 $P_m$

$$P_m=\frac{p_m q_{VP}}{3600} \tag{4-23}$$

式中，$p_m$ 为摩擦力换算成的压力值，卧式氨压缩机 $p_m=80\text{kPa}$，立式氨压缩机 $p_m=60\text{kPa}$，立式氟利昂压缩机 $p_m=30\sim50\text{kPa}$；$q_{VP}$ 为压缩机的理论输气量（$m^3/h$）。

3）轴功率 $P_e$

$$P_e=\frac{P_s+P_m}{\eta_q}=\frac{P_y}{\eta_q} \tag{4-24}$$

式中，$P_y$ 为有效功率（kW）；$\eta_q$ 为驱动效率，直接传动取 1，平带传动取 0.96；V 带传动取 0.97~0.98。

（5）压缩机配用电动机功率 $P$ 的选配　压缩机的轴功率是随工况而改变的，故所需电动机功率的大小取决于使用工况。此外，制冷压缩在起动过程中要通过最大功率工况，因此，在确定电动机功率时还应考虑到这个因素。为了使所配电动机不仅能在使用工况下具有较高的效率，而且能使压缩机通过最大功率工况，选配压缩机电动机时，应综合考虑压缩机的大小、压缩机有无卸载装置、使用工况及运行要求等情况，合理地确定压缩轴功率。

我国生产的压缩机配用电动机功率，在旧标准中单级压缩机是按“标准工况”和“最大功率工况”来选配的。这种匹配适应性较差，易造成电动机负荷偏低而浪费电能的现象。在新标准中，单级压缩机的电动机功率主要是按高温、中温、低温三种工况来匹配的，这样，可以尽量选用与实际工况相接近的压缩机，大大减少了电动机功率与实际需要不相匹配的情况，从而提高了电动机的运行效率。

实际计算中，求得压缩机的功率后，就可以这样来校核电动机的功率。

1）电动机直接传动的轴功率即等于压缩机的轴功率，但选用电动机时应增加储备功率 10%~15%。

2）带传动的电动机功率应再增加带摩擦损失 2%~3%。

3）制冷压缩机起动转矩，有旁通轻载起动者，等于正常转矩的 1.4~1.6 倍；没有旁通重载起动者，则为 1.8~2.25 倍，但制冷压缩机实际所需转矩很难计算，配用电动机时应按制冷压缩机制造厂试验结果决定。

在进行校核计算时，应按压缩机在实际工作时可能出现的最大功率对应的工况进行校核计算。对于经常在较低蒸发温度下工作的压缩机，又有卸载等措施时，可按正常工作时的工况校核计算。

例 4-1　已知一蒸发温度 $t_Z=-15℃$ 的氨制冷系统，其机械负荷 $Q_j=150\text{kW}$。若冷凝温度 $t_L=35℃$，节流阀前液体的温度 $t_g=30℃$，试为该系统选配压缩机。

解　1）图 4-11 所示为系统的压焓图，并查得有关参数如下：

$$h_1=1743.51\text{kJ/kg}$$

$$h_3=h_4=639.01\text{kJ/kg}$$

$$v_1=0.5079\text{m}^3/\text{kg}$$

$$\lambda=0.62$$

$$h_2 = 2010\text{kJ/kg}$$

2）计算 $q_{VP}$ 得

$$q_{VP} = \frac{Q_j v_1 \times 10^{-3}}{\lambda(h_1 - h_4)} = \frac{150000 \times 0.5079 \times 10^{-3}}{0.62 \times (1743.51 - 639.01)}\text{m}^3/\text{s}$$

$$= 0.11125\text{m}^3/\text{s} = 400.05\text{m}^3/\text{h}$$

根据压缩机技术性能表可初步确定选 6AW-12.5 型压缩机 1 台。其理论输气量为 424.5m³/h。

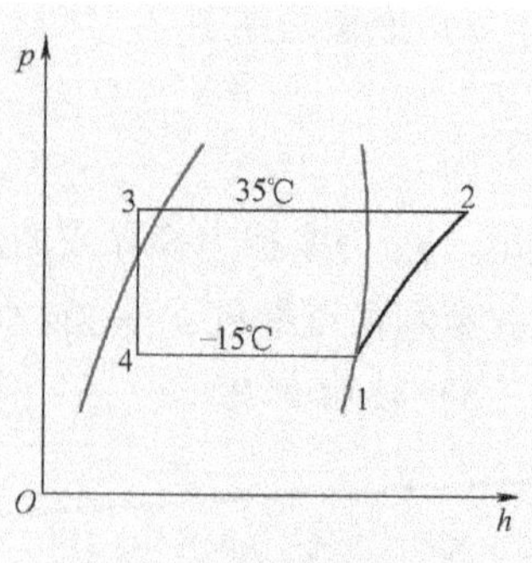

图 4-11　系统的压焓图

3）计算压缩机在设计工况下的制冷量为

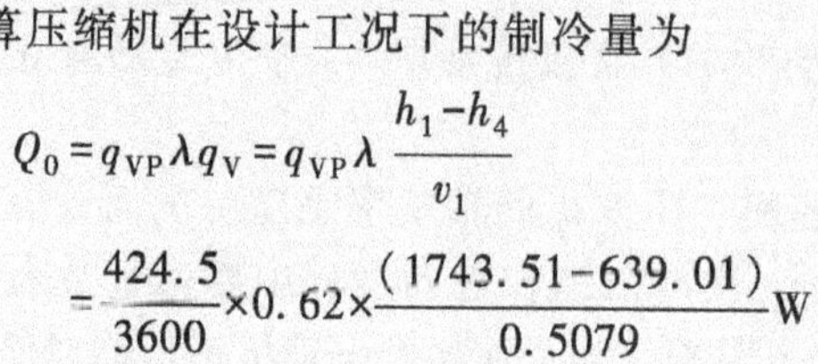

$$Q_0 = q_{VP}\lambda q_V = q_{VP}\lambda \frac{h_1 - h_4}{v_1}$$

$$= \frac{424.5}{3600} \times 0.62 \times \frac{(1743.51 - 639.01)}{0.5079}\text{W}$$

$$= 158984.4\text{W} > 150000\text{W}$$

所选压缩机制冷量大于系统的机械负荷，故满足设计要求。

4）校核压缩机配用电动机的功率。压缩机在设计工况下所需电动机的功率为

$$P_0 = G(h_2 - h_1) = \frac{q_{VP}\lambda}{v_1}(h_2 - h_1)$$

$$= \frac{424.5 \times 0.62}{0.5079 \times 3600} \times (2010 - 1743.51) \times 10^3\text{W}$$

$$= 38359.2\text{W} = 38.3592\text{kW}$$

$$\eta_s = \frac{T_Z}{T_L} + bt_Z = \frac{273 - 15}{273 + 35} + 0.001 \times (-15) = 0.823$$

$$P_s = \frac{P_0}{\eta_s} = \frac{38.3592}{0.823}\text{kW} = 46.61\text{kW}$$

$$P_m = \frac{p_m q_{VP}}{3600} = \frac{60 \times 424.5}{3600}\text{kW} = 7.075\text{kW}$$

$$P_y = P_s + P_m = 46.61\text{kW} + 7.075\text{kW} = 53.69\text{kW}$$

6AW-12.5 型压缩机与电动机直接相连，所以 $\eta_q = 1$。

$$P_e = \frac{P_s + P_m}{\eta_q} = \frac{P_y}{\eta_q} = 53.69\text{kW}$$

$$P = 1.15P_e = 1.15 \times 53.69\text{kW} = 61.74\text{kW}$$

6AW-12.5 型压缩机按标准工况配用电动机的额定功率为 75kW，大于所需功率 61.74kW，所以满足设计要求，选配合适。

### 2. 双级压缩机的选型计算

双级压缩机的选型，关键是确定双级压缩机在设计工况下运行时的中间温度 $t_{zj}$。前面提到的最佳中间温度是在理想条件下求得的数值，故不能直接用最佳中间温度确定制冷循

环，而应根据高低压级压缩机（高低压机）理论排气量之比用图解法求出中间温度。然后根据 $t_{zj}$ 确定高低压级的理论输气量之比 $q_{Vg}/q_{Vd}$，由此再据机械负荷 $Q_j$ 选择高压级和低压级压缩机的机型和台数。具体选型步骤如下：

1）根据设计工况的蒸发温度和冷凝温度按式（4-4）或式（4-5）计算得出的最佳中间温度 $t'_{zj}$，假定两个中间温度 $t_{zj1}$、$t_{zj2}$（一般取 $t_{zj1}=t'_{zj}-5℃$；$t_{zj2}=t'_{zj}+5℃$），在压焓图上作出制冷循环的过程线，双级压缩机制冷循环示意图及压焓图如图 4-12 所示，并分别查出两个不同中间温度条件下相关的参数。

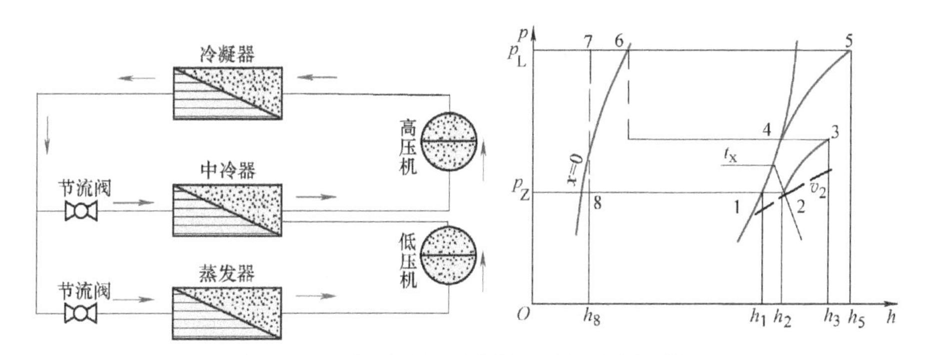


图 4-12 双级压缩机制冷循环示意图及压焓图

2）分别求出高低压级（缸）的输气系数 $\lambda_d$、$\lambda_g$。分别计算当中间温度为 $t_{zj1}$、$t_{zj2}$ 时各自的高低压级的输气系数 $\lambda_{d1}$、$\lambda_{g1}$ 与 $\lambda_{d2}$、$\lambda_{g2}$。可根据单级压缩机吸气系数的计算方法进行。此时，低压级（缸）的冷凝压力（排气压力）和高压级（缸）的蒸发压力（吸气压力）为中间压力。

3）按表 4-13 的格式，分别求出两个中间温度下组成的制冷循环的低、高压级（缸）压缩机的氨循环量、理论输气量及理论输气量之比。

表 4-13 双级压缩机试算表

| 计算项目 | | 假定中间温度 | |
|---|---|---|---|
| | | $t_{zj1}=t'_{zj}-5℃$ | $t_{zj2}=t'_{zj}+5℃$ |
| 1 | 低压级氨循环量 $G_d$ | $G_{d1}=\left(\frac{Q_j}{h_1-h_8}\right)_1$ | $G_{d2}=\left(\frac{Q_j}{h_1-h_8}\right)_2$ |
| 2 | 高压级氨循环量 $G_g$ | $G_{g1}=G_{d1}\left(\frac{h_3-h_7}{h_4-h_6}\right)_1$ | $G_{g2}=G_{d2}\left(\frac{h_3-h_7}{h_4-h_6}\right)_2$ |
| 3 | 低压级的理论输气量 $q_{Vd}$ | $q_{Vd1}=\frac{G_{d1}v_2}{\lambda_{d1}}$ | $q_{Vd2}=\frac{G_{d2}v_2}{\lambda_{d2}}$ |
| 4 | 高压级的理论输气量 $q_{Vg}$ | $q_{Vg1}=\frac{G_{g1}v_4}{\lambda_{g1}}$ | $q_{Vg2}=\frac{G_{g2}v_4}{\lambda_{g2}}$ |
| 5 | 理论输气量之比 $\xi$ | $\xi_1=\frac{q_{Vd1}}{q_{Vg1}}$ | $\xi_2=\frac{q_{Vd2}}{q_{Vg2}}$ |

4）以中间温度为纵坐标，以压缩机的理论输气量之比为横坐标作坐标图。根据假定的中间温度和表 4-13 中计算所得到的数据，在坐标图中可确定出相应的两个点，通过这两个

点作一直线，此直线反映了中间温度与理论输气量之比的关系，如图 4-13 所示。

5）根据上面确定的最佳中间温度 $t'_{zj}$，在坐标图上查出相应的理论输气量之比 $\xi'$，参照高低压级的输气量的大致范围，选择高低压级压缩机，并使所选压缩机的理论输气量之比尽量与 $\xi'$ 接近，然后按所选定的压缩机的理论输气量之比由坐标图上查出相应的中间温度 $t_{zj}$，这个中间温度是与所选压缩机相配的最适中间温度。

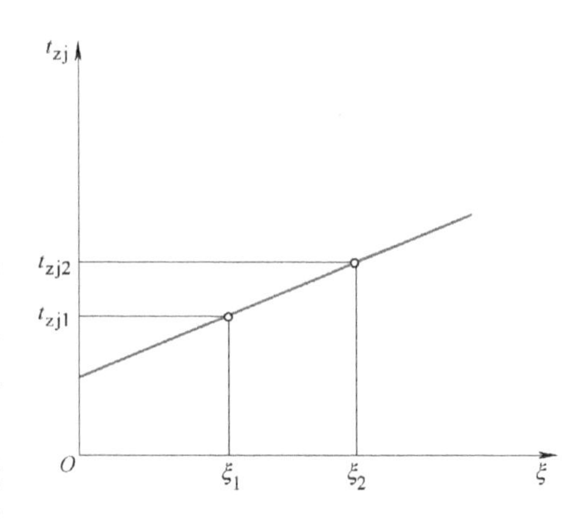


**图 4-13　中间温度与理论输气量之比的关系**

6）通过试算求得中间温度 $t_{zj}$ 后，结合冷凝温度和蒸发温度作出实际制冷循环图，查出各有关参数进行热力计算，以便验算所选压缩机在设计工况条件下的制冷量。如果制冷量大于系统的机械负荷 $Q_j$，那么所选压缩机满足设计要求。但若超过量太大，则应选较小制冷量的压缩机重新核算。如果压缩机在设计工况下的制冷量小于系统的机械负荷 $Q_j$，则必须重新选型，直至满足设计要求。

以上的选型计算实际更着重于配组双级机的选型计算。在选用单机双级压缩机时，因为高低压级气缸的容积比，即两级气缸的输气量之比已为确定的值，有时也可直接由产品样本选型。因为我国生产的单机双级压缩机的产品样本上制冷量的工况条件是：蒸发温度 $t_Z$ = −35～−30℃，冷凝温度 $t_L$ = 35～40℃，设计工况条件一般不会超出此范围，所以在选型时可省略烦琐的中间温度计算，直接根据系统的机械负荷 $Q_j$ 和设计工况以及选机原则由产品样本确定所选机器的型号和台数，一般可满足设计要求。

在双级机组的选型计算时，还可以先假定高低压级气缸的输气量之比，因为我国通常采用 $\xi$ = 0.33～0.5（1/3～1/2），按假定值和工况参数确定中间温度后，进行循环的热力计算，先计算出低压级的理论输气量，选出低压机的型号和台数，再按假定的配比选定高压级的型号和台数，最后进行制冷量和输气量之比的校核。这种方法对两类机组选型都适用。

**例 4-2**　蒸发温度 $t_Z$ = −30℃，冷凝温度 $t_L$ = 35℃，压缩机总负荷 $Q_j$ = 334400kJ/h，试为该双级制冷系统选配高低压级压缩机。

**解**　1）求最佳中间温度 $t'_{zj}$。温度在−40～40℃以内，可用拉赛公式得

$$t'_{zj}=0.4t_L+0.6t_Z+3℃=[0.4\times35+0.6\times(-30)+3]℃=-1℃$$

2）假定两个中间温度分别为

$$t_{zj1}=(-1-5)℃=-6℃,\quad t_{zj2}=(-1+5)℃=4℃$$

3）确定过冷温度、吸气温度，作出制冷循环压焓图，如图 4-12 所示，查出各相关状态参数为

$$t_{g1}=(-6+6)℃=0℃,\quad t_{g2}=(4+6)℃=10℃,\quad t_x=-19℃$$

当 $t_{zj1}$ = −6℃时，$h_1$ = 1643.03kJ/kg，$h_7=h_8$ = 418.68kJ/kg，$h_3$ = 1817.07kJ/kg，$h_4$ = 1657.22kJ/kg，$h_6$ = 584.90kJ/kg，$v_2$ = 1.02m³/kg，$v_4$ = 0.3599m³/kg。

当 $t_{zj2}=4℃$ 时，$h_1=1643.03\mathrm{kJ/kg}$，$h_7=h_8=465.23\mathrm{kJ/kg}$，$h_3=1875.68\mathrm{kJ/kg}$，$h_4=1686.06\mathrm{kJ/kg}$，$h_6=584.90\mathrm{kJ/kg}$，$v_2=1.02\mathrm{m^3/kg}$，$v_4=0.2517\mathrm{m^3/kg}$。

4）求取假定中间温度下的高低压缩机的输气系数（按相关温度查表）。

当 $t_{zj1}=-6℃$ 时，$\lambda_{d1}=0.778$，$\lambda_{g1}=0.720$。

当 $t_{zj2}=4℃$ 时，$\lambda_{d2}=0.690$，$\lambda_{g2}=0.812$。

5）按表 4-14 所列项目及公式计算，可求得两组数据。

**表 4-14　计算列表**

| 计算项目 | | 假定中间温度 | |
|---|---|---|---|
| | | $t_{zj1}=t'_{zj}-5℃=-6℃$ | $t_{zj2}=t'_{zj}+5℃=4℃$ |
| 1 | 低压级氨循环量 $G_d$ | $G_{d1}=\left(\dfrac{Q_j}{h_1-h_8}\right)_1=\dfrac{334400}{(1643.03-418.68)}\mathrm{kg/h}=274\mathrm{kg/h}$ | $G_{d2}=\left(\dfrac{Q_j}{h_1-h_8}\right)_2=\dfrac{334400}{1643.03-465.23}\mathrm{kg/h}=284\mathrm{kg/h}$ |
| 2 | 高压级氨循环量 $G_g$ | $G_{g1}=G_{d1}\left(\dfrac{h_3-h_7}{h_4-h_6}\right)_1=274\times\dfrac{1817.07-418.68}{(1675.22-584.90)}\mathrm{kg/h}=351\mathrm{kg/h}$ | $G_{g2}=G_{d2}\left(\dfrac{h_3-h_7}{h_4-h_6}\right)_2=284\times\dfrac{1875.68-465.23}{1686.06-584.90}\mathrm{kg/h}=364\mathrm{kg/h}$ |
| 3 | 低压级的理论输气量 $q_{Vd}$ | $q_{Vd1}=\dfrac{G_{d1}v_2}{\lambda_{d1}}=\dfrac{274\times1.02}{0.778}\mathrm{m^3/h}=359\mathrm{m^3/h}$ | $q_{Vd2}=\dfrac{G_{d2}v_2}{\lambda_{d2}}=\dfrac{284\times1.02}{0.69}\mathrm{m^3/h}=420\mathrm{m^3/h}$ |
| 4 | 高压级的理论输气量 $q_{Vg}$ | $q_{Vg1}=\dfrac{G_{g1}v_4}{\lambda_{g1}}=\dfrac{351\times0.3599}{0.72}\mathrm{m^3/h}=175\mathrm{m^3/h}$ | $q_{Vg2}=\dfrac{G_{g2}v_4}{\lambda_{g2}}=\dfrac{364\times0.2517}{0.812}\mathrm{m^3/h}=113\mathrm{m^3/h}$ |
| 5 | 理论输气量之比 $\xi$ | $\xi_1=\dfrac{q_{Vd1}}{q_{Vg1}}=\dfrac{359}{175}=2.05$ | $\xi_2=\dfrac{q_{Vd2}}{q_{Vg2}}=\dfrac{420}{113}=3.72$ |

6）作坐标图。由 $t_{zj1}=-6℃$ 和 $\xi_1=2.05$、$t_{zj2}=4℃$ 和 $\xi_2=3.72$ 两组数据可作出图 4-13 所示的直线，从图 4-13 中可找到最佳中间温度 $t'_{zj}=-1℃$ 所对应的 $\xi'=\dfrac{q'_{Vd}}{q'_{Vg}}=2.90$。参照这个值及 $q_{Vd}=359\sim420\mathrm{m^3/h}$ 的范围，选配双级制冷系统的高低压级压缩机。

7）本例中选用两台 6W10 型压缩机作为低压级压缩机，$q_{Vd}=190.2\times2\mathrm{m^3/h}=380.4\mathrm{m^3/h}$；选用一台 2Z12.5 型压缩机作为高压级压缩机，$q_{Vg}=141.5\mathrm{m^3/h}$，此时，$\xi=\dfrac{q_{Vd}}{q_{Vg}}=2.69$。由图 4-13 可得出相应的中间温度 $t_{zj}=-2℃$。

8）根据 $t_Z=-30℃$、$t_L=35℃$、$t_{zj}=-2℃$、$t_{g2}=(-2+6)℃=4℃$ 及 $t_x=-19℃$ 作制冷循环压焓图，并查取有关状态参数及压缩机的输气系数，校核选配的低压级压缩机的制冷量 $Q'_j$。相关参数如下：

$$h_1 = 1643.03\text{kJ/kg}, \quad h_7 = h_8 = 437.27\text{kJ/kg}$$

$$v_2 = 1.02\text{m}^3/\text{kg}, \quad \lambda_d = 0.746$$

$$Q_j' = \frac{q_{Vd}\lambda_d}{v_2}(h_1 - h_8)$$

$$= \frac{380.4 \times 0.746}{1.02} \times (1643.03 - 437.27)\text{kJ/h} = 335459\text{kJ/h}$$

$Q_j' = 335459\text{kJ/h} > Q_j = 334400\text{kJ/h}$，因此选型是合适的。

例 4-3 氨制冷系统的蒸发温度 $t_Z = -33℃$，冷凝温度 $t_L = 30℃$，压缩机总负荷 $Q_j = 90000\text{W}$，采用单机双级机型，高低压级的输气量之比 $\xi = 1/3$，试进行压缩机选型。

解 1）根据蒸发温度 $t_Z = -33℃$，冷凝温度 $t_L = 30℃$ 和 $\xi = 1/3$，查图 4-2 得中间温度 $t_{zj} = -3.4℃$。

2）根据中间温度，确定过冷温度 $t_g = (-3.4+4)℃ = 0.6℃$。

3）根据蒸发温度 $t_Z = -33℃$ 和中间温度 $t_{zj} = -3.4℃$，查图 4-7 得低压级压缩机的输气系数 $\lambda = 0.77$。

4）根据蒸发温度 $t_Z = -33℃$ 和过冷温度 $t_g = 0.6℃$，查表 4-10 得低压级压缩机的单位容积制冷量 $q_V = 1011\text{kJ/m}^3$。

5）计算低压级压缩机的理论输气量：$q_{Vd} = \dfrac{3600Q_j}{1000\lambda q_V} = 416.2\text{m}^3/\text{h}$。

6）按照低压级理论输气量 $416.2\text{m}^3/\text{h}$ 和高低压缸输气量之比选择压缩机，从压缩机产品样本中选出型号为 S810A 的单机双级压缩机两台，低压级的理论输气量 $q'_{Vd} = 217.04 \times 2\text{m}^3/\text{h} = 434.08\text{m}^3/\text{h}$，$\xi = 1/3$。

7）校核理论输气量：$q'_{Vd} = 434.08\text{m}^3/\text{h} > q_{Vd} = 416.2\text{m}^3/\text{h}$，因此选型合格。

7）双级制冷压缩机的轴功率。

① 指示功率 $P_s$（kW）。

低压级

$$P_{ds} = \frac{G_d(h_3 - h_2)}{3600\eta_{ds}} \tag{4-25}$$

高压级

$$P_{gs} = \frac{G_g(h_5 - h_4)}{3600\eta_{gs}} \tag{4-26}$$

式中，$\eta_{ds}$、$\eta_{gs}$ 分别为低压级和高压级的指示效率，即

$$\eta_{ds} = \lambda_{dt} + bt_Z, \quad \eta_{gs} = \lambda_{gt} + bt_{zj} \tag{4-27}$$

式中各量的意义与前述相同。

② 摩擦功率 $P_m$（kW）。

低压级

$$P_{dm}=\frac{p_m q_{Vd}}{3600} \tag{4-28}$$

高压级

$$P_{gm}=\frac{p_m q_{Vg}}{3600} \tag{4-29}$$

③ 轴功率 $P_e$（kW）。

低压级

$$P_{de}=\frac{P_{ds}+P_{dm}}{\eta_{dq}}=\frac{P_{dy}}{\eta_{dq}} \tag{4-30}$$

高压级

$$P_{ge}=\frac{P_{gs}+P_{gm}}{\eta_{gq}}=\frac{P_{gy}}{\eta_{gq}} \tag{4-31}$$

式中符号意义同前。

8）双级压缩机电动机的选配和电动机功率的校核。对于配组式双级压缩机的低压级压缩机和高压级压缩机一般可按空调工况来选配电动机。低压级压缩机由于考虑到起动时蒸发压力和中间压力较高，制冷机在运行中要通过最大功率工况，所需的功率较大，如按工作负荷来选配电动机将会造成超载，因此低压级压缩机的轴功率应以双级压缩机运行平衡时的负荷加倍计算出指示功率，再附加摩擦功率，即

$$P_{de}=(2P_{ds}+P_{dm})/\eta_{dq} \tag{4-32}$$

对于单机双级压缩机的电动机功率校核，应将高低压级两部分的轴功率相加之后，再确定电动机的功率。

9）压缩机气缸冷却水消耗量（$m^3/h$）。压缩机气缸冷却水消耗量一般可按制造厂提供的数据选择。在缺少资料的情况下可按式（4-33）计算：

$$V_{st}=\frac{3600P_e\zeta}{4200\Delta t} \tag{4-33}$$

式中，$P_e$ 为压缩机轴功率（kW）；$\zeta$ 为冷却水带走的热量占总热量的百分比，一般取 13%～18%；$\Delta t$ 为气缸水套进出水温差，一般为 5～10℃。

在粗略估算时，可取每 116kW 标准制冷量需要 $1m^3/h$ 的冷却水量。

以上的压缩机选型计算是以活塞式压缩机为原型来考虑的，如果是螺杆式压缩机的选型，基本计算过程是一样的，既可以根据理论输气量选型，即求得理论输气量以后根据厂家提供的技术参数进行选型；也可以根据压缩机的性能表选型，按厂家提供的螺杆式压缩机性能表，根据设计工况和计算所需冷负荷进行选型，选型时，注意所选压缩机的工作条件不得超过其规定范围；还可以利用厂家提供的压缩机的性能曲线进行选型。螺杆式压缩机带有油冷却系统，其冷却方式和冷却介质与设备制造特点和系统的设计特点有关，螺杆式压缩机没有气缸水冷却系统，由于其机型具有不同特色，故在选型时应特别注意以下几点：

① 单级螺杆式制冷压缩机的经济压缩比为 4.7～5.5，在此范围内经济性最佳。

② 单级螺杆式制冷压缩机不宜用于我国南方地区的低温工况。

③ 当蒸发温度在-20℃以下时，单级螺杆式压缩机的运行经济性差。蒸发温度越低，效率越低，能耗越大，长期运行会带来能源的过量消耗，并使压缩机过早损坏。

④ 优先选择带经济器的螺杆式压缩机。带经济器的螺杆式压缩机有较宽的运转条件，单级压缩比大，比双级螺杆式制冷系统容易控制，系统简单，占地面积小；与单级螺杆式压缩机相比优越性更加明显。

3. 螺杆式压缩机选型计算中的其他问题

(1) 螺杆式压缩机的油冷却　螺杆式压缩机分为单螺杆式压缩机和双螺杆式压缩机，其各自又有开启式和半封闭式的区别。目前，螺杆式压缩机应用越来越广泛，各种开启式和半封闭式螺杆压缩机已形成系列，近几年来又出现全封闭系列螺杆压缩机。近年来，螺杆式压缩机在冷链物流冷库中得到大量应用。与活塞式压缩机相比，螺杆式压缩机的最大特点是需要润滑油来润滑螺杆转子的运行和密封转子的间隙，还需要利用油压来达到压缩机的上载和卸载。在转子工作容积内润滑油受热温度升高，需要冷却后过滤再次使用，润滑油的冷却对螺杆式压缩机的运行很重要。螺杆式压缩机润滑油冷却的基本流程如图 4-14 所示。

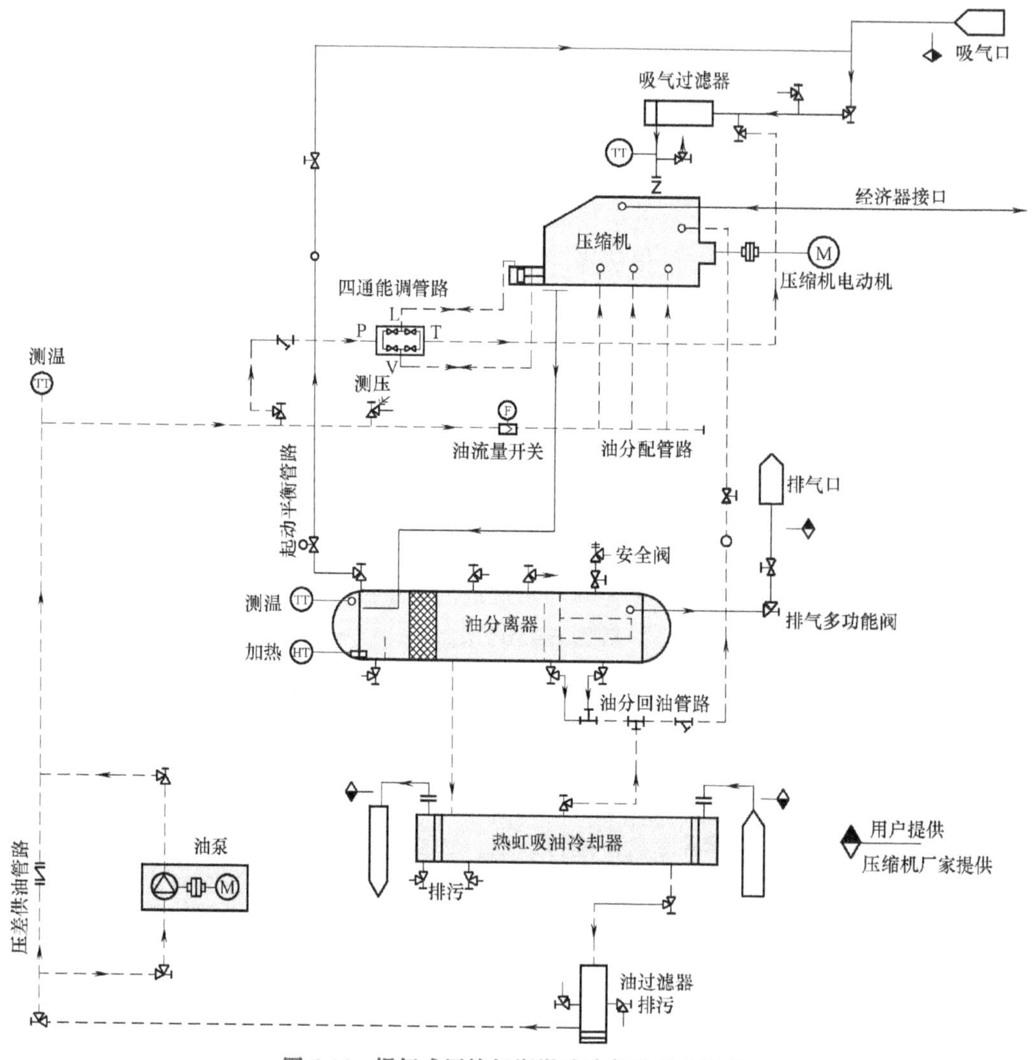


图 4-14　螺杆式压缩机润滑油冷却的基本流程

润滑油的冷却一般有以下几种方式：

1）用换热器的外部冷却。这种冷却方式也有两种方法：①主要是利用冷凝器冷却后的常温制冷剂，采用虹吸冷却形式将润滑油冷却，如图 4-14 所示，其应用比较广泛；②用冷却水或防冻液外部冷却，如图 4-15 所示。使用水冷却的主要缺点是水容易结垢，优点是压缩机的部分排热量可通过油冷却器的冷却水从冷却塔中排走。因此，冷凝器的排热负荷较小。这种方式随着热虹吸器的广泛使用而逐渐被淘汰。

2）制冷剂直接喷射冷却，如图 4-16 所示。

3）当压缩气体与润滑油的混合物离开压缩机时，用变速泵将液体制冷剂与混合物混合再进入油分离器，如图 4-17 所示。

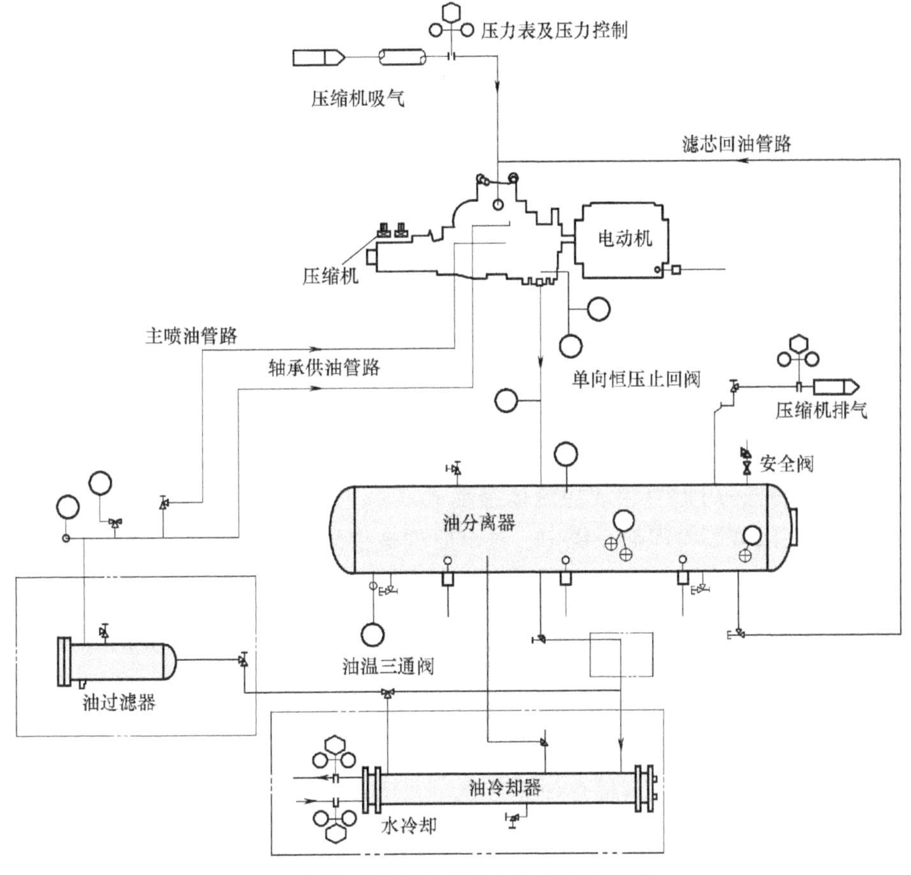


图 4-15 没有油泵的润滑油冷却的基本原理

后两种方式的原理基本相同，制冷剂液体喷入油冷却是在压缩机排出口之前，在螺杆式压缩机中注入少量的制冷剂。液态制冷剂蒸发，油和制冷剂的压缩气体混合物被冷却到可以接受的温度，所喷射液体的量由恒温膨胀阀（或感温包）控制。使用液体喷射冷却的优点是成本低和维护的工作不多，缺点是能量和功耗的损失大。一般压缩机的制冷量会减少 7%~9%，也导致功率消耗增加。有时会由于压头低或过高的吸入温度，可能无法应用制冷剂液体喷入法。这种方式在国产螺杆机上没有应用，在一些引进的设备生产线上有应用。

（2）油冷却负荷的计算及虹吸冷却系统

1）螺杆式压缩机的油冷却负荷计算。螺杆式压缩机的油冷却负荷在一般设备说明或者

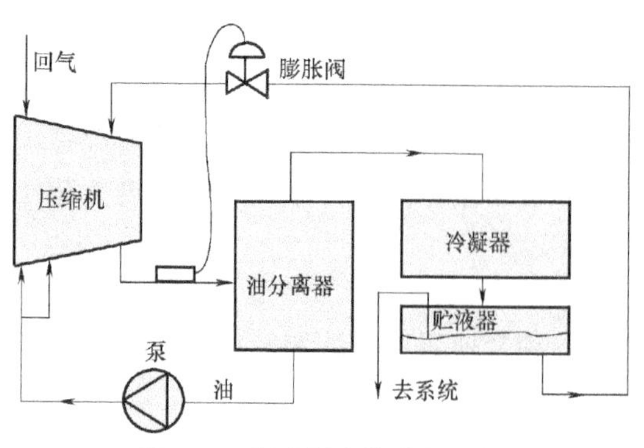


图 4-16　制冷剂直接喷射冷却

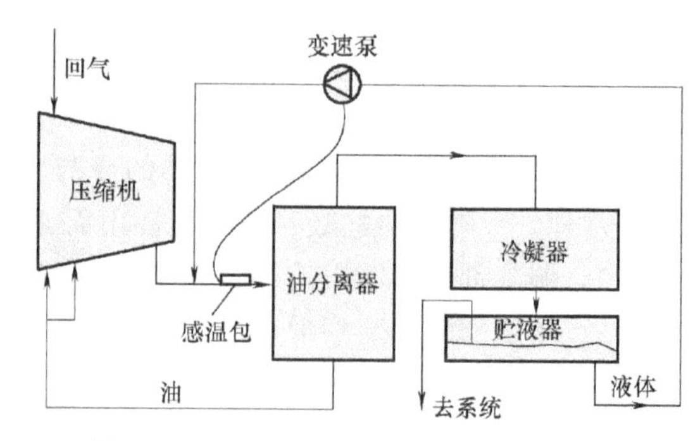


图 4-17　用变速泵送液体制冷剂与润滑油

选型软件都有详细介绍，不同的蒸发温度有不同的油冷却负荷，大多数情况下油冷却负荷不需要设计人员计算，但对于旧系统的改造或资料遗失、不全，也可以借助图 4-18 进行计算。

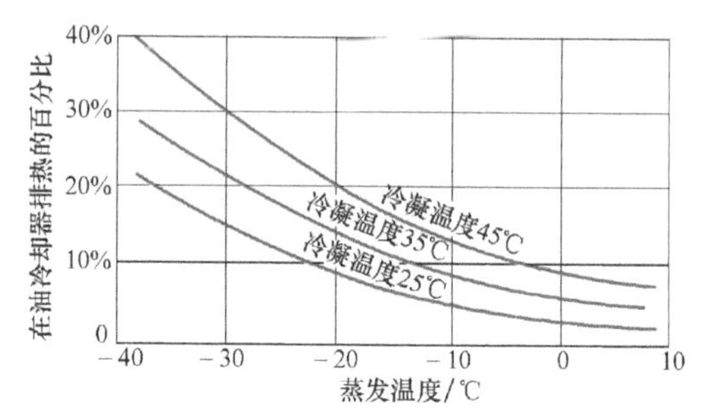


图 4-18　螺杆式压缩机喷入润滑油吸收热量（总的制冷负荷和压缩机功率）的百分比

油冷却器所排出的热量可以用式（4-34）计算：

$$q_{油排出}=q_{tot}\times 排热百分比 \qquad (4-34)$$

式中，$q_{tot}$ = 制冷量+压缩机功率当量热；排热百分比从图 4-18 查出。

2）螺杆式压缩机的热虹吸冷却及计算。热虹吸冷却运行原理，是指流体循环流动不是依靠机械功，而是利用重力和液柱流体密度的差异而产生。在热虹吸冷却油系统中，这个原理是指流体循环流动利用循环制冷剂，通过油冷却器所产生的流体密度差而产生，可以理解为，油的热传到制冷剂，使制冷剂产生流动的密度差。热虹吸冷却油系统如图 4-19 所示，主要由热虹吸桶和油冷却器构成。

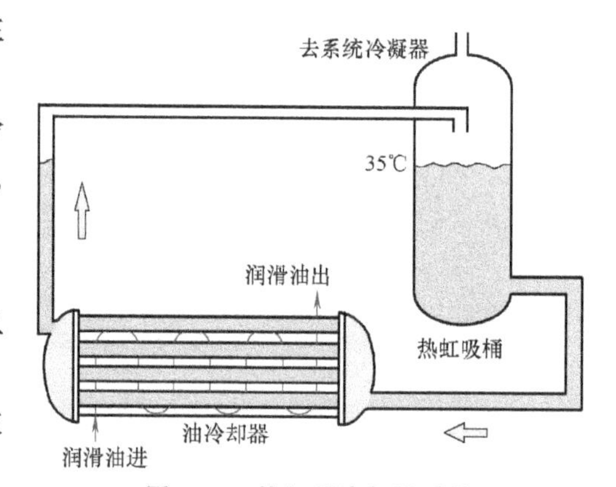


图 4-19　热虹吸冷却油系统

热虹吸油冷却的冷却方法是，利用饱和冷凝温度下液态制冷剂的蒸发，使油冷却降温，这种方法得到了广泛应用，其优点如下：

① 没有附加功率消耗。

② 油/制冷剂充注的冷却器不会因水或乙二醇泄漏而造成污染。

③ 冷却介质是制冷剂，不会发生结垢，故传热效率高，油冷却器寿命长。

④ 油的热量通过制冷剂转移到冷凝器，无须增加散热设备。

需要注意的是热虹吸桶的液面高度。对于氨制冷系统，该液面高度必须保持高于油冷却器中心线 1.8m 以上（氟利昂系统在中心线 1.5m 以上），这个高度通常称为液柱高度。实际系统设计所需的最小液柱高度可能会更高一些。

当压缩机组运行时，热油（高于制冷剂温度）流经油冷却器壳侧，热量会从较高温度的油流向较低温度的制冷剂，使油冷却。在管侧的制冷剂吸收了油的汽化热，在管内蒸发。此时注意油冷却器所产生的制冷剂气体很容易回流到虹吸容器中。从油冷却器返回的液体/蒸气混合物在虹吸容器中分离，其蒸气进入冷凝器冷凝。

在油冷却器中的制冷剂汽化率，可以由油排出的热量除以制冷剂的汽化热及运行温度确定。为了确保有制冷剂湿润全部传热表面，热虹吸油冷却系统在设计时，一般采用通过油冷却器的制冷剂流量比蒸发量多。通常情况下，制冷剂的设计流量为四倍的蒸发速率，即被称为 4∶1 循环倍率。蒸发速率为

$$m_Z=\frac{q_C}{h_c-h_r} \tag{4-35}$$

式中，$m_Z$ 为制冷剂的蒸发速率（kg/s）；$q_C$ 为油排出的热量（kW）；$h_c$、$h_r$ 分别为进、出油冷却器的制冷剂的焓值（kJ/kg）。

较早的文献提出：计算油冷却器流过 R22 的流量循环倍率是 2∶1，氨是 3∶1，可以满足要求。

如果冷凝器的供液中断 5min，则压缩机不会因为油温升高而中断运行。因此，热虹吸桶应保证提供制冷剂 5min 蒸发量的体积。即热虹吸桶的有效容积可按式（4-36）计算：

$$V_f=300\times\frac{m_Z}{\rho_L} \tag{4-36}$$

式中，$V_f$ 为热虹吸桶的有效容积（$m^3$）；$m_Z$ 为制冷剂的蒸发速率（kg/s）；$\rho_L$ 为冷凝温度下制冷剂的密度（$kg/m^3$）。

各种制冷剂油冷却器排出 1kW 热量所需要的虹吸桶的有效容积见表 4-15。

表 4-15 各种制冷剂油冷却器排出 1kW 热量所需要的虹吸桶的有效容积(冷凝温度 35℃)

| 制冷剂 | R717 | R507 | R404 | R22 | R134 | R449A(XP40) |
|---|---|---|---|---|---|---|
| 1kW 热量所需的虹吸桶有效容积/L | 0.454 | 2.33 | 2.51 | 1.51 | 1.02 | 1.796 |

例 4-4 以国产某压力容器厂生产的虹吸桶 FZA90A 为例，容器直径为 500mm，长为 2100mm，该容器的有效存液量指容器的中心线至供液给油冷却器出口之间的容积，该容器分别采用氨、R507 作为制冷剂，问其排热量分别是多少？

解 先计算这台虹吸桶的有效容积，然后利用表 4-15 中数据计算。有效存液量（不考虑两边封头）计算式为

$$V=\pi r^2 LF_V \tag{a}$$

式中，$r$ 为虹吸桶的半径（m）；$L$ 为虹吸桶减去两边封头的长度（m）；$F_V$ 为水平圆柱体体积利用系数，水平圆柱充液不超过 50%，可按式（b）进行计算。

$$F_V=0.5-F_D \tag{b}$$

式中，$F_D$ 为圆柱体 10%高度上的液位占有率（一般按出液管高出桶底 50mm 计算）。本例中，$F_D$ 计算出来是 5.2%，即 0.052。

将相关数据代入式（a），则有

$$V=3.14\times0.25^2\times2.1\times(0.5-0.052)\,m^3=0.185m^3=185L$$

采用氨作为制冷剂排热量　　$q_P=(185\div0.454)\ \text{kW}=407\text{kW}$

采用R507作为制冷剂排热量　　$q_P=(185\div2.33)\ \text{kW}=79\text{kW}$

由于国产压力容器厂在生产这类容器时，没有注明容器的有效存液量（这是设备选型的基本参数），给设计人员和用户在选型时带来许多不便。

热虹吸桶、蒸发式冷凝器和油冷却器及其管道布置如图4-20所示，注意管道需要保证一定的坡度，常用的坡度是1∶300。

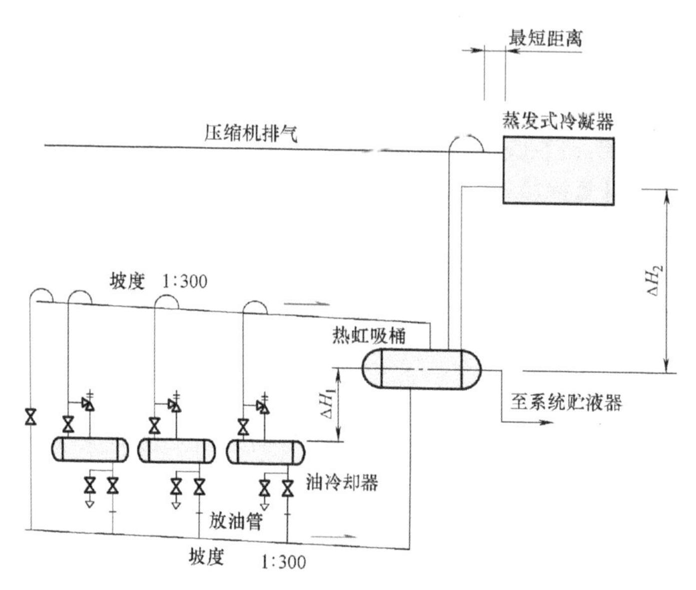


图4-20　热虹吸桶、蒸发式冷凝器和油冷却器及其管道的布置

在图4-20中，$\Delta H_2$与$\Delta H_1$的关系为

$$\rho g\Delta H_1>\Delta p_1$$

$$\rho g\Delta H_2>\Delta p_2$$

式中，$\Delta H_1$为热虹吸桶的中心线与油冷却器之间的高差；$\Delta H_2$为蒸发式冷凝器出液管与热虹吸桶的中心线之间的高差；$\rho$为制冷剂的密度；$g$为重力加速度；$\Delta p_1$为热虹吸桶与油冷却器的压差；$\Delta p_2$为蒸发式冷凝器出液管与热虹吸桶的压差。

热虹吸桶和油冷却器供液与回气选型也有两种方法：公式计算法和图表选型法。采用公式计算法的根据是流过油冷却器的氨流量的循环倍率是4∶1。

对于制冷剂的供液管直径，相关文献推荐的压力梯度（压力梯度是指制冷剂在给定管道直径流动时产生的压力降）：氨管是22.6Pa/m，R22是113Pa/m。假设冷凝温度为35℃，氨在该温度时的蒸发焓值为1125kJ/kg，R22为172.6kJ/kg，按压力梯度和循环比，式(4-37)和式(4-38)可用于计算所需的管道直径$D$。

对于氨：

$$D=2.88\times q_{mo}^{0.37}\times25.4 \tag{4-37}$$

对于R22：

$$D=2.13\times q_{mo}^{0.37}\times25.4 \tag{4-38}$$

式中，$D$为管道直径（mm）；$q_{mo}$为制冷剂经过油冷却器的质量流量（kg/s）。

对于回气管直径，推荐压力梯度，氨是9.04Pa/m，R22是45.2Pa/m。按照这些压力梯度，所需的管道直径 $D$ 由式（4-39）和式（4-40）给出：

对于氨：

$$D=3.49\times q_{mo}^{0.37}\times 25.4 \tag{4-39}$$

对于R22：

$$D=2.58\times q_{mo}^{0.37}\times 25.4 \tag{4-40}$$

3）螺杆式压缩机的热虹吸桶的布置。热虹吸桶与相连的管道安装有一定的要求，特别是各种管道的坡向。如果不注意，往往会引起连接管道的“气堵”或者“液堵”，易造成油冷却器的热量无法通过管道中的制冷剂带回到热虹吸桶，最后排到冷凝器。特别是在比较炎热地区的制冷系统，这种现象经常出现，容易造成压缩机的润滑油温升过高而最终导致压缩机停机。热虹吸系统的安装要求如图4-21所示。

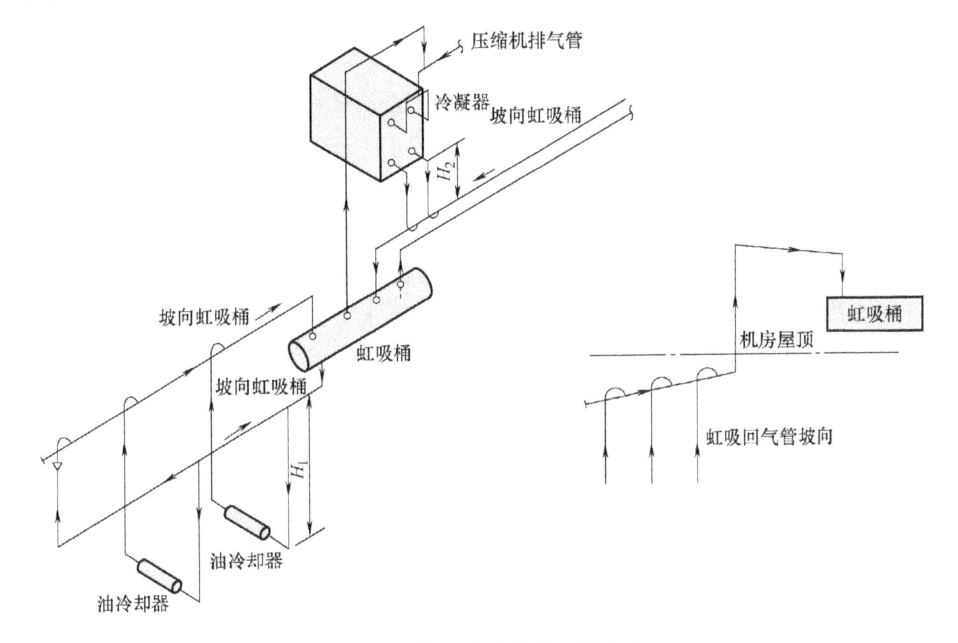


图4-21　热虹吸系统的安装要求

在热虹吸系统的安装过程中，有几个坡向的地方需要注意：

① 虹吸桶与油冷却器的进液总管坡向虹吸桶。在进液过程中，流动液体与管道内壁产生摩擦或者机房的高温使液体汽化，产生的气体由于坡向的原因聚集到进液总管的末端，然后通过末端的平衡管与回气总管连接，回到虹吸桶。

② 虹吸桶与油冷却器的回气总管坡向虹吸桶。因为回气是气液两相的混合物，坡向虹吸桶能够使液体尽快流入虹吸桶而不会产生液堵。

③ 如果虹吸系统的回气总管不能直接坡向虹吸桶（图4-21中右图），这根管应先往上，其目的是使气体尽快先往上走，然后进入竖直管段，到达管的顶部后坡向虹吸桶，防止产生气堵现象。

④ 由于油冷却器进液管的位置是虹吸系统的最低位，运行时间长了容易产生积油，因此需要在这根进液管的底部连接一根放油管（图4-20），定期放油。或者将这根放油管直接接入压缩机的回气管，定期手动打开放油管的阀门，把油吸入压缩机内。注意在吸入时，阀门不能开启太大，防止压缩机液击。

## 4.2　冷凝器的选型计算

### 4.2.1　冷凝器的选型原则

冷凝器的选型取决于建厂地区的水温、水质、水量及气候条件，与机房的布置要求也有一定的关系，一般根据下列原则来选择：

1）立式冷凝器适用于水源丰富、但水质较差或水温较高的地区，一般布置在机房外面。

2）卧式冷凝器和分组式冷凝器适用于水温较低、水质较好的地区，一般布置在机房设备间，广泛地应用于中小型氨和氟利昂制冷系统中。

3）淋水式冷凝器适用于空气相对湿度较低、水源不足或水质较差的地区，一般布置在室外通风良好的地方。

4）蒸发式冷凝器适用于空气相对湿度较低或缺水的地区，一般布置在室外通风良好的地方。

5）空气冷却式冷凝器适用于水源比较紧张的地区和中小型氟利昂制冷系统。

6）各种水冷式冷凝器都可采用冷却水循环冷却供水方式，当水源温度较高或冷凝器为一次用水时，不采用过冷却器。

7）采用水冷式或蒸发式冷凝器，其冷凝温度应按国家标准 GB 50019—2015《工业建筑供暖通风与空气调节设计规范》中规定的冷凝温度取值，但均不应超过 40℃。

8）从设备费和维修费用来看，蒸发式冷凝器最高。对大、中型制冷装置，蒸发式冷凝器同立式或卧式冷凝器与冷却塔的组合形式相比，建设初投资不相上下，但运行时蒸发式冷凝器节水节能。美国的冷库制冷装置中主要使用蒸发式冷凝器。但对高温高湿地区来说，蒸发式冷凝器的使用效果不太理想。

### 4.2.2　冷凝器的选型计算过程

#### 1. 计算步骤

1）根据冷凝负荷 $Q_L$ 和单位面积热负荷 $q_F$，试选冷凝器，并确定冷却水量 $G$。

2）对初选的冷凝器进行验算，包括：

① 计算对数平均温差 $\Delta t_m$。

② 计算实际传热系数 $K$。

③ 按实际的传热系数 $K$ 和对数平均温差 $\Delta t_m$ 计算所需的冷凝器传热面积。

④ 验证初选的冷凝器是否符合要求。

#### 2. 冷凝器初步选型及冷却水量的确定

（1）冷凝负荷 $Q_L$ 的计算

1）单级压缩制冷循环，其循环过程的压焓图如图 4-22 所示。

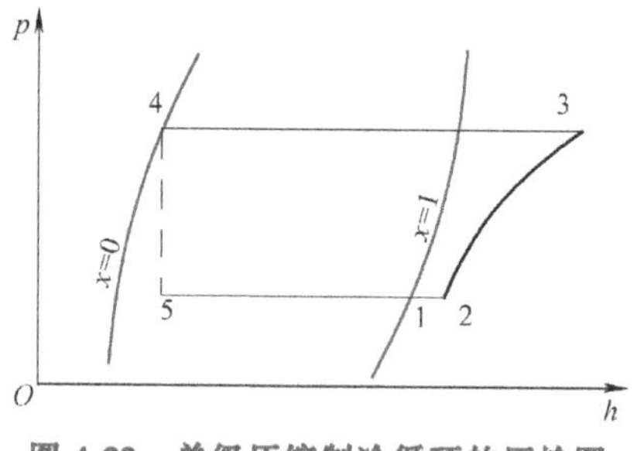


图 4-22　单级压缩制冷循环的压焓图

$$Q_L = \frac{G(h_3 - h_4)}{3600} \tag{4-41}$$

式中，$Q_L$ 为冷凝负荷（kW）；$G$ 为压缩机制冷剂循环量（kg/h）；$h_3$ 为压缩机的排气比焓（kJ/kg）；$h_4$ 为冷凝压力下饱和液体的比焓（kJ/kg）。

2）双级压缩制冷循环，其循环过程的压焓图如图 4-23 所示。

$$Q_L = \frac{G_g(h_5 - h_6)}{3600} \tag{4-42}$$

式中，$Q_L$ 为冷凝负荷（kW）；$G_g$ 为高压级压缩机制冷剂循环量（kg/h）；$h_5$ 为高压级压缩机的排气比焓（kJ/kg）；$h_6$ 为冷凝压力下饱和液体的比焓（kJ/kg）。

对既有单级又有双级压缩的制冷循环来说，冷凝热负荷为单、双级回路计算冷凝负荷之和。

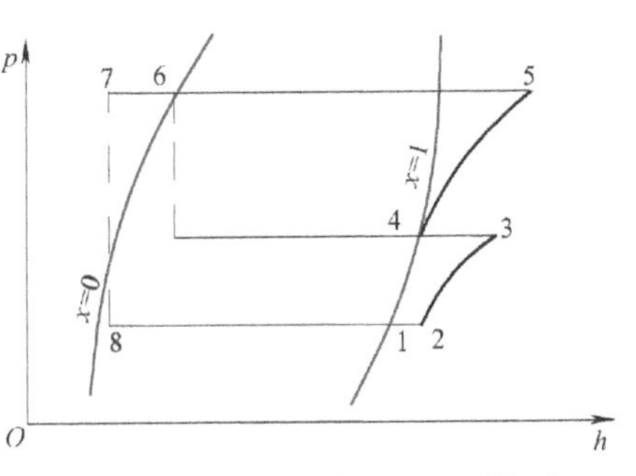


图 4-23 双级压缩制冷循环的压焓图

（2）冷凝面积 $F$（$m^2$）的确定

$$F = \frac{Q_L}{K\Delta t_m} = \frac{Q_L}{q_F} \tag{4-43}$$

式中，$q_F$ 为冷凝器单位面积热负荷，可从表 4-16 和表 4-17 中查取；$\Delta t_m$ 为对数平均温差，可用式（4-44）来计算；$K$ 为冷凝器的传热系数，可根据表 4-16 和表 4-17 来查取。

表 4-16 氨制冷系统各种型式冷凝器的单位面积热负荷 $q_F$ 和传热系数 $K$

| 序号 | 冷凝器型式 | 传热系数 $K$/[W/(m²·K)] | $q_F$/(W/m²) 推荐值 | 应用条件 |
|---|---|---|---|---|
| 1 | 立式冷凝器 | 700~900 | 3500~4000 | $\Delta t_m$=4~6℃，冷却水温升 2~3℃，单位面积冷却水量 1~1.7m³/(m²·h)，光管传热管 |
| 2 | 卧式冷凝器 | 800~1100 | 4000~5000 | $\Delta t_m$=4~6℃，冷却水温升 4~6℃，单位面积冷却水量 0.5~0.9m³/(m²·h)，光管传热管 |
| 3 | 淋水式冷凝器 | 600~750 | 3000~3500 | 单位面积冷却水量 0.8~1.0m³/(m²·h)，光管传热管，补水量按循环水量的 10%~12%，进口湿球温度 24℃ |
| 4 | 板式冷凝器 | 2000~2300 |  | 使用焊接板式或经特殊处理的钎焊板式，板片为不锈钢 |
| 5 | 蒸发式冷凝器 | 600~800 | 1800~2500 | 单位面积冷却水量 0.12~0.16m³/(m²·h)，光管传热管，补水量按循环水量的 5%~10%，单位面积通风量 300~340m³/(m²·h)，$\Delta t_m$=2~3℃ |
| 6 | 螺旋板式冷凝器 | 1400~1600 | 7000~9000 | 冷却水温升 3~5℃，$\Delta t_m$=2~3℃，水速 0.6~1.4m/s |

$$\Delta t_m = \frac{t_{s2} - t_{s1}}{2.3\lg\dfrac{t_L - t_{s1}}{t_L - t_{s2}}} \tag{4-44}$$

式中，$t_{s1}$、$t_{s2}$、$t_L$ 分别为冷却水的进水温度、出水温度和冷凝温度。

常用冷凝器的单位面积热负荷可按表 4-16 和表 4-17 中取值，但随着科学技术的发展，换热性能很高的热换交器设备已研制成功并应用于生产。据介绍，某冷冻机股份有限公司生产的 WNFG-00 氟利昂用卧式冷凝器中采用了高效换热管，其冷凝器单位面积热负荷可高达 17000~19000W/m²。但冷凝器在选型计算时，考虑到投产后油垢和污垢的影响，单位面积热负荷要比表中数据取得低一些。

表 4-17 氟利昂制冷系统各种型式冷凝器的单位面积热负荷 $q_F$ 和传热系数 $K$

| 序号 | 冷凝器型式 | | 传热系数 $K/[W/(m^2 \cdot K)]$ | $q_F/(W/m^2)$ 推荐值 | 应用条件 |
|---|---|---|---|---|---|
| 1 | 卧式冷凝器 | | 800~1200（R22、R134A、R404A）（以传热管外表面积计算） | 5000~8000 | 冷却水温升 4~6℃，$\Delta t_m$=7~9℃，水速 0.6~1.4m/s，低肋铜管，肋化系数≥3.5 |
| 2 | 套管式冷凝器 | | | 7500~10000 | $\Delta t_m$=8~11℃，水速 1~2m/s，低肋铜管，肋化系数≥3.5 |
| 3 | 板式冷凝器 | | 2300~2500（R22、R134A、R404A） | | 钎锡板式，板片为不锈钢 |
| 4 | 蒸发式冷凝器 | | 500~700 | 1600~2200 | 单位面积冷却水量 0.12~0.16$m^3/(m^2 \cdot h)$，光管传热管，补水量按循环水量的 5%~10%，单位面积通风量 300~340$m^3/(m^2 \cdot h)$，$\Delta t_m$=2~3℃ |
| 5 | 空冷式冷凝器 | 自然对流 | 6~10（以传热管内表面积计算） | 45~85 | |
| | | 强制对流 | 30~40（以翅片管外表面积计算） | 250~300 | 迎面风速 2.5~3.5m/s，$\Delta t_m$=8~12℃，铝平翅片套铜管，冷凝温度与进风温差≥15℃ |

（3）冷却水量的确定　对于一般的立式、卧式和淋水式冷凝器，循环水量（$m^3/s$）的计算公式为

$$V_s=\frac{Q_L}{c\Delta t\rho} \tag{4-45}$$

式中，$Q_L$ 为冷凝负荷（kW）；$c$ 为冷却水的比热容［kJ/(kg·℃)］，淡水 $c$=4.187kJ/(kg·℃)，海水 $c$=3.936kJ/(kg·℃)；$\Delta t$ 为冷却水的进出水温差（℃）；$\rho$ 为冷却水的密度（$kg/m^3$），淡水 $\rho$=1000 $kg/m^3$，海水 $\rho$=1026 $kg/m^3$。

蒸发式冷凝器的用水量（$m^3/s$）可按式（4-46）计算，即

$$V_s=(3.33\sim4.44)\times10^{-2}\times1.05A/\rho \tag{4-46}$$

式中，$A$ 为蒸发式冷凝器的冷却面积（$m^2$）；$(3.33\sim4.44)\times10^{-2}$ 为单位面积循环水量［$kg/(m^2 \cdot s)$］；1.05 中的 0.05 为补充水量，按循环水量的 5%计算；$\rho$ 为冷却水的密度（$kg/m^3$），同式（4-45）。

蒸发式冷凝器的通风量（$m^3/h$）按式（4-47）计算，即

$$V_s=(300\sim340)A \tag{4-47}$$

耗水量是一个重要的经济指标，耗水量大，管理费用多，但是耗水量小，又影响制冷效果。因此，既要考虑经济性，又要确保安全运转，在保证冷凝压力不超过压缩机排气压力的前提下，应尽量减少冷却水耗量。

冷凝器单位面积冷却水用量见表 4-18。

### 3. 对初选冷凝器的验算

（1）冷凝器管内水流速的计算　冷凝器管内水流速（m/s）对于传热和阻力都有很大的影响，可按式（4-48）进行计算：

$$w_w = \frac{V_s}{\frac{\pi}{4}d_n^2 E} \tag{4-48}$$

式中，$V_s$ 为冷却水量（$m^3/s$）；$d_n$ 为冷凝管子的内径（m）；$E$ 为每一管程中并行的管子数，$E=N/X$；$N$ 为冷凝管子总数；$X$ 为流程数。

表 4-18　冷凝器单位面积冷却水用量

| 冷凝器型式 | 单位面积冷却水消耗量/[$m^3/(m^2 \cdot h)$] | 备注 |
|---|---|---|
| 立式壳管式 | 1.6~1.7 | $\Delta t_m = 2 \sim 3℃$ |
| 卧式壳管式 | 0.5~0.9 | $\Delta t_m = 4 \sim 6℃$ |
| 分组式 | 0.5~0.9 | $\Delta t_m = 4 \sim 6℃$ |
| 淋水式 | 循环水 0.8~1.0 | 补水量按循环水量的 10%~12% |
| 蒸发式 | 循环水 0.05~0.07 | 补水量按循环水量的 5%~10% |

（2）对数平均温差的计算　用式（4-44）进行计算。

（3）冷凝器传热系数的计算　国产冷凝器的传热面积均以冷却管外表面积计算，因此在计算传热系数时，应以外表面积来进行各项热阻的计算，圆形光管冷凝器传热系数［$W/(m^2 \cdot ℃)$］的基本计算公式为

$$K = \frac{1}{\frac{1}{\alpha_k} + \sum \frac{\delta}{\lambda} + \frac{d}{d_n}\frac{1}{\alpha_w}} \tag{4-49}$$

式中，$d$ 为冷凝管子的外径（m）；$d_n$ 为冷凝管子的内径（m）；$\delta$ 为管壁沉积物的厚度（m）；$\lambda$ 为管壁材料沉积物的导热系数［$W/(m \cdot ℃)$］；金属管壁热阻及管壁上各种沉积物的导热系数见表 4-19；$\alpha_k$、$\alpha_w$ 分别为冷凝器制冷剂侧和冷却水侧的表面传热系数［$W/(m^2 \cdot ℃)$］，可由以下的计算公式计算。

表 4-19　金属管壁热阻及管壁上各种沉积物的导热系数

| 材料名称 | 导热系数/[$W/(m \cdot K)$] | 材料名称 | 导热系数/[$W/(m \cdot K)$] |
|---|---|---|---|
| 钢 | 45.3 | 水垢 | 23.26 |
| 不锈钢 | 17 | 冰 | 2.20 |
| 铸铁 | 62.8 | 矿物油 | 0.14 |
| 铜 | 383.3 | 油漆（染料） | 0.23 |
| 铝 | 203.3 | 霜层 | 0.58 |
| 铅 | 34.9 | 食盐 | 2.91 |

1）制冷剂侧的表面传热系数 $\alpha_k$。对于卧式冷凝器，三种常用制冷剂的表面传热系数［$W/(m^2 \cdot ℃)$］可用下面简化公式计算：

R717

$$\alpha_k = 119000(1-0.006t_L)(A_w q_F)^{-1/3} \tag{4-50}$$

R22

$$\alpha_k = 183000(1-0.006t_L)(A_w q_F)^{-1/3} \tag{4-51}$$

R12

$$\alpha_k = 136000(1-0.0065t_L)(A_w q_F)^{-1/3} \tag{4-52}$$

式中，$t_L$ 为冷凝温度（℃）；$A_w$ 为单位管长传热面积（$m^2/m$），可由式（4-53）计算；$q_F$ 为单位面积热负荷（$W/m^2$），见表 4-16 和表 4-17。

$$F_w = \pi d \frac{N}{m} \tag{4-53}$$

式中，$N$ 为冷凝管子总数；$m$ 为管子的竖直管排数；$d$ 为冷凝管子的外径（m）。

如果是呈等边三角形排列的冷凝器管束，$N/m$ 可近似乘以系数 0.6。

对于立式冷凝器，三种常用制冷剂的表面传热系数［$W/(m^2 \cdot ℃)$］可用下列简化公式计算：

R717

$$\alpha_k = 147000(1-0.06t_L)(A_w q_F)^{-1/3} \tag{4-54}$$

R22

$$\alpha_k = 226000(1-0.065t_L)(A_w q_F)^{-1/3} \tag{4-55}$$

R12

$$\alpha_k = 168000(1-0.065t_L)(A_w q_F)^{-1/3} \tag{4-56}$$

式中符号同式（4-50）~式（4-52）。

制冷剂在管内流动时，冷凝传热系数［$W/(m^2 \cdot ℃)$］可以用式（4-57）计算：

$$\alpha_k = M q_F^{0.5} L^{0.35} d_n^{-0.25} \tag{4-57}$$

式中，$q_F$ 为单位面积热负荷（$W/m^2$），可查表 4-16 和表 4-17；$L$ 为管子长度（m）；$d_n$ 为管子内径（m）；$M$ 为取决于制冷剂物理性质的常数，三种常用制冷剂的 $M$ 值见表 4-20。

表 4-20　三种常用制冷剂在管内冷凝时的 $M$ 值

| 冷凝温度/℃ | 10 | 30 | 35 | 40 |
|---|---|---|---|---|
| R717 | 8.19 | 7.46 | 6.90 | 6.32 |
| R12 | 3.12 | 2.88 | 2.67 | 2.58 |
| R22 | 3.10 | 2.93 | 2.77 | 2.70 |

2）冷却水侧的表面传热系数 $\alpha_w$。对于壳管式冷凝器，当水在管内流动状态为湍流（$Re>10^4$）时，其表面传热系数 $\alpha_w$［$W/(m^2 \cdot ℃)$］可按式（4-58）计算：

$$\alpha_w = (1200+20t_m)\frac{0.8w_w}{0.2d_n} \tag{4-58}$$

也可按式（4-59）计算：

$$\alpha_w = B\frac{0.8w_w}{0.2d_n} \tag{4-59}$$

式中，$t_m$ 为冷凝器进出水平均温度（℃）；$w_w$ 为管内水的流速（m/s）；$d_n$ 为管子内径（m）；$B$ 为水或盐水的物理参数的系数，可查表 4-21。

当水在管内流动状态为过渡区（$2300<Re<10^4$）时，其表面传热系数 $\alpha_w$［$W/(m^2 \cdot ℃)$］可用式（4-60）计算：

$$\alpha_w = \varphi B\frac{0.8w_w}{0.2d_n} \tag{4-60}$$

式中，$\varphi$ 为修正系数，可查表 4-22。其余符号同式（4-59）。

表 4-21　水和盐水的 $B$ 值

| 15℃时的密度/(kg/m³) | 温度/℃ | | | | | | |
|---|---|---|---|---|---|---|---|
| | 30 | 20 | 10 | 0 | -10 | -20 | -30 |
| 淡水 | | | | | | | |
| 1000 | 1800 | 1640 | 1445 | 1255 | | | |
| 氯化钠盐水溶液 | | | | | | | |
| 1120 | | | | 1110 | 945 | | |
| 1175 | | | | 1030 | 844 | 708 | |
| 氯化钙盐水溶液 | | | | | | | |
| 1150 | | | | 1030 | 864 | | |
| 1160 | | | | 1050 | 835 | | |
| 1170 | | | | 1000 | 825 | | |
| 1180 | | | | 984 | 807 | | |
| 1190 | | | | 965 | 795 | | |
| 1200 | | | | 964 | 784 | 641 | |
| 1210 | | | | 925 | 756 | 624 | |
| 1220 | | | | 908 | 749 | 611 | |
| 1230 | | | | 892 | 730 | 600 | |
| 1240 | | | | 872 | 714 | 587 | |
| 1250 | | | | 850 | 711 | 576 | 491 |
| 1260 | | | | 829 | 684 | 564 | 475 |
| 1270 | | | | 806 | 667 | 546 | 455 |
| 1280 | | | | 786 | 649 | 529 | 438 |
| 1286 | | | | 776 | 638 | 517 | 426 |

表 4-22　过渡区表面传热系数的修正系数

| $Re$ 值 | 2000 | 3000 | 4000 | 5000 | 6000 | 7000 | 8000 |
|---|---|---|---|---|---|---|---|
| $\varphi$ 值 | 0.34 | 0.59 | 0.75 | 0.90 | 0.96 | 0.98 | 0.99 |

水在管内的流速高，可以增强传热效果，但流速超过一定数值（极限流速）后，冷却管壁将很快地被腐蚀，同时，又增加了水泵的流量和功率，一般来说，水流速为 0.5～2.0m/s 较合适。

3）热阻 $R$。

① 油膜热阻 $R_1$。在氨冷凝器中，由制冷压缩机带出来的润滑油附于管壁成为沉积物之一，从而形成传热阻力，一般可取油膜厚度为 0.05～0.08mm，润滑油的导热系数为 0.14W/(m·℃)，因此油膜热阻可取为 $0.34\times10^{-3}$～$0.60\times10^{-3}$ (m²·℃)/W。在氟利昂系统中因为与油互溶，所以不存在油膜热阻。

② 铁锈热阻 $R_2$。冷凝管用钢管时，尚须考虑管子两面生锈而出现的热阻，其数值可采用 $0.17\times10^{-3}$ (m²·℃)/W。

③ 水垢热阻 $R_3$。用江水水质较差时，冷凝管中易形成水垢，有时厚度可达 1.0mm，其导热系数为 2.326W/(m·℃)，故管内水垢热阻推荐使用 $0.43\times10^{-3}$ (m²·℃)/W。

④ 金属管壁热阻。冷凝器管壁材料的导热系数都很高，其热阻在计算中远小于其他热阻，所以一般可以忽略不计。

4）冷凝器的传热系数 $K$。采用无缝钢管的氨冷凝器，按外表面积计算传热系数 $K$ [W/(m²·℃)] 为

$$K=\frac{1}{\frac{1}{\alpha_k}+R_1+\frac{1}{2}R_2+\frac{d}{d_n}\left(\frac{1}{2}R_2+R_3+\frac{1}{\alpha_w}\right)} \tag{4-61}$$

式中符号与前面介绍一致。

（4）传热面积的计算　冷凝器实际需要的传热面积 $A_s$ (m²) 计算式为

$$A_s=\frac{Q_L}{K\Delta t_m} \tag{4-62}$$

将此面积和试选的冷凝器的传热面积进行比较，看是否符合需要，如果不符合则需要重新选择其他型号的冷凝器。

在实际的选型计算中，有时为了简化计算步骤，并不需要这样步步校核，只需按经验数据选定相应冷凝器的单位面积冷凝负荷和传热系数后进行校核即可。

一般选定的冷凝器的传热面积 $A$ 应该比实际需要的传热面积 $A_s$ 多出 20%～30%的裕度，这是因为：

1）冷凝器的个别管子有时会腐蚀烂穿，一般是把烂穿的管子暂时封密，继续使用，待生产淡季再进行更换，这样在一定时期内冷凝的传热面积会有所减少。

2）预料之外的严重污垢，使管子内径缩小，传热面积减少而水流阻力增加，水量可能下降。

3）系统中的空气和其他不凝性气体的存在，使冷凝压力高于它的饱和压力，因而在确定冷凝压力时不能满打满算。

4）其他非正常情况的出现。

## 4.3　冷却设备的选型计算

冷却设备是在制冷系统中产生冷效应的低压换热设备，它利用制冷剂液体经节流阀节流后在较低温度下蒸发，吸收被冷却介质（如盐水、空气）的热量，使被冷却介质的温度降低。由于制冷剂流经冷却设备时吸热蒸发，故冷却设备又称为蒸发器。

### 4.3.1　冷却设备的选型原则

冷却设备的选型应根据食品冷加工、冷藏或其他工艺要求确定，一般应符合下列要求：

1）所选用冷却设备的使用条件和技术条件应符合现行的制冷装置用冷却设备标准的要求。

2）冷却间、冻结间和冷却物冷藏间的冷却设备应采用冷风机（也称空气冷却器）。

3）冻结物冷藏间的冷却设备可选用顶排管、墙排管和冷风机，一般当食品有良好的包

装时，宜选用冷风机，食品无良好包装时，可采用顶排管、墙排管。

4）根据不同食品的冻结工艺要求选用合适的冻结设备，如冻结隧道、平板冻结器、螺旋冻结装置、流态化冻结装置和搁架式排管冻结装置等。

5）包装间的冷却设备，当室温高于-5℃时宜选用冷风机，室温低于-5℃时宜选用排管。

6）冰库采用光滑顶排管。

### 4.3.2 冷却设备冷却面积的计算

#### 1. 冷却空气用冷却设备

（1）冷却面积的计算 冷却设备的选型计算是根据各冷间冷却设备负荷 $Q_q$ 分别选配冷却设备或另行设计适宜的冷却设备装置，不论选型或另行设计，都需先算出冷却面积 $A$（$m^2$），其计算公式为

$$A=\frac{Q_q}{K\Delta t} \tag{4-63}$$

式中，$K$ 为冷却设备的传热系数［$W/(m^2 \cdot ℃)$］；$\Delta t$ 为库房空气温度与蒸发温度之差（℃）；$Q_q$ 为冷却设备负荷（W）。

（2）传热系数 $K$ 的确定

1）光滑顶、墙排管的传热系数。光滑顶、墙排管的传热系数按式（4-64）计算：

$$K=K'C_1C_2C_3 \tag{4-64}$$

式中，$K$ 为光滑顶、墙排管在设计条件下的传热系数［$W/(m^2 \cdot ℃)$］；$K'$为光滑顶、墙排管在特定条件下的传热系数［$W/(m^2 \cdot ℃)$］，见表4-23～表4-25，氟利昂光滑顶、墙排管 $K'$按氨光滑顶、墙排管 $K'$的85%计；$C_1$、$C_2$、$C_3$ 分别为排管的构造换算系数、管径换算系数和供液方式换算系数，见表4-26。

表4-23 氨单排光滑蛇形墙排管的传热系数 $K'$值 ［单位：$W/(m^2 \cdot ℃)$］

| 根数 | 温差/℃ | 冷间内的空气温度/℃ | | | | | | | | | |
|---|---|---|---|---|---|---|---|---|---|---|---|
| | | 0 | -4 | -10 | -12 | -15 | -18 | -20 | -23 | -25 | -30 |
| 4 | 6 | 8.84 | 8.02 | 7.68 | 7.44 | 7.21 | 6.89 | 6.86 | 6.63 | 6.51 | 6.28 |
| | 8 | 9.30 | 8.72 | 8.02 | 7.79 | 7.56 | 7.33 | 7.21 | 6.98 | 6.86 | 6.63 |
| | 10 | 9.65 | 8.96 | 8.26 | 8.02 | 7.79 | 7.56 | 7.44 | 7.21 | 7.09 | 6.86 |
| | 12 | 9.89 | 9.19 | 8.49 | 8.26 | 7.91 | 7.68 | 7.56 | 7.44 | 7.33 | 7.09 |
| | 15 | 10.12 | 9.42 | 8.61 | 8.49 | 8.14 | 7.91 | 7.79 | 7.68 | 7.56 | 7.33 |
| 6 | 6 | 9.19 | 8.49 | 7.79 | 7.68 | 7.44 | 7.09 | 6.98 | 6.86 | 6.75 | 6.51 |
| | 8 | 9.54 | 8.96 | 8.14 | 8.02 | 7.68 | 7.44 | 7.33 | 7.21 | 7.09 | 6.86 |
| | 10 | 9.89 | 9.19 | 8.49 | 8.26 | 7.91 | 7.08 | 7.56 | 7.44 | 7.33 | 7.09 |
| | 12 | 10.12 | 9.42 | 8.61 | 8.49 | 8.14 | 7.91 | 7.79 | 7.56 | 7.44 | 7.21 |
| | 15 | 10.35 | 9.65 | 8.84 | 8.61 | 8.37 | 8.14 | 8.02 | 7.79 | 7.68 | 7.44 |
| 8 | 6 | 9.42 | 8.84 | 8.14 | 7.91 | 7.68 | 7.44 | 7.33 | 7.09 | 6.98 | 6.75 |
| | 8 | 9.89 | 9.30 | 8.49 | 8.26 | 8.02 | 7.79 | 7.56 | 7.44 | 7.33 | 7.09 |
| | 10 | 10.23 | 9.54 | 8.72 | 8.49 | 8.26 | 8.02 | 7.79 | 7.68 | 7.56 | 7.33 |
| | 12 | 10.47 | 9.77 | 8.96 | 8.72 | 8.37 | 8.14 | 8.02 | 7.79 | 7.68 | 7.44 |
| | 15 | 10.58 | 10.00 | 9.19 | 8.96 | 8.61 | 8.37 | 8.26 | 8.02 | 7.91 | 7.68 |

（续）

| 根数 | 温差/℃ | 冷间内的空气温度/℃ | | | | | | | | | |
|---|---|---|---|---|---|---|---|---|---|---|---|
| | | 0 | -4 | -10 | -12 | -15 | -18 | -20 | -23 | -25 | -30 |
| 10 | 6 | 10.00 | 9.42 | 8.61 | 8.37 | 8.02 | 7.91 | 7.68 | 7.56 | 7.44 | 7.09 |
| | 8 | 10.47 | 9.77 | 8.96 | 8.72 | 8.37 | 8.14 | 8.02 | 7.79 | 7.68 | 7.44 |
| | 10 | 10.82 | 10.00 | 9.19 | 8.96 | 8.61 | 8.37 | 8.26 | 8.02 | 7.91 | 7.68 |
| | 12 | 10.93 | 10.23 | 9.42 | 9.19 | 8.84 | 8.61 | 8.49 | 8.26 | 8.14 | 7.91 |
| | 15 | 11.16 | 10.47 | 9.54 | 9.42 | 9.07 | 8.84 | 8.61 | 8.49 | 8.37 | 8.14 |
| 12 | 6 | 10.70 | 10.00 | 9.19 | 8.96 | 8.61 | 8.37 | 8.26 | 8.02 | 7.91 | 7.56 |
| | 8 | 11.16 | 10.35 | 9.54 | 9.30 | 8.96 | 8.72 | 8.49 | 8.26 | 8.14 | 7.91 |
| | 10 | 11.40 | 10.70 | 9.77 | 9.54 | 9.19 | 8.96 | 8.72 | 8.49 | 8.37 | 8.14 |
| | 12 | 11.63 | 10.82 | 9.89 | 9.65 | 9.42 | 9.07 | 8.96 | 8.72 | 8.61 | 8.37 |
| | 15 | 11.75 | 11.05 | 10.12 | 9.89 | 9.54 | 9.30 | 9.19 | 8.96 | 8.84 | 8.61 |
| 14 | 6 | 11.28 | 10.58 | 9.65 | 9.42 | 9.19 | 8.84 | 8.72 | 8.49 | 8.37 | 8.14 |
| | 8 | 11.75 | 10.93 | 10.00 | 9.77 | 9.42 | 9.19 | 8.96 | 8.84 | 8.61 | 8.37 |
| | 10 | 12.10 | 11.28 | 10.35 | 10.00 | 9.65 | 9.42 | 9.19 | 9.07 | 8.84 | 8.61 |
| | 12 | 12.21 | 11.40 | 10.47 | 10.23 | 9.89 | 9.54 | 9.42 | 9.19 | 9.07 | 8.84 |
| | 15 | 12.44 | 11.63 | 10.70 | 10.47 | 10.12 | 9.47 | 9.65 | 9.42 | 9.30 | 9.07 |
| 16 | 6 | 12.10 | 11.28 | 10.35 | 10.12 | 9.77 | 9.42 | 9.30 | 9.07 | 8.96 | 8.61 |
| | 8 | 12.56 | 11.75 | 10.70 | 10.47 | 10.12 | 9.77 | 9.54 | 9.30 | 9.19 | 8.96 |
| | 10 | 12.79 | 11.98 | 10.93 | 10.70 | 10.35 | 10.00 | 9.77 | 9.54 | 9.42 | 9.19 |
| | 12 | 13.03 | 12.10 | 11.16 | 10.82 | 10.47 | 10.12 | 10.00 | 9.77 | 9.65 | 9.30 |
| | 15 | 13.14 | 12.33 | 11.28 | 11.05 | 10.70 | 10.35 | 10.23 | 10.00 | 9.89 | 9.54 |
| 18 | 6 | 12.91 | 12.10 | 11.05 | 10.70 | 10.47 | 10.12 | 9.89 | 9.65 | 9.54 | 9.30 |
| | 8 | 13.37 | 12.44 | 11.40 | 11.16 | 10.82 | 10.47 | 10.23 | 10.00 | 9.89 | 9.54 |
| | 10 | 13.72 | 12.79 | 11.63 | 11.40 | 11.05 | 10.70 | 10.47 | 10.23 | 10.12 | 9.77 |
| | 12 | 13.84 | 12.91 | 11.86 | 11.51 | 11.16 | 10.82 | 10.70 | 10.35 | 10.23 | 10.00 |
| | 15 | 14.07 | 13.03 | 11.98 | 11.75 | 11.04 | 11.05 | 10.82 | 10.58 | 10.47 | 10.23 |
| 20 | 6 | 13.84 | 12.91 | 11.75 | 11.51 | 11.16 | 10.70 | 10.58 | 10.35 | 10.23 | 9.77 |
| | 8 | 14.30 | 13.26 | 12.21 | 11.86 | 11.40 | 11.16 | 10.93 | 10.70 | 10.47 | 10.12 |
| | 10 | 14.54 | 13.61 | 12.44 | 12.10 | 11.63 | 11.28 | 11.16 | 10.82 | 10.70 | 10.35 |
| | 12 | 14.77 | 13.72 | 12.56 | 12.21 | 11.86 | 11.51 | 11.28 | 11.05 | 10.93 | 10.58 |
| | 15 | 14.89 | 13.84 | 12.79 | 12.44 | 12.10 | 11.75 | 11.51 | 11.28 | 11.16 | 10.82 |

注：表列数值为外径38mm、管间距与管外径之比为4、冷间相对湿度为90%、霜层厚度为6mm时的传热系数。

表4-24 氨单层光滑蛇形顶排管的传热系数$K'$值 ［单位：W/($m^2$·℃)］

| 冷间温度/℃ | 计算温度差/℃ | | | | |
|---|---|---|---|---|---|
| | 6 | 8 | 10 | 12 | 15 |
| 0 | 8.60 | 9.07 | 9.42 | 9.65 | 9.88 |
| -4 | 8.14 | 8.49 | 8.72 | 8.96 | 8.19 |
| -10 | 7.44 | 7.79 | 8.02 | 8.26 | 8.49 |
| -12 | 7.21 | 8.56 | 7.79 | 8.02 | 8.26 |
| -15 | 6.98 | 7.33 | 7.56 | 7.79 | 8.02 |
| -18 | 6.75 | 7.09 | 7.33 | 7.56 | 7.79 |
| -20 | 6.63 | 6.98 | 7.21 | 7.44 | 7.68 |
| -23 | 6.51 | 6.74 | 6.98 | 7.21 | 7.44 |
| -25 | 6.40 | 6.63 | 6.86 | 7.09 | 7.32 |
| -30 | 6.16 | 6.51 | 6.74 | 6.86 | 7.09 |

注：表列数值为外径38mm、管间距与管外径之比为4、冷间相对湿度为90%、霜层厚度为6mm时的传热系数。

表 4-25 氨光滑 U 形顶排管和氨双层光滑蛇形顶排管的传热系数 $K'$ 值

[单位：W/(m²・℃)]

| 冷间温度/℃ | 计算温度差/℃ | | | | |
|---|---|---|---|---|---|
| | 6 | 8 | 10 | 12 | 15 |
| 0 | 8.14 | 8.61 | 8.96 | 9.19 | 9.42 |
| -4 | 7.79 | 8.02 | 8.26 | 8.49 | 8.72 |
| -10 | 7.09 | 7.44 | 7.68 | 7.91 | 8.02 |
| -12 | 6.86 | 7.21 | 7.44 | 7.68 | 7.91 |
| -15 | 6.63 | 6.98 | 7.21 | 7.44 | 7.68 |
| -18 | 6.40 | 6.75 | 6.98 | 7.21 | 7.44 |
| -20 | 6.28 | 6.63 | 6.86 | 7.09 | 7.33 |
| -23 | 6.16 | 6.40 | 6.63 | 6.86 | 7.09 |
| -25 | 6.05 | 6.28 | 6.51 | 6.75 | 6.89 |
| -30 | 5.82 | 6.16 | 6.40 | 6.51 | 6.75 |

注：表列数值为外径 38mm、管间距与管外径之比为 4、冷间相对湿度为 90%、霜层厚度为 6mm 时的传热系数。

表 4-26 各种排管换算系数表

| 排管型式 | $C_1$ | | $C_2$ | $C_3$ | |
|---|---|---|---|---|---|
| | $S/d_w=4$ | $S/d_w=2$ | | 非氨泵供液 | 氨泵供液 |
| 单排光滑蛇形墙排管 | 1.0 | 0.9873 | $\left(\frac{0.038}{d_w}\right)^{0.16}$ | 1.0 | 1.1 |
| 单层光滑蛇形墙排管 | 1.0 | 0.9750 | $\left(\frac{0.038}{d_w}\right)^{0.18}$ | 1.0 | 1.1 |
| 双层光滑蛇形顶排管 | 1.0 | 1.0 | $\left(\frac{0.038}{d_w}\right)^{0.18}$ | 1.0 | 1.1 |
| 光滑 U 形顶排管 | 1.0 | 1.0 | $\left(\frac{0.038}{d_w}\right)^{0.18}$ | 1.0 | 1.0 |

注：表中 $d_w$ 表示管道的外径，单位为 m。

2）氨搁架排管的传热系数。氨搁架排管传热系数的确定方法是根据空气流动情况由表 4-27 查取的。

表 4-27 氨搁架排管的传热系数 [单位：W/(m²・℃)]

| 空气流动状态 | 自然对流 | 风速 1.5m/s | 风速 2.0m/s |
|---|---|---|---|
| 传热系数 | 17.5 | 21 | 23.3 |

3）冷风机的传热系数。影响冷风机传热系数的因素有很多，如风速、温差、蒸发温度、霜层厚度及相对湿度等，其 $K$ 值根据实测由有关标准给出。表 4-28 和表 4-29 所列为我国标准规定冷风机的考核工况，在相关考核工况下的传热系数如下：

表 4-28 翅片式蒸发器的考核工况

| 冷凝温度/℃ | 进风温度/℃ | 出进风温差/℃ | 迎面风速/(m/s) | 出口过冷度/℃ |
|---|---|---|---|---|
| 50 | 35 | 10 | 2~3 | ≥3 |

表 4-29　冷风机的考核工况

| 制冷剂 | 冷藏间 | 冻藏间 | 冻结间 | 库温与蒸发温度差/℃ | 迎面风速/(m/s) | 进出风温差/℃ | 相对湿度(%) | 霜层厚度/mm |
|---|---|---|---|---|---|---|---|---|
| | 蒸发温度/℃ | | | | | | | |
| 氨 | -10 | -28 | -33 | 10 | 3 | — | — | 1 |
| 氟利昂 | 库温/℃ | | | 10 | 2.5 | 2~4 | 85~95 | 1 |
| | 0 | -18 | -23 | | | | | |

① 氨冷风机。对于落地式、吊顶式翅片管冷风机，在表 4-28 所列考核工况下，$K \geqslant 12W/(m^2 \cdot ℃)$。在按质量分等级中规定：合格品，$K \geqslant 12W/(m^2 \cdot ℃)$；一等品，$K \geqslant 14W/(m^2 \cdot ℃)$；优等品，$K \geqslant 17W/(m^2 \cdot ℃)$。翅片管冷风机的传热系数见表 4-30。

表 4-30　翅片管冷风机的传热系数 *K* 值　　[单位：$W/(m^2 \cdot ℃)$]

| 蒸发温度/℃ | 最小流通截面上空气流速/(m/s) | *K* 值 |
|---|---|---|
| -40 | 3~5 | 11.6 |
| -20 | 3~5 | 12.8 |
| -15 | 3~5 | 14.0 |
| ≥0 | 3~5 | 17.0 |

② 氟利昂吊顶式冷风机。对于热力膨胀阀供液的氟利昂吊顶式冷风机，在表 4-29 所列考核工况下的 *K* 值见表 4-31。

表 4-31　氟利昂吊顶式冷风机在考核工况下的传热系数 *K* 值

[单位：$W/(m^2 \cdot ℃)$]

| 制冷剂 | 冷藏间 | 冻藏间 | 冻结间 |
|---|---|---|---|
| R12(R134A) | ≥22 | ≥20 | ≥16 |
| R22、R502 | ≥25 | ≥22 | ≥18 |

(3) 计算温度差的确定　冷间温度与冷却设备蒸发温度差，应根据减少食品干耗、提高制冷机效率、节约能源、降低投资等方面，通过技术经济比较确定。可按下列规定采用：

1) 顶排管、墙排管和搁架式冻结设备宜采用算术平均温度差，其值不宜大于 10℃。

2) 冷风机的计算温度差应按对数平均温差确定，冷却间和冻结物冷藏间可取 10℃，冷却物冷藏间可取 8~10℃，也可采用更小的温差。

3) 当冻结物冷藏间和冻结间采用同一蒸发温度回路时，其计算温度差不应大于 10℃。

表 4-32 所列为有关资料介绍的蒸发器计算温度差，供参考。

表 4-32　蒸发器计算温度差　　(单位：℃)

| 蒸发器类型 | 冷间名称 | | | | |
|---|---|---|---|---|---|
| | 冷却间 | 冻结间 | 冷却物冷藏间 | 冻结物冷藏间 | 贮冰间 |
| 光滑排管 | — | 10~12 | — | 8~10 | 10 |
| 翅片排管 | — | — | — | 10~12 | — |
| 光滑管冷风机 | 8~10 | 8~10 | 6~8 | — | — |
| 翅片管冷风机 | 10~12 | 8~10 | 8~10 | 8~10 | 10 |
| 搁架排管 | 12~15 | | | | |

### 2. 冷却液体用冷却设备

冷却液体用冷却设备主要有立管式、螺旋管式、蛇形盘管式和卧式壳管式。其选型与冷却空气用的相仿，其冷却面积为

$$A=\frac{Q_q}{K\Delta t_d}=\frac{Q_q}{q_s} \tag{4-65}$$

式中，$A$ 为冷却器传热面积（$m^2$）；$Q_q$ 为冷却设备负荷（W）；$K$ 为冷却设备的传热系数 [$W/(m^2 \cdot ℃)$]；$\Delta t_d$ 为载冷剂和制冷剂的对数平均温差（℃），由计算得出；$q_s$ 为蒸发器单位面积热负荷（$W/m^2$），可由表 4-33 和表 4-34 查出。

表 4-33　氨制冷系统各种型式蒸发器的传热系数 $K$ 和单位面积热负荷 $q_s$

| 序号 | 蒸发器型式 | 载冷剂 | 传热系数 $K$/[$W/(m^2 \cdot ℃)$] | 推荐 $q_s$ 值/($W/m^2$) | 应用条件 |
|---|---|---|---|---|---|
| 1 | 直管式 | 水 | 500~700 | 2500~3500 | 传热温差 $\Delta t_d=4\sim6℃$，载冷剂流速 0.3~0.7m/s |
| | | 盐水 | 400~600 | 2200~3000 | |
| 2 | 螺旋管式 | 水 | 500~700 | 2500~3500 | |
| | | 盐水 | 400~600 | 2200~3000 | |
| 3 | 卧式壳管式（满液式） | 水 | 500~750 | 3000~4000 | 传热温差 $\Delta t_d=5\sim7℃$，载冷剂流速 1~1.5m/s，光钢管 |
| | | 盐水 | 450~600 | 2500~3000 | |
| 4 | 板式 | 水 | 2000~2300 | | 使用焊接板式或经特殊处理的钎焊板式，板片为不锈钢 |
| | | 盐水 | 1800~2100 | | |
| 5 | 螺旋板式 | 水 | 650~800 | 4500~5000 | 传热温差 $\Delta t_d=5\sim7℃$，载冷剂流速 1~1.5m/s |
| | | 盐水 | 500~700 | 3500~4500 | |

表 4-34　氟利昂制冷系统各种型式蒸发器的传热系数 $K$ 和单位面积热负荷 $q_s$

| 序号 | 蒸发器型式 | 载冷剂 | 传热系数 $K$/[$W/(m^2 \cdot ℃)$] | 推荐 $q_s$ 值/($W/m^2$) | 应用条件 |
|---|---|---|---|---|---|
| 1 | 蛇形(盘)管式(R22) | 水 | 350~450 | 1700~2300 | 有搅拌器 |
| | | 水 | 170~200 | | 无搅拌器 |
| | | 盐水 | 115~140 | | |
| 2 | 卧式壳管式（满液式）(R22) | 盐水 | 500~750 | | 传热温差 $\Delta t_d=4\sim6℃$，载冷剂流速 1~1.5m/s，光铜管 |
| | | 水 | 800~1400（以外表面积计算） | | 水流速 1~2.4m/s，低肋铜管，肋化系数≥3.5 |
| 3 | 卧式壳管式（干式）(R22) | 水 | 800~1000 | 5000~7000 | 光铜管 $\phi$12mm，传热温差 $\Delta t_d=5\sim7℃$ |
| | | 水 | 1000~1800（以外表面积计算） | 7000~12000 | 传热温差 $\Delta t_d=4\sim8℃$，载冷剂流速 1~1.5m/s，高效蒸发管 |
| 4 | 套管式(R22、R134A、R404A) | 水 | 900~1100 | 7500~10000 | 水流速 1.0~1.2m/s，低肋管，肋化系数≥3.5 |
| 5 | 板式(R22、R134A、R404A) | 水 | 2300~2500 | | 使用焊接板式，板片为不锈钢 |
| | | 盐水 | 2000~2300 | | |
| 6 | 翅片式 | 空气 | 30~40（以外表面积计算） | 450~500 | 蒸发管组 4~8 排；迎面风速 2.5~3m/s，传热温差 $\Delta t_d=8\sim12℃$ |

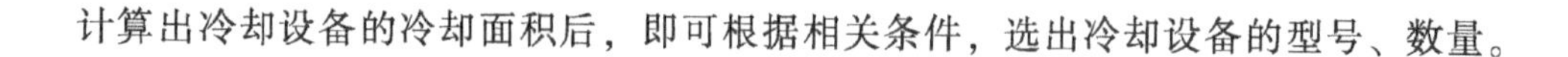

计算出冷却设备的冷却面积后，即可根据相关条件，选出冷却设备的型号、数量。

## 4.4　节流机构的选型计算

在蒸气压缩式制冷系统中，除了制冷压缩机、冷凝器、蒸发器及其他换热装置等主要设备外，还需要有专门的节流机构，这些节流机构使制冷剂在节流后降低温度和压力。低温、低压的制冷剂工质在蒸发器中汽化，吸收汽化热。达到制冷的目的。

节流机构是制冷装置的四大主件之一，是实现制冷循环必不可少的部件。它的作用是将冷凝器或贮液器中冷凝压力下的饱和液体（或过冷液体），节流后降至蒸发压力和蒸发温度，同时根据负荷的变化，调节进入蒸发器的制冷剂流量。

节流机构向蒸发器的供液量，若与蒸发器热负荷相比过大，则部分制冷剂液体将会随同气态制冷剂一起进入压缩机，引起湿压缩或液击事故。相反，若供液量与蒸发器热负荷相比太少，则蒸发器部分传热面积未能充分发挥作用，甚至造成蒸发压力降低，而且会造成系统的制冷量减小，制冷系数降低，压缩机的排气温度升高，影响压缩机的正常润滑。

制冷系统的节流机构按其在使用中的调节方式可以分为以下四类：

（1）手动调节的节流机构（即手动节流阀）　它的结构较简单，既可以单独使用，也可以同其他控制器件配合使用，常用于工业用的制冷机系统。

（2）用液位调节的节流机构　其中常用的是浮球调节阀。浮球阀既可以单独用作节流机构，也可以作为感应元件与其他执行元件配合使用，现在主要用于大、中型氨制冷装置。

（3）用蒸气过热度调节的节流机构　这类节流机构包括热力膨胀阀和热电膨胀阀等，现在主要用于管内蒸发的氟利昂蒸发器及中间冷却器等。

（4）不调节的节流机构　这类节流机构有自动膨胀阀、节流管（毛细管）、节流短管和节流孔等多种，适用于工况比较稳定的制冷机组。现在诸如冰箱用及空调器用制冷机等小型制冷机构多使用毛细管，而自动膨胀阀常用于小型商业用制冷机。

大型的制冷系统中用得较多的是手动节流阀、热力膨胀阀和浮球阀等。节流阀的选型主要以阀门的容量为依据，选型时考虑到阀前后压力差的大小及其他因素，以制冷能力选定其型号。

### 4.4.1　手动节流阀的选型

手动节流阀是用阀的开启度来调节进入蒸发器的制冷剂流量、压力和温度。选型时，一方面根据阀前后压力差、阀门等处制冷回路的制冷量（稍大于对应阀后的实际制冷量），确定阀门的通径，选择与之相对应的节流阀型号，表4-35所列为手动节流阀的容量；另一方面还可以大体上按制冷剂流量来选择节流阀的规格，一般可直接按设备上管接口的规格选用手动节流阀，表4-36所列为手动节流阀的流量。

### 4.4.2　热力膨胀阀的选型

热力膨胀阀是氟利昂制冷系统中最常用的节流装置，它根据感温包在回气管道上感受到的回气过热度来调节阀的开启度，调节供液量，在一定范围内起到自动供液的作用。

表 4-35 手动节流阀的容量 （单位:kW）

| 公称口径 | 压力差/MPa | | | | 阀门接口外径/mm |
|---|---|---|---|---|---|
| | 0.6 | 0.8 | 1.0 | 1.2 | |
| DN3 | 17.39 | 24.33 | 28.95 | 32.41 | $D14\times2$ |
| DN5 | 51.4 | 73.81 | 84.93 | 96.51 | $D18\times2$ |
| DN10 | 176.05 | 247.07 | 289.53 | 328.14 | $D25\times2$ |

表 4-36 手动节流阀的流量

| 公称口径 | DN10 | DN15 | DN20 | DN25 |
|---|---|---|---|---|
| 流量/(L/min) | 0~3 | 3.78 | 7.56 | 11.3~15 |

热力膨胀阀适用于没有自由液面的蒸发器，它有内平衡式和外平衡式两种型式，因外平衡式阀的结构及安装较复杂，一般情况下使用内平衡式。但是，以 R12 为制冷剂，流过蒸发器引起的压力降超过 2℃时，或者以 R22 为制冷剂，流过蒸发器引起的压力降超过 1℃时，采用外平衡式热力膨胀阀。

热力膨胀阀的型号较多，见表 4-37 和表 4-38。从表中可以看出，规格、型号不同的热力膨胀阀其制冷量也不一样，选配时主要根据制冷量的大小、制冷剂的种类、节流前后的压力差、蒸发器管内制冷剂的流动阻力等因素，设计中可根据实际制冷量来选型。需要注意的是，表中制冷量是额定能量，即在阀全开启状态下且阀前液体没有闪发气体条件下的制冷量。而在实际系统中，有时在热力膨胀阀前的液体管道中因阻力损失等出现闪发气体，致使通过热力膨胀阀的制冷剂流量小于应有流量，导致阀的能量降低。因此，可将设备负荷增加 20%~30%来选容量，也可根据阀前阻力损失的大小，对其额定能量修正后再选型。阀前压力降对热力膨胀阀能量的影响见表 4-39。

表 4-37 RF 系列热力膨胀阀型号、规格及主要技术性能参数

| 型号 | 公称直径/mm | 使用工质 | 制冷量/kW | | 连接螺纹/mm | | 接管规格/mm | | 外形尺寸(长/mm)×(宽/mm)×(高/mm) |
|---|---|---|---|---|---|---|---|---|---|
| | | | 标准 | 空调 | 进口 | 出口 | 进口 | 出口 | |
| RF0.8 | 0.8 | R12<br>R22 | 1.16<br>1.86 | 1.05 | M16×1.5 | M18×1.5 | $\phi10\times1$ | $\phi12\times1$ | 108×55×150 |
| RF1 | 1 | R12<br>R22 | 1.40<br>2.33 | 1.28 | | | | | |
| RF1.2 | 1.2 | R12<br>R22 | 1.74<br>2.91 | 1.51 | | | | | |
| RF1.5 | 1.5 | R12<br>R22 | 2.21<br>3.61 | 1.98 | | | | | |
| RF2 | 2 | R12<br>R22 | 2.91<br>4.77 | 2.56 | | | | | |
| RF3 | 3 | R12<br>R22 | 5.81<br>10.00 | 5.35 | | | | | |
| RF4 | 4 | R12<br>R22 | 10.47<br>17.44 | 9.30 | | | | | |

（续）

| 型号 | 公称直径/mm | 使用工质 | 制冷量/kW |  | 连接螺纹/mm |  | 接管规格/mm |  | 外形尺寸（长/mm）×（宽/mm）×（高/mm） |
|---|---|---|---|---|---|---|---|---|---|
|  |  |  | 标准 | 空调 | 进口 | 出口 | 进口 | 出口 |  |
| RF5 | 5 | R12<br>R22 | 13.14<br>21.52 | 11.63 | M16×1.5 | M22×1.5 | $\phi$10×1 | $\phi$16×1.2 | 108×55×150 |
| RF13 | 13 | R12<br>R22 |  | 83.74<br>143.05 | 法兰连接 | 法兰连接 | $\phi$32×3.5 | $\phi$32×3.5 | 110×100×190 |
| RF15 | 15 | R12<br>R22 |  | 122.11<br>209.34 |  |  |  |  |  |
| RF17 | 17 | R12<br>R22 |  | 168.63<br>290.75 |  |  |  |  |  |

注：可关闭过热度为2~8℃；适用温度范围为：R12，-30~10℃，R22，-70~10℃。

表4-38　RF系列外平衡式热力膨胀阀主要技术性能参数

| 型号 | 公称直径/mm | 使用工质 | 制冷量/kW | 连接螺纹/mm |  | 接管规格/mm |  |  | 外形尺寸（长/mm）×（宽/mm）×（高/mm） |
|---|---|---|---|---|---|---|---|---|---|
|  |  |  |  | 进口 | 出口 | 进口 | 出口 | 外平衡管 |  |
| RF12W5-3<br>RF22W5-4.5 | 5 | R12<br>R22 | 10.44<br>15.70 | M16×1.5 | M22×1.5 | $\phi$10×1 | $\phi$16×1.5 | $\phi$6×1 | 130×80×130 |
| RF12W6-5<br>RF22W6-7.5 | 6 | R12<br>R22 | 17.44<br>26.17 | M18×1.5 | M22×1.5 | $\phi$12×1 | $\phi$16×1.5 |  |  |
| RF12W7-7<br>RF22W7-10.5 | 7 | R12<br>R22 | 24.42<br>36.63 |  |  |  |  |  |  |
| RF12W8-9<br>RF22W8-13.5 | 8 | R12<br>R22 | 31.40<br>47.10 | M22×1.5 | M27×2 | $\phi$16×1.5 | $\phi$9×1.5 | $\phi$6×1 | 140×80×130 |
| RF12W9-11<br>RF22W9-16.5 | 9 | R12<br>R22 | 38.38<br>57.57 |  |  |  |  |  |  |
| RF12W10-13<br>RF22W10-19.5 | 10 | R12<br>R22 | 45.36<br>68.04 | M27×2 | M27×2 | $\phi$19×1.5 | $\phi$19×1.5 |  |  |
| RF12W11-15<br>RF22W11-22.5 | 11 | R12<br>R22 | 52.33<br>78.50 | M27×2 | M30×2 | $\phi$19×1.5 | $\phi$22×1.5 |  |  |
| RF12W12-18<br>RF22W12-27 | 12 | R12<br>R22 | 62.80<br>94.20 |  |  |  |  |  |  |

表4-39　阀前压力降对热力膨胀阀能量的影响

| 阀前液体管流动阻力损耗/MPa | 能量修正（%） |  | 需过冷度/℃ |  | 备　注 |
|---|---|---|---|---|---|
|  | R12 | R22 | R12 | R22 |  |
| 0.0459 | 0.75 | 0.90 | 2.5 | 1.2 | 具有过冷度时不考虑能量修正，无过冷度时考虑 |
| 0.098 | 0.65 | 0.75 | 4.5 | 3.0 |  |
| 0.147 | 0.55 | 0.70 | 7.0 | 4.5 |  |
| 0.196 | 0.45 | 0.60 | 9.5 | 6.0 |  |
| 0.245 | 0.40 | 0.57 | 12.0 | 7.5 |  |
| 0.294 | 0.35 | 0.53 | 15.0 | 9.0 |  |
| 0.343 | 0.30 | 0.50 | 18.5 | 10.5 |  |

注：本资料录自湖北工业建筑设计院，《冷藏库设计》，中国建筑工业出版社，1978，506页。

### 4.4.3 浮球阀的选型

浮球阀用于具有自由液面的蒸发器、中间冷却器和气液分离器供液量的自动调节，这些设备出厂时都已经做好了节流进液接口，选阀时只要按其节流进液接口的大小来选浮球即可。浮球按液体在其中的流通方式可分为直通式和非直通式，现多用后者。

浮球阀一般也可以根据制冷系统制冷量的大小来选用，还可以按式（4-66）求出浮球阀的通道截面积后，按通道截面积来选型。表4-40列出了部分国产浮球阀的型号及主要技术性能参数。

浮球阀通道截面积的计算式如下：

$$A=\frac{Q_q}{50.4\mu\times q_q\sqrt{(p_1-p_2)\rho}} \tag{4-66}$$

式中，$Q_q$ 为蒸发器的产冷量（kW）；$q_q$ 为蒸发器内制冷剂的单位制冷量（kJ/kg）；$p_1$ 为阀前制冷剂液体压力（Pa）；$p_2$ 为阀后制冷剂气液混合物的压力（Pa）；$\rho$ 为浮球阀前液态制冷剂密度（$kg/m^3$）；$\mu$ 为流量系数，R717：$\mu=0.35$，R12、R22：$\mu=0.6\sim0.8$。

表4-40 部分国产浮球阀的型号及主要技术性能参数

| 产品型号 | 通道面积/$mm^2$ | 制冷量/kW | 接管直径/mm | | | 生产厂 |
|---|---|---|---|---|---|---|
| | | | 进液 | 出液 | 气液平衡 | |
| FQ-5 | 5 | 23~40 | 15 | 15 | 25 | 大连冷冻机厂 |
| FQ-10 | 10 | 40~80 | 20 | 20 | 30 | |
| FQ-20 | 20 | 80~160 | 25 | 25 | 40 | |
| FQ-50 | 50 | 160~320 | 32 | 32 | 50 | |
| FQ-100 | 100 | 320~640 | 40 | 40 | 70 | |
| FQ-200 | 200 | 640~ | 50 | 50 | 70 | |
| FQ-45 | 45 | 210 | 15 | 15 | 15 | 天津冷气机厂 |
| ZF-15 | 15 | 70 | 15 | 15 | 20 | 上海第一冷冻机厂 |
| ZF-45 | 45 | 210 | 20 | 20 | 20 | |
| ZF-150 | 150 | 700 | 25 | 25 | 32 | |
| ZF-150 | 150 | 700 | 25 | 25 | 32 | 武汉冷冻机厂 |
| ZF-190 | 190 | 930 | 25 | 25 | 32 | |
| FQ-5 | 30 | 210 | 20 | 20 | 20 | 烟台冷冻机总厂 |
| FQ-10 | 95 | 115~930 | 25 | 25 | 32 | |

## 4.5 辅助设备的选型计算

为了保证制冷机的正常工作，改善制冷机的运行指标及运行条件，以及便于操作、维护、管理和检修，在制冷装置中除完成制冷循环所必需的制冷压缩机、冷凝器、蒸发器和节流机构等主要机械设备的选型外，还要完成辅助设备的选型。辅助设备的种类繁多，按其工作性质可分为：

（1）热交换设备　包括中间冷却器、再冷却器、氟利昂制冷装置中的回热器等。

（2）贮存设备　包括高压贮液器、低压循环贮液器和排液器等。

（3）分离以及捕集设备　包括油分离器、集油器、不凝性气体分离器、液体分离器、干燥器和过滤器等。

（4）制冷剂液体输送设备　包括液泵等。

制冷装置中的中间冷却器、油分离器、冷凝器和贮氨器等设备的选择，均应与设置的氨压缩机制冷量相适应。

### 4.5.1　中间冷却器的选型计算

中间冷却器用于双级压缩制冷系统，其作用是冷却低压级压缩机排出的过热蒸气，将冷凝后的饱和液体冷却到设计规定的过冷温度，同时，还起着分离低压级压缩机排气所夹带的润滑油及液滴的作用。为了达到上述目的，需要向中间冷却器供液，使之在中间压力下蒸发，吸收低压级压缩机排出的过热蒸气与高压饱和液体所需要移去的热量。

立式带蛇形盘管的中间冷却器不仅要求适宜的直径，以降低由低压级压缩机排入的中压制冷剂蒸气的温度和流动速度，保证高压级压缩机吸入干饱和蒸气，避免发生湿冲程，同时还要将通过蛇形盘管的高压制冷剂液体冷却至制冷循环的再冷却温度。因此，计算的是中间冷却器的直径和蛇形盘管的传热面积。氟利昂系统如果采用双级压缩制冷循环，它采用的是中间不完全冷却方式，只要一个直接蒸发式的过冷装置来过冷液体即可。所以，立式中间冷却器一般只用在氨制冷系统中。

#### 1. 中间冷却器直径的计算

$$d=\sqrt{\frac{4\lambda_{g}q_{V_g}}{3600\pi\omega}}=0.0188\sqrt{\frac{\lambda_{g}q_{V_g}}{\omega}} \tag{4-67}$$

式中，$d$ 为中间冷却器的直径（m）；$\lambda_g$ 为氨压缩机高压级输气系数；$q_{V_g}$ 为氨压缩机高压级理论输气量（$m^3/h$）；$\omega$ 为中间冷却器内的气体流速（m/s），一般宜取为0.5m/s。

#### 2. 蛇形盘管传热面积的计算

$$A_p=\frac{Q_{zj}}{K\Delta t_{zj}} \tag{4-68}$$

式中，$A_p$ 为蛇形盘管所需的传热面积（$m^2$）；$Q_{zj}$ 为中间冷却器蛇形盘管的热负荷（W），可按式（4-69）计算；$\Delta t_{zj}$ 为中间冷却器蛇形盘管的对数平均温差（℃），可按式（4-70）计算；$K$ 为中间冷却器蛇形盘管的传热系数［$W/(m^2\cdot ℃)$］，按产品规定取值，无规定时，宜采用465～580$W/(m^2\cdot ℃)$。

中间冷却器蛇形盘管的热负荷为

$$Q_{zj}=\frac{G_d(h_6-h_7)}{3.6} \tag{4-69}$$

式中，$G_d$ 为低压级压缩机制冷剂循环量（kg/h）；$h_6$、$h_7$ 分别为冷凝温度、过冷温度对应的制冷剂的比焓（kJ/kg），如图4-23所示。

中间冷却器蛇形盘管的对数平均温差为

$$\Delta t_{zj}=\frac{t_L-t_g}{2.3\lg\dfrac{t_L-t_{zj}}{t_g-t_{zj}}} \tag{4-70}$$

式中，$t_L$ 为冷凝温度（°C）；$t_{zj}$ 为中间温度（°C）；$t_g$ 为中间冷却器蛇形盘管的出液温度（℃），应比中间温度高 3~5℃。

3. 中间冷却器选型

中间冷却器选型时，应根据计算求得的直径 $d$ 和盘管的传热面积 $A_p$，从产品样本中选型。所选中间冷却器应同时满足 $d$ 和 $A_p$ 的要求。

## 4.5.2 贮液器的选型计算

贮液器又称高压贮液桶，用于贮存由冷凝器来的高压液体制冷剂，以适应冷负荷变化时制冷系统中所需制冷剂循环量的变化，并起到液封的作用。贮液器的选型以体积为准，按式（4-71）计算：

$$V_{ZA}=\frac{\varphi v\sum G}{3600\beta} \tag{4-71}$$

式中，$V_{ZA}$ 为贮液器的容积（$m^3$）；$\varphi$ 为贮液器的容量系数；$v$ 为冷凝温度下的氨液比体积（$m^3$/kg）；$\sum G$ 为制冷装置中单位时间内制冷剂液体的总循环量（kg/h）；$\beta$ 为贮液器的氨液充满度，一般宜取 70%。$\varphi$ 应按下列规定选取：当冷库公称体积小于或等于 2000$m^3$ 时，$\varphi$= 1.2；当公称体积为 2001~10000$m^3$ 时，$\varphi$=1.0；当公称体积为 10001~20000$m^3$ 时，$\varphi$= 0.80；当公称体积大于 20000$m^3$ 时，$\varphi$=0.50。

如考虑蒸发器在生产淡季或检修时常需抽空，容量系数可酌情取大一些。贮液器的台数应根据体积的大小、外形尺寸及布置等因素确定。小系统可选 1 台，大系统可选多台并联使用。采用多台并联使用时，一般应选用相同型号的贮液器。

## 4.5.3 油分离器的选型计算

油分离器的选型计算主要是确定油分离器的直径，以保证制冷剂在油分离器内的流速符合分油的要求，达到良好的分油效果，其计算公式为

$$d_y=\sqrt{\frac{4\lambda q_V}{3600\pi\omega}}=0.0188\sqrt{\frac{\lambda q_V}{\omega}} \tag{4-72}$$

式中，$d_y$ 为油分离器的直径（m）；$\lambda$ 为压缩机的输气系数，双级压缩时为高压级压缩机的输气系数；$q_V$ 为压缩机的理论输气量（$m^3$/h），双级压缩时为高压级压缩机的理论输气量；$\omega$ 为油分离器内的气体流速（m/s），填料式油分离器宜用 0.3~0.5m/s，其他型式的油分离器宜采用不大于 0.8m/s。

对于既有单级又有双级压缩机的综合回路，合用油分离器时，应将单级压缩机的 $\lambda q_V$ 和双级压缩机高压级的 $\lambda_g q_{V_g}$ 求和后代入式（4-72）计算。

## 4.5.4 氨液分离器的选型计算

氨液分离器可分为机房氨液分离器和库房氨液分离器，其主要作用都是进行气、液分离，防止压缩机发生液击现象。后者还具有以下作用：经节流后的湿蒸气进入氨液分离器，将蒸气分离，只让液氨进入蒸发器，使蒸发器的传热面积得到充分利用；如有多个冷间，气液分离器兼有分配液体的作用。氨液分离器以直径选型。

1. 机房氨液分离器

$$d_F=\sqrt{\frac{4\lambda q_V}{3600\pi\omega}}=0.0188\sqrt{\frac{\lambda q_V}{\omega}} \tag{4-73}$$

式中，$d_F$ 为机房氨液分离器的直径（m）；$\lambda$ 为压缩机的输气系数，双级压缩时为低压级压缩机的输气系数；$q_V$ 为压缩机的理论输气量（$m^3/h$），双级压缩时为低压级压缩机的理论输气量；$\omega$ 为氨液分离器内的气体流速（m/s），一般采用 0.5m/s。

2. 库房氨液分离器

$$d_F=\sqrt{\frac{4Gv}{3600\pi\omega}}=0.0188\sqrt{\frac{Gv}{\omega}} \tag{4-74}$$

式中，$d_F$ 为库房氨液分离器的直径（m）；$G$ 为通过氨液分离器的氨液量（kg/h）；$v$ 为蒸发温度相对应的饱和蒸气比体积（$m^3/kg$）；$\omega$ 为氨液分离器内的气体流速（m/s），一般采用 0.5m/s。

对工况波动较大的蒸发系统，按设计工况选出的氨液分离器一般不能满足系统在高蒸发温度下工作时的要求，容易发生湿行程。因此，对此类系统选型时，建议按计算结果加大一档选氨液分离器。

对于不设机房氨液分离器的系统，库房氨液分离器选型时，建议按机房氨液分离器进行选型计算。

### 4.5.5　低压循环桶的选型计算

低压循环桶是液泵供液系统的专用设备，也是关键设备之一。其作用是贮存和稳定地供给液泵循环所需的低压液体，又能对库房回气进行气液分离，保证压缩机的安全运行，必要时又可兼作排液桶。低压循环桶分立式和卧式两种，一般陆上冷库采用立式，在冷藏船等制冷装置上，由于受到高度的限制，一般采用卧式。

低压循环桶的选型计算包括确定其所需的直径和体积。其直径取决于制冷剂蒸气横截面流速，其体积取决于制冷系统、蒸发器容积、输液管、回气管长度等因素。

1. 低压循环桶直径的计算

低压循环桶内有较小的气体流速，可以保证有良好的气液分离效果。因此，低压循环桶的直径按式（4-75）计算：

$$d=\sqrt{\frac{4\lambda q_V}{3600\pi\omega\xi n}}=0.0188\sqrt{\frac{\lambda q_V}{\omega\xi n}} \tag{4-75}$$

式中，$d$ 为低压循环桶的直径（m）；$q_V$ 为压缩机的理论输气量（$m^3/h$），双级压缩时为低压级压缩机的理论输气量；$\lambda$ 为压缩机的输气系数，双级压缩时为低压级压缩机的输气系数；$\omega$ 为低压循环桶内的气体流速（m/s），立式低压循环桶不大于 0.5m/s；卧式低压循环桶不大于 0.8m/s；$\xi$ 为截面积系数，立式低压循环桶 $\xi=1.0$，卧式低压循环桶 $\xi=0.3$；$n$ 为低压循环桶进气口的个数，立式低压循环桶为 1，卧式低压循环桶为 2。

2. 低压循环桶体积的计算

计算低压循环桶的体积时，应根据制冷剂进出冷却设备方式的不同，分为下列两种方法。

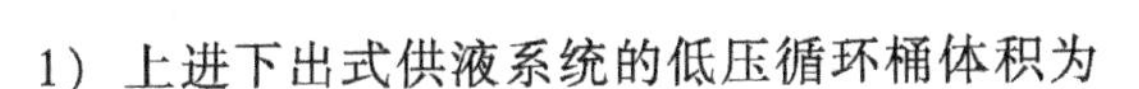

1）上进下出式供液系统的低压循环桶体积为

$$V_d=\frac{1}{0.5}(\theta_z V_z+0.6V_q) \tag{4-76}$$

式中，$V_d$ 为低压循环桶体积（$m^3$）；$\theta_z$ 为冷却设备设计注氨量体积的百分比（%），制冷设备的设计注氨量见表4-41；$V_z$ 为冷却设备的体积（$m^3$）；$V_q$ 为回气管体积（$m^3$）。

2）下进上出式供液系统的低压循环桶体积为

$$V_d=\frac{1}{0.7}(0.2V_{z1}+0.6V_q+\tau_b V_b) \tag{4-77}$$

式中，$V_{z1}$ 为各冷间中冷却设备注氨量最大一间蒸发器的总体积（$m^3$）；$V_b$ 为一台氨泵的流量（$m^3/h$）；$\tau_b$ 为氨泵由起动到液体自系统返回低压循环桶的时间（h），一般可采用 0.15~0.2h；其他符号同式（4-76）。

若用低压循环桶兼作排液桶使用，则还应考虑容纳排液所需体积。

表 4-41 制冷设备的设计注氨量

| 设备名称 | 注氨量<br>体积百分比(%) | 设备名称 | 注氨量<br>体积百分比(%) |
|---|---|---|---|
| 冷凝器 | 15 | 下进上出式排管 | 50~60 |
| 洗涤式油分离器 | 20 | 下进上出式冷风机 | 60~70 |
| 贮氨器 | 70 | | |
| 中间冷却器 | 30 | 重力供液 | |
| 低压循环桶 | 30 | 排管 | 50~60 |
| 氨液分离器 | 20(机房用)<br>50(库房用) | 搁架式排管 | 50 |
| 氨泵强制供液： | | 平板式蒸发器 | 50 |
| 上进下出式排管 | 25 | 壳管式蒸发器 | 80 |
| 上进下出式冷风机 | 40~50 | 冷风机 | 70 |

注：1. 注氨量的氨液密度按 650kg/$m^3$ 计算。

2. 洗涤式油分离器、中间冷却器、低压循环桶的注氨量，如有产品规定时，则按产品规定取值。

## 4.5.6 排液桶的选型计算

排液桶用于冷库制冷系统中暂时存放蒸发器冲霜排出的液体制冷剂和其他设备的排液。根据排液桶的作用，以体积选型，使其能容纳各冷间中排液量最多的一间蒸发器的排液量。其体积的计算式为

$$V=\frac{\theta_{z1}V_{z1}}{\beta} \tag{4-78}$$

式中，$V$ 为排液桶的体积（$m^3$）；$\theta_{z1}$ 为各冷间中冷却设备注氨量最大一间蒸发器的注氨量体积的百分比（%），可查表4-41；$V_{z1}$ 为各冷间中冷却设备注氨量最大一间蒸发器的总体积（$m^3$）；$\beta$ 为排液桶液体充满度，一般取 0.7。

## 4.5.7 集油器的选型

在氨制冷系统中，氨液与润滑油是不相溶的，而且润滑油比氨重，沉于容器的最低处，为了不影响容器的热交换性能，必须经常地或定期地把润滑油从油分离器、冷凝器、贮液

器、蒸发器等容器设备中排出，一般是排入集油器。集油器的作用在于使润滑油能处在低压下泄出，既安全可靠又可减少制冷剂损失。由于油分离器中放油最频繁，因此集油器应靠近油分离器安装。

在氟利昂制冷系统中，由于液体制冷剂与润滑油是混合的，因此各种容器没有放油设施，也不需要集油器。

集油器一般以制冷系统制冷量的大小来选型，但标准不一。实践证明，实际使用中规格大些的较好。规格大些使油与制冷剂更易于分离，每次放油操作的处理量较大。《新编制冷技术问答》介绍按以下标准选用：标准工况总制冷量在200kW以下时，选用D219集油器一台；总制冷量大于200kW时，宜选用D219集油器两台，使系统中的高低压容器分开放油。

### 4.5.8　空气分离器的选型

在制冷系统中，主要是高压部分，由于金属材料的腐蚀、润滑油的分解、制冷剂不纯以及接触污垢的分解和原来留存在制冷系统中或在运转时被吸入的空气，而产生不凝性气体，造成冷凝压力不正常，严重影响了设备的正常工作，既降低了制冷量又增加了电力负荷，还可能促进润滑油的氧化。所以，制冷系统中除小型系统外一般都要设置空气分离器。

空气分离器分为立式和卧式两种。卧式空气分离器由四层套管组成，热交换面接触较好，传热性能好；立式空气分离器内装冷却盘管，结构简单，装有温度计和压力控制器，可实现自动控制。

空气分离器的选型不需要计算，可根据冷库规模和使用要求进行选型。每个机房不论压缩机台数有多少，一般只需装设一台空气分离器。压缩机总的标准制冷量在1200kW以下时，可选用冷却面积为0.45$m^2$的空气分离器一台；压缩机总的标准制冷量在1200kW以上时，可选用冷却面积为1.82$m^2$的空气分离器一台。

### 4.5.9　液泵的选型计算

在制冷系统中所应用的液泵有输送制冷剂液体的氨泵和氟利昂泵，以及分别输送水和盐水的水泵和盐水泵，前者分齿轮泵和离心泵两种类型，后者类型甚多。

齿轮泵是一种容积型的泵，其流量不受管道压力变化的影响，当管道的压力损失估计不足时，仍能满足流量要求。齿轮泵对气蚀作用不敏感，因此吸入端不需要很大的静液柱。但它容易被脏物损坏，必须设置合适的过滤器，当齿轮泵排出端关闭后，一旦疏忽起动，就会烧毁电动机，损坏泵体，所以在排出端必须设安全旁通管和泵的吸入端或低压循环贮液桶相连，以保护齿轮泵。

离心泵是一种速度型的泵，结构简单，平均使用寿命较长，并能做到封闭处理，即某些场合应用的屏蔽泵，其流量和压头选择范围较大，能满足各种场合的需要。但它容易受气蚀作用的影响，在吸入端要求有足够的静液柱，才能保证供液。另外，离心泵的流量随压头变化而改变。因此，设计时需充分估计管道的压力损失，才能保证泵的设计流量。

#### 1. 氨泵的选型计算

由于氨泵供液具有其他供液方式不可比拟的优点，因此，目前被广泛应用于各类冷库。选择氨泵的依据是，氨泵必须满足蒸发器所需的供液量并能克服制冷剂流动过程的各项阻力，即需有足够的流量及扬程。

氨泵的选型应从三方面考虑，即流量、扬程和吸入压头。

（1）流量　氨泵的流量由下式计算

$$q_V = n_x q_z v_z \tag{4-79}$$

式中，$q_V$ 为氨泵的流量（$m^3/h$）；$n_x$ 为再循环倍数，即氨泵的流量与该系统中冷却设备的蒸发量之比，对于负荷比较稳定的冷藏间 $n_x=3\sim4$，对于负荷波动较大的冷加工间或蒸发器组数较多、容易积油的蒸发器 $n_x=5\sim6$；$q_z$ 为氨泵所供同一蒸发温度的氨液蒸发量（kg/h）；$v_z$ 为蒸发温度下饱和氨液的比体积（$m^3/kg$）。

（2）扬程（排出压力）　任何型式的氨泵都没有吸入扬程。因此，氨泵的吸入口必须保持足够的静液柱，以克服下列几项阻力，保证氨泵的正常供液。

1）氨泵在入口处因加速和涡流引起的压力损失。该项损失应由制造厂提供。

2）循环桶至泵入口这段管路上的摩擦阻力和局部阻力损失。

3）由于低压循环桶内压力突然下降，引起桶内液体沸腾，使静压头下降，致使氨泵断液。该项压力损失在设计及安装时可按 0.5m 液柱高度来考虑。各种型式的氨泵根据自身的结构有各自的气蚀余量。气蚀余量为泵不发生气蚀所必需的吸入压头，称为净正吸入压头（NPSH）。NPSH 是泵性能中的一个重要参数，数据由制造厂提供。

一般情况下，氨泵吸入口的静液柱可按表 4-42 采用。

表 4-42　氨泵吸入口需要的静液柱

| 工作情况 | | 稳定状态 | 波动状态 |
|---|---|---|---|
| 氨泵型式 | 齿轮泵 | 0.7～1.0m | 1～1.5m |
| | 离心泵 | 1.5～2m | 2～3m |

氨泵排出端必须克服下列阻力：

1）氨泵至蒸发器调节阀之间的输液管上的摩擦阻力及局部阻力。

2）氨泵中心至蒸发器调节阀前的静液柱高度。

3）蒸发器调节阀前应维持 0.1MPa 的自由压头，以调节各蒸发器的流量。

氨泵的排出压力必须克服泵出口至蒸发器进液口的沿程及局部阻力损失、泵中心至最高蒸发器进液口的静压阻力损失、加速度阻力损失等。蒸发器节流阀前应维持足够的压力，以克服蒸发器及回气管的阻力损失，并有一定裕量使多余氨液顺利流回低压循环桶。一个系统内连接不同压力的蒸发器时，排出压力应按蒸发压力较高的蒸发器计算。有资料介绍，国产氨泵的扬程较高，一般氨泵的扬程对于五层以下的冷库都可以满足要求，因而，对于五层以下的冷库，选泵时只计算流量即可；而对于高于五层的冷库，选泵时一定要校核泵的扬程。

（3）压力损失的校核计算

1）从氨泵排出口到蒸发器入口前输液管的总长度为

$$L = l + l_e \tag{4-80}$$

式中，$l$ 为直管长度（m）；$l_e$ 为阀门、弯头、管件等的当量管长（m），其可按式（4-81）计算。

$$l_e = n_1 d_{n1} + n_2 d_{n2} + \cdots + n_n d_{nn} = \sum n d_n \tag{4-81}$$

式中，$n$ 为管件的折算系数，见表 4-43；$d_n$ 为管子内径（m）。

表 4-43 管件的折算系数

| 管件 | $n$ | 管件 | $n$ |
|---|---|---|---|
| 45°弯头 | 15 | 角阀全开 | 170 |
| 90°弯头 | 32 | 扩径 $d/D=1/4$ | 30 |
| 180°弯头 | 75 | 扩径 $d/D=1/2$ | 20 |
| 180°小型弯头 | 50 | 扩径 $d/D=1/3$ | 17 |
| 三通├ | 60 | 缩径 $d/D=1/4$ | 15 |
| 三通┬ | 90 | 缩径 $d/D=1/2$ | 12 |
| 球阀全开 | 300 | 缩径 $d/D=3/4$ | 7 |

2）各项阻力引起的总压力降 $\Delta p$ 为

$$\begin{aligned}\Delta p &= \Delta p_{\mathrm{m}}+\Delta p_{\xi}+(Z_2-Z_1)g\rho \\ &= \lambda_{\mathrm{m}}\frac{L}{d_{\mathrm{n}}}\frac{\omega^2}{2}\rho+(Z_2-Z_1)g\rho\end{aligned} \tag{4-82}$$

式中，$\Delta p_{\mathrm{m}}$ 为管道的摩擦压力降（Pa）；$\Delta p_{\xi}$ 为管道的局部压力降（Pa）；$Z_2$ 为蒸发器调节阀处液位高度（m）；$Z_1$ 为泵中心处高度（m）；$\rho$ 为蒸发压力下氨液的密度（$kg/m^3$）；$d_{\mathrm{n}}$ 为管子内径（m）；$\lambda_{\mathrm{m}}$ 为摩擦阻力系数，见表 4-44；$L$ 为氨泵排出口到蒸发器入口前输液管的总长度（m）；$\omega$ 为管道中流体的流速（m/s）；$g$ 为重力加速度（$m/s^2$）。

表 4-44 流体摩擦阻力系数

| 序号 | 流体种类 | $\lambda_{\mathrm{m}}$ |
|---|---|---|
| 1 | 饱和蒸气与过热蒸气 | 0.025 |
| 2 | 湿蒸气 | 0.035 |
| 3 | 氨液 | 0.035 |
| 4 | 水和盐水 | 0.040 |

#### 2. 盐水泵的选型

在间接制冷设备中使用盐水泵作为冷媒循环的动力，其计算方法和氨泵大体相同，也是以流量和压头作为选型依据。

### 4.5.10 氟利昂制冷系统用回热式热交换器的选型

回热式热交换器俗称回热器，是氟利昂制冷系统中实现回热循环的部件。它使液体制冷剂在进入热力膨胀阀以前获得一定的过冷度，以减少节流时的闪发气体，有利于热力膨胀阀的正常工作；同时，可减少吸入管线的传热温差，并使吸入气体达到一定的过热度后再进入压缩机，以避免湿压缩带来的液击危险。对于部分制冷剂，还可以提高制冷装置的制冷系数。

#### 1. 套管式热交换器

套管式热交换器是指液体制冷剂在两管夹层间流动，气体制冷剂在内管中流动。套管式热交换器的长度可按表 4-45 中经验数据选用。

表 4-45 套管式热交换器的推荐长度

| 制冷量/W | 长度/m |
|---|---|
| 17000 | 2.5 |
| 35000 | 3.7 |
| 52000 | 4.6 |

2. 盘管式热交换器

盘管式热交换器是常用的一种型式，液体制冷剂在盘管内流动，气体制冷剂在壳管内盘管外流动换热。其热交换面积的计算公式为

$$A=\frac{Q}{K\Delta t_{\mathrm{m}}} \tag{4-83}$$

式中，$A$ 为热交换面积（$m^2$）；$Q$ 为热交换器热负荷（W）；$K$ 为热交换器的传热系数［W/($m^2$·℃)］，当液体流速为0.8~1m/s、气体流速为8~10m/s时，光管的传热系数为230~290W/($m^2$·℃)；$\Delta t_{\mathrm{m}}$ 为对数平均温差（℃）。

对于热交换器热负荷 $Q$，可由制冷剂进出热交换器的焓差求出。求出热交换面积后，由产品样本选取其型号。

### 4.5.11 干燥器和过滤器的选型

1. 干燥器的选型

干燥器一般用于氟利昂系统中，因为氟利昂不溶解于水或极有限地溶解于水，而少量水分有时会造成很坏的结果。

制冷系统中水分的主要来源是：在充注制冷剂前，系统内未经彻底干燥，系统中设备、管道维修时渗入空气所带入的水分；低压侧渗入的湿空气；润滑油氧化而产生的水气；润滑油和制冷剂不纯，所含有的微量水分等。水在系统中所能造成的不良后果有：引起制冷剂分解、腐蚀金属部件；产生污垢，严重时会妨碍活塞运动，使电动机超载；损伤制冷压缩机阀片；阻塞自控阀门，造成自控失灵，通过热力膨胀阀时会造成冰塞，阻碍正常供液。因此，装设干燥器是十分必要的。

干燥剂的种类很多，目前被广泛采用的有硅胶、分子筛和活性氧化铝，用于吸收制冷剂中的水分，以防产生冰堵。活性氧化铝是一种颗粒状吸附剂，吸水后可长期存留在系统内；硅胶是一种透明的颗粒状吸附剂，颗粒直径为3~5mm，性能与活性氧化铝略同，在高于30℃时吸水性较差。

选用干燥器时，应将液体在干燥器内的流速控制在0.013~0.033m/s。当速度高于0.033m/s时，吸附层的有效作用时间太短，降低吸附效果，同时会引起干燥器破碎，增加阻力。干燥器中液体流速为0.03m/s时，吸附层每1m高度上应产生不超过100mm水柱的阻力损失。

一般根据液体管道公称直径的尺寸从产品型录中选用相对应的干燥器，然后换算其流速。

2. 过滤器的选型

过滤器是用来过滤流体中的污物的器件，其分为气体过滤器和液体过滤器。气体过滤器

装于制冷压缩机前的回气管上，以防止泥沙、铁屑等杂质进入气缸；液体过滤器装于浮球阀、电磁阀、热力膨胀阀、液泵进液口之前。氟利昂制冷系统供液总管上一般也与干燥器并联装设过滤器，称为干燥过滤器（干燥器和过滤器的组合部件）。过滤网常用 80~100 目的黄铜网或不锈钢网，用来过滤制冷剂中金属屑、氧化皮等机械杂质，防止阀门小孔被杂质堵塞。

过滤器一般根据其接入管道的规格来选择，其公称通径或接管直径应与管道相适应。在选用时应配有足够的过滤面积，以防止产生过大的阻力损失，一般以过滤流速为依据，气体通过滤网的流速以 1~1.5m/s 为宜，液体通过滤网的流速以 0.07~0.1m/s 为宜。

### 4.5.12　氟利昂制冷系统用分液器的选型

分液器又称液体分配器，是实现多通路蒸发器均匀供液的部件。我国所采用的大多为节流式，由分液头和多路分液管组成。分液管为规格不同的纯铜管，长度在 0.25~0.5m 范围内选取。

分液器的选配可根据蒸发温度、冷凝温度、制冷剂种类、蒸发器制冷量及通路数等从表 4-46 中确定，长度负荷修正系数见表 4-47。

表 4-46　几种规格分液管的制冷能力　　（单位：kW）

| 蒸发温度/℃ | 分液管规格尺寸　(外径/mm)×(壁厚/mm) | | | | | | | | | |
|---|---|---|---|---|---|---|---|---|---|---|
| | 4×0.75 | | 5×1 | | 6×1 | | 8×1 | | 10×1 | |
| | R12 | R22 | R12 | R22 | R12 | R22 | R12 | R22 | R12 | R22 |
| -10 | 0.83<br>0.56<br>0.14 | 1.46<br>0.97<br>0.24 | 1.36<br>0.90<br>0.22 | 2.39<br>1.59<br>0.40 | 2.44<br>1.63<br>0.40 | 4.27<br>2.85<br>0.72 | 5.40<br>3.60<br>0.90 | 9.42<br>6.28<br>1.57 | 10.99<br>7.32<br>1.83 | 19.18<br>12.79<br>3.19 |
| -20 | 0.59<br>0.39<br>0.10 | 1.04<br>0.69<br>0.17 | 0.96<br>0.64<br>0.16 | 1.67<br>1.11<br>0.28 | 1.71<br>1.14<br>0.29 | 2.96<br>1.97<br>0.50 | 3.83<br>2.56<br>0.64 | 6.80<br>4.53<br>1.13 | 7.67<br>5.11<br>1.28 | 13.43<br>8.95<br>2.25 |
| -30 | 0.40<br>0.26<br>0.07 | 0.60<br>0.46<br>0.11 | 0.68<br>0.45<br>0.11 | 1.18<br>0.79<br>0.19 | 1.23<br>0.81<br>0.10 | 2.12<br>1.42<br>0.36 | 2.70<br>1.80<br>0.45 | 4.71<br>3.14<br>0.78 | 5.40<br>3.60<br>0.90 | 9.42<br>6.28<br>1.57 |

表 4-47　分液管长度的负荷修正系数

| 管长/m | 0.25 | 0.5 | 0.75 | 1.0 | 1.25 | 1.50 | 1.75 | 2.0 | 2.25 | 2.50 |
|---|---|---|---|---|---|---|---|---|---|---|
| 系数 | 2 | 1.43 | 1.16 | 1.0 | 0.89 | 0.81 | 0.75 | 0.70 | 0.66 | 0.62 |

另外需要说明的是，在进行机器设备选型时需用到工质的压焓图，附录 B 中汇总了常见的工质 R134a、R290、R404A、R407C、R410A、R507、R600a、R717、R744、R22、R23 11 种压焓图，分别如图 B-1~图 B-11 所示，方便读者在计算时查阅和使用。

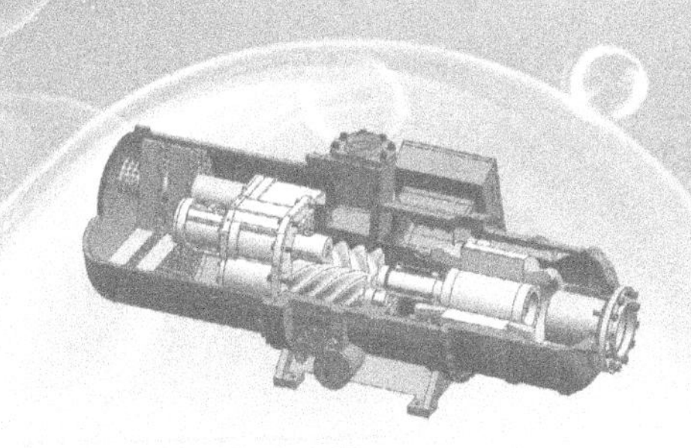

# 第 5 章

# 库房冷却设备的设计

库房是指对食品进行冷加工和贮藏的房间，主要由冷却间、冻结间、冷藏间、贮冰间和包装间等组成。库房设计的重点是冷却设备的配置和气流组织问题。

## 5.1 库房冷却设备的类型

在我国目前冷却设备的生产还不全是定型产品，而多数是根据各冷库的具体情况采用专用设计，现场加工装配、安装，尤其是对冷却管组和简易冷风机等。

### 5.1.1 冷却管组的类型和结构

按管组内通过的制冷剂可分为氨、氟利昂和盐水冷却管组。氨或氟利昂冷却管组一般为无缝钢管，而盐水冷却管组则可用有缝钢管。

按安装位置可分为墙管、顶管、搁架式排管和冷风机用排管。

按管组的结构型式可分为立管式、横管式、蛇形盘管式、管架式、内部循环式和层流式冷却管组等。

#### 1. 立管式冷却管组

立管式冷却管组如图 5-1 所示，其立管一般用 $\phi$57mm×3.5mm 或 $\phi$38mm×2.2mm 的无缝钢管，上下水平集管为 $\phi$76mm×3.5mm 或 $\phi$57mm×3.5mm 的无缝钢管，立管间的中心距为 110mm，高度为 2500~3000mm。氨液由下集管进，氨气由上集管出来，在下集管进液口的另一端有管组的放油口。

这种冷却管组充液量为其容积的 50%即可进行满意的工作，它的优点是易于排除其中形成的气体和积油，从而保证了传热效果，使结霜情况良好，同时结构简单，易于现场制作与安装。其缺点是，当这种冷却管组较高时，由于液柱高，而使下部制冷剂的蒸发温度升高，尤其是在蒸发温度较低的系统中更为显著。

#### 2. 横管式冷却管组

横管式冷却管组具有竖直的两根集管和水平的蒸发管子，要求充氨量在 80%~90%时才能进行满意的工作；否则，常有上部管子不结霜的现象。所以，一般认为这种型式的管组不

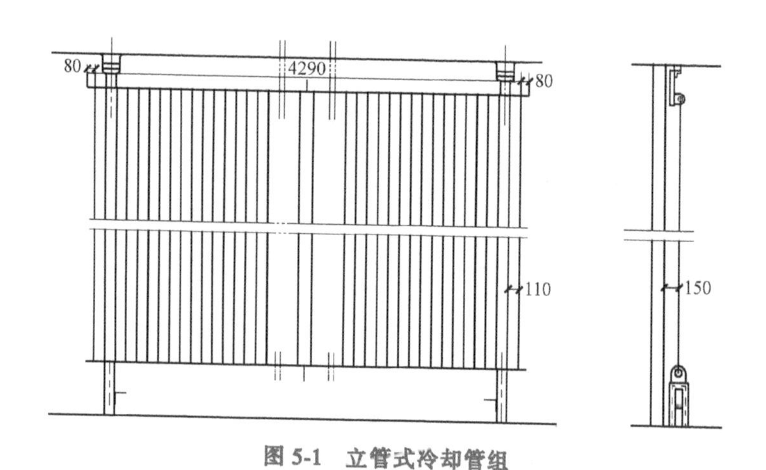


图 5-1　立管式冷却管组

及立管式的好。

3. 蛇形盘管式冷却管组

蛇形盘管式冷却管组可分为墙管和顶管两种。

（1）墙管　蛇形盘管式墙管如图 5-2 所示，是由一根或两根管子弯成的，其主要部分是水平的，固定在角钢上，蛇管一般多用 $\phi$38mm×2.2mm 的无缝钢管焊接而成。水平管子数为偶数（通常是 8~12 根），以便由同一端供液与回气，管与管的中心距离为 110mm 和 220mm，各供液回路的总长度一般不超过 120m。管组的尺寸可根据库房的尺寸要求而定。

这种墙管的优点是，存氨量小，充液量为排管容积的 40%~50%即可以使整个管组结霜良好；其缺点是，蒸发所形成的气体不易排出，在排管底部所形成的气体要经过排管的全长从顶部排出，降低了传热效果。

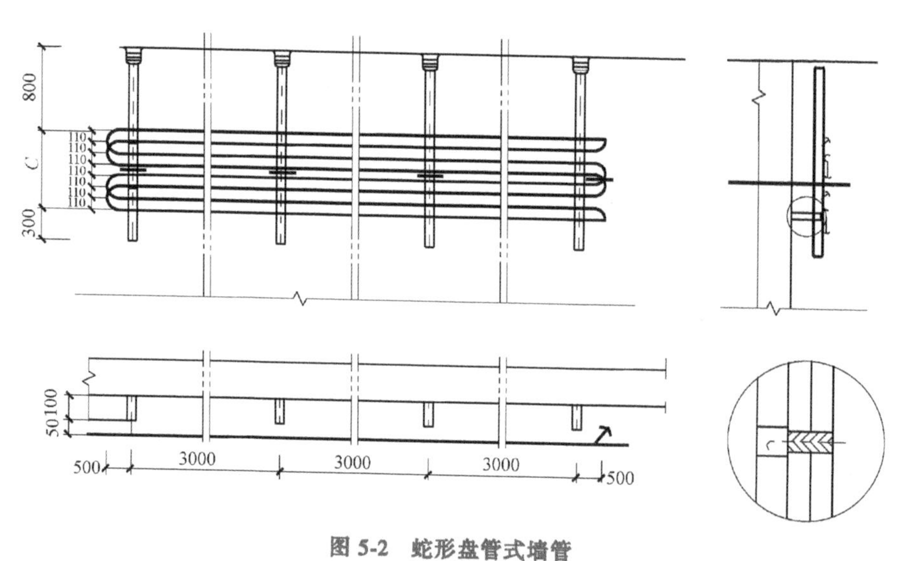


图 5-2　蛇形盘管式墙管

（2）顶管　顶管如图 5-3 和图 5-4 所示。这种顶管的优点是，结霜比较均匀，制作和安装方便，存氨量约为排管容积的 50%。

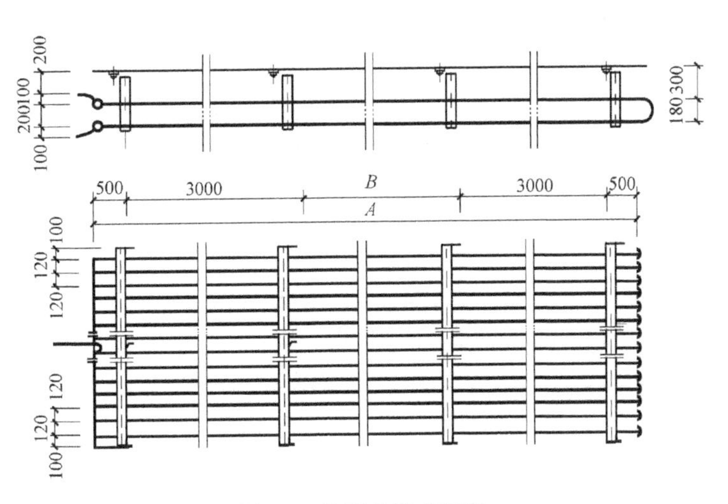


图 5-3 蛇形盘管式顶管

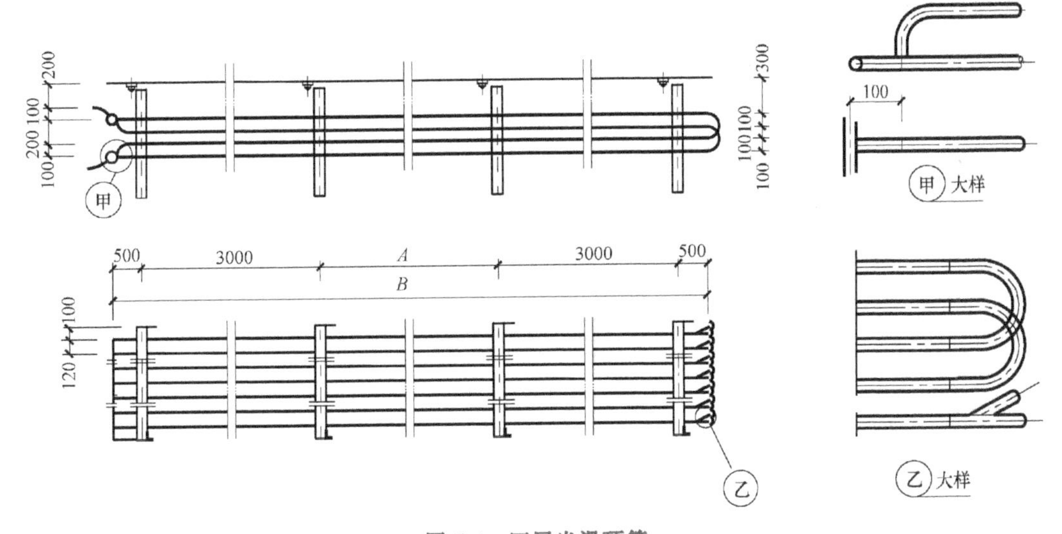


图 5-4 四层光滑顶管

4. 内部循环式冷却管组

氨内部循环的翅片式冷却管组如图 5-5 所示，是由一根斜管连接一根水平管子并利用一集管及立管组合而成的，主要靠一根斜管和一根水平管吸热，在斜管中蒸发的氨液颗粒上升到水平管，在集管处由于比重关系，液态和气态氨分离，气态氨由集管上部通往压缩机，氨液由立管落下，而又重新回到斜管蒸发吸热。

管组带有翅片，用作顶棚时往往几组合用上下集管。这种管组的优点是传热效能提高（传热系数比单排管增加 25%），存氨量小（约为立管式的 1/4），制作时使用钢材少，可用于低蒸发温度。

5. 层流式冷却管组

图 5-6 所示为层流式冷却管组，这种管组适合用在上进下出的氨泵系统中作为墙管，因为它具有较少的静液柱压力，管组中的充液较少，对直径为 50mm 的管子，液面高是

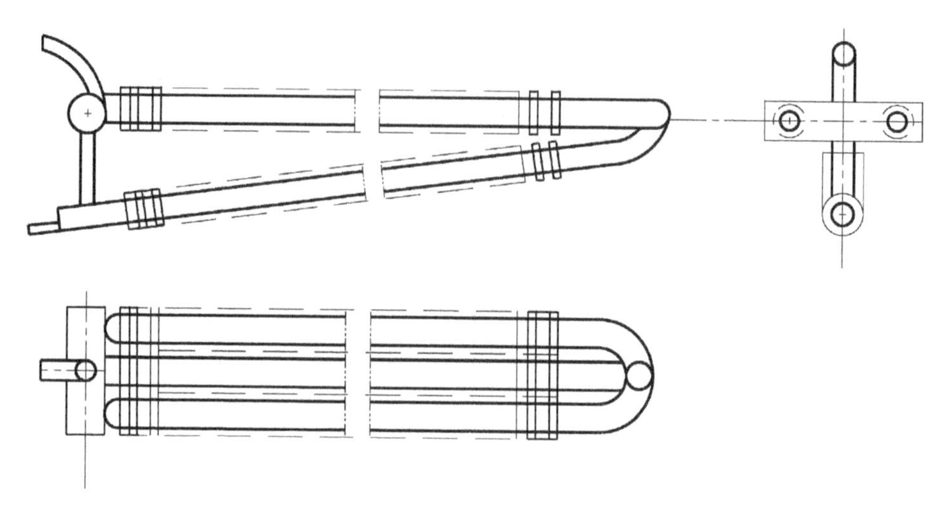

图 5-5　氨内部循环的翅片式冷却管组

10~15mm，超过此高度即依次下泄，并由最下面一根管子排出，对翅片管则液面要高些。由于这种管子结构复杂且安装要求高，管组蒸发面积可能利用不足。

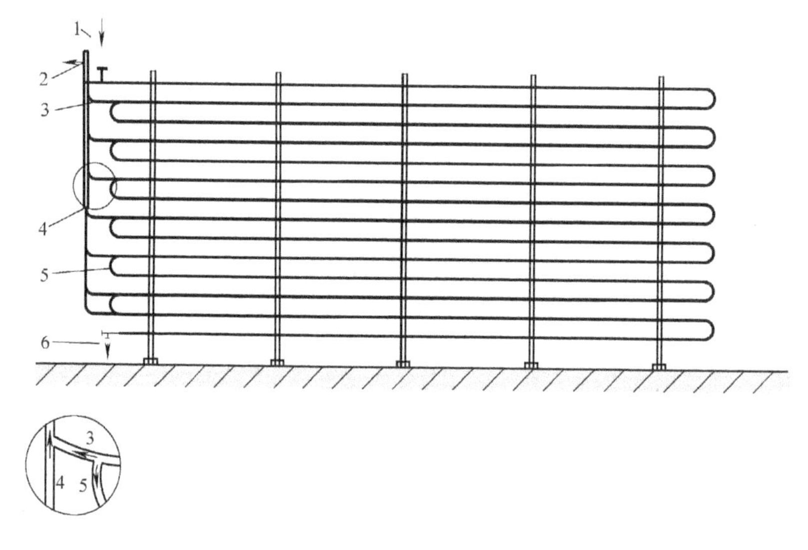

图 5-6　层流式冷却管组

1—氨液进口　2—氨液出口　3—从分叉段来的氨蒸气分离管　4—用以引出蒸气的集管　5—级联式除气管　6—把剩余的氨液引入贮液桶的液管

### 6. 管架式冷却管组

管架式冷却管组种类很多，图 5-7 所示是一种管架式冷却管组。其竖直方向的层数和各层之间的距离可根据冷库加工的对象不同而适当选择，如冷却装盘的鱼一般在 280~300mm，而桶或箱装货物则要根据货物尺寸及操作方便而选择合适的尺寸。

管架式冷却管组多用在小型冷库货物的冻结加工的冻结间，这种冷却管组由于冷却和被冷却体分布合理，在冷却过程中接触传热起良好的作用，故要求同一层的管子要在一个平面上，以保证货物与管子的接触良好。这种型式的管组的传热系数比一般管组高得多；其缺点是用钢量较多，不易配合装卸机械化和自动化，所以在大型冷库中应用不多，在渔业冷库中应用很广。如果能解决其机械装卸和合理的通风问题，则管架式冷却管组是一种较为理想的鱼类冷库的冻结设备。光滑管的传热强度比翅片管大，结构简单，除霜容易，在无缝钢管供应充足时，一般都采用光滑管式冷却管组。

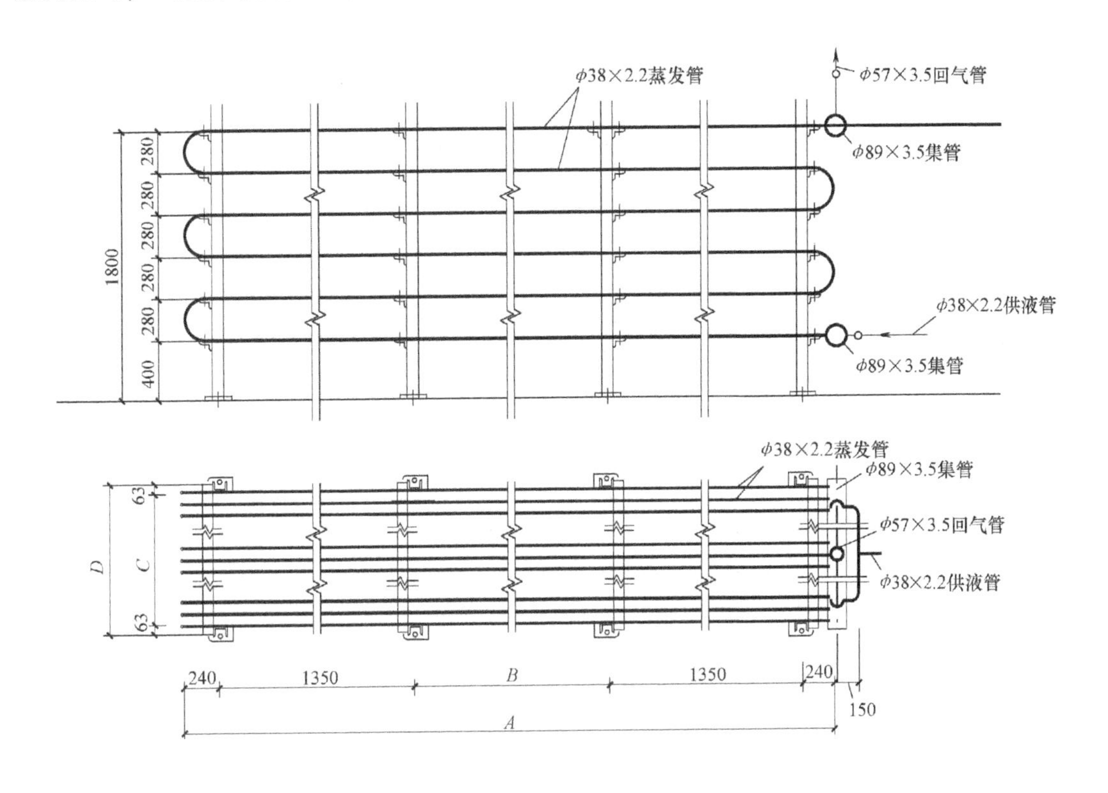


图 5-7 φ38mm×2.2mm 管架式冷却管组

7. 翅片管

翅片管除不宜做成立管式冷却管组之外，其他型式的管组均可采用（因为翅片管立管式冷却管组不宜融霜）。用来制作翅片管的无缝钢管类型有 φ32×2.25mm、φ38×2.25mm、φ57×3.5mm 三种，用作缠翅片的低碳钢带厚为 1~1.2mm，宽度随管子管径的不同而不同，用在 φ32×2.25 的管子上为 40mm，用在 φ38×2.25mm 的管子上为 46mm，用在 φ57×3.5mm 的管子上为 50mm。钢带宽度误差应在±1.1mm 以内，厚度误差应在±0.1mm 以内，钢带向管子缠绕时应用专门的机械，翅片管制成后要进行热法镀。螺旋状缠绕翅片管的规格见表 5-1。

表 5-1 螺旋状缠绕翅片管的规格

| 管径/mm | 片距/mm | (钢带的宽度/mm)×(厚度/mm) | 每米管子所需的翅片数 | 每米管子所需的管带/m | 每米翅片管的冷却表面积/$m^2$ | 每米翅片管的重量 | | | 每米翅片管的容积/$\times10^{-3}m^3$ |
|---|---|---|---|---|---|---|---|---|---|
| | | | | | | 钢带质量/kg | 光滑管质量/kg | 翅片管质量/kg | |
| 57 | 35.8 | 50×(1~1.2) | 28 | 13.8 | 1.12 | 5.4~6.5 | 4.6 | 10.0 | 1.96 |
| 38 | 35.8 | 40×(1~1.2) | 28 | 11.5 | 0.8 | 4.2~5.0 | 1.98 | 6.2 | 0.88 |
| 32 | 35.8 | 40×(1~1.2) | 28 | 9.9 | 0.6 | 3.1~3.7 | 1.65 | 4.8 | 0.59 |

嵌入焊接翅片管的翅片用厚度为 1～1.2mm 的钢板做成方形或圆形翅片，并以电焊或焊锡焊牢。对于 $\phi$57mm×3.5mm 的管子，圆形翅片直径为 150mm，方形翅片为 150mm×150mm，多采用方形翅片，翅片间距为 35.8mm，每米长翅片管的冷却面积为 1.12$m^2$。

翅片管组的传热系数比光滑管组的要小，但是由于翅片增加了管子的传热面积，从总的传热量来看翅片管优于光滑管。如果翅片管制作得符合要求，则在相同传热量的情况下，其可以比光滑管节省 1/2 的钢材，节省 3/4 的钢管，见表 5-2。

表 5-2　库房用光滑管和翅片管的耗钢量比较（用 $\phi$57mm×3.5mm 管子比较）

| 库容量/t | 耗钢量/t | | | |
|---|---|---|---|---|
| | 光滑管 | 翅片管 | | |
| | | 管子 | 翅片 | 总计 |
| 2.500 | 73.3 | 15.8 | 17.0 | 32.8 |
| 3.500 | 104.5 | 22.4 | 24.0 | 46.4 |
| 6.500 | 184.0 | 37.5 | 40.5 | 78.0 |
| 11.000 | 347.0 | 67.0 | 73.0 | 140.0 |
| 25.000 | 498.0 | 95.0 | 102.0 | 197.0 |

翅片管除了可以节省钢材和降低冷却设备造价外，还因为翅片管组的容量小，使充入其中的制冷剂或载冷剂可以减少 3/4～4/5，这对节约制冷剂是有利的，更重要的是有利于库温自动控制。由于翅片管具有较多的优点，因此目前我国冷库中较多采用，但要注意的是加工的质量问题（翅片与钢管的接合）。翅片管在传热方面是合理的，但是实际上往往由于加工粗糙，如翅片与管子的接触不良和每米管子缠绕的翅片达不到设计要求，传热效果比较差，因而必须加以注意。

## 5.1.2　冷风机的类型和结构

冷风机也称空气冷却器，它有干式、湿式和混合式三种，后两种已不多见，冷库中一般都采用干式冷风机（空气冷却器）。

冷风机的种类繁多，目前国内常用的有 GL-170 型吊顶式冷风机及 KLD、KLL、KLJ 型和 GN 型落地式冷风机，由蒸发器、通风机及除霜装置组成。上述几种冷风机已基本定型，它们的规格和外形尺寸均可从相关的设备选型手册中查取。图 5-8 所示为 KLD、KLL、KLJ 型冷风机外形。注：KLD（100、150、200、300、350）、KLL（150、250、350）、KLJ（200、300）型冷风机的排水量位置在水盘折线上任意位置开孔。

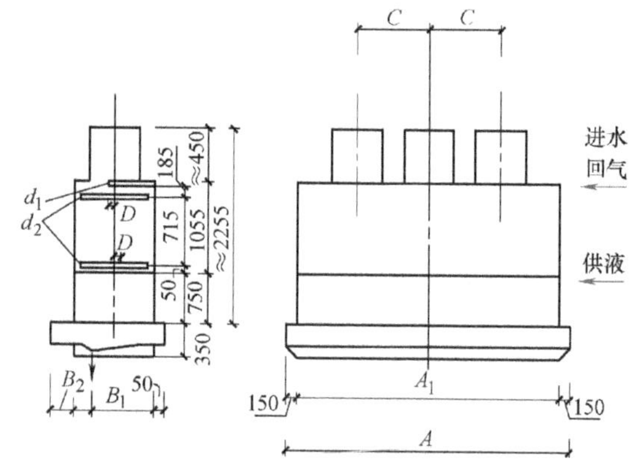


图 5-8　KLD、KLL、KLJ 型冷风机外形

此外，南通渔船柴油机厂还专门为水产冷库冻结间设计和制造了 LT-360 型落地式冷风机（非标准设备），其有关数据如下：冷

却面积 $360m^2$，制冷量 36000kcal/h㊀ [$t_2 = -33℃$，$\Delta t = 10℃$，$K = 10kcal/(m^2 \cdot h \cdot ℃)$]，轴流风机量 $16000m^3/h$，全风压 32.6mmH$_2$O㊁，电动机 3 台，每台功率 3kW，转速 1450r/min，冲霜水量 $12.4m^3/h$，外形尺寸 3350mm×1529mm×2845mm，质量 4.5t。

在冷风机中的冷却盘管，有由光滑管制成的，也有由翅片管制成的。

由光滑管制成的冷风机由于体型大、占用库房有效容积多、耗钢量大和技术经济指标低等因素，目前国内制冷设备厂均不生产这种产品；但由于它具有构造简单，在结霜条件下运行性能较好，易于现场由安装单位加工制作等优点，故在一些冷库中仍得到应用。国内冷风机的定型产品大都由翅片管制成。组成翅片的管子排列在冷风机壳体内，组合紧凑，耗钢量小，重量轻。

冷风机的蒸发盘管不仅要求蒸发面积多，传热效率高，而且要求结构紧凑，体积小，材料省，造价低，耐用可靠。因此在设计时，要从它的结构等多方面考虑。

1. 管径

冷风机的蒸发盘管从提高传热性能考虑，应尽量采用较小的管径。因为管径较小时，管内制冷剂的流速比较高，管壁处层流边界层比较薄，从而使蒸发盘管的传热系数增大。同时，小管径蒸发盘管内的制冷剂能够比较充分地参与热交换，可以减少制冷系统中的制冷剂循环量。另外，小管径蒸发盘管的单位面积耗钢量也比较少。不过还应注意，管径的选用也与蒸发面积有关，蒸发器如果采用过小管径的蒸发管，为确保较大的蒸发面积，必然要将每根蒸发管的长度加长，但这样会使管内制冷剂的流动阻力变大，导致制冷压缩机的吸气压力降低而电耗增加。为避免此类情况发生，就需增加蒸发管的并联根数，但增加并联根数后，不仅使蒸发盘管体积增大，而且使各根蒸发管内的制冷剂分配不够均匀，影响蒸发盘管的传热性能。因此，在选择蒸发盘管的管径时，在能满足制冷剂均匀分配和每根蒸发管内制冷剂压力降不太大的情况下，应尽量采用较小直径的管子。根据有关经验介绍，一般冻结间冷风机蒸发面积为 $100 \sim 500m^2$ 时，选用管径 $d_g = 20mm$ 的管子较为合适；蒸发面积为 $500 \sim 1000m^2$ 时，选用管径 $d_g = 25mm$ 的管子较为合适；蒸发面积为 $1000 \sim 1500m^2$ 时，选用管径 $d_g = 32mm$ 的管子较为合适。

2. 管子形状

目前国内冷库的氨制冷系统的蒸发盘管都采用圆形无缝钢管。圆形无缝钢管耐压性能好，安全可靠，易于购买。但用作冷风机蒸发管也有不足之处，如单位容积的表面积比率小，吹风时的空气动力性能也不很理想，气流涡流区比较大，为克服圆形管的这些缺点，进一步改善冷风性能，吸取国外的先进经验，对冷风机的蒸发管子以椭圆形来代替常用的圆形。

据有关资料介绍，椭圆管的翅片管与圆形管相比，有如下优点：①在截面积相同的情况下，椭圆管的管壁传热面积增大 15%；②椭圆管的润湿周边比圆管大 21%，使传热系数增大；③椭圆管翅片管具有有利的气流形状，迎风面积小，导热性能好，背面涡流区小，这样在相同风速下管外的传热系数可提高 25%；④椭圆管翅片的空气动力性能好，具有较高的

㊀1kcal/h = 1.163W，全书同。

㊁1mmH$_2$O = 9.80665Pa，全书同。

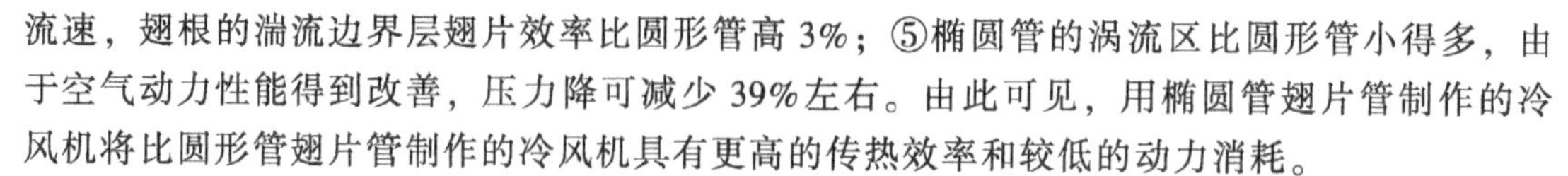


流速，翅根的湍流边界层翅片效率比圆形管高3%；⑤椭圆管的涡流区比圆形管小得多，由于空气动力性能得到改善，压力降可减少39%左右。由此可见，用椭圆管翅片管制作的冷风机将比圆形管翅片管制作的冷风机具有更高的传热效率和较低的动力消耗。

3. 翅片

为了缩小冷风机体积，节省管材，增大传热面积，改善管子外壁的传热，减少空气与管壁之间的传热热阻，冷风机的蒸发盘管外壁都加装翅片。

常用的翅片形状有圆形和矩形两种。对于冻结冷风机，矩形翅片虽具有材料利用率高的优点，但有周边温度不均、温差大、占用空间增多和冲霜不便等缺点，故较少采用，不过应该注意，蒸发管采用椭圆管时，翅片也应采用椭圆形翅片，蒸发器将具有更好的性能。翅片与管的连接，有套片和绕片两种方法，常用套片法，而且多采用胀管套片法，其制作方便，连接牢固，接触紧密，温差较小。根据有关资料介绍，测定翅片高度为30mm时，胀管套片的翅片管顶部与根部的温差为0.5~2.0℃；而压入套片时，温差达6~8℃。翅片间距对蒸发器体积和传热性能有较大影响，为缩小蒸发器体积，增大空气与翅片表面的传热系数，翅片间距以较小为宜，但考虑到低温冷风机在使用过程中翅片与管壁表面都会结霜，使翅片间的空间缩小，翅片管的空气阻力增大，风机的动力消耗增多，冲霜也有困难，故翅片间距也不宜过小，以12.5~14mm较合适。

4. 蒸发盘管的防锈

冷风机蒸发盘管是四周封闭的管簇式高传热效率的制冷设备，既要求传热性能好，又要求坚固可靠，经久耐用，因而设备的防锈蚀甚为重要。冷库中一般的制冷管道都要用涂刷防锈漆来防锈蚀，但对于盘管，如涂刷防锈漆，热阻将大大增加，如钢的$\lambda=46W/(m \cdot ℃)$，防锈漆的$\lambda=0.23W/(m \cdot ℃)$，故不宜采用。目前，冻结冷风机的蒸发盘管都采用镀锌防锈，镀锌也有不足之处，采用电镀，锌层太薄，一般仅有1~3μm，这样薄的锌层，在蒸发盘管的制作、运输和安装过程中，很容易被摩擦掉，仍不能充分起到防锈蚀作用，最好改用热浸镀锌，锌层厚度要求达40~50μm，如果能将管子与翅片装配后一起镀锌，其效果将会更好。

5. 蒸发管排列

蒸发管排列有两种基本方式，即顺排和叉排排列。冷库冻结冷风机的蒸发管多采用叉排排列。蒸发管间距从缩小蒸发器的体积来考虑，小一些为好。但考虑利于冲霜等的需要，管子的间距也不能太小，根据有关资料介绍，冷库所用的冷风机蒸发管，迎风排管间距为100~110mm，顺风排列管间距为90~100mm。另外，为了减少风阻，降低风机风压节省电耗，顺风排数不宜超过20排。

风机是冷风机的重要组成部分，是使空气强制循环流动的动力装置，因此在选配时要有必要的风量、适当的风速和相当的风压。同时为了使库内各处的空气流速均匀，还需要合理造型、适当布置和排列。

(1) 冷风机的风量　在吹风冻结过程中，空气是传热介质，冷空气在冻结间内强制循环，食品的热量首先传递给冷空气，而后由冷空气传递给冷风机中的蒸发盘管，经过二次传递，使总的传热系数降低。另一方面，如果风量太小又使食品降温缓慢，冻结时间延长，但风量也不宜过大，否则使风机动力消耗增加，造成浪费。

冷风机的配风量应使通过翅片处管间的空气流速为4~5m/s，为此需用风量为0.24~

0.29m³/kJ。在水产品冻结间中，为满足每吨鱼货的传热需要，冷风通过两排鱼笼的温升平均以2℃计，饱和湿空气在低温下的比热容为3.26J/m³，当冻结时间按10h计算，每吨鱼货冻结的热负荷为12.76kW，则冻结每吨鱼货的风量为14085m³/h，加上隔风板、轨道空间、鱼车上下空隙及回风涡流损失10%~20%，则需用风量为15500~16900m³/h。

(2) 风压　风压有全压、静压和动压之分。全压代表气体所具有的总能量，是静压和动压的代数和；静压是指空气作用于风道壁上的垂直力；动压是指空气具有动能，是产生空气流动的动力。在空气密度不变的情况下，动压与空气流速成平方正比关系。

在冻结间内，空气从风机获得能量后离开风机时动压最高，风速约为10m/s，而后由于风道断面变化，食品、货品架或鱼笼及冷风机本身的阻力以及隔风板等的摩擦阻力，使动能下降，空气流速降低。因此，为了满足冻结间维持一定风速的需要，要求风机有适当的风压。从传热来看，一般说来提高风压可增大风速，改善冷风机的传热性能，但风速达到一定数值之后，冷风机的传热系数增幅将变小或不再增大。而风压过高风速过大时，空气阻力损失增大，使风机的动力消耗增加。同时，由于风机及其电动机都在冷风机内运转，其消耗的动能转化为热量使冷风机的热负荷增多，造成制冷能力下降，制冷机动力消耗增多。因此风机风压的选择，应考虑能使通过冷风机的风速保持在4~5m/s，吹向货物间的风速保持在2~3m/s，能克服冻结间内的各种阻力损失，并有5%~10%的余量即可。根据有关资料介绍，一般风机的全风压以选用20~30mm$H_2O$为宜。

(3) 风机的选型与排列　风机有离心式和轴流式两类。冻结间冷风机大都采用轴流式风机，其风量大，风压满足需要，风机的型号大小都采用7号或6号。根据有关生产单位实践经验认为，落地式底吹风冷风机适于采用6~8号，以利于气流均布。

对于风机的排列，各冷库大都是采用水平排列，风机间距为0.92~1.0m。根据有的生产单位反映，上述间距显得小些，造成气流交叉混乱损失能量，故间距应放大为1.8~2.0m，能使气流均匀，并且利于安装和检修。

### 5.1.3 食品冷冻装置

食品冻结装置的种类很多，有平板冻结装置、螺旋带式冻结装置、流态化冻结装置和连续冻结隧道等，可用于鱼虾、家禽、分割肉、畜类内脏、某些品种蔬菜的冷冻加工。这些装置是食品冻结加工生产线中的一种设备，而不像冻结间那样是冷库的一个组成部分。它们在工厂的平面布置中的位置比较灵活，可以布置在一般厂房内，工人能在常温下操作维修，改善了劳动条件；而且冻结时间短，生产率高，产品质量好，干耗少，同时它们一般由专业工厂配套生产，安装方便，因而得到越来越多的应用。随着水产事业的发展，在广东等沿海地区的养虾基地引进了各种类型的冻结装置，用于水产品的冷冻加工，取得了较好的效果。下面就对虾的几种冻结装置的工作原理、性能进行简要介绍。

#### 1. 平板冻结装置

平板冻结装置是由若干空心金属板组成的，制冷剂在板的空间吸热蒸发，而食品则放在各层金属平板之间，并借助油压系统使平板与食品紧密接触。由于金属平板具有良好的导热性，传热效率高，冻结速度快，而且不需要风机动力，工人可以在常温条件下操作，劳动条件好，因而平板冻结装置是鱼、虾、肉等食品冷冻加工中广泛应用的冻结设备。

这种冻结设备是独立的装置，大都各自备有制冷设备，可以随意移动至任何方便的场地，在船上或陆上车间内生产均可，只需把水电接通便可操作生产。

平板冻结装置也称接触式冻结装置，常见的有卧式和立式两种型式，图5-9所示为卧式平板冻结装置结构示意。

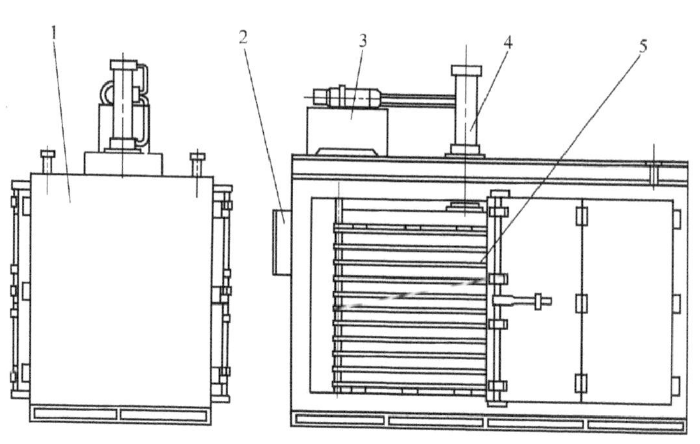


**图5-9　卧式平板冻结装置结构示意图**

1—围护结构　2—电控箱　3—电动机　4—升降油缸　5—平板蒸发器

卧式平板冻结装置的冻结平板水平安装，一般有6~16块平板，平板之间的间距由液压装置调节，平板上升时两板间的最大净间距为110~115mm，下压时两板间的间距视食品盘的高度而定，间距扩大时将被冻食品（装盘或盒）放入，起动减压液压缸，使被冻食品紧密接触平板面进行冻结。为了防止食品变形和压坏，可在平板之间放入与食品厚度相同的角钢作为垫块。液压缸一般位于平板冻结装置外壳的上部，为双作用形式，下压使食品压紧于平板之间，当食品冻好时又将平板与食品拉开。卧式平板冻结装置的液压系统如图5-10所示。

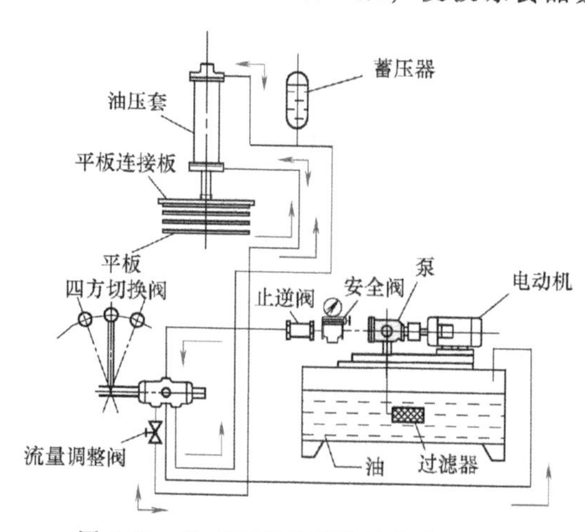


**图5-10　卧式平板冻结装置的液压系统**

立式平板冻结装置的冻结平板直立平行排列，一般用20块左右，其结构示意如图5-11所示。它可以直接将小杂鱼、牧畜副产品等散装倒入平板间进行冻结，操作更为省力。立式平板冻结装置有上进料下出料、上进料旁出料、上进料上出料等几种型式。如用氨作为制冷剂，可采用氨泵强制供液，氨液的循环倍率为10~20，食品冻结好后，用热氨气脱冻，热氨温度为80~90℃。所有冷冻食品的上升、下降、推出及平板的移动、复位等均用油液压控制。脱冻和出冻时间为3~5min。

### 2. 隧道传送带式冻结装置

隧道式冻结装置共同的特点是冷空气在隧道中循环，食品通过隧道时被冻结。根据食品通过隧道的方式，可分为传送带式、吊篮式、推盘式和冻结隧道等几种。

传送带式冻结装置是一种连续式冻结装置（其典型结构示意图和风向分布图如图5-12

所示），其送风冷却器及送风机一般置于传送带的上部或下部，冷风由传送带的上部或下部垂直吹送，设计风速多为 3～7m/s。传送带可分为网状与带状两大类（图 5-12 所示为带状），其速度可利用变速装置进行无级调节，以适应不同的冻结食品冻结时间的需要。

隧道式冻结装置的特点是结构简单、成本低、用途多，对不同冻结食品的适用性好（可以单体冻结，也可以装盘冻结），所以通用性强，且自动化程度高；但占地面积大。

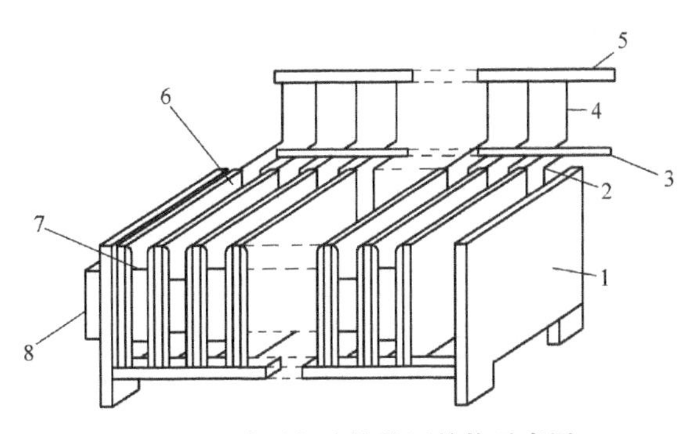

图 5-11 立式平板冻结装置结构示意图

1—机架 2、4—橡胶软管 3—供液管 5—吸入管 6—冻结平板 7—连接螺杆 8—液压装置

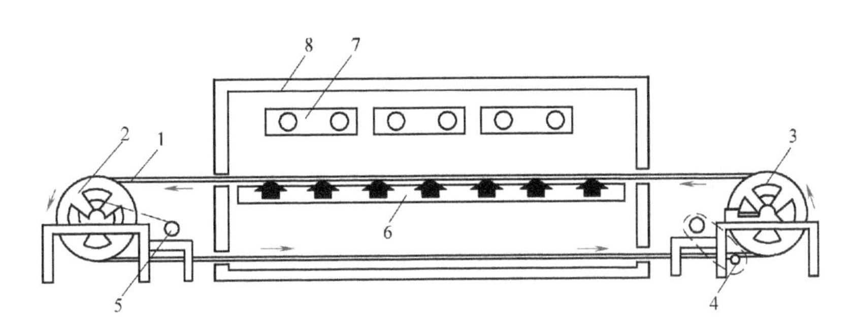

图 5-12 钢带连续式冻结隧道装置

1—不锈钢传送带 2—主动轮 3—从动轮 4—钢带清洗器 5—调速装置 6—平板蒸发器 7—冷风机 8—隔热外壳

### 3. 螺旋式冻结装置

为了克服隧道传送带式冻结装置占地面积大的缺点，可将传送带做成多层，由此出现了螺旋式冻结装置。它是 20 世纪 70 年代初发展起来的，其结构如图 5-13 所示。

螺旋式冻结装置也有多种型式，近几年来，人们对传送带的结构、吹风方式等进行了许多改进。例如：沈阳航天新阳速冻设备制造有限公司（原沈阳新阳设备制造厂）采用国际上先进的堆积带做成传送带；原美国弗列克斯堪的约公司在传送带两侧装上链环等。1994 年（美国）约克国际有限公司改进吹风方式，并取得专利，如图 5-14 所示，将冷气流分为两股，其中一股从传送带下面向上吹，另一股则从转

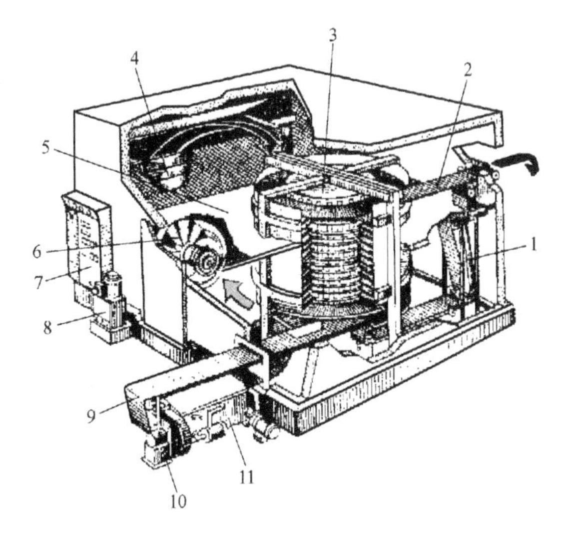

图 5-13 螺旋式冻结装置结构示意图

1—平带张紧装置 2—出料口 3—转筒 4—翅片蒸发器 5—分隔气流通道隔板 6—风扇 7—控制板 8—液压装置 9—进料口 10—传送带风扇 11—传送带清洁系统

筒中心到达上部后，由上向下吹。最后，两股气流在转筒中间汇合，并加到风机。这样，最后的气流分别在转筒上下两端与最热和最冷的物料直接接触，使刚进冻结装置的食品尽快达到表面冻结，减少干耗，也减少了装置的结霜量。两股冷气流同时吹到食品上，大大提高了冻结速度，比常规气流快15%~30%。

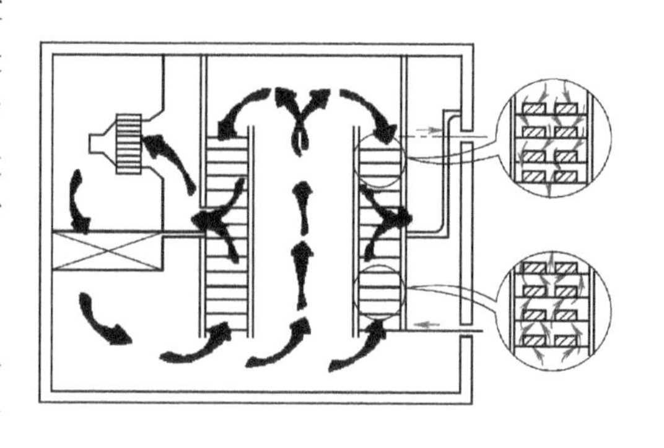

图5-14　气流分布示意图

螺旋式冻结装置适用于冻结单体不大的食品，如饺子、对虾和经加工整理的果蔬，还可用于冻结各种熟食制品，如鱼饼、鱼丸等。

螺旋式冻结装置虽然是一种立体结构设计，拥有空间省、产量大、效率高的优点，但其转筒造成空间利用率低，使传送网带的宽度受到限制；传送网带因张力负荷变化而容易损坏；在小批量、间歇式生产时，耗电量大，成本较高。

4. 流态化冻结装置

流态化单体冻结装置是利用高速气流由下向上吹冻品，使之悬浮并快速冻结的设备，图5-15所示为斜槽式流态化冻结装置结构示意，主要用于速冻蔬菜、虾仁和颗粒状食品。流态化单体冻结装置是20世纪60年代中期瑞典的FRIGOSCANDIA公司首先研制成功的。20世纪80年代后我国先后从日本、瑞典、法国、美国、加拿大等国引进了数十台流态化单体冻结装置用于速冻果蔬食品，这是我国从国外引进的冻结装置中最多的一种。目前国内也有多个专业公司从事流态化单体冻结装置的生产。从技术水平上看，国产机的主要差距是：一是能耗指标大，这就要求研究出低温高效离心式风机取代现用的轴流式风机，同时使流化条件及保温性能得到改善；二是蒸发器传热性能差，国外都用铝合金管套铝肋片变片距结构的蒸发器，传热性能高，外形尺寸小，比国产的无缝钢管套肋片的蒸发器效率要高。这两方面改善后，国产流态化单体冻结装置就有望赶上国际先进水平。

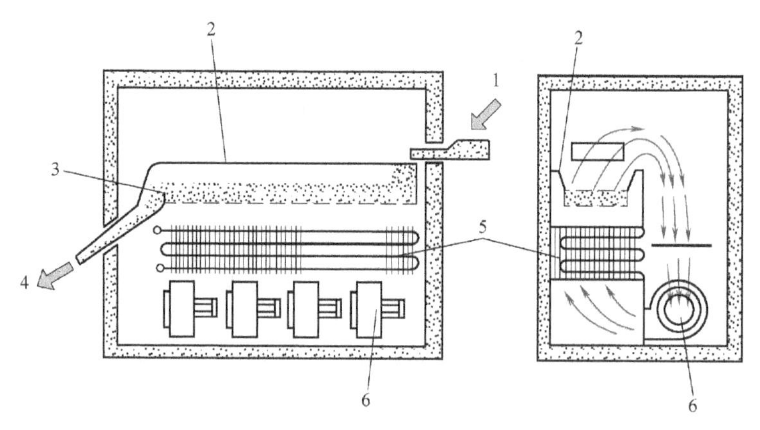


图5-15　斜槽式流态化冻结装置结构示意图

1—进料口　2—斜槽　3—排出堰　4—出料口　5—蒸发器　6—风机

5. 升降式冻结装置

为了使吹风速冻装置具有效率高、空间省、用途多、产量大、冻品干耗小的特点，原台湾工研院能资所与开拓冷冻公司合作开发了升降式冻结设备。该设备主要由围护结构、低温换热器和一组升降式传送装置而成，其中传送装置包含有一个下层水平输送机构、上升输送机构、上层水平输送机构、下降输送机构。冻品在被下层水平输送机构送入冻结装置以后，先由上升输送机构竖直向上输送，再由上层水平输送机构水平输送到冻结装置的另一侧，其后由下降输送机构竖直向下送回下层水平输送机构被送出冻结装置。

该冻结装置使作业流程立体化，延长了冻结作业区域，空间利用率高，降低了冷量损失，缩小了占地面积，使冻结效果接近接触式冻结装置，并利用适当的送风设计，配合隔板及导流板来增进冻结效果，但升降式冻结装置目前仅处于实验研究阶段。

**6. 其他冻结方法与设备的研究**

(1) 冰被膜冻结法　冰被膜冻结法是冻品经反复速冻、慢冻在其表面形成冰膜的冻结方法，如鲣鱼、金枪鱼、鲟鱼等大条鱼及食品均可采用此方法。金枪鱼采用此方法保鲜，鱼肉组织生成冰晶小，可逆性大，产品解冻后汁液流失少，品质较优。工艺流程为：速冻(-45℃)→慢冻（-30℃）→速冻→慢冻。操作要点：①速冻：用液氮或液体 $CO_2$ 喷淋，使鱼体表面快速降到-15℃以下，表面结一层数毫米的冰膜；②慢冻：在-30~-25℃的库内使冻品表面和中心温度接近0℃，做均温处理，可使鱼体内部和表面的压力、温度相近，不会产生肚腹破裂现象；③速冻：用液氮或液体 $CO_2$ 喷淋 10min，使鱼体快速通过最大冰晶带；④慢冻：停止喷淋，保冷 90min，使中心温度达-18℃，送入-60~-20℃的冷库。

(2) DDM（Dynamic Disperse Medium）冻结法　在吹风式冻结装置的基础上，利用运动微粒作为冷媒的速冻装置，如冰粒颗粒用在流化床上作为冷媒，该冻结装置冻结牛肉时，与吹风式冻结装置相比，可缩短冻结时间 50%~75%，干耗可降低 1/3 左右。

(3) 三路速冻装置（Triple-pass Freezer）　由美国宾西尼亚化工公司开发的三路速冻装置，首先将冻品送入-196℃的液氮槽，然后输送到两个独立的传送带用低温氮气冷冻，该装置可降低冻品的黏性和干耗，提高产品质量和生产能力，缩小装置体积（仅为机械冷冻装置的 1/10）。

(4) 双向垂直气流冻结法　（美国）约克国际有限公司开发的双向垂直气流快速冻结装置利用双风道喷嘴从上下两侧垂直对冻品喷射，由于气流速度很高（达 25m/s 以上），可使冻品表面的空气流动边界层减薄，增大了传热系数，冻结速度较快，如冻结汉堡包的时间可由传统的 13min 缩短为 3min。

## 5.2 库房冷却设备的选型和布置设计

库房冷却设备的选型和布置设计应根据食品冷加工或冷藏的要求，从温度、湿度、风速和气流组织等方面加以考虑确定。

### 5.2.1 冷却间

食品在冷加工过程中，需经冷却工艺的有肉类、水果、蔬菜、蛋类等。水产品是极易腐败的食品，一般捕捞后直接在船上冷却或冻结，需要在加工厂中进行加工的水产品，为防止鲜度下降，常用碎冰或冷水保鲜，不做专门的冷却或冷藏处理。肉类冷加工可分成冷却工序和冻结工序两部分，也可将这两道工序合二为一。水果、蔬菜和蛋类的冷却和冷藏工艺的要求及所用设备没有什么区别，为节省搬运，两道工序可以在同一个库房内实施。

1. 冷却间的类别及特点

冷却间是食品进行冷却加工或冷藏前预先冷却的库房。食品在冷却间冷却，使食品的温度降低到接近食品所含液汁的冻结点温度，以抑制其微生物的活动，防止新鲜食品由于温度较高而腐败变质。食品的品种不同，其冷却条件也有差别。

常见的冷却食品的方法有冷风冷却、冷水冷却、碎冰冷却和真空冷却等。根据食品的种类及冷却要求的不同，选择其适合的冷却方法并配置相应的冷却装置，是冷却间和高温库设计时必须完成的工作之一。

（1）肉类冷却间　猪、牛、羊等畜牧，屠宰后的肉胴体温度一般为35℃。为了抑制微生物的活动，保持新鲜肉的质量，按照食品冷加工工艺要求，应使肉胴体温度能在20h内冷却至4℃，并尽可能减少干耗。为此，设计室温为0℃，同时为使肉胴体内的热量尽快散发，要求加强空气循环。空气速度一般采用1~2m/s；为了减少肉胴体的干耗损失，室内相对湿度为90%。

肉类冷却间设备平面布置可采用如图5-16所示的情形。

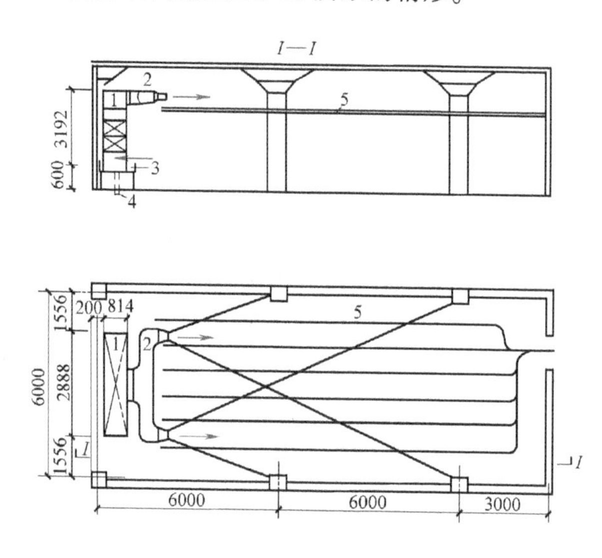


图5-16　肉类冷却间设备平面布置示意图

1—翅片管冷风机（有淋水装置）　2—喷风口　3—水盘　4—排水管　5—吊轨

以冷却为目的设置的冷却设备，因配用蒸发面积较小，不宜用作冻结设备，另外专门用作吊挂胴体的吊轨和冷风机吹风设备只适用于冷却吊挂胴体，不适用于冷却集中堆放的其他食物，否则会有冷却不均、不透和冷却物腐败变质的危险。

设计时，为了使屠宰后的肉胴体温度能在20 h内从35℃冷却至4℃，一般采用柜式冷风机，并配置集中送风型的大口径喷口。冷风机通常布置在冷却间的纵向一端，它的四侧离墙面或柱边的间距不应小于400mm。冷风机的设置应尽量利用库房的净高，使它的喷口上缘稍低于库房的楼板底或梁底。经冷风机翅片管冷却后的空气，经离心式风机从喷口射出，并沿吊轨上面到冷却间的末端，再折向吊轨下面，从吊挂的白条肉间流过，冷空气与白条肉进行热交换后又回到冷风机下面的进风口。冷空气的这种强制循环加速了白条肉的冷却过程。同时，由于喷口气流的引射作用，靠近冷风机侧的空气循环加剧，从而使冷却间内的温度比较均匀。

目前，有些冷库的冷却间对肉类采用快速冷却方法。快速冷却的第一阶段在通风冷却间进行，室温为-15~-10℃，相对湿度为90%，这一阶段的特征是散热快，肉的表面温度达0℃以下，形成了“冰壳”；经第一阶段冷却的肉立即转到另一冷却间，室温为-1℃，相对湿度为90%，空气自然循环，在此冷却间内肉表面温度要稳步升高，而后退中心温度达4℃为止。两次冷却方法的工艺条件见表5-3，用快速方法冷却的肉类外观良好，色泽味道正好，冷却时间缩短4~7h，其自然干耗1%，较常规方法少40%~50%。

肉类冷却间尺寸：一般宽6m，长12~18m，高4.5~5m，面积为72~108m$^2$，室内装设65mm×12mm的扁钢吊轨，每米吊轨可挂3.5~4头猪或3~4片白条牛或10~15只羊（每米平均载荷200~250kg肉类）。

表5-3　肉类快速冷却的工艺条件

| 冷却阶段 | 空气温度/℃ | 空气流速/(m/s) | 肉胴中心温度/℃ | | 冷却时间/h |
|---|---|---|---|---|---|
| | | | 开始 | 终止 | |
| 第一阶段<br>第二阶段 | -12~-10<br>-1.5~-1 | 1~2<br>0.1~0.2 | 38<br>15~18 | 15~18<br>4 | 6~7<br>10~12 |
| 第一阶段<br>第二阶段 | -15~-13<br>-1.5~-1 | 1~2<br>0.1~0.2 | 38<br>18~22 | 18~22<br>4 | 4~5<br>10~15 |

（2）鲜蛋冷却间　鲜蛋温度未冷却前为室外温度，要求在进冷藏前应预先冷却，而且必须缓慢进行，经24h后鲜蛋温度降至2~4℃，为此设计室内温度为0℃，相对湿度为88%~90%，空气流速为1~2m/s，应控制制冷温度不能降至蛋内容物的冻结点以下，以防止鲜蛋冻结。

（3）果蔬与鲜蛋冷却（冷藏）间　适合在这种库内贮藏的食品种类较多，各自对温度和湿度的要求又不同。例如：鲜蛋要求的贮藏温度为0~2℃，相对湿度为80%~85%；苹果要求的贮藏温度为0℃，相对湿度为85%~90%；香蕉要求的贮藏温度为10~12℃，相对湿度为85%。另外，贮品在整个贮存过程中均呈活体状态，降低库温只能减弱贮品的呼吸强度，而不能停止呼吸作用，如果库温过低，则会造成“冻”害，使之局部或整个丧失抵抗微生物侵染的能力，而腐烂变质；如果缺氧，则会导致死亡和变质；由于贮品通常是装箱、装筐等堆放，堆放密度较大，因此设计这类库房时应注意以下几点：

1）冷却设备具有灵活调节库内温度、湿度的能力。

2）保证库内不同位置上的货堆各部分的风速、温度和湿度的均匀。一般最大温差不大于0.5℃，湿度差≤4%。

3）可以调节空气成分，做到既能满足最低限度的呼吸要求，又能延长贮存期限，至少要有补充新鲜空气的设施。

果蔬的冷却条件视果蔬品种不同而异，一般要求在24h内将果蔬温度从室外温度降至4℃左右，设计室温一般在0℃，空气相对湿度保持在90%左右，空气流速采用0.5~1.5m/s。在冷却间，一般采用交叉堆垛方法，以保证冷空气流通，加速果蔬的冷却。

对于直接进入冷却物冷藏间的果蔬、鲜蛋，可以采取逐步降温的方法，使其由常温逐渐冷却，然后低温冷藏。冷却物冷藏间设备平面布置示意如图 5-17 所示，图中圆锥形喷嘴构造如图 5-18 所示。

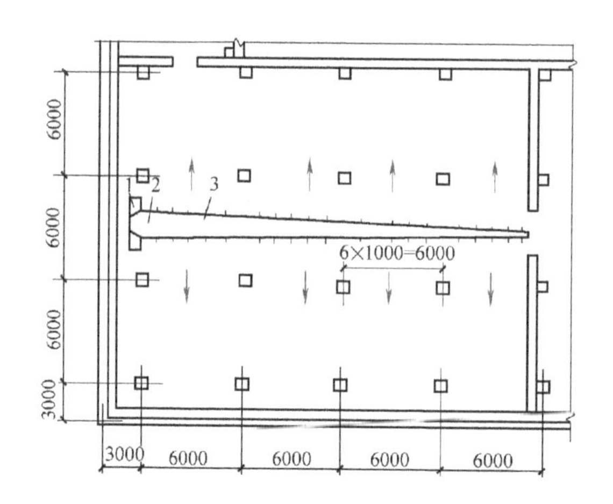


图 5-17　冷却物冷藏间（贮藏水果和蛋类）设备平面布置示意图

1—冷风机　2—风道　3—喷口

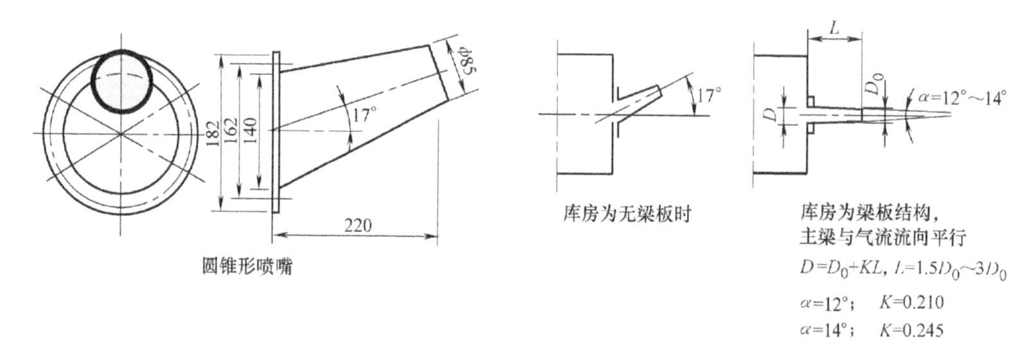


图 5-18　圆锥形喷嘴构造

对于宰杀的家禽，其冷却方法很多，如用冷水、冰水和空气冷却等。目前很多冷库大都采用直接冻结的方法。

对于鱼类，由于鱼体内水分和蛋白质较多，而结缔组织较少，极易腐败，因此一般在捕捞现场迅速将死去的鱼进行冷却，使鱼体温度降至 0~5℃。目前鱼类常用碎冰冷却，因此鱼类载运到冷库就不需要再冷却。

2. 冷却间喷风口的设计要求：

冷风机的喷风口以圆形为宜，圆形喷嘴的出口流速一般采用 20~25m/s。喷口直径一般为 200~300mm。喷嘴长度与喷口直径之比取决于库房的长度，当库房的长度<12m 时，取 3：2；当库房的长度为 12~15m 时，取 4：3；当库房的长度为 15~20m 时，取 1：1。喷口渐缩角度不大于 30°，喷嘴射程以不超过 20m 为宜（为喷口直径的 60~100 倍）。喷口阻力系数为 0.93~0.97。当冷却间内设有一台双出风口的冷风机或设有两个以上的喷风口时，应设风量调节装置。采用喷风口送风形式时，射流喷射过程中速度递减很快（如喷嘴出口流速为 20m/s，到冷却间末端降至 0.5m/s），但因简单易行而被广泛应用。

冷却间的冷风机可按 1.163kW 耗冷量配 0.6~0.7m³/h 风量。冷却间内的空气循环次数一般为 50~60 次/h，肉间空气流速为 1~2m/s。加大肉间风量能加快冷却速度，但干耗会相应增加。据测定，在相同的温度下，将白条肉后腿间的风速从 1.9m/s 加大到 3m/s，会引起附加的重量损耗约 25%；同时，由于翅片管间风速增加，相应地增加了空气阻力，也就增加了电耗。因此，过度地增加冷却间的风速是不经济的。

## 5.2.2 冻结间

### 1. 空气自然循环冻结间

图 5-19 所示为空气自然循环冻结间示意，它采用光滑顶管及墙管作为冷却设备。顶管竖向 4 根或 2 根，固定在吊梁上或楼板上；墙管用立式或蛇形排管，沿外墙布置。排管除霜以人工扫霜为主，兼用热氨融霜系统。

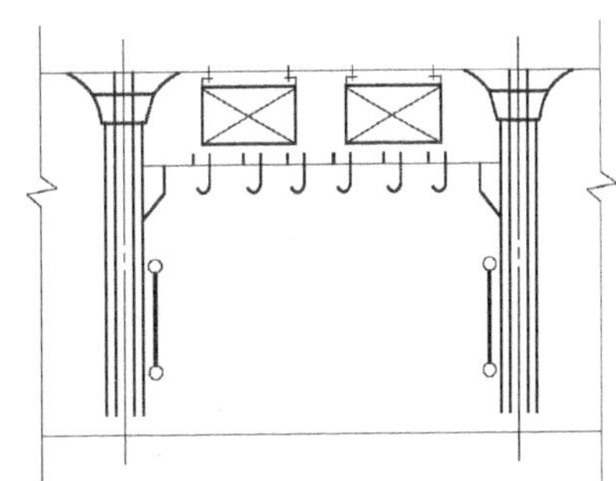

图 5-19 空气自然循环冻结间示意图

这种冻结间的温度为 -18℃，冻结时间在 48h 以上，除在一些小型冷库内偶尔见到外，目前已很少采用。

### 2. 搁架式排管冻结间

搁架式排管冻结间也称为半接触式冻结间。在冻结间内设置搁架式排管作为冷却设备兼货架，需要冻结的水产品、农副产品、分割肉块状食品可装在盘内或直接放在搁架上进行冻结，它适用于每昼夜冻结量小于 5t 的冷库。

搁架式排管既可以采用 $\phi$38mm×2.25mm 或 $\phi$57mm×3.5mm 的无缝钢管制作，也可以采用 40mm×3mm 的矩形无缝钢管制作。排管管子的水平距离为 100~122mm，每层的竖直间距视冻结食品的高度而定，一般为 220~400mm，最低一层排管离地坪宜不少于 400mm。管架的层数应考虑装卸操作的方便，一般最上层排管的高度不宜大于 2000mm，如双面操作，则以 1200~1500mm 为宜。为减少排管的磨损，可以在管架上铺 0.6mm 厚镀锌薄钢板。

搁架式排管冻结间的操作走道应能单向通行手推车。其净宽不小于 1000mm，对于冻结量大于 5t/批时，应考虑手推车和重车的行走路线，以提高装卸效率。如果冻盘规格为 600mm×400mm×120mm，则每盘装货 10kg，每平方米面积可冻结食品 60~80kg。搁架式冻结间平面布置示意如图 5-20 所示，搁架式冻结间的布置如图 5-21 所示。

搁架式排管冻结间有空气自然循环式和吹风式两种。采用空气自然循环式时，排管与食品的热交换较差，冻结速度较慢，当室温为 -23~-18℃ 时，冻结时间视冻品厚度和包装条件而定，一般为 48~72h。如果在冻结间内装上鼓风机，加速空气的循环，其风量可按每冷冻 1t 食品配 1000m³/h 计算。此时搁架式排管的传热系数增大，单位面积制冷量也可增为 232.6W/m² 左右，当室温为 -23~-18℃，冻结时间为 16~48h 不等，如冻结鱼和盘装鸡为 20h，冰蛋为 24h，箱装野味为 48h。目前，在实际的工程设计中，一般设计搁架式排管冻结间时为了配合快速冻结的需要，以加大冷量配置，缩短冻结时间，有的冻结时间可达几小时。

吹风式搁架排管冻结间按鼓风机装设位置的不同，有顺流吹风式、直角吹风式和下压混流吹风式。如采用顺流吹风式，鼓风机装设在搁架式排管的一端，气流与排管平行，风速为

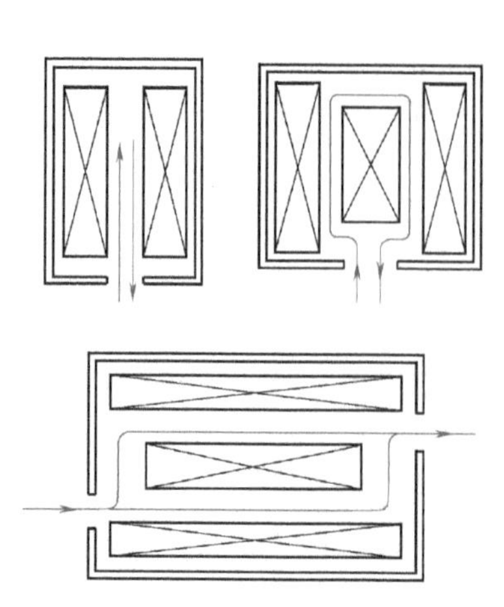

图 5-20　搁架式冻结间平面布置示意图

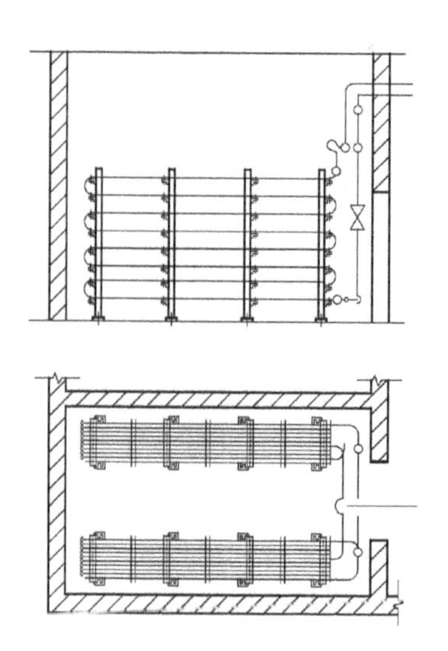

图 5-21　搁架式冻结间的布置

3m/s 左右，风速越高冻结时间越短；如采用直角吹风式，鼓风机装设在搁架式排管上面，食品间的风速为 1.5~2.0m/s；如采用下压混流式吹风，鼓风机装设在两组搁架式排管之间的通道上方（图 5-22），向下吹风，使整个冻结间内的空气流动呈混流状态，故风速分布不够均匀。另外，还有一种采用顺流吹风式的搁架式排管冻结间，其布置示意如图 5-23 所示。

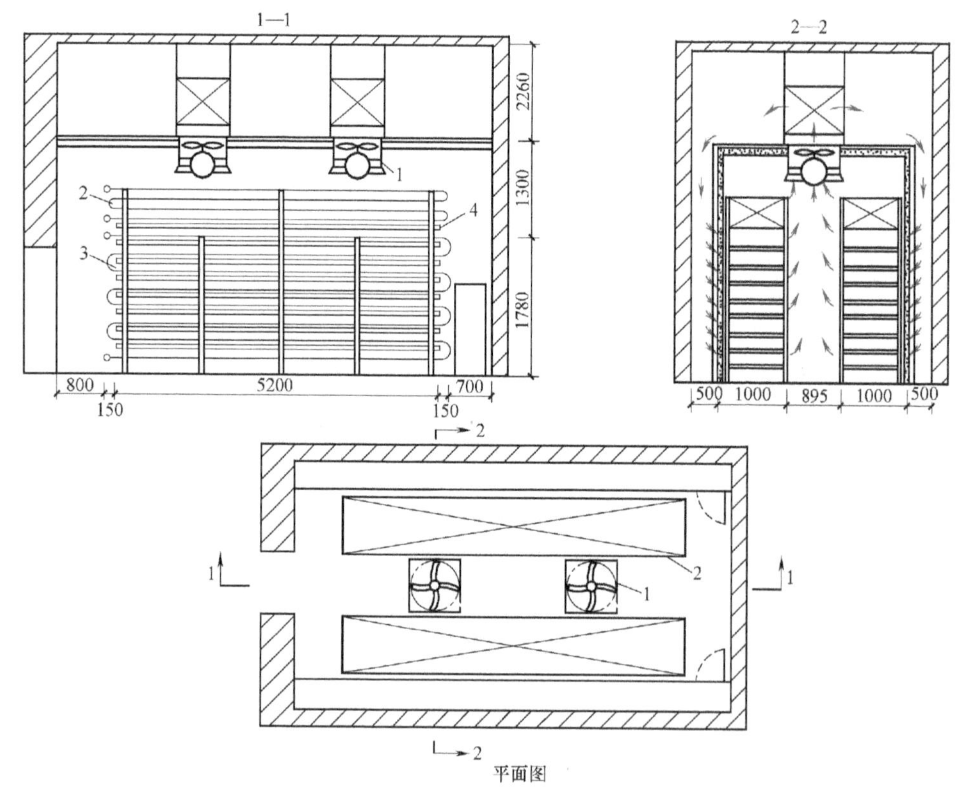


图 5-22　吹风式搁架排管冻结间布置示意图（一）

1—轴流风机　2—顶管　3—搁架式排管　4—出风口

另一种吹风式搁架排管冻结间布置示意如图 5-24 所示。

搁架式排管采用人工扫霜，并定期采用热氨冲霜清除管内积油。

搁架式排管冻结间的优点是设备结构简单，易于操作，又不必经常维修；其缺点是管架的液柱作用较大，不能连续生产，进出货搬动劳动强度大，无吹风的搁架式排管冻结间内食品与空气间的换热效果较差。

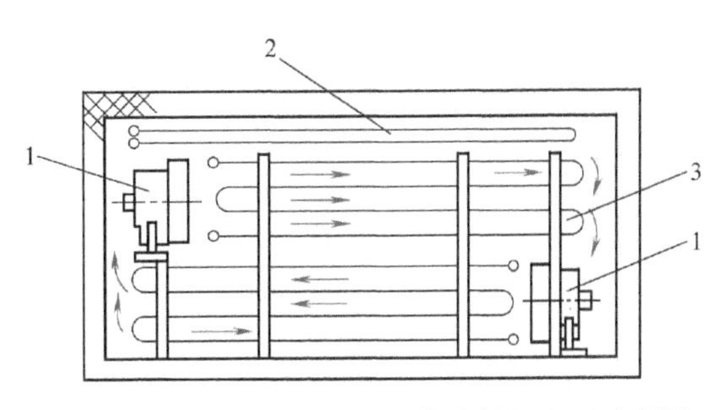


**图 5-23　顺流吹风式搁架排管冻结间布置示意图**

1—风机　2—顶排管　3—搁架式排管

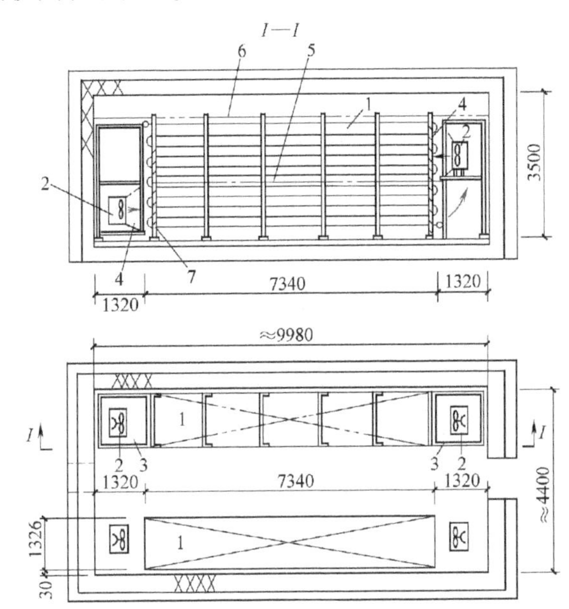


**图 5-24　吹风式搁架排管冻结间布置示意图（二）**

1—搁架式排管　2—LFF 型 7 号轴流风机　3—风机挡风板支架　4—送风口

5—挡风隔板　6—塑料顶罩　7—导风板（16 条）

### 3. 强制空气循环冻结间

采用冷风机作为冷却设备，按照冷风的型式和空气流向可分为纵向吹风、横向吹风和吊顶式冷风机等三种。

（1）纵向吹风冻结间　在冻结间的一端设置落地式冷风机，在吊轨上面铺设木制导风板，导风板与楼板之间形成供空气流通的风道，使冷风顺着冻结间纵向（即长度方向）循环流通。导风板的型式有两种：一种是仅在墙头留风口，空气沿着导风板吹到库房的另一端，其出风示意图如图 5-25a 所示，这种型式的空气流通距离长，使库温、风速分布不均匀，食品冻结时间相差较大，故要求冻结间不能太长，一般为 12~18m；另一种是在导风板上沿着吊轨方向开长孔，其出风示意图如图 5-25b 所示，出风孔的宽度一般为 30~50mm，靠近冷风机的孔要大一些，为 60~70mm，这种型式的冻结间多用于冻结白条肉，从出风口吹出的低温气流竖直吹向倒挂于轨道上的白条肉后腿，使其同一批肉胴的冻结速度较为均匀。当冻结间的长度不超过 10m 时，也可以不设导风板，冷风从冷风机的出风口直接吹出，或者装设短风管，使冷风从短管吹出。布置时要注意，冷风机距墙面或柱边应不少于400mm，冷风机与楼板之间的距离不应少于800mm，并在靠近冷风机处设1m×0.8m的人孔，以便维修风机和电动机。

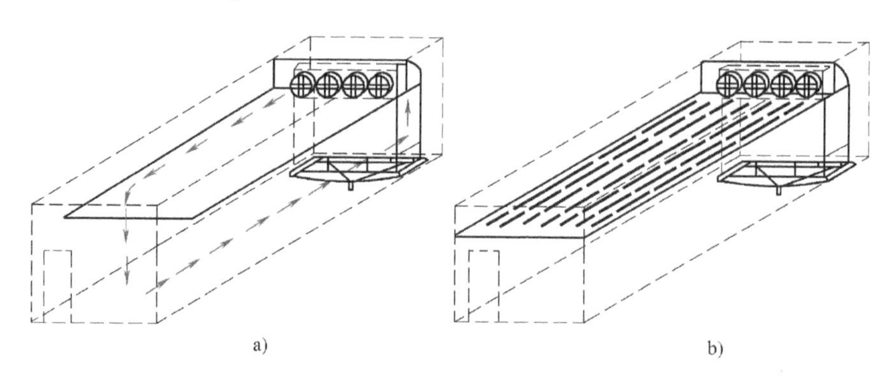


图5-25　纵向吹风冻结间出风示意图

这种冻结间的宽度一般为6m，长度为12～18m，库房面积与冷却面积之比为1∶10，冻结能力为15～20t/昼夜，室温为-23℃，一次冻结时间为20h，库内风速为1～2m/s，满载时为4m/s，风量为$1m^3$/kcal·h（1kcal=4.1868kJ），风压为30～40mm$H_2O$。

这种冻结间的优点是能沿挂的肉体方向吹风，气流阻力小，冷风机台数少，耗电小，系统简单，投资少；其缺点是空气流通距离长，风速和温度不均匀，不宜用于冻结盘装食品，而多设于冻结吊挂白条肉的分配性冷库。

（2）横向吹风冻结间　在冷结间的一侧设置冷风机，使冷风在冻结间横断面内流通，其平面布置示意如图5-26所示，其出风示意如图5-27所示。

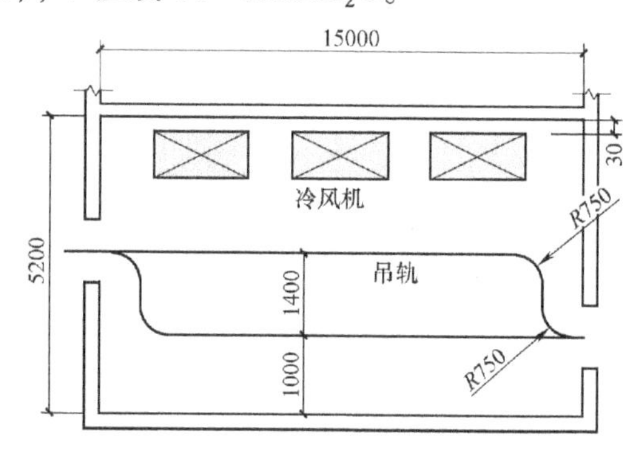


图5-26　横向吹风冻结间平面布置示意图

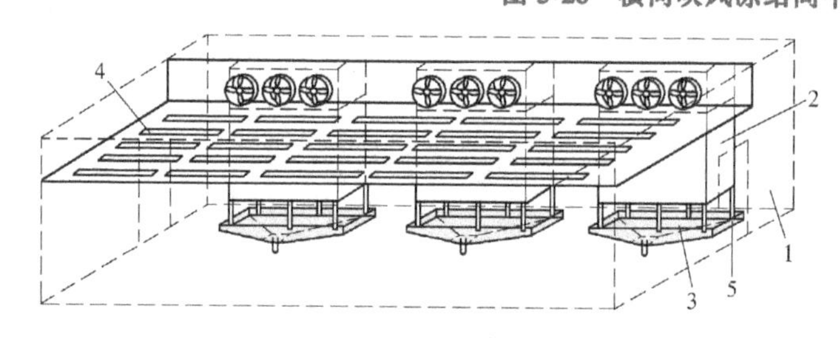


图5-27　横向吹风冻结间出风示意图

1—冻结间　2—冷风机　3—冷风机水盘　4—挡风板　5—门

这种冻结间的宽度为3～7m，长度不限，一般均需设置一台以上冷风机，若设置导风板，则应在导风板上沿轨道方向开长孔。

这种冻结间的优点是空气的流通距离短，库温均匀，冻结速度较快；其缺点是需要冷风机台数较多，耗电量大，系统较复杂，如设导风板时要耗用不少建材，增加投资，同时当吊挂白条肉时，气流与肉体方向一致，阻力也较大。

这种冻结间的设计室温为-30～-23℃，冻结时间为10～20h，多设在冻结量较大的生产性冷库。

这种冻结间用于冻结白条肉时，其宽度一般采用6m，冷风机沿长度方向布置。布置吊轨时，应从冷风机对面靠墙一侧开始，不留走道，而在冷风机与最近一根吊轨之间留出1.2～1.5m的距离，尽量使吊轨及肉胴不处于冷空气的回流区，冷风机吹出的冷风沿冻结间上部吹至对墙而下，再向上部经过各排肉胴回到冷风机。为了改善气流状况，确保风量和风压满足设计要求，冷风机可采用LTF型新系列轴流风机。在相同转速、相同叶轮直径条件下，新系列轴流风机耗功省、流量大、压头高。这种冻结间物品的冻结时间可在5～20h范围内调整。此外，也可在这种冻结间内设临时货架或吊笼，以冻结分层搁置的盘装食品，故适应性较强。

这种冻结间用于冻结水产品、家禽类盘装食品时，一般采用鱼盘（铁盘）和轨道吊笼冻结装置。按风机和吊笼的位置，又可分为上吹风式和下吹风式两种类型。冻结间的冷却设备可采用整体或组合式冷风机，循环冷风机的气流组织多为横向流动。为了提高水产品或其他盘装食品的质量，应力求冻结装置的气流形式与冻品的外形相适应，同时应使各冻结部位的空气流带均匀。冻结猪、牛白条肉时，冻品采取吊挂而近似扁平形，冷空气若平行于肉胴体表面做垂直流动，不仅与冻品有最大的换热面积，而且流动阻力较少，故较为合适。而盘装的水产品，冷空气与冻品的最大接触面是鱼盘上下平面，因此平行于鱼盘做水平流动的气流是比较合适的，一般要求通过冻结区有效断面的水平流速为3m/s左右。在下吹式（也称直吹上吸式）的水产冷库冻结间中，一般在6m×6m柱网中放置两列吊笼，吊笼外形尺寸为880mm×720mm×1780mm，共分10格，每格放鱼盘2只，鱼盘尺寸一般为600mm×400mm×120mm，装货重量为20kg。吊笼悬挂在轨道上，一般采用双扁钢轨道和双滑轮悬挂吊相配合的型式。它的优点是推行轻便安全，在转弯、过岔道时可任意转向。为了减少两列吊笼在冻结过程中的不均匀性，设机械调向装置进行换位。对于冻结量为20t/班的冻结间，配650$m^2$套片蒸发器4组，这种非标准设备可采用$\phi$38mm×2.5mm无缝钢管制作，套以100mm×1mm翅片，片距14mm左右。涨管固定，翅片管叉排，每层6根，共20层，管间设计流速为4.5m/s，蒸发器阻力不大，为8mm$H_2O$左右。下吹风式风机直接向吊笼吹风，故一般认为风机的风压可以稍低，但风量要大些，考虑到安装维修方便和布风口均匀等因素，一般多选7号或8号轴流风机。7号风机的风压为23.2mm$H_2O$，风量为115000$m^3$/h，四叶15°叶角，1450r/min，电动机功率为1.5kW。在布置时，要使风机吹出的气流能有一个扩散过程，并减少涡流损失，应使吊笼距风机的距离大一些，在吊笼两侧都留走道。吊笼到风机的距离为0.82m，如仅在风机一侧留操作走道，此距离可取1.27m，从使用效果看距离较大时布风口的均匀性好，同时要使风机的中心高度相接近，使吊笼上下布风均匀。一般的安装高度为0.95～1m，吊笼顶部离挡风板及离地坪的间距均为100～120mm。

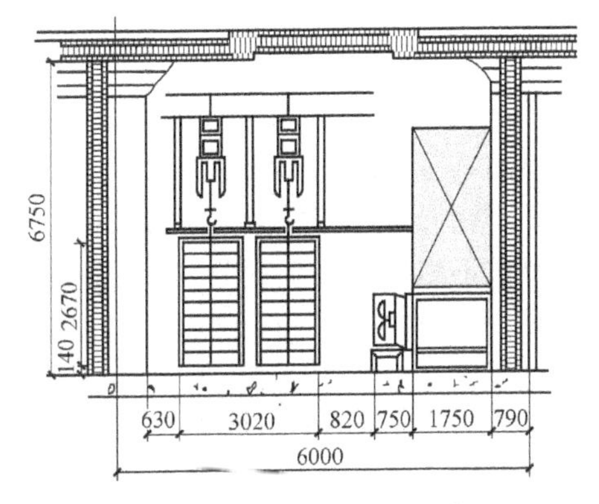

图5-28　下吹风式冻结间示意图

下吹风式冻结间示意如图5-28所示，它的冻结温度为-23℃，设计冻结时间为10~18h，这是许多水产冷库采用的冻结间，其特点是风量大，冻结速度快，但由于风机直接对着吊笼吹风，无疑可以提高前排吊笼中鱼品的冻结速度，鱼体从初温15℃到达-18.5℃只需6~7h，而后排吊笼上的鱼体冻结时间为13~15h。为了使整批鱼品的冻结时间基本一致，达到好的冻结效果，应改善气流组织设计。尽量使冻结部位的冷空气流速均匀，或采取链传动使吊笼换位。同时由于出口风速大（可达15m/s），空气通过冻结区的局部阻力也增加不少，因而在新的设计方案中趋向于提高冷风机风压（30~40mmH$_2$O），风量配比为每吨鱼11000~13000m$^3$/h。另一种水产冷库的冻结间是将轴流风机安装在挡风板上面，如图5-29所示，故称为上吹风式盘装食品冻结间。它采用组合式冷风机，蒸发器采用$\phi$32mm×2.2mm翅片管制作，把蒸发器的回风高度提到与吊笼高度一致，冷风机出口的高速气流经转弯和导向，有了一个扩展均衡阶段，在进入冻结区之前形成紧密而均匀的水平气流，其特点是上、下流速均匀，气流平行于鱼盘做水平流动，气流阻力比下吹风式小，冻结速度均匀，冻结效果好，库温为-30~-23℃时，冻结时间为8~10h。根据经验，对于水产品的冻结间，这种方式是比较合适的。

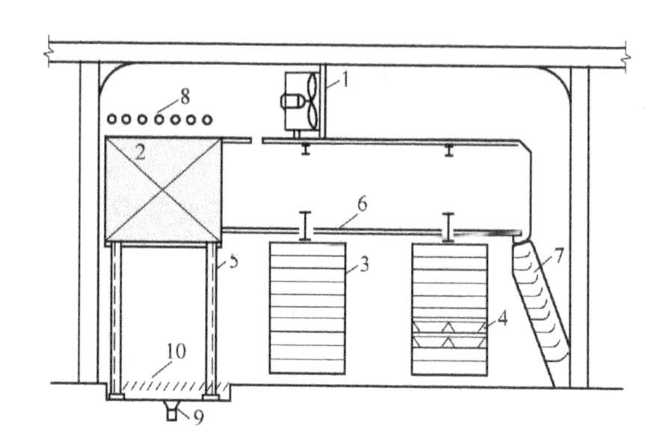


**图5-29　上吹风式冻结间示意图**

1—风机　2—蒸发器　3—吊笼　4—鱼盘　5—支架　6—吊顶　7—导风板　8—融霜水管　9—融霜排水口　10—反溅板

（3）吊顶式冷风机冻结间　这种冻结间将吊顶式冷风机装设在楼板下，与楼板的距离不少于500mm，吸风侧离墙间距不少于500mm，出风侧离墙间距不少于720mm，使冷风贴着楼板循环流动。这种冻结间的宽度为3~6m，长度不受限制，一般适用于冻结鱼、家禽等块状食品，也可用于冻结白条肉。设计室温为-30~-23℃，冻结时间为10~20h。

这种冻结间若装设导风板，则风速更为均匀，也可缩短冻结周期。

这种冻结间的优点是冷风机不占建筑面积，风压小，气流较均匀；其缺点是使用的冷风机台数多，系统复杂，维修不方便，融霜排水时有溅水现象，比较难处理。

## 5.2.3　冷却物冷藏间（高温冷藏间）

### 1. 冷却物冷藏间的特点及温湿度要求

冷却物冷藏间主要用于冷藏水果、蔬菜、鲜蛋等，由于品种繁多，要求库内的温湿度条件也各不相同。为了保持食品的质量，在贮存时，必须严格遵守食品要求的温湿度条件，温湿度要求不相同的食品不得共存在一起，异味食品也应分开贮存。库房的温度应稍高于食品的冰点，一般保持在-2~+5℃之间，库内的相对湿度要求在85%~90%，货堆间气流速度为0.3~0.5m/s。由于所贮存的大都是生鲜食品，故要求保持大面积的恒温恒湿。库内各区域的温度差应小于0.5℃，湿度差小于4%，以免食品冻坏或干萎霉烂。如果建设单位未提出明确的要求，则应根据大宗食品的贮存条件来确定，设计室温为0℃，相对湿度为90%。

对于专为贮存水果、蔬菜等有生命食品的冷却物冷藏间，食品在贮存期间吸进氧气，放出二氧化碳。为了冲淡食品生化过程中产生的废气，需要定期进行通风换气；同时还要考虑到，由于库温较高，在热货入库或者因事故停机时，冷却设备表面会有霜层融化或者产生冷凝水下滴等引起食品变质。

2. 冷却物冷藏间的冷却设备要求

冷却物冷藏间应采用冷风机，并配置均匀送风道和喷嘴。冷却物冷藏间一般选用干式翅片管冷风机（KLL-250、KLL-350），冷风机布置在库房近门的一侧，以便于操作管理和节省制冷管道及给排水管道。在只有一个风道的冷间，一般把风道布置在中央走道的正上方，其好处是：风道两侧送风射流基本相等，可以简化喷嘴的设计，即使风道表面凝结滴水，也不至于滴到货物上；同时可以将中央走道作为回风道。其风道布置示意图如图 5-17 所示。

冷却物冷藏间常用矩形截面均匀送风道，沿长度方向的高度相等，只改变宽度尺寸，头部和尾部的宽度比为 2∶1，这种方式制作和安装都比较方便。矩形风道的截面积远大于喷嘴的截面积，一般风道的截面积为 0.5~0.7$m^2$，而喷嘴的截面积为 0.005$m^2$，能起恒压箱的作用。风道不要太长，一般在 25~30m 之间。风道内流速不大，一般首段风速采用 6~8m/s，末端风速采用 1~2m/s，这样逐段降低流速、降低动压，以弥补沿程摩擦阻力的静压，使整个风道内静压分布基本相等。当库房宽度小于 12m 时，风道可设在库房一侧的上方。

冷却物冷藏间所用的喷嘴一般为圆锥形，设在风道两侧，喷嘴中心距约为 1m，但应避开柱子，喷嘴的中心线应与无梁板平顶成 17°仰角，喷嘴直径为 80~90mm，喷嘴中心离楼板底为 0.2~0.3m，如喷嘴直径为 85mm，射程为 5.1~8.5m，经过每个喷嘴的空气量约为 400$m^3$/h，喷嘴处空气流速为 19m/s。当楼板为有梁楼板时，喷嘴应水平安装，使气流方向与主梁平行，如图 5-18 所示。

在选用和设计冷风机及风道时，按下列各项进行：

（1）冷风机风量（$m^3$/h）

$$q_V = 3600A\omega \tag{5-1}$$

式中，$A$ 为气流净通道面积（$m^2$），$A=A_0-(A_1+A_2+A_3)$，$A_0$ 为冷风机横断面面积，$A_1$ 为横断面中管子所占面积，$A_2$ 为横断面中翅片所占面积，$A_3$ 为横断面中型钢所占面积；$\omega$ 为气流速度，$\omega$ 取 4~5m/s。

若按经验数据，则高温冷藏（风冷）的配风量为 70$m^3/m^2$ 翅片管面积，低温冷藏（风冷）的配风量为 80~100$m^3/m^2$ 翅片管面积。

（2）通风机全压　在选用通风机时，风压的数值可按下式计算：

$$H=\frac{r}{1.2}(\Delta p_P+\Delta H_M+\Delta H_C) \tag{5-2}$$

式中，$\Delta p_P$ 为通过翅片管的空气阻力（Pa），$\Delta p_P$ 可从图 5-30 查得，例如冷风机内高度方向有 15 根翅片管，通过管间流速为 4m/s 时，则 $\Delta p_P=15\times 0.8\text{Pa}=12\text{Pa}$；$\Delta H_M$ 为风道的摩擦阻力（Pa），可按阻力公式计算；$\Delta H_C$ 为喷嘴阻力（Pa），可按式（5-3）来计算。

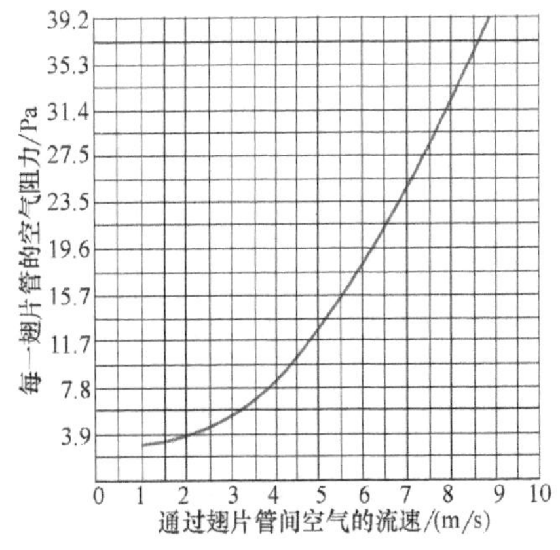


图 5-30　冷风机翅片管的空气流动阻力

$$\Delta H_{C}=\frac{\omega_{a}^{2}\rho}{2g\xi} \tag{5-3}$$

式中，$\omega_a$ 为经过喷嘴处的空气流速（m/s）；$\rho$ 为空气的密度，取 1.3kg/m$^3$；$\xi$ 为圆喷嘴的有效系数，一般为 0.93~0.95；$g$ 为重力加速度（m/s$^2$），取 9.81m/s$^2$。

当喷口直径为 85mm、空气流速为 19m/s、流量约为 400m$^3$/h 时，喷嘴处的阻力约为 245Pa。

（3）通风机功率

$$P=\frac{q_V HK}{102\times\eta\eta_n\times3600} \tag{5-4}$$

式中，$q_V$ 为通风机风量（m$^3$/h）；$H$ 为全风压（Pa）；$K$ 为电动机容量储备系数，可按表 5-4 选取；$\eta$ 为通风机效率；$\eta_n$ 为传动效率，带传动取 $\eta_n=0.9\sim0.95$，直联传动取 $\eta_n=1$。

表 5-4　电动机容量储备系数 $K$

| 电动机容量/kW | 通风机的 $K$ | 轴流式通风机的 $K$ |
|---|---|---|
| <0.5 | 1.5 | |
| <0.1 | 1.3 | |
| <2.0 | 1.2 | 1.1 |
| <5.0 | 1.15 | |
| >5.0 | 1.1 | |

### 3. 冷却物冷藏间的通风机换气要求

1）冷却物冷藏间宜按所贮存货物的品种设置通风换气装置，换气次数每日不宜少于 2~3 次；每昼夜的换气量按库房容积的 3 倍计算。

2）面积大于 150m$^2$ 的冷却物冷藏间宜采用机械送风，进入冷间的新鲜空气应先经过冷却（或加热）处理。可用进风道，将室外新鲜空气引至冷风机的下部，经盘管蒸发器冷却后从均匀送风道喷射至库房内。

3）冷间内废气应直接排至库外，出风口侧应设置便于操作的保温启闭装置。

4）新鲜空气入口和废气排出口不宜同侧开设。若在同侧开设时，排出口应在进空气口的下侧，两者竖直距离不宜小于 2m，水平距离不宜小于 4m。

5）冷间内的通风换气管道、通风管穿越围护结构处及其外侧 1.5~2.0m 长的管道和穿堂内排气管均须保温。排气管应坡向库外，进气管冷间内的管段应坡向冷风机，风管最低点应有放水措施。

冷却物冷藏间内货物的安排应与送风方式和气流组织相适应。目前，冷却物冷藏间都采用单风道小喷嘴送风，即在库房中央走道的正上方设置一道带有许多喷嘴的均匀送风道，喷嘴向上仰角 17°，喷嘴中部与顶棚距离为 200~300mm，冷空气从喷嘴出来之后，首先射向库房平顶，再与库内空气相混合，沿货堆上部空间吹至墙面。据有关资料介绍，这样设计的喷嘴，其风速在 10~20m/s 的范围内，冷射流可以以 80~100 倍的喷嘴直径贴附在光滑的平顶直至对面墙面而不致中途下落。然后流过货堆，经热交换后的空气，由货堆间的通道、检查道和中央走道，构成回风气流至冷风机口。采用这种配风方式，要求货堆与墙面间应有

100~300mm的间距，货堆底部必须放垫木，垫木长方向应与气流方向一致；货堆顶部与平顶包装食品采用错缝堆码，应留有不小于300mm的空间，主要走道的宽度也不应小于1200mm，冷风机下部四周开口，以保证气流的正常循环。

在生产旺季，经常需要将挑选后的鲜货直接进库，进库量一般按不超过库容量的5%考虑，以免库温波动过大。为此，可考虑将冷风机翅片管分成2~3组，分组控制，视库内热负荷大小调节运行。

在冷却物冷藏间内采用冷风机和均匀送风道的配风方式是比较合适的，其优点是构造简单，使用方便，气流均匀，恒温恒湿带宽广，且风速较小。

在小型冷库中，冷却物冷藏间也可采用冷却排管作为冷分配设备。考虑到在停止供液时，如果用顶管有可能融霜滴水，引起食品变质，故通常都设置墙管，管组下设有排放滴水的水沟。

### 5.2.4　冻结物冷藏间（低温冷藏间）

#### 1. 冻结物冷藏间的类别及其特点

冻结物冷藏间用于长期贮存冻结食品，库温不高于-18℃，相对湿度最好维持在95%以上，库温的波动控制在±1℃范围内，以便更好地保持食品的质量和减少食品的干耗。

目前，国内冻结物冷藏间的设计型式主要有空气自然循环的冻结物冷藏间和风冷式冻结物冷藏间，前者采用排管作为冷却设备，后者采用冷风机作为冷却设备。

#### 2. 冻结物冷藏间冷却设备的选型和布置设计

冻结物冷藏间冷却设备宜选用墙排管、顶排管，当食品有良好的包装时也可以采用冷风机。

空气自然循环的冻结物冷藏间内的冷却设备一般采用墙排管和顶排管，有的库内同时设置墙排管和顶排管，有的只设置顶排管。图5-31所示为同时采用两种排管的并联示意。

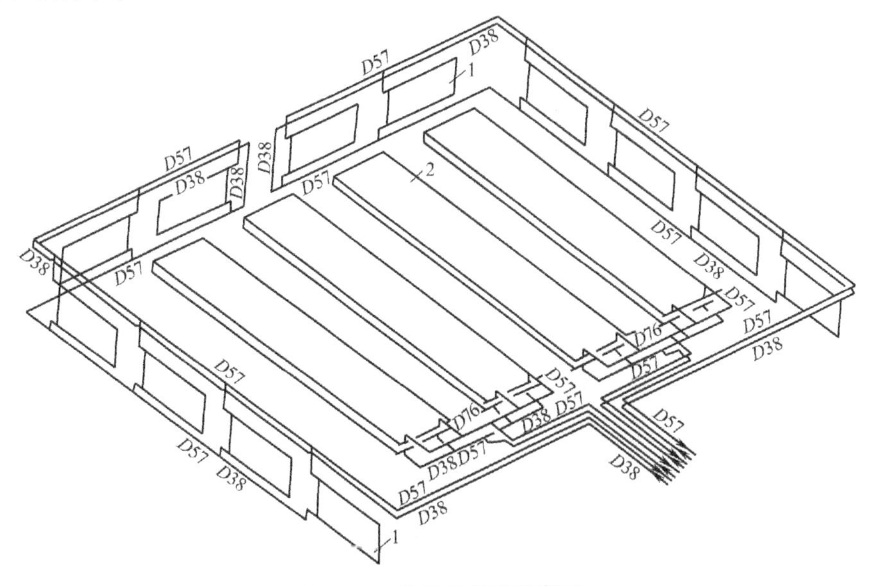


**图5-31　排管的并联示意图**

1—光滑墙排管　2—光滑顶排管

冻结物冷藏间的热负荷主要是通过冷库围护结构传入的热量，因而冷却排管应布置在热流的传入侧，并考虑到库房容积的利用、便于除霜、制作安装等因素。

冷却排管的布置要求如下：

1）顶排管上层管中心线离平顶间距为：光滑管不小于250mm，翅片管不小于300mm。单层冷库及位于多层冷库顶层的冻结物冷藏间，可将排管单层铺开布置，以便于吸收屋顶透入的热量。多层冷库的其他各层库房为了能将融霜水集中于走道上，宜将顶排管布置在走道上方。

2）墙排管应设置在外墙的一侧，位置最好在库房2/3高度以上，以强化冷空气的自然对流，也可避免因食品倒垛而被砸坏，以有利安全生产。墙排管中心与墙壁的间距为：光滑管不小于150mm，翅片管不小于200mm。

3）多组顶排管的供液和回气管的连接，应采取“先进后出”的方式。对于多组下进上出的墙管，应在各组墙管下侧设$\phi$57mm的供液连接管分别连接。

4）当库房面积<200$m^2$时，顶管和墙管的供液管、回气管可以合用；当库房面积为200~450$m^2$时，顶管和墙管的供液管应分设，回气管可以合用；当库房面积>500$m^2$时，顶管和墙管的供液管、回气管均须分设。

5）冷却排管的安装固定依靠预埋在平顶及墙面的预埋件加以连接。吊点的预埋螺栓直径不小于$\phi$16mm。

此外，还应注意，在一个冷库中冷却排管的型式不能太多，否则不仅设计工作量增加，而且使今后的安装和维修工作复杂化。

冻结物冷藏间采用冷却排管的优点是设计和制作简单，如能采用工厂预制，可以缩短施工周期。其主要缺点是金属消耗量大，在单层高位库内安装有困难，且库温不均，不易实现自动化控制。

采用空气强制对流的冷却设备是冷风机。近年来，也有采用冷风机作为包装冻结食品冷藏间的冷却设备，货堆间的风速多为0.5m/s以下的微风速。它的优点是节省钢材，安装方便，操作管理易于实现自控，库温比较均匀，冷风机送出的冷空气沿冷藏间平顶贴附射流到对墙，然后引射混合，形成一个很大的回旋涡流，冷藏货物应处于此循环冷空气的回流区，因为这里的风速<0.5m/s，有利于减少无包装冻结食品的干耗。采用冷风机时，可以配置均匀送风道，也可使用带送风管的冷风机，如图5-32所示，为了减少无包装冷冻食品的干耗，

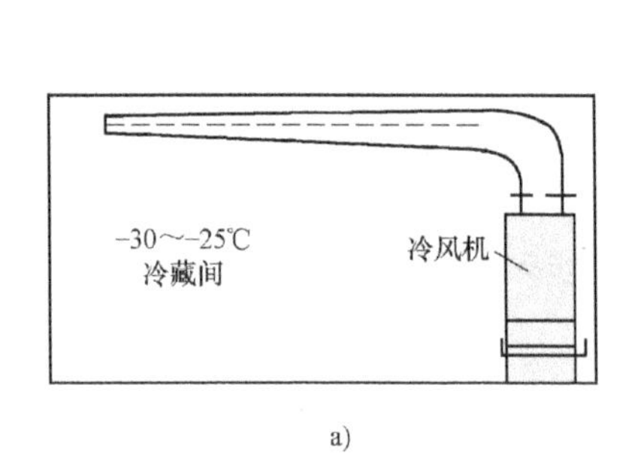

a)

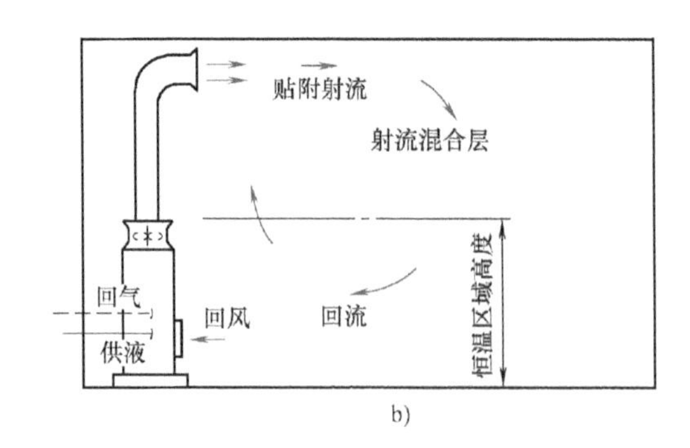

b)

**图5-32　采用冷风机的冻结物冷藏间**

a）采用均匀送风道　b）采用带送风管的冷风机

可以采用镀冰衣、盖冰帘等措施。据文献资料介绍，将冷风机工质蒸发温差控制在 2~4℃以内，也有助于减少冷藏过程中的食品干耗。

### 5.2.5 冰库

冰库或称贮冰间，贮放盐水制冰的库温为-4℃，贮放快速制冰的库温为-10℃，通常将冰库的冷却系统接入-15℃蒸发温度系统。冰库的地坪应做隔热处理。

冰库冷却设备的设置应符合下列要求：

1）冷库的净高在 6m 以下的可不设墙排管，但顶排管必须分散铺满。

2）冰库的净高为 6m 或高于 6m 时，应设墙排管。墙排管的安装高度宜在堆冰高度以上。

3）墙排管或顶排管不得采用翅片管。

冰库一般采用光滑顶管作为冷却设备，宜铺开布置，顶管上层的管中心线距平顶或梁底的间距不小于 250mm。不宜采用墙管和翅片管的理由如下：

1）冰块重量较大（50kg）且较滑溜，堆码时一不小心，冰块就会倒下，砸坏墙管。

2）为不使冰块倒下，一般冰垛挨近墙壁堆码（冰块离墙 50~100mm），这样在堆码时容易砸坏墙管。

3）若采用翅片管，则必须经常冲霜，冲霜水滴入冰块后，容易使冰块冻结在一起。

为了防止冰块撞击破坏库内墙面，可设竹片护墙（常用 35mm×10mm 的竹片钉在 75mm×5mm 的木龙骨架上形成栅状护板），护墙的高度一般以堆冰高度为准。

国内有的大型单层冰库还采用了以冷风机为主（配置喷风口为条缝形的矩形变截面风道），辅以高墙管的冷分配方式。这种做法可以使库温均匀（10m 高差中温差为 0.5~0.6℃），减少管材消耗，制作和安装设备较为省事，且操作管理方便。例如，一个万吨单层冰库配置 GL-500 冷风机 3 台，42.8m 矩形送风道 3m，墙排管 40 组（每组蒸发面积为 250$m^2$），使用效果良好。

### 5.2.6 包装间

包装间的冷却设备当室温低于-5℃时应选用排管，当室温高于-5℃时宜采用冷风机。

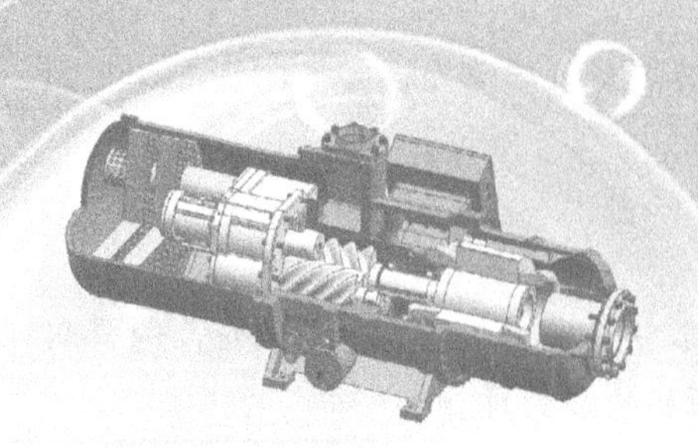

# 第 6 章

# 氨制冷系统的管道设计

制冷系统的管道设计包括管径确定、管道与管件的布置和管道的保温等。管道设计应根据压力、温度、流体特性等工艺条件，并结合环境和各种荷载等条件进行。管道设计的好坏关系到制冷装置运行的安全可靠性、经济合理性和安装操作的简便性。

## 6.1 制冷管道的阻力计算

### 1. 管径确定

管径确定是制冷系统设计中重要的一环，管径确定得合理与否直接影响整个系统的设计质量。管径的选择取决于管内的压力降和流速，实际上是一个初投资和运行费用的综合问题，对整个系统的安全经济运行起着极其重要的作用。一般管道的直径可按式（6-1）计算：

$$d_n=\sqrt{\frac{4Gv}{3600\pi w}}=\sqrt{\frac{4G}{3600\pi w\rho}}=\frac{1}{53.2}\sqrt{\frac{G}{w\rho}} \tag{6-1}$$

式中，$G$ 为制冷剂流量（kg/h）；$v$ 为制冷剂比体积（$m^3$/kg）；$\rho$ 为制冷剂的密度（kg/$m^3$）；$w$ 为制冷剂流速（m/s），由表 6-1 确定；$d_n$ 为管道内径（m）。

制冷剂的管道中的流速，实际计算时，根据经验推荐采用表 6-1 所列数值。

表 6-1　氨在管道内的允许流速　（单位：m/s）

| 管道名称 | 允许流速 | 管道名称 | 允许流速 |
|---|---|---|---|
| 吸气管 | 12~20 | 冷凝器至贮氨器的液体管 | <0.6 |
| 排气管 | 15~25 | 贮氨器至膨胀阀的液体管 | 1.2~2.0 |
| 氨泵供液的进出液管 | 0.4~1.0 | 高压供液管 | 1.0~1.5 |
| 氨泵系统中气液两相流体的管道 | 5~8 | 低压供液管 | 0.8~1.4 |
| 氨液分离器至分调节站的供液管 | 0.2~0.25 | 膨胀阀至蒸发器的液体管 | 0.8~1.4 |
| 蒸发器至氨液分离器的回气管 | 10~15 | 溢流管 | 0.2 |

在盐水系统管道中允许流速：供水总管<2.5m/s，供水支管为 1.0~1.5m/s，重力回水管为 0.5m/s，盐水泵吸入管为 0.8m/s。

表 6-1 中所列数值，对于较大的速度值适用于直径较大管道，当直径大于 100mm 时，

甚至可以此表中所列值增大25%~30%。但在吸入端为防止在管道中由于阻力损失而产生蒸气时，应采用较小的速度值。对于离饱和状态较远的液体，则可选择较大的速度值。

由式（6-1）可知，管道直径 $d_n$ 主要与流体流量 $G$、流体比体积 $v$、流体流速 $w$ 有关，在大容量的制冷系统中，制冷剂的流量 $G$ 较大，故管径较大，流体比体积 $v$ 随流体的状态而变化，因此管道中流体的温度、压力、状态也是决定管径大小因素，但是通常在计算管径时，系统的容量和工况均已给定，在这种情况下，只有流体的流速能直接影响管径的大小。由于管道中的流速对阻力有很大影响，如果流速取得过小，管道直径就相应增大，使制冷系统投资增加，所以在管径选择中，气体在管道中的阻力具有较大意义。

2. 允许压力降的确定

按式（6-1）计算出管径后，还要校核其压力损失是否超过允许的数值。氨制冷系统管道的压力允许值是以与压力降相对应的饱和温度降的数值（在0.5~1.0℃）为依据。制冷管道管径的选择，其允许压力降应符合表6-2中的规定。

表6-2 制冷管道允许压力降 $\Delta p$

| 类　别 | 工作温度/℃ | $\Delta p$/MPa |
|---|---|---|
| 回气管或吸入管 | -40 | 0.00383 |
| | -33 | 0.00561 |
| | -28 | 0.00630 |
| | -15 | 0.01010 |
| | -10 | 0.01190 |
| 排气管 | 90~150 | 0.02000 |

注：1. 回气管或吸入管允许压力降相当于饱和温度降低1℃。
2. 排气管允许压力降相当于饱和温度降低0.5℃。

在制冷系统中，管道的阻力损失所产生的压力降将使系统的制冷能力下降，功耗有所增加。例如，由于吸排气管道中的压力损失，使压缩机的吸气压力比蒸发器中的蒸发压力低，排气压力比冷凝器中的冷凝压力高。对于压缩机来说，其实际工作的工况发生变化，即与吸排气压力相对应的蒸发温度下降，冷凝温度上升，因而制冷能力下降，功率增加。由于吸排气管压力损失所引起的制冷量的减少和功率增加情况见表6-3。

表6-3 由于吸排气管压力损失所引起的制冷量的减少和功率增加情况

| 配管中的压力损失 | 蒸发温度/℃ | | | |
|---|---|---|---|---|
| | 5.5(空调) | | -33(速冻) | |
| | 制冷量 | 功率 | 制冷量 | 功率 |
| 无压力损失 | 100% | 100% | 100% | 100% |
| 对应饱和温度1℃的压力降 | 97% | 104% | 93% | 104% |
| 对应饱和温度2℃的压力降 | 94% | 109% | 87% | 108% |

表6-3中的数字表明：当吸排气管中的压力降数值相当于饱和温度降低1℃时，制冷量就要下降3%~7%，功率消耗就要增加4%。如果压力降的数值相当于饱和温度降低2℃，则制冷能力的下降及功率的增加就更多，因而在氨制冷系统管道中的允许压力降数值为相当于饱和温度降低0.5~1℃时的数值，在氟利昂制冷系统管道中的允许压力降数值为相当于饱和

温度降低 1~2℃时的数值。

3. 管内阻力损失（压力降）计算

流体在管道中流动时压力降 $\Delta p$ 由两部分组成：一部分是由于流体与管壁摩擦而产生的阻力或压力降，称为沿程阻力 $\Delta p_m$；另一部分是由于流体的流速或流向变化或两者同时变化而产生的阻力或压力降，称为局部阻力 $\Delta p_\xi$。即：$\Delta p=\Delta p_m+\Delta p_\xi$。

（1）沿程阻力的计算公式

$$\Delta p_m=f\frac{L}{d_n}\frac{w^2}{2}\rho \tag{6-2}$$

每米管长的沿程阻力损失（摩擦压力降）为

$$R_m=\frac{\Delta p_m}{L}=\frac{f}{d_n}\frac{w^2}{2}\rho \tag{6-3}$$

式中，$\Delta p_m$ 为沿程阻力损失（Pa）；$R_m$ 为每米管长的沿程阻力损失（Pa/m）；$f$ 为沿程阻力系数；$L$ 为管段长度（m）；$d_n$ 为管道内径（m）；$w$ 为管内制冷剂的流速（m/s）；$\rho$ 为制冷剂的密度（$kg/m^3$）。

沿程阻力系数 $f$ 与管内流体的雷诺数有关，对于湍流状态，其还与管子的相对粗糙度有关，如图 6-1 所示。

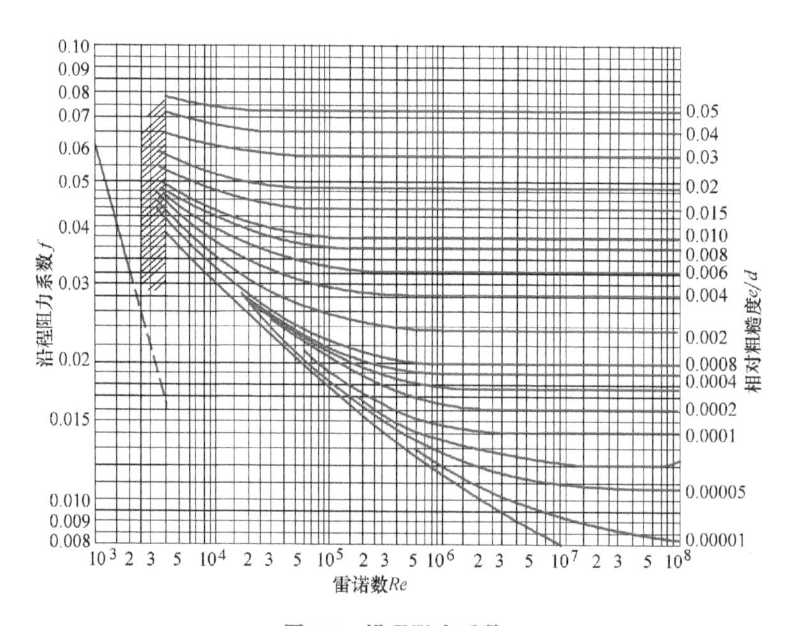


图 6-1　沿程阻力系数

当 $Re<2300$ 时，为层流，圆管的沿程阻力系数为

$$f=\frac{64}{Re} \tag{6-4}$$

从式（6-4）中可知，在层流区，沿程阻力系数仅为雷诺数的函数，雷诺数是一个量纲一的特征数，即

$$Re=\frac{wd_n}{\nu} \tag{6-5}$$

式中，$w$ 为流体流速（m/s）；$d_n$ 为管道内径（m）；$\nu$ 为流体的运动黏度（$m^2/s$）。

当 $2300<Re<3000$ 时，$f$ 极不稳定，应该避免这个区间。

当 $Re>3000$ 时，为湍流，沿程阻力系数的近似公式为

$$f=0.0055\left[1+\left(2000d_n+\frac{10^6}{Re}\right)^{\frac{1}{3}}\right] \tag{6-6}$$

由式（6-6）可知，对于湍流状态，沿程阻力系数不仅与雷诺数有关，而且与管子的相对粗糙度有关。

相对粗糙度是管子的绝对粗糙度与管子的内径的比值，管子的绝对粗糙度见表 6-4。

表 6-4 管子的绝对粗糙度

| 管　子 | 绝对粗糙度/mm | 管　子 | 绝对粗糙度/mm |
|---|---|---|---|
| 新的无缝钢管或黄铜管 | 0.0~0.0015 | 非腐蚀性气体及蒸气通过 | 0.10 |
| 新的钢管 | 0.05~0.10 | 非腐蚀性液体通过 | 0.30 |
| 新的铸铁管 | 0.26~0.3 | 弱腐蚀性液体通过 | 0.50 |
| 新的镀锌钢管 | 0.15 | 强腐蚀性液体通过 | 0.80 |
| 使用若干年后的钢管 | 0.19 | | |

一般对于污染和腐蚀性较大的流体，采用较大的粗糙度。而制冷剂在正常情况下对管子既不腐蚀，也不污染，所以应采用较小的绝对粗糙度 $e=0.06$mm，$CaCl_2$ 盐水管采用钢管的绝对粗糙度 $e=0.8$mm。

具体设计计算时，沿程阻力系数 $f$ 也可采用表 6-5 所列数值。

表 6-5 沿程阻力系数 $f$

| 工　质 | 沿程阻力系数 $f$ |
|---|---|
| 干饱和蒸气和过热蒸气 | 0.025 |
| 湿蒸气 | 0.33 |
| 液体制冷剂 | 0.35 |
| 水和盐水 | 0.40 |

（2）局部阻力的计算公式

$$\Delta p_\xi=\xi\frac{w^2}{2}\rho \tag{6-7}$$

式中，$\xi$ 为局部阻力系数；其他符号见式（6-3）。

为了计算方便，可将局部阻力所造成的压力降视为流体在某一长度管道上流动的沿程压力降，这一长度称为当量长度。

则局部阻力又可写成

$$\Delta p_\xi=\xi\frac{L_e}{d_n}\frac{w^2}{2}\rho \tag{6-8}$$

式中，$L_e$ 为三通、弯头和阀门等部件的当量长度（m）；其他符号见式（6-1）。

当量管长以管径倍数表示，常见各种阀门和管子附件的当量直径见表 6-6。

表 6-6　常见各种阀门和管子附件的当量直径

| 阀和管件的名称 | | 当量直径$\frac{L_e}{d_n}$ |
|---|---|---|
| 球形阀（全开） | | 340 |
| 角阀（全开） | | 170 |
| 阀门（全开） | | 8 |
| 止回阀（全开） | | 80 |
| 标准弯头 | 90° | 40 |
| | 45° | 24 |
| 三通 | 流体直线流过 | 20 |
| | 流体 90°转弯流过 | 60 |
| 管弯 | $R=1d$ | 20 |
| | $R>\frac{3}{2}d$ | 15 |
| 方弯 | 90° | 80 |
| 管径突然扩大 | $\frac{d}{D}=\frac{1}{4}$ | 30 |
| | $\frac{d}{D}=\frac{1}{2}$ | 20 |
| | $\frac{d}{D}=\frac{3}{4}$ | 17 |
| 管径突然缩小 | $\frac{d}{D}=\frac{1}{4}$ | 15 |
| | $\frac{d}{D}=\frac{1}{2}$ | 11 |
| | $\frac{d}{D}=\frac{3}{4}$ | 7 |

根据以上所述，气体在管道中流动的压力降 $\Delta p$ 为

$$\begin{aligned}\Delta p=\Delta p_m+\Delta p_\xi&=f\frac{L}{d_n}\frac{w^2}{2}\rho+\xi\frac{L_e}{d_n}\frac{w^2}{2}\rho\\&=\frac{w^2\rho}{2}\left(f\frac{L}{d_n}+\xi\frac{L_e}{d_n}\right)\end{aligned}\tag{6-9}$$

为了方便起见，将当量直径$\frac{L_e}{d_n}$用符号 $A$ 表示，当某管道中有数个阀门和管子附件时，则公式可写成

$$\Delta p=\frac{w^2\rho}{2}\left(f\frac{L}{d_n}+\xi\sum A\right)\tag{6-10}$$

#### 4. 公式计算法步骤总结

1）计算管子内径。根据式（6-1）进行管径计算。

2）初选管径。根据计算结果由管材表选取管径，如果计算得出的管道内径是在表中所

列规格的两种管径之间，则应按管径大的一种选用。

3）计算压力降。根据初选的管径由式（6-10）计算压力降 $\Delta p$，与允许压力降［$\Delta p$］进行比较，若 $\Delta p$>［$\Delta p$］，则需沿着使 $\Delta p$ 与［$\Delta p$］差值减小的方向修正 $d_n$，直至符合要求。

对于长度小于 30m 的氨吸入管、氨液管及排气管可分别按表 6-7 和表 6-8 来选择管径。

表 6-7 氨吸入管管径

| 吸气管管径/mm | 最大允许制冷量/W | | | 吸气管管径/mm | 最大允许制冷量/W | | |
|---|---|---|---|---|---|---|---|
| | 蒸发温度 | | | | 蒸发温度 | | |
| | -28℃ | -15℃ | -1.5℃ | | -28℃ | -15℃ | -1.5℃ |
| 15 | 2090 | 3838 | 6978 | 90 | 162587 | 305288 | 544284 |
| 20 | 4187 | 7676 | 14305 | 100 | 223296 | 411720 | 837360 |
| 25 | 7676 | 13956 | 26168 | 125 | 408123 | 725712 | 1343265 |
| 32 | 15652 | 27912 | 53235 | 150 | 610575 | 1067634 | 209346 |
| 38 | 22330 | 41170 | 75326 | 200 | 1263018 | 2267850 | 418680 |
| 50 | 42217 | 77456 | 145638 | 250 | 2232960 | 4012350 | 7536240 |
| 70 | 66646 | 123860 | 226785 | 300 | 3279660 | 6454650 | |
| 80 | 109904 | 205851 | 376812 | | | | |

注：1. 在吸气压力为 0.0325MPa 时，每 30m 管子长度的压力损耗为 0.0113MPa。
2. 在吸气压力为 0.142MPa 时，每 30m 管子长度的压力损耗为 0.0227MPa。
3. 在吸气压力为 0.316MPa 时，每 30m 管子长度的压力损耗为 0.0454MPa。

表 6-8 氨液管及排气管管径

| 管径/mm | 排气管 | 冷凝器至贮氨器 | 贮氨器至蒸发器 | 管径/mm | 排气管 | 冷凝器至贮氨器 | 贮氨器至蒸发器 |
|---|---|---|---|---|---|---|---|
| | 最大允许制冷量/W | | | | 最大允许制冷量/W | | |
| 10 | | 8723 | 41868 | 80 | 558240 | 1308375 | 8373600 |
| 15 | 10816 | 20934 | 69780 | 90 | 830382 | 1884060 | 12211500 |
| 20 | 20934 | 48846 | 261675 | 100 | 1151370 | 2581860 | |
| 25 | 39775 | 83736 | 477993 | 125 | 1953840 | 4605480 | |
| 32 | 78154 | 174450 | 854805 | 150 | 3157545 | 7082670 | |
| 38 | 107810 | 268653 | 1395600 | 200 | 6315090 | 14653800 | |
| 50 | 216318 | 488460 | 2965650 | 250 | 11164800 | | |
| 70 | 340178 | 767580 | 5146275 | | | | |

## 6.2 制冷管道的设计计算

### 6.2.1 氨制冷系统中常用的几种管道

氨制冷系统管道主要有三种：一是保证制冷剂在系统内循环制冷的管道，如冷藏库房分配设备（墙排管、顶排管、冷风机等）的供液回气管，压缩机的吸入、排出管道等；二是为了提高制冷效率和设备操作需要的管道，如放油管、放空气管、热氨冲霜管、排液管和降压管等；三是保证安全生产的管道，如安全管、泄氨管；此外还有一些冷却水管。管道设计应严格遵守 GB 50316—2000《工业金属管道设计规范》和 GB 50072—2010《冷库设计规范》中的规定。规范中给出了金属管道使用的温度下限，见表 6-9。

表 6-9　制冷剂温度与选用管道材质对照

| 工作温度/℃ | 应选择钢管 |
|---|---|
| -19~150 | 20 号碳素无缝钢管 |
| -29~150 | 10 号碳素无缝钢管 |
| -40~150 | 16MnDG 无缝钢管 |
| -50~150 | 低合金无缝钢管或高合金(不锈钢材质)无缝钢管 |

以往的制冷管道设计中，常使用 GB/T 8163 中的 10 号和 20 号碳素无缝钢管，随着冷库技术的发展，$NH_3/CO_2$ 复叠式制冷等低温冷库中，应根据实际使用的制冷剂工作温度来选择对应的管道材质。

1. 无缝钢管

无缝钢管的特点是质地均匀，强度高。由于氨对铜、锌及铜的合金材料有腐蚀作用，因此以氨为制冷剂的制冷系统严禁采用铜及铜合金的管材，直接与氨接触的管壁不允许镀锌。常用的碳素无缝钢管力学性能稳定，具有足够的塑性和韧性，且加工性能良好。

合金钢管是在碳素钢中加入锰、硅、钒、钙和钛等元素制成的钢管。合金元素的质量分数小于 5%时为低合金钢，介于 5%~10%时为中合金钢，大于 10%时为高合金钢。16Mn 无缝钢管中碳的质量分数为 0.1%~0.25%，加入主要合金元素锰、硅、钒、铌和钛等，其含合金总量小于 3%，属于低合金高强度结构钢。

氨制冷系统由于其制冷剂的特殊性和管道所具备的压力，故其属于特种设备范畴。通常氨制冷系统的工作压力不超过 1.5MPa（表压力），其高压部分的试压为 1.8MPa（表压力），低压部分的试压为 1.2MPa（表压力）。$NH_3/CO_2$ 复叠式制冷系统中，最高工作压力可以达到 3~5MPa（表压力）。常用无缝钢管的规格见表 6-10 或国家标准 GB/T 17395—2008。

表 6-10　常用无缝钢管的规格

| (外径/mm)×(壁厚/mm) | 内径/mm | 单位长度理论质量/(kg/m) | 净断面积/$m^2$ | 1m 长容量/(L/m) | 外圆周长/mm | 1m 长外表面积/($m^2$/m) | 1$m^2$ 外表面积的管长/($m/m^2$) |
|---|---|---|---|---|---|---|---|
| 冷　轧　钢 | | | | | | | |
| 10×2.0 | 6 | 0.395 | 0.00003 | 0.0283 | 31.40 | 0.031 | 31.84 |
| 14×2.0 | 10 | 0.592 | 0.00008 | 0.0785 | 43.96 | 0.044 | 22.74 |
| 18×2.0 | 14 | 0.789 | 0.00015 | 0.1538 | 56.62 | 0.057 | 17.69 |
| 22×2.0 | 18 | 0.986 | 0.00025 | 0.2543 | 69.08 | 0.069 | 14.47 |
| 25×2.0 | 21 | 1.13 | 0.00034 | 0.3456 | 78.54 | 0.078 | 12.82 |
| 32×2.0 | 27.6 | 1.62 | 0.00059 | 0.5935 | 100.48 | 0.100 | 9.95 |
| 38×2.20 | 33.6 | 1.94 | 0.00088 | 0.8809 | 119.32 | 0.119 | 8.38 |
| 45×2.20 | 40.6 | 2.32 | 0.00129 | 1.2876 | 141.30 | 0.141 | 7.07 |

（续）

| (外径/mm)×(壁厚/mm) | 内径/mm | 单位长度理论质量/(kg/m) | 净断面积/$m^2$ | 1m长容量/(L/m) | 外圆周长/mm | 1m长外表面积/($m^2$/m) | 1$m^2$外表面积的管长/(m/$m^2$) |
|---|---|---|---|---|---|---|---|
| 热轧钢 | | | | | | | |
| 32×2.55 | 27.0 | 1.82 | 0.00057 | 0.5723 | 100.48 | 0.100 | 9.95 |
| 38×2.5 | 33.0 | 2.19 | 0.00085 | 0.8549 | 119.32 | 0.119 | 8.38 |
| 45×2.5 | 40.0 | 2.62 | 0.00126 | 1.2560 | 141.30 | 0.141 | 7.07 |
| 57×3.5 | 50.0 | 4.62 | 0.00200 | 1.9625 | 178.98 | 0.179 | 5.58 |
| 70×3.5 | 63 | 5.74 | 0.0031 | 3.1172 | 219.91 | 0.220 | 4.55 |
| 76×35 | 69 | 6.26 | 0.0038 | 3.7373 | 238.64 | 0.239 | 4.19 |
| 89×3.5 | 82 | 7.38 | 0.0053 | 5.2783 | 279.46 | 0.279 | 3.57 |
| 108×4.0 | 100 | 10.25 | 0.0079 | 7.8500 | 339.12 | 0.339 | 2.94 |
| 133×4.0 | 125 | 12.73 | 0.0123 | 12.2656 | 417.62 | 0.418 | 2.39 |
| 159×4.5 | 150 | 17.15 | 0.0177 | 17.6625 | 449.26 | 0.449 | 2.22 |
| 219×6.0 | 207 | 31.52 | 0.0366 | 33.6365 | 687.66 | 0.668 | 1.45 |
| 273×7.0 | 259 | 45.92 | 0.0527 | 52.6586 | 857.22 | 0.857 | 1.16 |

### 2. 焊接钢管

焊接钢管又称水、煤气输送钢管，它由卷成管形的扁钢直对缝焊接制成，常用作水管、煤气管、暖气管和压缩空气管。在制冷系统中，冷凝器的冷却水管、蒸发器的冷冻水管一般可采用此种管。

焊接钢管分为镀锌的白铁管和非镀锌的黑铁管。一般盐水循环管道采用镀锌的白铁管，因为它具有一定的防腐性能。常用焊接钢管的规格见表6-11。

表6-11 常用焊接钢管的规格

| 公称直径 | | 钢管 | | | | | 管螺纹 | | | | 每米钢管分配的管接头质量(以每6m一个管接计算)/kg |
|---|---|---|---|---|---|---|---|---|---|---|---|
| mm | in | 外径/mm | 壁厚/mm | 不计管接头的单位长度理论质量/(kg/m) | 壁厚/mm | 不计管接头的单位长度理论质量/(kg/m) | 基面处外径/mm | 1in牙数 | 55°密封管螺纹 | 55°非密封管螺纹 | |
| 6 | 1/8 | 10.00 | 2.00 | 0.39 | 2.50 | 0.46 | | | | | |
| 8 | 1/4 | 13.50 | 2.25 | 0.62 | 2.75 | 0.73 | | | | | |
| 10 | 3/8 | 17.00 | 2.25 | 0.82 | 2.75 | 0.97 | | | | | |
| 15 | 1/2 | 21.25 | 2.75 | 1.25 | 3.25 | 1.44 | 20.958 | 14 | 12 | 14 | 0.01 |
| 20 | 3/4 | 26.75 | 2.75 | 1.63 | 3.55 | 2.01 | 26.442 | 14 | 14 | 16 | 0.02 |
| 25 | 1 | 33.50 | 3.25 | 2.42 | 4.00 | 2.91 | 33.250 | 11 | 15 | 18 | 0.03 |
| 32 | 1/4 | 42.25 | 3.25 | 3.13 | 4.00 | 3.77 | 41.912 | 11 | 17 | 20 | 0.04 |
| 40 | 1/2 | 48.00 | 3.50 | 3.84 | 4.25 | 4.58 | 47.805 | 11 | 19 | 22 | 0.06 |
| 50 | 2 | 60.00 | 3.50 | 4.88 | 4.50 | 6.16 | 59.616 | 11 | 22 | 24 | 0.08 |
| 70 | $2\frac{1}{4}$ | 75.50 | 3.75 | 6.64 | 4.50 | 7.88 | 75.187 | 11 | 23 | 27 | 0.13 |
| 80 | 3 | 88.50 | 4.00 | 8.34 | 4.75 | 9.81 | 87.887 | 11 | 32 | 30 | 0.2 |
| 100 | 4 | 114.00 | 4.00 | 10.85 | 5.00 | 13.44 | 113.034 | 11 | 38 | 36 | 0.4 |
| 125 | 5 | 140.00 | 4.50 | 15.04 | 5.50 | 17.74 | 138.435 | 11 | 41 | 38 | 0.6 |
| 150 | 6 | 165.00 | 4.50 | 17.81 | 5.00 | 21.63 | 163.834 | 11 | 45 | 42 | 0.8 |

注：1. 钢管公称直径不一定等于钢管外径减2倍壁厚之差。
2. 镀锌钢管比非镀锌钢管重3.26%。
3. 钢管长度：不带螺纹的黑铁管为4~12m，带螺纹的黑铁管和镀锌管为4~9m。
4. 1in=25.4mm。

### 6.2.2　对氨制冷系统阀件的要求

氨制冷系统所应用的各种阀门（如截止阀、节流阀、止回阀、电磁阀、安全阀等）都要求是氨专用的，并要有耐压、耐腐蚀等性能，具体要求如下：

1）阀体的材质应是灰铸铁、可锻铸铁或铸钢，强度试验压力为3.0~4.0MPa，密封性试验压力为2.0~2.5MPa。一般公称压力为2.5MPa的阀门即可满足要求。

2）氨制冷系统所用的各种阀门不允许采用铜及铜合金的零部件，直接与氨接触的内壁不允许镀锌。

3）氨制冷系统所有阀门还应有倒关阀座，以便在阀门填料泄漏时，能在系统处于工作状态和一定压力情况下把阀开足，更换填料。

4）制冷装置的压力表也要用氨专用压力表，其量程不得小于系统工作压力的1.5倍，精度等级不低于2.5。

$CO_2$ 系统中制冷剂运行压力约是氨制冷系统的数倍，其对管道和配件提出了更高要求。由于 $CO_2$ 制冷技术的研究推广还处于初期，目前国内尚未制定相应的规范，设计通常参照企业内部制定的标准执行。

## 6.3　制冷管道的图算法

以上介绍的公式计算方法比较准确，但计算烦琐。图算法虽然精确程度不如计算法，但方法简便，用于工程初步计算中已足够。图算法是将管径与阻力、冷量、流速等关系绘制成图及表格，从而根据要求直接查出管径。图6-2~图6-9所示为不同工况下的管径计算，可供设计过程中参考使用。

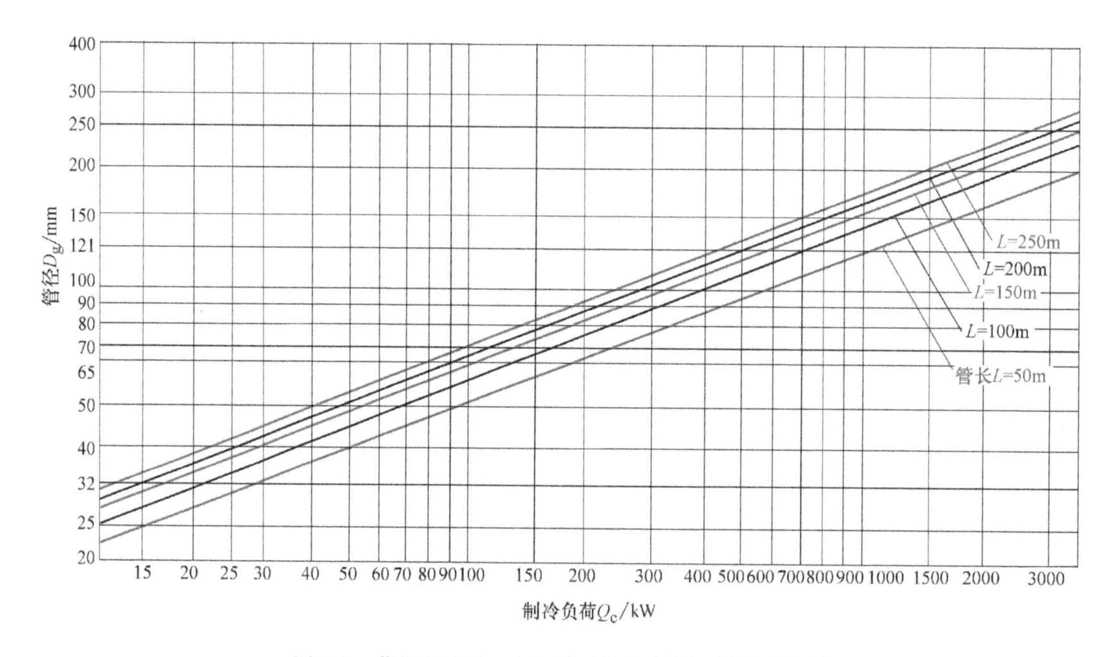


图6-2　蒸发温度为-15℃时氨单相流吸气管管径计算

图 6-2 使用说明：管径根据总压力损失 $\sum\Delta p<12.5\text{kPa}$ 计算确定，该压力损失相当于蒸发温度降低约 1℃及压缩机产冷量降低 4%。

例如，设一根-15℃氨吸入管的制冷负荷为 300kW，管长包括局部阻力的当量长度为 100m，则管径等于 90mm，近似公称直径 $D_g=100\text{mm}$。

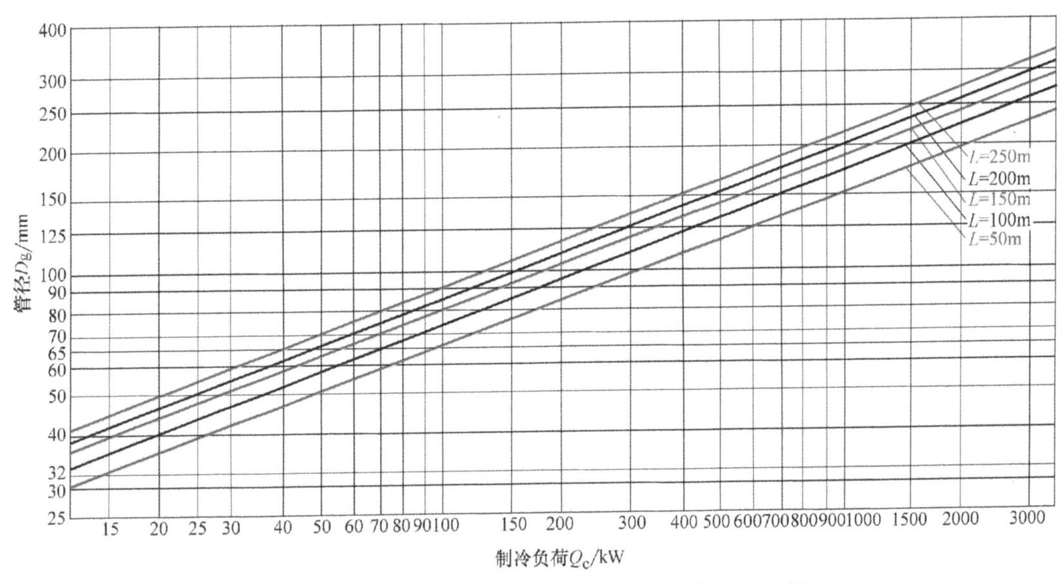


图 6-3　蒸发温度为-28℃时氨单相流吸气管管径计算

图 6-3 使用说明：管径根据总压力损失 $\Sigma\Delta p\leqslant5.884\text{kPa}$ 计算确定，该压力损失相当于蒸发温度降低约 1℃及压缩机产冷量降低 4%。

例如，设一根-28℃氨吸入管的制冷负荷为 300kW，管长包括局部阻力的当量长度为

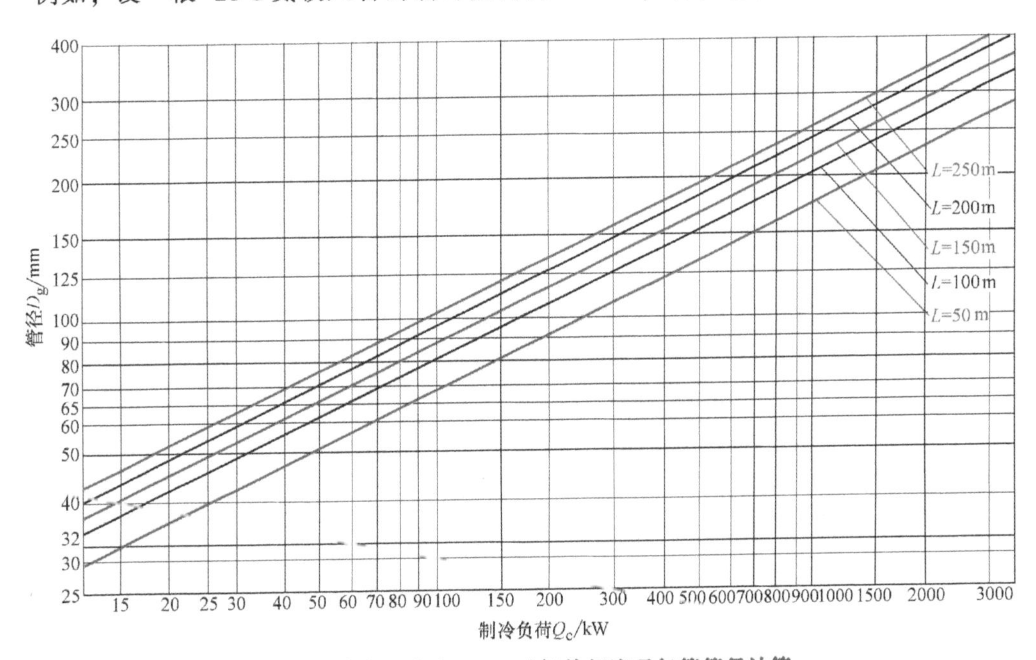


图 6-4　蒸发温度为-33℃时氨单相流吸气管管径计算

100m，则管径等于 110mm，近似公称直径 $D_g$ = 125mm［从吸气管负荷的横坐标（300kW）处竖直向上，交于当量总长 100m 转折线，再水平向左与钢管公称直径纵坐标相交于点］。

图 6-4 使用说明：管径根据总压力损失 $\Sigma\Delta p<4.903$kPa 计算确定，该压力损失相当于蒸发温度降低约 1℃ 及压缩机产冷量降低 4%。

例如，设一根-33℃ 氨吸入管的制冷负荷为 300kW，管长包括局部阻力的当量长度为 100m，则管径等于 124mm，近似公称直径 $D_g$ = 125mm。

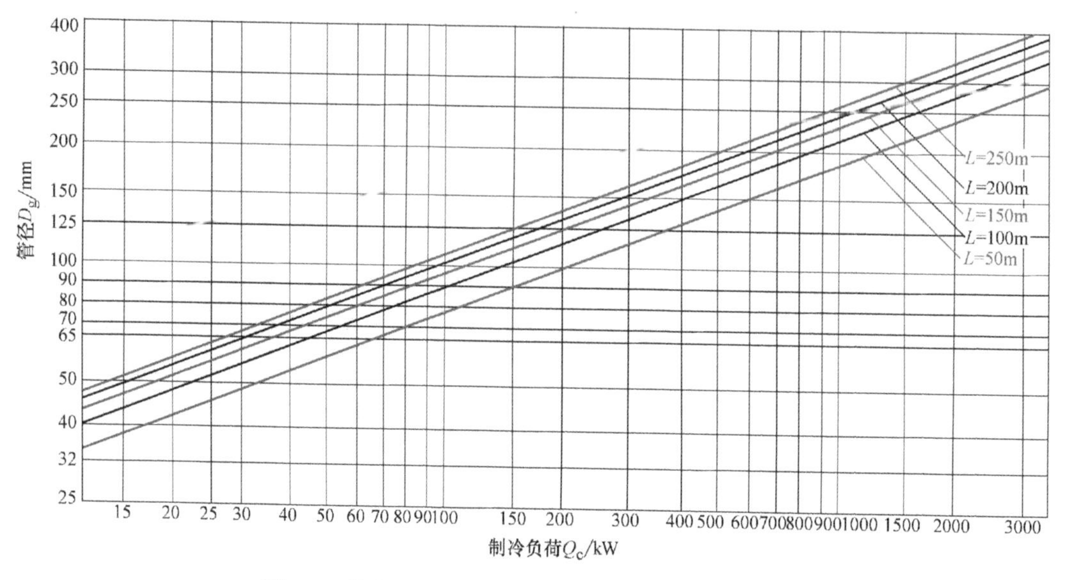


图 6-5　蒸发温度为-40℃时氨单相流吸气管管径计算

图 6-5 使用说明：管径根据总压力损失 $\Sigma\Delta p<3.923$kPa 计算确定，该压力损失相当于蒸

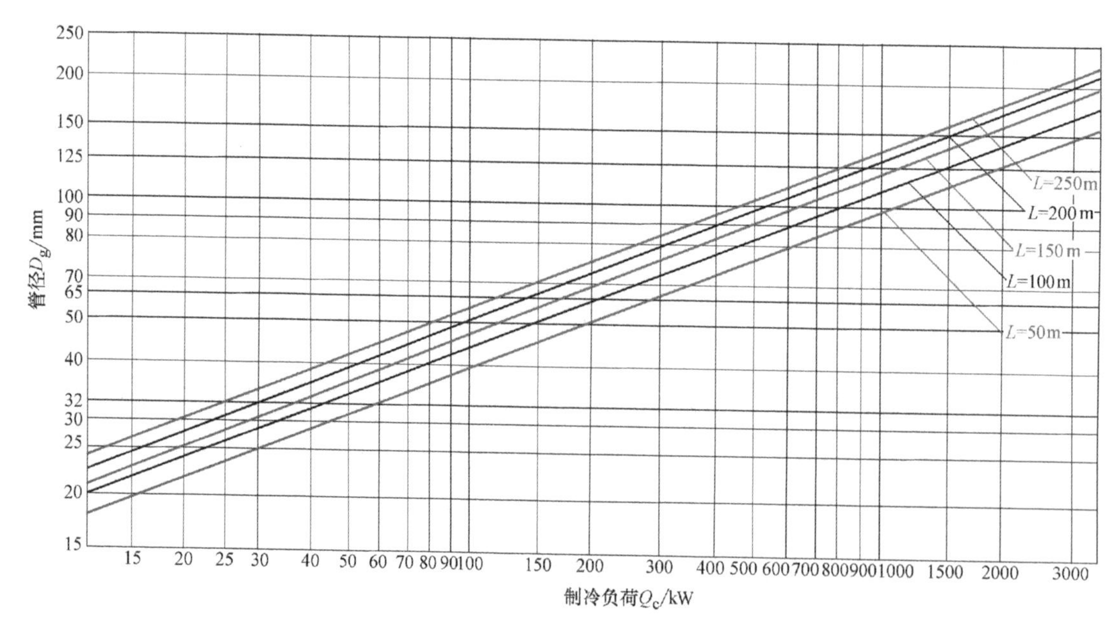


图 6-6　氨排气管管径计算

发温度降低约 1℃ 及压缩机产冷量降低 4%。

例如，设一根-40℃氨吸入管的制冷负荷为 200kW，管长包括局部阻力的当量长度为 50m，则管径等于 100mm，近似公称直径 $D_g = 100\text{mm}$。

图 6-6 使用说明：管径根据总压力损失 $\sum \Delta p \leqslant 14.710\text{kPa}$ 计算确定，该压力损失相当于冷凝温度升高约 0.5℃ 及压缩机用电量增加约 1%。

例如，设一排出管的制冷负荷为 300kW，管长包括局部阻力的当量长度为 100m，则管径等于 74mm，近似公称直径 $D_g = 75\text{mm}$。

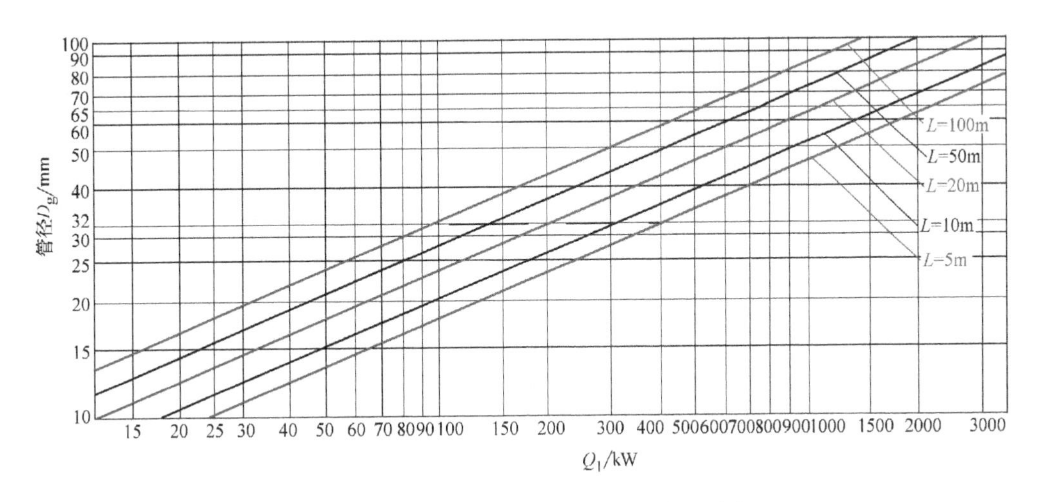


图 6-7 冷凝器与贮氨器之间氨液管管径计算

图 6-7 使用说明：管径根据总压力损失 $\sum \Delta p \leqslant 1.77\text{kPa}$ 计算确定。

例如，设冷凝器与贮氨器之间氨液管的负荷为 300kW，管长包括局部阻力的当量长度为 10m，则管径为 32mm。

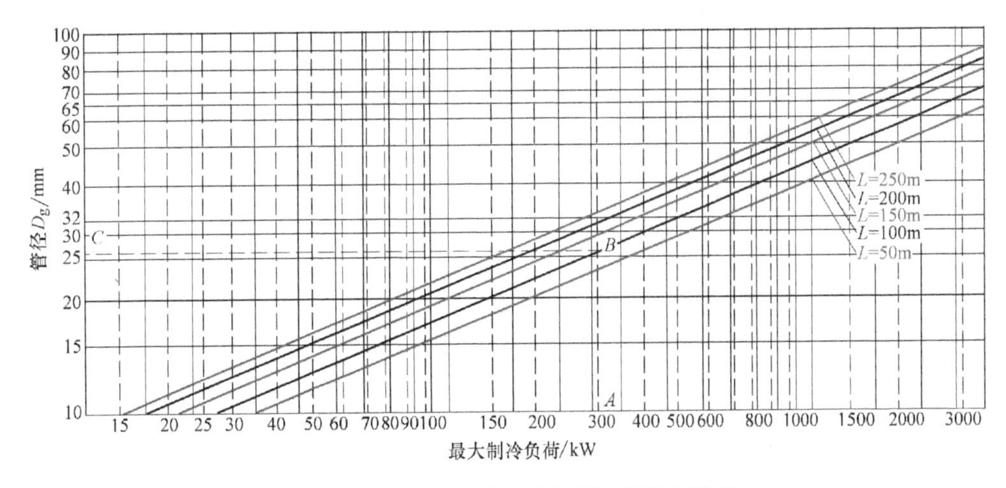


图 6-8 贮氨器与调节站之间氨液管管径计算

图 6-8 使用说明：管径根据总压力损失 $\sum \Delta p \leqslant 24.517\text{kPa}$ 计算确定，该压力损失相当于冷凝温度升高约 0.5℃。

例如，贮氨器与调节站之间氨液管的制冷负荷为300kW，管长包括局部阻力的当量长度为100m，则管径等于26mm，近似公称直径$D_g=25$mm。

图6-9所示为用于蒸发排管或冷风机回到低压循环桶的回气管管径计算图。

隔霜用的热氨管常用公称直径$D_g=38\sim57$mm，加压用的管子采用公称直径$D_g=25\sim38$mm。

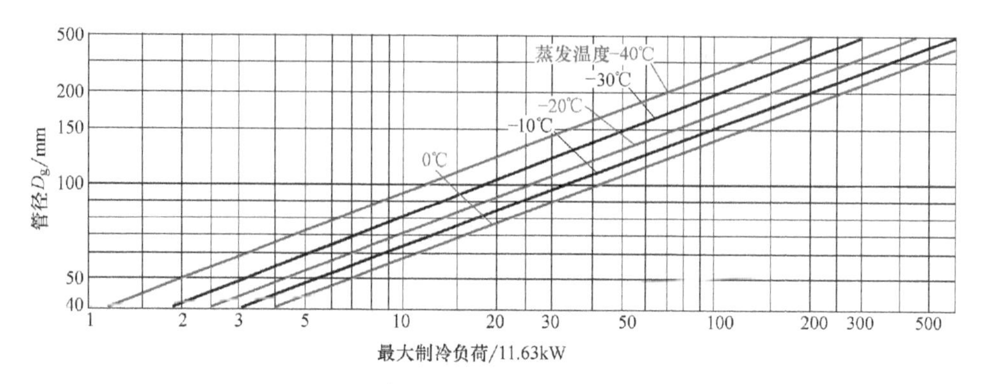


图6-9　低压循环桶回气管管径计算

对于氨制冷系统来说，可以参考图6-10进行氨管管径的综合计算。

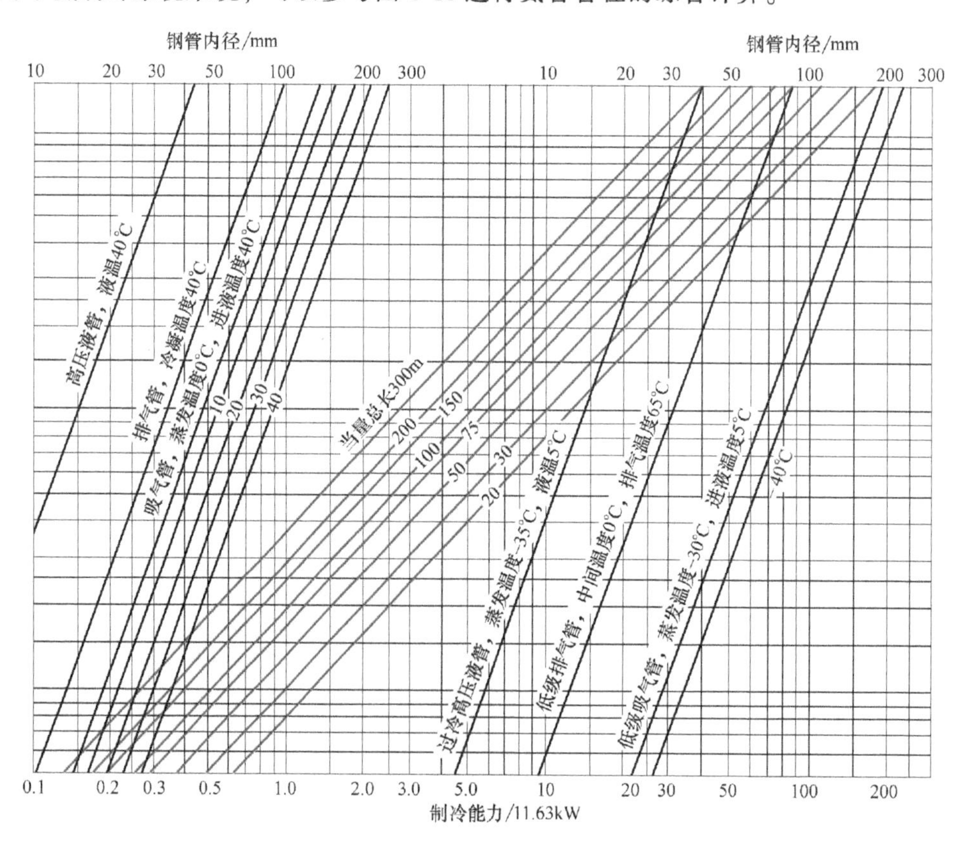


图6-10　氨管管径综合计算

氨泵进液管流速一般可采用0.4~0.5m/s，出液管流速则为0.8~1.0m/s。当进液管管径大于氨泵进液口时，应将进液管管径均匀缩小至泵进液口同径时再进行连接。氨泵进出液管管径选择见表 6-12。

表 6-12 氨泵进出液管管径选择 (单位：mm)

| 管道名称 | 氨泵流量/($m^3$/h) | | | | | | | |
|---|---|---|---|---|---|---|---|---|
| | 3 | 4 | 5 | 6 | 7 | 8 | 9 | 10 |
| 进液管 | φ57×3.0 | φ63×3.0 | φ76×3.5 | φ76×3.5 | φ89×3.5 | φ89×3.5 | φ89×3.5 | φ95×3.5 |
| 出液管 | φ38×2.2 | φ42×2.2 | φ57×3.0 | φ57×3.0 | φ57×3.0 | φ63×3.0 | φ63×3.0 | φ63×3.0 |

排液管通常用 φ32～φ38mm 的管径。放油管一般采用 φ25～φ32mm 的管径。安全管与各安全管接头同径，其总管的直径不小于 32mm 且不大于 57mm。

其他辅助管的总管比支管管径大 1～2 档，一般可以不再计算。

当实际工况和建立图表的工况不同时，使用图表前需要对计算参数进行修正。

## 6.4 制冷管道的伸缩与补偿

### 1. 管道的强度

在制冷系统（普冷）的管道设计中，一般情况下采用的无缝钢管或铜管不进行管壁的强度计算，只根据管径的要求按规格选用，但在管径较大、使用条件恶劣和压力较高的情况下，要进行必要的强度计算，这里推荐用以下公式进行最小壁厚计算。

$$\sigma_{\min}=\frac{pd_{\mathrm{n}}}{200[\sigma]-p}+C \tag{6-11}$$

式中，$p$ 为计算压力（MPa）；$d_{\mathrm{n}}$ 为管子内径（mm）；$[\sigma]$ 为管子材料的许用应力（MPa），见表 6-13；$C$ 为附加裕度，$C=1.5$mm，用于接触冷媒的无缝钢管，$C=2.0$mm，用于其他管路。

表 6-13 管子材料许用应力

| 材料 | 抗拉强度/MPa | 许用应力/MPa | |
|---|---|---|---|
| | | 无缝钢管 | 焊接钢管 |
| 10(碳素钢) | 340 | 53.0 | 42.4 |
| 20(碳素钢) | 400 | 63.0 | 49.8 |
| 12(烙钼钢) | 420 | 75.0 | 60.0 |
| 15(烙钼钢) | 450 | 80.0 | 64.0 |
| 铜 | 210 | 31.0 | 18.0 |

当制冷管道的工作温度不超过 150℃时，不必考虑屈服强度；当工作温度超过 230℃时，则要考虑管材的屈服强度。

管道工作压力一般可用试验压力的 2/3 或 3/4。

对于盐水、淡水、海水和其他间接冷媒，可根据实际工作压力取用，但不能低于 0.6MPa。

### 2. 管道的伸缩与补偿

大型冷库管线往往比较长，在温度变化很大的情况下，会引起管道的伸缩变形，这种伸缩的短管在弯折的管道中影响不大，但如果在较长直线管道上（长度大于几十米），其伸缩长度足以引发拉断管子的危险，所以在管道设计和安装中必须予以考虑。

管道的伸缩只与管长有关，而与管子的直径无关。单位长度的管道在温度上升和下降1℃时管长的膨胀或收缩长度称为膨胀系数。膨胀系数因材料的种类而异，当管道所处的温度区域不同时，膨胀系数也会有所变化。通常用以下公式计算因温度变化所引起的管长变化。

由于管道能随温度变化而自由伸缩，故管道材料中将产生热应力。热应力的大小可由式（6-12）求得

$$\sigma = E\sigma = E\frac{\Delta L}{L} = \alpha E(t_2 - t_1) \tag{6-12}$$

式中　$\sigma$ 为热应力（0.1MPa）；$E$ 为管道材料的弹性模量（0.1MPa），钢的 $E=2.1\times10^4$MPa，铜的 $E=9\times10^4$MPa；$\Delta L$ 为管道长度的变化值（m），可用下式计算：

$$\Delta L = \alpha L(t_2 - t_1)$$

式中，$\alpha$ 为管道材料的线膨胀系数（℃$^{-1}$），铜为 $165\times10^{-8}$℃$^{-1}$；$L$ 为管道长度（m）；$t_2$ 为管道的工作温度（℃）；$t_1$ 为管道的安装温度（℃）。

在管道设计中，管道的热应力不允许超过管材的许用拉伸或压缩应力，即

$$\sigma \leqslant [\sigma]$$

式中，$[\sigma]$ 为管材的许用拉伸或压缩应力（0.1MPa）。

如果算出 $\sigma > [\sigma]$，则应考虑热补偿问题，必须采用热补偿的温度极限变化，可由式（6-13）求得：

$$\Delta t = \frac{[\sigma]}{E\alpha} \tag{6-13}$$

一般当无缝钢管的温度低于31℃时，不需要热补偿。实际上，由于管道的挠性较大，当温度波动在60℃以下时操作多数良好。

冷库设计中，制冷系统管道的布置可以使用自然的热补偿方法，因为只有在大型冷库和一个机房供几个冷库的情况下，低压管直线段超过100m，高压管超过50m时，这种温度变化引起的伸缩才是明显的。在这种情况下安装管道时，应充分考虑伸缩度和改变方向等问题，同时要装设不妨碍性管道支架。管道的自然补偿如图6-11所示，补偿器（也称伸缩弯）如图6-12所示。采用了伸缩弯后，尽管伸缩能力较大，但也增大了流动阻力，因此建议在冷库制冷管道设计布置中要慎重采用。

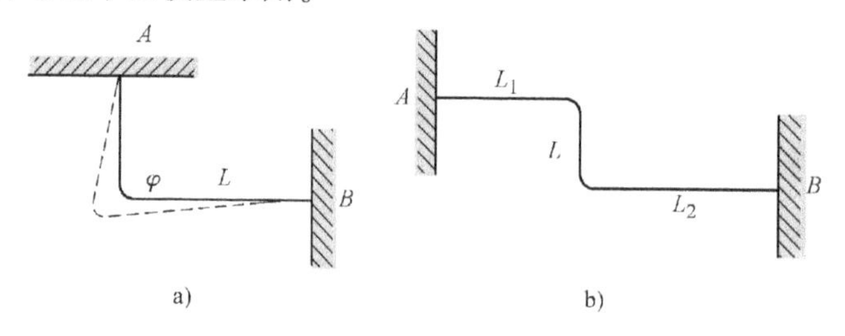


**图6-11　管道的自然补偿**

a）L形补偿　b）Z形补偿

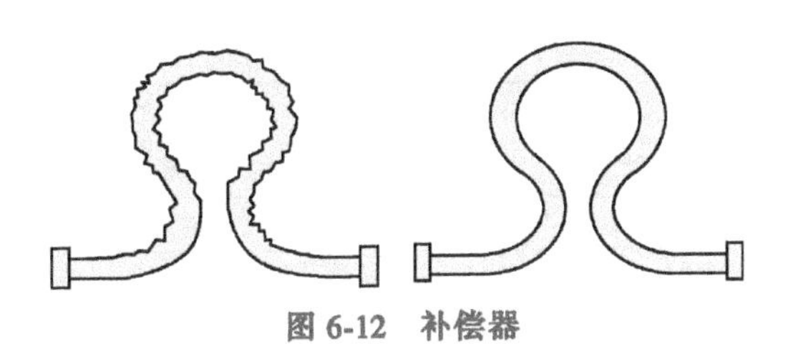

图 6-12　补偿器

## 6.5　制冷管道的布置与绝热

制冷管道的布置必须根据制冷工艺的要求进行，在布置管道时必须保证机器和设备的安全运转，同时考虑操作和检修的方便，又要使管道布置最为经济合理，管内阻力最小，其次还应考虑保持适当的美观。

### 6.5.1　管道布置的基本原则

管道布置应力求经济合理，适当照顾美观，考虑共用支架、吊点和节省绝热工程的工作量。

1. 机房系统管道的布置形式

1）管道尽量沿墙壁、柱子、梁、操作平台下面敷设，一般要求管道沿主梁敷设，以避免管子吊在楼底板下，使楼板集中载荷，但当每个吊架的负荷不超过 100kg 时，小直径管道可以吊在楼板下，由于柱子能承受管道传来的振动轴向推力，故在机房内沿柱子敷设管道是较适宜的。

2）主要管道集中布置在机房主操作通道上方，采用吊架支承。这种布置形式运用于压缩机布置为双列式既可缩短连接管道，又能使工质流向畅通，也比较美观。

2. 蒸发器供液管设计

1）每个冷间均应有从分配站上单独引出的、并能在分配站调节的供液管。

2）冷风机与排管的供液管道应从分配站分别引出，不得并联在同一供液管上。

3）并联于一根供液管的蒸发器应考虑到沿程阻力对供液量的影响，对各并联供液的蒸发器，要求其当量长度基本相等，以保证每组蒸发器都有良好的制冷效果。

4）当同一冷间内同时存在墙排和顶排两种冷却排管型式时，原则上应按墙排和顶排分别引供液管。如果采取并联在同一供液管的供液方法，就应采取先接通顶排、再接通墙排等措施，以保证顶排的供液量。

3. 吸、排气管设计

1）为了有效地保护压缩机，防止管道中液体或油流入压缩机产生液击或油击事故，与压缩机相连的吸入和排出管道都要保持一背离压缩机的坡度，制冷系统管道坡度方向见表 6-14。

2）为了防止液体进入压缩机，各个吸入管上应设有机房氨液分离器。如冷库用的氨液分离器设在机房内时，可不另设机房氨液分离器。

3）每台压缩机的排气管上均应设止回阀，以防止制冷压缩机较长时间停车后其排气管内沉积冷凝氨液及润滑油，造成制冷压缩机起动时液击。

表 6-14　制冷系统管道坡度方向

| 管　道　名　称 | 倾　斜　方　向 | 倾斜度参考数值(%) |
|---|---|---|
| 压缩机排气管至油分离器的水平管段 | 向油分离器 | 0.3~0.5 |
| 与安装在室外冷凝器相连的排气管 | 向冷凝器 | 0.3~0.5 |
| 压缩机吸气管的水平管段 | 向氨液分离器或低压循环桶 | 0.1~0.3 |
| 冷凝器至高压贮液桶的出液管水平管段 | 向高压贮液桶 | 0.5~1 |
| 液体分配站至蒸发排管的供液管水平管段 | 向排管 | 0.1~0.3 |
| 蒸发排管至气体分配站的回气管水平管段 | 向排管 | 0.1~0.3 |

### 4. 其他管道设计

1）管道的配置应尽可能采取平直以减少压力损失（部分管道在安装时还应保证合理的坡度，一般小于 0.5%）。在吸入管道上应严格注意防止“液囊”的形成，如图 6-13a 所示，如有向下弯曲的“液囊”“油囊”，则会再次积液、积油而影响气体正常通过。在氨液管上（如液体经调节站到氨液分离器的管道）也应严格注意防止“气囊”的形成，如 6-13b 所示，否则使节流产生的气体积聚于该处，影响液体的流动。

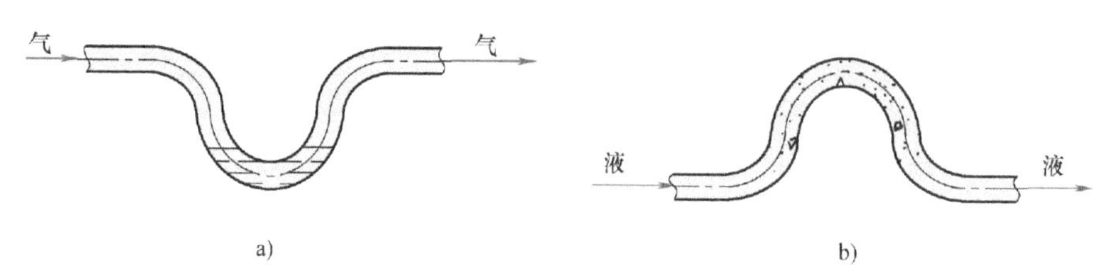


图 6-13　液囊与气囊

a）气体管上的液囊　b）液体管上的气囊

2）竖直面排列的管道。

① 吸入管道、排气管道要分开设置，如果布置在同一竖直面上，则吸入管应布置在排气管的下面，管道之间的距离比一般管道的间距要适当加大。

② 管径大的布置在上，管径小的布置在下。因管道的挠度与管径的大小有关，管径大的，挠度大，管架跨距大；管径小的，挠度小，管架跨距小。因此，把管径大的布置在上面，管架可按大直径管道所需的支承跨距进行设计，而小直径管道可采用吊架直接吊在大直径管道上。

③ 气体管道布置在上层，液体管道布置在下层。每台压缩机的吸入管最好从总管上部接出，避免或减少压缩机的液击现象。而输送液体的管道，支管最好从总管下部接出。总之，在管道布置排列时，尽量使管道有条理，不发生冲突，又便于安装。

④ 有保温层的管道布置在上，无保温层的管道布置在下（排气管除外）；否则，当上层管道发生渗漏时，会损伤保温管道的保温结构。

3）水平面排列的管道（靠墙敷设时）。

① 大直径管道靠墙布置，小直径管道布置在外。

② 支管多的管道布置在外，支管少的管道靠墙布置，从而使支管连接方便，减少支管过多弯曲，又缩短支管线路。

③ 经常维修的管道布置在外，不经常维修的管道靠墙敷设。

4）当几个管道平行或竖直敷设时，管道距离墙与天花板的距离应充分保证安装、维修时的方便，管道布置时可参考表 6-15～表 6-18 所列数据。

表 6-15 管道离墙尺寸

| 外径/mm | 最小距离/mm | | | 图示 |
|---|---|---|---|---|
| | *S* | *P* | *R* | |
| 108 | 184 | 130 | 80 | |
| 133 | 207 | 140 | 90 | |
| 159 | 230 | 150 | 90 | |
| 219 | 260 | 150 | 90 | |
| 273 | 327 | 190 | 90 | |

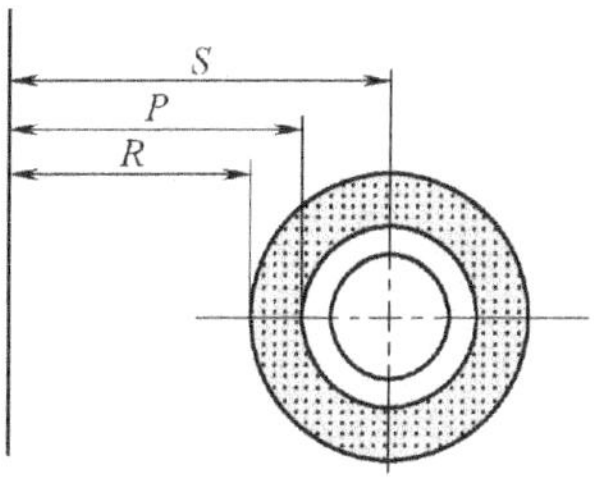

注：无隔热层时，管道与墙面间距按 *R* 计算。

表 6-16 管间距离尺寸

| 外径/mm | 最小距离/mm | | 图示 |
|---|---|---|---|
| | *T* | *W* | |
| 108 | 180 | 80 | |
| 133 | 190 | 90 | |
| 159 | 210 | 90 | |
| 219 | 210 | 90 | |
| 273 | 290 | 90 | |

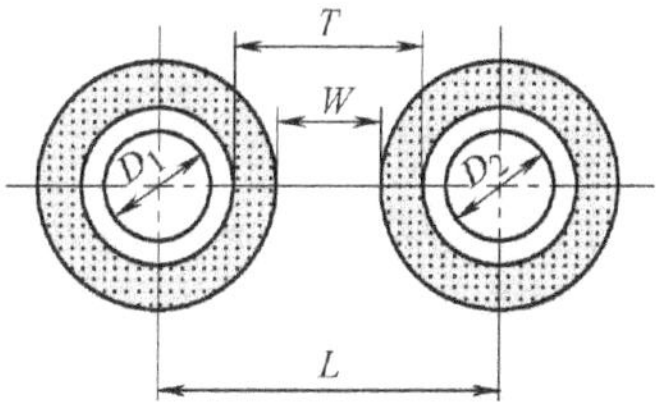

表 6-17 斜装管道的间距

| 外径/mm | *L*/mm | 图示 |
|---|---|---|
| 108 | 250 | |
| 133 | 290 | |
| 159 | 320 | |
| 219 | 360 | |
| 273 | 395 | |

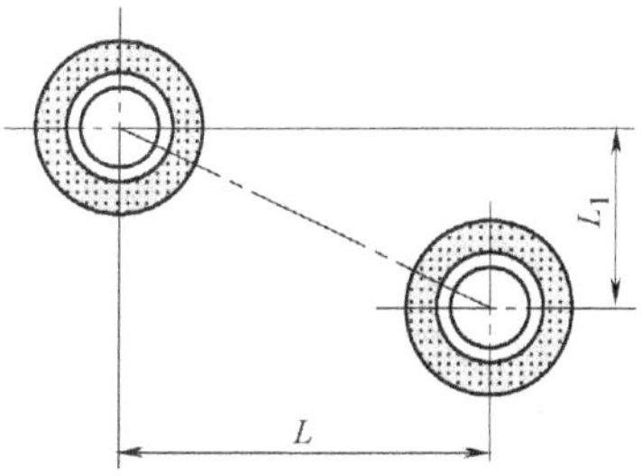

注：无隔热层时，$L_1$ 可减少 50mm。

5）当管道通过人行道时，管子最低（若有保温的管子，则保温层的最低）与地面之间的距离不得低于 2.5m。

6）管道布置应尽量避免通过电动机、配电盘、仪表盘的上空。

表 6-18 架空布置的管道间距（无隔热层）

| 管道外径 $D_1$/mm | 管道外径 $D_2$/mm | | | | | | | | | |
|---|---|---|---|---|---|---|---|---|---|---|
| | 32 | 45 | 57 | 76 | 89 | 108 | 133 | 159 | 219 | 273 |
| | 管中心距 $L$/mm | | | | | | | | | |
| 32 | 120 | | | | | | | | | |
| 45 | 140 | 150 | | | | | | | | |
| 57 | 150 | 150 | 160 | | | | | | | |
| 76 | 160 | 160 | 170 | 180 | | | | | | |
| 89 | 170 | 170 | 180 | 190 | 200 | | | | | |
| 108 | 180 | 180 | 190 | 200 | 210 | 220 | | | | |
| 133 | 190 | 200 | 210 | 220 | 230 | 240 | 250 | | | |
| 159 | 210 | 210 | 220 | 230 | 240 | 250 | 260 | 280 | | |
| 219 | 230 | 240 | 250 | 260 | 270 | 280 | 290 | 300 | 300 | |
| 273 | 270 | 270 | 280 | 290 | 300 | 310 | 320 | 340 | 360 | 390 |

7）管道上阀门、控制仪表的安装位置都要便于操作与维修，阀门的安装标高最适宜为1.2~1.5m，不得高于1.8m，否则应考虑扶梯，与控制点有联系的阀门最好安装在一起，以便于操作。

8）辅助管道最好采取集中布置形式，尤其地面辅助管道穿墙或穿楼板时，更应集中布置，一般在机房内选择墙角或柱子四周。不能在车间内通道上或靠近设备操作面的地方敷设竖直管道。

9）来自排液桶、放空气器、集油器的吸入管线，必须经过机房氨液分离器或低压循环桶，不应直接连在压缩机的吸入管上。

10）氨安全管必须设引出室外的泄压管，其出口应高出机房屋檐口1m，高出冷凝器操作平台3m以上。安全口不能直接开口向上，应弯成S形，防止雨水流入。

11）暗设管道。

① 目前个别冷库机器间管道布置采用地沟式，管沟的高度为1.2~2.5m，宽度根据敷设管子的多少而定，这类管沟为通行管沟，人在管沟内可以进行安装和维修。

② 管道敷设在不可通行管沟内，管沟宽度为0.3~1.6m，最小深度为450mm，管底距管沟底一般为200mm，管道一般单层敷设。管沟沟底均有坡度，以排除沟内积水。

③ 埋地敷设。一般高建筑物的墙、柱的距离不小于1m，管子底距地下水最高水位500mm以上。管道在主要通道下的埋设深度小于500mm，在经常通行的地方，其埋设深度一般应在地坪以下150~200mm（埋设深度均指管子上部至地坪表面的距离）。

12）各种管道的挠度不宜大于1/350。

13）管道的直线长度不应大于100m。

14）冲霜用热氨管必须从油分离器后的排气管上接出，管上需装设截止阀和压力表，热氨管不宜穿过冷间。

15）管道穿过建筑物的沉降缝时，应采取相应的沉降措施，留有伸缩的余地。

16）两根管T形连接时，旁接管应随直管中制冷剂流向做弯曲。当两根管道直径相同时，应在接管处将直管的直径放大一档，其长度不得小于直管管径的5倍，如图6-14所示。

17）排气管道穿墙时应设有套管，管道与套管之间留 10mm 左右的空隙，并用石棉灰填实，以减少振动。管道穿过冷库围护结构时应适当集中，从预留孔洞中通过。孔洞尺寸应能满足围护结构、隔热防潮结构特殊处理需要。

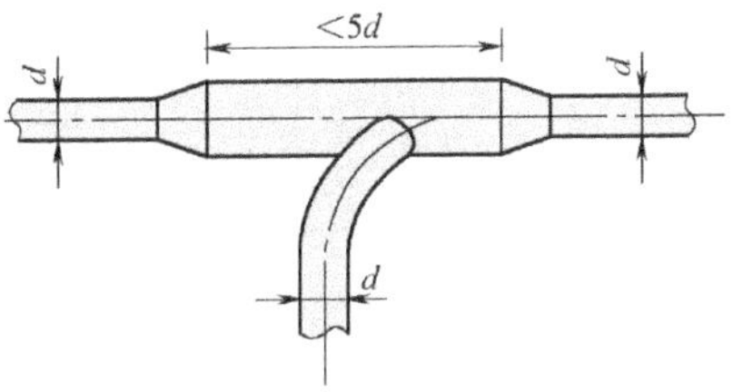

图 6-14 管道 T 形连接

### 6.5.2 管道布置的方法

1）管道布置形式有吊顶布置、随墙布置、地下管沟布置等几种，具体采用何种形式应根据实际情况确定。

目前最常用也是最好的布置方法是架空布置，这种布置方法对于安装、维护、检修和操作运行都比较方便，经济易行，也不易受地下水等外界因素的影响。

2）一般情况下，管道布置和设备布置在同一张图样上表达。但当冷库规模较大，系统管道数量较多时，为清楚表示各管道的走向，可把管道布置单独出图，但与机器设备连接的各管道接头应编号标注清楚。

3）重叠布置时，平面图上只画出上部管道，各管道的标高及相互间距要通过剖面图才能表达清楚。

4）各管道的间距也在管道布置图上表达。

### 6.5.3 管道和设备的绝热

为防止低温管道的冷量损失和产生影响环境卫生的凝结水，凡制冷系统中管道和设备会导致冷量损失的部位以及会产生凝结水滴的部位及会形成冷桥的部位，均应进行绝热。

确定绝热材料保温层厚度的大小，其原则是使计算所求得的厚度能保证绝热层外表面的温度不低于当地条件下的露点温度，以保证绝热外表面不致结露。

$$\frac{t_2-t_1}{t_2-t_3} \leqslant 1+\frac{\alpha_w d_1}{\lambda}\ln\frac{d_1}{d_2} \tag{6-14}$$

式中，$t_1$ 为管道或设备内氨液（或盐水）的温度（℃）；$t_2$ 为管道或设备周围空气温度，常温地段应取夏季空气调节日平均温度（℃）；$t_3$ 为保温层外表面温度，一般可按露点温度加 0.5℃；$\lambda$ 为保温材料的导热系数［W/(m·℃)］；$d_1$ 为管道或设备包温层后的外径（m）；$d_2$ 为管道或设备外径（m）；$\alpha_w$ 为保温层外表面的传热系数［$W/(m^2 \cdot ℃)$］，一般可采用 $8.14W/(m^2 \cdot ℃)$。

表 6-19 和表 6-20 所列为常用管道和设备隔热层厚度，可供设计中参考。

现在有的冷库管道保温采用先加工成形的软木或聚苯乙烯等硬质保温绝热材料，因为采用已加工成形的材料施工方便，保温效果也比较好，但是这种拼装的保温层，若隔气层处理不好，空气中的水汽会从缝隙中流入保温层，从而破坏保温层性能。所以现在也有制品采用整体式保温材料，即半硬质保温材料外贴铝箔玻璃布。管道的隔热结构如图 6-15 所示，施工应在系统吹污、试压涂漆与干燥后，系统充氨之前进行。隔热层应是连续和密实的，当隔热管穿过楼板和墙壁时，其隔热层不得中断。

对于管道比较集中的部位，采用聚氨酯现场发泡喷涂加工，施工方便、效果也不错。

表 6-19　管道隔热层厚度　　（单位：mm）

| 管道外径/mm | $t_2=+30℃$ | | | | | | $t_2=+15℃$ | | | | | |
|---|---|---|---|---|---|---|---|---|---|---|---|---|
| | $t_1=-10℃$ | | $t_1=-15℃$ | | $t_1=-33℃$ | $t_1=-40℃$ | $t_1=-10℃$ | | $t_1=-15℃$ | | $t_1=-33℃$ | $t_1=-40℃$ |
| | λ/[W/(m·℃)] | | | | | | | | | | | |
| | 0.04 | 0.06 | 0.04 | 0.06 | 0.04 | 0.04 | 0.04 | 0.06 | 0.04 | 0.06 | 0.04 | 0.04 |
| 23 | 45 | 50 | 50 | 65 | 85 | 105 | 40 | 35 | 50 | 55 | 70 | 95 |
| 32 | 45 | 60 | 50 | 65 | 90 | 115 | 45 | 40 | 50 | 60 | 75 | 100 |
| 38 | 50 | 65 | 55 | 70 | 90 | 120 | 50 | 40 | 55 | 65 | 80 | 100 |
| 57 | 55 | 70 | 60 | 80 | 105 | 103 | 50 | 45 | 60 | 70 | 90 | 110 |
| 76 | 55 | 75 | 60 | 80 | 110 | 140 | 55 | 45 | 65 | 70 | 95 | 120 |
| 89 | 60 | 80 | 65 | 85 | 115 | 145 | 55 | 50 | 65 | 75 | 100 | 125 |
| 108 | 60 | 85 | 70 | 90 | 120 | 150 | 60 | 50 | 70 | 80 | 105 | 130 |
| 133 | 65 | 85 | 70 | 95 | 125 | 160 | 60 | 55 | 70 | 80 | 110 | 135 |
| 159 | 65 | 85 | 75 | 95 | 130 | 165 | 65 | 55 | 75 | 85 | 115 | 140 |
| 219 | 65 | 90 | 75 | 100 | 135 | 175 | 65 | 55 | 80 | 85 | 120 | 145 |

注：$t_1$ 为管道内制冷剂温度，$t_2$ 为管道周围的空气温度。

表 6-20　设备隔热层厚度　　（单位：mm）

| 设备直径/m | $t_2=+30℃$ | | | | | | $t_2=+15℃$ | | | | | |
|---|---|---|---|---|---|---|---|---|---|---|---|---|
| | $t_1=-10℃$ | | $t_1=-15℃$ | | $t_1=-33℃$ | $t_1=-40℃$ | $t_1=-10℃$ | | $t_1=-15℃$ | | $t_1=-33℃$ | $t_1=-40℃$ |
| | λ/[W/(m·℃)] | | | | | | | | | | | |
| | 0.04 | 0.06 | 0.04 | 0.06 | 0.04 | 0.04 | 0.04 | 0.06 | 0.04 | 0.06 | 0.04 | 0.04 |
| 1 | 80 | 100 | 90 | 125 | 125 | 160 | 55 | 75 | 65 | 90 | 105 | 135 |
| 0.75 | 80 | 110 | 90 | 120 | 120 | 155 | 55 | 75 | 65 | 90 | 105 | 130 |
| 0.5 | 75 | 105 | 85 | 115 | 115 | 145 | 50 | 70 | 60 | 85 | 100 | 125 |

注：$t_1$ 为设备内制冷剂温度，$t_2$ 为设备周围的空气温度。

需要隔热的设备（即低压设备）包括氨液分离器、低压循环贮液桶、低压贮液桶、排液桶、中间冷却器、低压集油器等温度低于室温的设备。

需要隔热的管道（低压系统管道）包括以下几项：

1）通过高温库穿堂的低压管道，如供液管、回气管。

2）冷间、调节站至压缩机的吸入管及中间冷却器至压缩机的吸入管。

3）低压设备的排液管。

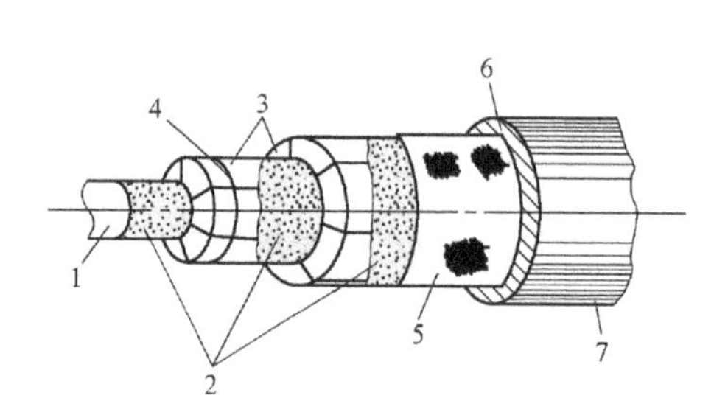


**图 6-15　管道的隔热结构**

1—防锈漆　2—沥青涂层　3—隔热材料　4—ϕ12mm 镀锌铁丝，间距 300mm　5—铁丝网　6—石棉石膏保护层　7—油漆

还有其他低压辅助管道，如氨泵抽气管、放空气回气管、排液桶上的减压管等。

融霜热氨管也应进行保温，虽然不会出现凝结水现象，但是如果不进行保温，就会因热交换使热氨的温度降低，延长融霜时间，增加耗电量。所以无论设置在何处，均需包 75mm

厚的石棉层隔热。

### 6.5.4 管道附件的绝热

管道系统的阀门、弯管、法兰、三通、支架和吊架若需要绝热，则可根据情况采用图6-16~图6-22所示的形式。

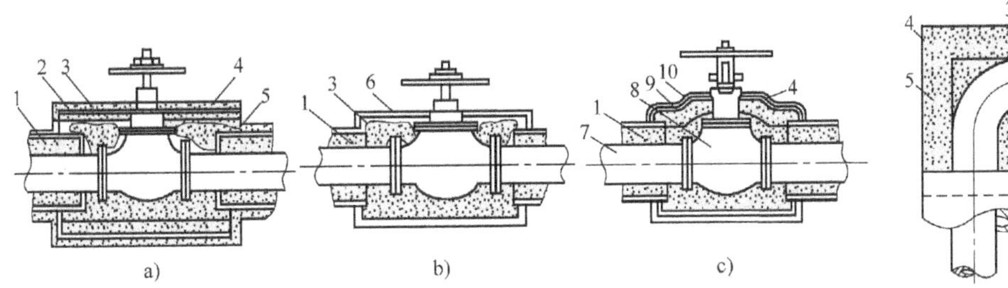


图 6-16 阀门绝热

a）预制管壳绝热 b）铁皮壳绝热 c）棉毡包扎绝热

1—管道绝热层 2—绑扎钢带 3—填充绝热材料 4—保护层 5—镀锌铁丝 6—铁皮壳 7—管道 8—阀门 9—绝热棉毡 10—镀锌铁丝网

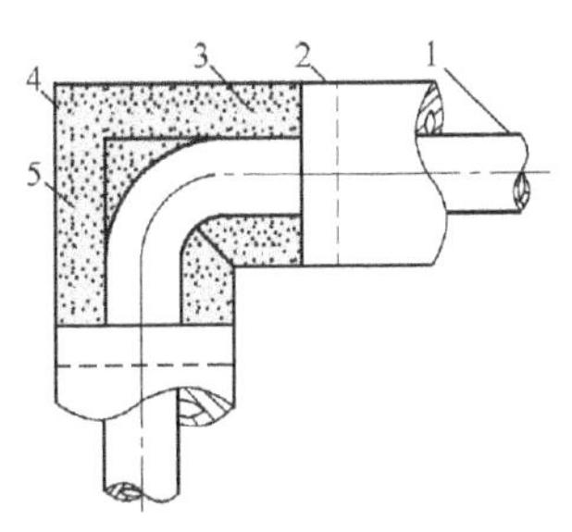


图 6-17 弯管绝热

1—管道 2—镀锌铁丝 3—预制管壳 4—铁皮壳 5—填充绝热材料

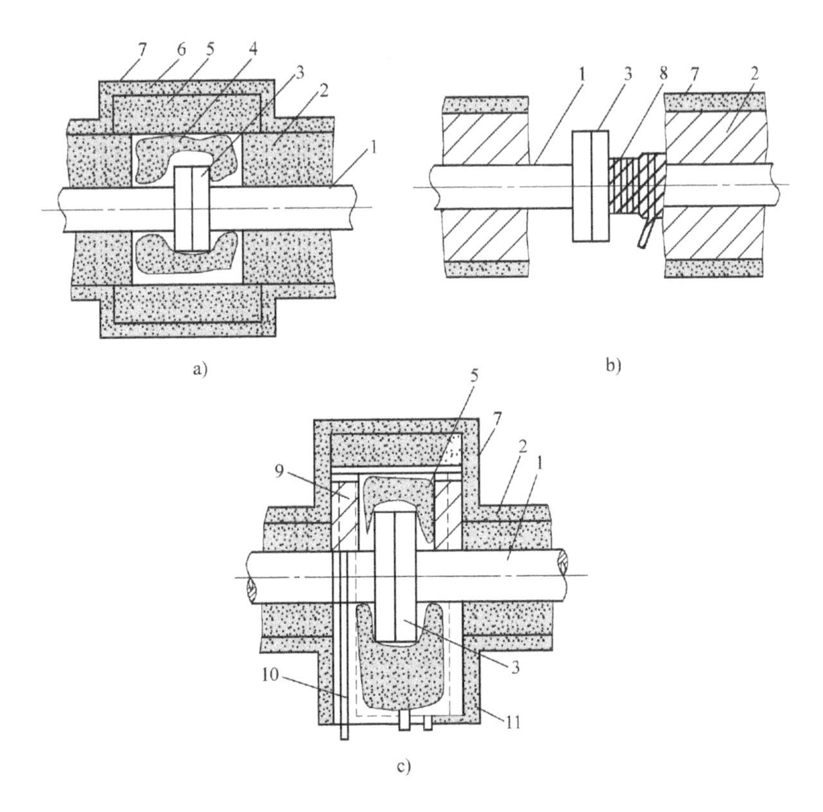


图 6-18 法兰绝热

a）预制管壳绝热 b）缠绕式绝热 c）包扎式绝热

1—管道 2—管道绝热层 3—法兰 4—法兰绝热层 5—散状绝热材料 6—镀锌铁丝 7—保护层 8—石棉绳 9—制成环 10—钢带 11—石棉布

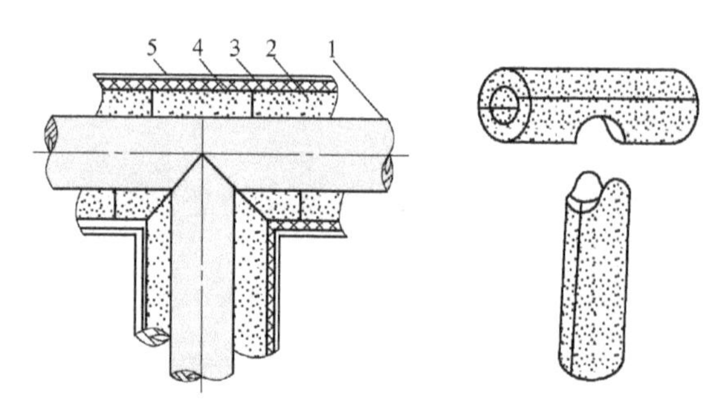


图 6-19　三通绝热

1—管道　2—绝热层　3—镀锌铁丝　4—镀锌铁丝网　5—保护层

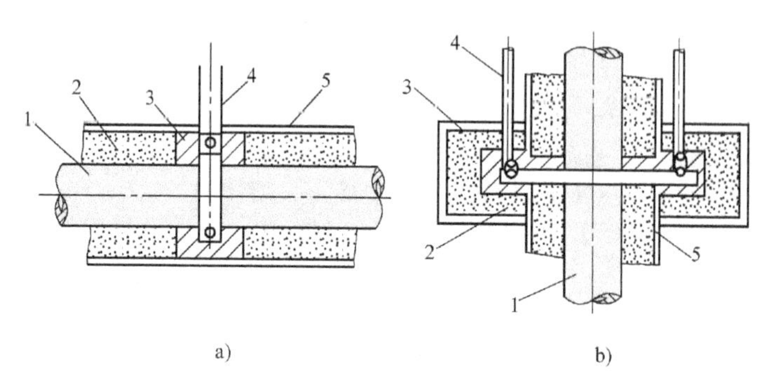


图 6-20　吊架绝热

a）水平吊架　b）竖直吊架

1—管道　2—绝热层　3—吊架处填充散状绝热材料　4—吊架　5—保护层

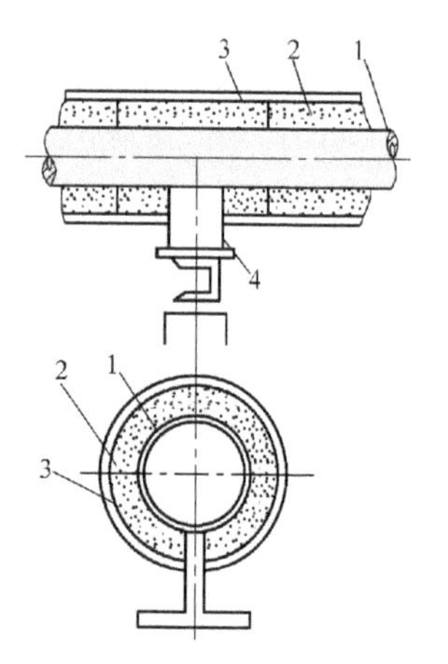


图 6-21　支托架绝热

1—管道　2—绝热层　3—保护层　4—支架

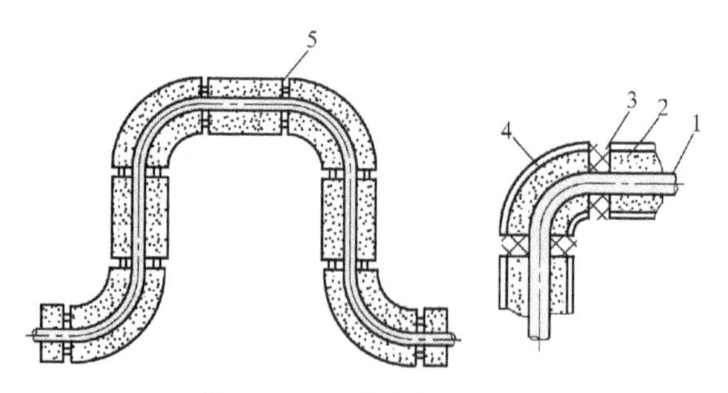


图 6-22　方形补偿器绝热

1—管道　2—绝热层　3—填充层　4—保护壳　5—膨胀缝

## 6.6　管道支架简介

### 1. 管道支架的作用

管道支架的作用是固定管道。机房内的制冷系统管道根据机器和设备的型式、布置的位置不同，而纵向或横向地排列起来。这些管道，特别是吸气和排气管道，受制冷压缩机的脉冲振动，必须加以紧固，否则管道的连接部位因受长期振动的影响而松动、开裂，从而引起泄漏。另外，管道因有强度和刚度的要求，若在一定间距内不加以紧固，会造成弯曲变形甚至于破坏，致使整个制冷装置不能正常工作。所以，管道支架设计也是制冷管道设计的一个重要环节。

### 2. 管道支架的设置

管道支架允许的最大间距主要是由所承受的竖直方向的荷载所决定的，它应满足以下两个要求：一是要防止管道因受竖直作用力造成弯曲破坏，即要满足管道的强度要求；二是对于有坡度要求的管道，为了防止挠度过大引起管内积存液体，而影响系统正常工作，应有挠度不大于坡度的要求，即需满足管道的刚度要求。除正常设计支（吊）点距离外，由于流体在管件、弯头处受到局部阻力而产生较大的冲击振动力，在这些部位的一侧或两侧要增设加固点，同时要求支（吊）点离弯头的距离不宜大于600mm，并尽可能将增设的支（吊）点设在较长的管道上。

根据系统管径大小、保温状况、管内介质状态，所采用的管架间距有所不同，具体情况见表6-21。

表6-21 管道吊点最大间距

| (外径/mm)×(管壁厚/mm) | 管道吊点最大间距/m | | | | |
|---|---|---|---|---|---|
| | 气体管不带隔热层 | 氨液管不带隔热层 | 气体管带隔热层 | 氨液管带隔热层 | 盐水管带隔热层 |
| 冷拔(冷轧)×10或×20优质碳素钢 | | | | | |
| 10×2.0 | — | 1.05 | — | 0.27 | — |
| 14×2.0 | — | 1.35 | — | 0.40 | — |
| 18×2.0 | — | 1.55 | — | 0.60 | — |
| 22×2.0 | 1.95 | 1.85 | 0.75 | 0.76 | 0.76 |
| 32×2.2 | 2.60 | 2.35 | 1.02 | 1.02 | 1.02 |
| 38×2.2 | 2.85 | 2.50 | 1.20 | 1.16 | 1.16 |
| 45×2.2 | 3.25 | 2.80 | 1.42 | 1.40 | 1.40 |
| 热轧无缝钢管×10或×20优质碳素钢 | | | | | |
| 57×3.5 | 3.80 | 3.33 | 1.92 | 1.90 | 1.90 |
| 76×3.5 | 4.60 | 3.94 | 2.60 | 2.42 | 2.42 |
| 89×3.5 | 5.15 | 4.32 | 2.75 | 2.60 | 2.60 |
| 108×4.0 | 5.75 | 4.75 | 3.10 | 3.00 | 2.95 |
| 133×4.0 | 6.80 | 5.40 | 3.80 | 3.65 | 3.60 |
| 159×4.5 | 7.65 | 6.10 | 4.56 | 4.30 | 4.25 |
| 219×6.0 | 9.40 | 7.38 | 5.90 | — | 5.40 |
| 273×7.0 | 10.90 | 8.40 | 7.35 | — | 6.55 |
| 325×8.0 | 12.25 | 9.40 | 8.66 | — | 7.55 |
| 377×10 | 13.40 | 10.40 | 10.00 | — | 8.70 |

注：1. 通常间距为最大间距的0.8，管子拐弯处或管上有附件时，应在一侧或两侧增加吊点。
2. 压缩机排气管线支架间距，当管径为108mm及以上时可采用间距3m，当管径为108mm以下时采用间距2m，排气管在拐弯处必须设一个支架。

### 3. 管道支架的结构型式

管道支架的结构型式有固定支架、半固定支架和活动支架三种基本型式。制冷工程中一般采用半固定支架，如图6-23所示。这种支架是用圆钢或扁钢带做成管卡，两端用螺母将管道夹紧在支管上，当管道发生轻度变形时，允许轴向产生较小的位移，避免管道截面产生过大应力。为了减少冷损失，低温隔热管道都要在钢支架与管道之间垫上浸泡沥青的垫木，以避免产生“冷桥”。有时也采用吊架形式，如图 6-24 所示，吊架摩擦力小，但如安装不当，各吊架受力和转动幅度不一致时，易使管道扭曲，故较少采用。

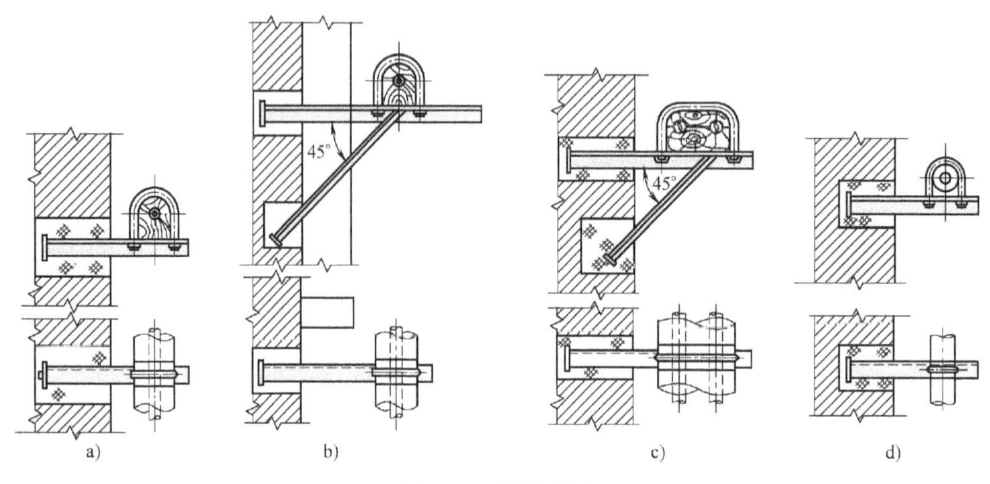


**图 6-23　管道支架**

a）单管沿墙敷设隔热管道支架　b）单管沿扶墙敷设隔热管道支架
c）双管沿墙敷设隔热管道支架　d）单管沿墙敷设管道支架

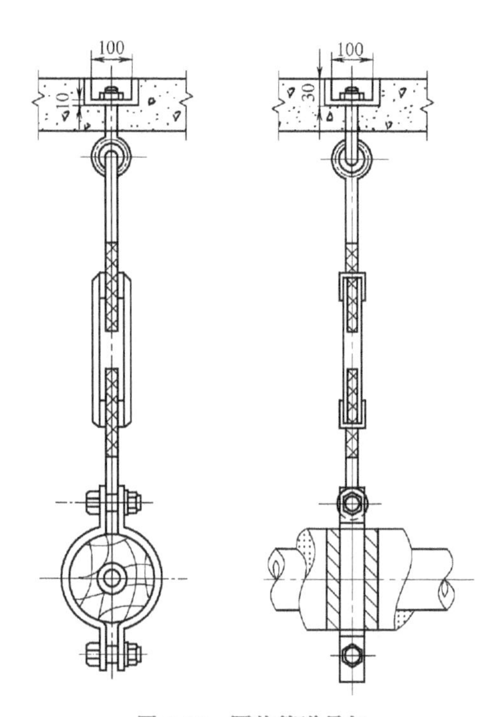


**图 6-24　隔热管道吊架**

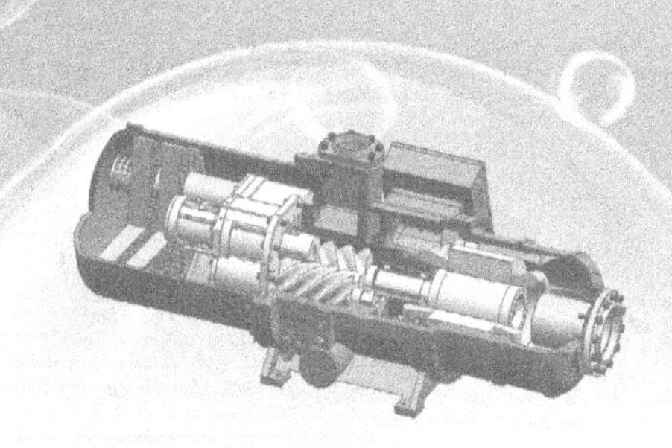

# 第 7 章

# 氟利昂制冷系统的设计

以氟利昂为制冷剂进行制冷的系统称为氟利昂制冷系统，简称氟利昂系统。氟利昂因具有毒性小、蒸发温度低以及便于自动控制等优点，在国外冷库中应用较多。但由于氟利昂价格比较昂贵，国内在大中型冷库中使用极少，在使用氟利昂的一些小型冷库中常采用直接供液方式，以热力膨胀阀与电磁阀配合对制冷剂流量进行调节控制，使制冷系统比较简单，操作方便。

氟利昂冷库与氨冷库在建筑、平面布置、耗冷量计算及主要机器设备的选择计算等方面基本相同，但与氨制冷剂相比，氟利昂制冷剂有不同的特性，使其制冷系统也有自身的特点。

## 7.1 氟利昂制冷系统与氨制冷系统的区别

### 7.1.1 氟利昂制冷系统的特点

#### 1. 氟利昂的溶油性

与润滑油互相溶解是氟利昂的主要特点。R12 可以和润滑油无限混合，R22 在混合临界温度以上时也可以和润滑油无限混合，随着温度下降，溶解量下降为有限溶解，特别是液体氟利昂的溶油性更强，因此可以说系统中凡是有氟利昂的地方就有润滑油。随着氟利昂的流动，润滑油将遍及所有设备和管道中，使系统中含油量增加。润滑油是高温蒸发的液体，和制冷剂混合后，使氟利昂液体的黏度增大，在相同蒸发压力下，蒸发温度上升，或在定温下的蒸发压力下降。因此，随着蒸发器内润滑油浓度的增加，蒸发压力也要随之降低，这样才能保持给定的蒸发温度不变。结果使得制冷压缩机的单位制冷量的功率消耗上升，并可能造成压缩机本身失油等事故发生。所以，氟利昂系统中的回油问题是很关键的，应从设备布置、管道配置及供液方式等方面采取相应的措施。

#### 2. 氟利昂的溶水性

氟利昂几乎不溶于水，在蒸发温度低于 0℃ 的制冷系统中，水分的存在将在膨胀阀节流孔结冰，使阀孔堵塞，导致停止供液，以致蒸发器不能制冷。同时由于水的存在，还会因水的分解作用使设备、管道产生腐蚀，这对于铝镁合金尤为明显。因此，在氟利昂系统中，膨胀阀前必须加装干燥器，以保证膨胀阀正常运行。

3. 供液形式及其选择

从供液形式来看，氟利昂系统也有直接膨胀供液、重力供液和泵供液三种，国内应用最多的是利用热力膨胀阀控制的直接膨胀供液，其主要原因如下：

1）直接膨胀供液系统比较简单，分离设备少，系统充液量也少，这对于价格昂贵的氟利昂来说是合适的。

2）用热力膨胀阀供液并配有热交换器的氟利昂系统，可自动调节供液量且使回气有较大的过热度，高压液体有较大的过冷度，节流时闪发成气体的机会减少，改善了直接膨胀供液系统中调节供液困难及易出现湿行程等不足。

氟利昂制冷系统也可以采用重力供液方式，其系统原理与氨制冷系统类似。所不同的是，为了解决系统回油问题，在液体分离器的液面部分加装回油管道。但是，由于氟利昂制冷系统采用重力供液无明显的优越性，相反会使系统复杂化，因此氟利昂系统很少采用这种供液方式。

液泵供液方式因其具有一系列的优点，所以在大、中型氨制冷系统中普遍应用，但在小型氟利昂系统中很少使用。国内仅有个别引进的大型氟利昂冷库采用液泵供液系统。

氟利昂系统在直接供液中首先应满足回油要求，其次才考虑供液均匀的问题，因此，一般都采用有利于系统回油的上进下出的供液方式，并辅以分液器或在配管上采取措施使其均匀供液。

4. 回热循环

回热循环在氟利昂制冷系统中普遍应用。这是因为采用了回热循环后，首先能使膨胀前制冷剂具有较大过冷度，膨胀阀前后生成的闪发气体多少与阀前后的温差有关，温差越小，节流损失越少，闪发气体也越少。

其次，闪发气体多少也影响库温的稳定性。闪发气体多，流经膨胀阀的制冷剂流量时多时少不稳定，阀后分液器内配液也难以均匀，将使蒸发温度不稳定，造成库温的波动。

采用热力膨胀阀直接供液的系统中，一般不装气液分离器，在系统负荷变化时，由于膨胀阀调节范围受到限制，容易造成制冷剂液体来不及完全蒸发就被压缩机吸入而产生液击。采用回热器后，未蒸发的制冷剂液体在回热器中同高压液体进行热交换，得到完全蒸发并形成一定的过热度，从而避免压缩机的液击现象。

对常用的氟利昂制冷剂，采用回热循环后，对单位容积制冷量和制冷系数的影响各不相同。R12 较理想，R22 稍差一些，但为了膨胀阀前液体过冷和压缩机吸入气体过热，一般也使用回热循环。对于氨制冷剂采用回热循环，将使单位容积制冷量与制冷系数大大下降，所以不应采用。

### 7.1.2　氟利昂单级压缩制冷系统

在蒸发温度较高的冷库中，采用单级压缩制冷系统就可以达到要求。图 7-1 所示为单级压缩制冷系统原理，压缩机排出的过热蒸气首先被油分离器分离，然后进入冷凝器，冷凝下来的液体流入贮液器，由贮液器引出的氟利昂液体在热交换器中和低压低温气体换热而被冷却，再通过过滤干燥器除去杂质和水分，经电磁阀、热力膨胀阀节流降压，进入冷分配设备

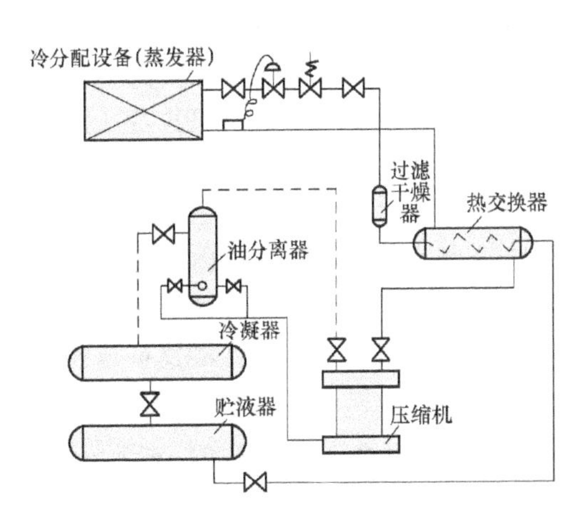

图 7-1 单级压缩制冷系统原理

吸热蒸发，对库房降温。吸热蒸发形成的蒸气再次流经热交换器被盘管中的高压液体加热，形成一定的过热度后被压缩机吸入。

被油分离器分离下来的润滑油，经浮球阀自动控制或通过手动阀放回压缩机曲轴箱。过滤干燥器也可设在贮液器和热交换器之间的液体管道上。对于小型制冷装置，为减少制冷剂充注量，也可用冷凝贮液器代替冷凝器和贮液器。系统中的电磁阀在压缩机停机后切断向冷分配设备的供液，以防止制冷剂液体流入蒸发器等低压系统，避免压缩机起动时发生液击现象。在小型制冷装置中，为简化系统，也可将供液管与回气管捆在一起，这同样能起到热交换器的作用。

### 7.1.3 氟利昂双级压缩制冷系统

在蒸发温度较低的冻结间和低温冷藏间中，常采用双级压缩制冷系统，以提高制冷压缩机的效率和系统运行的可靠性。

图 7-2 所示为设有热交换器的双级压缩制冷系统原理，其制冷流程为：低压级排气经由低压级油分离器分离后同中间冷却器来的低温蒸气混合，被冷却到适当温度（该温度由混合点后面的中间冷却器膨胀阀感温包控制），再进入高压级进行压缩，然后引入高压级油分离器除去蒸气中的润滑油，进入冷凝贮液器被冷凝液化。高压氟利昂液体经过滤干燥器后分成两路，大部分进入热交热器与低压低温蒸气换热而进一步冷却，再流经热力膨胀阀进入冷分配设备对库房降温。蒸气则经热交换器被加热后进入低压级被压缩成中压高温气体排出。由于低压缸排出的过热蒸气温度较高，比体积较大，为避免高压级排气温度过高，改善制冷机的工作条件，必须加以冷却。由过滤干燥器后引出的另一小部分液体，经热力膨胀阀节流降压，在中间冷却器内同高压液体换热而蒸发，这部分气体同低压级排气混合换热而将后者冷却，再被高压级吸入，完成了双级循环。

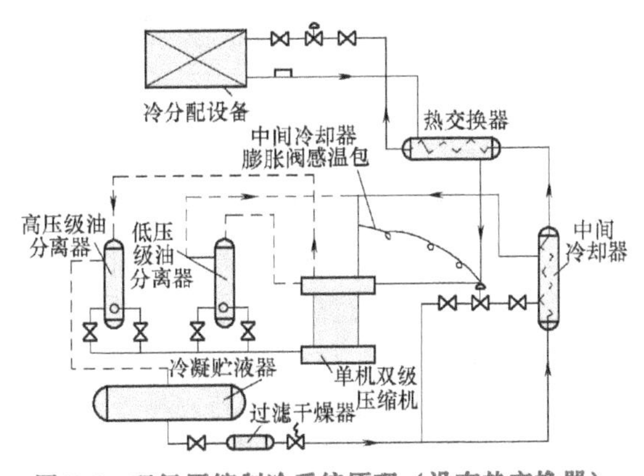

图 7-2 双级压缩制冷系统原理（设有热交换器）

该系统与氨制冷系统的主要区别在于采用了不完全中间冷却循环，低压级的排气不是在中间冷却器中冷却，而是与中间冷却器中产生的饱和蒸气在管道中混合后进入高压级，高压级吸入的不是中间压力下的饱和蒸气，而是过热蒸气，故其中间冷却器结构较简单，容积也较小。该系统中的热交换器连接方式也不同于氨制冷系统，而油分离器的积油及电磁阀的作用等与单级相仿。

图 7-3 所示为不设热交换器的双级压缩制冷系统原理，该系统和图 7-2 所示系统的不同之处在于以下几方面：

1）用气液分离器取代热交换器，进行气液分离（包括氟利昂液体和润滑油），分离下来的液体靠自然加热（气液分离器不包隔热层）使氟利昂液体蒸发被压缩机吸入，而润滑油积留在底部，通过吸入管上的微量回油孔随气体被压缩机逐渐吸走，如图 7-4a 所示。这样既减少了压缩机湿行程的可能，又满足了润滑油返回曲轴箱的要求。其他气液分离器结构如图 7-4b、c、d 所示。

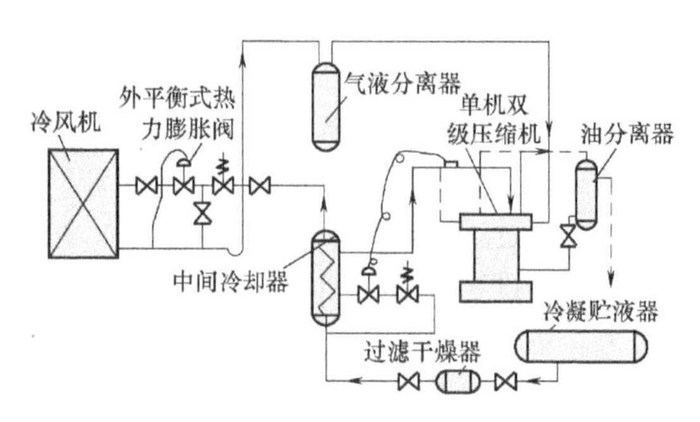


图 7-3 双级压缩制冷系统原理（不设热交换器）

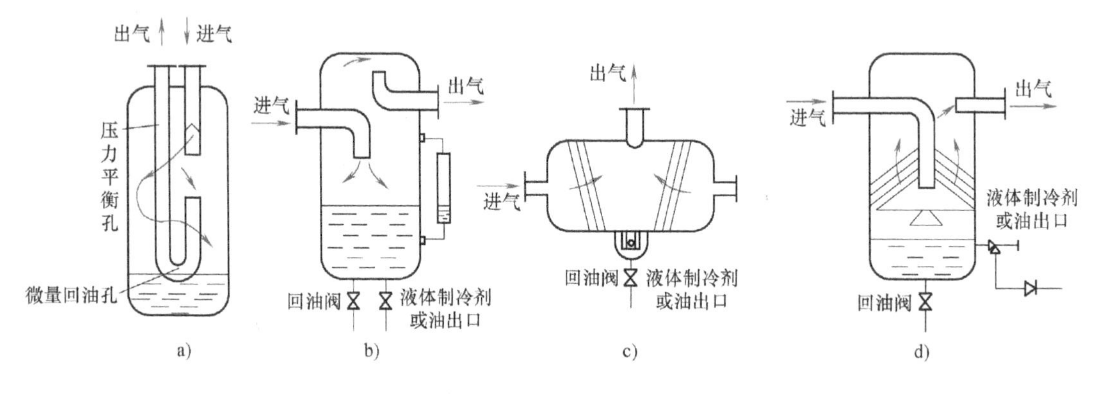


图 7-4 气液分离器的结构及工作原理

2）用外平衡式热力膨胀阀代替了内平衡式热力膨胀阀。这是因为冷风机内阻力较大，蒸发管内压降增大，使蒸发管末端制冷剂的饱和温度低于安装热力膨胀阀处的蒸发温度，此时要开启阀口必须增大过热度，这将造成蒸发管冷却面积不能得到有效利用，故采用外平衡式热力膨胀阀。

如果系统中采用阻力较小的冷却排管，则可用内平衡式热力膨胀阀。一般在蒸发器内的压力损失 $\Delta p$ 相当于 1℃以上时采用外平衡式热力膨胀阀。

## 7.1.4 融霜系统方案

氟利昂系统制冷装置的蒸发器融霜方式有水冲霜、电热融霜和热气体融霜等几种。

水冲霜方式主要应用在容易结霜的、单独采用热气体融霜比较困难的管束式蒸发器。它对水温的要求及冲霜水管的设置方法均与氨制冷系统相同。

电热融霜方式是在蒸发器附近增设电热管，融霜时停止制冷系统工作，打开电加热器，用电热融化霜层。这种方案从设计的角度来说是比较简单的，也易于实现自动控制，但在使用中存在着一些实际问题，如电热器的使用寿命短、工作条件恶劣、极易被损伤，另外从消耗能源的角度来看也是不经济的。

利用热气体融霜应用比较普遍，这里所说的热气体是指经过压缩的氟的高压高温排气，利用它通过一定的管路进入蒸发器中融化其表面的霜层。图 7-5 所示为具有两组排管的系统利用热气体融霜的方案。该系统的融霜过程是：当蒸发器 2 需要融霜时，关闭阀 D 打开阀 B，此时压缩机排出的高温气体沿排气管通过阀 B 进入蒸发器 2 融化管外霜层，这时还要打开阀 F，使蒸发器 2 内冷凝为液体的制冷剂进入蒸发器 1 蒸发制冷。这个系统的特点是蒸发器 2 融霜时不影响蒸发器的工作。当融霜完毕后，按要求调整有关阀门就可以恢复蒸发器 2 的正常工作。图 7-5 所示的融霜方式属于手动控制，适用于采用排管的、蒸发温度较低的小型冷藏库。

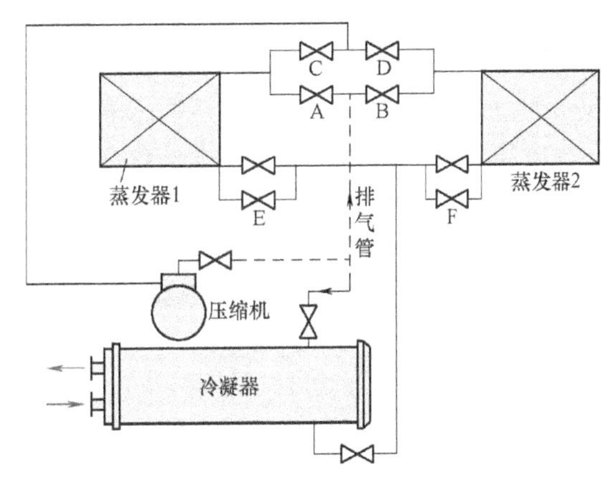


**图 7-5　应用排气热的融霜系统**

近年来，氟利昂系统的自动控制融霜技术发展很快，出现了许多这方面的论述及实例，下面就有关的部分做一些简单的说明。

图 7-6 所示为单级压缩系统的自动融霜方案，当系统在融霜时，将设在压缩机排气管上的融霜三通阀打开，压缩机排气通过融霜电磁阀后进入蒸发器融化霜层，由原系统回气管经热交换器后返回制冷压缩机。系统中的热交换器在一定程度上能防止在融霜过程中产生液击现象。

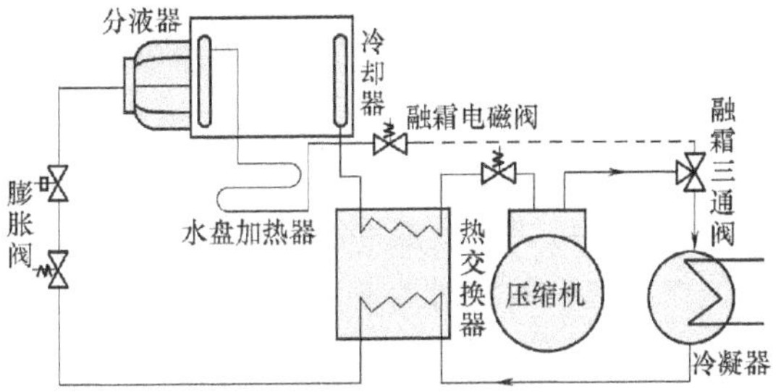

**图 7-6　单级压缩系统的自动融霜方案**

在这个融霜系统中，为防止冷却器下面的水盘冻结，先将排气管经过水盘之后再把热气体送入冷却器内。该系统中只有一个低温冷风机。图 7-7 所示为双级压缩系统的自动融霜方案，融霜时把系统中的融霜电磁阀打开，

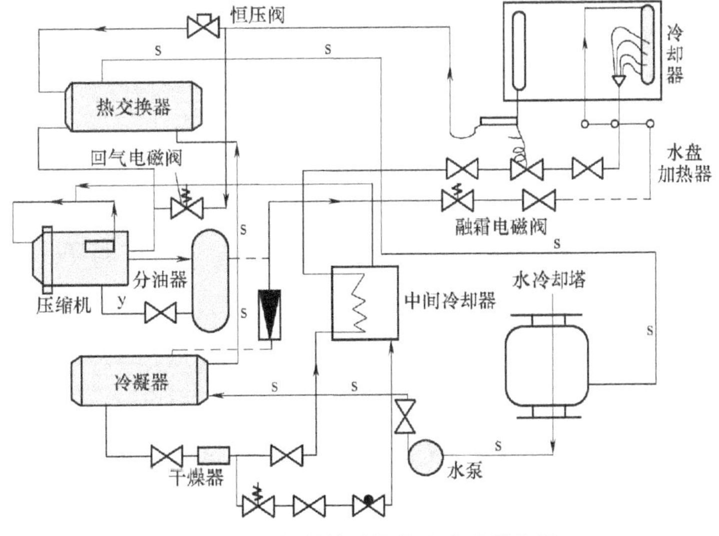


**图 7-7　双级压缩系统的自动融霜方案**

压缩机排气先经过冷却器下面的水盘后再进入蒸发器，进行融霜。在返回的管路中回气管线上的回气电磁阀已关，这时制冷剂已变为液体，从蒸发器出来后，经恒压阀进入热交换器，吸收水的热量转变为气体，随后返回压缩机。

该方案适合于一台压缩机只带一台空气冷却器的情况。系统中的水和制冷剂的热交换器能使融霜后由高温气体变为液体的制冷剂吸收从冷凝器中出来的水的热量变成气体，在一定程度上可以防止液体进入压缩机。

氟利昂制冷系统的融霜方案很多，具体应用时可根据实际情况进行多种方案设计。

## 7.2　氟利昂制冷系统管道设计的意义、要求和依据

管道设计是否得当不仅关系到机器设备的合理经济运行，而且对机器设备本身也有很大的影响，故管道设计时必须精心考虑，周密计划，以确保制冷装置的正常工作。管道设计工作包括水力计算，管径和配件的选择，强度计算和管材的选择以及管道的走向布置等。

在整个制冷工艺设计中，管道设计与负荷计算、系统选择和机器设备选择等工作具有同等重要的地位。氟利昂制冷系统管道设计工作应满足以下基本要求：

1）由于氟利昂对油有较好的溶解性能，而油分离器的分离效果总是相对的，因此不可避免地经常有润滑油进入系统，首先要求系统管道必须在各种负荷条件下都能使润滑油不断地沿工质流动方向循环，以确保系统中油的平衡，使蒸发器不积油，曲轴内不缺油和避免大量回油吸进压缩机而造成冲缸现象。同时防止压缩机失油，在开车、停车、满负荷、轻负荷时均能使系统中的润滑油返回压缩机曲轴箱。

2）在满足工质循环的情况下选择适当的管径，尽量减少管道阻力损失，减少压缩机吸排气压差，提高机器产冷量，降低运转费用。这就要求尽量使管道短而直，弯管的曲率半径尽可能大些。

3）正确选择管道配件，使各个蒸发器得到充分的供液，以保证系统高效率地安全运转。

4）根据使用工况选用管材与配件，以保证管道在使用中具有足够的强度和良好的性能，便于管道本身的检修和设备的操作及维修。

5）在并联机组的系统中，必须充分考虑工质和润滑油的均衡问题。

6）低温管道和配件必须设有良好的绝热以减少冷量损失，保证工质在要求状态下工作。

只有按照上述基本要求，并根据系统的负荷情况、设备的容量、系统的形式、管道的走向布置以及工质在管内流动允许压力降、流速、工作压力、流向坡度等，通过必要的计算和经验分析，才能够较好地完成管道设计。

## 7.3　氟利昂制冷系统的管道布置及其特点

制冷系统管道布置是根据建筑形式、设备布置情况，并考虑气体管段的回油要求及操作、安装和拆卸方便的要求进行的。这里主要解决的还是气体管的回油问题，液体管的汽化及并联机器设备在各自不同的工作状态下工质和润滑油等有害泄漏和串通问题。特别是在小

型简化的自动系统中，这些问题尤其突出。因为系统省去了许多的阀门和辅助设备，在这种情况下，要使工质和润滑油在压缩机任何负荷下保持良好循环，在部分停车和全部停车时，保证工质、润滑油不泄漏，就必须通过布置管道来解决。

氟利昂制冷剂对于润滑油可以有限溶解（如 R22）和无限溶解（如 R11、R12、R21、R113、R500 等），在过冷的氟利昂液体中溶油性能最好，在饱和状态时，溶油性则与液体温度和表面压力相关，温度高，压力低，溶油性强；而在低压蒸发器中，氟利昂汽化则易与润滑油离析，特别是在回气过热的情况下，这种离析就越明显，这样对于采用热力膨胀阀直接膨胀供液低压系统的蒸发器不可避免地要积聚由高压液体带进来的润滑油，这些积油如果一起大量地涌到压缩机中就要造成冲缸事故，必须使其连续不断地、少量地由压缩机吸回，这样就保证了整个系统无积油处，润滑油随工质循环方向不断循环，保持曲轴箱恒定油面，保证机器正常润滑，从而使整个装置正常运作制冷。

在液体管道内液体产生闪发气体会造成种种不良后果。如管内工质流动的摩擦阻力增加，会使液体的汽化现象越来越严重，从而降低膨胀阀的容量使蒸发器供液不足，液气混合物进入蒸发器后，液体的流动规律很难控制，会引起蒸发器的供液不均，还会降低蒸发器传热效率，因此必须设法避免产生闪发气体。产生闪发气体的主要原因是液体在管内产生大量的局部阻力和摩擦阻力以及往高处供液引起大量的静压损失，从而使液体产生较大的压力损失，当液体的压力降到低于其温度所对应的饱和压力时，就要产生闪发气体。很明显，避免闪发气体的方法不外乎避免液体的压力损失和增加液体的过冷度，所以应该缩短管线长度，简化系统并减少局部阻力管件，适当控制液体流速及避免向过高的地方输送液体。至于增加液体过冷度的问题，则应在装置设计和设备选择中考虑通过足够容量的回热器和液体过冷器加以解决。

### 7.3.1　吸气管

压缩机吸入截止阀至蒸发器出口之间的接管称为吸气管（又称回气管）。

吸气管不仅要将氟利昂气体送至压缩机，而且要借助管内流动着的气体将蒸发器内的润滑油也带回压缩机的曲轴箱。吸气管道设计得正确与否直接关系到压缩机的安全运转、系统中润滑油的回流平衡和吸气压力的高低。因此，氟系统管道设计中最重要的是吸气管道的设计。

1. 吸气管的设计

（1）吸气管设计的主要原则

1）保证压力降不超过允许的限度。

2）上升立管中应保证必要的带油速度。

3）防止未蒸发的液体制冷剂进入压缩机。

（2）吸气管道布置的基本要求

1）整个吸气管在全负荷时压力降应控制在相当于蒸发温度降低 1℃ 的压力降以内，见表 7-1。该压力降的大小直接关系到机器制冷能力和管道阀件的容量，以及运转费用和建设费用的多少。所以，这一压力标准的确定是通过经济分析得出来的，对于上述压降的要求，冷媒在吸气管道中的正常流速，对于 R12 和 R22 一般取 6～20m/s 的范围之内，R12 和 R22 的吸气管计算分别如图 7-8 和图 7-9 所示。

表 7-1　相当于饱和温度差 1℃的氟利昂压力降

| 饱和蒸发温度/℃ | 饱和蒸发温度 1℃时氟利昂压力降/MPa | |
|---|---|---|
| | R12 | R22 |
| -40 | 0.00294 | 0.00490 |
| -30 | 0.00441 | 0.00686 |
| -20 | 0.00588 | 0.00980 |
| -10 | 0.00784 | 0.01274 |
| 0 | 0.00980 | 0.01666 |
| 10 | 0.01274 | 0.02058 |

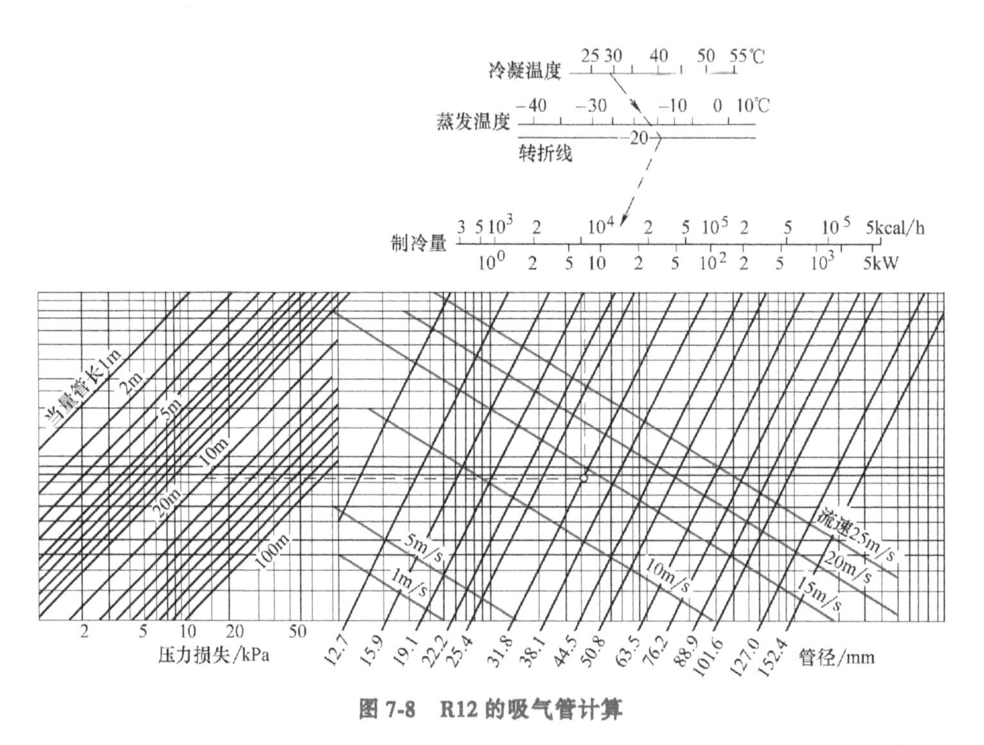


图 7-8　R12 的吸气管计算

2）管道应确保在各种负荷下（最低负荷和全负荷）带回蒸发器分离出的润滑油。上升管道通过控制管内气体的流速来带走润滑油，这个流速一般在 7.5m/s 以上，实际上它随着管径的增大和蒸发温度的降低而需要加大。图 7-10 所示为 R12 和 R22 上升回气立管回油最低速度。对于水平管道的回油是采取冷媒的流向保持在 1/200～1/500 的坡度和最低流速为 3.5m/s 的措施，这样水平管道中的润滑油在重力的作用下再加以较低的气流速度的推动即可连续不断地回到压缩机中去。

3）并联使用的装置中，在各种运行工况下要保证润滑油沿制冷剂一起循环，绝不可以使润滑油流入停止运转的压缩机中，以避免这些机器起动时引发冲缸事故。另一种情况是，并联使用的多组蒸发器中，不能使运转中的蒸发器的回气通过总管流入停用蒸发器，以避免造成润滑油的不平衡和这些停用机组在下次起动时大量润滑油被吸进压缩机等不良后果。

4）在机器停止运转后，要保证不因机器与蒸发器相对标高关系使蒸发器中液体制冷剂

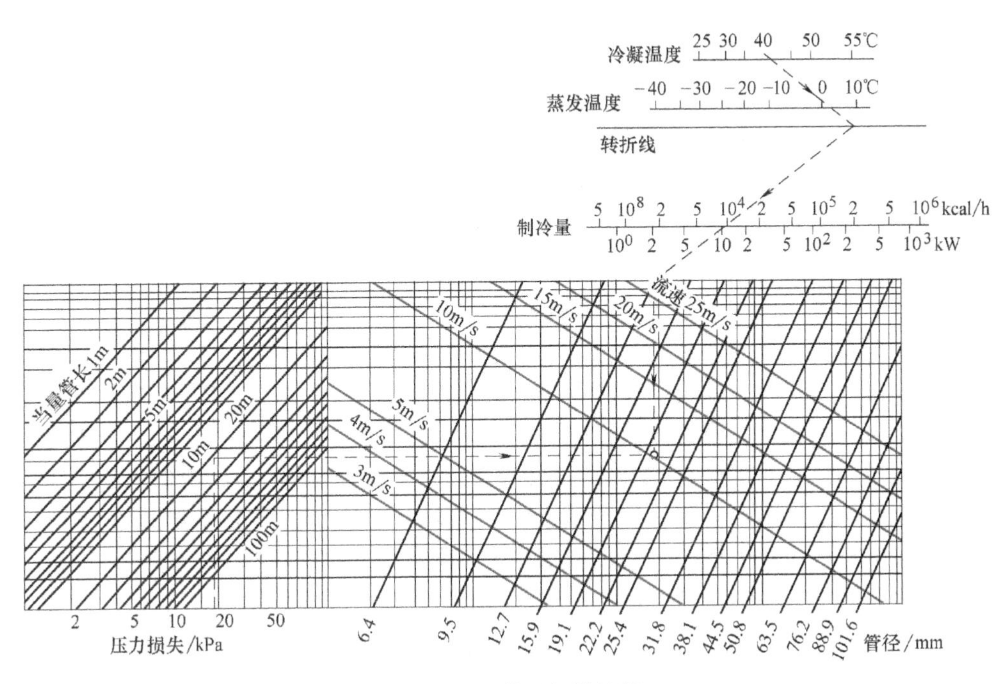


**图 7-9　R22 的吸气管计算**

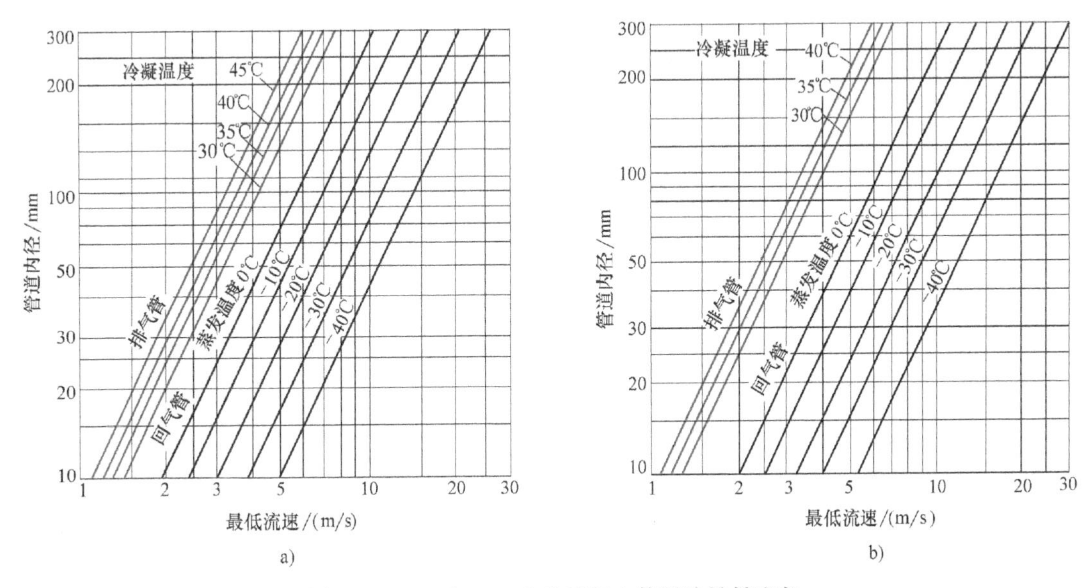


**图 7-10　R12 和 R22 上升回气立管回油最低速度**

a）R12　b）R22

自流或回吸到压缩机中去。

2. 吸气管的布置

(1) 干式盘管蒸发器

1）回油弯。这种蒸发器是指采用热力膨胀阀供液的上进下出盘管蒸发器。它可以是冷藏间的墙盘管、顶盘管，也可以是冷风机中的冷却排管，可以是光管，也可以是翅片管。这种类型蒸发器的回油通常是借助于回油弯来实现的。为防止制冷系统停止运行时，蒸发器存有的液体制冷剂和润滑油被吸入压缩机引起液击，一般蒸发器出口均装有上升立管。要使润滑油顺利通过上升立管，常采用在上升立管的下部设置一个小弯头，俗称“存油弯”。蒸发器内存积的润滑油借重力流入存油弯内，形成油封将管道堵塞，在上升立管中气体被压缩机吸入，使压力下降，在油封前后形成的压差作用下油被动前进。为了避免油封中存油过多，造成油封前后压差过大，使吸气压力降低过多及消除油封时间过长，存油弯应尽量做得小一些。回油弯的结构如图 7-11 所示，从蒸发器最下面的一根回气管沿水平方向向下保持一定的坡度，接出一根短管，然后接一根“U”形管，最后接上升立管。立管的顶端向下呈“U”形弯头接入压缩机的吸气管（如果仅连接一台压缩机，则蒸发器此反“U”形弯可以省略，直接用 90°弯头接即可）。“U”形管的高度和宽度尺寸应尽可能小。回气立管的直径应能保证管内气体流速大于 7.5m/s，连接压缩机的水平吸气管应向压缩机保持 1/200 的坡度，这样蒸发器中冷媒分离出来的润滑油随时积聚在“U”形弯中，又随时被高速气流由此带进压缩机内。由于“U”形管尽可能小，故带油不多，如此可以连续地与冷媒气体混合进入压缩机而不致出现冲缸现象。

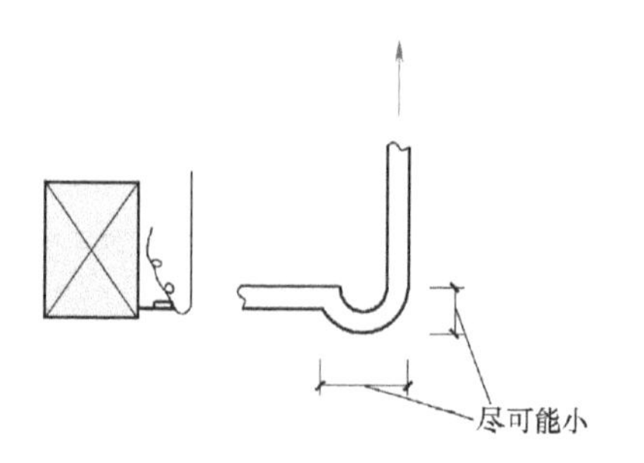


图 7-11 回油弯的结构

2）双上升回气立管。在有能量调节装置的压缩机或几台压缩机并联运行的回气管上，为了保证低负荷时回油，用最小负荷来选配回气管径，这样就满足了最小带油速度。但在满负荷运行时回气管内压力降很大，易造成吸气压力过低。在压缩机负荷变化不大时，可用增大水平回气管径的方法使回气管总压力降维持不变。在压缩机负荷变化较大的系统中，采用上述方法就难以维持回气管总压力降不变，这时则宜采用“双上升回气立管”来解决。图 7-12 所示为双上升回气立管的配速方案，其管径的选择及工作原理如下：

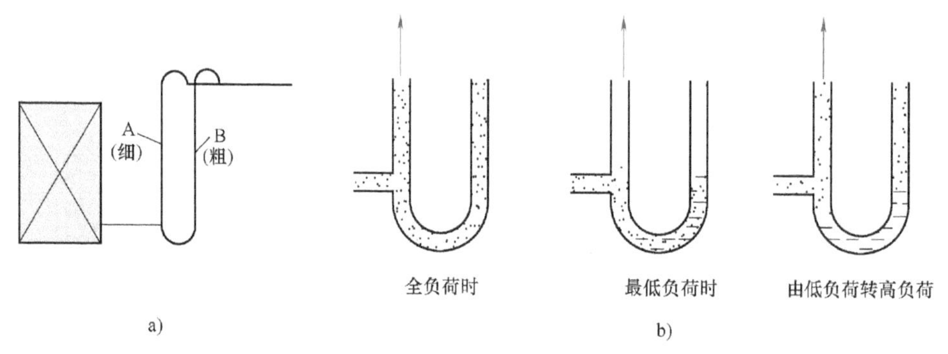


图 7-12 双上升回气立管的配速方案

a）双上升回气立管 b）回油弯中积油变化

① 按满负荷运转时确定双上升立管为流通总截面积，其中 A 管管径由最小负荷下的最小带油速度来决定，B 管管径则由流通总截面积减去 A 管流通截面积来决定。

② 起始低负荷运行时，由于存油弯内没有积油，两根立管同时有气体流过，这时管内流速很小，低于最小带油速度，油滴将逐渐沉到存油弯内，直至形成油封，将 B 管封住，气体只从 A 管流过，由于 A 管管径是按最小负荷下的最小带油速度确定的，故此时油仍能

通过A管被带走。

③ 在恢复满负荷运行后，开始仍是A管工作，由于A管内流速加快，流动阻力迅速增大，导致双立管两端压差显著增加，当压差增大到足以把滞留于存油弯内的油带走时，油就通过B管上升顶部进入水平管。此时油封消除，A、B管同时工作。

④ 为了防止低负荷，A管单独工作时油可能倒流回不工作的B管中，双立管在接至水平管时，应从上面接入，如图7-12a所示。

图7-12b所示为机器负荷变化时“U”形管中滞油的变化示意图。

（2）管壳式蒸发器　管壳式蒸发器中由于气体流速低不足以携带润滑油，需要采取一些回油措施，其工作原理是让蒸发器中的液体保持一定的对蒸发温度影响不显著的油含量（如10%~20%），并不断地从蒸发器中抽出一小部分含油液体流回制冷压缩机。

需要指出的是：R12与润滑油是无限混合的，抽液接头可在蒸发器底部。R22与润滑油是有限溶解的，近液面处含油最浓，因此可根据所控制的液面高度从侧面抽液，即抽液接头应放在含油量最浓的液面处。图7-13所示为管壳式蒸发器回油管的连接。

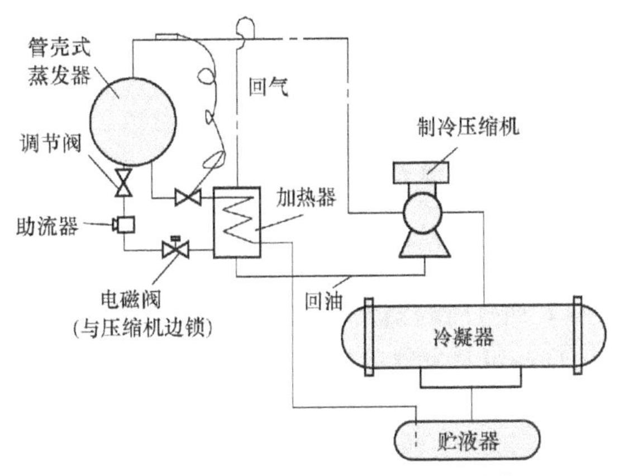

图7-13　管壳式蒸发器回油管的连接

（3）回气管的连接　回气管的连接既要使润滑油顺利地返回压缩机的曲轴箱，又不能使液体制冷剂或大量润滑油集中进入压缩机。为此，回气管连接时应从以下几方面加以注意：

1）制冷压缩机和蒸发器布置在同一水平位置时，其管道连接可设计成图7-14所示型式，其吸气管道应设有大于或等于1/100的坡度倾向压缩机，以确保润滑油可连续地随制冷剂气体一起流回压缩机。当吸气主管道在蒸发器上部经过时，应将每一组蒸发器的吸气管道上设计成一个倒“U”形弯管，和吸气总管连接，以避免回油向停用的蒸发器中泄漏。

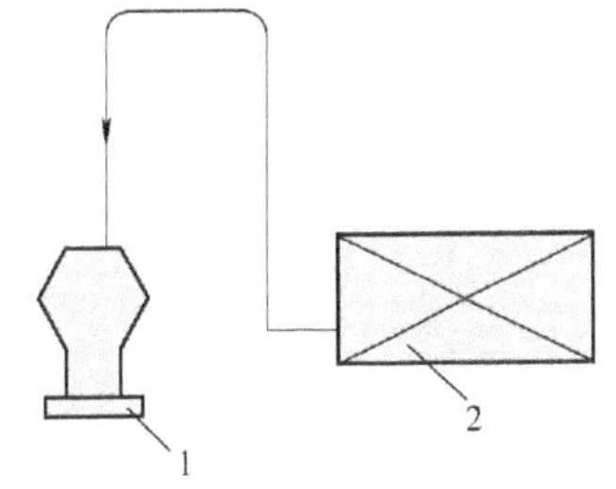

图7-14　蒸发器与制冷压缩机在相同标高的管道连接

1—制冷压缩机　2—蒸发器

当蒸发器布置在制冷压缩机之上时，通常采用图7-15~图7-17所示的布置方式，回油立管上升到超过蒸发器最上一根管子后，再向下接到制冷压缩机吸气管。

当蒸发器布置在压缩机下方时，如制冷系统只采用一组蒸发器，在吸气管道上就不必做倒“U”形弯管。因为蒸发器本身已有一个吸气立管，它高于蒸发器，所以只要选定合适的立管尺寸即可，其管道连接如图7-18所示。如果高度相差很大时，为了改善回油，接至压缩机的回气管应隔10m左右设置一个存油弯，如图7-19所示。

2）在压缩机吸入口附近水平管道上应避免出现如图7-20a所示的“液囊”。如果出现液囊，在小负荷或停机时油和制冷剂液体就会滞留于此形成油封或液封，增大管道压力降，而在重新起动压缩机时油或液体制冷剂会被吸入压缩机，引起油击或液击。

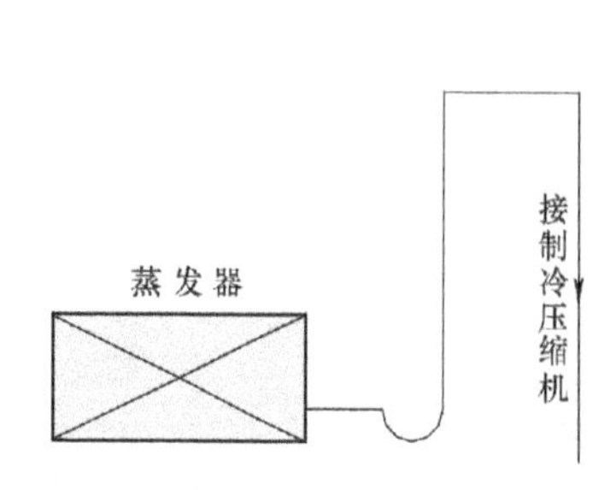


图 7-15　单台蒸发器管道连接（蒸发器在上）

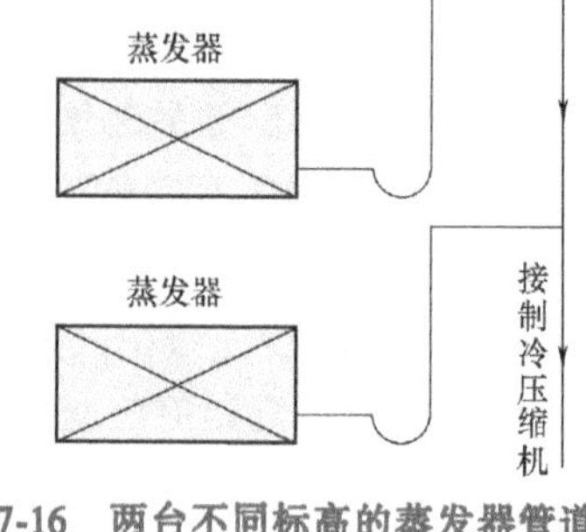


图 7-16　两台不同标高的蒸发器管道连接

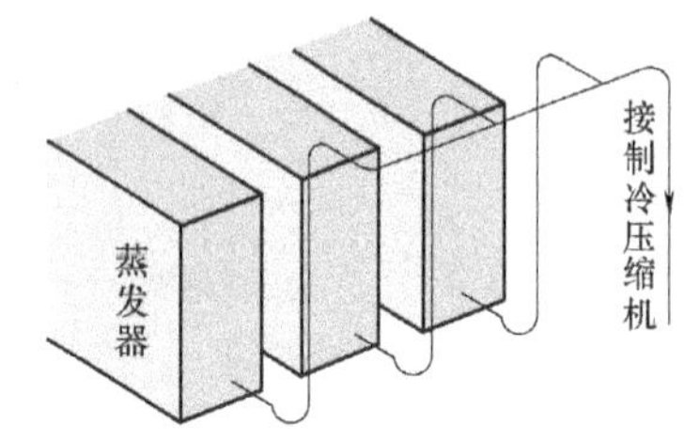


图 7-17　三台相同标高的蒸发器管道连接

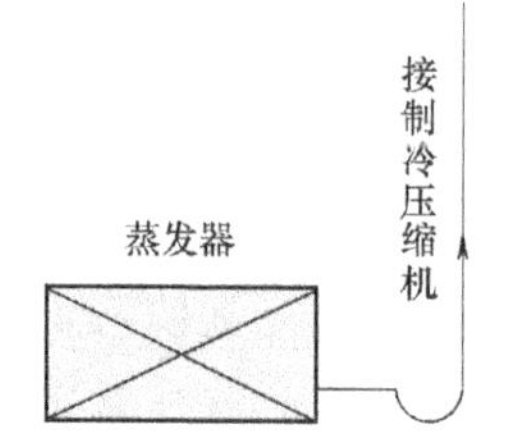


图 7-18　单台蒸发器管道连接（蒸发器在下）

3）回气管与蒸发器的连接。两者的连接可分以下四种情况。

① 一组蒸发器的连接：当压缩机和蒸发器位于同一标高或蒸发器高于压缩机时，为防止系统停止运行时液体进入压缩机，造成再起动时的湿行程，在蒸发器出口侧应设有上升立管至略高于蒸发器顶部地方，再接至压缩机，如图 7-21 所示。在蒸发器出口近侧必须伸出一根坡向与制冷剂流向一致的水平短管，用以安装热力膨胀阀的感温包，然后再设存油弯，其感温包不得设于存油弯之后。

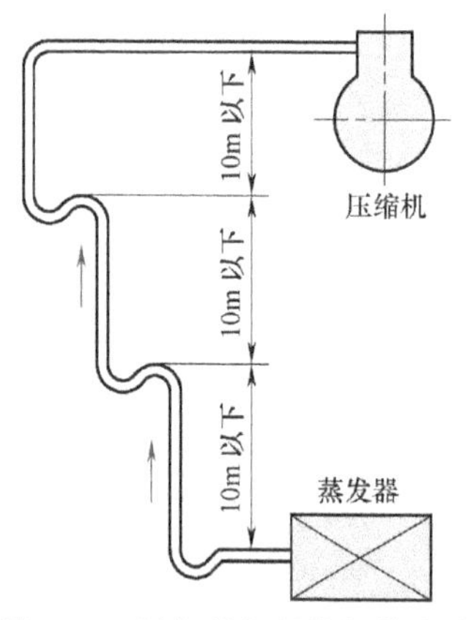


图 7-19　回气管与压缩机的连接

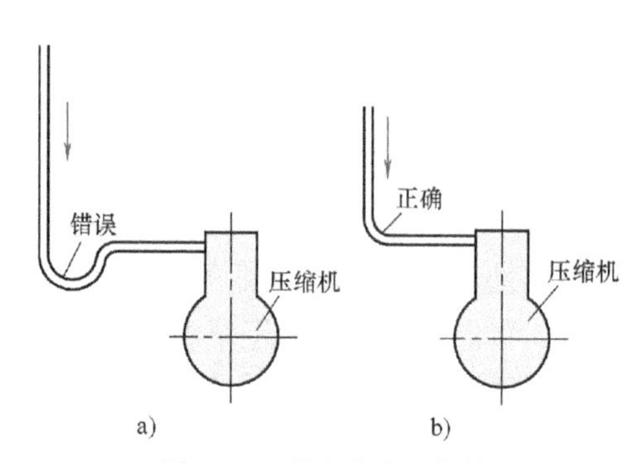


图 7-20　形成液囊的接管

a）错误连接　b）正确连接

② $n$ 组蒸发器并联时的连接：$n$ 组蒸发器并联时，应根据并联蒸发器的相对位置和蒸发器与压缩机的相对位置不同，采用不同的连接方式，如图 7-22 所示。

③ $n$ 组蒸发器串联时的连接：最后一排应是上进下出，前面几排最好是下进上出，这样能顺着气体的流动，蒸发效果好。若用隔排上下更换进出，则应保证从上进下出盘管出来

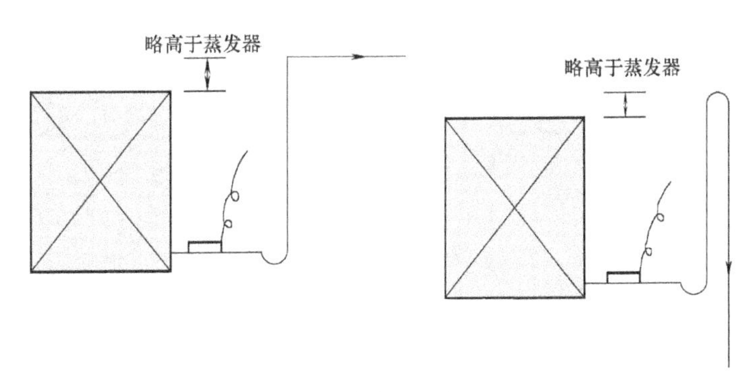


图 7-21 一组蒸发器回气管的连接

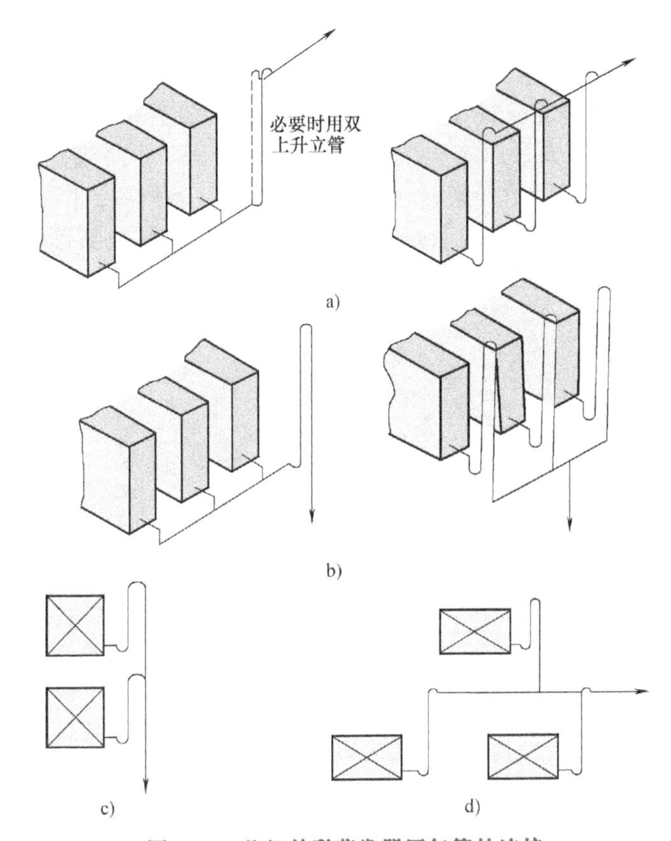


图 7-22 几组并联蒸发器回气管的连接

a）压缩机和并联蒸发器在同一标高 b）并联蒸发器在同一标高，压缩机在下时
c）并联蒸发器不在同一标高，压缩机在下时 d）并联蒸发器不在同一标高，压缩机在中间时

的制冷剂为湿蒸气，这样才能把油带走。

④ 制冷系统中采用两台或多台蒸发器，且系统负荷变化较大时，必须设有容量调节的双吸立管，其管道连接如图 7-23 和图 7-24 所示。

（4）压缩机并联使用 制冷系统中采用两台制冷压缩机并联时，其吸气管道应予以对称布置，从而使各台压缩机的阻力接近相等，其管道连接如图 7-25a 所示；另一种方法是在直连接处设置“U”形集油弯，以防止当一台制冷压缩机停止运行时，另一台制冷压缩机的

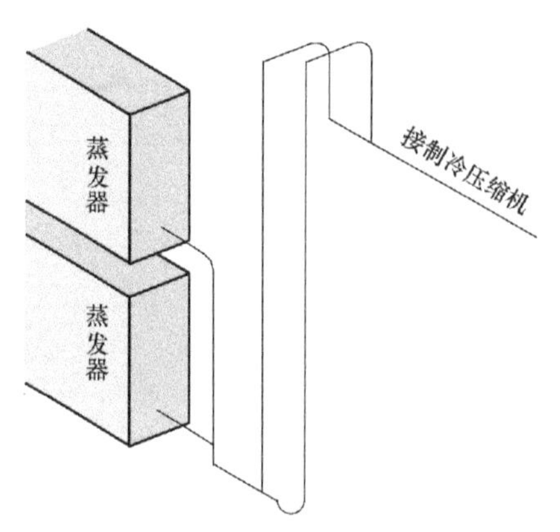


图 7-23 两台不同标高的蒸发器管道连接

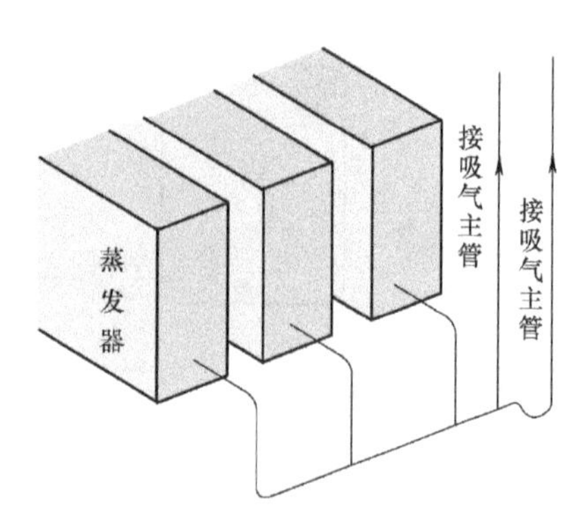


图 7-24 三台相同标高的蒸发器管道连接

油流进停止运行的制冷压缩机的吸气管道。此外，曲轴箱油面上部与下部均应装设平衡管（均压管与均油管），平衡管上应装设阀门，其管道连接如图 7-25b 所示。

制冷系统中采用三台或多台压缩机并联连接时，应设置一个集管使吸入气体能够顺利地流入集管里，如图 7-26 所示。设计集管时应尽可能将尺寸做短些，同时各吸气支管应插到集管的底部，并须将集管内的吸气支管端制成 45°的斜口，这样做的目的是使润滑油能够有效地流经吸气管道，均匀地返回各台制冷压缩机。

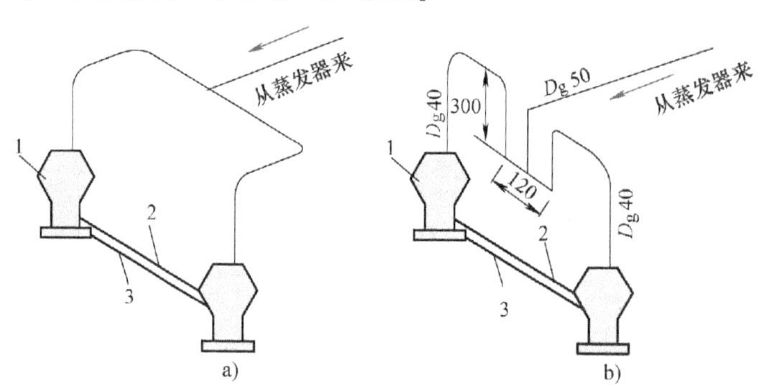


图 7-25 两台制冷压缩机并联对吸气管道连接

1—制冷压缩机 2—均压管 3—均油管

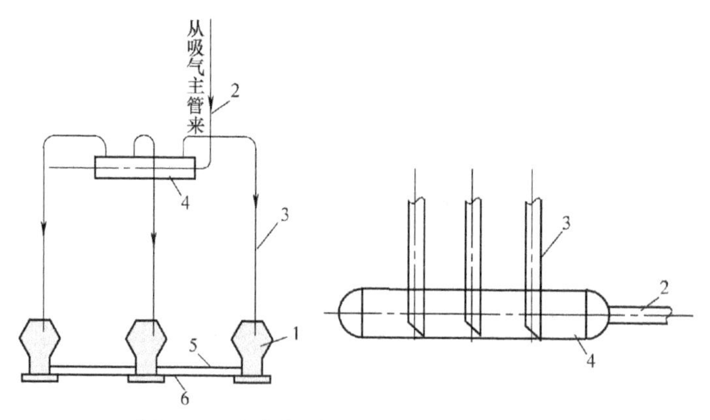


图 7-26 多台制冷压缩机并联对吸气管连接

1—制冷压缩机 2—吸气总管 3—吸气支管 4—集管 5—均压管 6—均油管

## 7.3.2 排气管

在一些已组装成压缩机冷凝机组的设备中，不存在排气管的设计问题。只有在压缩机、冷凝器等单独配置的设备中，才需要进行排气管的设计。

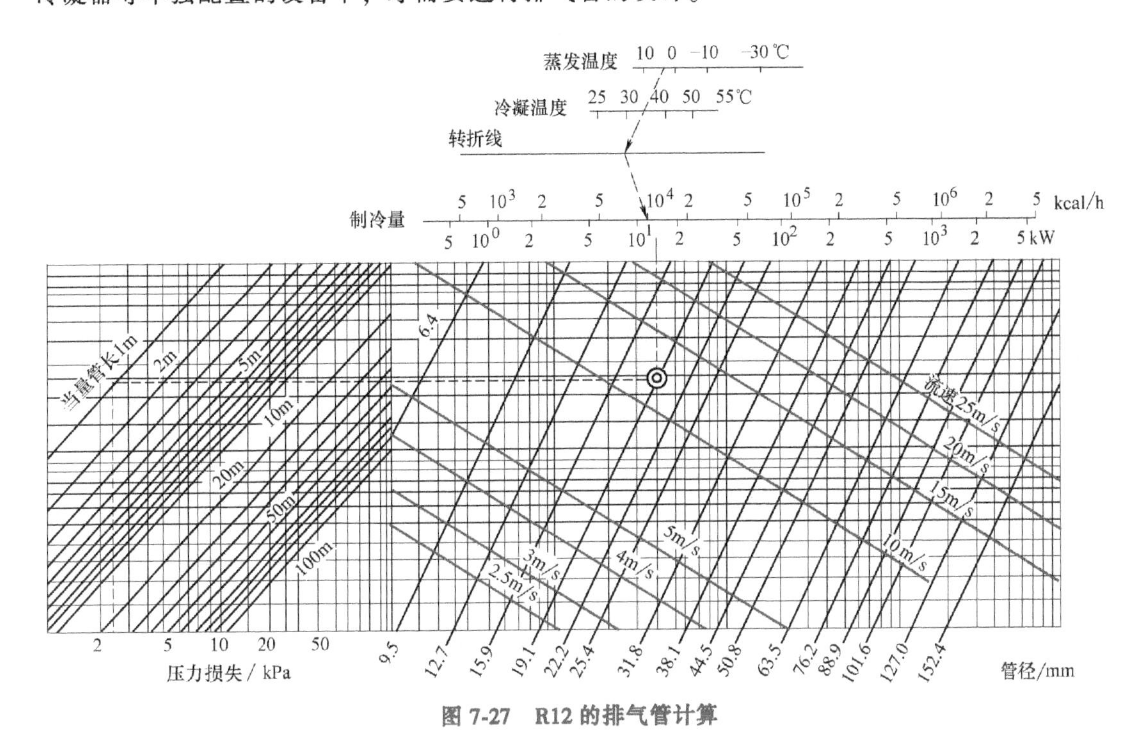


图 7-27 R12 的排气管计算

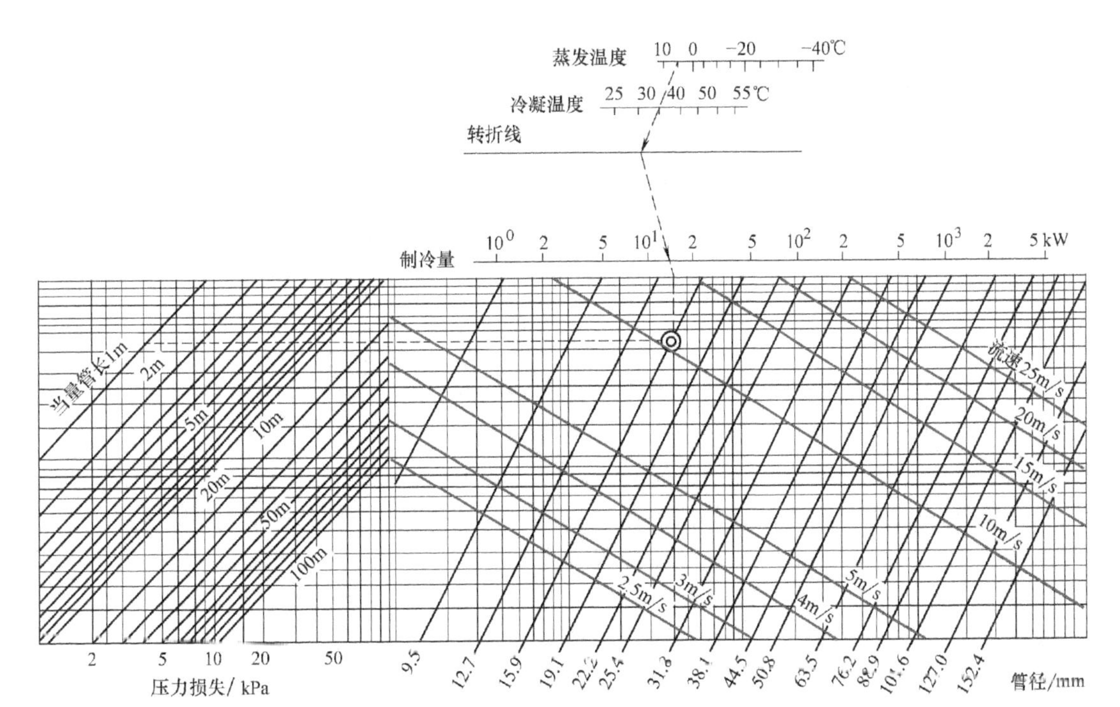


图 7-28 R22 的排气管计算

制冷压缩机排气管设计，应注意到在低负荷运行时，能确保管道内部的气体将润滑油均匀地由竖管排出，以防止排气管内部有贮藏润滑油的可能；此外，还须杜绝液体制冷剂从制冷压缩机接往冷凝器的排气管道返回制冷压缩机，以避免造成液击事故。关于排气管管径的确定，适当的管径是通过控制整个排气管的压降损失而计算得到的，该压降损失加上冷凝压力就是压缩机的排气压力。排气温度升高不仅使运转工况恶化，而且造成运转不经济。通常把这个压降损失定在相当饱和冷凝温度差 0.5℃。对于冷凝温度 $t_k=+40℃$ 的 R12 的相当饱和冷凝温度差 0.5℃的压降为 0.012MPa，R22 则为 0.020MPa。压降损失的大小与管内气体流速的大小有关，一般排气管内气体的流速控制在 10~18m/s 之间，R12 和 R22 的排气管计算分别如图 7-27 和图 7-28 所示。

为了确保排气管设计的正确，还必须注意以下几点：

1）制冷压缩机排气管道应设计大于或等于 1/100 的坡度，其坡度倾向油分离器或冷凝器，使竖管中的润滑油均匀随制冷剂气体一起流向油分离器或冷凝器。排气管段的连接如图 7-29 所示。

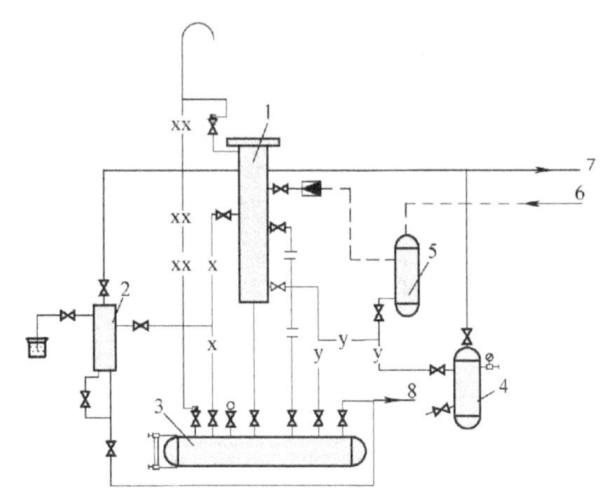

图 7-29　排气管段的连接

1—立式冷凝器　2—立式空气分离器　3—贮氨器　4—集油器　5—干式油分离器　6—接自排气管　7—接往回气管　8—供液

2）对不设油分离器的制冷压缩机，当压缩机低于冷凝器时，应将排气管道靠近制冷压缩机先向下弯至地面处，然后再向上接往冷凝器形成 U 形弯，如图 7-30 所示，这样做可以防止冷凝器的液体制冷剂及润滑油返流回制冷压缩机。同时，制冷压缩机停车后排气管的 U 形管也能作为存液弯，用以防止由于冷凝器的环境温度高，制冷压缩机中的环境温度低，制冷剂在冷凝器蒸发而泄回至制冷压缩机的排气管道之中，当再次开车时造成液击事故。当压缩机与单台冷凝器处于不同的高度时，其排气管的排列方式如图 7-31 所示。

对设有油分离器的制冷压缩机，其上升立管应设在油分离器之后，以确保在低负荷时立管中不能带走的油和停机时管内的冷凝液回到油分离器中而不至于流入压缩机。油分离器内的积油和液体制冷剂再通过回油管流回曲轴箱，油分离器后的上升立管不需要考虑存油弯和带油速度。但大量氟利昂液体返回曲轴箱后，会引起开机时油中氟利昂液体剧烈沸腾使油成泡沫，造成湿行程和油泵不上油。为解决这个问题，可在排气管上加一止回阀或在油分离器上加设加热器等。图 7-29 所示是设有油分离器时排气管的连接示例。

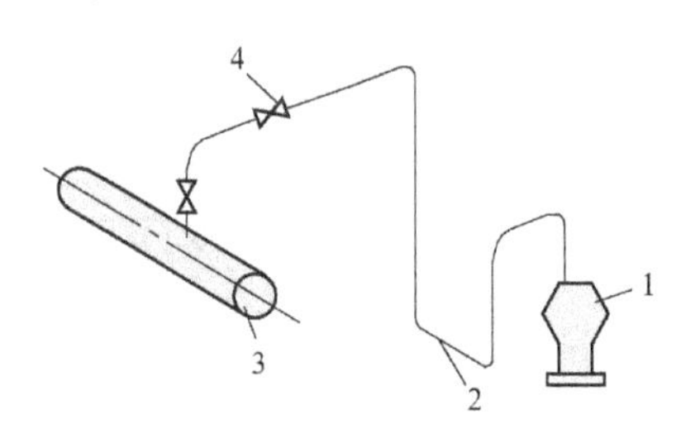

图 7-30　排气管道 U 形弯管道连接

1—制冷压缩机　2—排气管道及 U 形管　3—冷凝器　4—单向阀

3）当制冷压缩机排气管的竖管长度超过 8m 时，应在靠近制冷压缩机的管段上设一集液弯管，然后再每隔 8m 设一集液弯管，如图 7-32 所示。

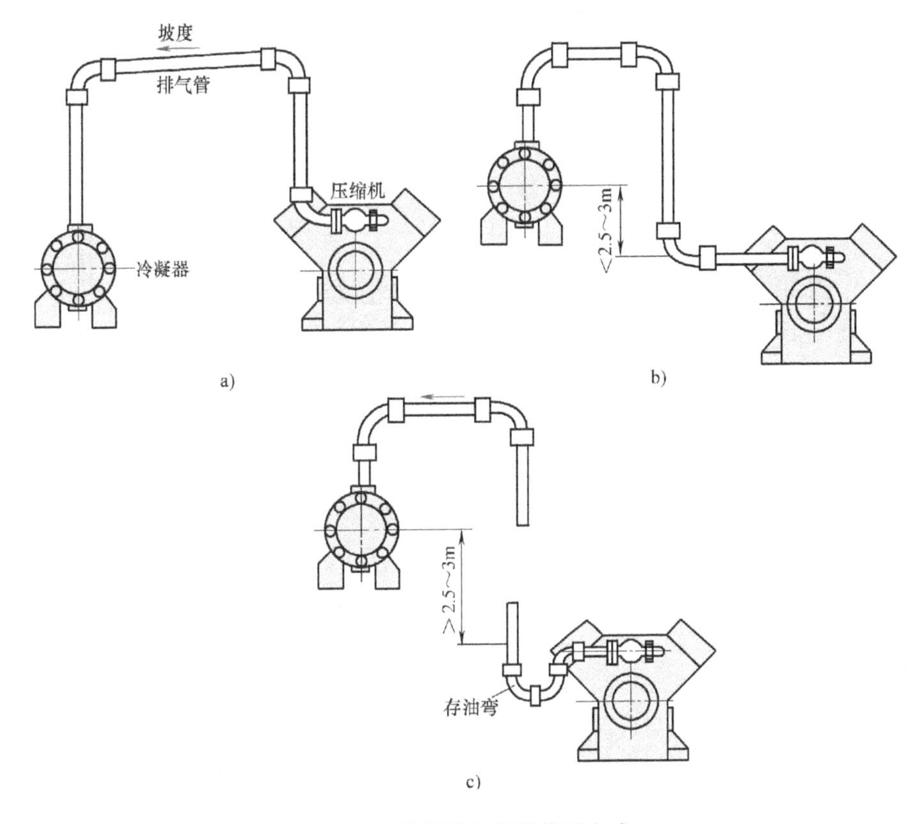


**图 7-31　单机排气管的排列方式**

a）压缩机与冷凝器在同一标高　b）冷凝器高于压缩机（高差<2.5～3m）　c）冷凝器高于压缩机（高差>2.5～3m）

4）当两台制冷压缩机合用一台冷凝器，且冷凝器在制冷压缩机下面时，则从制冷压缩机接出的排气管道应把水平管段做成向下的坡度，同时在汇合处将管道做成45°Y形二通连接，如图7-33所示。当两台制冷压缩机合用一台冷凝器，且冷凝器位置高于压缩机时，排气管可按图7-34所示的方式排列。

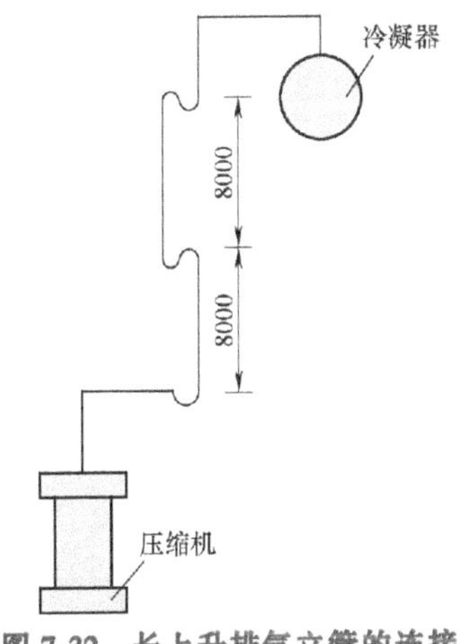


**图 7-32　长上升排气立管的连接**

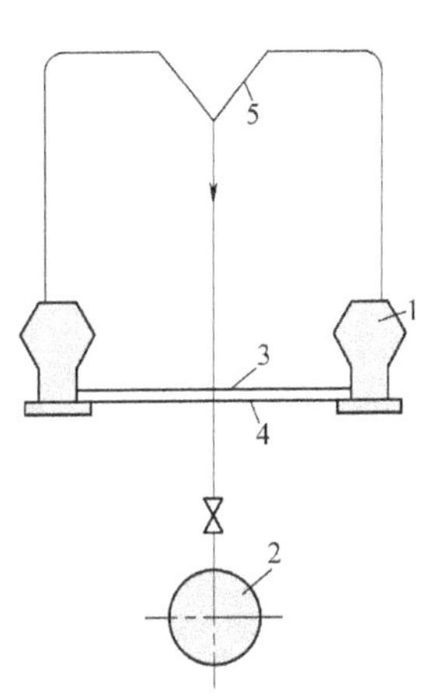


**图 7-33　Y形管道连接**

1—制冷压缩机　2—冷凝器　3—均压管
4—均油管　5—“Y”形管

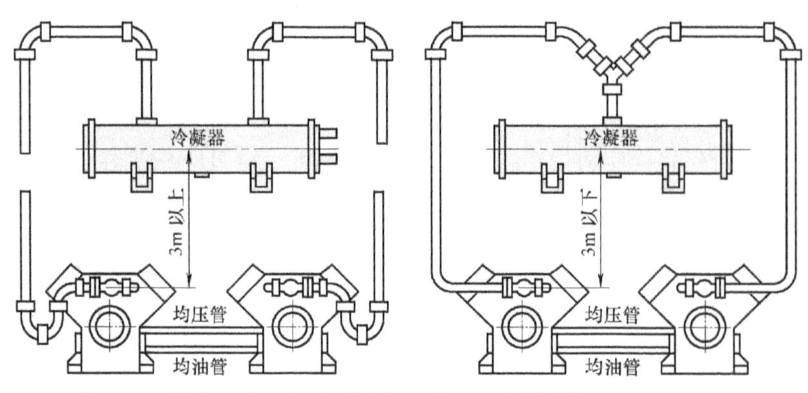


图 7-34　两台压缩机与冷凝器的连接（冷凝器位置高于压缩机）

5）当制冷压缩机和冷凝器都在两台以上，且制冷压缩机设在冷凝器的上面时，其排气管的排列方式如图 7-35 所示。装设均油管的目的是使两台压缩机的油面在同一水平面上；设置均压管的目的是使两台压缩机的曲轴箱保持同一压力。

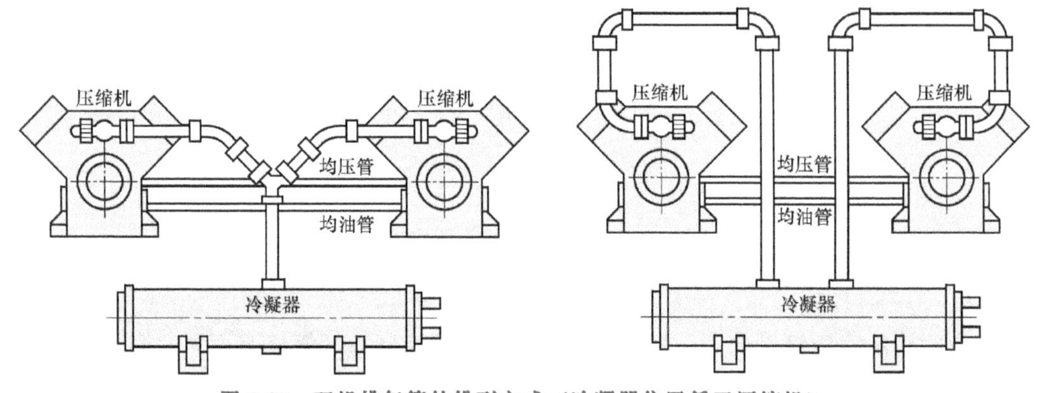


图 7-35　双机排气管的排列方式（冷凝器位置低于压缩机）

6）双排气竖管。对有能量调节的制冷压缩机，在设计中也应考虑排气竖管在制冷系统低压负荷运行时能将润滑油从竖管中带出的问题。可以采用两种方法解决：一种方法是将排气管道设计成双排气竖管，其作用与双吸气竖管相同，图 7-36 所示为双排气竖管的管道连接；另一种方法是在排气竖管前面装设油分离器，对排气竖管管径计算按照满负荷允许的压力损失进行。油分离器回收的润滑油应均匀地送回各台正在运行的制冷压缩机，装设油分离器的排气竖管管道连接如图 7-37 所示。

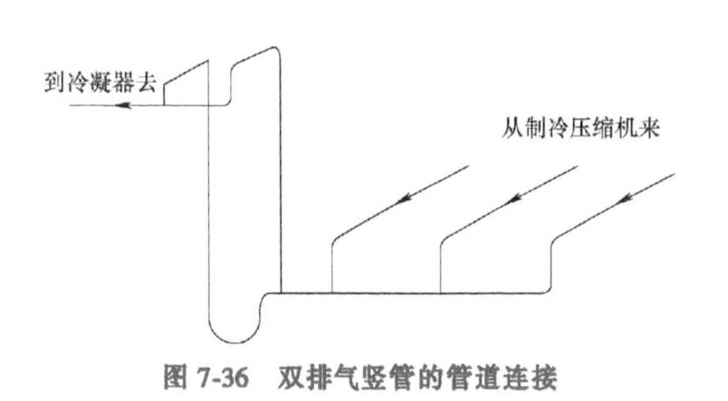


图 7-36　双排气竖管的管道连接

接冷凝器
油分离器
回油
接制冷压缩机

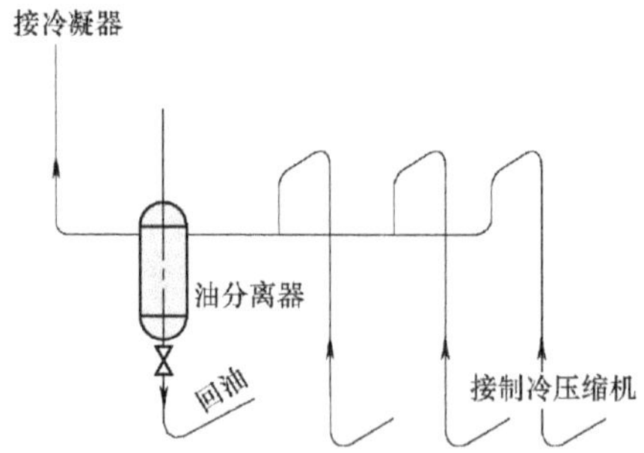

图 7-37　装设油分离器的排气竖管管道连接

### 7.3.3　液体管

液体管分为高压液体管和低压液体管，高压液体管是指从冷凝器至贮液器之间的液体管和从贮液器至节流阀之间的液体管，低压液体管是指从节流阀至蒸发器之间的液体管。高压液体管道设计中主要问题是如何防止闪发气体的产生。

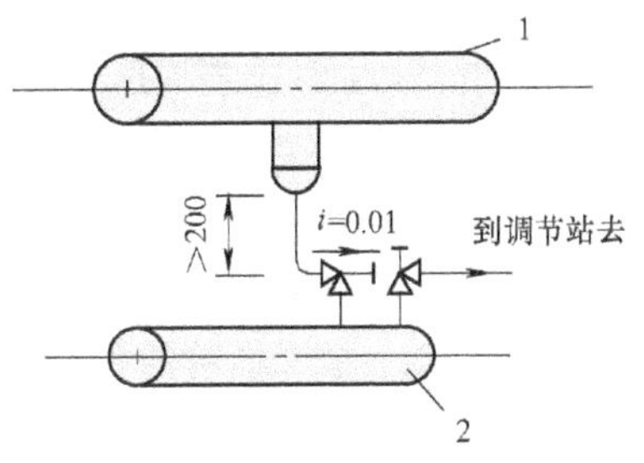


图 7-38　管壳式冷凝器至贮液器之间的管道配置

1—管壳式冷凝器　2—贮液器

1. 冷凝器至贮液桶（器）之间的液体管

从冷凝器到贮液器的液体是利用液体重力经过管道自由流入的，故冷凝器与贮液器之间应保持一定的高差，并使管道保持一定的坡度。管壳式冷凝器至贮液器之间的管道配置如图 7-38 所示。管壳式冷凝器配有靠自由重力排液到高压贮液器顶部入口的泄液管，液体管内的流速在满负荷运行时不应超过 0.5m/s。在接管的水平管段上，应有不小于 0.01 的坡度，坡向贮液器，如果在冷凝器与贮液器之间设计一截止阀，则应将阀门安装在冷凝器下部出口处不少于 200mm 的地方。所以涉及以下两个问题：

（1）管径的确定　冷凝器至贮液器之间的管道应该畅通，以保证冷凝液体及时泄入贮液器内，以免冷凝液体积存在冷凝器内使冷凝面积减小。一般可将流速取为 0.5m/s，其管径可由图 7-39 确定，图中曲线是按液温 40℃ 和蒸发温度为-20℃ 计算的。对于其他温度可近似采用。如果冷凝器与贮液器之间装有均压管，则图 7-39 中选择的管子的流速和能量可提高 50%。

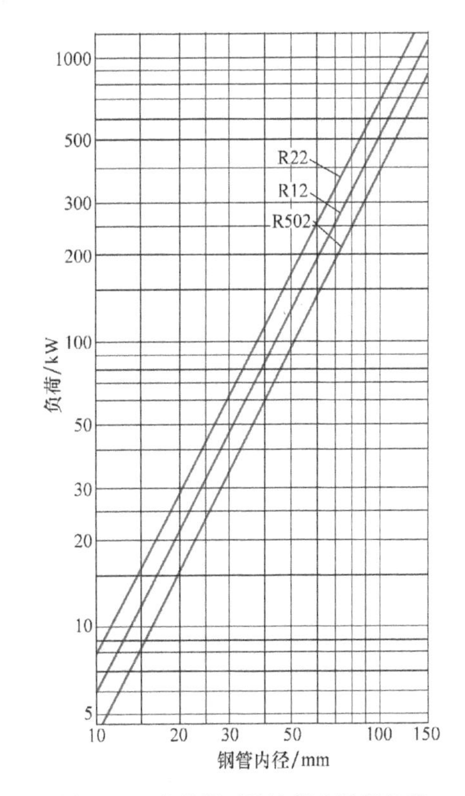


图 7-39　冷凝器至贮液器出液管负荷

（2）管子连接　为了便于冷凝器内的液体自动流入贮液器中，冷凝器与贮液器之间必须有一定的高度差，其水平管段上应有一定的坡度倾向贮液器。贮液器与冷凝器的连接方式有以下两种：

1）波动式（胀缩式）贮液器管道连接如图 7-40 所示。冷凝器直接向蒸发器供液，贮液器在系统中只起调节制冷剂循环量的作用，此时冷凝器与贮液器之间设有均压管。这种接法的优点是可以利用冷凝器中可能形成 1～3℃ 的过冷度。

波动式贮液器国内较少采用。当室内环境温度高于冷凝器温度时，为了维持制冷剂的过冷温度采用波动式贮液器是适宜的。

波动式贮液器至冷凝器之间的液体管道中的流速不应超过这种连接方式在最大负荷时的流速，冷凝器至贮液器之间液体管内流速不应超过 0.8m/s。表 7-2 列出了不同情况下的液体在管道中的流速以及冷凝器出口至波动式贮液器顶面的必要高差 $H$，可供设计时参考。

2）直流式（过流式）贮液器管道连接如图 7-38 所示。这种连接方式的进液速度一般应低于 0.5m/s，如流速大于 0.5m/s 时应装均压管。

如果在冷凝器与贮液器之间设计有平衡管（均压管），则应从冷凝器与贮液器的顶部引出接管。图 7-40 所示为管壳式冷凝器与波动式贮液器底部进口的连接管道。这里需要一根平衡管的目的是防止在贮液器内产生气体使贮液器的压力超过冷凝压力。表 7-3 列出了 R12 和 R22 在不同制冷量情况下的均压管尺寸，可供设计时参考。

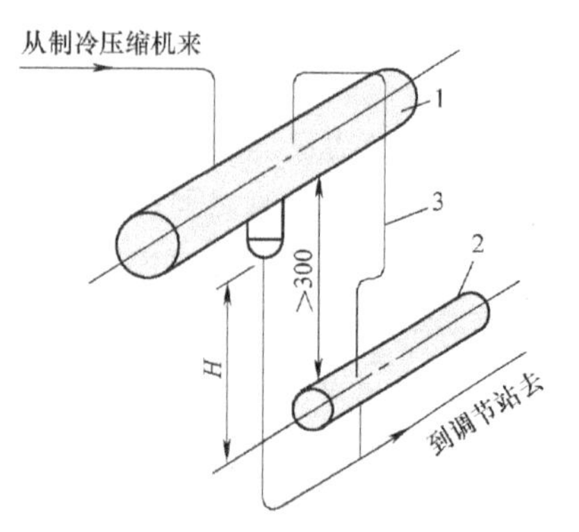


**图 7-40　波动式贮液器管道连接**

1—管壳式冷凝器　2—波动式贮液器　3—平衡管（均压管）

表 7-2　管道内液体的流速以及冷凝器出口至波动式贮液器顶面的必要高差 $H$

| 排液管内液体的流速 /(m/s) | 冷凝器至贮液器间接管形式 | $H$/mm |
|---|---|---|
| 最高 0.5 | 球阀或角阀 | 350 |
| 最高 0.5~0.8 | 无阀 | 350 |
| 最高 0.8 | 角阀 | 400 |
| 最高 0.8 | 球阀 | 700 |

表 7-3　均压管尺寸与最大制冷量的关系

| 均压管的尺寸/mm | | 15 | 20 | 25 | 32 | 40 | 50 |
|---|---|---|---|---|---|---|---|
| 最大制冷量/kW | R12 | 123.08 | 242.67 | 423.81 | 694.34 | 963.72 | 1580.27 |
| | R22 | 173.01 | 312.34 | 513.21 | 887.09 | 1233.10 | 2043.56 |

蒸发式冷凝器至贮液器之间的管道配置如图 7-41～图 7-43 所示。蒸发式冷凝器没有贮存液体的容积，所以必须设置贮液器，以调节由于冷负荷变化而引起的波动，通常容器内的液体流速应为 0.5m/s 以下。

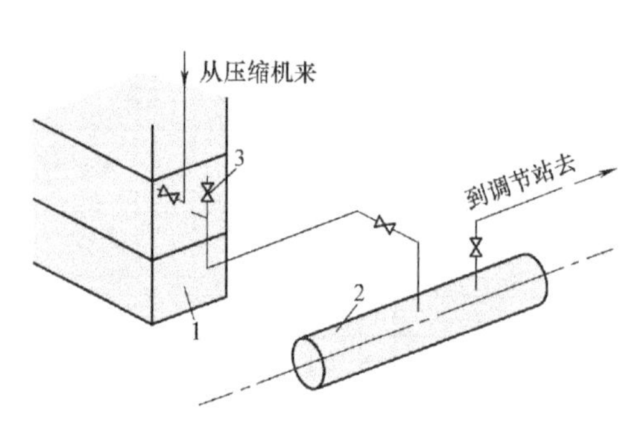


**图 7-41　蒸发式冷凝器至贮液器之间的管道连接**

1—蒸发式冷凝器　2—贮液器　3—放空气阀

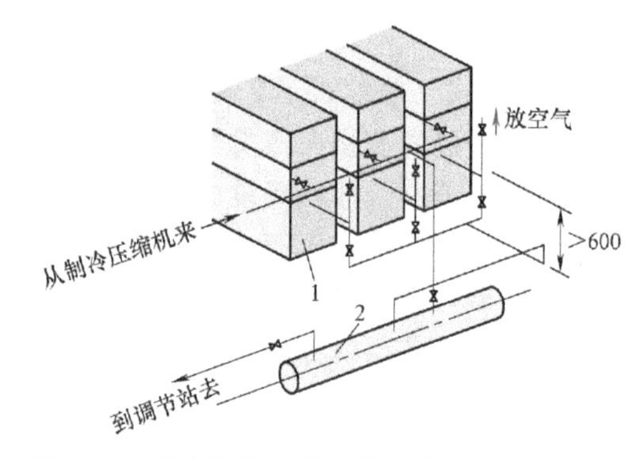


**图 7-42　多台蒸发式冷凝器与贮液器连接（一）**

1—蒸发式冷凝器　2—贮液器

采用多台蒸发式冷凝器并联运行时，由于每台冷凝器的阻力不同，因此制冷剂经过冷凝器的压力降也不同。为了防止冷凝液体倒流至压力低的冷却排管中去，应使液体出口处的直立管段有足够高的液柱，用以平衡各冷凝器的压力差。液体总管在进贮液器处，应设计有向上弯曲的管段作为液封。冷凝器的液体出口与贮液器进液水平管之间的竖直距离不少于600mm。一般情况下，管道内液体制冷剂的流速应小于0.5m/s，且应将液体管道设计有0.02的坡度，使其坡向贮液器。多台蒸发式冷凝器并联时，必须设计均压管，可以从贮液器接至冷凝器进气总管处，其管道连接方法如图7-42所示。

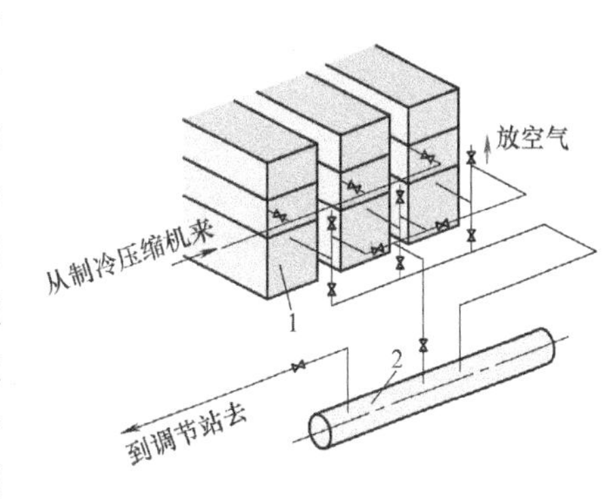


**图7-43 多台蒸发式冷凝器与贮液器连接（二）**

1—蒸发式冷凝器 2—贮液器

当冷凝器内压力降较大而又不便于安装很长的竖管时，可将均压管接至冷凝器的液体出口管段上，这样就不需要考虑排气管的压力降，而只需克服液体管道阀门和附件的阻力损失即可。当管内的流体速度为0.5m/s时，由冷凝器出液口至贮液器进液口的高度约为450mm，在通常情况下便可满足要求，这种接管方法可以降低冷凝器的安装高度，但是，必须要求各台冷凝器技术规格完全相同，其管道连接方法如图7-43所示。

2. 贮液器至节流阀之间的液体管

这主要是指液体管道的设计。一般情况下，除了选择适当的管道直径以保证合理的压力降之外，液体管道在设计中的问题是比较少的。因为润滑油溶解于氟利昂液体中，所以油在液体管道内是随着制冷剂循环的。即使是液体的流速很低或管道有集液弯也不会产生问题，要特别注意的是防止在液体管道内产生闪发气体。

关于管径的确定，除应考虑摩擦阻力和局部阻力引起的压力降外，还要考虑到蒸发器高于贮液器时液位差引起的压力降。一般认为，将这段管道中的压力降控制在相当于饱和温差0.5℃比较适合，因此可按图7-44查取其管径。

关于防止在液体管道内产生闪发气体的问题，应考虑到当液体制冷剂温度接近于饱和蒸发温度时，如果温度稍微上升或压力稍微降低，就可能导致部分液体汽化，产生闪发气体。闪发气体的产生会使系统阻力增加，特别是液位差造成的阻力损耗很大。每米液柱的静压降及相应的饱和温降值见表7-4。R12在冷凝温度 $t=40$℃时，液管升高1m，其压力降为0.0138MPa左右，相当于饱和蒸发温度下降0.59℃。这样，压力降引起闪发气体的产生，而闪发气体又增大了流动阻力，促进闪发气体进一步增加，形成了恶性循环。为避免闪发气体产生，靠加大管径的方法是解决不了的，必须增加液体的过冷度。如R12液管升高1m产生的压力降必须增加0.59℃以上的过冷度才可避免闪发气体的产生。在氟利昂制冷系统设计中，一般设置气液热交换器使液体得到了过冷，以使节流阀前液体至少有0.5~1℃的过冷度。阀前液体管不同的流动阻力损耗所要求的过冷度见表7-5。图7-45所示为直接蒸发式过冷器的连接。在双级压缩系统中，也有用中间冷却器来过冷或用热交热器和中间冷却器两次过冷的。在上述条件下不能取得所需过冷度时，也可在必要的地方增设一个直接蒸发的过冷器。

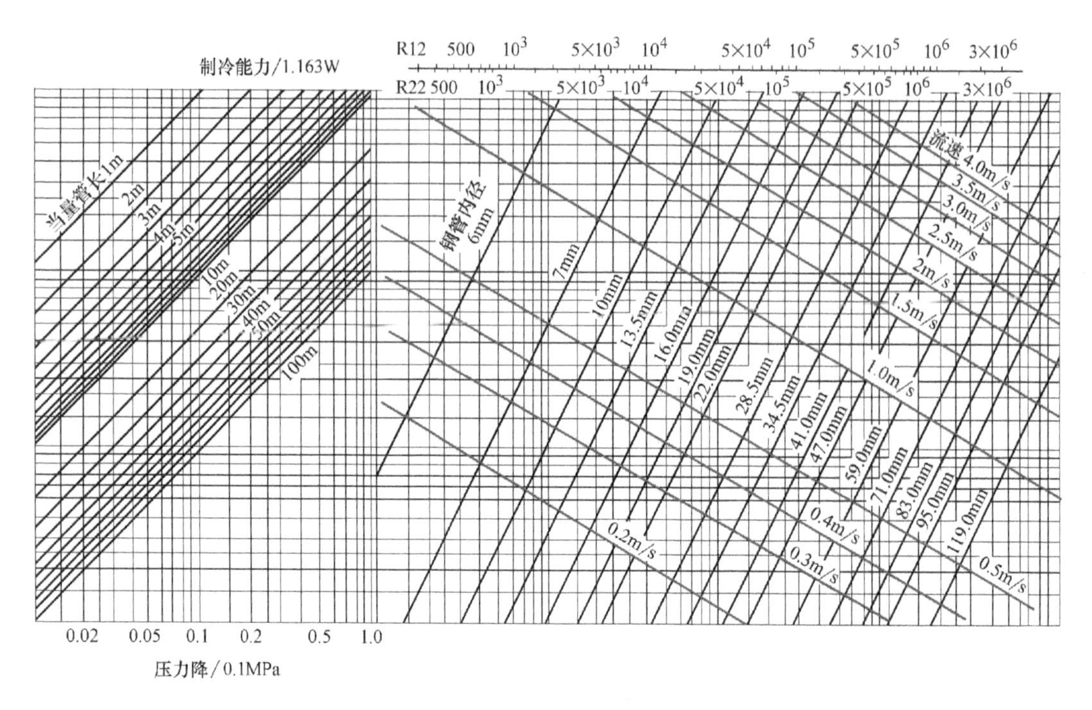


**图 7-44 高压液体管计算**

3. 节流阀至蒸发器之间的液体管

液体通过节流阀成为两相流体，其流动阻力比单纯液体大得多，所以热力膨胀阀的出口接管管径往往大于进口管。由于这段管道一般很短，故可参照热力膨胀阀出口管径采用，或较高压液体管加大一号选用。也可按无闪发气体时的液体管的阻力乘以表 7-6 中的阻力倍数求得低压液体管的流动阻力损耗，再确定所需管径。

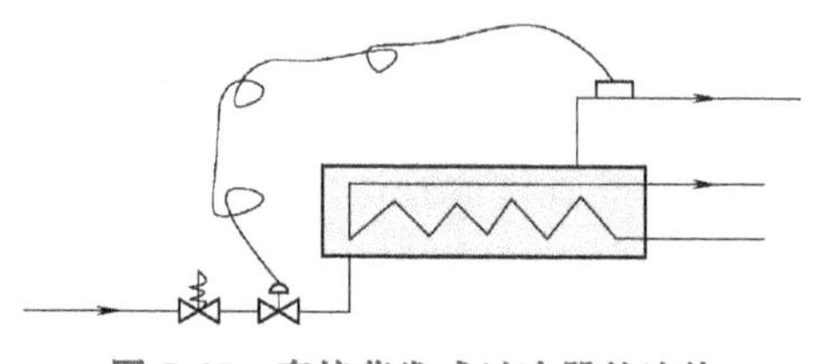

**图 7-45 直接蒸发式过冷器的连接**

**表 7-4 每米液柱的静压降及相应的饱和温降值**

| 参数 | 制冷剂 | | | | | | |
|---|---|---|---|---|---|---|---|
| | R12 | | | | R22 | | |
| 冷凝温度/℃ | 45 | 40 | 35 | 30 | 40 | 35 | 30 |
| 冷凝压力/MPa | 1.125 | 0.997 | 0.880 | 0.776 | 1.611 | 1.423 | 1.251 |
| 每米液柱压差/MPa | 0.01259 | 0.01380 | 0.013 | 0.01319 | 0.01155 | 0.01178 | 0.012 |
| 相应饱和温降/℃ | 0.47 | 0.59 | 0.59 | 0.67 | 0.29 | 0.33 | 0.37 |

表 7-5　阀前液体管不同的流动阻力损耗所要求的过冷度

| 阀前液体管流动阻力损耗 | 能量修正 | | 需过冷度 | | 备注 |
|---|---|---|---|---|---|
| | R12 | R22 | R12 | R22 | |
| 0.051 | 0.75 | 0.90 | 2.5 | 1.2 | 具有过冷度时不考虑能量修正，无过冷量时考虑 |
| 0.102 | 0.65 | 0.75 | 4.5 | 3.0 | |
| 0.153 | 0.55 | 0.70 | 7.0 | 4.5 | |
| 0.204 | 0.45 | 0.60 | 9.5 | 6.0 | |
| 0.255 | 0.40 | 0.57 | 12.0 | 7.5 | |

表 7-6　低压液体管的阻力倍数

| 节流阀前的液体温度/℃ | 蒸发温度/℃ | 阻力倍数 | | 节流阀前的液体温度/℃ | 蒸发温度/℃ | 阻力倍数 | |
|---|---|---|---|---|---|---|---|
| | | R12 | R22 | | | R12 | R22 |
| 30 | 10 | 14.0 | 12.0 | 40 | 10 | 19.0 | 17.0 |
| | 0 | 21.5 | 18.5 | | 0 | 29.0 | 24.5 |
| | -10 | 33.5 | 28.5 | | -10 | 43.0 | 35.5 |
| | -20 | 62.9 | 43.5 | | -20 | 61.0 | 51.0 |
| | -30 | 76.5 | 64.0 | | -30 | 93.0 | 77.0 |

图 7-46 和图 7-47 所示分别为蒸发器与冷凝器或贮液器不同标高时的管道连接。图 7-46 是当蒸发器置于冷凝器或贮液器之下时，在液体管道上要设计有倒“U”形液封，其高度不应少于 2m，目的是防止在制冷系统运行时，液体继续流向蒸发器；当液体管道上装有电磁阀时，可以不设置倒“U”形液封。当多台蒸发器在冷凝器与贮液器之上且不可避免产生闪发气体时，为了使每台蒸发器能均匀地通过一定量的闪发气体，可采用图 7-47 所示的管道连接方法。

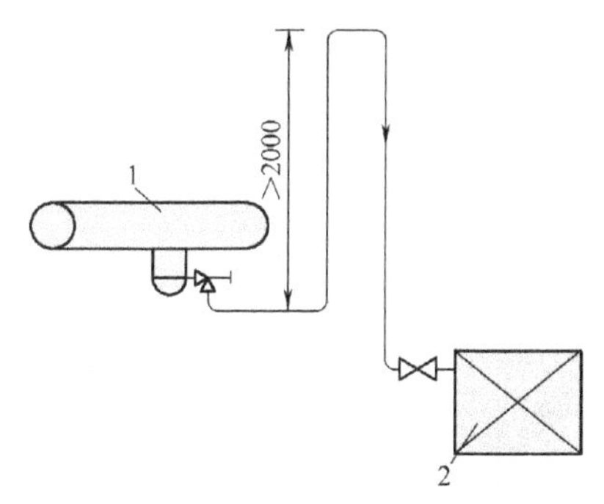


**图 7-46　蒸发器在冷凝器或贮液器下面时的管道连接**

1—冷凝器或贮液器　2—蒸发器

**图 7-47　蒸发器在冷凝器或贮液器上面时的管道连接**

1—冷凝器或贮液器　2—蒸发器

### 4. 热力膨胀阀的连接

热力膨胀阀在系统中的位置宜紧靠蒸发器，在热力膨胀阀前面一般都装有电磁阀，当不需供液时用以切断供液。这是因为热力膨胀阀的感温包受回气管温度的控制，即使停机后，它也会使阀开启，向蒸发器供液，这对压缩机的再次起动很不利。加设电磁阀后，则在停机的同时（或停机之前）就令其切断供液，即使热力膨胀阀开着也不会有液体流入蒸发器。

热力膨胀阀前还应设干燥过滤器，以去除水分和污物，减少电磁阀及热力膨胀阀阀芯由污物引起的失灵和冰塞现象。此外，由于电磁阀和热力膨胀阀容易发生故障，因此要在其前后设置截止阀，以便在清洗干燥过滤器及检修电磁阀、热力膨胀阀时将前后截止阀关闭，并用手动节流阀与热力膨胀阀等并联，如图 7-48 所示。检修热力膨胀阀时，开启手动节流阀，通过其供液，使系统仍能正常制冷。

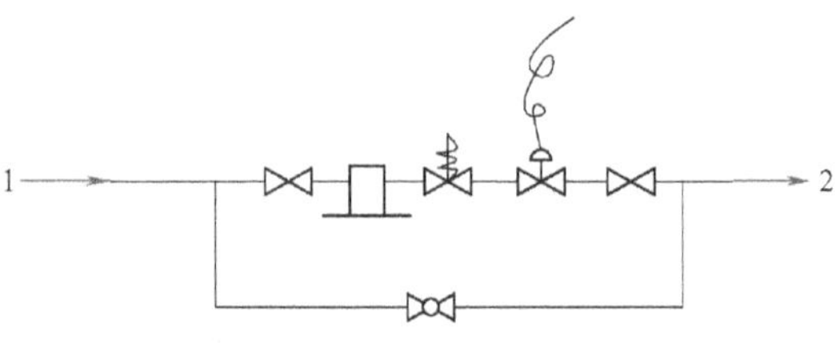


**图 7-48　热力膨胀阀的连接**

1—贮液器来液　2—接往蒸发器

### 5. 氟利昂蒸发排管每通路允许长度

氟利昂蒸发排管每通路允许长度也取决于允许压力降。R12 蒸发排管中的压力降一般宜控制在饱和蒸发温度下降 2℃以内，R22 蒸发排管中的压力降则宜控制在饱和蒸发温度下降 1℃以内。当过冷温度 $t_g=30℃$，蒸发温度 $t_Z=-20℃$ 时，R12、R22 蒸发排管每通路允许长度可分别由图 7-49 和图 7-50 查得。对于其他过冷温度和蒸发温度，再分别用图 7-51 和图 7-52 进行调整。

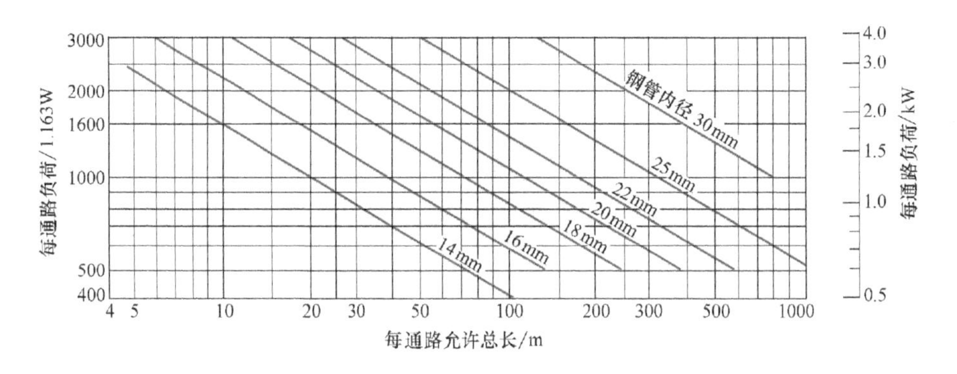


**图 7-49　R12 蒸发排管每通路允许长度**

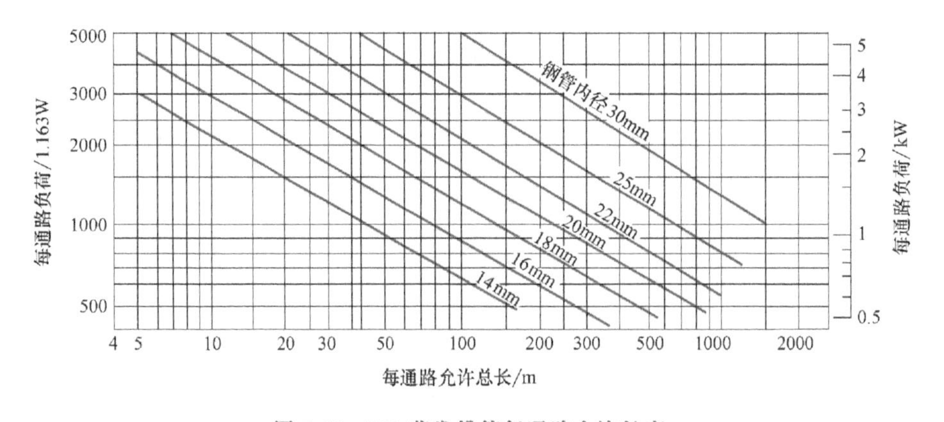


**图 7-50　R22 蒸发排管每通路允许长度**

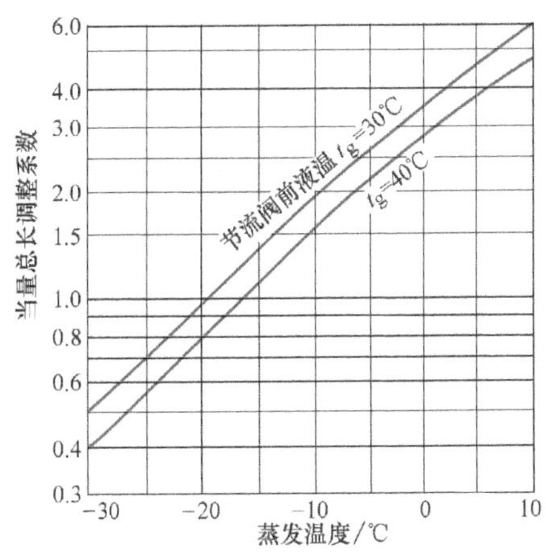


图 7-51 R12 蒸发排管每通路允许长度调整系数（用于图 7-49）

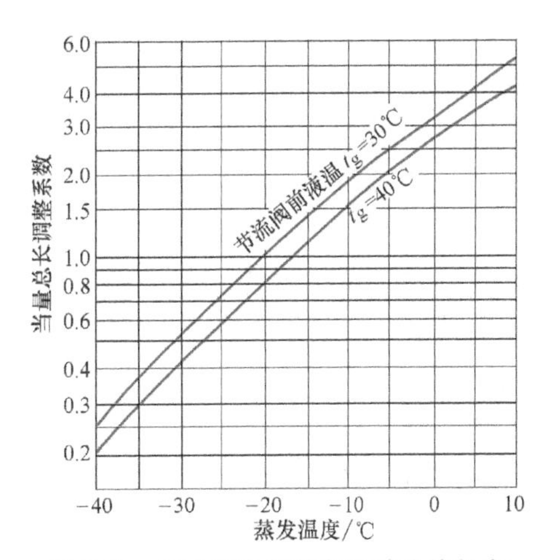


图 7-52 R22 蒸发排管每通路允许长度调整系数（用于图 7-50）

6. 管材的选用

对于制冷管道用的管材，在氨制冷系统中介绍的无缝钢管对氟利昂系统也是适用的。在氟利昂系统中使用的管材是无缝钢管和无缝铜管，通常公称直径在 25mm 以下用纯铜管，在 25mm 和 25mm 以上用无缝钢管。

管材的选择主要从冷媒、润滑油或两者与材料间的化学作用，以及材料的耐低温性能方面和强度方面考虑。对氟利昂系统来说，不要使用含镁超过 2%的铝合金材料，管道外表面与水面接触时，不要使用纯度低于 99.7%的铝管，如必须使用时，要经适当防腐处理。使用柔性管或橡胶管时，除考虑其应有的足够强度外，还特别要注意到冷媒对材料的腐蚀作用，如 R22 对一般橡胶的腐蚀作用，即使特种橡胶一般几年内也易变质，所以安装时要注意检修拆换方便。一般材料在低温下都有变脆的特点，因此所用材料在低温下其冲击值不得低于 0.196MPa，镁的质量分数为 2%～4%的钢管可在-80～-60℃的低温下使用。

## 7.4 空调系统冷冻站的设计特点

### 7.4.1 制冷站设计的基础条件与制冷机选型

1. 制冷站设计的基础条件

(1) 冷负荷条件 冷负荷条件可由暖通空调专业设计者根据工程实际情况计算得出，也可由制冷设计人员以生产工艺负荷资料为依据计算出冷负荷数值。冷负荷数值是确定选用制冷机容量的重要条件。

(2) 能源条件 根据建设单位的电力条件或拟议中的电力增容数量，确定是否可选用压缩式制冷机（活塞式、螺杆式或离心式）。如电力不足，但具备蒸汽锅炉、热水锅炉或由城市集中供热管网可供蒸汽或热水条件，可选用蒸汽型或热水型溴化锂吸收式制冷机；如既电力不足又无热源条件，但具备城市煤气或燃烧轻、重油条件，则可选用直燃型溴化锂冷温水机，直燃机不仅可夏季供冷，还可冬季供暖，并可同时提供卫生热水。

（3）水源及水质条件　水源条件是指供水管径和供水量应能满足制冷站冷却水和冷冻水的补充水量。水质条件是指确定使用的冷却水水源的水质资料，其主要指标有总硬度、总碱度、总含铁量、水中的各种离子碳酸盐硬度和酸碱度（pH）值等。

（4）气象条件　气象条件是指企业所在地区的最高和最低温度、采暖与空调计算温度、大气相对湿度、土壤冻结深度、全年主导风向以及当地大气压力和设计湿球温度等。

（5）水文地质条件　水文地质条件是指企业建设地区的地质构造、大孔性土壤等级、土壤酸碱度、土壤耐压能力、地下水质和地震烈度等。

（6）制冷设备条件　制冷设备条件是指压缩制冷机或溴化锂冷水机组的主要性能、技术规格、技术参数、外形图、安装图、销售价格，以及制冷辅助设备的性能、规格、外形图、安装图与销售价格等。

（7）管材、管件及绝热等主要材料条件　设计人员应充分了解建设地区生产的绝热材料和管材、管件的主要性能、规格及销售价格等，以便就近选用有关材料。

（8）相关各专业的配合条件　小区道路变更情况、制冷站原有的设计图样档案和有关专业的设计图样档案，以及目前尚存在的问题和业主的最新要求等。

（9）企业发展规划　设计制冷站时，应当了解企业近期和远期的发展规划，以便于将来制冷站的扩建和选择布置制冷设备。有时可按近期、远期规划，设计制冷站房并安装辅助设施与管网，而预留制冷机二期或三期安装位置与基础。

2. 制冷站的装机容量

制冷站的装机容量是以舒适性空调计算出的最大冷负荷为依据，或以工艺性空调中的生产工艺所提供的设计任务书要求条件，并按照制冷站的服务对象和制冷系统的状况计算出的最大冷负荷为依据而确定的。由于制冷系统的具体情况以及建设地区上的各种差异，需按设备和管道布置等因素计算出冷损失，也可依据经验考虑冷负荷的附加系数，从而得出该制冷站的设计容量。附加系数一般为0.1~0.2。

3. 制冷机的选型设计

制冷机的类型多种多样，在某项制冷站设计中，究竟选用何种型式的制冷机，除考虑上述制冷站设计的基础条件和装机容量外，尚需考虑以下几方面的条件。

（1）冷媒温度　选择制冷机时，应优先考虑所设计的工程对制取冷媒温度的要求。冷媒温度的高低对制冷机的选型和系统组成非常重要。例如，溴化锂吸收式制冷机用于空气调节制冷时优点颇多，但是它不能制取低温冷媒，而且就其所制取的低温水的温度又有7℃（D型）、10℃（Z型）和13℃（G型）之分，因此要求工程设计者应了解制冷机的适用范围及技术条件。

（2）总制冷量与设备台数　总制冷量的多少将与该工程设计的一次性投资、占地面积、能量消耗和运行管理等密切相关。

设计制冷站时，以2~3台机组为佳。一般情况下，不宜设单台制冷机，这是为了确保一旦制冷机发生故障或停机检修时，仍能继续供冷。但选用过多的机组也不利于投资、占地和维修。因此，设计时必须根据单机制冷量，结合具体情况，确定机组台数。

（3）能耗及能源的综合利用　选择制冷机类型时必须考虑机组的电耗、气耗及油耗。当区域性供冷的大型制冷站选用大型制冷机时，应当充分考虑对电、热、冷的综合利用和平衡，尤其是对废气、废热的充分利用，力求达到最佳的经济效果。

（4）环境保护与防振　选用制冷机时，应考虑的环境保护问题有以下几个方面：

1）噪声。噪声值不仅随制冷机的大小而增减，而且各种类型制冷机的噪声值相差较大。

2）有些制冷机所用的制冷剂有毒、有刺激气味，具有燃烧性和爆炸性，所以选型时必须严加注意其适用场所。

3）压缩制冷机所用CFCs制冷剂会破坏大气中的臭氧层，达到一定程度时，将会给人类带来灾难。国际环境保护会议上已限定了CFCs停止生产的年限，世界各国都在开展对CFCs替代物的研究与开发工作。新的替代CFCs的工质不断涌现。

4）振动。压缩制冷机运行时的振动频率与振幅大小因机种不同相差较大。对于制冷站房周围有防振要求的，应选择振幅较小的压缩制冷机或运行无振动的溴化锂制冷机。制冷机的基础与管道一般进行减振处理后均能达到要求。

（5）一次性投资与运行管理费　制冷机在相同制冷量情况下，往往会由于选用的机种不同，而造成一次性投资相差较大。各种制冷机全年的运行管理费用也有较大差别，设计选型时应特别注意。

（6）冷却水的水温与水质　冷却水进机水温一般以24~32℃为宜。不同的机型有不同的冷却水进机最高温度允许值，选择时必须查阅设备选型手册。冷却水的水质则对热交换器的影响较大，会造成设备的结垢与腐蚀，这不仅会造成制冷机制冷量的衰减，而且会导致换热管堵塞与破损。冷却水水质指标也必须从相关手册中查出。

（7）优先选用定型成套的制冷机组　当选定了制冷机的种类之后，应当优先选用专用的制冷机组，如冷水机组、除湿机组、氟利昂泵机组、盐水机组、乙醇机组等。此外，根据需要还可分别选用单机双级机组、冷凝机组等各类压缩式制冷机组，也可选用蒸汽型、直燃型或热水型溴化锂冷水机组。

### 7.4.2　制冷站站房设计

#### 1. 制冷站站房设计的技术要点

（1）制冷站的土建设计

1）制冷站站房需根据设计工程项目的具体情况，采用就地取材的非易燃材料建筑，设计要符合国家现行的有关规范。

2）制冷站的工艺设计人员应与土建专业以及有关专业的设计人员共同商定制冷站站房的建立方位与建筑形式、结构、柱网、跨度、高度、门窗位置及尺寸。

3）制冷站站房屋架下弦的标高应根据制冷机组的型号，并考虑安装和检修时便于起吊设备和主要部件（通常情况取3.6~5.0m）。如站房内设置起重机，还应考虑起重机所占用的空间高度。

将已有的旧厂房改做站房时，其高度应按具体情况处置（可适当地降低站房的高度要求），一般情况下站房高度应高于3.6m。

4）为便于操作人员根据制冷压缩机或溴冷主机的运行声音来判断制冷机运行是否正常，防止风机、水泵等噪声影响，可以将主机间与辅助设备间用隔墙分开，但必须设有连通的出入口。而中、小型站房则可将制冷主机与辅助设备安装在同一站房内。如有条件应单设一间操作人员的监控值班室。

5）制冷站站房的变电间和配电间应紧靠主机间。

6）制冷站的地面通常做成水泥压光或水磨石地面。

7）制冷站站房内的装修标准应与生产工艺厂房相适应。

8）采用无毒制冷剂的制冷站房，为了便于管理，其门可以直接通向生产厂房、通风机室或空调室。而氨制冷站房的门应向外开启，不允许直接通向生产厂房和通风机室。

9）制冷站房须有良好的天然采光，其窗孔投光面积和站房地面的比例不宜小于 1∶6。

10）氨制冷站的主机间不宜设在地下室，也不宜与其他厂房共同建筑在一起。而溴化锂吸收式制冷机的站房可以不受此限。

（2）制冷站的暖通设计

1）制冷站房的温度。冬季为了防止设备冻裂，停机时的值班温度不应低于 5℃。采暖地区冬季工作的站房温度不应低于 16℃。

制冷站房内其他房间的采暖温度应按 GBZ 1—2010《工业企业设计卫生标准》设计。

2）制冷站的主机间和设备间应有良好的自然通风，应尽量安排好穿堂风或采取其他形式的自然通风措施。主机间和设备间内应保证有每小时不少于 3 次的通风效果，还必须设计有每小时不少于 8 次换气的事故通风装置。而设在氨机器间或设备间内的事故通风机及其电动机，均应采取防爆措施，对于通风管道也应选用非易燃材料。

（3）制冷站的电气设计

1）制冷站的照度。制冷站房内各房间的照度见表 7-7。

表 7-7　制冷站房内各房间的照度　（单位：lx）

| 房间名称 | 照度标准 | 房间名称 | 照度标准 |
|---|---|---|---|
| 主机间 | 40～50 | 贮存间 | 20～30 |
| 辅助设备间 | 30～40 | 值班室 | 30～40 |
| 控制间 | 40～50 | 配电间 | 40～50 |
| 水泵间 | 20～30 | 走廊 | 20～30 |
| 维修间 | 50～100 | | |

注：凡与国家标准冲突时，均按国家标准执行。

2）站房测量仪表比较集中的地方或个别设备处需加大照度时，可以采用局部照明。制冷站站房内应设有一定数量的低压行灯插座。

3）氨制冷压缩机和事故通风机的电气开关应设有明显的标志。除了设计有正常的操作开关之外，还应在机器间的外面邻近主要出口的地方设事故备用开关，以确保安全。

4）大、中型氨制冷站站房应设计有事故照明。事故照明的主要地点为制冷压缩机间、总调节站、压缩机间与设备间的主要通道以及站房的主要出入口等。

（4）制冷站的冷却水与给排水设计

1）制冷站内应设有冲刷地面的给水排水设施，并应设置洗手盆或冲洗拖布槽。

2）冷却水系统应设计成循环系统，但必须保持一定的温度和清洁度。冷却水进入制冷设备的最高温度不应超过相关的规定数值。

3）冷却水必须进行水质稳定处理。目前，我国尚未制定出制冷设备用冷却水的水质标准，但为防止制冷系统的冷却水对设备的腐蚀和结垢，以确保设备的换热效率和使用年限，闭式系统的冷却水水质可参考表 7-8 执行。

为确保冷却水水质，应采用软水处理装置、电子水处理仪或加药法予以处理。

表 7-8　冷却水的水质指标

| 项　　目 | 允　许　值 | | 危　害　性 | |
|---|---|---|---|---|
| | 冷却水 | 补充水 | 腐蚀 | 结垢 |
| 酸碱度(pH) | 7.0~8.0 | 6.0~8.0 | √ | √ |
| 总硬度/(mg/L) | <200 | <50 | | √ |
| 电导率/(μs/cm) | <500 | <200 | √ | |
| 总碱度/(mg/L) | <100 | <50 | | √ |
| 总含铁量/(mg/L) | <1.0 | <0.3 | √ | √ |
| 氯离子/(mg/L) | <200 | <50 | √ | |
| 硫酸根离子/(mg/L) | <200 | <50 | √ | |
| 硫离子/(mg/L) | 应测不出 | 应测不出 | √ | |
| 铵离子/(mg/L) | 应测不出 | 应测不出 | √ | |
| 二氧化硅/(mg/L) | <50 | <30 | | |

对于开式系统的冷却水水质标准，应符合 GB 50050—2017《工业循环冷却水处理设计规范》的规定。

4）在制冷压缩机和冷凝器的排水管上，应装设排水漏斗或水流指示器，以便观察冷却水的循环状况。

5）冷却水进入制冷机的水压一般应为 0.15~0.2MPa，但不宜大于 0.3MPa。

6）为能将冷却水系统中的存水全部排出，应在设备或管道最低处安装放水阀门，以防止冬季停机时冻裂设备。

7）埋地的给、排水管道如漏水会影响设备基础，故在大孔土地区应考虑主机间内的给、排水管道，采用地沟敷设或架空敷设方式。

2. 制冷站站房的布置原则

（1）制冷站站房的一般布置原则

1）站房应靠近主要冷负荷区域。这不仅能够保证生产上的要求，而且可缩短管网长度，节约钢材和其他材料，并有利于投产后的运行、维护和管理。

2）制冷站站房的布置方式分为集中与分散两种。分散布置是指在一个企业里由于用冷户的分散而分散布置。而集中布置则是建立一个或几个制冷站供给所在工厂中的多个用冷户，即建立全厂性或厂区区域性的制冷站。

3）制冷站站房在企业总图上的位置。应避免将其布置在乙炔站、锅炉房、氢氧站、煤气站、堆煤场、易于散发灰尘和有害气体站房的近处及其下风向。

4）直接蒸发的低温装置或环境试验制冷站必须靠近用冷处，或与用户共同建设在一个厂房内，和用冷处相邻为好。

5）设在生产厂房的制冷站，应尽量减少阳光照射，尤其炎热地区更应当注意。

6）当制冷站用电负荷较大时，应将站房尽可能靠近电源。

7）新建的制冷站站房布置应考虑远景规划，在设计中常将站房的一端作为其发展端。

（2）大中型制冷站的布置原则　大中型制冷站站房宜为单独建筑。该站房应靠近主要用冷建筑物或靠近几个用冷建筑的中心地带。对于以水为载冷剂的大、中型制冷站，应优先考虑集中建设的方案。这是因为：

1）可选用大型的制冷设备，以减少制冷设备的台数。

2）可节省站房的建筑面积，以加快工程的建设进度。

3）可节省基本建设投资。

4）可方便维护管理和操作运行，减少操作人员。

5）大中型制冷站站房可分为主机间和辅助设备间，并应确定在站房中变电间、配电间、水泵间、维修间、贮藏间、控制间、值班室等单独的隔间。小型制冷站则可同设于一室。

（3）氨制冷站的布置原则

1）氨制冷站中的氨是有毒物质，为了确保安全，不宜在主机间和辅助设备间的上、下面和直接相邻的四周建有宿舍、病房、学校、幼儿园、礼堂、餐厅、游艺场所、商店及其他人多的场所等公用建筑。

2）氨制冷站宜单独建站，对氨的漏损易于处理，以确保安全。

## 7.5　典型氟利昂制冷装置设计分析

下面的实例是佛山市长城冷气贸易有限公司为顺德职业技术学院设计和制造的教学用氟利昂装配式冷库。

### 1. 冷库结构

该冷库结构如图7-53所示。

### 2. 制冷系统原理

图7-54所示为该冷库制冷系统原理，该制冷装置是由一个低温库蒸发器、一个高温库蒸发器、一台压缩机、一台冷凝器和一台贮液器组成的。制冷剂经干燥过滤器流到热力膨胀阀。截止阀装在干燥过滤器前，以方便更换干燥过滤器。在每个热力膨胀阀前装有电磁阀，由温度控制器（KP61）来控制。温度控制器根据感温包处的温度来开关电磁阀。从低温库蒸发器来的吸气管路上装有单向阀，此阀在压缩机停止运行期间，可以防止制冷剂回流到低温库蒸发器。从高温库蒸发器来的吸气管路上装有蒸发压力调节阀，此阀可将蒸发压力维持在高温库所需温度之下8～10℃。压力控制器是一台高低压组合控制器，可防止压缩机吸气压力过低或排气压力过高，从而保护制冷装置，在制冷系统中必须匹配，原理图中不必标示。而压差控制器用于控制油压，以保证压缩机的润滑良好。

### 3. 系统说明

（1）组合库体　在一定范围内可任意组合各种规格及用途的冷库。该系列冷库具有装拆方便、密封性好、外形美观、施工期短等优点。隔热板芯采用优质的保温材料聚氨酯灌注发泡成型，无骨架，无冷桥，重量轻，强度大，不吸潮，不霉烂。

聚氨酯板芯的主要性能指标：导热系数0.02W/(m·K)，体积质量41～45kg/$m^3$，抗压强度≥20N/$cm^2$。

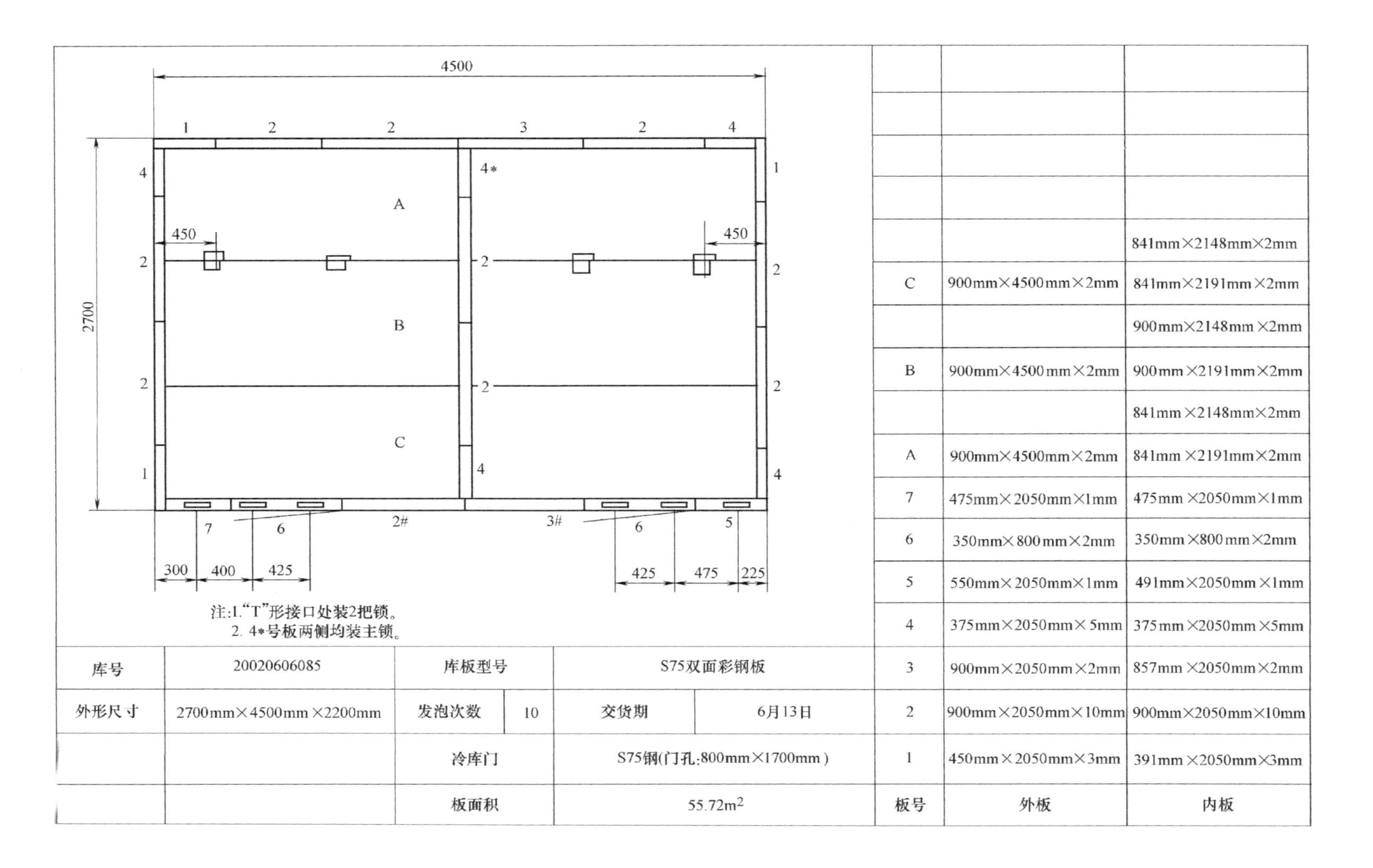


| 库号 | 20020606085 | 库板型号 | | S75双面彩钢板 | |
|---|---|---|---|---|---|
| 外形尺寸 | 2700mm×4500mm×2200mm | 发泡次数 | 10 | 交货期 | 6月13日 |
| | | 冷库门 | | S75钢(门孔:800mm×1700mm) | |
| | | 板面积 | | 55.72m² | |

| 板号 | 外板 | 内板 |
|---|---|---|
| | | |
| | | |
| | | |
| | | |
| | | 841mm×2148mm×2mm |
| C | 900mm×4500mm×2mm | 841mm×2191mm×2mm |
| | | 900mm×2148mm×2mm |
| B | 900mm×4500mm×2mm | 900mm×2191mm×2mm |
| | | 841mm×2148mm×2mm |
| A | 900mm×4500mm×2mm | 841mm×2191mm×2mm |
| 7 | 475mm×2050mm×1mm | 475mm×2050mm×1mm |
| 6 | 350mm×800mm×2mm | 350mm×800mm×2mm |
| 5 | 550mm×2050mm×1mm | 491mm×2050mm×1mm |
| 4 | 375mm×2050mm×5mm | 375mm×2050mm×5mm |
| 3 | 900mm×2050mm×2mm | 857mm×2050mm×2mm |
| 2 | 900mm×2050mm×10mm | 900mm×2050mm×10mm |
| 1 | 450mm×2050mm×3mm | 391mm×2050mm×3mm |

图 7-53 冷库结构

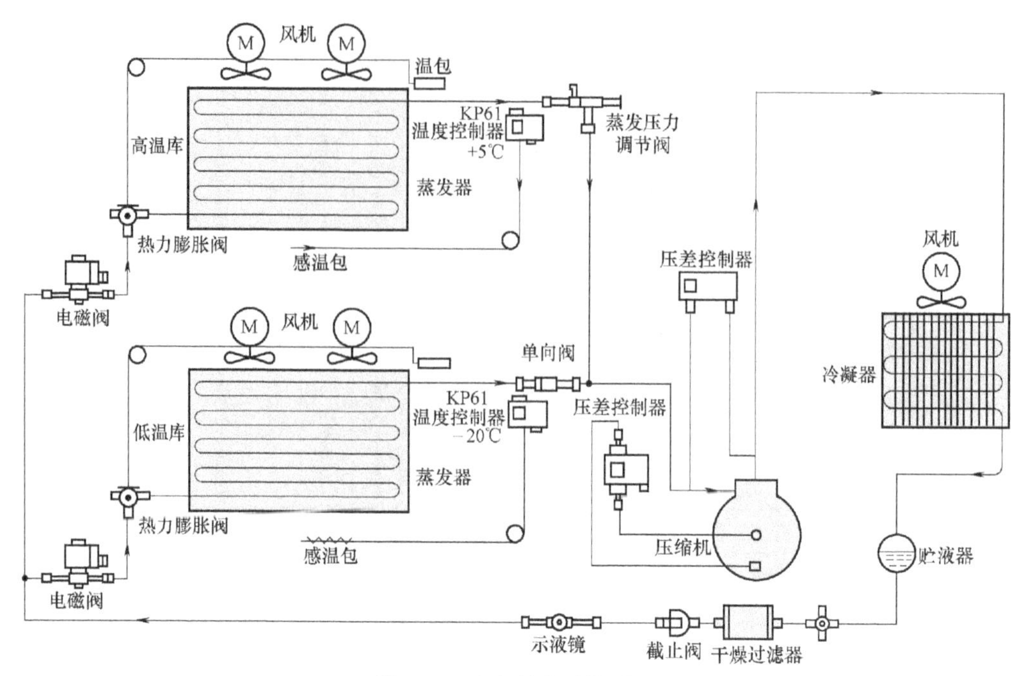


**图 7-54　冷库制冷系统原理**

(2) 冷库配套设施　冷库门设有防凝露电热丝（集中或单独供电，电压 24V），该设施能有效地保证冷库门不被冻结及凝露。组合冷库库内一般设有压力平衡窗，该设施能有效地防止库内的压力增加而造成的库板爆裂。

根据用户的要求设置库门风幕机，该设施能减少库门开启时内外空气的对流，减少冷量损失。

(3) 冷库设备及部件　冷库设备及部件包括制冷压缩机、冷风机、热力膨胀阀、电磁阀、压力继电器、时间继电器、温度继电器、压差继电器、除霜终端、示液镜、油分离器和气液分离器等。上述设备及部件根据实际情况选配。

(4) 制冷系统功能描述

1) 制冷系统为自动控制系统，当温度下降到设定值时，温度继电器动作，电磁阀关闭，系统供液停止，系统低压侧压力降低；当压力降低到设定值（一般为 0MPa）时，压力继电器动作，压缩机、冷风机控制电源切断，制冷系统停止工作。

2) 自动开机。库温回升到设定值后，温度继电器动作，电磁阀得电开启供液，系统低压侧压力升高。当压力升高到设定值时，压力继电器动作，压缩机、冷风机控制电源接通，制冷系统开始运转。

注意：一般小型设备开、停机程序不经过压力继电器控制。

3) 自动除霜。除霜仅对冷风机（蒸发器）而言。每天除霜次数在 24h 内调定，每次除霜时间在 15~45min 内调整。

除霜工作原理是：时间继电器由电动机驱动，当时间继电器除霜时间开始时，电磁阀关闭，供液停止，重复 1) 所述的停机过程，然后除霜发热管通电发热，融化冷风机（蒸发器）内的结霜。霜水经管道流出库外，除霜完毕。发热管发出的热量导致蒸发器内的温度上升，此时，如果除霜继电器仍在除霜阶段运行，则蒸发器内的温度上升到一定值时，除霜终止器动作，发热管停止供电。待除霜继电器除霜阶段结束，电磁阀动作，压力继电器动作，压缩机、冷风机运转。

注意：除霜终止器可按用户要求设置。

4）压力继电器的其他功能。压力继电器除上述功能外，还能在系统高压侧压力过高时起保护作用。当压力超过调定值时，它能切断压缩机、冷风机的控制电源，待排除压力过高的原因后，需手动复位，压缩机、冷风机电源才能接通，避免发生严重事故及频繁开机。

5）压差继电器的功能。压差继电器的油压表能反映压缩机的润滑油（冷冻油）的供给状态，其压差是油泵排出油压与吸入压力的差，正常状态下，其差值应该大于0.15MPa（压力表值）。当其压值小于0.15MPa时，压差继电器在运行60s后自动停机，以避免压缩机在润滑不良状态下运行，故障排除后需对压差继电器手动复位，主机才能正常运转。

注意：压差继电器只对有油泵供油的压缩机配置。

6）“电子保护”的功能。压缩机为半封闭压缩机时，其电动机线圈设在低压侧，正常情况下，线圈运行产生的热量被低压工质气体冷却。当某种原因造成线圈热量增加而又不能良好地冷却时，线圈热量就会积累性地增加，严重时就会烧毁线圈。

“电子保护”设在压缩机接线盒内，当线圈温度达到限制值时，“电子保护”就会经中间继电器切断压缩机电源，压缩机停止运转。“电子保护”能有效地保证电动机在正常温升下运行。

注意：“电子保护”由压缩机生产厂家配置。

7）水流继电器的功能。水流继电器保证了水冷机组在有水状态下运行，如果冷却水在管内不流动或水流量不够，水流继电器就处于断开状态，压缩机就不能运转。

注意：水流继电器仅对水冷机组配置。

（5）重要提示　部分压缩机曲轴箱内设有暖油发热管。压缩机工作时，电热管停止工作；压缩机停止工作时，电热管工作。

当压缩机停机时，系统内的工质或多或少地会从高压侧流向低压侧，与曲轴箱内的润滑油（冷冻油）溶解在一起，形成混合液。如果压缩机在此时起动，曲轴箱内混合液中的工质由于压力的降低，就会快速蒸发。此时工质的状态由于蒸发呈泡沫态，而泡沫内含有较大量的冷冻油，也同时被压缩机吸入。吸入的冷冻油经油气分离再回到曲轴箱，在分离及回油之前这一段时间，曲轴箱内的冷冻油减少，严重时会影响到压缩机曲轴、连杆和活塞的润滑。用暖油发热管能避免这种状态的原理是：加热使曲轴箱内的温度升高，把混合液中的工质蒸发成气体，从而保证了冷冻油的纯度及冷冻油的液面高度。当压缩机运行时，保证了各运动部件之间的良好润滑。

（6）其他注意事项

1）工质泄漏及处理。制冷系统管道接口（含焊接口）必须保证清洁，一旦发现渗油即等于渗漏工质，必须马上进行处理，在处理之前按下列方法操作。

在低压侧发现渗漏，首先按正常程序开机，关闭供液阀，待低压压力表至0MPa时（可能开停2～4次才能达到），人工停机，此时管道内压力与大气压平衡。如果是非焊接口渗漏，则马上进行处理；如果是焊接口渗漏，则必须把离焊接口最近的管道螺母拧开泄压，让管内压力与大气压力相同，然后马上进行处理。

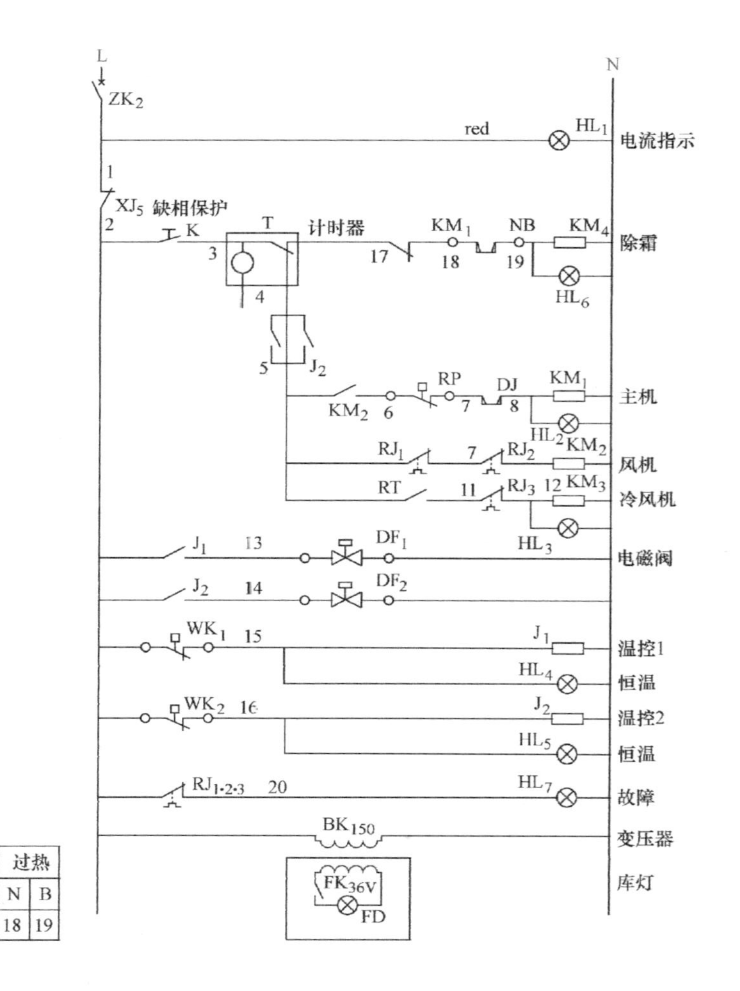


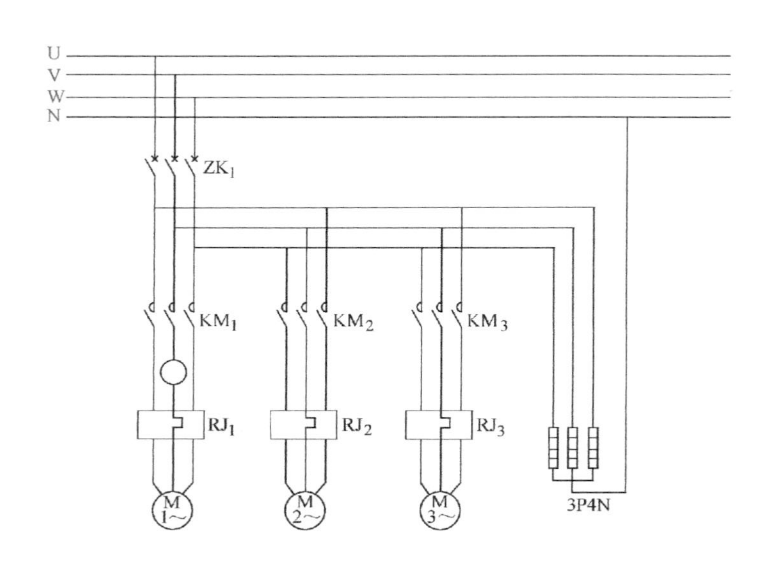


| 名称 | 主机 | 风机 | 冷风机 | 电热管 |
| --- | --- | --- | --- | --- |
| 功率 | 3kW | 2×250W | 2×90W | 220V,4kW |
| 线性 | 电缆 $4\times2.5mm^2$ | 电缆 $4\times1.5mm^2$ | 电缆 $4\times1.5mm^2$ | 电缆 $2.5\times4mm^2$ |
| 电流 | 7A | 1.5A | 0.75A | 6A |

| 主机 | | | 风机 | | | 冷风机 | | | 电热管 | | | | 压力 | | 电子 | | 延时 | | 电磁阀 | | | 温控 | | | 库灯 | | 过热 | |
| --- | --- | --- | --- | --- | --- | --- | --- | --- | --- | --- | --- | --- | --- | --- | --- | --- | --- | --- | --- | --- | --- | --- | --- | --- | --- | --- | --- | --- |
| A | B | C | D | E | F | G | F | I | J | K | L | N | 6 | 7 | 7 | 8 | 5 | 1 | 2 | 13 | 14 | 2 | 15 | 16 | F | K | N | B |
| $KM_1$ | | | $KM_2$ | | | $KM_3$ | | | $KM_4$ | | | | R | P | D | J | R | T | D | $F_{1\cdot2}$ | | $WK_{1\cdot2}$ | | | | | 18 | 19 |

图 7-55　冷库的控制电路

在高压侧供液阀至电磁阀段发现渗漏，首先关闭供液阀，开启压缩机，待低压压力稳定在0MPa时进行处理；如果是焊接口渗漏，同样必须采取措施让该段管内压力与大气压力相同，然后才进行处理。

在供液阀前发现渗漏，则需利用外设备或本设备（最好使用外设备）把系统内大部分工质抽到空置的工质瓶，灌瓶时保证瓶的水冷却，渗漏处理之后，要重新抽空及灌注工质。

2）冷凝器的清洗。水冷冷凝器的冷却介质是循环水或一次性水，冷凝器使用时间长了，就会在冷凝器内水管壁积聚污垢，其表现为排气压力（温度）升高，冷却水温差不大，工质液体温度较高。处理办法是根据水质情况定期或不定期清洗，清洗以化学清洗为主，其他清洗为辅，清洗最好请专业人员进行。

风冷冷凝器的冷却介质是空气，由于冷凝管及翅片的阻力，空气中的漂浮物会黏附在管及翅片表面，严重的会影响空气的流通，造成制冷效果差，甚至不能制冷。处理办法是根据黏附物的性质进行清洗，对“油烟”类黏附物以化学清洗为主，对其他黏附物，使用水冲或毛刷人工清洗。

3）除霜时间的调整。除霜仅对冷风机（蒸发器）进行，一般情况下，凡库内温度低于5℃，则需要定期除霜，但必须根据实际贮存量、贮存物、开门频繁程度来调整除霜次数以及每次除霜时间。原则是每次除霜完毕后，冷风机内翅片的霜基本融化。每次除霜的间隔在4~6h范围内调整，贮存量大、贮存物水分大以及开门频繁的每次除霜的间隔还可以缩短至2~3h。

（7）工质灌注量

管壳式冷凝器工质灌注量计算公式为

$$G=3/4D^2L\rho\times0.7\times0.8$$

贮液器工质灌注量计算公式为

$$G=3/4D^2L\rho\times0.8$$

式中，$G$为工质灌注量（kg）；$D$为冷凝器或贮液器的内径（m）；$L$为冷凝器或贮液器的长度（m）；$\rho$为工质的密度（$kg/m^3$）；0.7为管道系数（在0.6~0.8范围内选取）；0.8为最大充注系数。

注意：此公式是最大充注量计算公式，理论上在调定温度下，工质足够循环时，冷却面积最大。

### 4. 冷库控制电路

冷库的控制电路如图7-55所示。

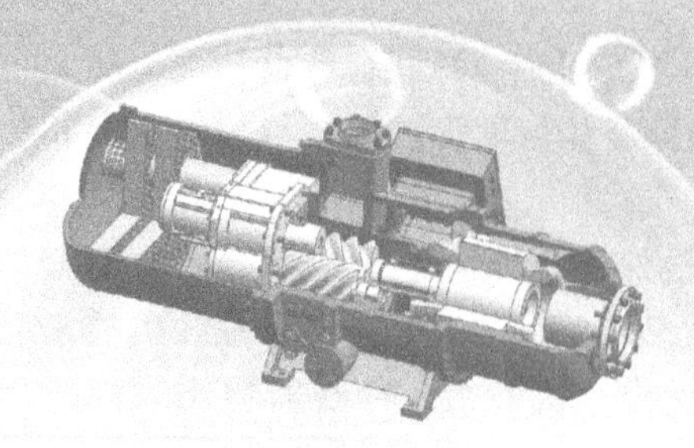

# 第 8 章

# 制冷机房的设计

机房是冷库的心脏，是冷库制冷设备进行操作运转的场所，它所包括的压缩机和辅助设备对冷库的正常运行起着很大的作用。因此，合理地选择和设计机房是冷库设计一个非常重要的组成部分。机房设计得合理与否，直接关系到制冷系统运行的经济性以及操作管理人员的运行管理方便和安全可靠性。机房设计涉及建筑要求，通风照明，机器和设备的选择、布置等方面，范围比较广泛。

## 8.1 机房设计的一般要求

### 8.1.1 机房建筑的要求

#### 1. 土建方面的要求

在冷库的总平面布置中，应将机房布置在制冷负荷中心附近，靠近冷负荷最大的冷间，但不宜紧靠库区的主要交通干道，不宜放置在西边。机房在库区内宜布置在夏季主导风向的下风向，但在生产区内一般应布置在锅炉房、煤场等散发尘埃场所的上风向。机房还应设在冷却塔的上风向，并留出一定的距离（原要求不小于25m，现随着冷却塔质量的提高，以及建筑物布局和面积利用率要求的提高，该距离可适当减小）。机房四邻也不宜靠近人员密集的场所（如宿舍、幼儿园、食堂等），以免在发生重大事故时造成人身伤亡。另外除非特殊需要，一般不宜将机房布置在地下建筑内（人防和军用冷库不在此限）。从建筑形式来说，机房以单层建筑居多。

机房面积一般可由机器、设备的布置及操作所需确定，在估算的情况下，机房面积一般可按冷藏库生产性建筑面积的5%左右考虑。机房的建筑形式、结构、柱网、跨度、高度、门窗大小及其分布位置，最好由工艺设计人员与土建有关设计人员共同商定完成。机房的高度要考虑到压缩机检修时装设起吊设备和抽出活塞的空间要求，以及兼顾通风采光的需求。设计时，应注意适当提高机房净高，大中型冷库机房（跨度≤13m）的净高可取6.5~7m，小型冷库机房（跨度≤9m）的净高可取5~5.5m。对于利用旧厂房改建或设置小型机组的也不应低于 4m。对于地处炎热地区的冷藏库，机房还宜适当加高。南方地区大中型冷库机房应设置通风阁楼，并要注意朝向和周围开敞，必须使其具有良好的自然通风条件和天然采光条件。

为了保证操作人员的安全和方便，机房应有两个互不邻近的出口。机房内主要通道不宜过长，最好不超过 12m。若需超过 12m，则要有两个以上互不相邻直接通向室外的出入口。出入口门扇的大小，可视安装、检修机器设备的需要决定，但门洞净宽至少不小于 1.5m。其中一个门洞净宽应能进入最大的设备。

机房所有的门、窗均应设计成朝外开启，并采用平开门，禁用推拉门，以备万一。氨机房的门不允许直接通向生产性车间。机房必须有良好的自然采光，其窗孔投光面积通常不小于地板面积的 1/7~1/6，在炎热季节里应采取遮阳措施，避免阳光直射。

机房可与冷库主体建筑连接或分开建造，选择方案时既要考虑管道系统的简化，也要考虑机房的通风采光。如果与冷库主体建筑连接，则要根据建筑物的沉降不同，在设计中采取防止扭裂管道的措施。

机房的地面通常做成水泥压光地面。为了防止油浸污染，便于清洗，对墙裙和机座（包括周围 0.5m 宽的地段）可做水磨石面层或其他易于清洗的面层。压缩机基础一般参照机器说明书要求处理，应待压缩机到现场型号确定落实后再捣筑。

根据 GB 50016—2014《建筑设计防火规范》，氨压缩机房属于乙类危险性生产建筑，应按二级耐火等级建筑物进行设计。

机房的建筑平面设计示例如图 8-1 所示。

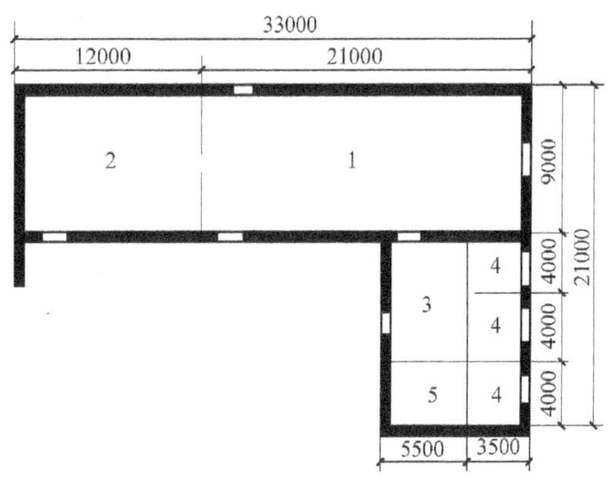

图 8-1　机房的建筑平面设计示例

1—机器间　2—设备间　3—配电间

4—变电间　5—工具间兼休息室

### 2. 暖通方面的要求

为了保证生产的正常运行，改善机房内环境条件，机房内要求有采暖和通风设施。在采暖地区（凡日平均温度等于或低于 5℃的天数，历年平均在 90 天以上的地区）的机房在冬季应该采暖，其室内采暖计算温度为 15℃（至少不低于 12℃）。为了防止机器设备冻坏，冬季停止运行时，室内温度不能低于 5℃。采暖方式采用散热器，如用蒸汽作为热源，工作压力一般为 200kPa；如用热水作为热源，水温有 95℃或 130℃两种。为避免漏氨时遇火爆炸，机房内严禁用电炉、火炉等明火来取暖。

由于压缩机运行中产生的热量较大，故机房应利用好穿堂风，以利于降温。机房周围要开敞，它的朝向应有利于形成穿堂风。机房的朝向应避免向西，以减少西晒。在南方地区，机房屋面要有适当的隔热措施，两面侧墙均应设窗，并宜分为高低两排。如果冷库地下土壤采用机械通风防冻设施，其机房的降温通风就应尽量利用地下防冻管的回风。机房应设有事故通风装置（每小时换气不少于 8 次）和降温排风装置（每小时换气不少于 3 次），机房高度超过 6m 的，也按 6m 高计算机房容积。事故通风装置应选用防爆型，开关要设在机房内、外易于操作的地点。通风管应用非燃烧材料制作。双面开窗而穿堂风良好的机房可不设机械通风而仅设移动式轴流风扇。

为了减少压缩机的噪声，通风机应安装在消声底座上。水泵、齿轮氨泵等易产生噪声的设备尽可能地装在设备间，以免妨碍压缩机的操作。

3. 机房的供电和照明的要求

冷库应按二级负荷供电，在负荷较小或地区供电条件困难时可采用一级回路专用线供电。对公称体积在 2500$m^3$ 以下的冷库，可按三级负荷供电。

由于机房是冷库的主要用电单位，因此配电间应靠近机房。在正常运行中会产生火花的压缩机起动控制装置、氨泵及冷风机等动力的起动控制设备不应布置在压缩机房内，这些装置的自控柜、自控仪表、操作台等可设在机器间一侧相邻的自控操作室内。该室应隔声防振，以确保仪表精度。用于观测机器间动态的大幅玻璃窗，为防止氨气侵蚀仪表，应设置为不能开启型。

氨压缩机房宜安装氨气浓度自动检测装置，当氨气浓度接近爆炸下限的 10%时，应能发出报警信号。

在机组控制台上设置事故紧急停机按钮，并且应当保证在发生事故时，机房内的一切电源在机房内、外都能切断。

仪表信号继电器应采用封闭型或安装于封闭的箱内，照明灯具开关应采用隔尘型的。动力开关及配电设备，应采用封闭型或浸油型。

机房照明必须充足，机器间的照度标准为 50~75lx，设备间为 35lx。应选用防爆型的荧光灯具。高低压配电间宜设置应急照明，其持续时间不应小于 30min。对仪表集中处或个别设备的测量仪器处照度不足时，可采用局部照明。水泵间的照度标准为 10~20lx，维修间则为 20~30lx。对大中型冷藏库，机房应设计有事故照明和一定数量的低压行灯插座。

大中型冷藏库的机房可视工作的需要装设电话。

### 8.1.2　机房布置的要求

机房通常分成机器间和设备间两部分。机房内制冷设备的布置必须符合制冷原理，流向应流畅，管道连接应当短而直，以确保生产操作的安全和安装检修的方便，并且还要注意管道设备布置的美观。机房布置还应尽可能地紧凑，充分利用空间，以节约建筑面积。

1. 机器间的布置要求

机器间是安装压缩机的房间，其具体布置要求如下：

1）制冷压缩机的仪表盘应面向主要操作通道；所有压力表、温度表及其他仪表，均应设于能清楚观测到的地方。一般制冷压缩机的吸、排气阀门应靠近主要操作通道，其手轮应位于便于操作和观察的主要通道。在布置大、中型制冷压缩机时，应考虑设置检修用起吊设备。

2）总调节站及仪表屏通常布置在机器间内。中间冷却器一般靠墙设置，但应注意不要影响窗户的开启和采光。

立式冷凝器、油分离器、集油器均布置在室外，当需要将贮氨器等布置在室外时，应考虑有防雨遮阳设施。

3）机器间内应有冲刷地面的给排水设施和盥洗水盆，并应在适当地点设置办公桌和若干座椅，以供班上记录和休息之用。

4）制冷装置的自控柜、自控仪表、操作台等可设在机器间一侧相邻的自控操作室内。

该室应考虑隔声防振，以确保仪表精度，还应设有观察机器间动态的不能开启的大幅玻璃窗，以免氨气侵蚀仪表。

5）机器间的噪声应按《工业企业噪声卫生标准》执行，一般新建冷藏库机器间的噪声不应超过85dB，改建的机器间不得大于90dB。当噪声超过标准时，应考虑采取降低噪声的措施（如改进螺杆压缩机的消声器或设隔声罩，将通风机安装在消声底座上等），必要时还可从建筑设计上考虑噪声控制。

为了易于监听各机器运行时传动部件的正常与否，机器间内不得设置水泵、搅拌器或高频率通风机等易产生噪声的设备（一般可将水泵设于设备间或专设水泵房）。

6）机器间内主要通道的宽度应视其面积的大小而定，一般为1.5~2.5m。非主要通道的宽度不小于0.8m。

7）压缩机凸出部位到其他设备或分配站之间的距离不小于1.5m，两台压缩机凸出部位之间的距离不小于1m，并留出检修压缩机时抽出曲轴的距离。

8）机器间内须留有适当的临时检修面积。

2. 设备间的布置要求

设备间是安装制冷辅助设备的房间，在布置时要考虑以下几个要点：

1）设备间内主要通道的宽度不应小于1.5m，非主要通道宽度不应小于0.8m。

2）在设备间内布置容器时，均应考虑窗户的开启方便和自然采光的条件。

3）设备之间的距离不应小于下列数值：

① 需要经常操作的通道不小于0.8m。

② 不经常操作的或不通行的通道不小于0.3m。

③ 各容器壁与墙、柱的边缘距离不小于0.2m，设备隔热层的外壁与墙面、柱边的距离应不小于0.3m。

另外需要说明的是，水泵和油处理设备不宜布置在机器间或设备间内。

## 8.2　压缩机的布置

### 8.2.1　制冷压缩机的布置及相关要求

制冷压缩机的布置要根据压缩机的尺寸、台数、机器间的布置形式及机器间的平面尺寸来考虑，常见的有下列几种布置形式。

（1）单列式　压缩机在机器间内成一直线排列，其他设备则靠墙布置，如图8-2所示。这种布置方法适用于机器设备较少的小型冷库，其优点是操作管理方便，管道走向整齐。

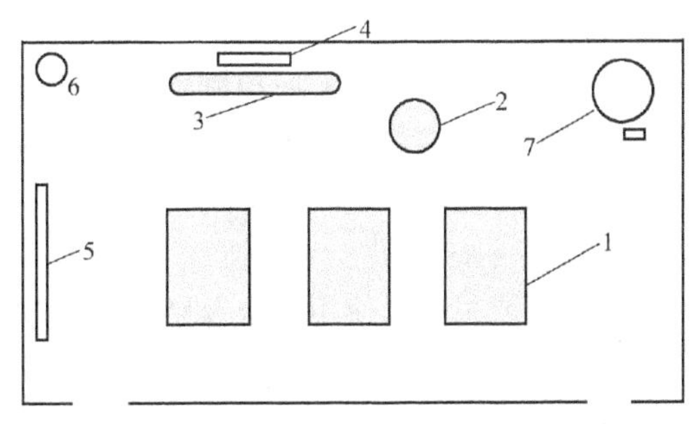


图8-2　单列式布置

1—压缩机　2—中间冷却器　3—贮液器　4、5、6、7—其他辅助设备

（2）双列式　压缩机在机器间内排成双列，可以对面布置，也可以同向布置。双列压缩机之间形成主要通道，吸排气管集中布置在通道上方，其他设备则靠墙布

置。机器台数较多的大中型冷库大都采用这种布置形式，以充分利用机器间的面积。双列式布置如图 8-3 所示。

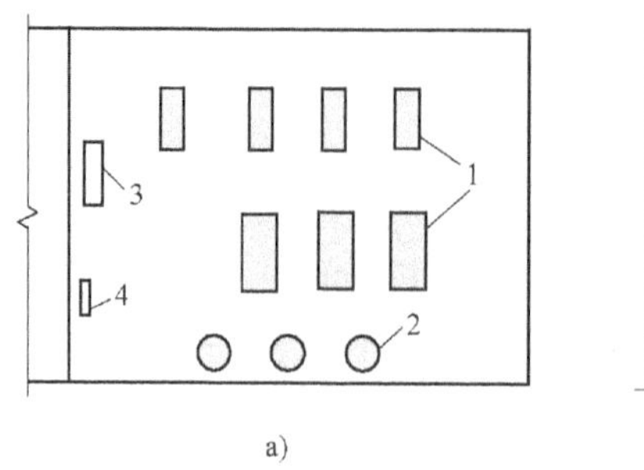


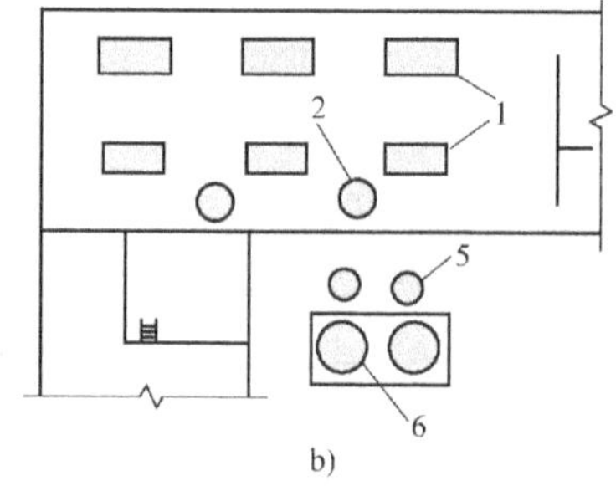


**图 8-3　双列式布置**

a）形式一　b）形式二

1—压缩机　2—中间冷却器　3—压力表站　4—远距离液面指示器

5—油氨分离器　6—冷凝器

（3）对列式　它的布置形式与单列式相仿，但压缩机是按左型和右型成对地排列，在成对的两台压缩机之间留有较宽的操作通道，如图 8-4 所示。

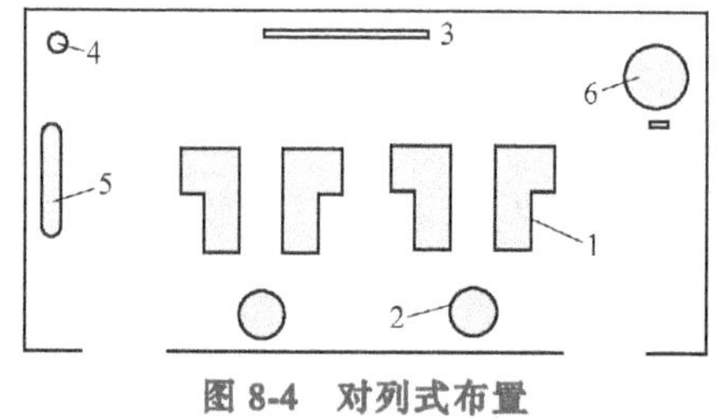


**图 8-4　对列式布置**

1—压缩机　2—中间冷却器　3—总调节站

4—油塔　5—贮氨器　6—循环桶及氨泵

### 8.2.2　机器间有关设备的布置要点

#### 1. 总调节站的布置

总调节站在机器间内的位置，应能使各操作地点都能看到它上面的信号装置。总调节站前是主要通道，并应留有足够的操作空间。靠墙布置的总调节站的横主管中心线与墙面的间距不应小于 0.8m，以便于安装和检修。总调节站阀门布置要合理，支管间距一般为 180～220mm。为便于操作，经常操作的阀门中心离地标高以 1.2～1.5m 为宜。

#### 2. 中间冷却器的布置

中间冷却器应布置在与之连接的高压级和低压级制冷压缩机的近处，以缩短连接管路。中间冷却器的工作温度较低，应外包隔热层。为避免冷桥，可在其脚下垫以经过防腐处理的 50mm 厚木块。中间冷却器基础露出地面的高度不宜小于 300mm。

中间冷却器必须装设液面控制器，液面高度以淹没整个蛇形管为准，一般按制造厂规定的液面高度安装浮球阀，也可采用液位计配合电磁主阀来控制液面。中间冷却器上还必须设有安全阀和压力表。

#### 3. 油分离器的布置

油分离器要根据其使用场合及结构型式进行合理布置。凡不带自动回油装置、无水套的油分离器，且压缩机总制冷量大于 83.72kJ/h 的宜设在室外，否则可随压缩机安装；系统中若采用卧式冷凝器或组合式冷凝器则不受此限。氨油分离器应尽可能布置得离压缩机远一些，以便使排气在进入氨油分离器前得到额外的冷却，减小氨气比体积，提高分离效果。专供库房冷却设备融霜用的油分离器宜设在机器间或设备间内，并应采用石棉、玻璃纤维、矿棉毡等耐高温材料做隔热层，切不可使用软木或泡沫塑料。

油分离器的位置要同管道走向一起考虑，洗涤式油分离器的位置应尽量靠近冷凝器，它的进液管应接于冷凝器出液主管的下半部，且冷凝器出液管与油分离器进液管的相对高差为200~300mm，从而保证了供液，使洗涤效果良好，如图 8-5 和图 8-6 所示。在系统中采用两个以上氨油分离器时，配置压缩机至油分离器的排气管应尽量使排气分配均匀，以确保分油效果。

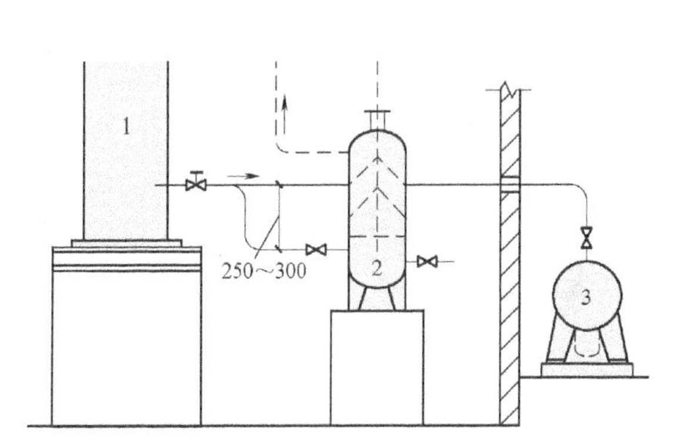


图 8-5 立式冷凝器与油分离器的布置

1—立式冷凝器 2—洗涤式油分离器 3—贮液器

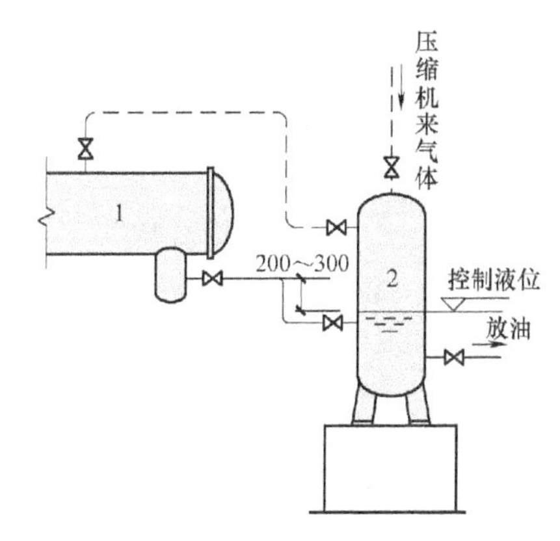


图 8-6 卧式冷凝器与油分离器的布置

1—卧式冷凝器 2—洗涤式油分离器

4. 冷凝器的布置

布置冷凝器时，其安装高度必须使制冷剂液体能借助重力顺畅地流入贮液器。根据其结构型式的不同，具有不同的布置方式。

立式冷凝器一般安装在室外，位于离机房出入口较近的地方。如果利用底部的水池作为基础，则水池壁与机房等建筑物的外墙应离开 3m 以上，以防溅水损坏建筑物。在夏季通风温度高于 32℃的地区（如宁波、福州、汉口、重庆等），应对户外的冷凝器设遮阳设施。立式冷凝器的上方应留有清洗和更换管子的空间，其水池做成敞开式或设人孔。为了便于操作和清除水垢，立式冷凝器一般设有钢结构的操作平台。

卧式冷凝器通常布置在设备间，布置时应当考虑在它的一端留有清洗和更换管子的空间。在冷凝器两端上方应有端盖起吊的装置。为保证出液顺畅，其出液管的截止阀至少应低于出液口 300mm。当布置两台以上卧式冷凝器时，其容器的底部应设有连通管，在连通管上应设截止阀。靠墙安装的卧式冷凝器的布置尺寸以及卧式冷凝器与贮氨器的竖直布置如图 8-7 所示，供设计时参考。

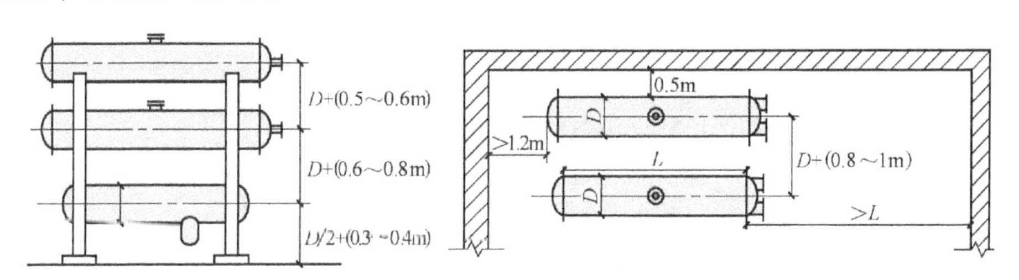


图 8-7 卧式冷凝器的布置

淋水式冷凝器多布置在室外较宽广的地方或机房的屋顶上，它的方位应使其排管垂直于该地区夏季的主导风向。在风大的地区，冷凝器四周应做百页挡水板。

蒸发式冷凝器多布置在机房的屋顶上，周围通风良好。由于制冷剂通过蒸发式冷凝器后，压力损失达 50kPa（管壳式仅 7kPa），故它的位置至少要高于贮氨器 1.2~1.5m。图 8-8 所示为两台蒸发式冷凝器的并联连接方案，布置时应注意以下事项：

1）出液管应有足够长的竖直立管，如图 8-8 中的 $h$ 应不小于 1.2~1.5m。

2）在立管下端应设存液弯，建立一定的液封，用以抵消冷凝管组之间出口压力的差别。如果不设存液弯，当一台冷凝器停止工作时，制冷剂液体会流入正在工作的冷凝管组，使工作冷凝器的有效换热面积减小，运行不正常。

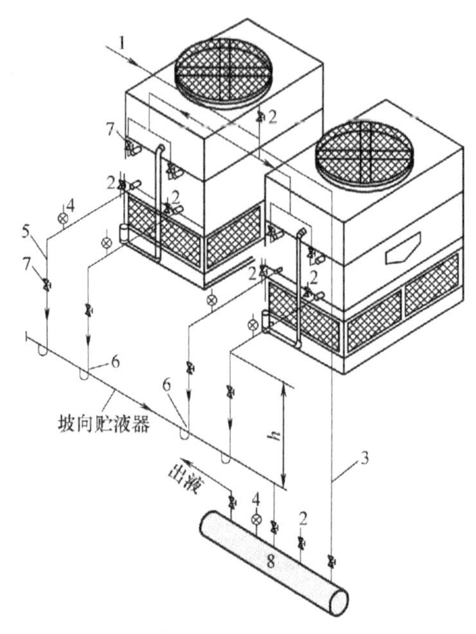


**图 8-8　两台蒸发式冷凝器的并联连接方案**

1—压缩机排气　2—放空气阀　3—均压管　4—安全阀　5—下液管　6—存液弯　7—检修阀　8—贮液器

当蒸发式冷凝器与管壳式、立式冷凝器并联时，务必要考虑到制冷剂通过不同形式冷凝器时压力降的不同，否则制冷剂将充入压力降最大的冷凝器中。设计中应尽量避免出现这种布置方式。

## 8.3　辅助设备的布置

### 8.3.1　设备间布置的一般要求

设备间内设备（或容器）之间的间距要求与 8.1.2 节一致。

### 8.3.2　设备间的布置形式

设备间一般分单层式和分层式布置。单层式是全部设备都直接安装在地面的基础上，仅有较小的设备架放在大设备之上（如空气分离器安放在贮氨器之上）。分层式往往是为了充分利用厂房高度或是为操作上的需要或方便而采用的，如立式循环桶与氨泵系统、卧式冷凝器与贮氨器等经常采用分层式布置，如图 8-9 所示。

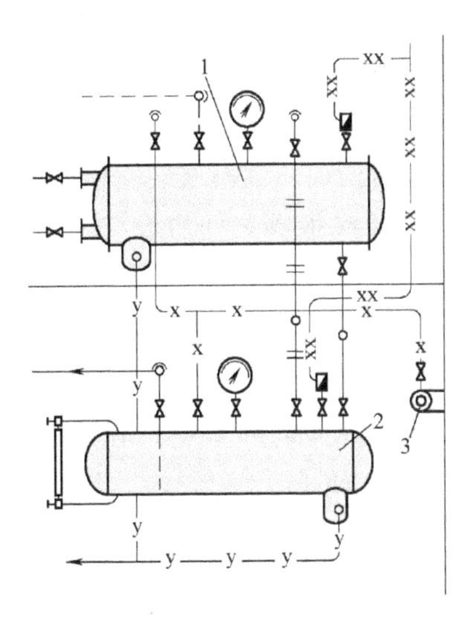


**图 8-9 分层式布置**

1—冷凝器 2—贮氨器 3—放空气器

## 8.3.3 设备间有关设备的布置要点

### 1. 贮液器的布置

贮液器一般布置在设备间，若设置在室外，则应有遮阳设施。贮液器应靠近冷凝器，其安装高度应与冷凝器配合，以保证液体自流进入，同时也要考虑不使油包碰地以及不影响放油操作。对于两个或两个以上贮液器的连接，除上部设置的气体均压管外，在其底部应设置液体均压管将贮液器连接，并在该管道上设截止阀。如果两贮液桶直径不等，则应将小桶的基础抬高，使两贮液桶的顶部标高相同。贮液器上必须设置压力表、安全阀，并应在显著位置装设液面指示器。贮液器的布置尺寸如图 8-10 所示。

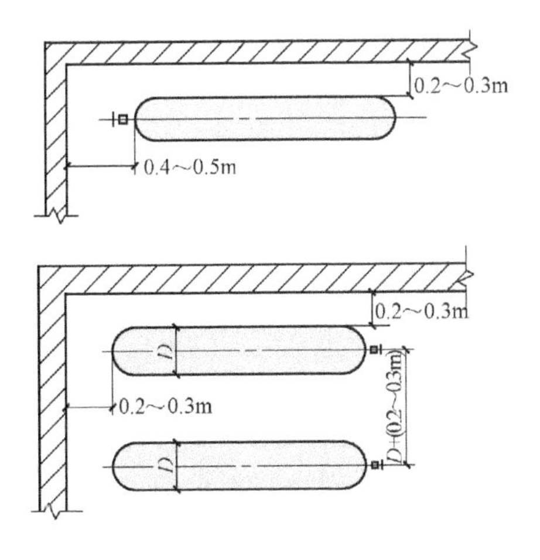


**图 8-10 贮液器的布置尺寸**

2. 排液桶的布置

排液桶一般布置在设备间靠近库房的一侧。如果设备间分为两层，则排液桶设在底层。排液桶的进液口不得靠近桶上降压用的抽气管，以免液体进入降压管，造成压缩机的湿行程。排液桶要包隔热层，并设加压管。

3. 氨液分离器的布置

机房氨液分离器一般布置在设备间内，其高度应使分离出来的氨液能自流到下方的低压贮液器或排液桶。氨液分离器与低压贮液器之间应设气体均压管，以便于分离出来的氨液下流。

库房氨液分离器应设在靠近蒸发器的地方。对于单层冷库，一般设在设备间阁楼上；对于多层冷库，则分层设置，将本层库房的氨液分离器设在上面一层，顶层库房的氨液分离器设在加建的阁楼上。库房氨液分离器液面标高与蒸发器最高部位液面的高差为 1.5m 左右。氨液分离器的作用半径以不大于 30m 为宜。

4. 低压循环桶和氨泵的布置

低压循环桶是氨泵供液系统专用设备，应按不同蒸发温度分别设置，多设在设备间。其安装高度要适应氨泵正常运转的要求，低压循环桶的最低液位与氨泵中心线之间的高差应满足氨泵防止气蚀所要求的高度。低压循环桶多利用金属或钢筋混凝土操作平台固定，平台上面还可布置分调节站，下面则可布置氨泵、排液桶、集油器等设备。

氨泵一般布置在低压循环桶的下面近处，基础稍高于地坪。安装场所要求通风明亮，排水顺畅，有足够的操作管理和维护保养的空间。多台氨泵布置时，两泵之间应留有约 0.5m 的间距，以便操作和检修。

为保护压缩机和氨泵，应设氨泵自控回路。氨泵四周应有排水明沟，使得氨泵在停止运行后，便于排走泵体霜层的融化水。

低压循环桶、氨泵固定点均应有防“冷桥”的措施。

5. 集油器的布置

集油器可设在室内，也可设在室外，应靠近油多、放油频繁的设备。当高、低压合用一台集油器时，应靠近低压设备设置。集油器的基础标高在 300~400mm，以便于放油操作。设在室内时，可将放油管引至室外。集油器四周应设排水明沟。

6. 空气分离器的布置

空气分离器应靠近冷凝器和贮液器布置。卧式空气分离器通常设于设备间的墙上，安装高度距地坪 1.2m 左右，进液端稍高。立式空气分离器必须包隔热层，它可支承在贮液器或排液桶上，以节省占地面积。

### 8.3.4　机房机器、设备布置示例

机器间、设备间内机器、设备的布置形式较多。机器、设备台数较多时，常将机器间、设备间分别独立设置，机器间主要布置压缩机和中间冷却器等，设备间则主要布置其他辅助设备。图 8-11 所示为机器间、设备间分别设置的示例。对于小型制冷装置，也可将机器、辅助设备合在一起布置。图 8-12 所示为某氟利昂制冷装置将机器间、设备间合并设置的示例，供参考。

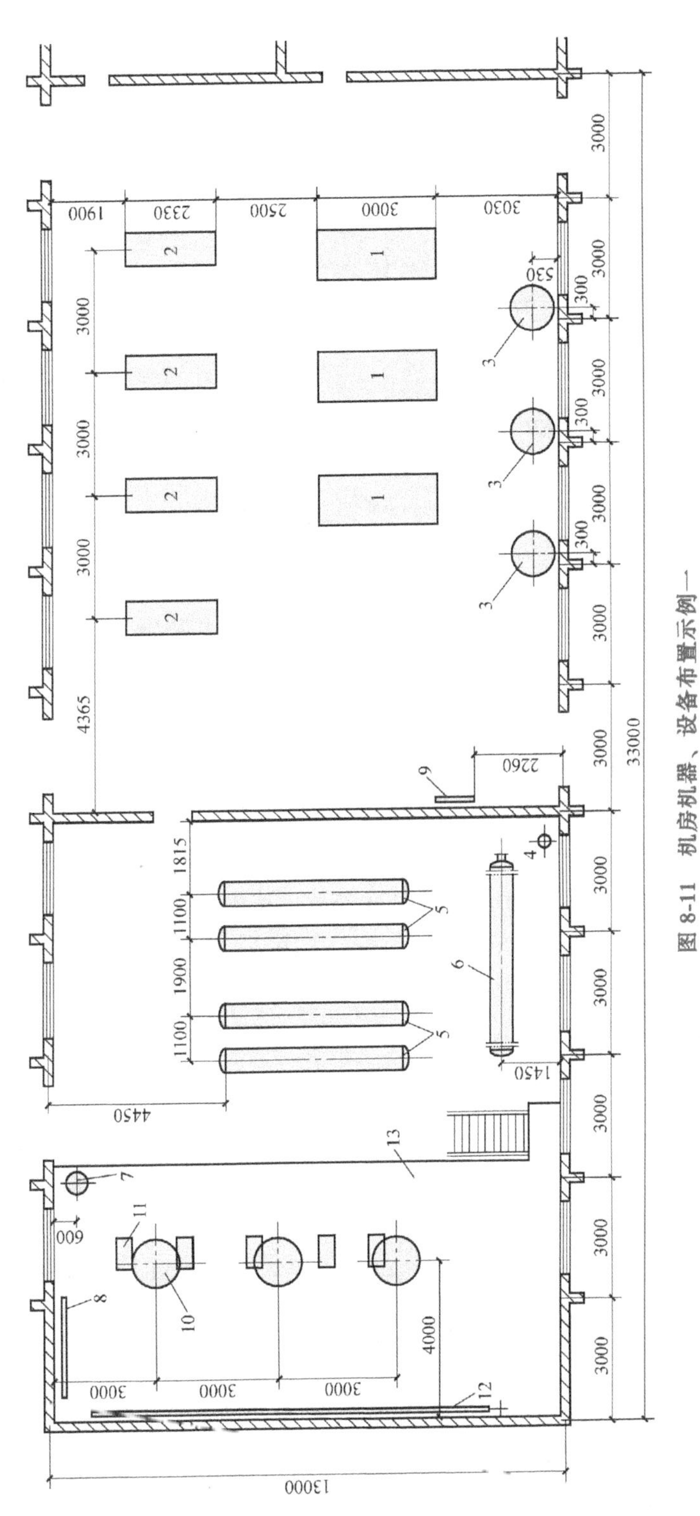


**图 8-11 机房机器、设备布置示例一**

1—单机双级压缩机 2—单级压缩机 3—中间冷却器 4—油分离器 5—贮液器 6—冷凝器 7—集油器 8、12—分调节站 9—总调节站 10—低压循环桶 11—氨泵 13—操作平台

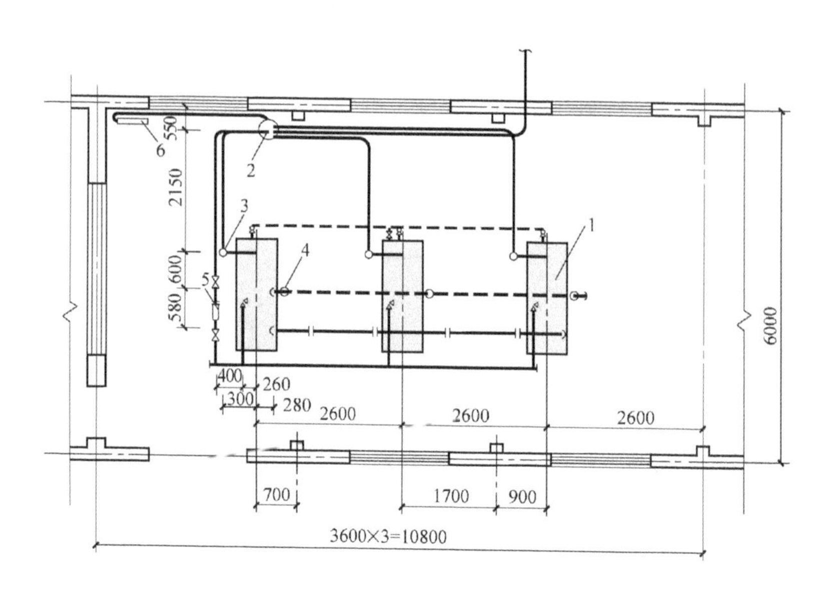


**图 8-12　机房机器、设备布置示例二**

1—氟利昂制冷压缩冷凝机组　2—气液分离器　3—气体过滤器
4—油分离器　5—干燥器　6—加氟站

## 8.4　氨-二氧化碳机房布置的特点及示例

从前述降氨制冷系统设计方案中可知，氨和二氧化碳结合的典型方案有两种，即氨-二氧化碳复叠式制冷系统和氨-二氧化碳载冷剂制冷系统，这两种系统设计中，都涉及氨-二氧化碳的机房布置。

### 1. 氨-二氧化碳复叠式制冷系统

因为氨-二氧化碳复叠式制冷系统的高温部分为氨制冷系统，其包括完整的氨压缩机及其制冷配套系统，低温部分包括二氧化碳压缩机及其制冷配套系统，所以在机房设备布置时需要明显分区布置。高温部分的氨制冷系统对应的系统设备布置在机房的一侧，机房另一侧靠近库房用冷区域布置二氧化碳压缩机及其系统设备，高低部分通过冷凝蒸发器相连。氨-二氧化碳复叠式制冷系统设备组成示例如图 8-13 所示。

图 8-13 中用冷设备直接采用 $CO_2$ 专用高强度蒸发器，低温高压，整机设计压力为 5.2MPa，试验压力为 15MPa，具有独特的配风方式，形成独立的冷冻区域，冻结速度更快、干耗更小。

氨-二氧化碳复叠式制冷机房布置示例如图 8-14 所示。

### 2. 氨-二氧化碳载冷剂制冷系统

氨-二氧化碳载冷剂制冷机房布置示例如图 8-15 所示。

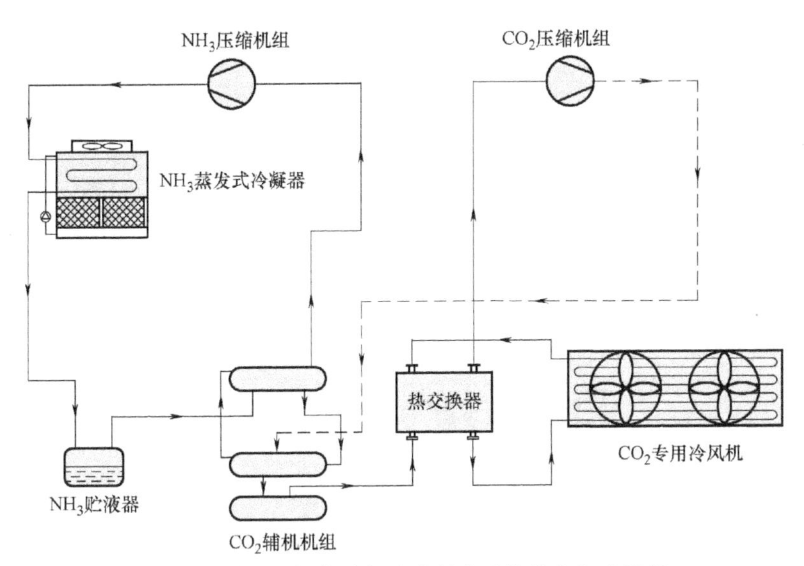


图 8-13 氨-二氧化碳复叠式制冷系统设备组成示例

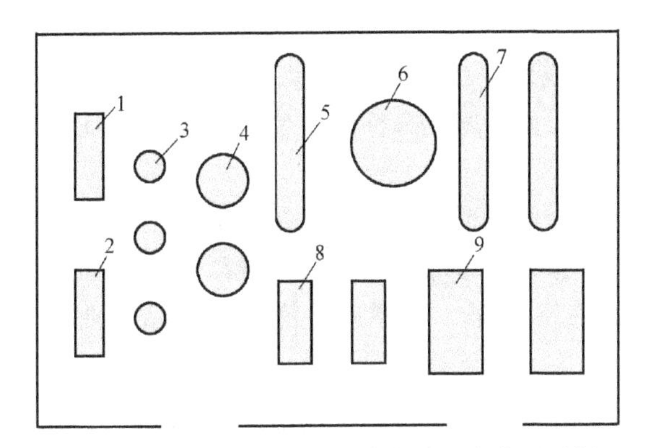

图 8-14 氨-二氧化碳复叠式制冷机房布置示例

1—液体分调节站 2—气体分调节站 3—二氧化碳低压循环桶 4—二氧化碳贮液器 5—冷凝蒸发器 6—氨用低压循环桶 7—贮氨器 8—二氧化碳压缩机 9—氨压缩机

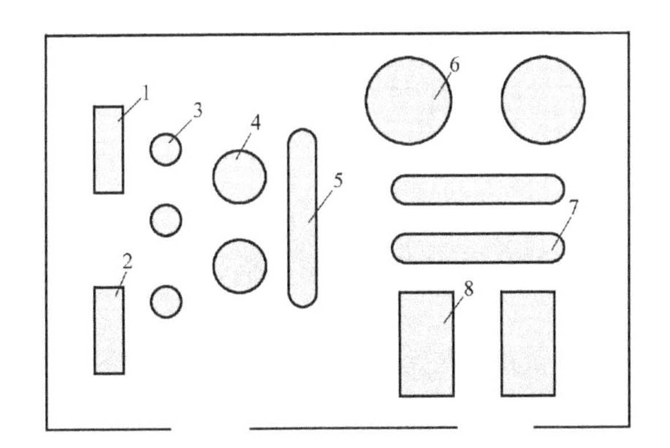

图 8-15 氨-二氧化碳载冷剂制冷机房布置示例

1—液体分调节站 2 气体分调节站 3—二氧化碳低压循环桶 4—二氧化碳贮液器 5—冷凝蒸发器 6—氨用低压循环桶 7—贮氨器 8—氨压缩机

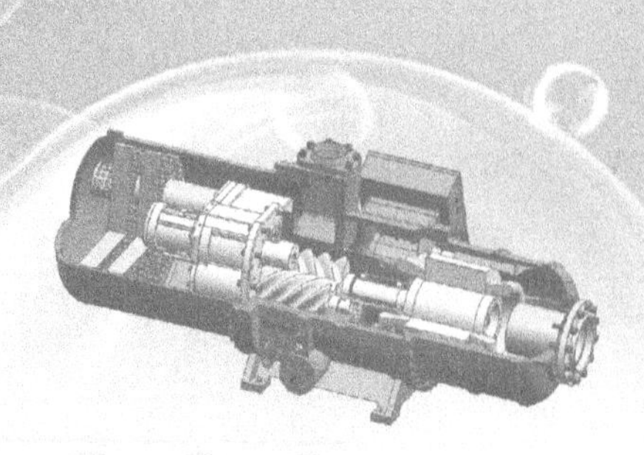

# 第 9 章

# 制冰与贮冰的设计

根据冰的来源，冰可分为天然冰和机制冰两大类。

天然冰是指在我国北方地区，在冬季或较冷的季节，江河封冻，把冰层击破取得之冰块，或者是平地浇水而冻结成之冰块，取来贮存，以备需要时使用。天然冷冻的冰比较经济，在较冷地方也容易取得，如我国北方渔业上使用量较大。但是天然冰在产量、卫生条件等方面都无法保证要求。

机制冰是指利用机械制冷所制造的冰块。机制冰可由盐水制冰和快速制冰两种制造方法获得，故比较卫生，并且不像天然冰那样受自然气候限制，可以长年生产。因此，随着我国制冷工业的发展，机制冰在冷藏车、冷藏船、渔轮、食品工业及其他部门的应用已日益广泛。

机制冰按设备和冰的大小、形状不同可分为桶冰（盐水制冰）和碎冰（如管冰、片冰、雪冰、鳞冰等）两类。碎冰由专用制冰机制造，由于其体积小、与空气接触面积大、冰堆容量少、贮藏期间易粘连，在冷库贮藏不太适宜，因此适合随制随用，一般在商业网点、渔船、远洋船舶等使用较合适。桶冰具有冰块坚实、不易融化、便于搬运等特点，因此适合在冰库内贮存，是目前国内应用最广的冰种。

## 9.1 冰的性质及制冰过程分析

### 1. 冰的物理性质

冰的结构是结晶体，冰的结晶属于六角晶系，根据结冰的条件不同可形成不同的六角形状。

冰的密度取决于冰的温度和其中有无气泡的存在。有气泡的冰称为白冰，无气泡的冰称为透明冰。透明冰的密度比白冰稍大一些。一般讲的冰密度为 917kg/m$^3$。这是因为水冻结成冰时，其体积增大 9%左右。

冰的熔点（或水的冰点）在标准大气压下为 0℃。当压力增大时，其熔点则下降，例如：1 标准大气压（1atm=101325Pa）时为 0℃；490 标准大气压时为-4℃；1100 标准大气压时为-10.11℃；但当压力高于 20000 标准大气压时，其熔点则高于 0℃。

冰的潜热为331~335kJ/kg，通常计算时取其平均值为334.96kJ/kg。

冰的比热容随冰的温度高低不同而异，一般温度在0~20℃时的冰，其平均比热容取2.1kJ/(kg·℃)。

冰的导热系数也随其温度不同而不同，通常当温度在-20℃以上时，取其平均值为2.32W/(m·℃)。

冰的抗压强度也与温度有关，在0℃时为$15×10^5$Pa，-10℃时为$30×10^5$Pa，-20℃时为$50×10^5$Pa。

2. 冰的应用

冰的应用范围较广，如冷藏运输业、渔业、冷饮室、医疗单位、纺织、玻璃、橡胶工业都需要用冰。用冰熔解吸收热量来产生制冷效应。

从上述用冰的情况来看，主要是应用机制冰（特别是天气炎热的南方地区），所以目前在大中型冷库中大部分设有制冰间和冰库。

3. 冻结过程分析及制冰冷负荷的计算

水变成冰是一个相变过程，当未饱和水与低于其饱和温度的冷却介质接触时，首先放出显热变成饱和水。饱和水继续放出热量凝结成同样温度下的冰块，相态发生变化，由液态向固态转变，这个阶段放出凝结潜热。全部水变成冰后继续降温，使冰的温度下降，此时放出的同样是显热。所以整个制冰过程就由三个阶段组成，其制冰负荷也由这三部分组成。

## 9.2 盐水制冰

盐水制冰属于间接制冷系统，包括制冷剂系统（即制冷工艺流程）和盐水系统（即制冰工艺流程），用冷却盐水作为载冷剂来制取冰。虽然盐水制冰法有间接冷却的缺点，但是因其具有操作方便且稳定、制作的冰块便于贮藏运输等优点，所以迄今为止在大规模生产中仍然广泛采用。

### 9.2.1 制冷工艺流程

盐水制冰是在全敞开式间接冷却系统的基础上形成的，蒸发器盐水池和制冰盐水池合为一个制冰池，并用隔板将两者分开。用时用盐水搅拌器代替盐水泵，使盐水在两个盐水池之间连续循环，制冰池示意如图9-1所示。盐水在蒸发器盐水池中被降温后，在搅拌器的作用下进入制冰盐水池对冰桶降温，温度升高后的盐水则由另一端回流入蒸发器盐水池再行冷却。

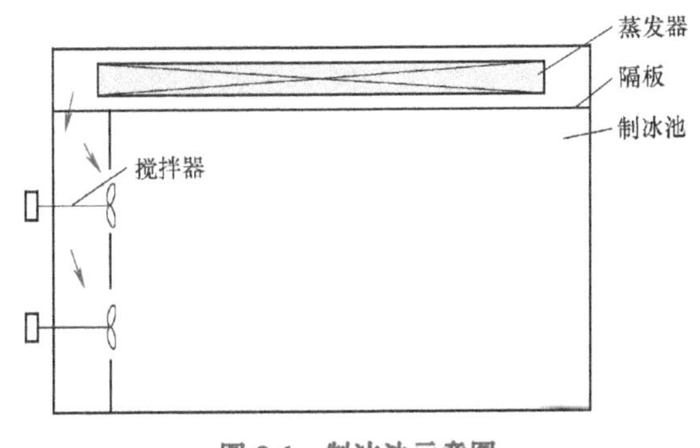

图9-1 制冰池示意图

制冰的制冷系统多为重力供液系统，制冷系统的液体分离器及管道布置应不妨碍起重机的运行，防止被起重机及冰桶等碰撞，防止管道的绝热层受潮。制冰的制冷系统也可以采用泵供液系统，设计的方式与整个大型库体的组合设计有关系。

### 9.2.2 制冰工艺流程

制冰池注满盐水，盐水温度一般被蒸发器冷却到-14~-10℃，冰桶内加入适量（约为桶容积的9/10）的水后放入制冰池中，利用低温盐水使冰桶内水冻结成冰。为便于冰桶成组的吊起和放下，一般是将若干个冰桶固定在一个冰桶架上，为了加快冰的冻结速度，可用搅拌器使盐水温度均匀地在冰桶之间循环，待冰桶内的水冻成冰后，用起重机将冰桶架一个一个吊送到融冰池，在池中浸2~3min，使冰桶内冰与冰桶的接触面融化后，把冰桶放在倒冰架上，冰块就很容易地脱离冰桶倾倒在带有坡度的滑冰台上，使冰块滑到冰库中去。然后把空冰桶送至注水箱处加水，放入制冰池又可获得新的冰决。制冰间的平面及立面图如图9-2所示。

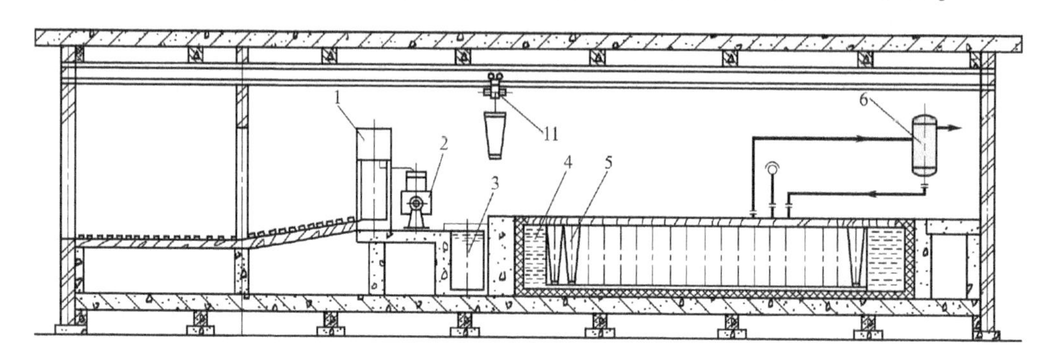


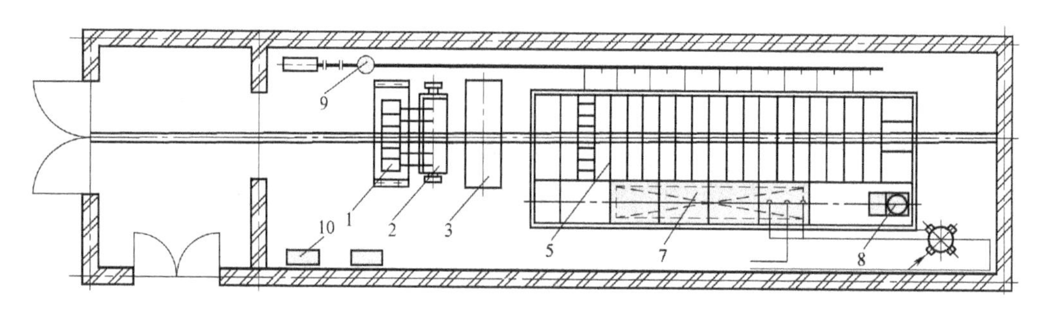


图9-2　制冰间的平面及立面图

1—注水器　2—倒冰架　3—融冰池　4—制冰池　5—冰桶　6—氨液分离器　7—蒸发器　8—盐水搅拌器　9—空气贮缸　10—水泵　11—起重机

以上操作所得的冰也称为白冰，因水在冰桶中被桶外的低温盐水所冻，且水里溶有空气，冰块色白而不透明。若要生产透明冰，则在结冰过程中，将空气吹入（应具有一定的压力）装着水的冰桶中，这样在水中翻腾的气泡可将冰中杂质和空气堆集到冰桶的中部，待冰桶内的冰冻结到相当厚度时，将中心部分的水设法抽掉，而换入预冷过的清洁水（也可不换），然后让其冻结完，这样就可以得到透明冰。

在制造透明冰时，搅拌水的空气压力可以用高压，一般是$1.7\times10^5$~$2.4\times10^5$Pa，此时制造100~200kg的大型冰块需吹入空气量为$0.4m^3/h$；也可以用低压，一般是$0.05\times10^5$~$0.25\times10^5$Pa（以上均指表压），此时每只冰桶需吹入的空气量为$1.4m^3/h$。

由于透明冰的冷却能力和白冰无差异，仅是外观好看，不易裂，但操作较复杂，故我国很少生产，一般都是生产白冰。

## 9.2.3 盐水制冰的主要设备

1. 制冰池

制冰池安置在通风防止冻土装置的绝缘地板上，池体是用钢板制成的，厚度为6~8mm，一般采用6mm。池的四周除了盖子外均需隔热，防止外部传热量侵入。一般底部采用150~200mm厚的软木板，壁用150mm厚的软木板或500mm厚的稻壳层。隔热层的下面或外面做防潮层，池的上面盖以50~60mm厚的木盖。冰池一般设计为长方形，高度为1.4m左右。

2. 蒸发器

蒸发器放在制冰池内，氨液经过膨胀阀进入蒸发器内，吸收盐水热量而蒸发成为气体，蒸发器可分为立管式、横管式、V形管式和螺旋管式等几种，可安置在池壁的长边或短边。

3. 搅拌器

搅拌器用以使盐水沿蒸发器急速流动，盐水温度均匀，循环于冰桶之间，加强热交换作用。盐水搅拌器有立式和卧式两种。立式搅拌器流动阻力稍大，但便于修理，安装简便。

4. 冰桶

冰桶一般采用1.25~2mm厚的钢板制成。为使冰块易于与冰桶脱开，冰桶上部的矩形断面较下部的稍大些，而桶的内表面必须光滑、平整。为防止生锈需在桶的内外漆红漆两道。常用冰桶规格见表9-1。

表9-1 常用冰桶规格

| 制冰方式 | 重量/kg | 冰桶规格/mm | | | 冰块高度/mm | 冻结时间/h（可计算取得） |
|---|---|---|---|---|---|---|
| | | 上口内径 | 下口内径 | 外高 | | |
| 盐水制冰 | 50 | 435×175 | 405×155 | 900 | 800 | 20 |
| | 100 | 595×290 | 577×265 | 900 | 810 | 34 |
| | 100 | 495×270 | 460×245 | 1190 | 1000 | 34 |
| | 125 | 560×255 | 535×255 | 1190 | 1080 | 38 |
| 快速制冰 | 50 | 195×290 | 75×270 | 1200 | 1100 | 2 |

5. 冰桶架

冰桶架是冰桶放置在制冰池中用的支架框，框的尺寸不一，一个框内一般可放10~20个冰桶。冰桶架是由两条75~100mm长的扁钢，中间用横梁（小号扁钢）连接而成，在架上装有两个挂钩，以便起重机将其向上提起。

6. 起重机

起重机是吊冰装置，多采用行车或电葫芦，以竖直和水平方向移动冰桶。

7. 倒冰架

倒冰架是木制或铁制的“⊥”形的能翻动的搁架，两端装有平衡锤，用来把冰从冰桶中倒出来。

8. 融冰池

融冰池设在制冰池的一端，尺寸比冰桶架大一点，将冰桶浸入融冰池从而使冰块和冰桶脱开。由于融冰池的水受盐水的污染，因此应定时地或不断地将水更换，在池的下部设有新鲜水和废水的给水排水管接头。

9. 注水装置

注水装置是将一排冰桶同时注满同等量的水，其是一个长方形容器，容器内根据框内的冰桶数目用隔板分成格，每一格的容量等于一个冰桶容量的9/10。容器内又装有漏斗溢流管，以保证冰桶注入水的量。

10. 滑冰台

滑冰台是用于接收冰块的，是一个具有漏水缝并带有2%~4%坡度的木板台。

盐水制冰目前已有15t/日的成套设备，主要的设备有：

(1) 钢板制冰池　钢板制冰池长11700mm，宽6016mm，池深1070mm。

(2) 冰桶　冰桶规格：上部断面595mm×290mm，下部断面577mm×265mm，长900mm，重量为100kg。

(3) 电动单梁起重机　电动单梁起重机 $L_K=58m$，轨面标高离制冰池3m。

其他还有倒冰架、补给水箱、盐水搅拌器、融冰池等。一套盐水制冰设备所需的建筑面积为150m$^2$左右，宽度为7.5m，长度为20m。在添加系统时可考虑采用成套设备。

### 9.2.4 盐水制冰热负荷计算

1. 冻冰耗冷量

冰桶内的水降至0℃放出显热，然后结成0℃的冰，结冰期间放出潜热，0℃的冰降至终温还有显热放出，所以冻冰耗冷量（kW）应为

$$Q_1=\frac{1000G}{24\times3600}[4.187(t_s-0)+334.96+2.1(0-t_b)] \tag{9-1}$$

2. 冰桶耗冷量（kW）

$$Q_2=\frac{1000W(t_0-t_b)\times0.4187}{24\times3600g} \tag{9-2}$$

3. 盐水搅拌器运转耗冷量（kW）

$$Q_3=P_Z \tag{9-3}$$

4. 制冰池传热耗冷量（kW）

$$Q_4=\sum KA(t-t_y) \tag{9-4}$$

5. 融冰耗冷量（kW）

$$Q_5=900A_b\frac{\delta}{g}Q_1 \tag{9-5}$$

汇总可得

$$\sum Q=(Q_1+Q_2+Q_3+Q_4+Q_5)\times1.15 \tag{9-6}$$

式中，$G$为制冰能力（t/日）；$g$为冰块重量（kg）；$t_s$为制冰用水温度（℃）；$t_b$为冰的终温（℃），比盐水温度高2℃；$W$为每个冰桶的重量（kg）；$P_Z$为搅拌器轴功率（kW）；$A$为制冰池底、壁、顶面的面积（m$^2$）；$K$为制冰池传热系数，底、壁$K=0.58W/(m^2\cdot℃)$，顶面$K=2.3W/(m^2\cdot℃)$；$t$为制冰间空气温度（℃），一般为15~20℃；$t_y$为制冰池内盐水的表面温度（℃）；$A_b$为冰块表面积（m$^2$）；$\delta$为冰块融化层厚度（m），常用为0.002m；900为冰的密度（kg/m$^3$）；1.15为其他热损失附加系数。

根据盐水制冰的热负荷 $Q$ 值，来进行有关制冰设备的选择设计。

## 9.2.5 制冰设备的选择计算

### 1. 制冰池的制冰生产能力

制冰池的制冰生产能力计算式为

$$G=\frac{24gn_{\mathrm{b}}}{1000t_{\mathrm{j}}} \tag{9-7}$$

式中，$G$ 为制冰池每天的制冰生产能力（t）；$g$ 为每桶冰的质量（kg）；$n_{\mathrm{b}}$ 为冰桶的数量；$t_{\mathrm{j}}$ 为结冰时间（h）；24 为一天换算成小时的时间数值。

### 2. 结冰时间

结冰时间可按下式确定：

$$t_{\mathrm{j}}=0.01\frac{Cl_{\mathrm{b}}^{2}}{-t_{\mathrm{y}}} \tag{9-8}$$

式中，$C$ 为系数，与制冰池的设计、盐水流速、冰块顶部与盐水水面高度差有关，取 0.53~0.6，制不透明冰时宜取小值；$l_{\mathrm{b}}$ 为冰块顶端横断面短边的长度（mm）；$t_{\mathrm{y}}$ 为制冰池内盐水的表面温度，一般可取为-10℃或按设计温度选取。

### 3. 冰桶的数量

制冰池中需要同时进行冻结的冰桶数量可用下式计算：

$$n_{\mathrm{b}}=\frac{G(t+t')\times1000}{24g}=41.5\frac{G(t+t')}{g} \tag{9-9}$$

式中，$n_{\mathrm{b}}$ 为冰桶的数量；$G$ 为制冰池每天的制冰生产能力（t）；$t$ 为水在冰桶中冻结的时间（h）；$t'$为提冰、脱冰、加水、入池等操作所需时间（h），一般可取为 0.1~0.15h；$g$ 为每桶冰的质量（kg）。

### 4. 盐水搅拌器的流量

计算盐水搅拌器的流量是保证盐水制冰热交换的需要，也是为选择盐水搅拌器提供依据，其计算式为

$$q=w_{\mathrm{y}}A \tag{9-10}$$

式中，$q$ 为盐水搅拌器流量（$m^3/s$）；$w_{\mathrm{y}}$ 为盐水流速（m/s），一般蒸发器管间不小于 0.7m/s，冰桶之间可取为 0.5m/s；$A$ 为蒸发器部分或冰桶之间盐水流经的净断面面积（$m^2$）。

某厂所生产立式搅拌器的性能见表 9-2。

表 9-2 某厂所生产立式搅拌器的性能

| 型　号 | 叶轮直径/mm | 转数/(r/min) | 循环量/($m^3$/min) | 电动机功率/kW |
|---|---|---|---|---|
| ZLJ-250 | 252 | 960 | 220~320 | 2.2 |
| ZLJ-300 | 302 | 960 | 360~480 | 3.0 |
| ZLJ-340 | 342 | 960 | 480~600 | 4.0 |

## 9.2.6 盐水系统

### 1. 盐水系统中有关温度的确定

低温盐水为盐水制冰的冰的来源，冰的冻结速度和冰块质量与盐水温度有关，一般制冰

池内盐水温度应保持在-14～-10℃。而制冰蒸发温度比盐水温度低5℃。当盐水温度高于其对应浓度下的凝固点时，盐水浓度是稳定的；反之，当盐水温度低于其对应浓度下的凝固点时，将有部分水析出冻成冰，结在蒸发器管壁表面上，从而增加了盐水浓度，降低了蒸发器的传热效能。

配制浓度时要保证盐水凝固点比制冷剂蒸发温度低5℃（在管壳式盐水蒸发器内，其凝固点应比制冷剂蒸发温度低6～8℃）。盐水凝固点与盐水的种类和浓度有关，氯化钠盐水的凝固点最低可达到-20.2℃，故仅适用于-16℃以上的蒸发温度；氯化钙盐水的凝固点最低可达-55℃，当制冷剂蒸发温度在-50℃以下时采用。上述是最低的凝固点（也称共晶点）。当盐水浓度超过共晶点时，盐水凝固点将升高。

2. 盐水浓度

盐水浓度应适中，因为浓度过低时，凝固点较高，蒸发器很容易结冰；浓度过高时，增加溶液密度，减少其热容量。因此，配制盐水溶液时，其浓度不应超过共晶点（凝固点）所对应的浓度。盐水溶液的浓度可用密度计测量，测量时以盐水温度15℃为标准。根据实践可知，氯化钙盐水的密度在1.20～1.24kg/$m^3$之间（15℃），氯化钠盐水的密度在1.15～1.18kg/$m^3$（15℃）之间最为适当，腐蚀性最弱。

3. 盐水的酸碱度（pH值）

盐水的酸碱性和腐蚀作用关系最大，盐水通常呈碱性为佳，一般以pH值来表示酸碱度，小于7呈酸性，如欲防止盐水起腐蚀作用，应使盐水保持pH值为7.5～8.5。

为了减轻和防止其腐蚀性，在盐水中应加入适量的防腐剂。这种防腐剂一般用氢氧化钠（NaOH）与重铬酸钠（$Na_2Cr_2O_7$），1$m^3$的氯化钠盐水中应掺1.6kg的重铬酸钠。若盐水呈中性反应（pH=7），则每10kg的重铬酸钠中必须加入2.7kg氢氧化钠。加入防腐剂时，必须使盐水呈弱碱性（pH=8.5），这可用酚酞试剂来测定，以酚酞试剂在盐水中呈玫瑰色为适宜。

重铬酸钠能损害人体皮肤，在配制时应特别小心，并应戴橡胶手套。配制盐水时，禁止将氯化钙与氯化钠两类盐混合使用，以免发生沉淀。

4. 盐水内含氧量

盐水中含有氧气，也是造成腐蚀的因素，所以应尽量让盐水不与空气直接接触。在制冰池内，蒸发器组应全部浸没于盐水内。此外，应保证所选用的氯化钠或氯化钙品质纯净，若盐水中含有不纯物，也是引起腐蚀的原因。一般制冰池内，可通过投入小块钢铁或镀锌铁板来观察其腐蚀状况，若发现腐蚀情况，则研究其原因，设法防止。

氯化钠溶液和氯化钙溶液的特性分别见表9-3和表9-4。

表9-3 氯化钠溶液的特性

| 密度/(kg/L) | 波美度 | 盐的含量 | | 凝固点/℃ |
|---|---|---|---|---|
| 在15℃时 | | 溶液(%) | 在100份水中 | |
| 1.00 | 0.1 | 0.1 | 0.1 | 0.0 |
| 1.01 | 1.6 | 1.5 | 1.5 | -0.8 |
| 1.02 | 3.0 | 2.9 | 3.0 | -1.7 |
| 1.03 | 4.3 | 4.3 | 4.5 | -2.7 |
| 1.04 | 5.7 | 5.6 | 5.9 | -3.6 |

（续）

| 密度/(kg/L) | 波美度 | 盐的含量 | | 凝固点/℃ |
|---|---|---|---|---|
| 在15℃时 | | 溶液(%) | 在100份水中 | |
| 1.05 | 7.0 | 7.0 | 7.5 | -4.6 |
| 1.06 | 8.3 | 8.3 | 9.0 | -5.5 |
| 1.07 | 9.6 | 9.6 | 10.6 | -6.6 |
| 1.08 | 10.8 | 11.0 | 12.3 | -7.8 |
| 1.09 | 12.0 | 12.3 | 14.0 | -9.1 |
| 1.10 | 13.2 | 13.6 | 15.7 | -10.4 |
| 1.11 | 14.4 | 14.9 | 17.5 | -11.8 |
| 1.12 | 15.6 | 16.2 | 19.3 | -13.2 |
| 1.13 | 16.7 | 17.5 | 21.2 | -14.6 |
| 1.14 | 17.8 | 18.8 | 23.1 | -16.2 |
| 1.15 | 18.9 | 20.0 | 25.0 | -17.8 |
| 1.16 | 20.0 | 21.2 | 26.9 | -19.4 |
| 1.17 | 21.1 | 22.4 | 29.0 | -21.2 |
| 1.175 | | 23.1 | 30.1 | -21.2 |

表9-4 氯化钙溶液的特性

| 密度/(kg/L) | 波美度 | 盐的含量 | | 凝固点/℃ |
|---|---|---|---|---|
| 在15℃时 | | 溶液(%) | 在100份水中 | |
| 1.00 | 0.1 | 0.1 | 0.1 | 0.0 |
| 1.01 | 1.6 | 1.3 | 1.3 | -0.6 |
| 1.02 | 3.0 | 2.5 | 2.6 | -1.2 |
| 1.03 | 4.3 | 3.6 | 3.7 | -1.8 |
| 1.04 | 5.7 | 4.8 | 5.0 | -2.4 |
| 1.05 | 7.0 | 5.9 | 6.3 | -3.0 |
| 1.06 | 8.3 | 7.1 | 7.6 | -3.7 |
| 1.07 | 9.6 | 8.3 | 9.0 | -4.4 |
| 1.08 | 10.8 | 9.4 | 10.4 | -5.2 |
| 1.09 | 12.0 | 10.5 | 11.7 | -6.1 |
| 1.10 | 13.2 | 11.5 | 13.0 | -7.1 |
| 1.11 | 14.4 | 12.6 | 14.4 | -8.1 |
| 1.12 | 15.6 | 13.7 | 15.9 | -9.1 |
| 1.13 | 16.7 | 14.7 | 17.3 | -10.2 |
| 1.14 | 17.8 | 15.8 | 18.8 | -11.4 |
| 1.15 | 18.9 | 16.8 | 20.2 | -12.7 |
| 1.16 | 20.0 | 17.8 | 21.7 | -14.2 |
| 1.17 | 21.1 | 18.9 | 23.3 | -15.7 |
| 1.18 | 22.1 | 19.9 | 24.9 | -17.4 |
| 1.19 | 23.1 | 20.9 | 26.5 | -19.2 |
| 1.20 | 24.2 | 21.9 | 28.0 | -21.2 |
| 1.21 | 25.1 | 22.8 | 29.6 | -23.3 |
| 1.22 | 26.1 | 23.8 | 31.2 | -25.7 |
| 1.23 | 27.1 | 24.7 | 32.9 | -28.3 |
| 1.24 | 28.0 | 25.7 | 34.6 | -31.2 |
| 1.25 | 29.0 | 26.6 | 36.2 | -34.6 |
| 1.26 | 29.9 | 27.5 | 37.9 | -38.6 |
| 1.27 | 30.8 | 28.4 | 39.7 | -43.6 |

（续）

| 密度/(kg/L) | 波美度 | 盐的含量 | | 凝固点/℃ |
|---|---|---|---|---|
| 在15℃时 | | 溶液(%) | 在100份水中 | |
| 1.28 | 31.7 | 29.4 | 41.6 | -50.1 |
| 1.29 | 32.2 | 29.9 | 42.7 | -55.0 |
| 1.30 | 33.4 | 31.2 | 45.4 | -41.6 |
| 1.31 | 34.2 | 32.1 | 47.3 | -33.9 |
| 1.32 | 35.1 | 33.0 | 49.3 | -27.1 |
| 1.33 | 35.9 | 33.9 | 51.3 | -21.2 |
| 1.34 | 36.7 | 34.7 | 53.2 | -15.5 |
| 1.35 | 37.5 | 35.6 | 55.3 | -10.2 |
| 1.36 | 38.3 | 36.4 | 57.4 | -5.1 |
| 1.37 | 39.1 | 37.3 | 59.5 | 0.0 |

#### 5. 盐水的配制示例

**例 9-1**　设有15t制冰池一个，盐水容积为28m³，试求所需的盐量、水量。

**解**　盐水的密度是由盐水的凝固点来决定的，并与盐的种类有关。根据设计要求，盐水温度定为-11.2℃，则氨蒸发量温度为 [(-11.2)+(-5)]℃=-16.2℃。

盐水凝固点为 [(-16.2)+(-5)]℃=-21.2℃

采用氯化钠（NaCl普通食盐），查表9-3可知，当氯化钠溶液凝固点为-21.2℃时，溶液中含盐量为22.4%，密度为1170kg/m³。

盐水量：28×1170kg=32760kg。

应加氯化钠：32760kg×22.4%=7338kg。

应加入水：32760kg-7338kg=25422kg。

## 9.3　快速制冰

快速制冰方法很多。与盐水制冰相比，快速制冰具有冻结快、设备小巧、占地面积少、腐蚀性小、成套性强等优点，很受需求量较小且卫生性要求较强的用户的青睐。下面介绍几种快速制冰装置。

### 9.3.1　冰桶式快速制冰

#### 1. 冰桶式快速制冰的工作原理和工艺流程

（1）冰桶式快速制冰的工作原理　冰桶式快速制冰设备是利用带夹层的冰桶内的11根双套管组成的指形蒸发器，氨液在冰桶夹层和指形蒸发器内蒸发，直接吸收冰桶内的水的热量，冰层首先在冰桶内壁和指形管壁形成，然后逐步扩大到冰桶内水全部结冰。由于采用了直接蒸发式和桶内外同时进行冷冻方式进行，因此结冰过程大大缩短，从而达到了快速制冰的效果。

（2）冰桶式快速制冰的工艺流程　冰桶式快速制冰的工艺流程如下：

制冰用水先在带有氨蒸发器的水预冷箱内进行冷却，使水温降至10℃左右，冰桶的底盖是活动的，利用冻冰的方法将桶盖黏结在冰桶底部。因此，初次冻冰时，必须向冰桶中添加少量的制冰水，然后使冰桶降温，使底盖结牢在冰桶底部（连续生产时，由于脱冰以后，桶壁和底盖都是温润的，就不需要再加水了）。

等底盖结牢后，即可向冰桶加水。温度定为10℃左右的制冰水，首先流入套在11根指形管上部的水盘，水盘上的11个孔与指形管间有一定的间隙，水就通过此间隙，沿指形管壁流入冰桶。

由于加水以前，冰桶已经开始降温。因此，水沿着指形管壁流入冰桶底部时，水温已经接近0℃，这样才不致把底盖与冰桶间已经结成的冰融化掉。如果水盘不平整，或水盘孔与指形管之间的间隙不均匀，水不能均匀地沿着11根指形管壁流下，就不能达到预期的冷却效果。如果流入冰桶的水温过高，就可能将底盖处已经形成的冰融化掉，形成冰盖融脱，冰桶内的水就将全部流掉。

在制冰过程中，氨液连续不断地自低压循环贮液器通过氨泵经制冰装置的多路阀从冰桶夹层底部进入，在桶体夹层开始蒸发，从冰桶夹层顶部出来然后进入指形蒸发器顶部集氨器上夹层，流进内套管到下部泛出，从外套管蒸发上升到集氨器下夹层，引向低压循环贮液器。在此过程中，冰由冰桶内壁和指形蒸发管外壁向周围发展到全部冻冰为止。

当冰块在冰桶结成以后，由于冰的膨胀作用将底盖从冰桶裂开11mm左右，由于底盖是旋转开启的，当底盖从冰桶裂开11mm左右时，底盖也从冰块底部脱开，这样就具备了脱冰的条件。

脱冰过程是利用热氨经多路阀进入冰桶吸入口，沿着与制冰时氨流动相反的方向流动，冰桶内的氨液及冷凝的氨液经多路阀流入排液桶。在此过程中，冰沿指形蒸发管外壁落在托冰小车上，这时冰桶又可继续降温，待底盖冰牢以后，即可回水继续制冰。

托冰小车载着一排冰桶脱下的4块冰，借运冰驱动装置将冰块运向翻冰架，翻冰架将冰块倒入滑道，冰块孔洞中的水即从滑道缝中流入下水道，冰块则滑入冰库贮存。

**2. AJB-5/24快速制冰机的技术性能和主要部件**（洛阳洛冷制冷机械有限公司生产）

（1）技术性能

1）生产条件：氨蒸发温度-15℃，给水温度25℃，预冷后的水温10℃，压缩机产冷量约为104.5kW。

2）冰块尺寸及重量：上部断面175mm×270mm，下部断面195mm×290mm，冰块长1200mm，冰块重50kg。

3）冻冰周期及出冰次数：冻冰周期不小于110min，其中加水时间不大于5min，冻冰时间约为90min，脱冰时间不大于3min，冰盖冻结时间不大于5min，操作时间不小于7min，每24h每排冰桶出冰约13次，每排冰桶加水时间间隙（或每排冰桶脱水时间间隙）为18.4min。

4）产冰能力：24×50kg×13=15.6t

5）冰块温度为-10℃。

（2）主要部件

1）冰桶：每台有6排，每排有4个，共24个。用钢板焊制成内截面积为复矩形，上部小，下部大，四周是空夹层，供氨液蒸发。桶底装有弹簧活动底盖，底盖表面涂有脱模剂，使冰块容易与冰盖脱离。冰桶和指形蒸发器的构造如图9-3所示。

2）指形蒸发器：用 $\phi$18mm 及 $\phi$10mm 无缝钢管制成 11 根套管并组焊而成。每个冰桶配一组，并与冰桶夹层相连接。指形蒸发器上部还套有带 11 个孔的配水盘，使水能均匀地从指形蒸发管表面流入冰桶。

3）多路阀：由阀芯、阀体等零件组成，具有组合阀的特点。每组冰桶配一个多路阀。在制冰过程中，由多路阀控制制冰时的供液和回气，如脱冰时的热氨和排液以及脱冰后的排空等，如图 9-4 所示。

4）氨泵：选用单级叶轮泵。它的流量为 $3m^3/h$，扬程为 15m，使用电动机功率为 1.1kW，转速为 1430r/min。

5）水预冷器和蒸发器：蒸发器装在水预冷器内，专为预冷水之用。

6）氨液分离器和排液桶。

7）运冰传送装置及托冰小车、翻冰架等。

8）配电箱：全机传动装置电气设备的控制电路及零件均装在配电箱内。

9）框架、系统管道及阀门。

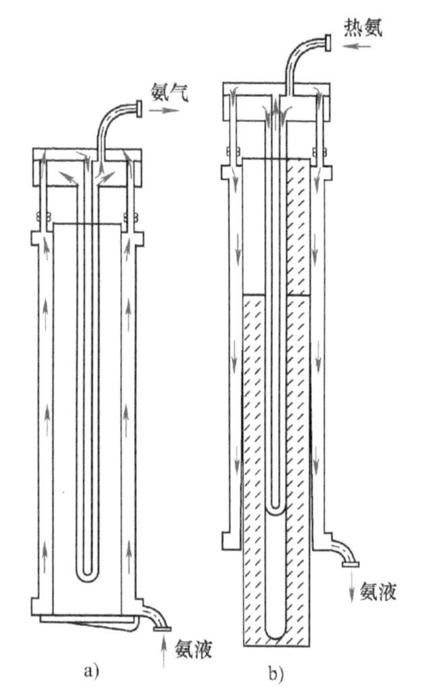


图 9-3　冰桶和指形蒸发器的构造

a）制冰　b）脱冰

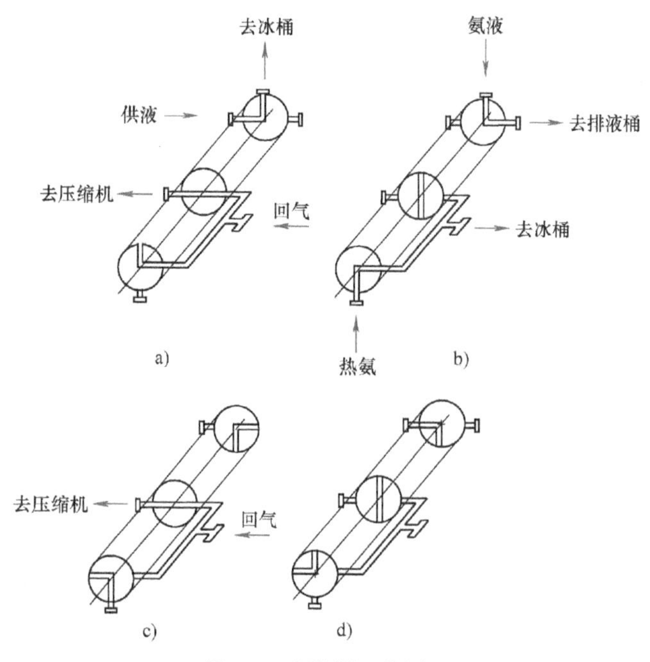


图 9-4　多路阀工作原理

a）制冰　b）脱冰　c）排空　d）停止工作

### 3. 工艺布置注意事项

1）制冰机要靠近冰库布置，使制出的冰块能直接送入冰库，避免长距离运输过程。

2）AJB 型快速制冰设备的外形尺寸（长×宽×高）约为 4450mm×2670mm×4120mm。建筑物最小间距如下：

① 连接翻冰板的滑冰长度应不小于 2m，以免冰块孔内的水流入冰库。

② 多路阀操作面离墙应不小于 1.5m。

③ 为了便于检修，非操作走道的宽度应不小于 1.0m，设备上面净高应小于 1.2m。

3）冰库地面应比滑冰板最低点低 100mm，以便用小车或盛冰盘盛四块冰后利用提冰起重机将其移动到码垛地点。为了便于运行提冰起重机，冰库内最好没有柱子。

4）制冰机底部应做 0.05%坡度的水盘，并设有管径不小于 100mm 的排水管（排水口直径过小，容易被冰块堵塞），以便排出制冰过程中的水。

5）制冰机的低温管道、低温容器以及冰桶须做隔热层，隔热层厚度如下：

① 氨液分离器用相当于 125mm 厚的软木隔热层。

② 低温管道用相当于 100mm 厚的软木隔热层。

③ 冰桶周围用相当于 100mm 厚的软木隔热层。

冰桶间用碎大米或稻壳充实，隔热层必须做好防潮层。如冰桶不隔热，当室外气温高时，产量将减少约 20%。

④ 热氨管道应用 50mm 厚的石棉隔热层。

6）氨液分离器最好装有一只低压浮球阀，以便自动调节液量，并增设一个集油器以便放油。

AJB-15/24 快速制冰设备布置如图 9-5 所示。

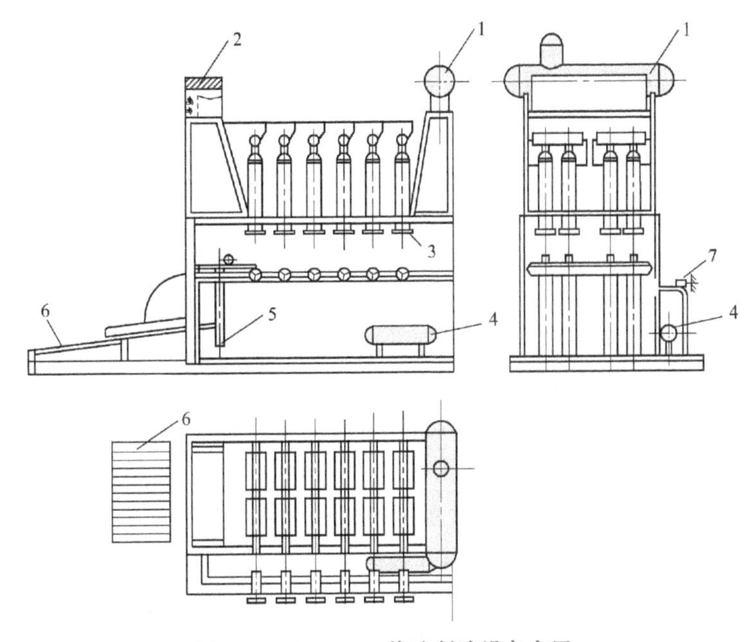


**图 9-5　AJB-15/24 快速制冰设备布置**

1—氨液分离器　2—预冷器水箱　3—水桶　4—排液桶　5—托冰小车　6—滑冰板　7—多路阀

### 4. 15t 快速制冰设备和 15t 盐水制冰设备的比较（见表 9-5）

表 9-5　15t 快速制冰设备和 15t 盐水制冰设备的比较

| 比较项目 | 15t 快速制冰设备 | 15t 盐水制冰设备 |
|---|---|---|
| 设备重量/t | 9 | 15 |
| 占地面积/$m^2$ | 40 | 70 |
| 冻冰周期/h | 1.8 | 16~24 |
| 设备投资/万元 | 4.5 | 约 7.5 |

（续）

| 比较项目 | 15t 快速制冰设备 | 15t 盐水制冰设备 |
| --- | --- | --- |
| 设备维修 | 无腐蚀，托冰小车、翻冰板等需经常维修 | 由于盐水腐蚀，故制冰池和冰桶需经常维修 |
| 操作情况 | 操作频繁 | 操作较简单 |
| 冰块质量 | 冰块温度为-10℃左右，冰块较脆，容易折断，且冰块带11孔，较易融化 | 冰块温度为-4℃左右，冰块较坚固，不易融化 |

## 9.3.2 其他快速制冰装置

### 1. 板冰机

板冰是指在冷却平板表面淋水结成厚15mm左右的平板状冰层，经过对平板加热而脱冰，使之形成40mm×40mm的碎冰块。板冰机由冷却平板、制冷系统、淋水系统、脱冰系统和自动控制系统等组成，如图9-6所示。板冰机有多种型式。下面介绍冷却平板竖直放置双面淋水式板冰机的制冰过程。

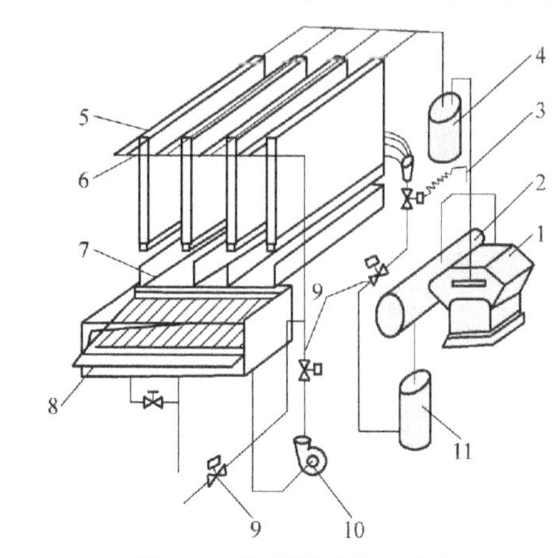

图9-6 立式板冰机示意图

1—压缩机 2—冷凝器 3—热力膨胀阀 4—气液分离器 5—冷却平板 6—淋水管 7—水槽 8—存水池 9—电磁阀 10—水泵 11—贮液器

起动制冷系统，制冷剂通过电磁阀、热力膨胀阀进入冷却平板内吸热蒸发，使平板表面冷却。起动循环水泵，通过平板两侧多孔淋水管向冷却平板表面淋水，水沿平板表面流下结冰，未结冰的水落到平板下方的受水槽，流回存水池。存水池由浮球阀控制水位。当结冰过程结束，淋水停止，使板冰层过冷，同时，受水槽等处流水流尽，平板内液体制冷剂多数汽化。这时，把高压气体管接通，高温制冷剂气体进入冷却平板，平板与板冰层界面的温度升至0℃以上，板冰在接近18℃的温差作用下迅速爆裂成小板冰块，并脱落至受水槽，滑出冰栅，经过出冰口离开板冰机，完成一个制冰过程。接着再重新起动制冷系统，预冷冷却平板，起动循环水泵，进行板面淋水制冰。如此周而复始地进行板冰生产。这种脱冰方式必须保证供给足够量的具有一定温度的气体，所以，最好是多台板冰机并联工作，或借助高压贮液器蓄能脱冰。

根据原料水的不同，可分为海水冰和淡水冰。海水冰随其含盐量的增加，冰的熔化温度降低，用其冷却、冰鲜可取得较快的冷却速度、较好的鲜度和色泽效果；但其熔点却小于熔点为0℃的淡水冰。制海水冰的制冷系统蒸发温度低，所以机器的制冷能力下降，单位制冷量电耗增加。板冰机是间歇性工作的制冰机，其运转程序所需时间可根据原料水种类、温度、冰厚等参数调整设定，实现全自动控制。板冰机的工作温度条件见表9-6（国外资料）。

板冰机在应用中应注意以下几点：

1）室外安装时要避免风吹、淋水而破坏均匀结冰。

2）确保冷却平板内不积油。

表 9-6　板冰机的工作温度条件　　（单位：℃）

| 项　目 | 船　用 | 陆　用 |
| --- | --- | --- |
| 原料水 | 海水 | 地下水 |
| 原料水温度 | 20 | 23 |
| 冷凝温度 | 30 | 35 |
| 蒸发温度 | −23 | −18 |

3）确保脱冰供热量，保持大温差脱冰，使板冰层爆裂迅速、均匀和减小板冰的温升。

4）需配备冰库，在过冷状态下贮冰。

2. 片冰机

在圆筒形蒸发器的冷却表面上布水，结成 1~4mm 厚的冰层，经冰刀刮脱后形成不规则的小冰片，称为片冰。片冰机由结冰夹层冷却筒、制冷系统、循环布水系统、脱冰刮刀及刮刀驱动系统等部件组成。尽管片冰机的结构类型和产品种类繁多，其工作原理却大同小异，生产的片冰也无多大差别。图 9-7 所示为立式圆柱形冷却筒外壁淋水转筒式片冰机，其工作原理为：节流后的制冷剂通过供液管进入圆柱形冷却筒夹层，进行蒸发制冷，使筒的外壁冷却，吸热蒸发后的制冷剂气体进回气管被压缩机吸走。布水系统的循环水泵自冷却筒下方水池中吸水，送到冷却筒上方带孔的淋水环形管，向筒的冷却外表面淋水并结冰。未能结冰的水落到水池中，循环使用。水池中的水位由浮球阀控制，及时供给原料水。原料水最好预冷到 4℃ 以下。圆柱形冷却筒在可调的驱动机构驱动下，围绕中立轴以 1~3r/min 的转速旋转，生产的片冰厚度在 1~4mm 之间。刮冰刀固定在机架上，刀口平行于冷却筒外表面，并与筒面保持适当的间隙，既可刮下冰层，又不妨碍冷却筒的转动。出冰口设在刮冰刀下方，片冰借助重力通过出冰口滑出机体。淋水管需在刮冰刀之前留下一段不淋水距离，以便冰层得到过冷，使冰层脆性增加并保持干燥，有利于冰的脱离，又不使淋水落到出冰口上。片冰机就是在上述的制冷系统、布水系统、驱动系统及刮冰刀的运行下实现连续制冰的。

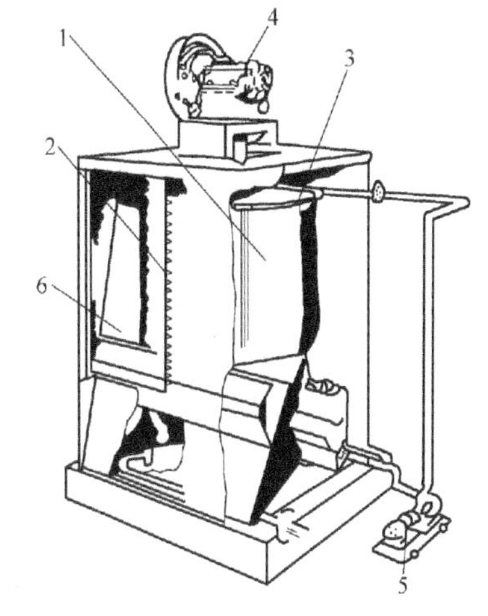


图 9-7　立式圆柱形冷却筒外壁淋水转筒式片冰机

1—冷却圆筒　2—刮冰刀　3—淋水管　4—驱动机构　5—循环水泵　6—出冰口

3. 管冰机

管冰是在高约 4m 的立式管壳式蒸发器中的冷却管内表面淋水，水沿冷却管内表面结成空心管状冰，在脱冰过程中用切冰刀切割成高 50mm 左右的管状冰柱，称为管冰。管冰机由立式管壳满液式蒸发器、制冷系统、高温气体排液脱冰系统、给水循环系统及管冰切割机构等部件组成，如图 9-8 所示。

管冰机的工作原理是：高压液体制冷剂节流后进入气液分离器，气液分离器内的饱和低压液体经下液管道借重力流入立式管壳式蒸发器的下部供至壳管之间，通过立管管壁吸热蒸发，使管内壁冷却到接近于蒸发温度（−15℃），蒸发的气体返回气液分离器。气液分离器

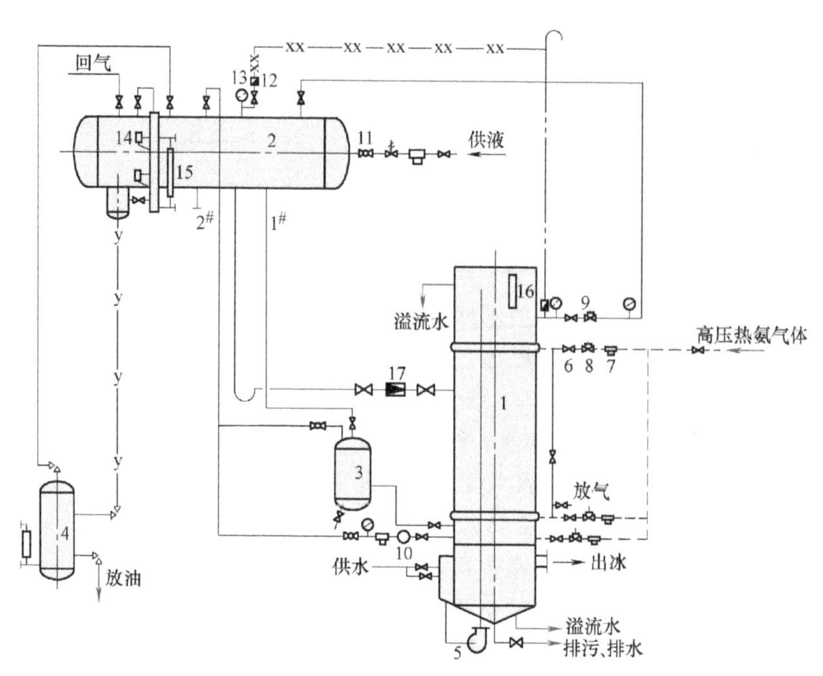


**图 9-8　管冰机原理**

1—制冰器　2—气液分离器　3—集气罐　4—集油器　5—水泵　6—截止阀　7—过滤器　8—电磁阀　9—电磁主阀　10—视液镜　11—节流阀　12—安全阀　13—压力表　14、16—浮球液位控制器　15—液面计　17—止回阀

的液位由低压浮球阀或液位控制器控制，使供液与回气保持平衡。气液分离器通过下液管、回气管与立式管壳式蒸发器构成低压系统。管冰机下部蓄水池由浮球阀供给原料水和控制水位。水泵将水从蓄水池供到管冰机上部的配水箱，水通过每根冷却管上口的布水器形成敷壁水膜，沿接近蒸发温度的冷却管内壁连续下流而结成冰层，未能结冰的水流入蓄水池，循环使用。约 15min 后，冰层增厚至 8~15mm，此时停止供水，延时过冷管冰，然后关闭回气阀，开通高压气体管，将管壳式蒸发器内的低温液体制冷剂经下液管排至气液分离器，借助排液管上的排液捕气器，当液体排光后即行断流。后利用高压高温气体的热量使冷却管内壁温度升高，使冰管外表面稍微融化，在冰管借助重力下落的同时，切冰刀转动，将其切割成高约 50mm 的管冰。管冰在重力及切冰刀切割时产生的离心力的作用下自出冰口流出，完成制冰过程。整个制冰脱冰过程是自动进行的，脱冰约需 12min，脱冰完成后即恢复制冰过程。

## 9.4　冰的贮存及其冰库的设计与布置

冰库是用于贮存冰的冷间，又称贮冰间。制好的冰除了直接外销或用于生产外，一般都贮存在冰库里。其设计与冻结物冷藏间相近，下面简要介绍相关要求。

### 1. 冰库容量的确定

冰库容量根据冰的生产和使用情况确定，短期贮存一般可取 3~7 天制冰量，长期贮存则可取 15~30 天制冰量。板冰、片冰、管冰等是直接蒸发冷却制冰，可随时制冰随时使用，不宜长期贮存。设计时，要根据具体情况而定。

2. 冰库容量的计算

冰库容量的计算方法与第 3 章中的冷库容量计算是一致的。

3. 冰库的设计要求

(1) 库温 冰库温度与冰的种类和原料水有关。贮存盐水制冰所制的淡水冰块，库温为-6~-4℃；贮存快速制冰所制的淡水冰块，库温为-8℃；贮存淡水片冰，库温为-12℃以下；贮存海水片冰，库温则为-20℃左右。

(2) 冷却设备 冰库一般采用光滑顶排管作为冷却设备，不宜采用墙排管，以免冰垛倒塌以及装卸时冰块的碰撞而危及墙排管。需增设墙排管时，应将其布置在冰垛以上的高度，也不宜采用不便于除霜的翅片管。据资料介绍，国内有采用以冷风机为主、辅以高位墙排管的单层高位冰库，该冰库钢材耗量少，便于安装，操作管理方便。但应注意，高位堆冰、空气流通不好时，容易出现上下区域温差过大、使底层的冰融化的现象。

(3) 建筑要求 冰库的墙壁要设护壁。由于冰块很滑，且重量较大，在搬运和堆码时很容易碰到墙壁上，因此要在内壁上做护壁。常用 35mm×10mm 的竹片钉在 75mm×50mm 的木龙骨架上形成栅状护板，高度以堆冰高度为准。

(4) 堆冰高度 人工堆装，以不超过 2.0~2.4m 为宜；地面机械提升，应不超过 4.4m；起重机提升，应不超过 6.0m；碎冰，不宜超过 3.0m。

(5) 冰库的地面标高 冰库与制冰间同层相邻布置时，进冰洞应与制冰间的滑冰台直接相通，冰库地面标高应低于滑冰台。进冰洞口下表面应是向内倾斜的斜面，高差不小于 20mm。进、出冰共用一个洞口时，冰库地面标高与进冰洞口最低点取平。采用机械设备进出冰时，标高不受限制。

(6) 冰库的建筑净高 参考库内堆冰高度确定。冰堆上表面距顶排管应有 1.2m 的空间，以便操作。层高较高的冰库，可上、下设置库门，当库内冰块堆至一定高度时，可从上面门出入。

4. 制冰间、冰库平面布置

制冰间的位置应靠近机器设备间，以便于操作调节及缩短制冷管线，减少能量损失，还要考虑到贮冰、出冰操作方便。在渔业基地，冷库将制冰间设置在冰库上层，在运输上是较为合理的，冰块可以靠自重降到冰库，也可以采用螺旋形滑冰道到冰库，不用电动机设备可节省日常费用。

制冰间应具有良好的采光和通风，以利于操作和排除室内过大的湿气。在一个制冰间内，如果设置几个制冰池时，应尽量沿冰池的纵向排列，这样可以使两个冰池共用一套行车、脱冰、加冰等辅助设备。但当一个冰池的长度已经很长时，上述布置就不合理了，应采用横向并排排列的形式。设计时，应根据具体情况来定。

冰库一般靠近制冰间，附设有碎冰机平台及滑冰道等结构建筑物。冰库一般与冷藏库合在一幢建筑物内，也有与制冰间及碎冰机平台组成一个建筑单位的。冰库一般设在站台旁，以便于出冰。若存冰主要是供当地销售的，则冰库应靠近公路站台；若为保温列车加冰或外运者，则应将冰库设在铁路月台旁。在渔业基地的冰库面向加冰码头，冰块通过桥式滑冰道滑到加冰码头上的碎冰机房，经过搅碎后通过导管送到船舱里。

桥式滑冰道的平均坡度采用4%左右，滑冰道的前 3/4 段坡度采取 5%，后 1/4 段的坡度应采用 1%或小于 1%，目的是使冰块能以慢速滑到碎冰机平台前，不致发生猛烈撞击的事故。在坡度上要留有可调的余地。螺旋形滑冰道的坡度可取7.5%~9.5%。滑冰道的材料多为竹片，但也有采用瓷瓦、塑料的情况。敷设于室内的滑冰道，也可采用镀锌钢板，但在室外的滑冰道不建议采用。

## 9.5 制冰及贮冰负荷的估算

一般人们先利用经验数据来估算制冰及贮冰负荷，最后用计算公式进行核算。

估算盐水制冰时，1t冰的制冷机负荷配为6.4~7.0kW，有时加大配至8.2kW；估算快速制冰时，1t冰的制冷机负荷配为8.2~9.3kW。

制冰池中的蒸发面积，1t冰配3$m^2$；冰库的蒸发面积，一般用冰库净面积来选配，1$m^2$的冰库建筑面积配有0.6~0.7$m^2$的蒸发面积。

耗电量与气温有关，一般夏季制取1t冰耗电量为75kW·h，冬季制取1t冰耗电量为50kW·h。

## 9.6 人工滑冰场的设计简介

### 9.6.1 室内滑冰场的种类和尺寸要求

室内滑冰场按其用途可分为以下几种：

(1) 冰球场（冰上曲棍球场） 在北美地区，按运动员的要求与比赛规则，冰球场的尺寸为26m×61m，围墙拐角处的弯曲半径为8.5m。

国际与奥林匹克冰球场的尺寸为30m×60m，拐角半径为6m。围墙高度从冰面起必须是1016~1219mm。

许多地区的冰球场尺寸分别为26m×56.4m、24.4m×54.9m、21.3m×51.8m，也认为是可以的，但拐角处半径不能小于6m，以方便冰面整修车通过。

(2) 溜石冰场 冰上溜石是欧美国家盛行的冰上运动，比赛时参赛者在冰上用手滑动质量约20kg的豆包形石头，使它进入离起点约28m处的、直径为3.6m的圆圈中，即为取得比赛的胜利。

溜石冰场的标准尺寸为每面4.3m×45m，为了留出划线机等的工作空间，大多设计成每面4.5m×46m。

(3) 花样滑冰场 按学校或按花样滑冰的规定，通常可沿着5m×12m的路线进行。自由式或舞蹈式花样滑冰，通常需要面积为18m×36m或更大。

(4) 速度滑冰场 室内速度滑冰赛通常是在冰球场内进行。奥林匹克室外速度滑冰场的周长为400m，10m宽的直道长112m，内侧的拐角半径为25m。大多数速度滑冰赛都在室外进行，但最近也有建在室内的趋势。

(5) 娱乐性滑冰场 娱乐性滑冰场的尺寸可以任意确定。通常按每个滑冰人员占有面积为2.3~2.8$m^2$考虑，当滑行面积为1.5$m^2$/人的时候，便会拥挤得无法滑行。若进行花样滑冰时，每人需要直径为4.9m的场地。一个26m×61m、拐角半径为8.5m的冰球场，具有的滑冰面积为1517$m^2$，约可供650个滑冰者进行娱乐。

（6）多功能滑冰场　室内滑冰场建筑一般不是只有单一的用途，往往在多功能体育馆，附设有滑冰用的地板及制冰用的制冷系统（如北京首都体育馆），主要用于滑冰训练、花样滑冰及冰球比赛，还可用于篮球、排球、乒乓球、羽毛球等其他室内项目的比赛和训练，如1985年8月建成的北京冰球馆等就属于多功能滑冰场。国外这种多功能滑冰场还可进行拳击、马戏、冰展等活动。这种多功能滑冰场中，对制冷系统的设计要求是必须有足够大的功率，以使其能在12~16h内将冰面冻结好。

### 9.6.2　滑冰场制冷系统的特点

传统的人造滑冰场，尤其是室内滑冰场，考虑到安全问题，大多采用盐水（氯化钙水溶液较多）或乙二醇水溶液作为间接式制冷系统的载冷剂，冰场上的各种热量通过载冷剂再传递给制冷剂。大直径管道的滑冰场，每千瓦制冷负荷需180~270mL/s的载冷剂流量，以保持进、出口处的温差为1~2℃。循环泵的工作压力约为170kPa（表压）。温差为2~3℃也是正常的。当制冷负荷很大时，温差可达6~7℃，但必须保持冰面质量，即冰面不出现裂纹。载冷剂冷却管子可用直径为20mm、25mm和32mm的钢管，或直径为25mm的薄壁聚乙烯塑料管或高分子量聚乙烯塑料管。

在相同的冰面温度下，间冷式制冷系统的蒸发温度要比直冷式制冷系统的蒸发温度低5~6℃，从而使制冷系统的电耗增加；此外，间冷式的滑冰场还具有起动时间长，盐水对钢管易腐蚀，塑料管的传热性能差等缺点。故目前在国内人造滑冰场有采用制冷剂直接蒸发式制冷系统的趋势，冰场下的蒸发排管用冷轧的无缝钢管。直接蒸发式制冷系统具有传热效果好、节约能耗、冰场起动时间短、投资省、使用寿命长、运行费用低等优点，初投资可节省30%，日常运行费用也可节省20%~30%。直接蒸发式制冷系统的工质可用氨或R22，供液方式可采用液泵供液。如1977年建成和投入使用的长春市室外滑冰场、1968年建成的北京首都体育馆冰球场及东北地区先后建成的十多座人工制冷滑冰场，都是采用氨直接蒸发式制冷系统，效果良好。上海南市冰宫也采用R22直接蒸发式制冷系统。

### 9.6.3　滑冰场地板的设计要求

设计滑冰场地板时应注意下列事项：

1）滑冰场地面厚度应均匀，整个地板需保持水平，每平方米坡度不超过±3mm，整个地板不超过±6mm。

2）地板应能承受上面的荷载，并能经受由于温度变化而产生的反复热胀和冷缩。为此，应根据实际情况设置有伸缩接头的浮动地板构造。

3）滑冰场的地板需注意排水处理。不仅是地坪下面的排水，还应考虑冰层融化后的排水处理，这对填充砂式地板尤为重要。

4）开放式地板在冰场停止使用期间，空气和湿气容易对冷却管及其他金属材料产生腐蚀作用。因此，在不使用时要注意对管道外表面的维护保养。

5）对全年使用的滑冰场，特别要注意防止地板下土壤的冻结。土壤一旦冻结，便会挤压地面上的设施，即产生地坪冻鼓现象，影响滑冰场的正常使用。

6）地板表面应涂刷油漆，通过冰层能经常见到地板面的颜色。室外人造滑冰场应涂刷白色系列的油漆，以减少太阳辐射。

7）对防水隔气层的设置必须十分坚固。

### 9.6.4 滑冰场地板构造的形式和特点

滑冰场的地板构造与滑冰场的用途、土壤情况，以及制冰工艺设计等因素有关，建造时必须与土建专业密切配合，共同协商做好地板构造设计。滑冰场地板的构造大体可分为以下几种：

（1）开放式地板　开放式地板主要用于室外人造滑冰场。这种地板是最便宜的，可以无隔热层，也可以设置隔热层，如图 9-9 所示。可采用能够更换的聚乙烯管道作为冷却管，其优点是更换方便，但冷却管与钢联箱的连接处容易产生腐蚀现象。这种地板的缺点是不能按照季节的变化转换为其他用途，在排水不好的场所，需特别注意防止冻结。

（2）填充砂式地板　所谓填充砂式地板是在上述开放式地板的冷却管四周，用砂砾、砂子填充的地板。砂子应采用不含垃圾或黏土的优质河砂，不能用黏土或炉渣充填，因为炉渣中的硫在受潮后会释放出来，对钢管等金属材料有腐蚀作用。这种地板可以无隔热层，也可以设置隔热层，如图 9-10 所示。

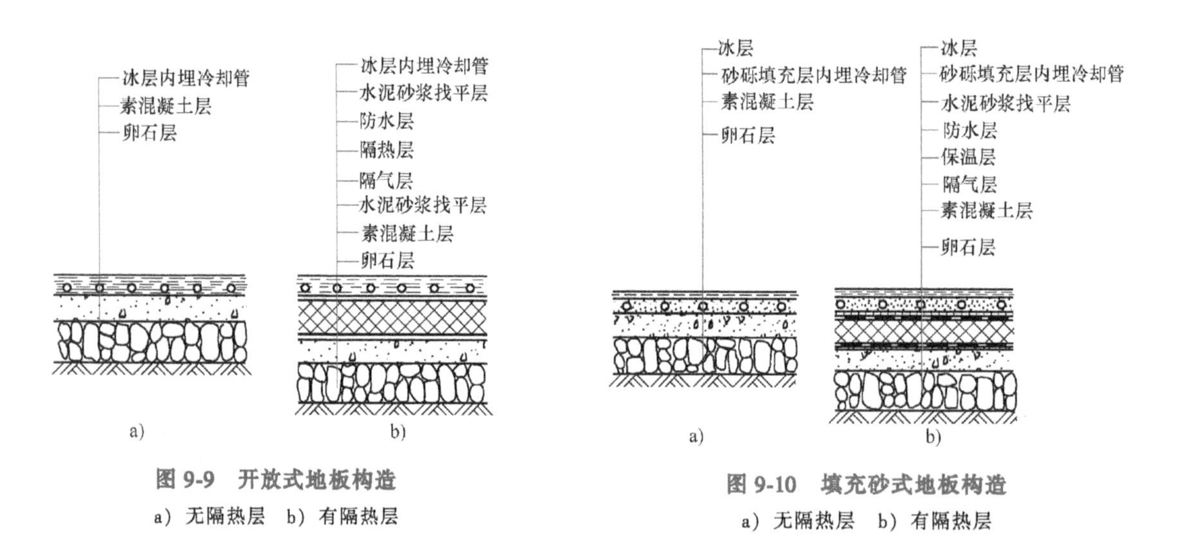


**图 9-9　开放式地板构造**

a）无隔热层　b）有隔热层

**图 9-10　填充砂式地板构造**

a）无隔热层　b）有隔热层

填充砂式地板的冰层比开放式地板的薄，冰面均匀，质量好。滑冰场的初投资都很高，如滑冰场不做其他用途，通常可采用这种构造的地板，许多室外可搬动式滑冰场也可采用这种构造的地板。

（3）永久性地板　大多数室内滑冰场，每年除供几个月的滑冰使用外，其余时间可供其他功能使用。这种永久性构造的多功能用途的地板在日本、美国等国家使用较广泛。我国 1985 年建成的北京冰球馆也采用了永久性地板。为了防止地坪冻结，地板下最好采用直径为 300mm 以上的卵石垫层。在隔热层的上面和下面都要设置完整的防水、隔气层。

冷却管周围用细石混凝土填充，要求具有 18MPa 以上的强度。这种多用途式地板要能承受频繁的冻、融变化，制冷系统要有足够大的制冷量，使 16mm 厚的冰层能在 12h 以内冻结好，故地板必须具有很好的保温性能。永久性地板构造如图 9-11 所示。

近年来，在常年使用的滑冰场中，地板下面设有加热装置，以防地坪冻结，如图 9-11b

所示。加热装置可以用电加热，多数为不冻液或冷冻机油管道循环加热。加热管道设置在隔热层下部50~100mm混凝土处，管道中心距为300~600mm，管道内的不冻液由压缩机的过热蒸气进行加热至4~10℃循环使用。不能用水或空气作为热源在管道内循环加热。

(4) 游泳池式滑冰场地板　游泳池式滑冰场是一种在滑冰季节以外，把闲置的滑冰场作为游泳池使用的两用冰场。多数游泳池式滑冰场采用钢板结构。这种冰场地板和永久性地板一样，在隔热地板上用6mm厚的钢板制成游泳池，再在钢板下面配制冷却管，并埋设于混凝土中。这种构造的管道全部采用焊接，即使地基产生不均匀沉降现象，也不会发生断裂，经久耐用，自重轻，基础工程容易处理，施工简单且周期短。地板面由于比较平滑，能迅速结冰和融冰。

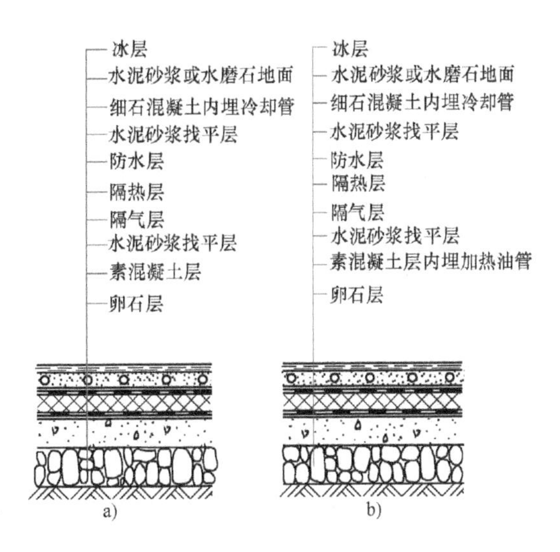


**图9-11　永久性地板构造**

a) 无地坪防冻　b) 有地坪防冻

## 9.6.5 滑冰场所需制冷负荷的确定

滑冰场所需的制冷负荷随着滑冰场的用途、季节、室内空气温度、场内滑冰人数、观众人数、室内外温差、风雨、日照及灯光负荷、冰层厚度和温度等因素而变化。若按分项详细计算，则太复杂，现介绍ASHRAE（美国采暖，制冷与空调工程师学会）1994年手册中的计算方法，表9-7所列数据可供校对计算时使用。计算公式为

$$Q_R = C(Q_F + Q_C + Q_{SR} + Q_{HL}) \tag{9-11}$$

式中，$Q_R$ 为滑冰场所需制冷量（kW）；$C$ 为制冷系统冷量损失系数，$C=1.15$；$Q_F$ 为水冷却与结冰所需制冷量（kW）；$Q_C$ 为混凝土冷却所需制冷量（kW）；$Q_{SR}$ 为载冷剂冷却所需制冷量（kW）；$Q_{HL}$ 为冰场和泵的热负荷（kW）。

表9-7　滑冰场所需制冷量(ASHRAE,1994)

| 情况说明 | | 所需制冷量/(kW/m$^2$) |
|---|---|---|
| 全年4~5个月滑冰场(纬度37°以上) | 室外,无遮盖 | 0.50~0.13 |
| | 室外,有遮盖 | 0.33~0.20 |
| | 室内,无空调 | 0.20~0.13 |
| | 室内,有空调 | 0.25~0.11 |
| | 室内溜石冰场 | 0.20~0.10 |
| 室内全年开放滑冰场(有空调) | 竞赛用 | 0.33~0.25 |
| | 竞赛用(需较短时间结冰) | 1.0~0.33 |
| | 滑冰娱乐中心 | 0.33~0.20 |
| | 花样滑冰俱乐部等 | 0.25~0.17 |
| | 溜石冰场 | 0.33~0.20 |
| | 冰展馆 | 0.50~0.33 |

例 9-2　某室内常年开放的滑冰场（有空调）可供滑冰比赛使用，冰场面积为 $1500m^2$，计算在 24h 内将冰结成 25mm 厚所需制冷量。

解　设有关材料的特性及条件如下：

| 材料名称 | 比热容/[kJ/(kg·℃)] | 温度/℃ | | 密度/$(kg/m^3)$ |
|---|---|---|---|---|
| | | 开始 | 结束 | |
| 150mm 混凝土板 | 0.67 | 2 | -6 | 2400 |
| 制冰用水 | 4.18 | 11 | 0 | 1000 |
| 冰 | 2.04 | 0 | -4 | |
| 乙二醇溶液(35%) | 3.5 | 5 | -9 | 14000 |

水的冻结潜热为 334kJ/kg。

冰场与泵的热负荷为 170kW。

制冰用水质量为 $1500m^2 \times 0.025m \times 1000kg/m^3 = 37500kg$。

混凝土板的质量为 $1500m^2 \times 0.15m \times 2400kg/m^3 = 540000kg$。

$Q_F = 37500 \times \{4.18 \times (11-0) + 334 + 2.04 \times [0-(-4)]\} kW/(24 \times 3600) = 168.5kW$。

$Q_C = 540000 \times 0.67 \times [2-(-6)] kW/(24 \times 3600) = 33.5kW$。

$Q_{SR} = 14000 \times 3.5 \times [5-(-9)] kW/(24 \times 3600) = 7.9kW$。

由式（9-11）式得

$$Q_R = 1.15 \times (168.5 + 33.5 + 7.9 + 170) kW = 437kW$$

影响滑冰场制冷负荷的因素很多，设计者必须采取十分谨慎的态度，并利用经验数据进行修正。

从我国北方地区已建成的滑冰场单位面积制冷负荷分析：室内滑冰场为 163～233 $W/m^2$，室外人工滑冰场为 488～512$W/m^2$。

### 9.6.6　滑冰场的冰层要求

滑冰场的冰层又称冰床，主要与冰层温度和冰层厚度有关。冰层的温度以冰层中心部分的温度为准，不同的冰上运动对冰层温度的要求也不同。ASHRAE 1994 年手册中介绍的数据为：滑冰场空气温度为 7℃，冰层厚度为 25mm，对于冰上曲棍球运动，冰温为-6.5～-5.5℃最佳，因为冰上曲棍球运动员需在短时间加速或减速，希望冰面硬一些；花样滑冰者偏爱软一些的冰面，以便清楚地看到他们的滑行轨迹，要求冰温为-4～-3℃；大众娱乐性冰场的冰面要求再软一些，使初学者易滑行，也可减少刮起的冰屑造成堆积，一般要求冰温为-3～-2℃。为达到这样的冰温，要求载冷剂温度比冰温低 3～6℃。

当冰层厚度为 30～40mm 时，对冰温的控制比较容易，运转费用也较经济。但考虑到大众娱乐性冰场的冰面容易损伤，多数情况采用冰层厚度为 50～60mm 的冰面。花样滑冰的冰面要求是干的，大众娱乐性冰场湿冰较好。所谓良好的冰面标准是看上去像带有几分湿气的干状冰。总的来说，冰场上不应有积水现象。

为了清扫冰场的冰面，修整凹凸不平和调整冰层厚度，用 70～80℃的热水喷洒即可。若滑冰场备有冰面整修车，则可省去热水喷洒设备。

### 9.6.7 室内滑冰场空调设计时需考虑的特殊问题

室内滑冰场空调设计时，需要考虑解决的一些特殊问题如下：

1）夏季场内空调设计干湿温度要适中，场内温度不宜太低，一般取24℃，相对湿度不宜过高，可取60%。

2）屋顶或顶棚的内表面不应产生凝结水。冰场内要考虑采取消除雾气的措施。

3）在滑冰场长期使用的情况下，冰场下面的土层不应冻结。

4）要选择隔热性能好、吸水率低的隔热材料。防潮隔气层应当设置在隔热层的高温侧，这样水蒸气在隔热层中就不会凝结。有时，隔热层两侧的温度会发生反向转化，这时应在隔热层的两侧均设置防潮隔气层。防潮隔气层的施工质量一定要保证严密不透气。

5）从节能和防止结露考虑，墙面上的窗户应采用铝合金双层充气玻璃窗。即使是双层玻璃窗，其热阻值仍大大高于要求的最小热阻，所以在冬季及过渡季节，玻璃窗的内表面结露问题仍难以避免（除非通风、空调设计得很周到）。为此，在玻璃窗下面应考虑设置收集和排除凝结水的装置。

6）当滑冰场兼作其他球类比赛或训练场所时，空调系统设计及气流组织等也应能满足其他功能使用的要求。

7）应充分利用室内滑冰场散发的冷量。

### 9.6.8 消除滑冰场内的滴水和雾气的措施

多数常年使用的滑冰场，每当初秋和暮春，滑冰场内温度在16℃左右、湿度又较大时，冰面容易产生雾气，顶棚凝露滴水现象较为突出。滴水落在冰面上，会破坏冰面的平整与光滑，冰面雾气又会降低冰场能见度，有时雾在一定高度处飘绕，对比赛会有影响。这些现象与滑冰场的结构，场内温、湿度条件，以及热负荷大小等因素有关，不可能用单纯的通风办法来消除。

滑冰场顶棚凝露滴水现象，可在设计建造滑冰场时就考虑解决好，如在顶棚下加一层防太阳热辐射的低辐射率材料，如铝箔、玻璃钢瓦楞板等作为顶棚内侧材料，以减少对冰面的热辐射，同时，使顶棚保持较高的温度（高于露点温度），可解决顶棚的凝露与滴水问题。

消除滑冰场内雾气的方法是采取去湿除雾的空气处理系统。滑冰场内含湿量大的空气不会向上升，而是相反滞留在冰层表面，因为这里的温度比周围空气的温度低。一般用载冷剂盘管或另设的空调机组来处理空气。将露点为10~13℃的空气沿冰面喷射，同时在距冰面3m左右的上方进行排气，用以消除雾气。在夏季，若将这套装置作为滑冰场的空调系统，则可将上部的排风管改为送风管，下部的送风管改为排风管，由于改变了滑冰场的气流组织，可使雾气消失。

夏季滑冰场内相对湿度较大时，冰球场上空也有起雾的情况。据北京首都体育馆冰球场工作人员介绍，只要由上往下送入冷却去湿的干燥空气，冰球场上空就不会出现雾气，经实际测定认为，如果室内相对湿度为80%以下，空气的湿含量 $d=16g/kg$，就不会出现雾气。

对于各种去湿除雾装置的操作费用，要具体分析比较后加以选用，据美国方面介绍，冰面为1160m$^2$的溜石冰场，每小时约需去除15kg的水分，需耗制冷负荷约21kW。

### 9.6.9　滑冰场在设计与使用时的节能问题

滑冰场的节能问题需从设计和使用两方面考虑，具体包括以下几项内容。

1）制冷系统的选择。直接蒸发制冷系统可比间接蒸发制冷系统节省运行费用20%左右，前面内容中已有介绍。由于CFCs制冷剂被禁用，氨直接蒸发式制冰系统是最经济的选择，但由于对氨的安全性认识还未取得一致，故美国、日本等国家还未采用氨直接蒸发式的滑冰场。

2）减少屋顶顶棚的太阳热辐射。据美国ASHRAE资料介绍，在室内滑冰场的运行热负荷（制冷负荷）计算中，顶棚的辐射热约占28%，可在屋顶设计一顶棚，使用铝箔等低辐射率的材料作为防辐射层，这样处理后，可减少制冷负荷20%~25%，并可解决顶棚的凝露、滴水问题，同时可提高照明度20%~25%（由于铝箔的高反射作用）。

3）间接冷却制冰系统中盐水泵的控制。间接冷却制冰系统中盐水泵或载冷剂泵是根据制冷系统最大热负荷来选配的。但冰场在实际运行时，经常低于最大热负荷，这时盐水泵的流量可以减少。采用变速装置来控制盐水泵的流量，并与冰面温度传感器联合使用，可节约运行费用60%左右。这种控制系统在美国与加拿大的一些滑冰场中已得到使用。

4）制冰水的软化处理。一般城市自来水中含有浓度较高的矿物质和可溶性固形物。在冻结过程中，首先是纯水结冰，然后可溶解部分变成水溶液最后才结冰，这样的冰中心部分是不透明的，软而脆。滑冰场的冰必须是坚硬的，要避免呈软性、混浊状。

经软化处理的水所冻结成的冰比未软化处理的冰更硬、更稠、更锋利，比赛时有利于冰刀的切入，不易破碎，更有利于形成雪花。用反渗透水软化系统的滑冰场已在1988年冬季奥林匹克速度滑冰赛中得到使用，并在加拿大的一些滑冰场中得到应用。据介绍，由于采用反渗透水质软化技术，使结成的冰硬度增加，冰面温度可提高1℃，冰的厚度也可减少，能保证高质量的冰面供比赛使用。因为冰面温度升高1℃，可节约制冰耗电14%，冰层的厚度减小对节省制冷负荷也是有利的，如冰层厚度从38mm减少到19mm时，可使压缩机耗功降低7%。加拿大与美国的一些滑冰场采用了水质软化技术后，推荐的滑冰场冰层的最佳厚度为25mm左右，冰层的温度比我国滑冰场要高出1℃左右。

5）制冷压缩机过热蒸气的利用。将压缩机排出的过热蒸气的热量加以利用，设置热交换器供地坪防冻加热、冰面修整需用热水等用途。

6）设置高效照明设备。冰场内设置高效照明系统，可减少照明产生的热负荷，顶棚采用高反射率的铝箔可提高冰场内的照明度。

7）地坪设置隔热层等措施。

### 9.6.10　室外人工滑冰场与室内滑冰场的设计的主要区别

室外人工滑冰场的制冷原理、冷却结冰方式与室内滑冰场基本相同。由于室外人工滑冰场白天受太阳辐射热的影响大，故其制冷负荷会增加很多。对室外冰球场来说，由于四周设有1240mm高的界墙，因此界墙内侧冰面的太阳辐射热量随方向不同而变化。西面和南面所受的辐射热量最大，为保证这两面的冰层质量，可设计宽度为1m左右的环向管路，必要时还可增大环向管路段的供冷量。冷却管的敷设范围与界墙平齐即可，这样的布置除可节省材料和投资外，还为界墙安装创造了便利条件。

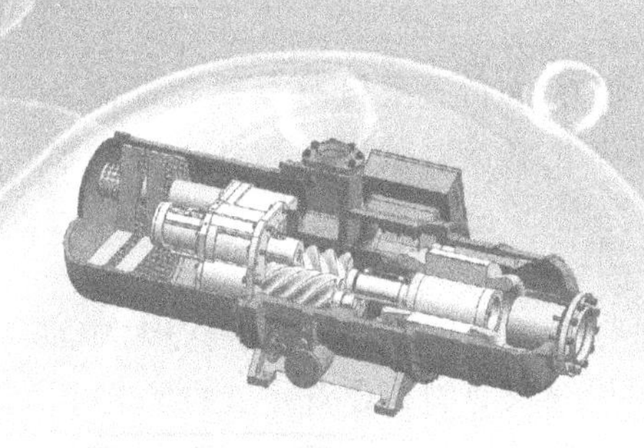

# 第 10 章 冷库自动控制的基本内容及设计简介

## 10.1 冷库自动化的基本内容

### 10.1.1 冷库自动化的意义

冷库在生产运行中，库内热负荷受室外空气温度变化、食品进库以及冷加工中食品热焓变化的影响而不断波动，要克服热负荷的波动，满足食品冷藏过程中的工艺要求，就要使制冷装置的制冷量和库内的耗冷量不断趋于或达到平衡。如果要达到这一要求，就必须进行及时、准确的调节。而制冷系统是一个严密的封闭系统，制冷系统的运行情况是通过温度、湿度、压力、压差和液位等参数来反映的，如果靠人工直接地去观测温度计、压力表、液位计和显示仪表等，然后再进行人工调节，那么只有操作技术很熟练的工人才能进行这项工作，而且不一定能保证及时、准确地进行调节。如果采用自动调节，无论贮藏时间的长短或外界条件的变化，不用人工参与，均能自动调节制冷工况，从而简化了管理，保证了贮藏食品的质量，也保证了制冷装置运行的可靠性、安全性和经济性。因此，冷库实现自动调节和自动控制是制冷装置自动化的任务。

1. 从安全角度看冷库自动化的意义

在一些制冷设备上设置了安全保护自控元件，以确保制冷装置安全运行。例如，压缩机一般均设有高低压保护、油压差保护、冷却水断水保护、冷凝水断水保护、过流保护等；还有的压缩机设置了排气温度保护、润滑油温保护；低压循环贮液桶和中间冷却器设置了液位超高保护。其中任何一项保护出了故障都能自动切断压缩机电源，使其自动停机。这就比人工的眼观、耳听、手动操作处理更为及时和准确。

2. 从调节精度看冷库自动化的意义

《商业部冷库使用、维护管理办法》对冷间温度波动值有如下规定：

1）冻结物冷藏间库房温度波动值不得超过±1℃。

2）冷却物冷藏间库房温度波动值不得超过±0.5℃。

如果采用人工先去库房查看温度表，再确定开启供液电磁阀和开停压缩机台数，要达到上述控制精度要求是很难的。如果采用温度自控，温度达到上限值时自动起动制冷系统开始制冷，温度下降到下限值时自动关闭制冷系统停止制冷，就不难达到上述控制精度要求。

3. 从制冷设备合理使用看冷库自动化的意义

例如，压缩机将吸气压力或蒸发温度作为控制参数进行能量调节后，能使制冷量与冷间热负荷随时达到平衡，既保证了贮藏质量，又合理使用了压缩机等制冷设备并节约了电能。又如，冷间蒸发器表面霜层增厚后，影响制冷效果和贮藏质量，压缩机能量也不能充分发挥，特别是气调库不能经常进人查看，如果采用定时程序冲霜，或根据 CPK-1 微压差控制器的信号指令自动冲霜，就能避免上述弊端。

4. 从降低运行管理费用看冷库自动化的意义

冷库经常运行费用的支出中，电费和水费占很大的比重。实现库温自控、压缩机能量自动调节、冷凝压力自动调节，这些都是节水、节电的有效措施，都能大幅度地降低运行管理费用，减少操作人员和提高管理水平。

### 10.1.2　冷库自动化的分类

一般冷库自动化程度可分为 5 类。其中，第 1 类为机器、设备的安全保护装置，是自动控制设计中必须具备的；第 2 至第 5 类的选择则应根据生产需要、投资的可能性以及维护水平等实际情况确定。

1. 机器、设备的安全保护装置内容

对于氨系统来说有以下几项：

1）氨压缩机安全保护。

2）氨泵安全保护。

3）中间冷却器、冷凝器、低压循环贮液桶、排液桶、贮氨器等压力容器的安全泄压保护。

4）中间冷却器、低压循环贮液桶、氨液分离器等容器的自动供液、警戒液位自动报警装置。

2. 局部自动控制内容

1）机器、设备的安全保护装置。

2）局部回路自控：

① 氨泵及液位回路自控。

② 库房温度遥测。

③ 蒸发盘管自动冲霜。

3. 半自动控制内容

1）机器、设备的安全保护装置。

2）局部回路自控。

3）制冷设备在机房控制室集中控制。

4. 全自动控制内容

1）机器、设备的安全保护装置。

2）局部回路自控。

3）制冷系统程序控制。

4）辅助工序自动控制：

① 冷凝器压力的自控。

② 放空气器的自控。

③ 系统放油、油处理和压缩机自动加油控制。

5. 最佳工况调节

随着计算机网络技术在我国的发展和应用，制冷自动控制系统正在不断更新和完善，目前已经能很容易实现最佳工况调节。

若要实现制冷装置最佳工况调节，则要求测量参数准确、能获得最佳控制规律以及有灵敏可靠的调节执行机构。

（1）测量参数准确　测量本身存在误差，控制也必然不可能完全准确。要使测量参数准确，除要求测量元件本身质量好外，还要消除外界引起误差的因素。这就必须对测量参数进行预处理，经过微处理机滤波后，才能得到比较准确的参数。

（2）获得最佳控制规律　获得最佳控制规律的关键是要选择一个能反映客观现实的数学模型，包括选择一个合适的综合指标，以及一系列计算各调节回路给定值的公式。但是这些计算公式在很多情况下是很难得到的。在有了计算机网络后，可以通过计算机网络在线测量参数，在线探索性地进行调试，逐步求得最佳工况。

（3）灵敏可靠的调节执行机构　近年来，随着电子技术的发展，已开发出电子膨胀阀和电子式蒸发压力调节阀等。为适应电子计算机监控网络的应用，制冷自控元件逐步发展成以标准电信号传递的电子型控制元件，替代传统型的机械作用式制冷自控元件。

总之，采用计算机网络调节制冷生产过程的运转工况，使制冷装置保持在最经济、最合理的工况下运行，使食品在冷加工和冷藏过程中保持最好的质量，使耗电量、耗水量、耗油量降到最低限度，从而达到降低运行管理费用的目的。

### 10.1.3 冷库自动调节常用名词和术语

（1）自动调节　在没有人工直接参与的情况下，依靠仪表、自动装置来使决定生产进程的各种参数达到给定值或按某种规律变化的操作，称为自动调节。

例如，冷却物冷藏间要求室温保持在-1～+1℃之间，要保持这个温度，不仅要对室温参数不断测量，而且需要控制。这种测量和控制不用人工去完成，而是采用仪表、自动装置来使温度参数达到给定值，这个过程就是自动调节。

（2）调节对象　在制冷系统中需要调节的各环节都称为调节对象。例如，要使冷藏间温度调节在一定的范围内，那么冷藏间就是室温的调节对象。

（3）调节参数　在生产过程中需要进行调节的表征生产过程变化的参数，称为调节参数，或称为被调量、输出量。例如，若将库房温度保持在一定的范围内，那么库房温度就称为调节参数或被调量。

（4）给定值　对调节参数规定的数值称为给定值。例如，一间冷却物冷藏间内的温度要求保持在0℃，这个预先规定的0℃就是库温调节系统的给定值。

（5）偏差　测定值与给定值进行比较的差值称为偏差。例如，库温的给定值是0℃，经过调节后的温度不是0℃，而是0.5℃，该差值0.5℃称为偏差。

（6）扰动　使被调量发生变化的因素称为扰动。例如，上述偏差产生的原因，除调节器精度外，还包括室外温度变化或库内热负荷的变化，这些因素对于这个温度自动系统来说称为扰动，或称为干扰。

（7）敏感元件　敏感元件是测量被调参数变化的元件。用于感受被调参数大小并输出信号的元件称为敏感元件，又称为测量元件，或称为一次仪表，如温度传感器、湿度传感器、压力变器等。

（8）输入量　输入量泛指输入到自动调节系统中的信号，包括给定值和扰动。

（9）反馈　将输出量的全部或部分信号返回到输入端称为反馈。反馈的结果有利于加强输入信号则称为正反馈；相反，其作用减弱输入信号称为负反馈。

（10）调节器　对调节对象的生产过程起调节作用，使被调量不变，或使被调量做一定变化的装置称为调节器，又称为二次仪表。

（11）调节执行机构　凡是接收调节器输出信号而动作，再控制阀门等的部件称为执行机构，如电磁阀中的电磁铁等，而电磁阀门等称为调节机构。执行机构和调节机构组装在一起就称为调节执行机构，如电磁阀等。

### 10.1.4　调节系统的分类

#### 1. 按调节系统的结构分类

按调节系统的结构分类，可分为闭环调节系统和开环调节系统。

（1）闭环调节系统　调节装置输出的被调量不但受本身程序的制约，而且受现场反馈回来的检测信号（被调量参数）的控制，形成一个闭合的环路，输入、输出互相作用而又相互影响，称为闭环调节系统。闭环调节系统又分为正反馈闭环调节系统和负反馈闭环调节系统。

1）正反馈闭环调节系统的特点：输出量越是增加，返回的输入量也越大。输入量越大，又使输出量变大。最后，输出量将变到最大极限值。这种系统是不能稳定工作的，故冷库不宜采用这种调节系统。

2）负反馈闭环调节系统的特点：图 10-1 所示是一个冷却物冷藏间的温度负反馈闭环调节系统框图。给定值 0℃ 是系统的输入量（$t_2$），而偏差值就是输出量（$t_1$），输出量的数值是铂热电阻所检测出的库温（被调量）与输入量相减所得的数值。温度控制器是调节器。冷风机和供液电磁阀是调节执行机构。冷间是室温的调节对象。若铂热电阻所检测出的库温（被调量）$t_1=1$℃ 反馈到输入端，其偏差值为

$$\Delta t=t_1-t_2=1℃-0℃=1℃$$

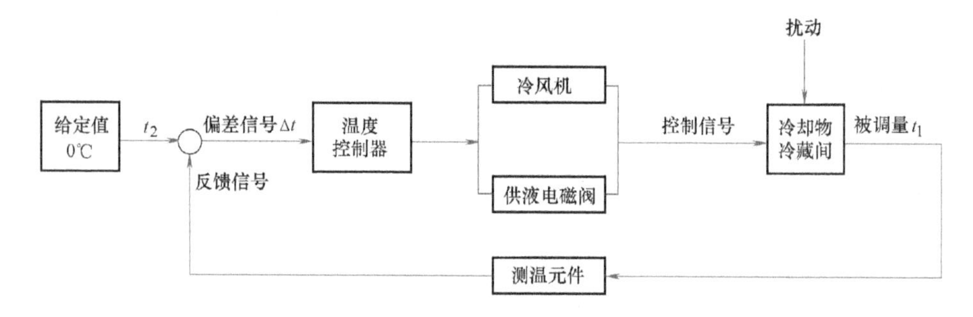


图 10-1　负反馈闭环调节系统框图

偏差值1℃输入温度控制器，上限动作，开启供液电磁阀和起动冷风机运行制冷，对库温进行调节。当库温下降，铂热电阻所检测出的库温 $t_1=-1℃$ 反馈到输入端时，其偏差值为

$$\Delta t=t_1-t_2=-1℃-0℃=-1℃$$

偏差值-1℃输入温度控制器，下限动作，关闭供液电磁阀，冷风机停止运行。从上述调节过程可以看出负反馈闭环调节系统的特性就是检测偏差，纠正偏差，使调节系统有一个稳定的输出。

(2) 开环调节系统　被调量不以任何形式反馈回输入端，说明进入调节装置的信号不是来自调节对象的被调参数，而是其他某一参数，而调节装置输出的控制信号却可以作用于调节对象上，并改变被调参数的数值，这种系统称为开环调节系统，如图10-2所示。手动控制系统、自动测量系统等都属于开环调节系统。

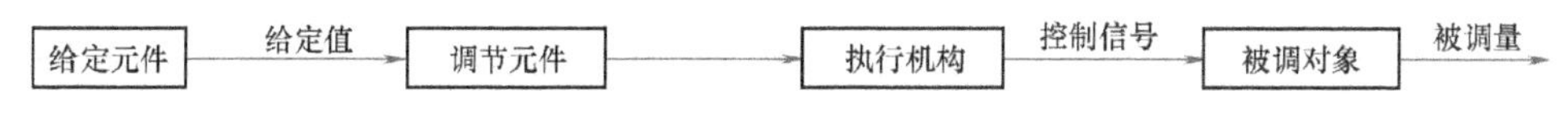


图10-2　开环调节系统框图

2. 按自动调节系统的特性分类

按自动调节系统的特性分类，可分为定值调节系统、程序调节系统和随动调节系统三类。

(1) 定值调节系统　给定值是不变的数值，被调参数是保持恒定不变的。

(2) 程序调节系统　给定值按照预先规定的程序变化，被调参数也按这一规定的程序变化。

(3) 随动调节系统　给定值是随机函数，预先不知道被调量的变化规律及调节器的动作位置，只知道所要求调节的结果。

以上三种系统在冷库自动调节系统中都有应用，只不过定值调节系统和程序调节系统应用得多些。

### 10.1.5　调节器的选择

在冷库自动调节系统设计中，选择合适的调节器是一个重要环节，应主要根据调节对象和测量元件时间常数及纯滞后大小、干扰幅度的大小以及频繁程度，调节对象有无自平衡作用等条件，选择合适的调节器。除考虑调节质量因素外，还应考虑节约投资和操作方便的因素。

目前，国内生产的调节器按作用特性来分，主要有位置式，比例式（P），积分式（I），比例、积分式（PI）和比例、积分、微分式（PID）等五种。冷库自动调节系统中，最常用的是位置式调节器和比例式调节器。

1. 位置式调节器（双位式和三位式）

常见的位置式调节器有双位式和三位式。双位式调节系统的执行机构只有两个位置，即全开或全关，不能停留在中间位置，属于非线性调节器；三位式调节系统的执行机构则有三个位置，即全开、中间和全关。

冷库常用的是双位式调节器，如WTQK型等温度控制器、YWK型等压力控制器、CWK-11（22）型等压差控制器、UQK-40（41）型等液面控制器等都属于双位式调节器。

其动作特性如下：

1）双位式调节器的动作是间断的，当被调参数偏离给定值时，调节器输出信号达到最大值或最小值时，从而使电路接通或断开。

2）双位式调节器都有一定的差动范围，当被调参数不在差动范围内变化时，调节器不动作。

3）双位式调节器得不到稳定工况，整个调节过程是一个不衰减的脉动过程。双位式调节允许有持续小幅度脉动，只要这种脉动在允许范围内就可应用。但是这种等幅振荡使调节系统动作频繁，会使一些可动部件，如调节阀的阀芯、阀座或磁力起动器的触头磨损，容易损坏。如果脉动数值超过允许范围，就宜采用带中间区域的三位式调节器，从而延长振荡周期，使调节系统动作次数减少，减轻可动部件的磨损。

4）位置式调节器适用于单容对象，即容量系数或时间常数较大、纯滞后较小、负荷变化不大也不剧烈振荡的场所。冷库一般都用于温度、压力和液面调节，其他参数很少使用。

5）结构简单，容易调整，价格低。

2. 比例式调节器（P）

比例式调节器属于连续动作的调节器，其动作特性是：当被调参数与给定值有偏差时，调节器能按被调参数与给定值的偏差值大小和方向发出与偏差值成正比的控制信号，不同的偏差值对应不同的调节机构位置。比例式调节器动作比位置式调节器平滑得多，调节品质一般情况都较高，在制冷系统中也得到广泛的应用。其缺点是调节的最终结果有残余偏差，被调参数不能回到原来的给定值上。

比例式调节器可分为直接作用式和间接作用式两种。

（1）直接作用式比例调节器　直接作用式比例调节器的特点是：它将感受元件、调节器和执行机构组成一个整体，当调节参数相对给定值发生偏差时，感受元件的物理量发生变化，这种变化产生的能量直接推动调节机构动作。调节机构的位移与调节参数的变化成正比。

直接作用式比例调节器具有结构简单、价格便宜等优点，但是灵敏度和精度较差，只适用于负荷变化较小、纯滞后不太大、时间常数较大而工艺要求又不高的调节系统中。例如：冷库自动控制容器液位的浮球阀，它的开启度与液位变化成正比；控制制冷剂流量的热力膨胀阀，它的开启度与蒸发器回气管中制冷剂的过热度成正比；还有吸气压力调节阀、水量调节阀……这些都属于直接作用式比例调节器。

（2）间接作用式比例调节器　间接作用式比例调节器的特点是：它将感受元件、调节器和执行机构分别组成两个或三个部件。当被调参数发生变化后，感受元件只发出指挥信号给调节器，调节器将信号放大后送至执行机构，控制调节机构动作。由于执行机构从外部输入辅助能量，它能发出较大的力量和功率，因此它比直接作用式比例调节器的灵敏度高，输出功率较大，作用距离也较远，便于集中控制。但是它结构复杂、价格较贵、又必须提供辅助能源，因此小型冷库中一般不采用。

间接作用式比例调节器按引入辅助能量的形式可分为电动、气动和液动调节器。制冷装置中常采用的是电动、气动及电-气混合式。液动调节器仅用于要求动作迅速，且能提供较大推力的场所，如活塞式氨压缩机气缸卸载调节。采用油压比例式调节器控制气缸卸载，属于间接作用式比例调节器，它安装在氨压缩机控制台上，由信号接收器、喷嘴球放大器和液动放大器三部分组成，用油管传递信号。

3. 积分式调节器（I）

积分式调节器的动作特性是：当被调参数与其给定值发生偏差时，调节机构便动作，一直到被调参数与给定值的偏差消失为止。因而被调参数能回到给定值，理论上残余偏差为零。积分式调节器只适用于下列场合：

1）被调对象具有自平衡能力，自平衡能力越大，调节过程品质越好。

2）调节系统的滞后现象要小。

3）调节速度要小。

4）扰动作用不能变化太快。

冷库温度调节是不采用积分式调节器的，因为温度调节滞后现象较多。冷库不单独使用积分式调节器，一般选用比例、积分式调节器（PI）或比例、积分、微分式调节器（PID）。

4. 比例、积分式调节器（PI）

比例、积分式调节器由比例式调节器和积分式调节器组成，它的动作特性是：当被调参数与其给定值发生偏差时，调节器的输出信号不仅与输入偏差保持硬性的比例关系，而且与输入偏差对时间的积分成正比。它综合了比例、积分两种调节器的优点，既有比例式调节器反应迅速的优点，又有积分式调节器消除静差的优点。它在调节过程开始时以比例式调节器的特性进行调节，接着又以积分式调节器的特性进行调节，所以当输入偏差存在时，调节器的输出一直在变化，直到输入偏差值等于零为止。由于比例、积分式调节器具有这一特性，因此可以消除残余偏差，使被调参数最终回到给定值。凡是带弹性反馈的调节器都属于比例、积分式调节器，如EPT60电子温度调节器、EQY系列自动电子平衡电桥、带比例积分的气动调节器等。

5. 比例、积分、微分式调节器（PID）

比例、积分、微分式调节器的动作特性是：比例作用的输出与偏差值成正比，积分作用的输出变化的速度（快、慢）与偏差值成正比，微分作用的输出与偏差变化的速度成正比。因此，采用比例、积分、微分式调节器不仅加强了调节系统的抗干扰能力，而且提高了调节系统的稳定性。

冷库螺杆式压缩机能量调节可采用PID调节。

## 10.2 机房的自动控制设计

氨压缩机房自动控制的内容有：氨压缩机、冷凝压力、氨泵及低压循环贮液桶液位、中间冷却器、放空气器和润滑油系统等。

### 10.2.1 氨压缩机的安全保护装置

氨压缩机控制台和起动柜上安装了必需的安全保护元件，以保证氨压缩机正常运行。这些安全保护元件能够在制冷装置发生故障前及时发出警报，使氨压缩机自动停车，并能指示故障部位和类别，以便操作人员及时检查和处理。

1. 活塞式氨压缩机安全保护

活塞式氨压缩机的安全保护装置一般有以下六项，其安装位置如图10-3所示。

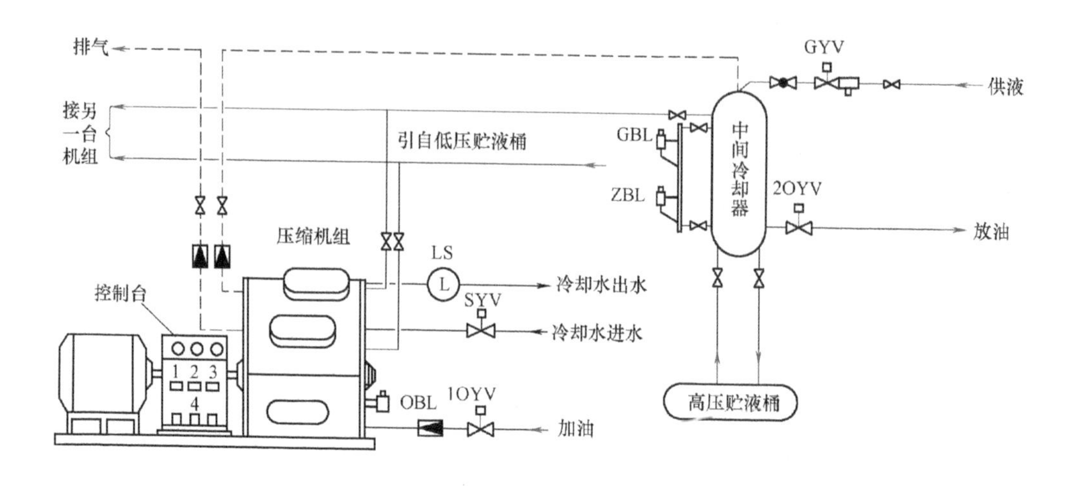


**图 10-3　氨压缩机安全保护装置示意图**

1—高低压控制器　2—中压控制器　3—油压差控制器　4—3 个卸载电磁阀　LS—水流传感器　SYV—冷却水电磁阀　1 OYV—加油电磁阀　2 OYV—放油电磁阀　GYV—供液电磁阀　GBL—超高液位控制器　ZBL—正常液位传感器　OBL—油位传感器

（1）高低压保护　氨压缩机控制台上安装了高低压控制器（随机带来），作为高低压安全保护装置。国内外普遍采用高低压组合控制器，如 KD、YK-306、YWK-22 型及丹麦 DANFOSS 公司生产的 KP15 型。也有用分体的压力控制器分别控制高压和低压的，如 YWK-11 低压控制器和 YWK-12 高压控制器。还有远传压力变送器，如 YSC 型等，能将测量到的压力变成电信号远传至仪表柜或电子计算机集中检测和控制。

高压保护是指对制冷系统进行排气压力保护，即避免当冷凝器断水或水量供应不足，或氨压缩机起动时排气管路的阀门未打开，或制冷剂灌注过多，或系统中不凝性气体过多等原因造成排气压力升高而产生事故。为此，当排气压力超过预定值时，高低压控制器的高压开关立即动作，发出声光信号，同时切断电源，使氨压缩机自动停车。

低压保护是指对制冷系统进行吸气压力保护，如库温已经达到要求值，而氨压缩机继续运行，可能产生吸气压力过低，甚至发生抽空的现象，既浪费能源，也有损坏机器设备的可能。同时，吸气压力过低，蒸发温度也低，就会使库内贮藏的食品干耗增大并且容易变质。因此，当吸气压力低于预定值时，高低压控制器的低压开关立即动作，发出声光信号，同时切断电源，使氨压缩机自动停车。

双级氨压缩机控制台上还安装了一个中压控制器（随机带来），作为中压安全保护装置。其保护目的和高压保护相似，当低压级排气压力（中压压力）超过预定值时，中压控制器动作，发出声光信号，同时切断电源，使氨压缩机自动停车。

（2）油压差自动保护　氨压缩机控制台上安装了带延时的油压差控制器，有的厂家安装的是不带延时的油压差控制器，需要外接延时继电器。这是润滑油泵出口压力与氨压缩机曲轴箱吸气压力有一定的压差的自动保护装置。

氨压缩机在运行过程中，其运行部件需要不断有一定压力的润滑油进行润滑和冷却，如果油压不足，润滑油就不能正常循环，压缩机会因润滑不良而烧毁。对于气缸卸载的压缩机，会因油压不足而无法正常工作。因此，当压缩机起动运转持续到给定的时间（一般为

60s）后，进油压力和出油压力之间的压差低于给定值（一般在0.12～0.3MPa之间可调）时，油压差控制器延时动作，发出声光信号，同时切断电源，使氨压缩机延时自动停车。

国内采用的带延时的油压差控制器有JC3.5、JCS-0535、WK-22型。还有一种不带延时的油压差控制器，如YCK-1型、JC-0535型及RT260A型，这种情况在设计时须注意，应在外部线路中另接延时继电器，否则压缩机不能起动。因为压缩机由起动达到额定转速需要一定的时间，只有压缩机达到额定转速时才能建立油压。

（3）冷却水断水保护　氨压缩机气缸盖设有冷却水套，在运行中如果水套断水，就会使排气温度升高，严重时会使气缸变形。因此，在水套出口的水管上安装液流信号器，当冷却水断流后，液流信号器将信号远传至压缩机起动柜或集中控制屏，发出声光信号报警。为了避免水中气泡产生误动作，采用氨压缩机延时自动停车方案。

（4）冷凝器断水保护　因冷凝器断水后，造成排气压力急剧上升而产生事故，所以在冷凝器出口的水管上安装液流信号器。当管内冷凝水断流后，液流信号器将信号远传至压缩机起动柜或集中控制屏，发出声光信号报警，切断电源，使氨压缩机自动停车。

（5）低压循环贮液桶液位超高保护　为了防止氨液进入压缩机，在低压循环贮液桶上安装了高液位控制器。当液位超过设定值时，液位控制器动作，将信号远传至压缩机起动柜或集中控制屏，发出报警信号或自动切断电源，使氨压缩机自动停车。

（6）电动机过载保护　在氨压缩机控制主回路上装设了热继电器，当电动机过载时，自动切断氨压缩机电源，使其停车。双级压缩机增加中间冷却器液位超高保护。螺杆式压缩机增加油温报警。

上述所有控制器的调定值应根据制冷装置不同的运行工况和要求来调定。

2. 螺杆式氨压缩机安全保护

螺杆式氨压缩机除具有活塞式氨压缩机的六项安全保护装置外，还设置有吸气温度、排气温度、油温、精滤器前后压差保护等。

### 10.2.2　压缩机的能量调节

压缩机的能量调节是指制冷压缩机的产冷量随着库房蒸发器的热负荷的变化而自动增减，通过调节压缩机运行台数或压缩机本身投入的气缸数，使压缩机的产冷量与库房蒸发器的热负荷平衡。实行氨压缩机能量调节后，可以减少蒸发压力的波动和库温的急剧波动，既可使制冷系统的运行经济合理，保证贮藏食品的质量，又可保证压缩机轻载起动，节省电力，延长压缩机的使用寿命。

1. 压缩机能量调节装置的组成

压缩机能量调节装置由测量元件、调节器和执行机构组成。

（1）测量元件　压缩机的吸气压力和制冷剂的蒸发温度是能量调节的两个参数。根据吸气压力调节压缩机能量，称为压力控制法。根据蒸发温度调节压缩机能量，称为温度控制法。这两种控制方法各有优缺点。

压力控制法的测量元件是压力控制器或压力变送器，压力控制器或压力变送器的传压管直接安装在压缩机的回气管上，它能很快地传感吸气压力的变化，滞后时间短，动态偏差小。但是其静态偏差较大，特别是在蒸发温度较低的工况下，负荷（产冷量）变化所引起的相应压力变化的幅度较小，因此其控制精度相对比较低。此外，在制冷系统的设备停止运行后，蒸发器内剩余的氨液容易使吸气压力上升而造成假象，所以在电气控制线路上需要考虑，上载、卸载以及压缩机全部卸载后的停机均应设置延时环节。

温度控制法的测量元件是温度传感器或温度控制器，安装在蒸发盘管上和低压循环贮液桶内，用于测量制冷剂的温度。温度传感器也可安装在库房内测量室温。在制冷剂的蒸发温度较低的工况下，负荷变化所引起相应温度的变化幅度较大，静态偏差较小，因此其控制精度比压力控制法高些。例如，氨的蒸发压力从 0.114MPa 降到 0.103MPa，其压力变化幅度只有 0.011MPa，而蒸发温度从-31℃降到-33℃。蒸发温度变化幅度为 2℃，比压力控制法变化幅度大得多。但是温度传感器的感温元件有一层金属外壳，所以不如压力变送器反应迅速，滞后时间相对要长，动态偏差大。尤其是温度传感器安装在蒸发器上时，要控制霜层不能太厚；否则会使压缩机的能量调节跟不上库房热负荷的变化。

（2）能量调节器　凡是具有上下限触点的压力控制器和温度控制器，其压力或温度调节范围在设计允许值内，都可以作为压缩机的能量调节器。

（3）活塞式压缩机的能量调节执行机构　活塞式压缩机的能量调节执行机构是由能量调节电磁阀和卸载装置组成的。

活塞式压缩机气缸卸载装置机械动作原理如图 10-4 所示。该机构的动作是靠压缩机的润滑油泵的油压和弹簧 1 进行的。在压缩机起动前，因无油压进入油缸，油缸内的油活塞在弹簧 1 的推动下，处在油缸的左端，套在气缸外的转动环在拉杆的带动下向左转动，使顶杆克服弹簧 2 的弹力而将气缸吸气阀片顶开，从而使该气缸处于卸载工况。压缩机起动后，当控制油路的电磁阀断电关闭时（二通阀为通电开启），油泵输出的液压油进入油缸，将油活塞推向油缸的右端，套在气缸外的转动环在拉杆的带动下向右转动，使顶杆落入斜面切口中，吸气阀片落下回到阀座，从而使该气缸上载。只要对油路进行控制，压缩机就可上载或卸载。

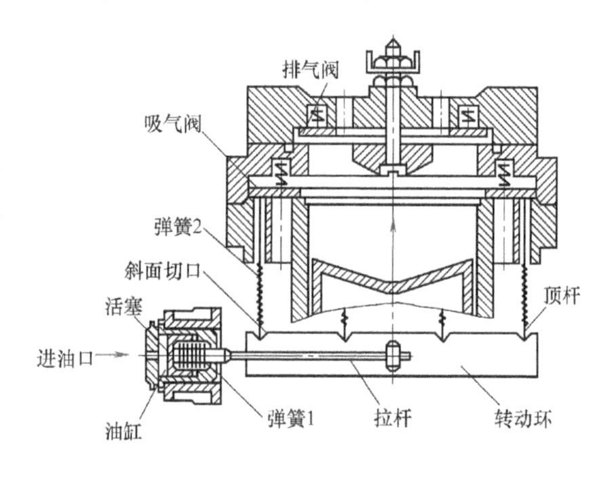

**图 10-4　活塞式压缩机气缸卸载装置机械动作原理**

能量调节电磁阀有二通电磁阀、三通电磁阀和四通双电磁阀，这三种能量调节执行机构的工作原理是一样的，都是根据测量元件所检测到的吸气压力或制冷剂的蒸发温度等参数，反映对压缩机的能量级别的要求，通过电磁阀的启闭控制压缩机卸载装置的油路，使通往液压油缸的油路导通或堵塞，使其所对应的压缩机气缸上载或卸载，从而达到能量调节的目的。

虽然上述三种电磁阀工作原理一样，但是具体工作情况各不相同。二通电磁阀能量调节执行机构如图 10-5 所示。当二通电磁阀通电开启时，油缸无油压，压缩机油缸内的油通过开启的电磁阀流回至曲轴箱后，从而使该气缸处于卸载工况。当电磁阀断电关闭时，油泵输出的液压油进入油缸推动油活塞工作从而使该气缸上载。根据检测到的吸气压力或制冷剂的蒸发温度的设定值，通过控制四个二通电磁阀的先后启、闭次序。一台八缸的压缩机可按 0、1/4、1/2、3/4、4/4 等四级能量调节。但是二通电磁阀会造成供油系统短路的情况发生。当其中一个电磁阀断电关闭后，油泵提供的液压油仍可通过其他开启的电磁阀流回曲轴箱。特别是在低蒸发压力的运行中，更容易产生这种短路情况，造成该上载的气缸不能上载，也影响压缩机的润滑。解决短路的方法是在每根油管上再加装一个二通电磁阀，如图 10-6 所示。压缩机起动时，11NYV、21NYV、31NYV、41NYV 电磁阀都关闭，堵塞了提供液压油的油路。12NYV、22NYV、32NYV、42NYV 电磁阀全都通电打开，油缸内的油通过打开的电磁阀流回曲轴箱，压缩机处于全卸载工况轻载起动。1 组气缸上载时，关闭 12NYV 电磁阀，打开 11NYV 电磁阀，导通了提供液压油的油路，堵塞了回流至曲轴箱的油路，液压油推动活塞工作，1 组气缸上载，其余几组气缸按同样动作原理依次上载。这样就解决了短路问题。虽然加装二通电磁阀解决了供油系统短路的问题，但是增加了设备和投资，同时也增加了控制线路的复杂程度。一般改用三通电磁阀或四通电磁阀较为合适。

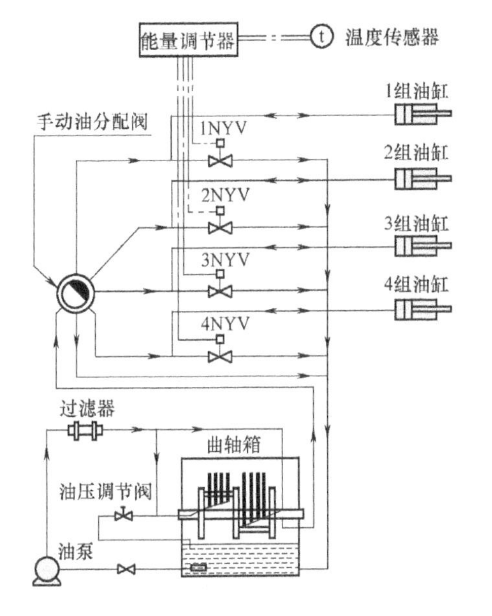


图 10-5　二通电磁阀能量调节执行机构

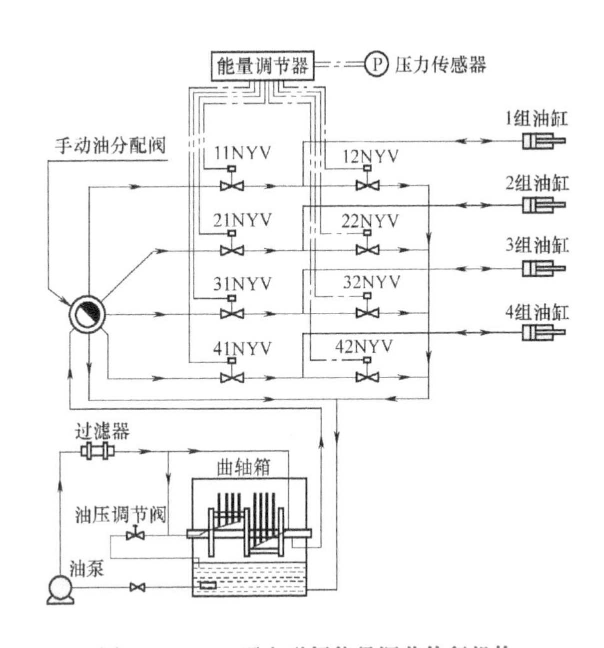


图 10-6　双二通电磁阀能量调节执行机构

二位三通电磁阀能量调节执行机构如图 10-7 所示。图上 1NYV ~ 3NYV 是 3 个二位三通电磁阀，3 个电磁阀的启闭接受压力或温度信号指令，当压力或温度到达设定值时，对应能量级别的电磁阀就会上载或卸载，增减能量，达到能量调节的目的。每个电磁阀内有 “A、B、P” 三个孔，当 3 个电磁阀全通电时，电磁阀内 “A、P” 两个孔相通，而 “B” 孔被堵塞。油泵通向油活塞的管道通路被堵塞，此时压缩机油缸内的油通过 “A、P” 两个孔流至曲轴箱后，油缸无油压，气缸吸气阀片被弹簧顶开，压缩机气缸均处于全卸载工况，压缩机轻载起动。当 1SP 压力控制器到达给定的上限值，指令 1NYV 三通电磁阀断电时，“B、A” 两个孔相通，而 “P” 孔被堵住，油泵至油缸的管道被导通，油泵输出的液压油流至油缸，推动油活塞工作，建立起油压，使第 1 组气缸吸气阀片落下上载，压缩机在 33% 能量级运行。当 2SP 压力控制器到达给定的上限值，指令 2NYV 三通电磁阀断电时，使第 2 组气缸吸气阀片落下上载，压缩机在 66% 能量级运行。当 3SP 压力控制器到达给定的上限值，指令 3NYV 三通电磁阀断电时，使第 3 组气缸吸气阀片落下上载，压缩机达到 100% 满负荷能量

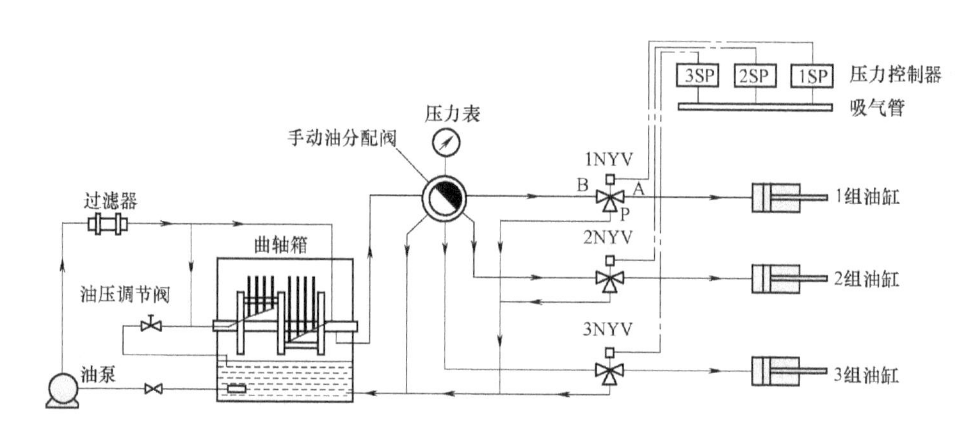


图 10-7　二位三通电磁阀能量调节执行机构

级运行。相反，当 1SP～3SP 压力控制器到达给定的下限值，指令 1NYV～3NYV 先后通电，逐级卸载。

二位四通双电磁阀能量调节执行机构如图 10-8 所示。对四组八缸的压缩机进行能量调节，1 组（1 号、2 号气缸）和 2 组（3 号、4 号气缸）为基本工作缸，受 LSP 压力控制器的控制。3 组（5 号、6 号气缸）和 4 组（7 号、8 号气缸）为调节缸，受 1SP～2SP 压力控制器的控制。当冷间发出降温指令时，起动压缩机。刚起动时，油压尚未建立，压缩机处于全卸载工况。当压缩机转入正常运行后，油压一建立，液压油就通过二位四通双电磁阀的 a、b、c 孔进入 1 组和 2 组液压油缸，推动油活塞工作，使其 1 号～4 号气缸上载，压缩机在 1/2 能量级运行。当吸气压力升高，1SP 压力控制器到达设定值时，接通 1NYV 电磁阀，阀芯提升到上部位置，液压油通过 a、d 孔进入第 3 组液压油缸，推动油活塞工作，使其 5 号、6 号气缸上载，压缩机在 3/4 能量级运行。当吸气压力继续升高到 2SP 压力控制器设定值时，接通 2NYV 电磁阀，阀芯提升到上部位置，液压油通过 a、b、e 孔进入第 4 组液压油缸，推动油活塞工作，使其 7 号、8 号气缸上载，压缩机在 4/4 能量级投入满负荷运行。当吸气压力降低时，则以相反的方向逐级卸载，使压缩机能量逐步降低。当吸气压力降低到 LSP 压力控制器的下限值时，压缩机便停机。

（4）螺杆式压缩机的能量调节执行机构　螺杆式压缩机的能量调节执行机构由滑阀，

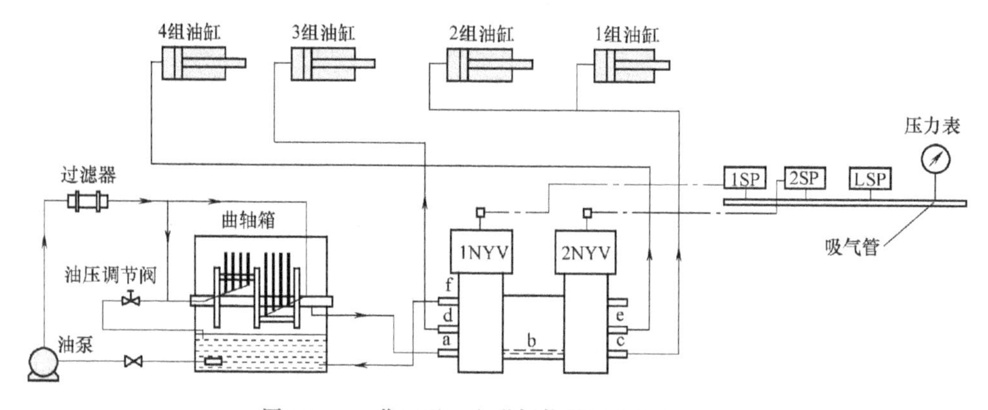


图 10-8　二位四通双电磁阀能量调节执行机构

上载、卸载电磁阀，电位器等组成。滑阀设置在气缸下部，两个转子的下方，滑阀的底面与气缸底部支承滑阀的平面相贴合，阀杆连接滑阀和油缸内的油活塞，油活塞两边的压差使滑阀顺着气缸轴线方向移动。开启 1NYV 和 3NYV 上载电磁阀，使滑阀向压缩机的排气口移动，增加压缩机输出能量。当需要卸载时，开启 2NYV 和 4NYV 卸载电磁阀，使滑阀向回流孔移动而将其打开时，转子齿内的气体有一部分不被压缩而经回流孔返回吸气腔，从而减少了有效吸气量，同样也减少了排气量和输出能量。滑阀移动不同的位置，改变吸气腔内不同的容积和不同的制冷量，便可在 10%~100%范围内实现无级调节。螺杆式压缩机能量调节执行机构如图 10-9 所示。

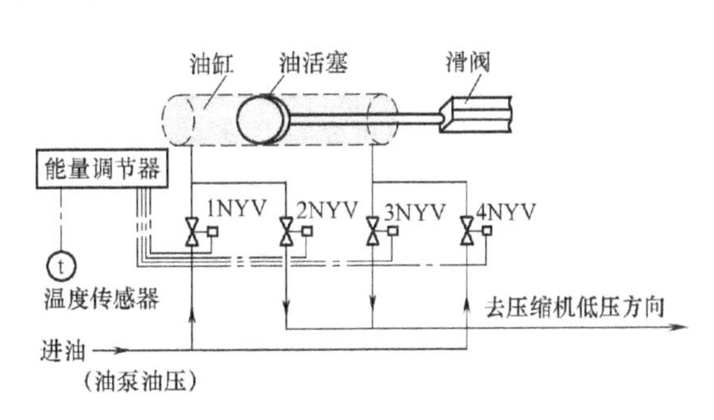

图 10-9 螺杆式压缩机能量调节执行机构

滑阀能量调节机构也是一种卸载装置，压缩机停车时滑阀是全开的，即能量为 0。所以，压缩机是在无负荷状态下起动的。

螺杆式压缩机的能量可以根据蒸发温度调节，也可以根据压缩机的吸气压力调节。图 10-10 所示为螺杆式压缩机能量调节控制框图，其是根据蒸发温度调节的，由比例温度调节器、凸轮调节器、自动平衡器、压缩机能量调节机构组成反馈比例控制电路。将安装在低压循环贮液桶底部的温度传感器检测到的温度信号与比例温度调节器中的给定值进行比较，若实测温度大于给定值，则由比例温度调节器向凸轮调节器发出增加负荷信号，使凸轮调节器开始向右旋转，旋转的幅度受比例温度调节器反馈电路的偏差值控制，同时凸轮调节器内的反馈电位器移位变值，引起自动平衡器的电桥电路不平衡，使 1NYV、3NYV 上载电磁阀得电，推动滑阀向排气口移动，增加压缩机输出能量，直至压缩机输出能量与热负荷平衡为止。

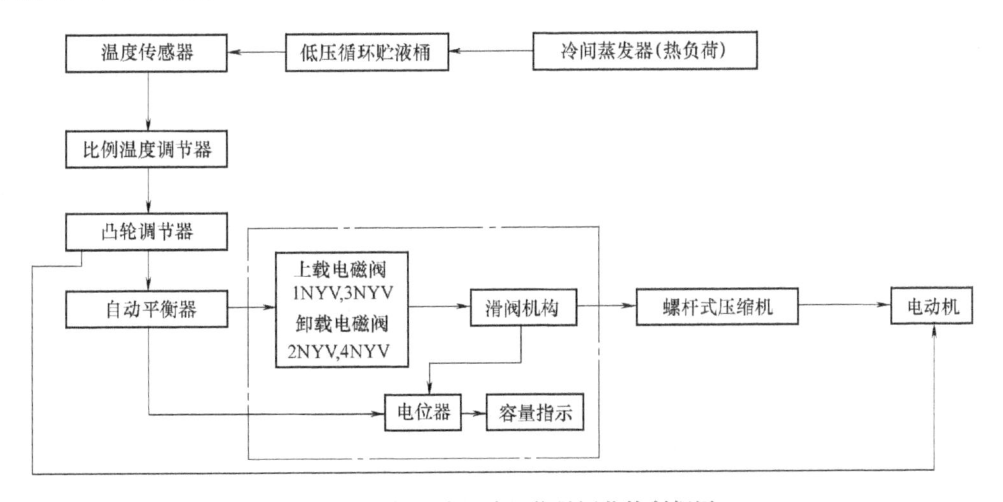

图 10-10 螺杆式压缩机能量调节控制框图

若实测温度小于给定值，则由比例温度调节器向凸轮调节器发出减少负荷信号，使凸轮调节器开始向左旋转，凸轮调节器内的反馈电位器移位变值，引起自动平衡器的电桥电路不平衡，使 2NYV、4NYV 卸载电磁阀得电，推动滑阀移动将回流孔打开，使一部分气体不被

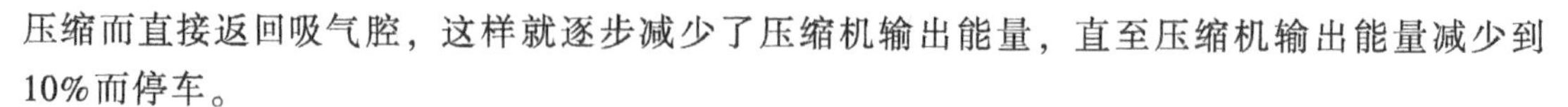

压缩而直接返回吸气腔，这样就逐步减少了压缩机输出能量，直至压缩机输出能量减少到10%而停车。

2. 活塞式压缩机能量调节方法

活塞式压缩机能量调节方法有多种，包括一件电器元件也不用的方法，如比例式油压调节阀控制气缸卸载，就不需要任何电器元件，它能根据吸气压力的变化，自动向卸载机构提供油压，我国生产的8FS10型压缩机已采用了这种调节方式。下面只介绍与电气有关的能量调节方法。

（1）旁通能量调节法　旁通能量调节法适用于自身不带卸载机构的小型压缩机，采用一个旁通能量调节阀即可实现压缩机的能量调节，如图10-11所示。旁通能量调节阀是一种阀后恒压阀。当制冷装置热负荷减少，压缩机吸气压力下降至设定值时，旁通能量调节阀开启，吸气压力越低，阀的开启度就越大。压缩机排出的部分热氨气体自动回流到低压侧吸气管，用于补偿因负荷减少的蒸发器回气量，以保持压缩机连续运行所必需的最低吸气压力，使压缩机的制冷量与蒸发器的实际负荷相适应，从而达到能量调节的目的。

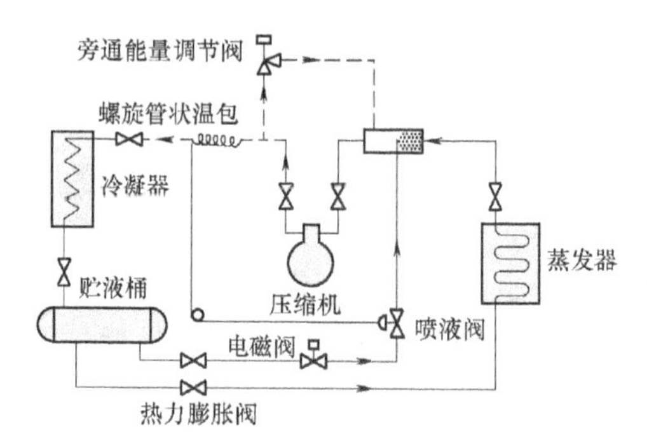

图10-11　旁通能量调节示意图

当旁通能量调节阀开启时，压缩机排出的部分热氨气体自动回流到低压侧吸气管，此时会引起压缩机吸气温度升高，导致排气温度相应升高，甚至超过允许值。因此安装了一个喷液阀，打开喷液阀，将已经冷凝器冷却的氨液从贮液桶引来喷入吸气管，与热氨气混合，使压缩机吸气冷却，从而也使排气温度降低。

喷液阀由排气温度控制，根据缠绕在排气管上的螺旋管状温包感受到的温度与设定值之间的偏差调节阀口开启度，温差越高，开启度越大，自动成比例调节喷液量。在喷液阀前安装的电磁阀与压缩机联动，压缩机起动，该电磁阀打开；压缩机停机，该电磁阀关闭，以防止压缩机停机后吸气管进液。

（2）压缩机电动机调速法　压缩机制冷能力与其转速成正比，因此改变转速能实现能量调节。电动机调速方法有改变电动机的极数调速、改变供电电源的频率调速、改变转差率的调速等。冷库一般采用改变电动机的极数和改变供电电源的频率的调速方法来实现压缩机能量调节。

1）改变电动机极数的调速方法。与压缩机配套的电动机多为笼型异步电动机，其转子的极对数能自动地与定子的极对数相对应。改变电动机定子的极对数，可使同步速度改变，从而得到速度的调节，同时也得到压缩机的能量调节。例如两极和四极电动机，压缩机能量调节就有0%、50%、100%三档。调速的档数越多，能量调节精度越高。用内燃机直接驱动的压缩机，采用这种方法比较好，因为内燃机已有变速机构，用变速箱可以在很宽的范围内调速。

2）改变供电电源频率的调速方法。异步电动机的转速和输入电流的频率成正比，因此调节频率可以改变转速。在变频调速时，为了使功率因数和磁通能够保持不变，当频率降低时，输入电压也应成比例地减小。因此，一般采用变频器改变电动机的输入电压，使转速平滑改变，实现无级调速。这是一种最方便、最理想的变速能量调节方式，但初投资较高，目前限于用在小型压缩机中。

（3）单台压缩机开、停法　这是一种最简单的单台压缩机的能量调节方法，利用库房温度控制器或压缩机控制台上的压力控制器直接控制压缩机的起动和停止。其调节值仅有0%、100%两档。所以，该方法只适用于小型压缩机或热负荷变化比较小的冷库，若热负荷变化大，使压缩机开停频繁，造成压缩机短循环，吸气压力波动大，曲轴箱内油沸腾，使压缩机大量失油，电动机过热和运动部件易损坏而缩短其使用寿命。因此，采用此调节方法时，要考虑温度控制器或压力控制器的接通和断开之间的差动值。差动值过小，易造成压缩机开停频繁；差动值过大则起不到调节作用。

（4）开停台数调节方法　大、中型冷库选用数台容量相同或不同的氨压缩机，采用开停台数的方法进行调节。

例如，有三台氨压缩机具有同样的开停压力值，每台机组都带有卸载装置，均具有三级能量，采用压力控制器控制。当第一台氨压缩机全负荷投入运行后，吸气压力不能降低，则第二台氨压缩机逐级上载；当第二台氨压缩机全负荷投入运行后，吸气压力还不能降低，则第三台氨压缩机逐级上载，直到压力降至给定值为止。卸载程序与上载程序相同，但方向相反。该方法的上载程序、卸载程序与定值逐级卸载法相同，只不过是对一个蒸发系统的多台压缩机进行能量调节。这种方法仍受气缸数量的限制，但是对压缩机台数较多、热负荷较大的冷库较为适宜，因为压力控制上下限的幅差小，故控制较为稳定，各台压缩机运行顺序的改变及任意一台压缩机退出运行都较为简便。

（5）定值逐级卸载法　单台活塞式氨压缩机的能量调节常采用根据吸气压力或蒸发温度定值逐级卸载法，这是一种比较经济的能量调节方法，国产活塞式氨压缩机上均带有气缸卸载机构，都可采用气缸逐级卸载法进行能量调节。

定值逐级卸载法需首先确定压缩机的能量级别和它相对应的制冷量，同时确定每个能量级别相对应的吸气压力或蒸发温度设定值。压缩机一经起动，在很短的延时时间内，各组气缸依次上载投入全负荷运行。当冷间内的热负荷逐渐减小，压缩机的制冷量有剩余时，根据吸气压力或蒸发温度设定值，通过调节电磁阀控制卸载机构油缸内油活塞的油路，就卸载到相应的能量级别。相反，当冷间内的热负荷增大，根据吸气压力或蒸发温度设定值，通过调节电磁阀控制卸载机构油缸内油活塞的油路，就上载到相应的能量级别，即可实现压缩机的能量调节。

但是，定值逐级卸载法受到气缸数量的限制，其能量的变化呈阶梯式。通常，一台四缸单级氨压缩机只有0、1/2（50%）、1（100%）两级能量可调节；一台六缸氨压缩机只有0、1/3（33%）、2/3（66%）、1（100%）三级能量可调节；一台八缸双级氨压缩机只有0、1/4（25%）、1/2（50%）、3/4（75%）、1（100%）四级能量可调节。

当压缩机在低负荷工况下运转时，定值逐级卸载法是不经济的，因为卸载气缸仍在空转，仍然要消耗功率，负荷变化大的冷库宜选用多台压缩机进行能量调节。

（6）定点延时分级步进的程序调节方法　大型冷库中氨压缩机的能量调节，采用运行台数和气缸卸载相结合的定点延时分级步进的程序调节能量的方法，这也是最常见的一种调节能量的方法。

定点延时分级步进调节方法是一种位式调节加延时的方法，在相同开停压力控制值范围内，压缩机能量逐级延时上载或卸载。

例如，某冷库共有五台 ZS8-12.5 自动型双级氨压缩机，每台都有 3 个卸载电磁阀。可控制 1/4、3/4、4/4 三级能量，那么五台压缩机能量级可以组成 15 个能量级。制冷工艺要求根据吸气压力进行能量调节，压力控制限位给定值如下：过低限为 0.00MPa；低限为 0.01MPa；高限为 0.035MPa；过高限为 0.05MPa。

吸气压力在 0.01~0.035MPa 的低限与高限之间，压缩机组的制冷量与库房的热负荷基本平衡，能量不增不减，机群保持在现有能量级运行。当压力超过 0.035MPa 的高限时，说明冷间热负荷明显大于制冷量，每延时 16min 增加一级能量；当压力达到 0.05MPa 的过高限（极限）值时，说明热负荷远超过制冷量，需要加速调节，每延时 2min 增加一级能量。

相反，当压力降低在 0.00~0.01MPa（过低限和低限）之间时，每延时 16min 卸载一级能量；当压力降至 0.00MPa（过低限）时，每隔 2min 卸载一级能量；最后只剩下一级能量后，延时 15s 压缩机自动停车。

### 10.2.3　液位自动控制

制冷系统中的低压循环贮液桶、氨液分离器和中间冷却器等容器内的制冷剂需要自动保持相对稳定的工作液位。液位的自动控制，一般均采用 UQK-40 型浮球液位控制器控制供液电磁阀的启、闭，自动保持相对稳定的正常工作液位。当液位超高时能自动报警。

冷库液位控制中，广泛采用 YKX-1 型液位回路控制箱来控制供液电磁阀的启、闭，使容器内有相对稳定的工作液位。当液位超过设定高液位时能自动报警，并能与氨压缩机安全保护系统联锁，使之自动停车。

#### 1. 液位控制回路的制冷工艺示意图

图 10-12 和图 10-13 所示分别为低压循环贮液桶、氨液分离器液位控制回路的制冷工艺。每套液位回路有 5 个元件：UQK-40 型浮球液位控制器 2 个；ZCL-20 型电磁阀（或 ZCL-32YB 型电磁主阀）1 个；ZYG-20 型过滤器（或 ZYG-32 型过滤器）1 个；YKX-1 型液位回路控制箱 1 个。

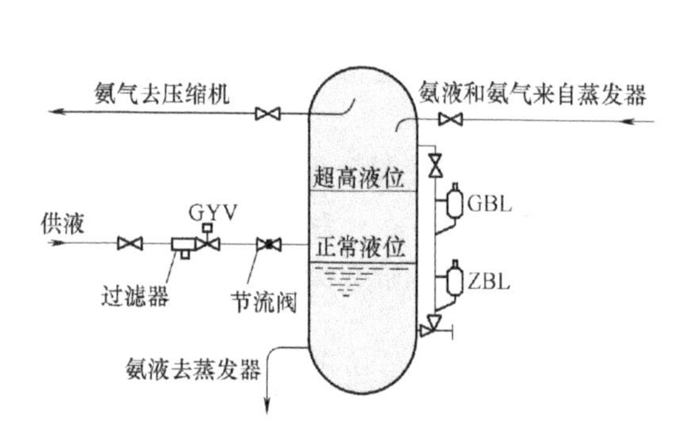


图 10-12　低压循环贮液桶液位控制回路的制冷工艺

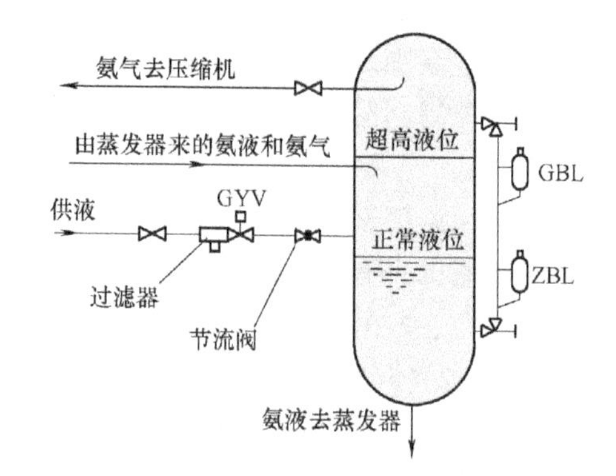


图 10-13　氨液分离器液位控制回路的制冷工艺

正常液位控制器阀体 ZBL 安装在距离桶底 1/3 处（按桶身全长计算）。超高液位控制器 GBL 安装在距离桶顶 1/3 处。

图 10-14 所示为中间冷却器液位控制回路的制冷工艺，因液面要淹没蛇型盘管，所以正常液位控制器的阀体 ZBL 安装在桶身长 1/2 处。有的制造厂在中间冷却器中部的外表面焊有一小条铁块，作为液位控制高度的标志，安装时应将 ZBL 阀体上标有“A”的红线对齐铁块。超高液位控制器 GBL 的安装与上述相同。

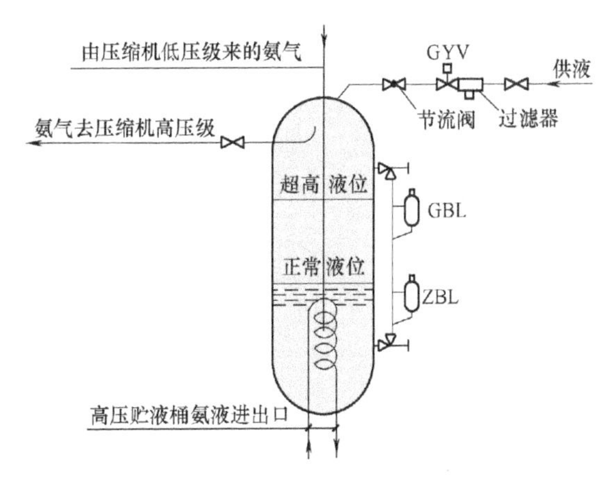


图 10-14 中间冷却器液位控制回路的制冷工艺

低压循环贮液桶、氨液分离器和中间冷却器的液位控制器阀体中 ZBL 的安装位置略有不同，但液位控制要求相同。正常液位控制器用于保证容器内具有稳定的液位，所控制的上下限液位幅差较小，一般在 60mm 之内调整。立式容器在 50~60mm 之间调整。液位低于下限位时，ZBL 传送交流电压信号至液位控制箱内的电气盒，电气盒发出供液指令，令供液电磁阀开启向容器供液。当液位到达上限位时，消除供液指令，供液电磁阀关闭，停止供液。如果遇到系统或自控元件发生故障，容器内的液位不断上升达到超高液位时，GBL 发出报警信号，高液位控制器电气盒收到报警信号后，立即声光报警，并同时发出电信号，指令压缩机停机，以避免压缩机气缸受损。

2. 液位回路的电气控制原理

液位控制回路程序框图如图 10-15 所示。

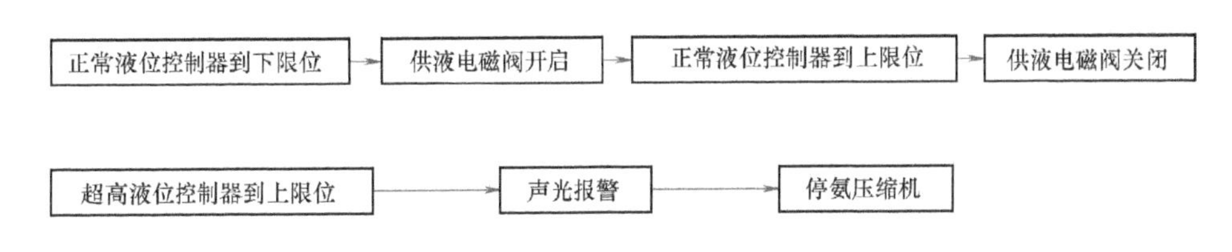


图 10-15 液位控制回路程序框图

液位回路的电气控制原理如图 10-16 所示，供液电磁阀有自动和手动两种控制方式。将选择开关 1SA 和 2SA 转到自动位置，液位控制回路纳入冷库自控系统。KKA 触点闭合（引自集中控制屏降温指令）接通电源，绿色电源信号灯 HLG 亮，此时，正常液位控制器 ZSL 电气盒、ZBL 阀体和超高液位控制器 GSL 电气盒、GBL 阀体均通电工作。

当液位低于 ZBL 的下限位，1MKA 中间继电器得电，1MKA 常开触点吸合接通 GYV 供液电磁阀线圈，阀口开启向容器供液，同时黄色供液信号灯 HLY 亮。当液位到达 ZBL 的上限位（正常液位）时，1MKA 中间继电器失电，GYV 供液电磁阀线圈失电，阀口关闭停止供液，黄色供液信号灯 HLY 熄灭。

如果遇到制冷系统或自控元件发生故障，容器内液位不断上升达到超高液位控制器 GBL 的上限位时，2MKA 中间继电器得电，发出声光报警，红色故障信号灯 IILR 亮，HA 电铃响。同时，指令氨压缩机立即停车，以防止氨液进入氨压缩机。

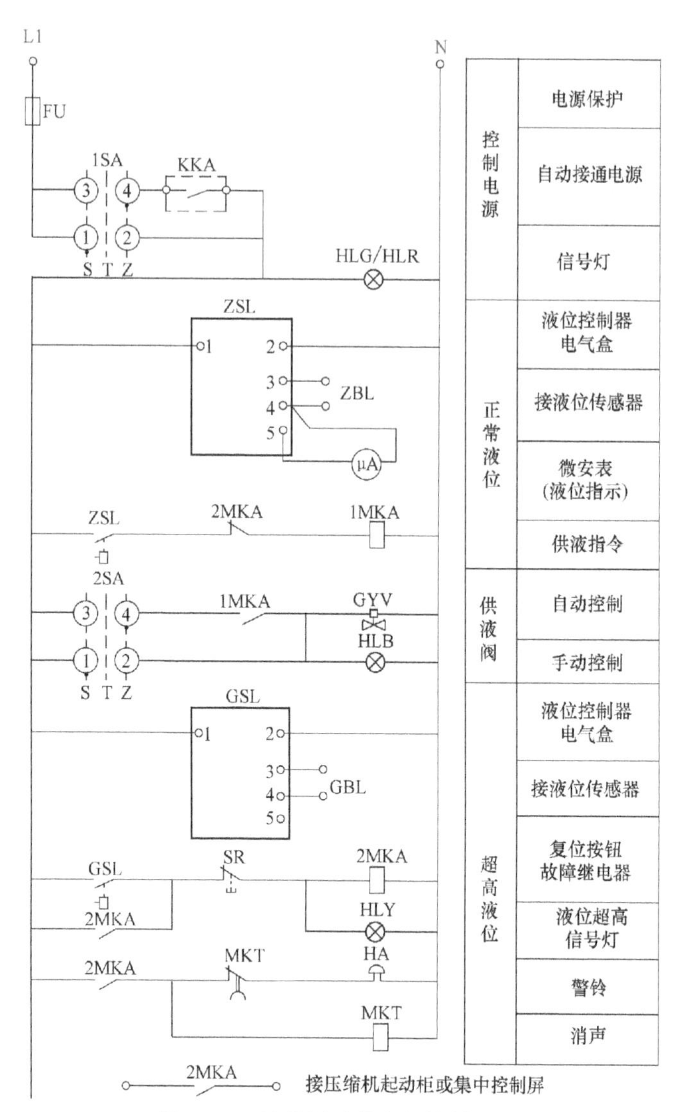


**图 10-16　液位回路的电气控制原理**

当液位超高故障排除后，可按 SR 复位按钮，消除液位超高信号，使机器设备恢复正常运行。故障电铃 HA 音响，延时 10s 自动消声，时间继电器 MKT 在 120s 内可调。

接在正常液位控制器电气盒上的微安表安装在控制箱门上，可显示正常液位上下范围内的液位。从微安表的指针可以看出 ZBL 阀体内的浮球工作情况：指针移动表明浮球做相应浮动；指针在 400μA 以内不动，说明浮球卡住；指针在 500μA 端头不动，说明浮球室线圈损坏。

### 10.2.4　氨泵及低压循环贮液桶液位的自动控制

氨泵及低压循环贮液桶液位的自动控制是在液位控制器、供液电磁阀、差压控制器等自控元件的配合下，自动向低压循环贮液桶补供氨液，保证氨泵正常运行，并能自动对氨泵和氨压缩机的危险运行状态进行报警，设计中广泛采用宁波制冷自控元件厂和辽宁岫岩制冷电控元件厂生产的定型产品 BKX 系列氨泵回路控制箱。

BKX系列氨泵回路控制箱分手动控制和自动控制（也能手动）两种类型，基本型号有：

BKX-11（手动）、BKX-11Z（自动），一桶一泵；

BKX-12（手动）、BKX-12Z（自动），一桶二泵；

BKX-13（手动）、BKX-13Z（自动），一桶三泵；

BKX-22（手动）、BKX-22Z（自动），二桶二泵；

BKX-23（手动）、BKX-23Z（自动），二桶三泵。

1）氨泵及液位回路的工艺要求。以BKX-12Z氨泵回路控制箱（一桶二泵）为例，其工艺如图10-17所示。图中自控元件有ZBL和GBL浮球液位控制器阀体（液位传感器）各1个，GYV供液电磁阀1个，差压控制器2个，以及氨泵（与电气有关），节流阀、止回阀、自动旁通阀等阀门属于机械阀类，与电气无关。

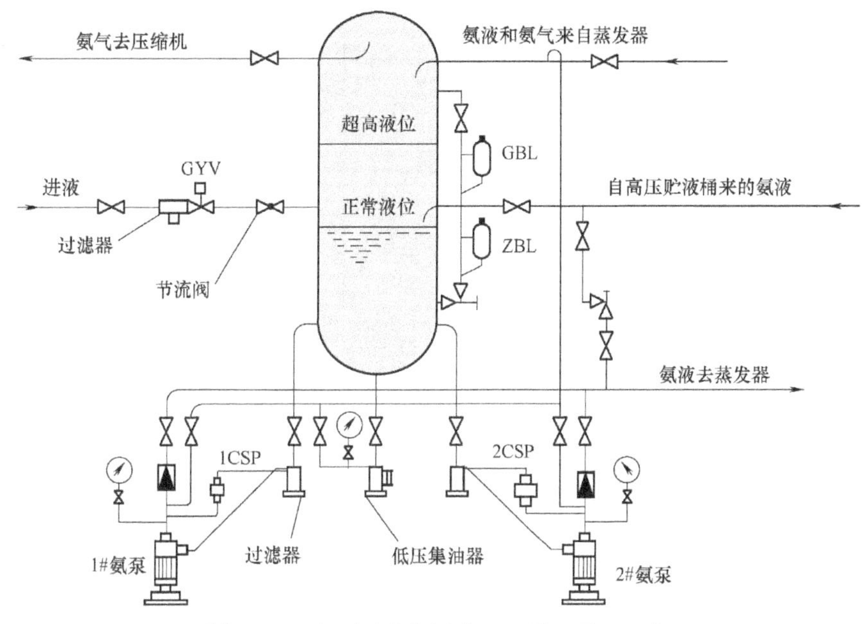


图10-17　氨泵及液位回路（一桶二泵）工艺

1CSP和2CSP差压控制器主要用于氨泵保护，如延时以后仍不能建立压差，应停氨泵排除故障。

2）氨泵回路的制冷自控程序框图如图10-18所示。液位控制回路程序框图与图10-15相同。

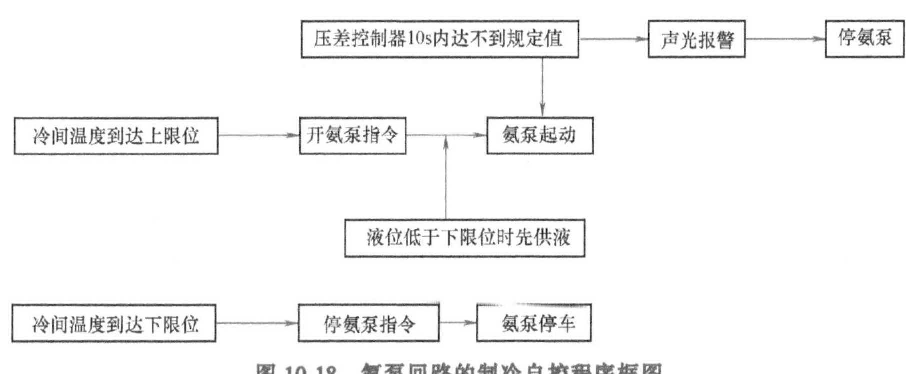


图10-18　氨泵回路的制冷自控程序框图

3）氨泵及液位回路电气控制原理图，以 BKX-12Z 型为例，如图 10-19 和图 10-20 所示。氨泵及液位回路电气控制有自动和手动两种控制方式，由 1SA～4SA 转换开关选择。

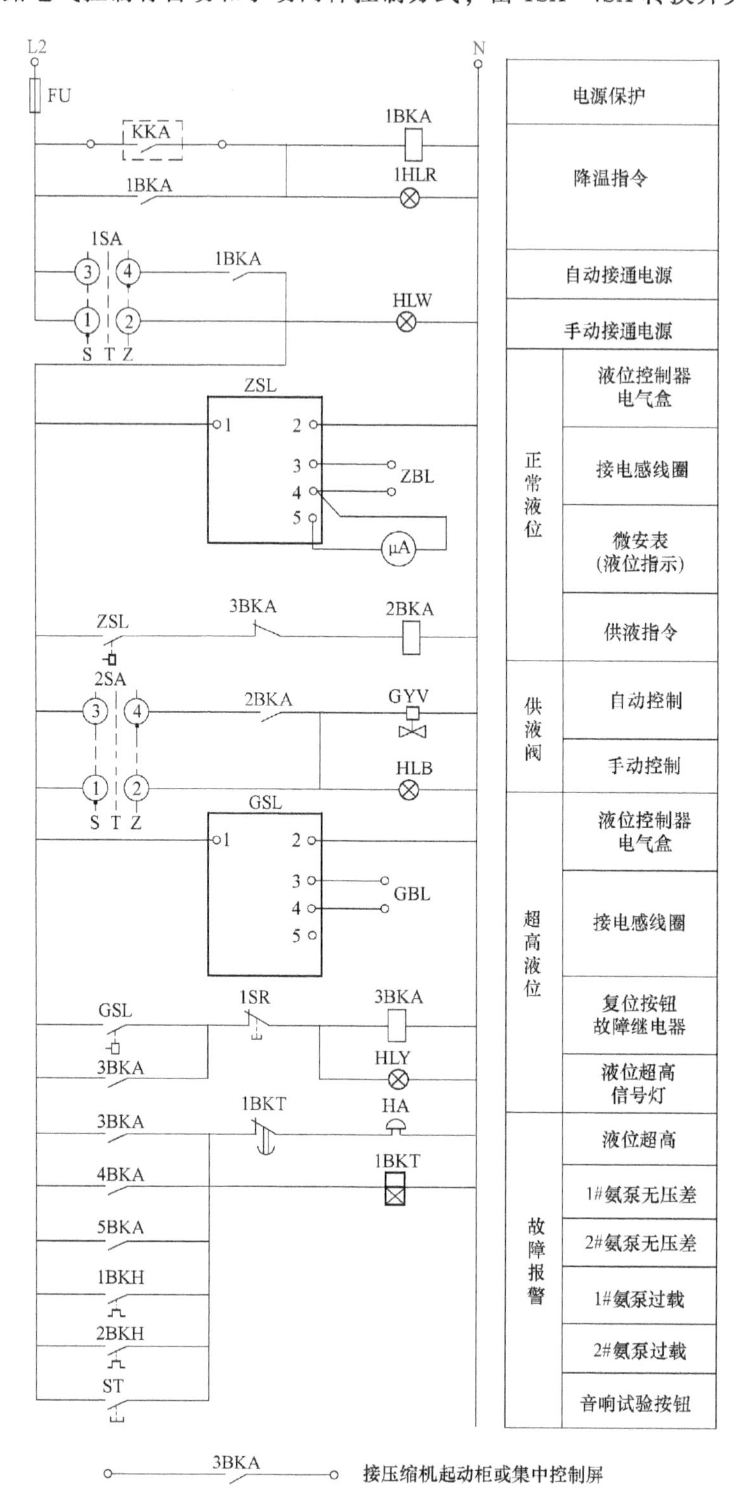


图 10-19　氨泵及液位回路电气控制原理（一）

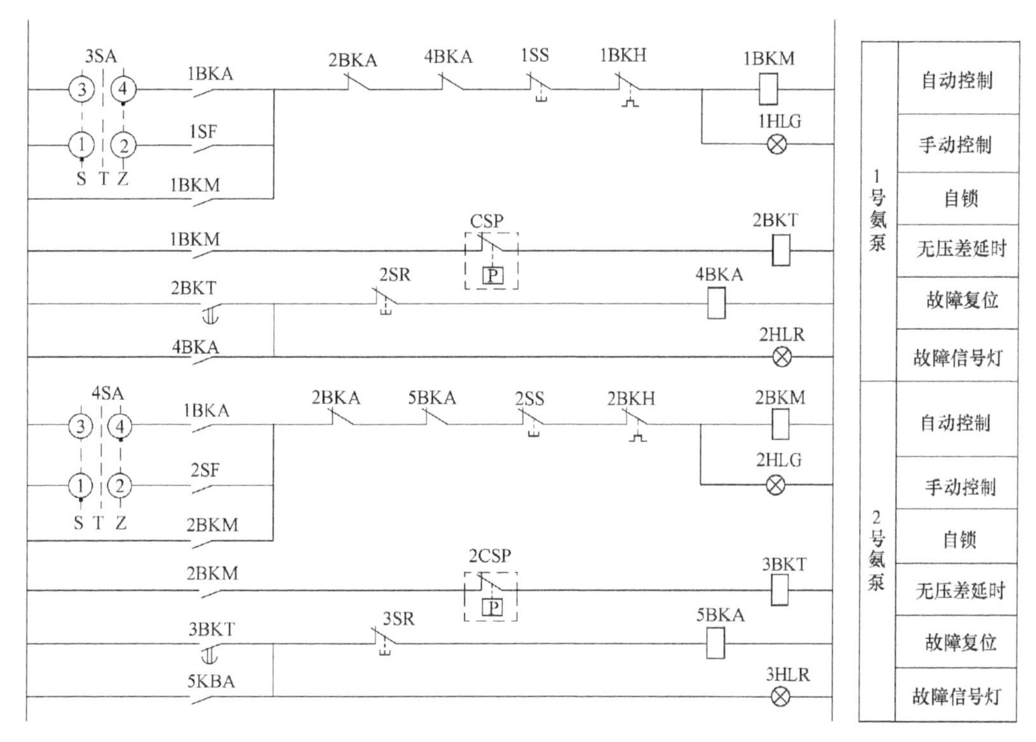


图 10-20 氨泵及液位回路电气控制原理（二）

将 1SA 开关向右转到 45°自动位置，KKA 吸合（引自集中控制屏降温指令）自动接通电源。氨泵及液位控制回路即投入冷库自控系统。此时 ZSL 正常液位控制器和 GSL 超高液位控制器即通电工作。

将选择开关 2SA 转到自动位置，当液位低于 ZSL 的下限位时，中间继电器 1BKA 线圈得电，1BKA 常开触点吸合，供液电磁阀 GYV 线圈得电，阀口开启向低压循环贮液桶供液，黄色供液信号灯 HLY 亮。当液位到达正常液位（上限位）时，1BKA 线圈失电，GYV 线圈失电，阀口关闭，停止向低压循环贮液桶供液，黄色供液信号灯 HLY 熄灭。

如果遇到制冷系统或自控元件发生故障，容器内液位不断上升达到超高液位控制器 GBL 的上限位时，2BKA 中间继电器得电，发出声光报警，红色故障信号灯 1HLR 亮，HA 电铃响。同时，指令氨压缩机立即停车，以防止氨液进入氨压缩机。

当液位超高时，氨泵不停，以利排液。

当液位超高故障排除后，可按 1SR 复位按钮，消除液位超高信号，使压缩机恢复正常运行。

故障电铃 HA 音响，延时 10s 自动消声，时间继电器 1BKT 在 120s 内可调。

将 3SA、4SA 选择开关置于自动位置，氨泵自动起动，起动时要求低压循环贮液桶处于正常液位状态，否则氨泵不能自行起动。但是氨泵起动后，液位变化不再与氨泵联锁。

氨泵起动后 10s 内，氨泵进出口压力差达不到设定值，则时间继电器 2BKT（3BKT）延时触点闭合，接通 3BKA（4BKA）中间继电器，氨泵紧急停车，同时氨泵红色故障信号灯 2HLR（3HLR）亮，电铃 HA 发出音响报警。

当氨泵过载时，热继电器 1BKH（2BKH ）动作，紧急停泵，同时常开触头闭合，也接通故障报警回路发出音响信号。

排除氨泵故障后，必须按复位按钮 2SR（3SR），允许氨泵重新运行。

当所有冷间完成降温后，KKA 触点断开，切断氨泵和液位回路电源，停止运行。

### 10.2.5　放空气的自动控制

制冷系统中有大量的空气（不凝性气体）时，会使冷凝压力升高，影响制冷效率，甚至使制冷系统不能正常工作，因此必须及时地将空气放走。

放空气的自控形式有温度控制和液面控制两种，由于液面控制不用电控制，这里只介绍温度控制形式。设计中常采用 ZKF 型自动空气分离器。它在冷库制冷系统中自成一个独立的自控单元，既能用于自动化冷库，也能用于手动操作的冷库；既可用于新建冷库，也可用于改建冷库。

#### 1. ZKF 型自动空气分离器

ZKF 型自动空气分离器有两种型号，其区别在于：

1）ZKF-1 型配用手动膨胀阀供液，既能自动控制也能手动操作，其工艺如图 10-21 所示。

2）ZKF-2 型配用热力膨胀阀供液，只能自动控制不能手动操作，其工艺如图 10-22 所示。

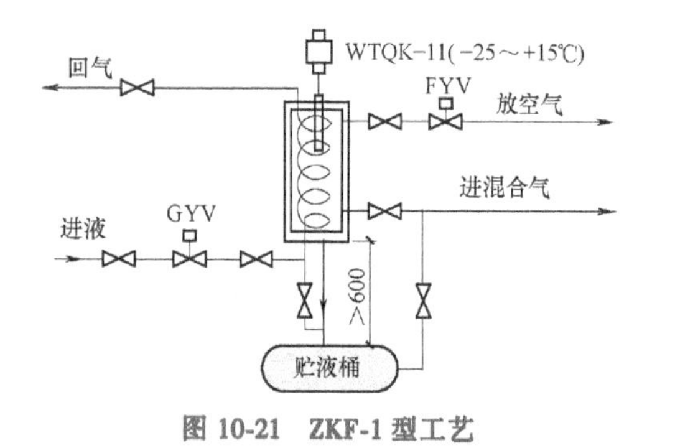


图 10-21　ZKF-1 型工艺

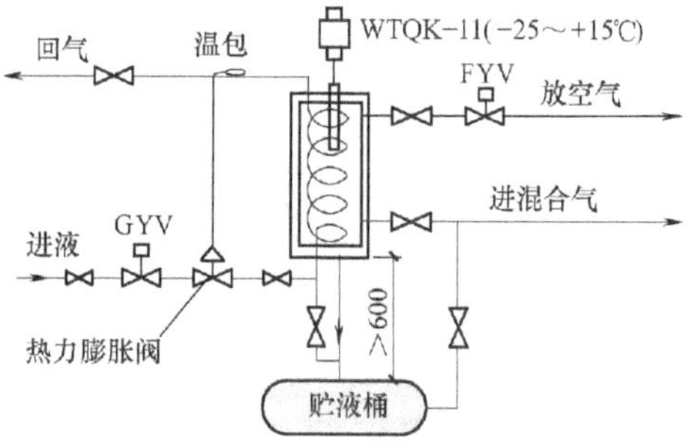

图 10-22　ZKF-2 型工艺

#### 2. 电气原理接线图

如图 10-23 所示，当选择开关 SA 拨到“0”位时，控制电源切断，ZKF-1 型可手动操作方式工作。ZKF-2 型因有热力膨胀阀阻隔，不能手动操作。

当选择开关 SA 拨到“1”（右 45°）位时，为常规操作，供液电磁阀 GYV 与压缩机开机信号 AKA 联锁，AKA 触头吸合，供液电磁阀 GYV 开启，HLG 绿色信号灯亮，则表示 ZKF 工作。当温度控制器 ST 下限接通时，放空气电磁阀 FYV 开启放空气，HLY 黄色信号灯亮，则表示正在放空气。当温度回升，温度控制器 ST 到达上限时，ST 触点断开，放空气电磁阀 FYV 断电关闭停止放空气，同时 HLY 黄色信号灯熄灭，进入下一个

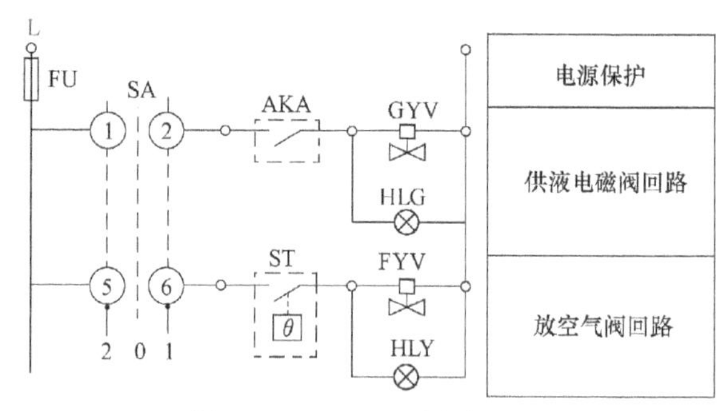


图 10-23　ZKF-1 型电气原理

工作周期。

当选择开关SA拨到“2”（左45°）位时，切除了供液电磁阀GYV，此时应将供液电磁阀下方的旁通阀杆往回退，使旁通供液，再用手动膨胀阀调节供液量。ZKF则长期自行供液降温。其余控制程序与“1”相同。

3. 使用与调整

（1）ZKF型自动空气分离器的安装位置　ZKF型自动空气分离器一般安装在高压贮液桶的上方600mm处，其下方的回液管与高压贮液桶连通。ZKF壳体内冷凝下来的氨液靠重力直接流入高压贮液桶内，壳体内不积液，效率较高。

（2）温度控制器的安装　温度控制器的温包应插入冷却盘管的中心和距顶部1/3处，温包和温度计的套管内应灌入冷冻油，管口用塑料胶带缠封。

（3）温度控制器参数的调整　一般选择WTQK-11型氨用温度控制器，温度范围为-25～+15℃。温度给定值的确定：单级压缩蒸发温度为-15℃系统，温度控制器下限设置在-5℃放空气，上限设置在+5℃以上停止放空气；双级压缩蒸发温度为-30℃系统，温度控制器下限设置在-15℃（或-10℃）放空气，上限设置在+5℃以上停止放空气。

## 10.2.6 油系统的自动控制

油系统自动控制包括放油、油处理、压缩机加油三项内容。

1. 自动放油

氨压缩机中的润滑油随排出气体进入排气管。虽经氨油分离器将油从氨气中分离出来，但是总还有一部分润滑油进入制冷系统，因为氨只是微量溶解于油，而油不能随氨气带回曲轴箱，所以必须定期地从各容器中将油放出来。需要放油的容器有低压循环贮液桶、中间冷却器、油分离器、冷凝器等。

氨制冷系统中有高压、中压、低压容器，低压容器由于温度低、黏度大，放油比较困难，故大、中型冷库中，一般高、中压系统共用一个放油系统，低压系统则另设一个放油系统。

（1）集油器采用电加热放油　图10-24所示为集油器电加热放油工艺。中间冷却器、油分离器、冷凝器、低压循环贮液桶共用一个集油器放油。各个容器上均安装了1个UKQ-41油位控制器的阀体OBL（油位传感器），UKQ-41油位控制器电气盒安装在控制柜内。除集油器外，所有容器放油都是当本容器油位在上限位而集油器油位在下限位时，由本容器UKQ-41油位控制器发出放油信号，开启放油电磁阀放油。当本容器油位在下限位时，由本容器UKQ-41油位控制器发出停止放油信号，关闭放油电磁阀，停止放油。而集油器收油、放油动作与其相反，当油位在下限位时，UKQ-41油位控制器发出放油信号，开启相应该放油的容器的电磁阀放油。当油位在上限位时，UKQ-41油位控制器发出停止放油信号，关闭放油的容器电磁阀，停止放油。

集油器上还安装了1kW的电加热器EE（也可采用热氨盘管加热），以帮助油中的氨液挥发。

当集油器中的油位到达上限位时，关闭放油的容器电磁阀，停止放油的同时接通电加热器的电源开始加热。由ST（WTQK-11型，0～+40℃）温度控制器控制加热温度。当油温≥30℃时，停止加热；当油温≤22℃时，电加热器又继续加热。加热时间在0～2h之内调

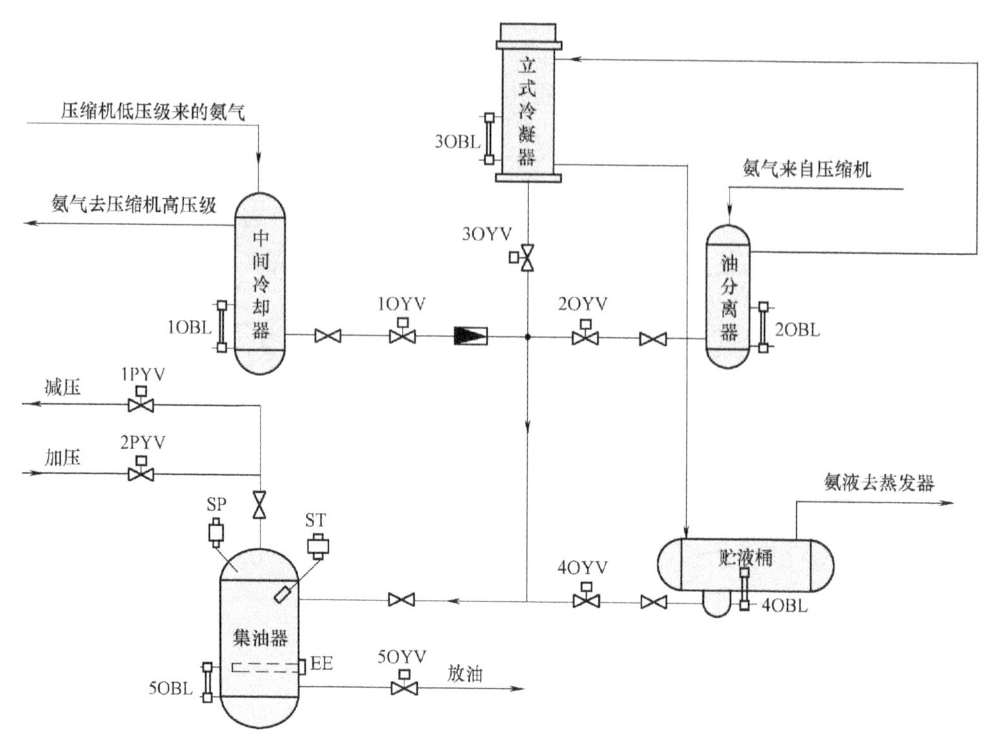


图 10-24 集油器电加热放油工艺

整。当到达加热给定时间，关闭减压电磁阀 1PYV，开启 5OYV 电磁阀开始放油。当油桶安装位置高于集油器时，则需设置加压电磁阀 2PYV，利用压力将油排进油桶。加压电磁阀 2PYV 受 SP（YWK-11 型）压力控制器控制，压力控制值根据油桶的高低可在 0.049～0.588MPa 之内调整。

当集油器中的油位到达下限位时，关闭 2PYV 加压电磁阀和 5OYV 放油电磁阀，开启 1PYV 减压电磁阀。按放油程序安排相应容器开始往集油器中放油。

根据工艺要求，各容器不能同时往集油器中放油，只允许逐个轮流放油。因此，需要按集油器收油和放油程序，实行步进程序自控。集油器收油、放油顺序框图如图 10-25 所示。

在上述放油过程中，若集油器内的油位上升至上限位，则正在放油的电磁阀自动关闭停止放油。当集油器的油位降到下限时，关闭放油电磁阀 5OYV 后，上次未放完油的容器会再次打开放油电磁阀继续放油。当所有的容器按程序放油完毕，又开始一个新的循环，重复上述程序进行放油。

（2）集油器采用热氨盘管加热放油　集油器中带有热氨盘管，如图 10-26 所示。利用热氨使集油器内油中含氨的成分蒸发，这时热氨盘管中的氨气体被冷凝成液体靠重力流入贮液桶。当油中含氨的成分全部蒸发，热氨不再冷凝，热氨盘管进出口温度趋于一致时，4OYV 电磁阀开始放油，若油桶位置低于集油器，则可取消压力控制器和加压电磁阀。其余放油、收油程序与电加热程序相同。

（3）多台容器的放油　大型冷库容器较多时，可按容器类别集中几处放油，以简化自

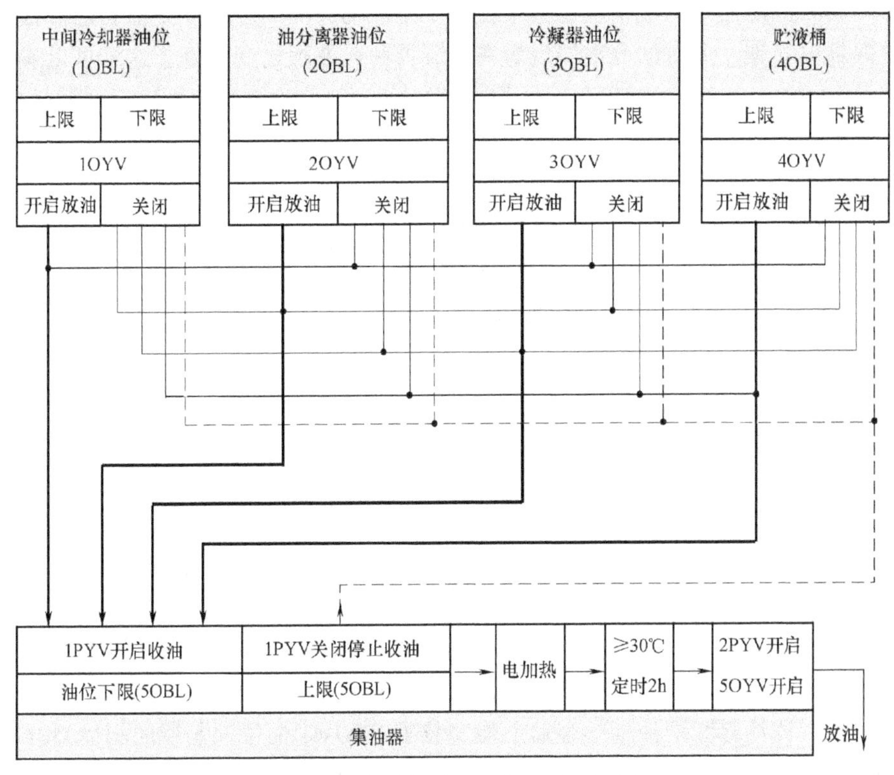


图 10-25　集油器收油、放油顺序框图

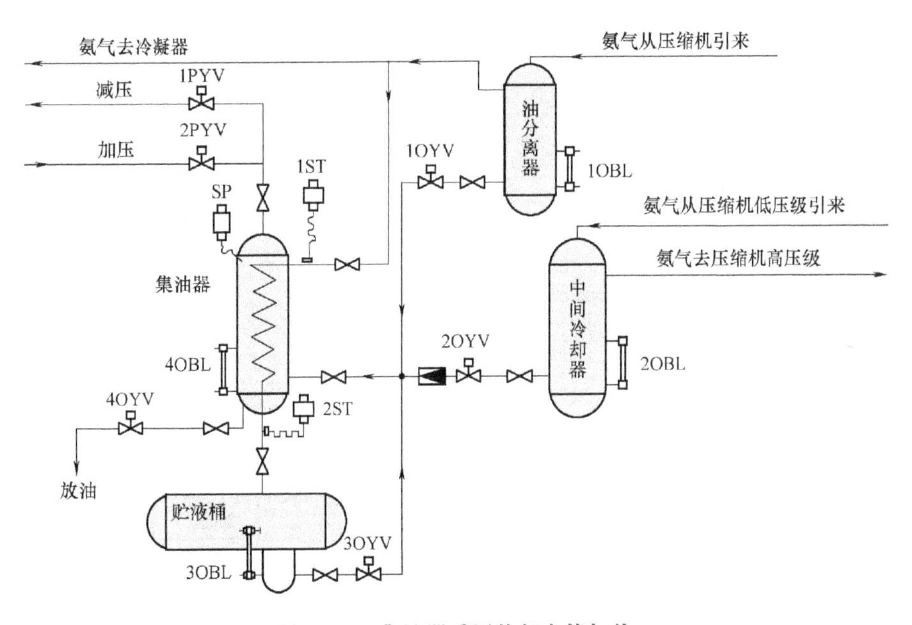


图 10-26　集油器采用热氨盘管加热

控系统。如图 10 27 所示，四台油分离器集中往一个小油桶放油，这样就只安装一套油位控制器和一个放油电磁阀。但是每台油分离器放油管与干管连接时应有油封弯头，并且干管要坡向小油桶，以免各台油分离器压力不完全一致时，影响压力低的容器放油。同一温度的多

台中间冷却器和低压循环贮液桶也可集中往一个小油桶放油。多台冷凝器和贮液桶可集中在一个油分离器中处理，此时油分离器设置在冷凝器和贮液桶之间为好，这样可以避免油进入系统。

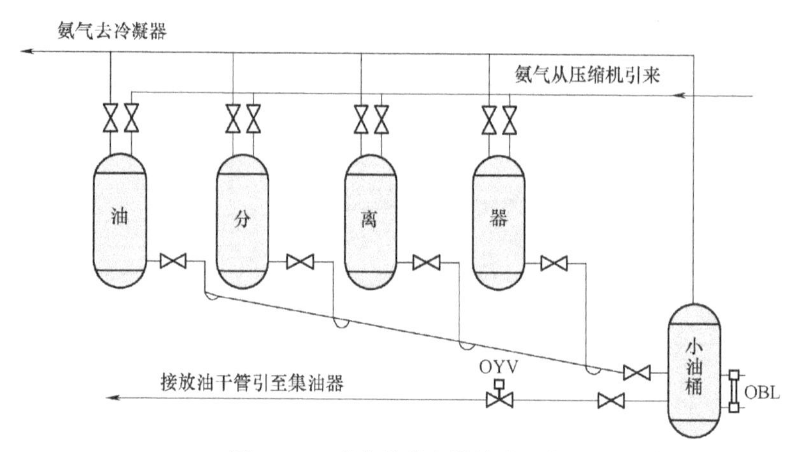


图 10-27　多台油分离器放油工艺

## 2. 油处理

油处理是采用沉淀和过滤的方法除去油中的机械杂质。油处理工艺如图 10-28 所示，集油器、沉淀桶、滤油箱和清油桶等容器上均安装了 UKQ-41 油位控制器的阀体 OBL（油位传感器）。集油器和沉淀桶内都安装了电加热器，帮助氨液的蒸发和回收。

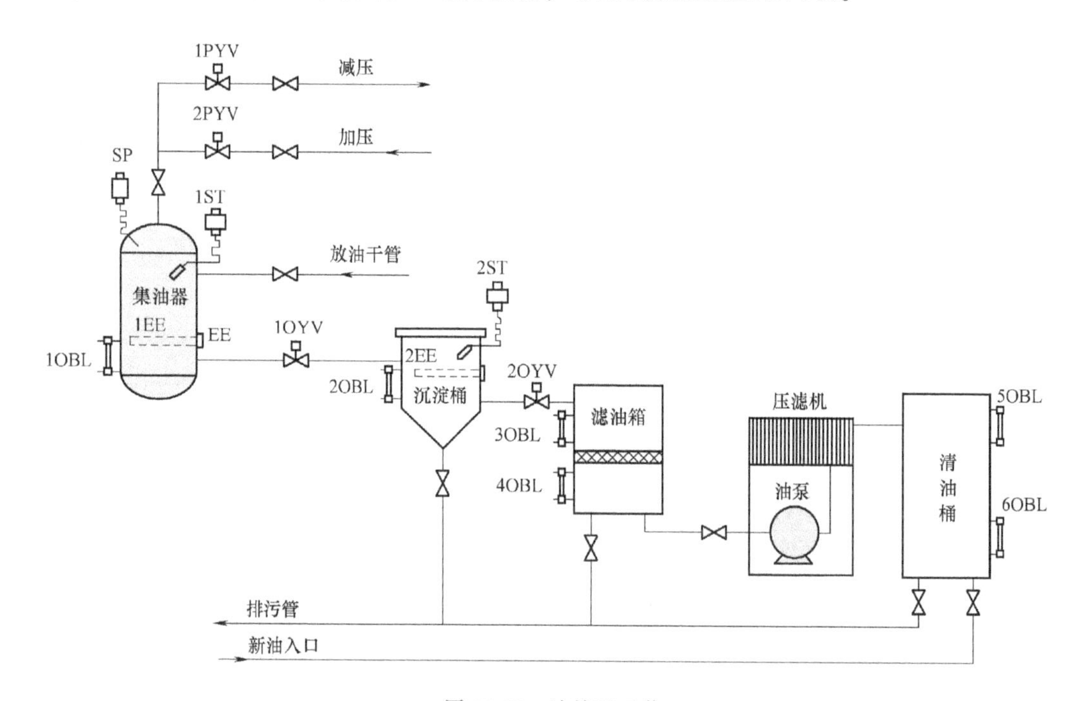


图 10-28　油处理工艺

油处理自控流程框图如图 10-29 所示，当集油器具备放油条件，而沉淀桶内油位未到达 2OBL 油位传感器上限位时，关闭 1PYV 减压电磁阀，开启 2PYV 加压电磁阀和 1OYV 放油电磁阀，油从集油器排入沉淀桶内沉淀，当沉淀桶油位到达2OBL上限位时，关闭集油器上加压电磁阀2PYV和放油电磁阀1OYV。同时，接通沉淀桶内2EE电加热器（3kW）电源加热，由2ST温度控制器（WTQK-11，+50～+90℃）控制电加热器。当油温≥90℃时，停止加热；当油温≤70℃时，继续加热。加热时间可在0～2h范围内调节。通过加热，降低了油的黏度，便于机械杂质的沉淀。同时，可将油中残余的氨蒸发回收。当加热温度达到90℃预定值，加热时间也到达给定值时，而滤油箱油位在3OBL下限位时，沉淀桶上放油电磁阀2OYV开启，油借重力从沉淀桶流入滤油箱，在箱内粗滤，除去大部分机械杂质。当滤油箱油位在4OBL升至上限位时，同时清油桶油位未到5OBL上限位时，起动压滤机油泵，油通过压滤机进行精滤，并除去一部分水分后，将油送入清油桶内贮存。

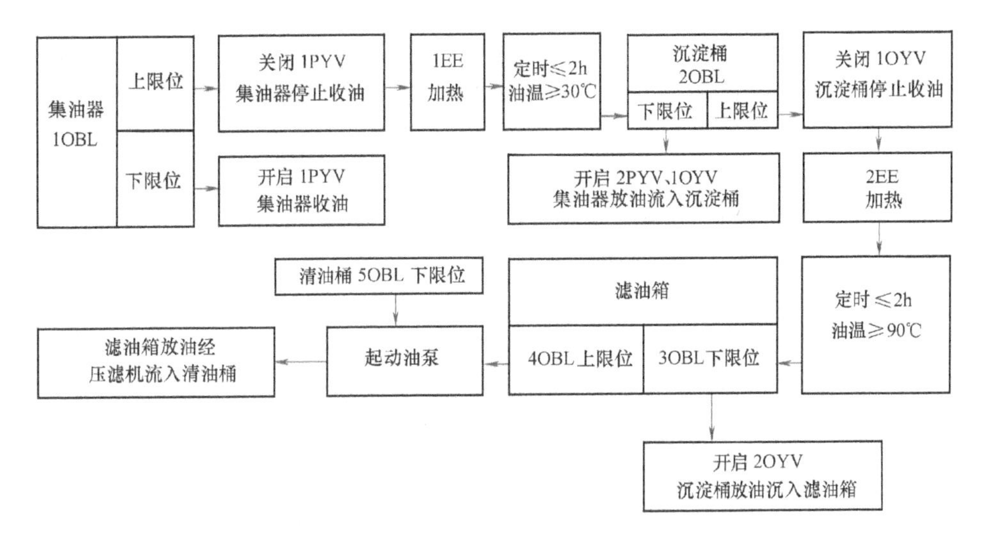


图10-29 油处理自控流程框图

中、小型冷库一般选用油处理机成套设备，油处理机的容量一般在8kW左右，只需提供一路三相五线电源即可。

### 3. 压缩机自动加油

压缩机补充的新油大部分是氨制冷系统放出的油，经过加热、沉淀、过滤处理后存贮在清油桶内。氨压缩机自动加油如图10-30所示。氨压缩机自动加油是根据安装在曲轴箱内的

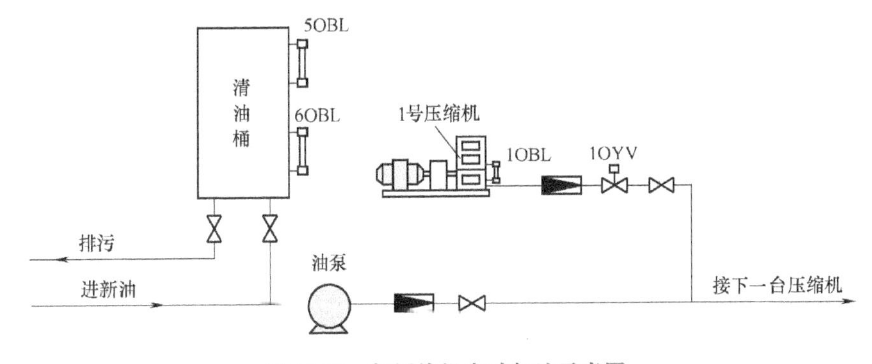


图10-30 氨压缩机自动加油示意图

油位控制器的信号控制的，当油位降至 OBL 油位传感器的下限位时，自动起动齿轮油泵 OM 和开启 1OYV 加油电磁阀，向曲轴箱加油。当油位上升至 OBL 油位传感器的上限位时，油位控制器指令油泵停车，关闭电磁阀，停止加油。

同一蒸发温度系统的两台以上的氨压缩机可以同时进行自动加油，首先到达下限位的油位控制器起动油泵和开启加油电磁阀，第二台氨压缩机油位到达下限位时，只需开启本台氨压缩机的加油电磁阀。当第一台氨压缩机油位到达上限位时，只需关闭本台氨压缩机的加油电磁阀。油泵继续运行待所有的氨压缩机油位到达上限位时，才停止运行。

## 10.2.7 冷凝压力的自动调节

为保证制冷装置的安全运行，冷凝压力不能超过设定值。若冷凝压力高过设定值，则说明水量不足或水温偏高，影响制冷剂气体在冷凝器内冷却为液体的效果，而且会导致压缩机消耗功率增加，引起电动机过载，设备受损。冷凝压力低虽然能改善压缩机的运转工况，增加产冷量，降低单位产冷量的电耗，但是冷凝压力过低也不好，易使节流阀前后压差小，可能导致蒸发器供液不足，也影响热制冷剂的冲霜效果。因此，要使冷凝压力保持一定值，自动调节冷凝压力是很必要的。冷凝器种类不同，其调节方法也不相同。

### 1. 立式冷凝器的冷凝压力自动调节

大中型冷库一般采用立式冷凝器，根据安装在热氨管上的压力控制器或压力变送器检测到的压力与给定值比较，确定增减循环水泵和冷却塔运转台数，通过改变冷却水量或冷却水温来达到自动调节冷凝压力的目的。立式冷凝器的冷凝压力调节工艺如图 10-31 所示。除冷凝器热氨进口管线上装了 GSP 压力控制器（控制冷凝压力上限值）外，还在水泵出水管上安装了 1ZSP、2ZSP 压力控制器（控制水泵出口压力下限值），用于保护水泵。

循环水池内安装了 SSL 水位控制器，低水位时 SYV 电磁阀开启向水池补充水，高水位时关闭。

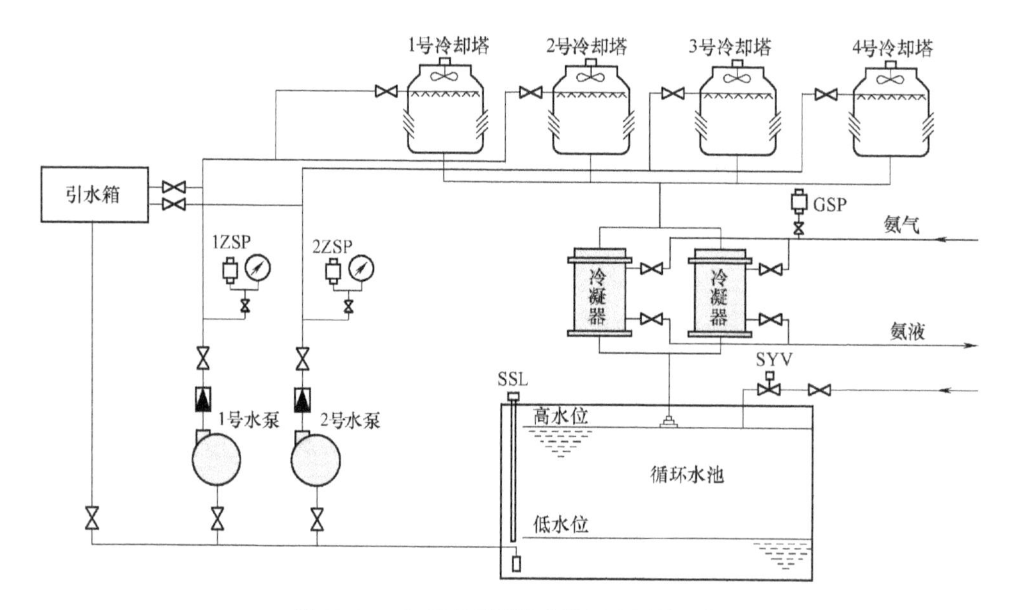


图 10-31 立式冷凝器的冷凝压力调节工艺

2. 卧式冷凝器的冷凝压力自动调节

卧式冷凝器的冷凝压力自动调节方式与立式冷凝器相同，但在小型制冷装置中，常用水量调节阀来控制冷凝器的进水量，以调节冷凝压力。水量调节阀有压力和温度两种控制方式。

(1) 采用受压力控制的水量调节阀　受压力控制的水量调节阀为直接作用式。如图 10-32 所示，水量调节阀上带有压力控制装置，压力控制装置的毛细管（压力传感器）插入冷凝器内的上部空间，以感受冷凝压力的变化。在冷凝器运行过程中，由于水量不足而使冷凝压力升高，当其高于设定值时，水量调节阀上压力控制装置的气箱内波纹管被压缩，通过顶杆开大阀门，增大冷却水进水量，使冷凝压力降低到正常范围；反之，若由于水量增大，而使冷凝压力下降，则水量调节阀关小，减少冷却水进水量，保证冷凝压力稳定在设定值范围内。

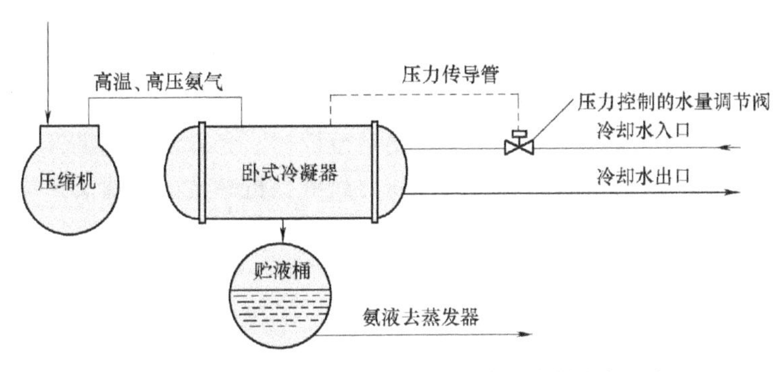


图 10-32　受压力控制的水量调节阀控制冷凝压力

(2) 采用受温度控制的水量调节阀　受温度控制的水量调节阀控制冷凝压力如图 10-33 所示，水量调节阀上的感温系统的温包（温度传感器）安装在冷凝器的出水管上，接收冷却水温度信号，若被测部位温度升高，则温包传进热量，感温系统内压力相应上升，当压力达到设定值时，波纹管被压缩，通过顶杆开大阀门，增大冷却水进水量，使冷凝压力降低到正常范围。其余动作原理与压力控制的水量调节阀基本相同。

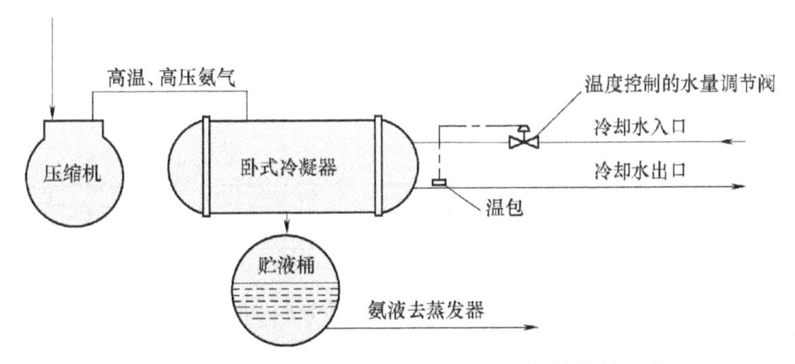


图 10-33　受温度控制的水量调节阀控制冷凝压力

3. 蒸发式冷凝器的冷凝压力自动调节

蒸发式冷凝器的冷凝压力自动调节有下述三种方法，其工艺如图 10-34 所示。

1）根据冷凝压力调节风量，从而降低冷凝压力。在蒸发式冷凝器热氨管入口处安装 SP

压力控制器，当冷凝压力高于设定值时，FM 风机就起动运行，低于设定值时风机就停车。也可控制 1YF（进风口）或 2YF 风阀（出风口）。风机最好选择调速电动机，以避免频繁起停。

2）根据冷凝压力调节进风湿度，使冷凝压力回升。在进风口和出风口之间安装 1 个旁通风道，设置旁通阀（3YF），当冷凝压力过低时，通过控制它的开启度来改变旁通风量，使一部分排出的湿空气与进风混合，提高冷凝器内的进风湿度，降低蒸发冷凝的效果，使冷凝压力回升。

3）根据冷凝压力改变喷淋水量，使冷凝压力保持在稳定范围内。根据冷凝压力调节 SYV 水量调节阀的开启度，改变喷淋水量，从而使冷凝压力保持在稳定范围内。

4. 风冷式冷凝器的冷凝压力自动调节

风冷式冷凝器的冷凝压力自动调节有以下两种方式。

1）通过调节冷风机的风量来调节冷凝压力。在热制冷剂蒸气进口处安装有压力控制器，传感实际的冷凝压力，控制冷风机开停台数和调节风速，以达到调节冷凝压力的目的。

2）利用压力调节阀和旁通调节阀来稳定冷凝压力。根据压力调节阀前的压力，控制阀的开启度，使风冷式冷凝器的冷凝压力稳定在给定范围内。旁通调节阀的开启度是根据贮液器内压力来控制的，使贮液器内压力和冷凝器压力始终保持一定的差值。风冷式冷凝器的冷凝压力调节工艺如图 10-35 所示。

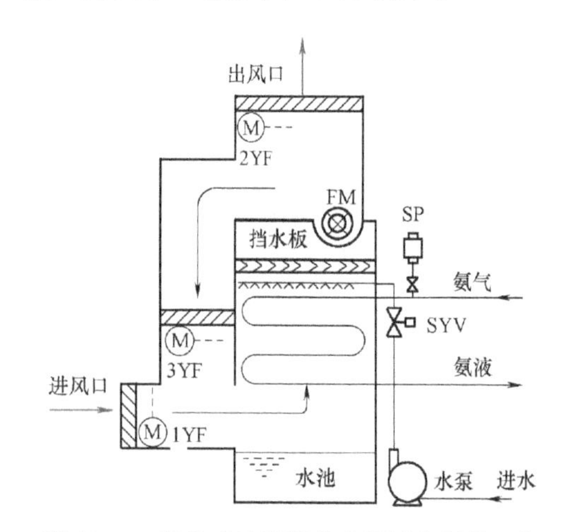


图 10-34　蒸发式冷凝器的冷凝压力调节工艺

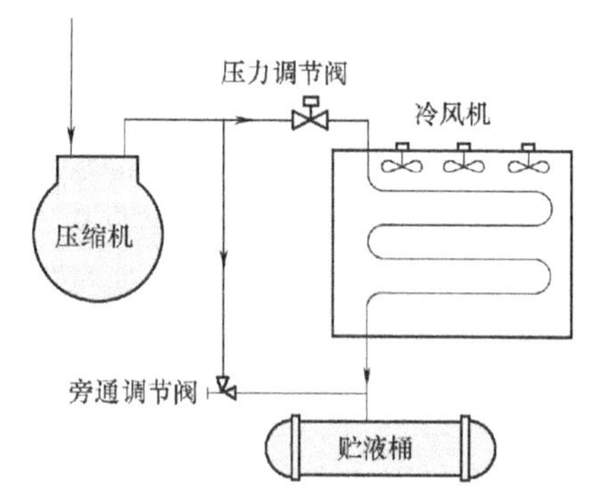


图 10-35　风冷式冷凝器的冷凝压力调节工艺

## 10.3　库房的自动控制设计

冷间自控内容有温度遥测、温度自动调节、自动程序冲霜、呼人信号和电动冷库门等项目。蔬菜库有温湿度遥测和控制。气调库有气体调节等。

### 10.3.1　冷间温度遥测

温度参数是制冷系统自动控制中的主要参数，因此随时掌握库温是非常必要的，正确选择和使用温度检测仪表也是很重要的。选择温度检测仪表一般从冷库规模、测量精度、技术经济指标及操作维护等四个方面考虑。

库温遥测仪表由温度传感器和显示仪表组成。库温遥测仪表正随着计算机技术和通信技术的发展而不断更新和完善。经过冷库运行考验的库温遥测仪表有 XH101、XH201 型温度自动巡检仪，WP 系列温度屏显仪表，XH2000 冷冻、冷藏监控系统计算机网络配套智能现场控制器 R 系列等。

库温遥测和温度控制也可合用一套仪表。例如 WSK 系列温度数显控制仪，WPK-15 型、WPC-30 型温度屏显控制仪，XH301 型多点温度控制器等，既可遥测温度又可对库温进行调节。

### 10.3.2　冻结物冷藏间温度自动调节

1. 温度控制要求

冻结物冷藏间为低温库房，其室温控制要求如下：

1）肉、禽、冰蛋、冻蔬菜、冰淇淋、冰棍等室内温度为-20～-15℃。

2）鱼虾类室内温度为-30～-23℃。

控制温度上、下限值由工艺设计决定。温度控制精度为±1℃。

2. 控制对象

控制对象为供液电磁阀和回气电磁阀，并使压缩机等制冷设备联动运行。有的冷库为了使自控系统更加简单，只控制供液电磁阀，不控制回气电磁阀，如图 10-36 所示。

3. 控制回路

根据冻结物冷藏间温度控制要求来控制供液电磁主阀和回气电磁主阀的启闭。其工艺如图 10-37 所示，温度调节框图如图 10-38 所示。当冷藏间 BT 温度传感器测量温度上升至设定上限值时，ST 温度控制器上限触点吸合，接通 GYV 供液电磁主阀和 HYV 回气电磁主阀电路，使其开启。同时，指令循环水泵、氨泵、氨压缩机等制冷系统设备联动投入运行，库房开始降温。当冷藏间 BT 温度传感器测量温度下降至设定下限值时，ST 温度控制器下限触点吸合，切断 GYV 供液电磁主阀电路，使其关闭，延时几分钟后（由工艺提出具体时间要求），再令 HYV 回气电磁主阀关闭，并指令压缩机等制冷系统设备停车。

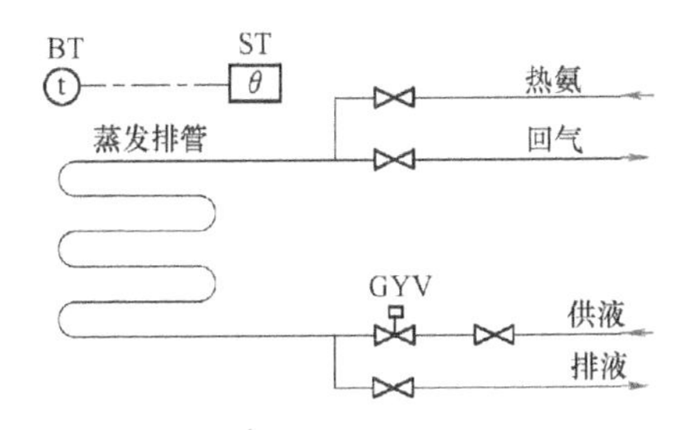

图 10-36　冻结物冷藏间温度调节工艺（一）

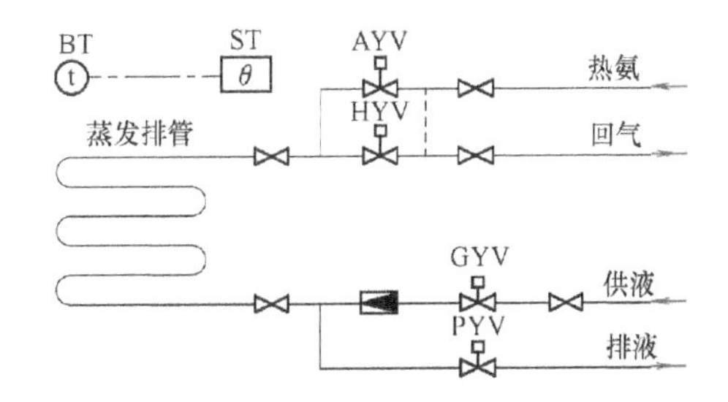


图 10-37　冻结物冷藏间温度调节工艺（二）

延时关闭 HYV 回气电磁主阀的原因是：如果供液电磁主阀同时关闭，在阀门关闭过程中，仍有氨液通过供液电磁主阀进入排管内，直至阀门全部关闭为止。这样排管内充满了氨液，当 HYV 回气电磁主阀再次开启时，排管内存留的氨液突然返回低压贮液桶，会产生“水锤”现象。为了避免产生“水锤”现象，需要延时关闭 HYV 回气电磁主阀。

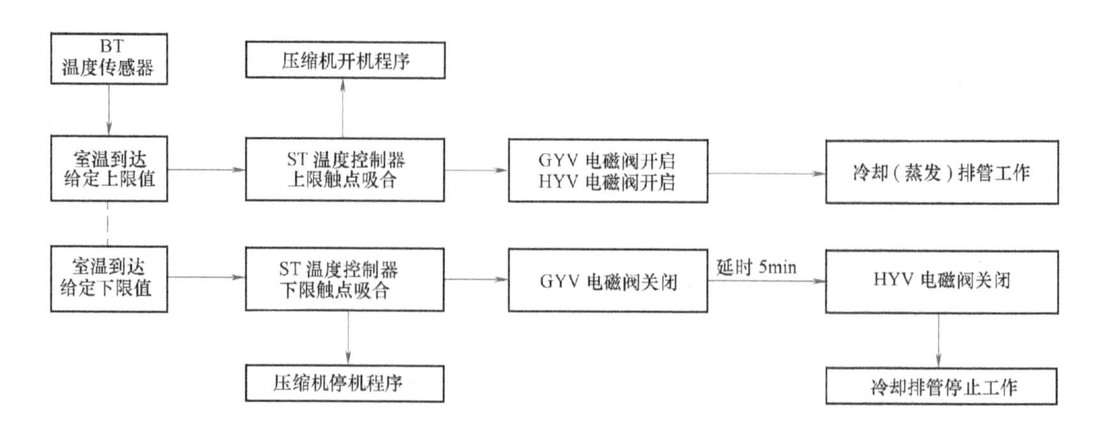


图 10-38　冻结物冷藏间温度调节框图

### 10.3.3　冷却物冷藏间温度自动调节

1. 温度控制要求

冷却物冷藏间的室温控制要求如下：

1）冷却后的肉、禽为 0℃。

2）鲜蛋为-2～+1℃。

3）冰鲜鱼为-1～+1℃。

4）苹果、鸭梨等为 0～+2℃。

5）大白菜、蒜薹、葱头、菠菜、香菜、胡萝卜、甘蓝、芹菜、莴苣等为-1～+1℃。

6）土豆、橘子、荔枝等为+2～+4℃。

7）柿子椒、黄瓜、番茄、菠萝、柑等为+7～+13℃。

8）香蕉等为+11～+16℃。

控制温度上、下限值由工艺设计决定。温度控制精度为±0.5℃。

2. 控制对象

控制对象为供液电磁阀、回气电磁阀和冷风机，并使压缩机等制冷设备联动运行。

3. 控制回路

1）只控制供液电磁阀，不控制回气电磁阀方案，在回气管上安装手动阀门，如图 10-39 所示。

2）既控制供液电磁阀，也控制回气电磁阀方案。其工艺如图 10-40 所示，有一台空气冷却器，供液管上安装了 GYV 供液电磁主阀，回气管上安装了 HYV 回气电磁主阀。

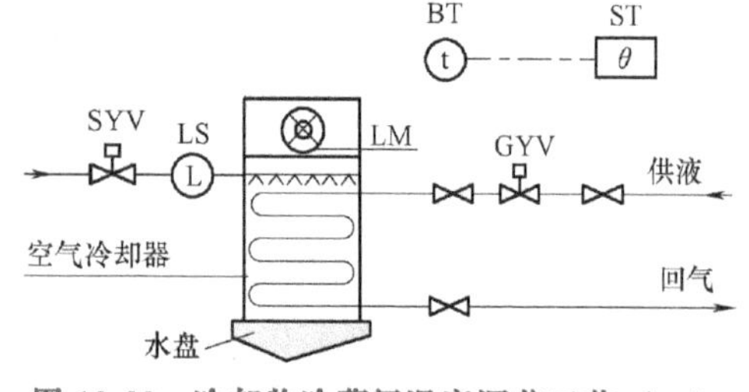


图 10-39　冷却物冷藏间温度调节工艺（一）

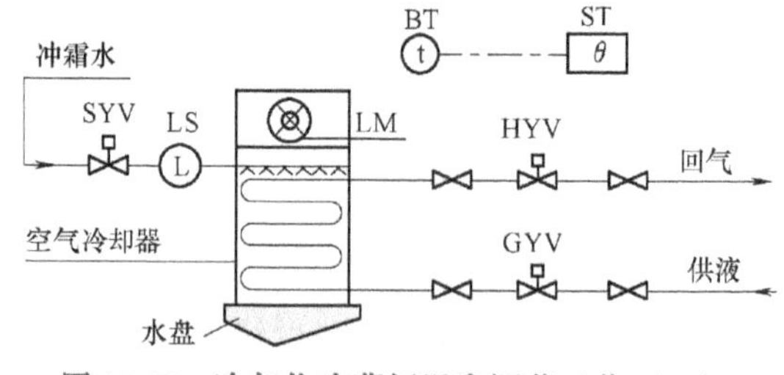


图 10-40　冷却物冷藏间温度调节工艺（二）

冷却物冷藏间温度调节框图如图 10-41 所示，当 BT 温度传感器测量冷藏间温度上升至给定上限值时，ST 温度控制器动作，接通 GYV 供液电磁主阀和 HYV 回气电磁主阀电路，使其开启，并使 LM 冷风机运转和指令压缩机等制冷系统设备联动投入运行。当 BT 温度传感器测量冷藏间温度下降至给定下限值时，ST 温度控制器动作，切断 GYV 供液电磁主阀电路，使其关闭，延时几分钟后（由工艺提出具体时间要求），再令 HYV 回气电磁主阀关闭。然后使 LM 冷风机停止运转，并指令压缩机等制冷系统设备停车。

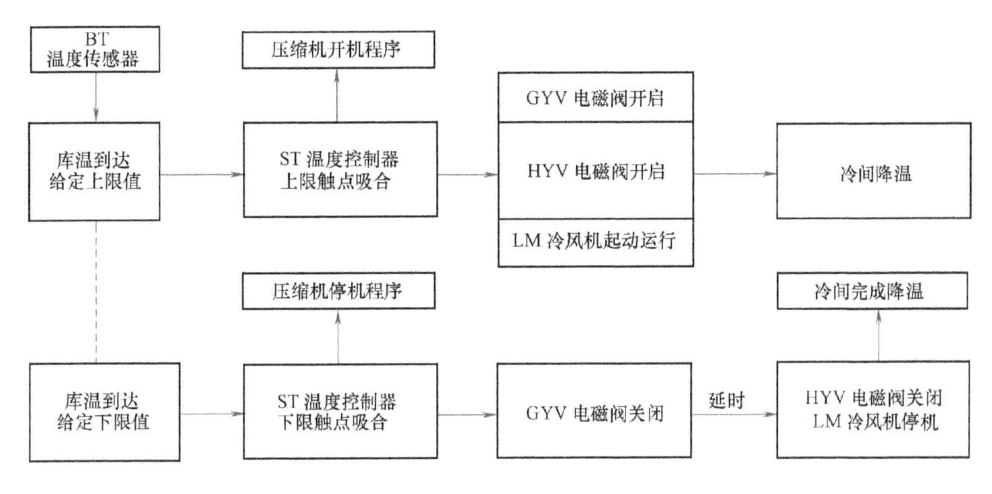


图 10-41 冷却物冷藏间温度调节框图

## 10.3.4 冻结间温度自动调节

### 1. 温度控制要求

1）空库库温：-15～-10℃。

2）冻结库温：肉类为-23～-18℃，鱼虾类为-30～-23℃。

库温数值和冻结时间由工艺设计决定。

### 2. 控制对象

控制对象为供液电磁阀、回气电磁阀和冷风机，并使压缩机等制冷设备联动运行。

### 3. 控制回路

冻结间工艺流程图如图 10-42 所示，工艺流程一般分五个阶段，食品未进库前先要空库降温（或空库保温），空库降温一般降低到-15～-10℃，空库保温要保持在-5℃左右。进货过程中也要保持在-5℃左右，以防止建筑物因冻、融循环而损坏。

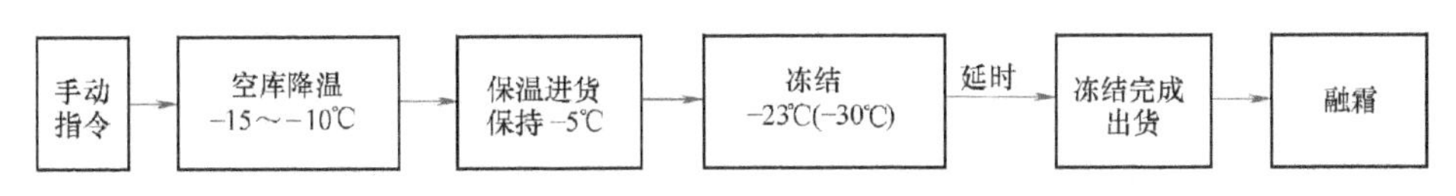


图 10-42 冻结间工艺流程图

冻结间温度调节工艺如图 10-43 所示，有两台空气冷却器，供液管上安装了 GYV 供液电磁阀，回气管上除安装了 HYV 恒压电磁主阀外，还安装了 1DYV、2DYV 电磁导阀，以避免自控阀门的压力损失导致吸入压力过低而降低压缩机的制冷量。

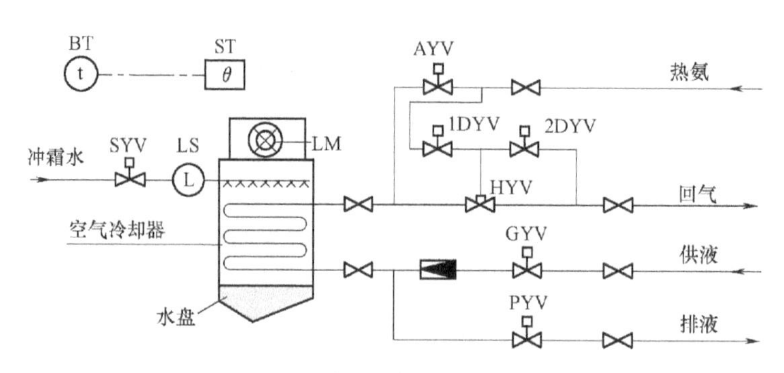


**图 10-43　冻结间温度调节工艺**

冻结间空库降温自动调节框图如图 10-44 所示。在开始空库降温时，人工指令接通 GYV 供液电磁主阀和 1DYV 导阀的电源，使其开启，LM 冷风机起动运行。由于 1DYV 导阀的开启，将系统压力导入 HYV 恒压电磁主阀活塞顶部，使 HYV 恒压电磁主阀开启，并指令制冷系统设备联动投入运行。当库房温度下降至设定下限值（-15～-10℃，具体数值由工艺而定）时，ST 温度控制器发出指令，制冷系统停止工作，同时发出声光信号，告知值班人员空库降温完成，食品可以入库。当温度上升到-5℃，ST 温度控制器发出指令时，制冷系统又起动运行。

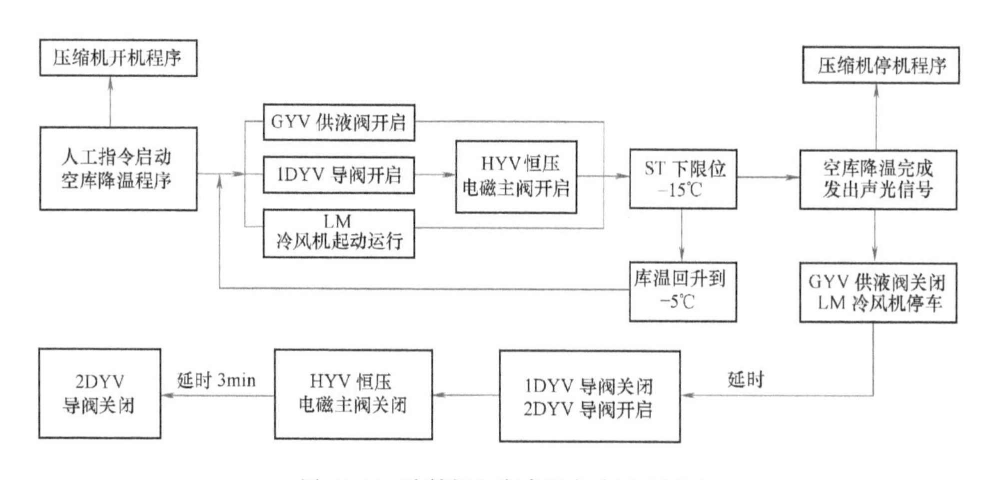


**图 10-44　冻结间空库降温自动调节框图**

当食品入库完毕，开始冻结程序，冻结温度调节框图如图 10-45 所示，人工指令制冷系统和时间控制器工作。时间控制器的动作时间由工艺根据不同食品的要求而定。当累计冻结时间达到给定值，而温度继电器又达到冻结要求的下限值时，发出冻结完成信号，随即切断供液电磁阀和冷风机电源，使其自动停车。延时关闭 1DYV 回气电磁导阀，同时开启泄压管上的 2DYV 电磁导阀，使 HYV 恒压电磁主阀上部压力释放而关闭，HYV 恒压电磁主阀关闭后延时 3min，2DYV 电磁导阀关闭，冻结过程即告结束。食品开始出库，食品出库完毕，开始冲霜。

大、中型冷库货物进冻结间是用吊轨传送带运货，由于货物挂上传送带和从传送带上卸下来都是由人工操作的，所以一般采用半自动控制，人工控制按钮开启传送带，将货物入库冻结。为了保证传送带的正常运转，还应装设过流保护、限位开关等安全保护装置。一旦传送带

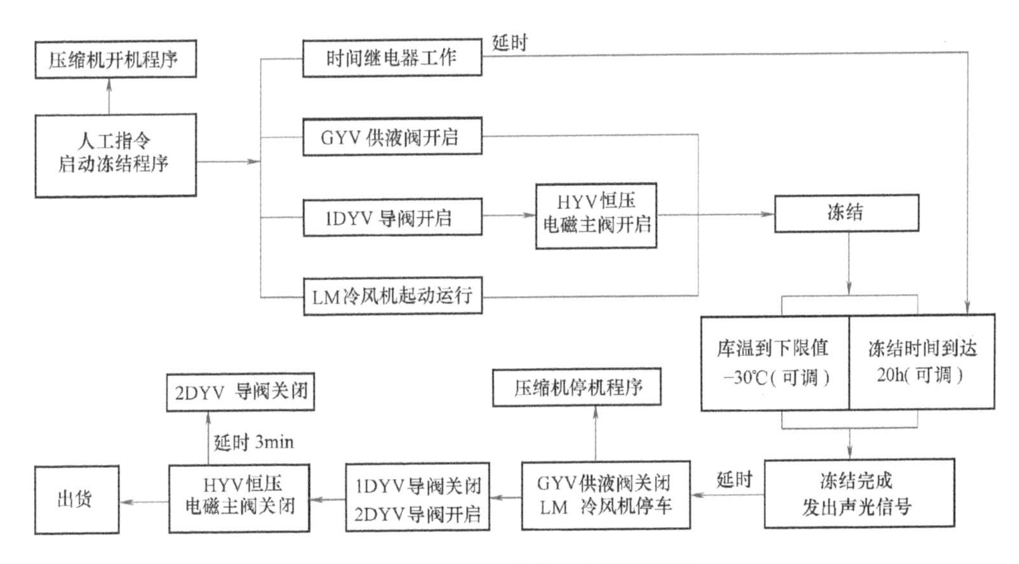


图 10-45 冻结间冻结温度调节框图

发生故障，即发出声光报警信号，并自动切断传送带驱动电动机的电源，以免发生事故。

鱼虾完成冻结后，一般在冻结间外的穿堂内脱盘后再进冻结物冷藏间。脱盘有自动脱盘机，功率为 4kW 左右。

### 10.3.5 冰库温度自动调节

冰库温度自动调节，若采用排管制冷，则与冻结物冷藏间自动调节回路相同；若采用空气冷却器制冷，则与冷却物冷藏间自动调节回路相同，所不同的是温度控制范围不一样。冰库温度一般保持在-10～-4℃之间。

### 10.3.6 除霜的自动控制

冷库内蒸发排管或空气冷却器中的蒸发盘管在表面温度低于露点温度时，空气中的水分将在蒸发盘管的表面析出并结成霜，随着制冷系统的运行，霜层逐渐加厚，不仅造成很大的管壁附加热阻，而且使蒸发盘管翅片间的空气通道变窄，增大空气流动阻力，降低制冷效率。因此，为了保证空气冷却器的制冷效率，需要定期除霜。除霜方式有水冲霜、热制冷剂融霜、水冲霜与热制冷剂融霜相结合的方式，还有电热除霜和自然除霜等方式。

#### 1. 水冲霜的控制

当水温高于 20℃时，可单独采用水冲霜方式，这种冲霜方式适用于冷却间和冷却物冷藏间的空气冷却器蒸发盘管冲霜。如图 10-39 和图 10-40 所示，在冲霜水管上安装了 SYV 电磁阀和 LS 水流信号器。

水冲霜指令可采用手动指令、定时程序冲霜，或采用 CPK-1 型微压差控制器指令冲霜。

CPK-1 型微压差控制器指令冲霜的原理是：在蒸发盘管的前、后端引导压管接至微压差控制器，根据空气冷却器回风口和出风口的空气压差来实现自动冲霜，当空气冷却器蒸发盘管上霜层增厚到一定程度，空气阻力达到设定值时［设定值相当于冷风机空气流量减半时的阻力，一般调定值 $\Delta p \geq 18mmH_2O(176.4Pa)$］，微压差控制器即发出冲霜指令。

水冲霜程序控制框图如图 10-46 所示。冲霜水泵停车，冲霜水电磁阀关闭。

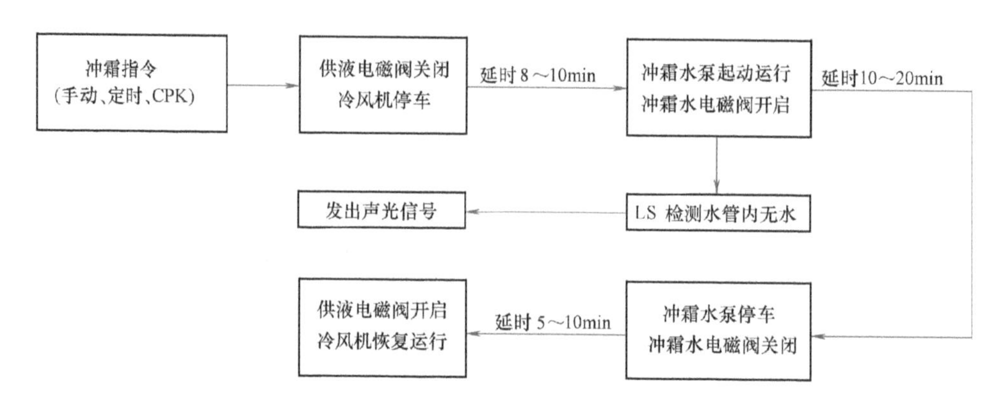


图 10-46　水冲霜程序控制框图

给排水专业在设计冲霜水时，从经济的角度出发，只设置一台工作冲霜泵和一台备用冲霜泵，而冷库的冷间多，若几个冷间同时冲霜，则冲霜水量不够用。因此，在电气自控线路的安排上，需要安排各个冷间依次顺序冲霜。

传统的程序冲霜采用 TDS-04（05）型时间程序控制器，这也是专用于冷库程序冲霜的调节器。随着计算机技术的发展，采用可编程方法使自动冲霜控制更加完善。XH-2000 冷冻、冷藏控制软件具有除霜程序。

2. 热制冷剂融霜

冻结物冷藏间大多采用光滑墙排管或顶排管，以扫霜为主，只有库房货物出尽后才采用热制冷剂融霜。由于热制冷剂融霜不经常使用，一般采用手动控制。

3. 水冲霜和热制冷剂融霜相结合的程序控制

冻结间也有采用水冲霜方式的，但是蒸发盘管内的积油不能除去，还需定期人工热制冷剂融霜。所以，冻结间以采用水冲霜和热制冷剂融霜相结合为宜。

水和热氨结合的冲霜程序控制，所需自控元件比水冲霜程序控制要多，如图 10-43 所示，除在冲霜水管上安装了 SYV 电磁阀和 LS 水流信号器外，还安装了 AYV 热制冷剂电磁阀和 PYV 排液电磁阀。

只有冻结间内的货物全部出库后才能开始冲霜，所以一般都为手动指令。程序冲霜的冲霜时间由时间继电器控制，冲霜程序控制框图如图 10-47 所示。

4. 电热除霜

电热除霜适合于小型冷库，电热元件附设在空气冷却器内蒸发盘管的翅片上，其程序控制框图如图 10-48 所示。

5. 自然除霜

库温大于 5℃的冷间，可以采用自然除霜方式，就是停止制冷，但冷风机继续运行，使库内空气中的热焓将表面霜层除掉。

### 10.3.7　冷库湿度的自动控制

贮藏水果、蔬菜、鸡蛋等的冷却物冷藏间，为了保证食品贮藏质量，不仅需要有适宜的温度，而且需要有适宜的湿度。因此，湿度的测量和控制也很重要。湿度控制内容有加湿、

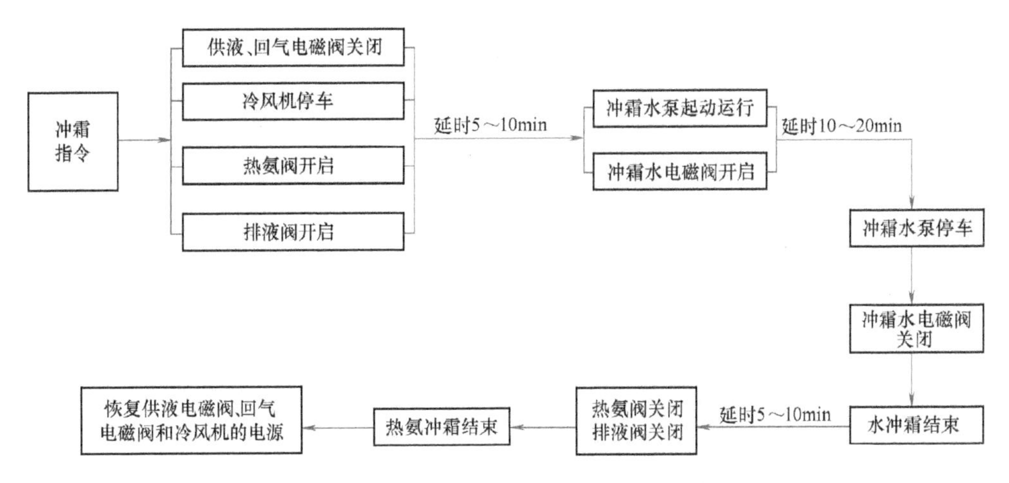


图 10-47　水和热氨结合冲霜程序控制框图

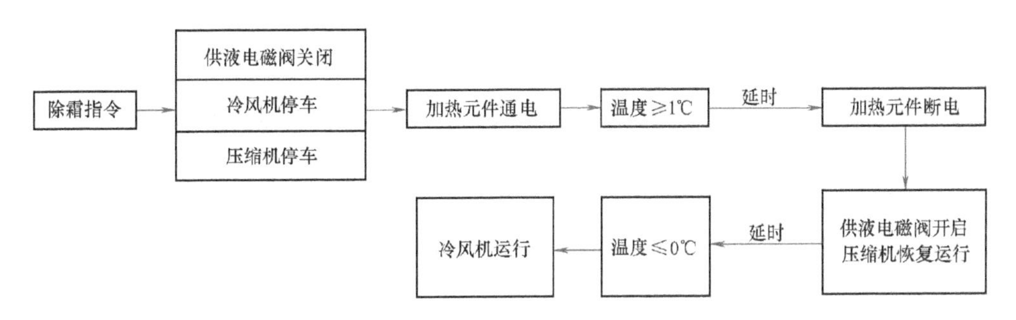


图 10-48　电热除霜程序控制框图

除湿控制。

1. 相对湿度的要求

各种果、蔬相对湿度的要求如下：

1）鸭梨、土豆、橘子、荔枝、香蕉等要求相对湿度为85%~90%。

2）大白菜、蒜薹、菠菜、葱头、香菜、胡萝卜、甘蓝、芹菜、莴苣等要求相对湿度为90%~95%。

当库内湿度大于上述相对湿度值时需要除湿，小于上述相对湿度值时需要加湿。采用湿度调节器或控制器与加湿器和除湿装置配合，可达到自动调节湿度的目的。

2. 湿度遥测

湿度遥测由湿度传感器和显示仪表组成，湿度传感器也可和湿度调节器配合，既可显示又可调节湿度。湿度传感器有TH干湿球信号发送器、氯化锂湿度传感器等，湿度调节仪表有TS系列湿度调节器、MSK-06型湿度显示控制仪、WS-ZI智能温湿度巡测仪等。

3. 加湿控制

加湿方法一般有喷雾式、蒸汽发生式加湿器和自然蒸发式等三类。

(1) 喷雾式　冷却间和冷却物冷藏间一般安装了空气冷却器，可以在冷风机出风口安装喷嘴或具有小孔的水管，按控制湿度给定值自动启闭水电磁阀，向室内空气中喷水雾或蒸汽，使空气中的含湿量增加。也可利用现有的冲霜水装置进行喷淋加湿，喷水加湿法如

图 10-49 所示，某蔬菜库的冷却物冷藏间的墙上安装带有喷嘴的水管（或采用有小孔的水管），喷雾方向一般呈水平或略向上，注意不要喷到顶棚、梁、柱和食品上，否则就要发生结露。

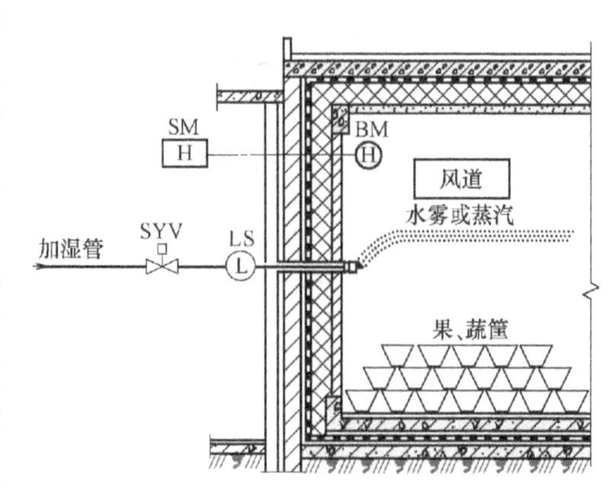


**图 10-49　喷水加湿法**

BM—湿度传感器　SM—湿度控制器

SYV—水电磁闸

冷却物冷藏间若安装水喷雾离心式加湿器，要将加湿器安装在适当的位置，不能正对风道出口安装，因为空气冷却器吹出的速度较快的冷风会使喷雾逆向返回，造成结露；也不能安装在空气冷却器吸入口附近，因为会使空气冷却器盘管结霜增多。相对两面墙上都安装加湿器时，要考虑喷雾的射程，避免相对喷雾的碰撞，故要交错安装。

加湿控制可采用 WSL-305 型温、湿度指示控制仪和复合传感器（氯化锂湿敏电阻和 RC4 型热敏电阻）。当库内湿度降到设定值下限值时，接通加湿水电磁阀（可以利用冲霜水）电路，开启阀门喷水雾，并且音响报警。当湿度上升到设定值上限值时关闭阀门，停止喷雾，实现两位式调节。这种加湿方法简单，投资少，运行费用低。

但是，+1℃以下的果蔬冷库不宜采用水喷雾加湿和自然蒸发加湿。因为存在水滴，容易结露，喷嘴容易冻坏或阻塞，这时一般采用蒸汽发生式加湿器。

（2）蒸汽发生式加湿器　肉类冷库不宜采用水喷雾加湿，除存在结露问题外，喷雾时，水滴中所带来的细菌会污染肉类食品。蒸汽发生式加湿器最适用于肉类冷库的加湿。大、中型冷库若采用蒸汽发生式加湿器，则需要建立锅炉房。小型冷库可采用电极式蒸汽加湿器或电热式蒸汽加湿器。蒸汽加湿器安装在库外，蒸汽分布软管安装在墙内通风装置内。蒸汽直接由通风机送出，混入库内空气中，这样可避免风道内及风道喷出口附近结露。

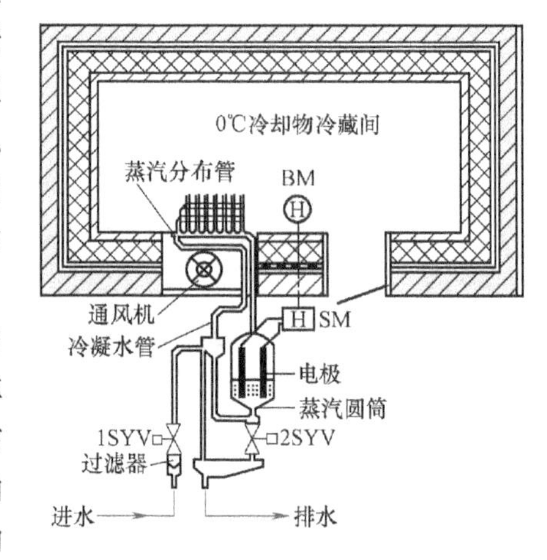


**图 10-50　电极式蒸汽加湿器**

电极式蒸汽加湿器如图 10-50 所示，蒸汽圆筒内的电极将水加热产生蒸汽，水变成蒸汽后，电导率有所变化，将电导率的输出信号和室内湿度检测信号送给 SM 加湿调节器，控制 1SYV 给水电磁阀和 2SYV 排水电磁阀的启闭，控制蒸汽圆筒内的水位和蒸汽浓度。在喷蒸汽的同时起动通风机，以利于将喷出的蒸汽扩散到整间库房空气中去，从而达到库内湿度调节的目的。通风机运行时，朝外开的保温小门要打开，以利于新鲜空气进入。通风机停车时，小门要关严，以免产生冷桥。

**4. 除湿方法**

（1）自动除湿　冷却物冷藏间的除湿都是靠空气冷却器盘管翅片表面结霜来达到除湿

的目的，因此可不另设除湿装置。

（2）固体除湿　固体除湿是利用固体吸附剂从空气中吸收水分达到除湿的目的，常用的吸附剂有硅胶、铝胶、活性炭、氯化钙和氯化锂等。

图10-51是采用氯化锂吸收空气中的水分的除湿机。它由风机系统、转筒组件、温控加热器和过滤器四部分组成。转筒内嵌有石棉纸裹住的氯化锂晶体，由电动机减速器带动旋转。当湿度调节器发出降湿指令后，除湿机开始工作，鼓风机和轴流风机起动，转筒转动，库内湿空气经过滤器由鼓风机送入转筒内蜂窝通道，湿空气中的水分被氯化锂吸收含浸在石棉纸上，已除湿的干燥空气从另一端送出回到库内空气中，同时除湿机吸进室外空气经过过滤器，由轴流风机送入加热器加热后送进转芯的石棉纸部位，将氯化锂和石棉纸上的水分带走，并将这部分湿热空气从另一端排走，就这样连续不断地除掉库内空气中的水分，直至湿度调节器发出停止降湿指令后，除湿机才停止工作。

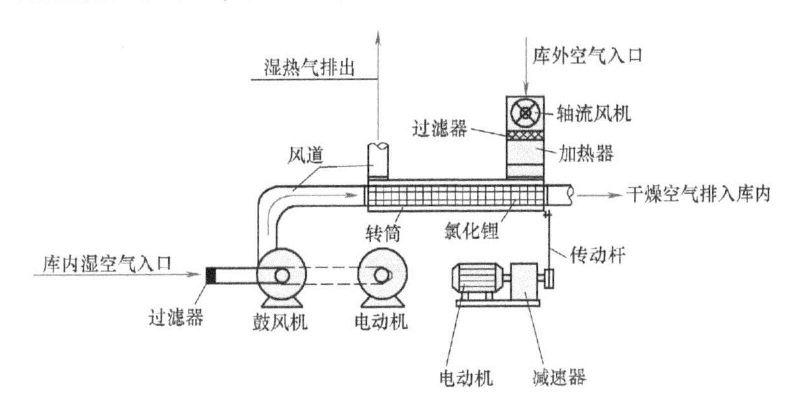


图10-51　除湿机工艺

## 10.3.8　冷库门的自动控制

冷库门有手动和电动两种，但不管是手动还是电动，一般均在门上方安装了空气幕，以便开门时阻隔库内外空气的对流。低温库门上还安装了防冻电热丝。

（1）冷却物冷藏间手动冷库门的自动控制回路　在冷库门框上方安装行程开关，当冷库门打开时，行程开关接通空气幕电路，冷风幕起动。当冷库门关闭时，行程开关切断空气幕电路，冷风幕停止运转。手动冷藏门空气幕控制原理如图10-52所示。

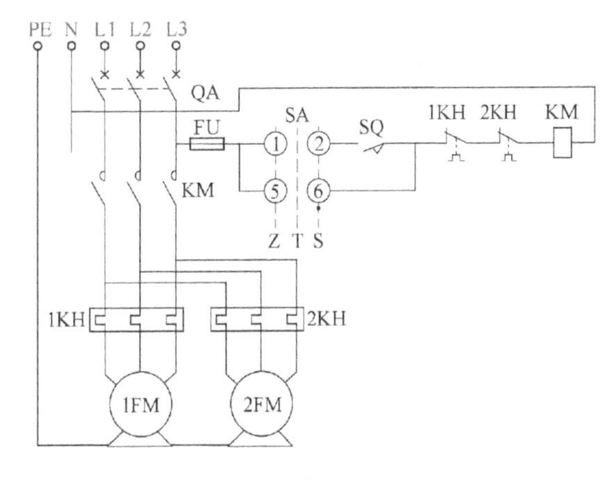


图10-52　手动冷藏门空气幕控制原理

1FM、2FM—空气幕　SQ—行程开关

（2）冻结物冷藏间和冻结间手动冷库门的自动控制回路　冻结物冷藏间和冻结间手动冷库门的自动控制回路控制原理与冷却物冷藏间手动冷库门相同，只是在门上加装了24V电热丝。低温库手动冷藏门空气幕控制原理如图10-53所示。

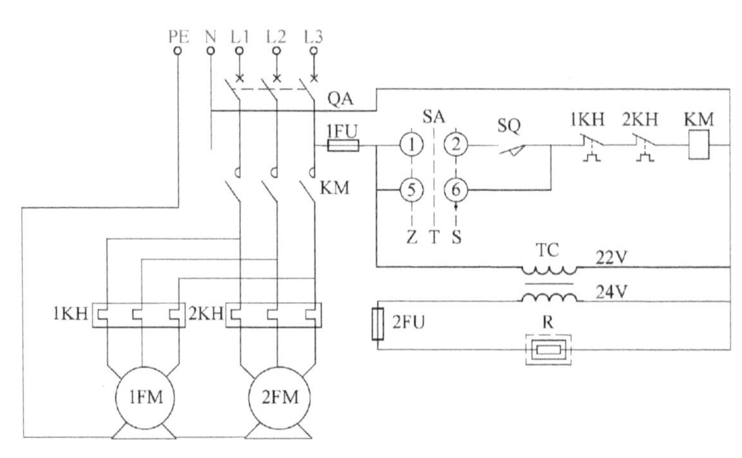


**图 10-53 低温库手动冷藏门空气幕控制原理**

1FM、2FM—空气幕 SQ—行程开关 TC—控制变压器 R—冷藏门上电热丝

## 10.3.9 呼人信号

GB 50072—2010《冷库设计规范》中第3、7、13条指出："根据需要冷间内可设呼唤信号装置，此时库内门上方墙上应装设长明灯。"这是为了保障人身安全，防止职工被误关在冷藏间而做出的规定。但对库容量很小的冷藏间，或在冷藏间内已有能开门的措施，可以不设置呼人信号装置。

设置呼人装置的冷库可按图10-54所示的呼人信号原理接线图设计安装，每一冷藏间内

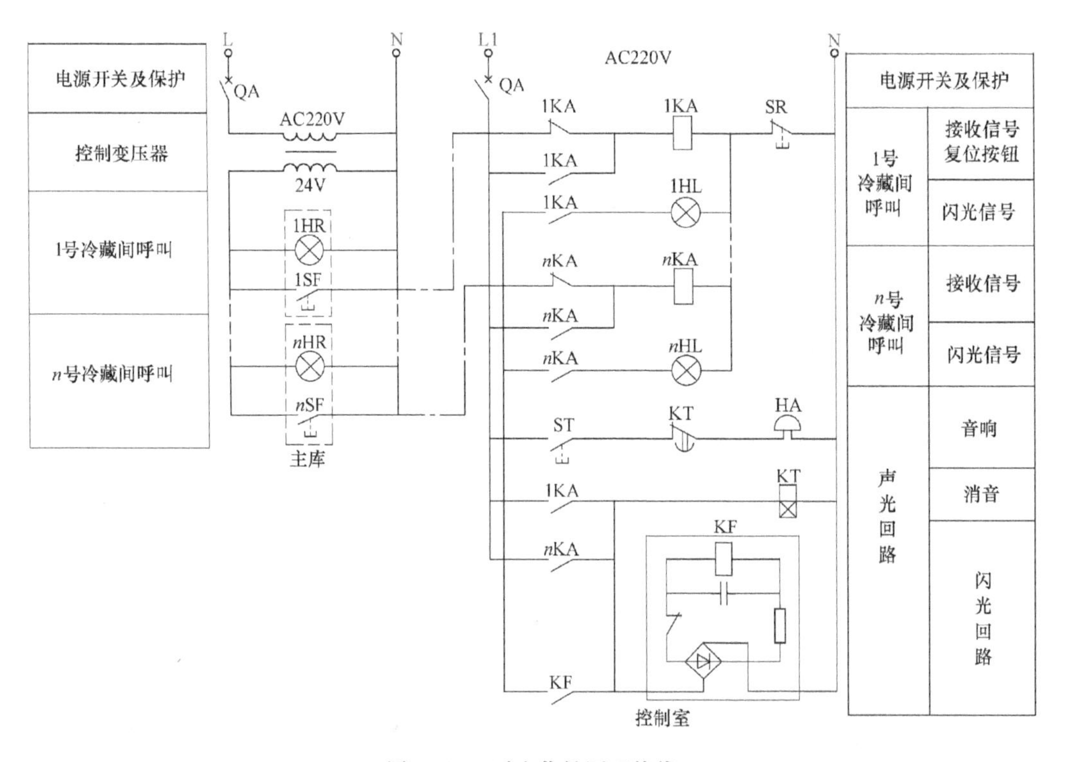


**图 10-54 呼人信号原理接线**

门上方的墙上装设一个长明灯，门旁安装一只带灯的呼人按钮，中心距地 1.5m 安装。因冷藏间是低温潮湿场所，呼人按钮应选用防潮按钮。如果有人在冷藏间工作，而门被锁上了，库内工作照明灯也关了，此时门上方的墙上装设的长明灯是亮的，呼人按钮上的灯也是亮的，就不难寻找门和按钮的位置，此时只要按下按钮，在控制室的控制屏上就有该冷藏间的闪光信号，同时发出音响信号，通知值班人哪间库房有人在呼叫，需要去开门。

呼人信号的传输线路选用普通的铜芯绝缘线就可以。考虑机械强度和电压损失，宜选择 $1.5mm^2$ 铜芯绝缘线或控制电缆。对具有计算机监控网络的冷库，呼人按钮信号可输入现场智能控制器。

## 10.4 气调库的自动控制设计

水果、蔬菜在冷库内贮藏期间，仍然有呼吸作用，这种呼吸作用会消耗水果、蔬菜组织中的糖类、酸类及其他的有机物质。这种呼吸作用越强，水果、蔬菜衰老就越快。因此，低温贮藏还达不到理想的保鲜效果，必须抑制果、蔬的呼吸作用，延缓衰老，达到保鲜的目的。抑制水果、蔬菜的呼吸作用的方法，就是采用气调方法改变水果、蔬菜库内空气组成比例，适当降低空气中氧的含量，提高二氧化碳的含量，这就需要建立气调机房。主要气调设备有催化燃烧降氧机、二氧化碳脱除机、碳分子筛制氮机，一般机器上自带启动控制设备，只需提供一路电源即可。

### 1. 催化燃烧降氧机

催化燃烧降氧机是利用催化燃烧反应，降低库内空气中的含氧量，达到降氧的目的，它主要用于水果和蔬菜的低氧贮藏，即气调贮藏，可以达到长期保鲜的效果。

（1）催化燃烧降氧机的组成　催化燃烧降氧机也称为气体发生器，是快速降氧的有效仪器，一般由催化燃烧反应器、气体冷却器、离心鼓风机、电磁阀、工艺管道、测量仪表和控制设备等部件组成。

（2）催化燃烧降氧机工艺流程　如图 10-55 所示，运行时，气调库内的气体通过离心鼓风机进入管道，而丙烷或天然气燃料按控制的比例也流入管道中，与气调库气体混合后，进入催化燃烧反应器的底部加热（由电热元件加热）。在预热到反应温度（CR-10 型和 CR-20 型为 410℃，DR-4-20 型为 580℃）后，混合气流通过催化剂床层，在催化剂床层内发生催

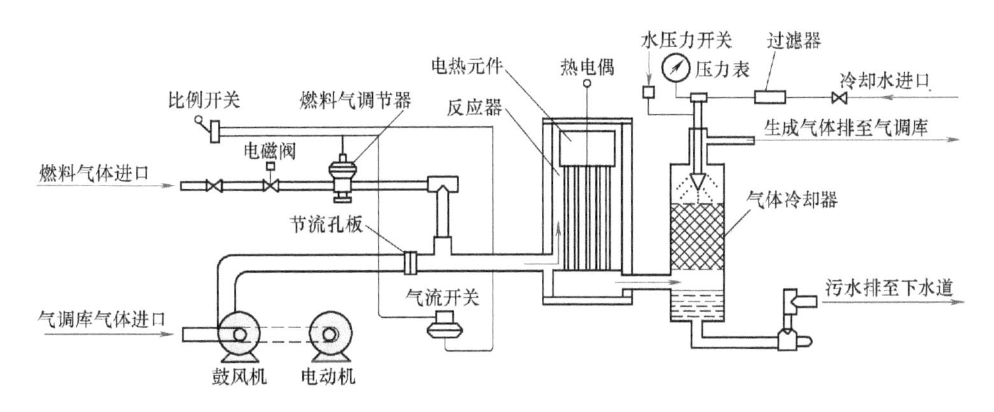


**图 10-55　催化燃烧降氧机工艺流程**

化燃烧反应（氧化反应），氧和燃料气体之间只是放热反应，没有火焰产生，在催化燃烧反应时，库气流中的氧（$O_2$）与燃料中的碳（C）和氢（H）化合生成二氧化碳（$CO_2$）、水蒸气（$H_2O$）和氮气（$N_2$）。水蒸气（$H_2O$）进入冷却器被冷凝后，从下水道排出。热气体（$CO_2$ 和 $N_2$）进入冷却器后与冷却水逆向流过拉西瓷环填料层，使热气体降温，降至接近周围环境温度，排出送至气调库内。

为了调整库气流和燃料气流量，在管道上安装了节流孔板、平衡气体调整器和反馈线路组成的压力反馈系统，使在全部运转时间内，库内气流和燃料气流量的配比保持一定，并使之低于燃料与氧混合物的爆炸极限。

一般气调库内气体含氧量降至给定值5%~10%时，催化燃烧降氧机即停止工作。

### 2. 二氧化碳脱除机

二氧化碳脱除机是用来控制气调库中二氧化碳（$CO_2$）的浓度，主要用于水果和蔬菜的气调贮藏，可以达到长期保鲜的效果。

（1）二氧化碳脱除机的组成　二氧化碳脱除机一般由两个吸附罐、两台鼓风机（用同一电动机驱动）、相互连接的管道和6个三角形三通阀门及控制设备组成。

每个吸附罐内装有粒状活性炭吸附剂，能高效率地脱除二氧化碳（$CO_2$），用以控制气调库内二氧化碳气体的含量。但是新鲜干净的活性炭在经过数分钟吸附二氧化碳后，即达到饱和状态，失去吸附能力，因此必须再生，即利用风机抽入新鲜空气进行吹扫而再生，使活性炭恢复对二氧化碳的吸附能力。两个吸附罐中，一个在吸附，另一个在再生，两个吸附罐交替使用，自动切换。

（2）二氧化碳脱除机工艺流程　二氧化碳脱除机工艺流程如图10-56所示。

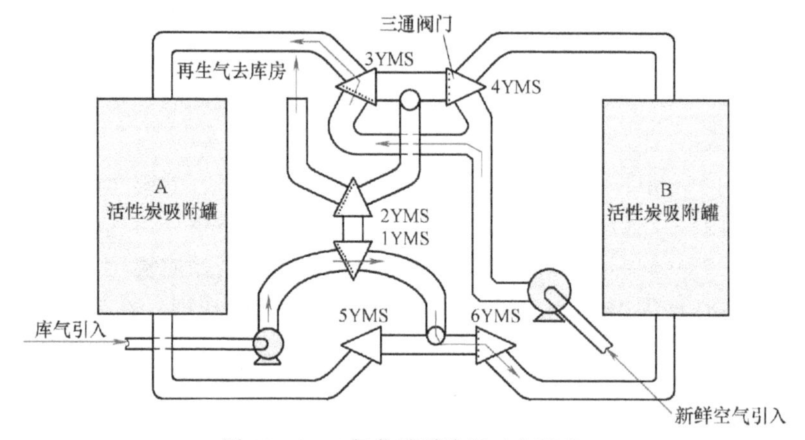


图10-56　二氧化碳脱除机工艺流程

### 3. 碳分子筛制氮机

碳分子筛制氮机用来制造氮气，送往气调库。气调库内充氮气，能实现快速降氧，也是实现水果、蔬菜保鲜的一种有效方法。

（1）碳分子筛制氮机的组成　碳分子筛制氮机一般由空气压缩机、空气过滤器、贮气罐、缓冲贮气罐、两个吸附塔、真空泵和电控气动阀门、程控微处理机及气体分析仪器等组成。利用吸附分离作用制氮气，将氮气送入气调库内，可以脱除空气中的二氧化碳和乙烯。

（2）碳分子筛制氮机工艺流程　碳分子筛制氮机工艺流程如图10-57所示，气调库内气体由空气压缩机的进口吸入，压缩后经空气过滤器过滤，进入贮气罐，由贮气罐进入A吸附塔内，塔内充填的碳分子筛将氧气吸附后，产生低氧高氮的产品气体，由塔顶排出经缓冲贮气罐送至气调库。在A吸附塔产氮的同时，B吸附塔由真空泵减压，吸附在碳分子筛上的氧气被脱附下来，排放到大气中，使塔内碳分子筛再生恢复吸附能力，两塔交替工作，可连续获得低氧高氮的产品气体。交替工作过程，由时间程序控制器或微处理机程控，自动控制电动阀门的启闭来完成。

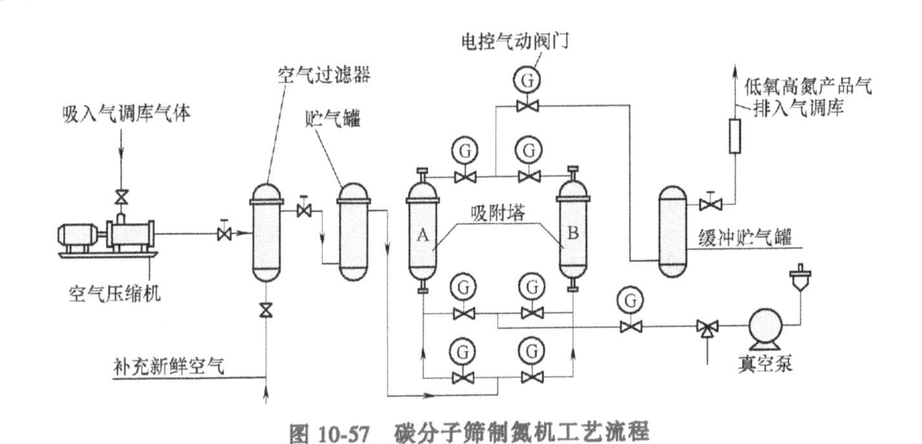


图10-57　碳分子筛制氮机工艺流程

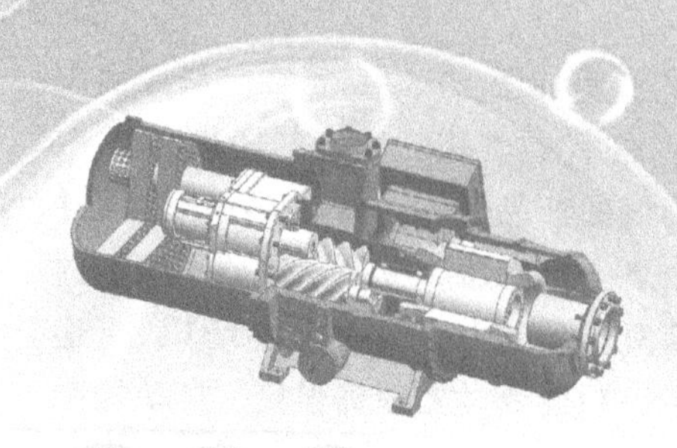

# 第 11 章

# 冷库制冷装置的安装

制冷装置的安装是冷库建造工程中极为重要的环节，安装质量的好坏将直接影响制冷系统的运行状况，对冷库生产以及操作维修工作有着长期的影响。因此，必须严格要求、正确施工，力求高质量地完成制冷装置的安装任务。

冷库制冷装置的安装主要是指散装式制冷设备（压缩机组和库房冷却设备）的安装。由于制冷系统的特殊性，其安装不仅难度较大，辅助设备较多，涉及的工种面广（如管、钳、焊、电、木、瓦、沥青工等），并且还有严密性和清洁性的特殊要求。总体上看，氨制冷装置比氟利昂制冷装置安装要困难些。

## 11.1　氨压缩机及其辅助设备的安装说明

### 11.1.1　氨压缩机

1）各种氨压缩机的具体安装要求（包括试车及验收要求）应符合最新颁布的机械设备安装及验收的国家标准，如无新的国家标准，可参照 GB 50231—2009《机械设备安装工程施工及验收通用规范》执行并应符合相应生产产品样本的技术要求。

2）氨压缩机座必须位于实土上，施工前应将机座下的浮土挖深后分层整实。大孔性土或土质松软的应挖深 2~3m，分层回填整实；或将槽底整实后，用 100 号毛石混凝土筑至原定机座标高，然后在其上捣筑机座。

3）机座一般可采用 150 号素混凝土制作。氨压缩机基础在捣灌前，必须参照基础施工图与实物核对螺孔位置及螺栓长度，并防止捣制时移动位置，同时必须核对电线管道和上下水管道位置。

4）初次浇灌的基础高度，应比设备底盘安装标高低 20~40mm，并使表面粗糙，以便灌浆时能牢固地结合。

灌浆层上表面应略有坡度，坡向朝外，以防油、水流入设备底座。抹面砂浆应压密实，抹成圆棱圆角，表面光洁美观。

5）大型机座四周做防振缝。四周先砌240mm厚墙，与机座离开50~100mm，缝内填干砂，缝顶用沥青青麻刀填平。

6）制冷压缩机的安装步骤为清理—就位—找正—灌浆。压缩机就位前应将预留螺栓孔清洗干净，孔内不得存有灰土、木屑等脏物；就位后应使其中心线与基础中心线重合，用水平仪测量压缩机的纵横向水平度。对于立式和W形压缩机，测量的方法是将顶部气缸盖拆下，将水平仪放在气缸顶上的机加工面上测量；对于V形和扇形压缩机，测量的方法是将水平仪轴向放置在联轴器上，测量压缩机的轴向水平度，再用吊线锤的方法测量其横向水平度。当水平度达到要求后，用300号细石混凝土将地脚螺栓孔灌实，待混凝土达到规定强度的75%后，再做一次校核，符合要求后将垫铁点焊固定，然后拧紧地脚螺栓，最后进行二次灌浆。

压缩机的基础承受设备本身质量的静载荷和设备运转部件的动载荷，并吸收和隔离动力作用产生的振动。压缩机的基础要有足够的强度、刚度和稳定性，不能有下沉、偏斜等现象。

设备基础施工后，土建单位和安装单位共同对其质量进行检查，待确认合格后，安装单位进行验收。基础检查的内容有：基础的外形尺寸、基础平面的水平度、中心线、标高、地脚螺栓孔的深度和间距、混凝土内的埋设件等。

7）对心：如果电动机和压缩机无公共底盘，在安装压缩机的同时，将电动机及电动机导轨安装好，并用拉线的方法使电动机和压缩机带轮在一个平面上。若是直接传动，还须调节电动机和压缩机两轴同心，其径向偏差系数不大于0.2~0.3mm，否则弹性橡皮易损坏，并能引起振动。两机轴线同轴度调整得越精细越好。在调整时往往是固定压缩机，用千分表调整电动机。

### 11.1.2 氨压缩机辅助设备

1）所有主要辅助设备、压力容器（如冷凝器、氨油分离器、高压贮液器、中间冷却器、氨液分离器、放空气器等）应进行强度试验和严密性试验。如果同时具备以下三个条件时，可不做强度试验，仅做严密性试验：有合格证件；无损伤和锈蚀现象；在技术文件规定的期限内安装。

试压条件可按GB 150.1~150.4—2011的规定进行。

2）设备在安装前必须清除铁锈污物、灰尘，容器内应以1.6MPa（表压力）压缩空气进行单体吹污，直至排尽。

3）设备的基础在捣制前，必须按实物制作螺孔位置样板，并按样板预埋螺栓，样板必须平整并经水平校验。较高设备如立式冷凝器，就位前应在四角地脚螺栓旁放上垫铁，以调整冷凝器的垂直度，允许偏差不得大于1/1000，找垂直后拧紧地脚螺栓即将冷凝器固定，垫铁留出的空间应用混凝土填塞。

4）设备的安装，除图样注明的要求外，一般均须平直、牢固、准确，接管正确。氨油分离器等易振动的地脚螺栓，应采用双螺母或增加弹簧垫圈。

5）低压容器安装时应增设垫木，尽量减少冷桥。垫木应预先在热沥青中煮过，以防腐蚀。

### 11.1.3　库房冷却设备

1. 冷却排管

1）各种冷却排管的制作及安装必须符合施工图样要求。

2）制作冷却排管的无缝钢管须逐根检查管子质量，制作前管子须内外除锈，除过锈的管材两端用木塞塞好，防止砂石流入，并不得露天放置，防止再次生锈。

3）排管制成后，须进行单体试压和吹污。试压一般采用1.6MPa（表压）气压，以试验其渗漏性。

4）安装排管时，应按设计要求校正水平，不得有不平整或倾斜现象。

5）安装排管用的吊铁一律采用Q235钢。

6）排管制作后涂两道红丹、一道银粉防锈。

2. 冷风机（空气冷却器）

1）冷风机安装前应检查工厂产品合格证，如无产品合格证，应进行1.6MPa（表压）气压试验，并进行吹污。

2）安装冷风机水盘时，要注意水盘与排水口的焊接绝对不能渗漏，防止冲霜和地面水沿下水道渗入地面隔热层。施工过程必须与土建施工单位密切配合。

3）冷风机安装必须平直，不得歪斜。特别是吊顶冷风机更应严格按要求安装水平，以免配水不均，影响冲霜。

4）鼓风机及电动机底座的紧固螺栓必须加弹簧垫圈。

5）冷风机安装完毕后，应开动风机检查其有无不正常的振动和风叶擦壳等现象。

6）开动冲霜水阀，检查配水是否均匀满布，冷风机壳体及挡板有无漏水和漏风现象，并做全面调整。

### 11.1.4　测量仪表

1）所有测量仪表及元件均须采用氨系统专用产品，安装前应按产品样本或技术文件校核其准确性。

2）冷凝器、氨油分离器、高压贮液器、再冷却器、集油器、加氨站等高压容器及压缩机排管上均采用76.0~0~2.5MPa压力表；氨液分离器、低压循环贮液器、中间冷却器、放空气器、库房分调站及压缩机吸气管上均采用76.0~0~1.6MPa压力表。氨用压力表等级应不低于2.5级精度。

3）所有仪表均应安装在照明好、便于观察、不妨碍操作检修的位置，安装在室外的仪表均应加保护罩，以防日晒雨淋。

### 11.1.5　阀门

1）氨制冷系统用各种阀门（如截止阀、节流阀、止回阀、安全阀、浮球阀、电磁阀、电动阀等）均须用氨系统专用产品。

2）安装前除制造厂铅封的安全阀外，必须将阀门逐个拆开，清除油污、铁锈。

3）截止阀、止回阀、电磁阀、电动阀等有阀线的阀门，应研磨密封线；有填料的阀门，必须检查填料是否密封良好（必要时加以更换）。

4）阀门清洗后，应将阀门启闭4~5次，然后注入煤油，经2h未漏，方为合格。

5）浮球阀、电磁阀、电动阀及浮球式液面指示装置，在安装前须单个测试其灵敏度及密封性。

6）各种阀门安装前必须注意流体流向，不得装反，并必须将阀门安装平直，阀门手柄严禁朝下。

7）安全阀安装前应检查铅封情况和出厂合格证，不得随意拆启，若规定压力与设计不符，则应按专业技术规定将该阀门进行调整，做出调压记录，经主管人员检查合格后再行铅封。高压容器及管道上装设的安全阀，其开启压力为1.85MPa。低压和中压容器及管道上装设的安全阀，其开启压力为1.25MPa。

## 11.2 氟利昂压缩机及其辅助设备的安装说明

由于氟利昂与氨热力性质不同，故其各自的制冷系统也各有特点。本节将主要介绍有别于氨制冷系统的氟利昂压缩机及其辅助设备安装。

### 11.2.1 氟利昂压缩机

1）氟利昂压缩机的具体安装要求（包括试车及验收要求）可参照GB 50231—2009《机械设备安装工程施工及验收通用规范》执行并应符合相应产品样本的技术要求。

2）在压缩机就位前，依据图样“放线”找出地基基础中心线。如有多台压缩机时，应使中心线平行并且对齐。用强度足够的钢丝绳套在压缩机的起吊部位（不允许套在轴上及质软的纯铜管上），按吊装技术安全规程将压缩机吊起。

3）基础制作及安装步骤可参照氨压缩机安装说明。

4）对于整体式设备，安装工作较简单，只需放平，防振，接上水、电即可。

### 11.2.2 氟利昂压缩机辅助设备

1）所有主要辅助设备、压力容器安装前应检查是否有合格证件，无损伤和锈蚀现象及在技术文件规定的期限内安装。

2）氟利昂系统须严格控制水分的进入。例如：在选购氟利昂时，应符合含水标准（如R22不大于0.0025%，质量计）；在系统液体管道与充注管上加设干燥器；系统打压试漏时，注意氟利昂系统不做水压试验，只做气压试验，介质为干燥空气或氮气。

试压条件可按GB 150.1~150.4—2011的规定进行。

3）氟利昂系统的卧式冷凝器可以安放在支架上，往往与贮液器一起安装在同一竖直面上，并在支架（半圆形垫木）上垫以10~20mm厚的石棉板，用水平尺找平，但需略倾斜于放油端。

4）贮液器的安装与卧式冷凝器相同，根据使用的具体情况，贮液器可以不用地脚螺栓而直接安放在支座上。应保证冷凝器与贮液器的相对安装高度，使冷凝后的制冷剂液体能够靠自身重力作用流入贮液器。

如果两个贮液器并联，则可在两个贮液器之间下面设一连接管，管道上装一个截止阀，以保证两个液面一致。

在安装贮液器时，必须注意安装方向，使出液口在靠近节流阀一边。系统中有的进、出口液管口径一样，而且是对称布置，因此必须弄清贮液器出液口的位置。有的贮液器放油口在上面也要判别清楚，注意放油管进入贮液器的深度比出液管更深。

5）氟利昂的密度比常用润滑油大（个别的除外），故与氨制冷系统的不同之处在于中间冷却器放油接口在富油层处，从此处引出经处理后再送入压缩机。

其他辅助设备如油分离器、空气分离器、中间冷却器等可参考上面的办法进行安装。

### 11.2.3 库房冷却设备

注意氟利昂系统有分液头，管道回油弯的回油角度要调好。方法同氨制冷系统安装。

### 11.2.4 测量仪表与阀门

1）所有测量仪表及元件均须采用氟利昂系统专用产品，安装前应按产品样本或技术文件校核其准确性。

2）与氨相比，氟利昂不易泄漏，但由于氟利昂没有气味，泄漏不易发现，故系统密封性要求较高。阀门一般带有阀帽，以减少泄漏。

3）测量仪表与阀门安装参照氨制冷系统安装说明。

4）为了避免使用中误操作阀门而发生事故，压缩机至冷凝器总管上的各阀门应处于开启状态，加以铅封。各种备用阀、灌液阀、排污阀等平时应关闭，并加铅封或拆除手轮。对连通大气的管接头应加闷盖。所有控制阀手轮上可以挂启闭牌，调节站上的阀门应注明控制某冷间的标志，最好在靠近阀门的管道上标上制冷剂的流向箭头。

制冷系统管道接口（含焊接口）须保证清洁，一旦发现渗油即等于渗漏工质，须马上进行处理。

## 11.3 二氧化碳系统的制冷设备安装说明

### 11.3.1 二氧化碳压缩机

二氧化碳制冷系统的工作压力比较高，压缩机泵体内各部件之间的接触面摩擦比较大，使得二氧化碳压缩机在工作过程中，泄漏风险高。安装过程中，必须严格按照厂家的安装要求进行准备，参照 GB 50231—2009《机械设备安装工程施工及验收通用规范》和 GB 50274—2010《制冷设备、空气分离设备安装工程施工及验收规范》等执行。

**1. 施工前准备**

施工前应进行充分的技术准备和现场准备。

**2. 基础验收**

1）基础混凝土表面应平整，无裂纹、孔洞、麻面等现象。

2）对基础的尺寸和位置等进行复测检查。

**3. 设备验收**

1）设备验收应具备相关的技术文件，并进行检查核对。

2）对主机、附属设备和零部件进行外观检查，核对品种、规格、数量是否满足要求。

3）盘动压缩机联轴器应无卡阻，曲轴箱压力应正常。

4）机器和零部件若暂不安装，应采取适当的保护措施，对其进行妥善保管，防止变形、损坏、丢失、错乱、锈蚀、老化等现象。

4. 油路及油位检查

1）检查曲轴箱内是否有异物和脏污、灰尘，如果有应清理干净，按技术要求更换润滑油。

2）观察油位：活塞式压缩机曲轴箱油位应在玻璃视油镜的1/3~1/2位置，若有两个视油镜，油位应该在上下视油镜的1/2之间；螺杆式压缩机润滑油油位应在视油镜1/2上面一点。

5. 施工过程

施工过程可参考氨压缩机的安装步骤，采取清理—就位—找正（调整垫片）—灌浆的方式，校核后再进行二次灌浆。

6. 压缩机管线安装

所有接管必须牢固，必要时做固定支架，禁止用设备法兰口做支承。在管道与机器连接前，应在机器上至少安放两块百分表，用于测量机器竖直位移和水平位移，方能连接管道。

### 11.3.2 二氧化碳系统其他设备

1）所有主要辅助设备、压力容器安装前应检查是否有合格证件，无损伤和锈蚀现象及在技术文件规定的期限内安装。

2）与氨制冷系统相比，二氧化碳系统对水分含量要求更高，游离水分如冻结将影响阀门和设备工作，同时也加剧腐蚀。所以在安装时，系统液体管道与充注管上应加设干燥过滤器；系统打压试漏时，不做水压试验，只做气压试验，介质为干燥空气或氮气。

3）冷凝器安装可参照氨制冷系统，若采用蒸发式冷凝器，则喷淋水应经软化处理，水质应能达到GB 1576—2008《工业锅炉水质》的要求。

4）油分离器等辅助设备还应检查各种仪表、阀门是否能正常工作。

5）安装冷风机前应检查风机和电动机的转动机构是否灵活，叶轮与机壳之间是否有摩擦，风机转动是否有过重和偏心现象。

### 11.3.3 管道安装与制冷剂充注

1）管道的焊接过程参照GB 50236—2011《现场设备、工业管道焊接施工规范》和GB/T 20801.1~20801.6—2006《压力管道规范 工业管道》进行。

2）安装施工中，应按照条例的相关规定对管道做无损检测，并进行压力试验、气密性试验和抽真空试验，使其安全性得到切实保障。

3）制冷剂的充注。

① 制冷系统充注的制冷剂氨应符合GB 536—2017《液体无水氨》、二氧化碳应符合GB 1886.228—2016《食品安全国家标准 食品添加剂 二氧化碳》的相关规定。

② 复叠式系统一般先向高温级氨制冷系统充注制冷剂，观察系统压力升高的情况，当充注氨量达到50%时可以暂停，检查后试运行再继续充注。当冷凝蒸发器温度降低到设计工况时，可以考虑进行二氧化碳制冷剂的充注。

③ 充注二氧化碳时，可先充注二氧化碳气体，当系统压力达到0.7MPa时，再充注二氧化碳液体。如系统是首次充注，可先充注70%左右，待系统正常运行后再充注其余的30%。

### 11.3.4　安全问题

二氧化碳属于无色无味、不可燃且无毒制冷剂，但直接存在于人类的呼吸过程中时，3%将导致呼吸加重，5%时导致麻醉，大于30%将会带来生命危险。实际操作中除应避免与低温二氧化碳液体有大面积的接触，防止冻伤事故外，作业时应佩戴相应的手套和护目镜，施工现场也应有明显的警示标志。

二氧化碳制冷系统安全阀的泄压管出口应布置在室外安全处，远离门、窗、进风口和人员经常停留的地方。

## 11.4　制冷管道的安装

当组装或散装式制冷设备的各部件，如压缩机、冷凝器、膨胀阀及其他辅助机件等安装就绪后，就可以开始连接它们之间的管路。装配管路包括制冷管道、冷却水管道、冷冻水管道等。这里重点介绍制冷管道的安装。

### 11.4.1　管道的材料

常用管道的材料有纯铜管和无缝钢管两种。氨制冷系统一律采用无缝钢管，不能用铜管或其他有色金属管。无缝钢管的特点是质地均匀、强度高、易于加工、内壁光滑，以钢代铜能节约大量的有色金属。无缝钢管有薄壁和厚壁之分，制冷装置中一般使用的均为薄壁钢管，其中又分为冷拔和热轧两种：冷拔管径小，热轧管径大。

二氧化碳系统压力较高，可采用16Mn无缝钢管和其他合金无缝钢管。

氟利昂系统一般采用纯铜管或无缝钢管。纯铜管的特点是质软、易弯曲加工、耐腐蚀、管壁光滑，但强度稍弱。一般公称直径在25mm以下可用纯铜管，公称直径在25mm以上应采用无缝钢管。

盐水管采用无缝钢管或焊接钢管，也可使用铜管。冷凝器供水管采用镀锌钢管，输送海水时用铝黄铜管等合金管。

### 11.4.2　管道的连接工艺

在管道安装工程中，需用大量各种角度的弯管，如90°和45°弯、来回弯等，所以管道的弯曲常常是现场施工要进行的工作。管道弯曲的方法有冷弯和热弯两种：管径$D\leqslant175$mm时，采用冷弯的方法，其一般使用专用的弯管器，或在弯管机上进行；当管径$D>175$mm时，采用热弯的方法，即利用炉子或气焊把管子加热，然后用人工或机械将管子弯曲，使用中频弯管机可以进一步提高安装的工效。

管子弯曲半径一般为（4~5）$D$（$D$为管子外径），大管宜用偏大的弯曲半径。在氟利昂制冷系统中，由于氟利昂的密度大，管道弯曲应平滑而不能太急，一般用（5~6）$D$作为弯曲半径。

严禁弯管时使用松香，因为松香很难从管道内除净，而附在管内壁的松香能在氟利昂中溶解成为污垢，会严重影响制冷系统的正常运行。

最好也不采用填砂的方法，因为这种弯管方法会将砂子压入管道内壁不平处。如因某种原因必须填砂弯管时，其弯曲半径一般不应小于4倍管道外径，此外弯管完成后还必须把管内壁砂子完全清除干净。

管子连接方式一般有三种：焊接、螺纹连接以及法兰连接。

1. 焊接

管道的焊接可采用电焊、银钎焊、气焊等，对纯铜管与无缝钢管都适用，当管壁厚度大于4mm时可用电焊焊接。

纯铜管的焊接采用插入形式，如图11-1所示。在图11-1a中，纯铜管的一端用钢冲模冲成扩口，将接头部分内外表面用砂布擦亮，并插入扩口内压紧，以免焊接时焊料从间隙流进管内，焊接时最好将管子竖直安放并注意掌握温度。

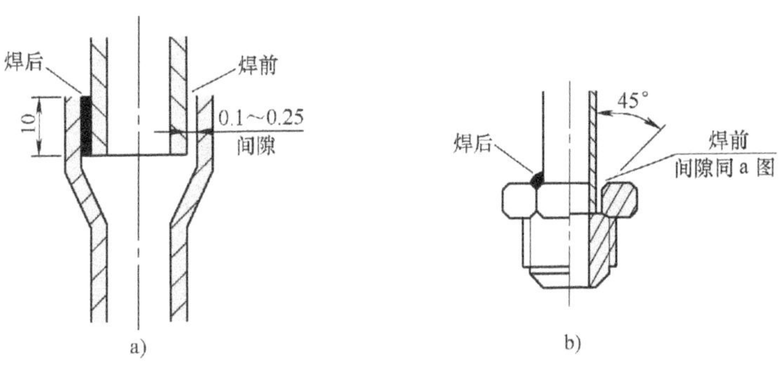


图11-1 纯铜管焊接的装配形式

a）铜管与铜管 b）铜管与接头

无缝钢管一般采用电焊，不宜采用气焊，可采用对接方式焊接。管口应事先加工适当坡口，如图11-2所示。焊料为低碳焊条，材料的牌号：气焊—08钢气焊条，电焊—J422或J426。

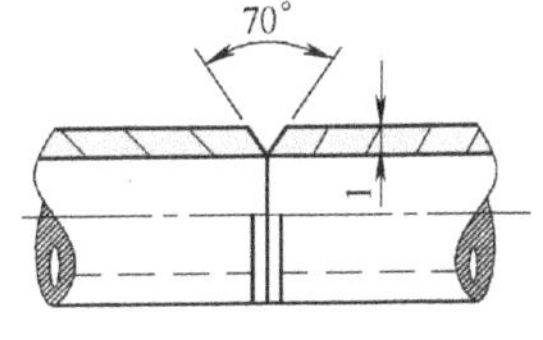


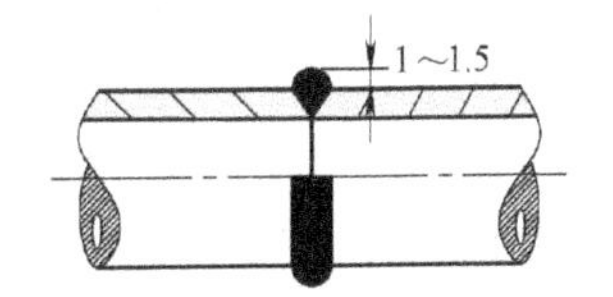


图11-2 无缝钢管对接的装配形式

管路焊接后，经检漏发现有渗漏点时应进行补焊，补焊时注意：

1）不可在管路系统内有压力存在的情况下进行补焊，否则操作既不安全，补焊质量也不好。

2）补焊前要清除表面的油漆、锈层，并用砂布擦净。

3）原为钢焊的可用银钎料补焊，可达到满意的质量要求。原为银钎焊的应仍用银钎料进行补焊，原为磷铜焊的只能用磷铜焊料补焊。

管路的焊缝修补次数不得超过两次，否则应割去或换管重焊；在焊接法兰盘时，必须保持平直，以保证管道连接后的密封。如气温低于0℃，焊接前应注意清除管道上水汽、冰霜。必要时可预先加热管道，以保证焊接时焊缝能自由收缩。

管道三通连接时，应预制三通接头，并按图11-3所示方式焊接。

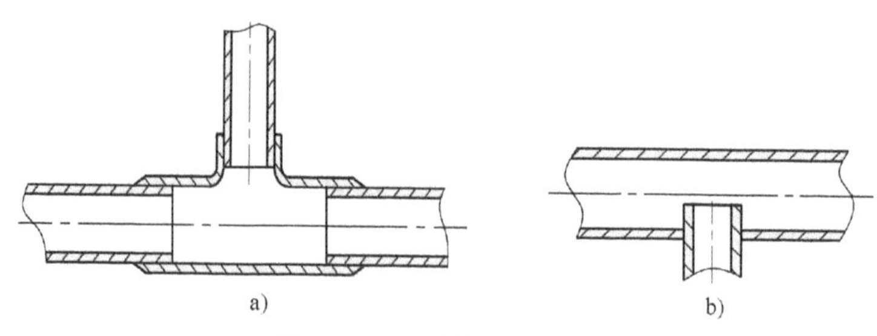


**图 11-3　三通管的焊接方式**

a）正确焊接方式　b）不宜采用的焊接方式

### 2. 螺纹连接与法兰连接

螺纹连接常用于纯铜管，法兰连接用于无缝钢管，两种连接方式都属于可拆连接。

纯铜管的螺纹连接有两种形式：全接头连接，即两端都为螺纹连接；半接头连接，铜管一边用螺纹连接，另一边则与接头连接。后一种形式用得比较普遍。螺纹连接是在纯铜管上套上接扣后，把管口胀成喇叭口形，然后将接扣的阴螺纹与接头的阳螺纹接上旋紧。扩张喇叭口需采用扩管工具。为保证胀口的质量，应注意下列问题：

1）应将扩口的管端部退火处理，使其软化，并把管口锉平，刮光管口内外毛刺。

2）扩口时，铜管的安放位置应使其露出工具喇叭口斜面约 $H/3$（$H$ 为高度）的尺寸，喇叭口不应有裂纹和麻点。

管子外径在 32mm 及以上时，与设备阀门的连接，一律采用法兰连接。法兰应采用 Q235 碳素钢制作的凹凸面平焊法兰，表面应平整和相互平行。在凹槽内必须放入厚度为 2~3mm 的中压橡胶石棉板垫圈。垫圈不得有厚薄不匀、斜面或缺口。

可以根据使用场合来确定连接方法。一般情况是，焊接不易渗漏，而螺纹连接可以拆卸，因此在不需拆卸的管部件用焊接方法较为可靠；对检修时常拆卸的部位，用螺纹连接或法兰连接较方便。

管道的连接处还要考虑到检修的方便，不应设在墙内或楼板间等无法检修的地方；管道穿墙时应设有套管，管道与套管之间要留有约 10mm 的空隙，在空隙内不填充任何材料；当低温管道穿过冷库墙壁时，应进行保温防潮处理；当排气管穿过易燃墙壁和楼板时，必须用耐燃材料进行保温并加设套管。

## 11.4.3　管道的除污

制冷管道在安装前要彻底清除管道内、外壁的铁锈及污物，并保持内壁干燥，管子外壁除污除锈后应刷防锈漆。管道除污方法较多，以下介绍几种方法供参考。

### 1. 人工除污

使用钢丝刷子在管道内部往复拖拉，直到将管内污物以及铁锈等清除后，再用干净白布擦净，然后以干燥的压缩空气吹至管口处，待喷出的空气在白纸上无污物时方为合格。最后还须采取妥善的防潮措施，将管道封存待安装时启用。

这种方法劳动强度大，效率低，质量较差。

### 2. 浸洗法除污

对于小直径的管道、弯头或弯管，可用干净白布浸以四氯化碳，将管道内壁擦净。对于大直径的管道，可灌入四氯化碳溶液处理，经 15～20 min 后，放开管道的一端，倒出四氯化碳溶液（还可用于清洗其他管道），再以上述方法将管道擦净、吹干，然后封存备用。

制冷管道内壁残留的氧化皮等污物不能完全除掉时，可用 20%的硫酸溶液使其在温度为 40～50℃的情况下进行酸洗，酸洗工作一直进行到所有氧化皮完全除掉为止，一般情况所需时间为 10～15min。

酸洗之后应对管道进行光泽处理，光泽处理的溶液成分如下：铬干 100g，硫酸 50g，水 150g。温度不应低于 15℃，处理时间一般为 0.5～1min。

经光泽处理的管道必须用冷水冲洗，再以 3%～5%的碳酸钠溶液中和，然后再用冷水冲洗干净，最后还要对管道进行加热、吹干和封存工作。

3. 喷砂除污

采用 0.4～0.6MPa 的压缩空气，把粒度为 0.5～2.0mm 的砂子喷射到有锈污的金属表面上，靠砂子的打击使金属表面的污物去掉，露出金属的质地光泽来。用这种方法除污的金属表面变得粗糙而又均匀，使油漆能与金属表面很好地结合，并且能将金属表面凹处的锈除尽，是加工厂或预制厂常用的一种除污方法。

为减少尘埃飞扬，可以用喷湿砂的方法来吹污，但需在水中加入一定量（1%～15%）的缓蚀剂（如磷酸三钠、亚硝酸钠）。

### 11.4.4　管道支架的安装

管架的布置取决于管道的布置形式和管道的受力情况，安装是否正确将直接影响制冷系统运行的经济性和安全性。所以，安装时必须按设计要求的结构型式、间距、管道的坡度，严格进行施工。

### 11.4.5　管道的涂漆

管道安装完毕后，应在所有管道上涂以两层红丹防锈漆，然后分别在不需隔热的管道及需要隔热管道的隔热层外表面，涂上不同颜色的油漆，以便在操作管理时区分管道在制冷系统中的作用。机房、设备间、冷凝器和快速制冰的管道可按下列规定涂色：高压气体排出管涂红色；中压管涂粉红色；高压液体管涂浅黄色；放油管涂浅棕色。

绝热管涂色：回气管涂淡蓝色；供液管涂米黄色。

自来水管涂绿色。

压缩机及辅助设备一般可涂浅灰色或银灰色。

## 11.5　制冷设备及管道的隔热结构施工

制冷管道的隔热（保冷）施工，应在管道压力试验合格，或制冷系统压力、真空试验及灌注制冷剂，检漏合格及防腐处理后进行。施工除根据设计或标准图要求进行以外，还应符合施工验收规范的规定。

制冷管道及设备的隔热设施，是由不同材料构成不同作用的几层，共同组成全套的隔热结构。隔热结构由里到外，一般由以下几层组成，即防锈层、隔热层、防潮层、保护层、防腐蚀及识别层。由于使用的隔热材料不同、工作环境不同，隔热工程的结构和施工方法也都不同，现简单介绍如下。

## 11.5.1 防锈层

防锈层又称为防腐层，即需要隔热的管道及设备在敷设隔热层之前，先清除表面的泥砂、铁锈、油脂等污物，然后涂一层防锈层以保护金属表面不受腐蚀。过去常用红丹防锈漆作为防锈层，现在已有性能更好的漆料，如硼钡酚醛防锈漆、铝粉硼钡酚醛防锈漆、铁红醇酸底漆等，沿海地区可以使用铝粉铁红酚醛防锈漆，在已腐蚀的旧设备和旧管道上可以使用7108稳化型防锈底漆。

## 11.5.2 隔热层

防锈层施工完毕，经检查合格方可进行隔热层的施工。按材料和施工方法的不同，分别有以下几种情况：

### 1. 采用硬质材料做隔热层

常用的硬质材料有软木制品、聚苯乙烯泡沫塑料、硬质聚氨酯泡沫塑料、膨胀蛭石、沥青膨胀珍珠岩制品等，这类制品质地较硬、弹性较小，具有一定的抗压强度，大多是制成品。

硬质材料施工方便，还可以采用现场切、锯等方法加工成所需要的形状和尺寸。

图 11-4 所示是一种典型的隔热结构，采用硬质或半硬质材料做隔热结构，用 $\phi$1.2mm 退火镀锌铁丝绑扎，用玻璃布及沥青玛缔脂做防潮层，以厚度为 0.5mm 的钢板加工成金属布作为保持层，以厚度为 0.5mm 的钢板制成金属扎带来固定保持层。

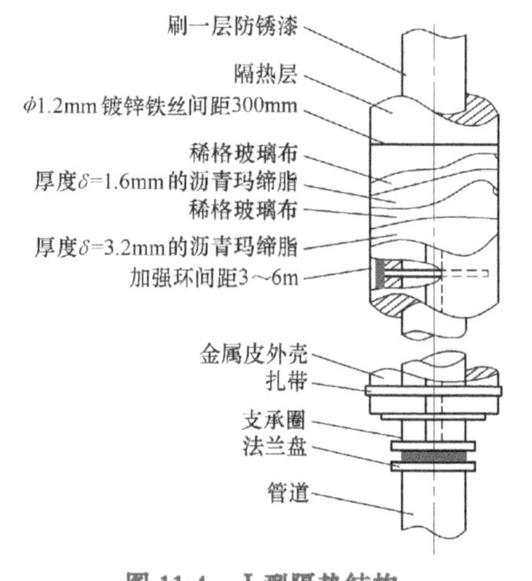

图 11-4　Ⅰ型隔热结构

在平壁和直径较大的圆筒形设备上敷设硬质材料时，多用黏结剂粘贴，在两层硬质材料之间用黏结剂粘贴。

作为竖直管道上的隔热结构，图 11-4 中采取了加固措施，每间隔 3～6m 设置了加强环。此外，图 11-4 还表示了支承圈的安装位置。

有些情况下，还需增加一些固定的措施，如大直径的、高大的圆筒形设备上和顶板上等处，根据情况增加铁丝网包络，或用铁丝在预先埋设的木砖上缠绕固定。大部分材料都可用石油沥青做黏结剂，如软木、膨胀石制品、沥青膨胀珍珠岩制品等。

采用聚苯乙烯泡沫做隔热层时，根据需要可选用其成型制品（板或管壳），小量特殊尺寸也可在现场用电热切割，以 19 号电阻通 5～12V 低压电源，一般温度控制在 200～250℃范围。

聚苯乙烯泡沫塑料黏合时，目前使用较普通的黏结剂是沥青胶和 101 胶，沥青的配方如下：石油沥青 100 份（重量）；汽油 30～60 份（重量）。

将石油沥青和汽油按比例称重放到容器中，在水浴中加热到 80～90℃溶化，即可涂在粘合表面上，用力压紧，待沥青冷却后，便可粘好。

101胶（聚氨酯预聚体）可使聚苯乙烯与混凝土、钢板、木材、塑料黏合，其配方如下：101胶水100份（重量）；500号白水泥150~200份（重量）。

将101胶水和白水泥按比例称重后搅拌均匀，涂在黏合的表面上，24h即达到应有强度。

101胶具有吸湿性，水分起加速固化作用，所以必须在配制后2h用完。另外，500号白水泥可用500号普通水泥代替，性能无多大差别。

### 2. 采用半硬质材料做隔热层

半硬质材料与硬质材料相比，具有一定的弹性。常用的半硬材料有以酚醛树脂或沥青为黏结剂制成的玻璃棉制品、矿渣棉制品、火山岩棉制品，制品形式为板材或管壳。

半硬质材料一般不能用黏结剂与管子表面固定，其原因是纤维材料本身已用黏结剂黏结在一起，如果胶合后受外力作用，反而使与管子表面胶合的一层纤维状材料容易从制品上剥离，从而胶合不牢。

半硬质材料多用铁丝和铁丝网固定，在管道及圆筒形设备上敷设半硬质材料时，可视被隔热物体的直径大小采用不同粗细的铁丝绑扎，绑扎方法及每道铁丝箍的间距与硬质材料相同。由于半硬质材料稍有弹性，因此在直管段上不需留伸缩缝，为防止隔热层外面的防潮层破坏，一般还要在防潮层外面做一些硬的有机械强度的保护层，保护层可采用金属皮或石棉石膏。现在也有制品采用整体式保温材料，即半硬质保温材料外贴铝箔玻璃布，施工时只要将管子纵向缝隙扒开套到管子上，用多余一段的铝箔玻璃布粘接带粘牢即可，不需要铁丝绑扎。

### 3. 采用软质材料做隔热层

软质材料质地软、有弹性、无抗压强度，大多制成卷材的形式。因隔热层是软质材料，故需用铁丝网包捆压缩软质材料以达到最佳容量。

软质材料分为两类：一类是牛毛毡和羊毛毡，这类制品容量已达到要求，在施工时不需要为增加容量而进一步压缩体积，但在包捆时应尽量抽紧，为了便于包捆，可剪成150~250mm宽的条状呈螺旋形缠绕，每圈应叠压一半，收口处用$\phi1.2$mm的退火镀锌铁丝扎紧；另一类是半成品沥青或酚醛脂为黏结剂的矿渣棉、玻璃棉毡、火山岩棉毡等，这一类制品在施工时需要压紧其体积，使其达到导热系数最小的容量，施工时可剪成200~300mm宽的条状呈螺旋形在管道或圆筒形设备上缠绕，也可截取适合长度，以原幅宽平缠绕。筒体设备两侧封头施工时，可在筒体外壁或毡状材料内侧涂宽100mm、间隔150mm的热沥青，以便贴紧固定。不论哪种形式，都要压紧包捆，然后用铁丝网压紧，再以$\phi1.2$~$\phi2$mm的退火镀锌铁丝扎好。包缠好隔热材料的堆密度，应符合设计要求，其结构如图11-5所示。

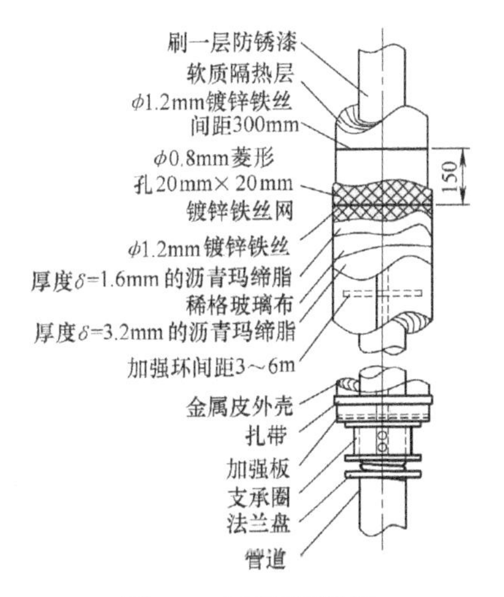


图11-5 Ⅱ型隔热结构

### 4. 采用聚氨酯泡沫塑料（现场发泡、喷涂或灌注）做隔热层

聚氨酯泡沫塑料是由聚醚和异氰酸酯产生聚合反应生成的。一般现场发泡、喷涂或灌注的工艺并不复杂，其优点是施工效率高，表面是一整体，没有接缝，

冷损失减少，易于达到质量要求。

聚氨酯泡沫塑料施工方法有灌注法和喷涂法。灌注法首先是将配好的两组溶液分别贮于立桶中，经过滤至计量泵，由风动马达带动泵运转，将物料输入料管至灌注混合器，由一路压缩空气通入灌注泵，带动搅拌轴使两组物料混合，然后很快灌注在需要成形的空间，在5~10s内发泡而生成泡沫塑料，并固化成型；喷涂法是将反应物从混合器（喷枪）喷出（呈雾状），像喷漆一样，把混合物一层一层喷在需要隔热的物体表面上，这样可使任意厚度的泡沫塑料紧紧附于水平或竖直管道上，形成隔热层。

以上两种方法的配方基本是一样的，使用喷涂法时发泡应快一些，以免滴漏而造成浪费；使用灌注法时发泡应慢一些，以便有足够的操作时间，发泡过程中，将会产生较大的膨胀力，应对灌注夹层或模型做适当的加固。

采用这种材料现场发泡，必须做好安全防护措施，喷涂操作空间要有通风换气设备，操作人员必须戴上防毒口罩、防护眼镜和橡皮手套进行喷涂操作，严禁明火。

关于聚氨酯泡沫塑料在现场施工的具体方法，一般可参照生产单位的硬质聚氨酯泡沫塑料喷涂工艺规程。

5. 隔热层的加固措施

在高大的设备和较长的竖直管道上敷设隔热层，还应采取一些加固措施，以防止材料所受压力超过其抗压强度，通常的办法是采用金属和其他材料制成加强环或支承圈，以托住上部的隔热材料。加强环结构如图11-6所示。支承圈结构如图11-7所示。

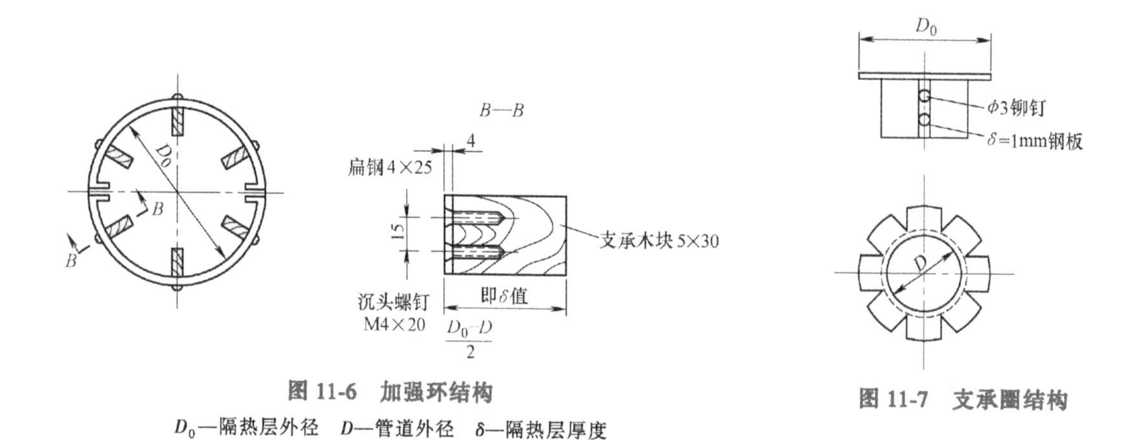


**图11-6 加强环结构**

$D_0$—隔热层外径 $D$—管道外径 $\delta$—隔热层厚度

**图11-7 支承圈结构**

### 11.5.3 防潮层

为防止隔热层受潮，影响隔热效果，设置防潮层是非常重要的，防潮层设在隔热层温度高的一侧，即敷设在隔热层的外面。

（1）防潮层常用形式

1）根据隔热层的材质情况，直接涂刷沥青玛缔脂。

2）带有玻璃布贴面的玻璃棉或矿棉制品，在其外部涂刷沥青玛缔脂。

3）隔热材料未带有贴面层而又不能涂刷沥青玛缔脂的，应先包缠一层玻璃布，再涂刷沥青玛缔脂。

4）隔热材料带有铝箔玻璃布，而且接缝用铝箔玻璃布粘接带粘接牢固，可以起到防潮层的作用。

(2) 在进行防潮层施工时应注意的事项

1) 防潮层粘贴在隔热层上，应紧密地封闭，其间不允许有虚粘、气泡、折皱、裂缝等缺陷。

2) 防潮层应从低端向高端敷设，其环向搭接缝要朝向低端，而纵向搭接缝要在管道正侧。

3) 采用卷材做防潮层时，一般以螺旋缠绕法牢固粘贴在隔热层上，其搭接宽度为30~50mm。

4) 采用油毡纸做防潮层时，应用 $\phi0.3$~$\phi0.5$mm 退火镀锌铁丝绑扎牢固，其搭接宽度为50~60mm。

### 11.5.4 保护层

在防潮层施工完毕并经检查合格后，才能敷设保护层。保护层的主要作用是保护防潮层和隔热层不受机械损伤，在室外架空管道还要免受雨、雪、风雹等的冲刷、压撞。常用作保护材料的有以下几种：

1. 金属薄板保护层

金属薄板保护层主要采用镀锌薄钢板和铝板，也有用普通薄钢板做保护层的，但必须在内外表面涂刷防腐油漆。

为便于金属薄板保护层的加工和制成后具有一定的刚度和强度，直径小于1000mm的冷水管道，其金属薄板应按如下厚度选用：

镀锌钢板或薄钢板：$\delta\geqslant0.5$mm；

铝板：$\delta\geqslant0.7$mm。

两段保护壳搭接时，一般采用平搭缝，其环向搭接长度为30~40mm，纵向搭接长度不得小于30mm。金属薄板保护层的接缝方法有：咬口连接、自攻螺纹连接、拉铆钉连接及扎带等方法紧固。金属保护壳的结构如图11-8所示。

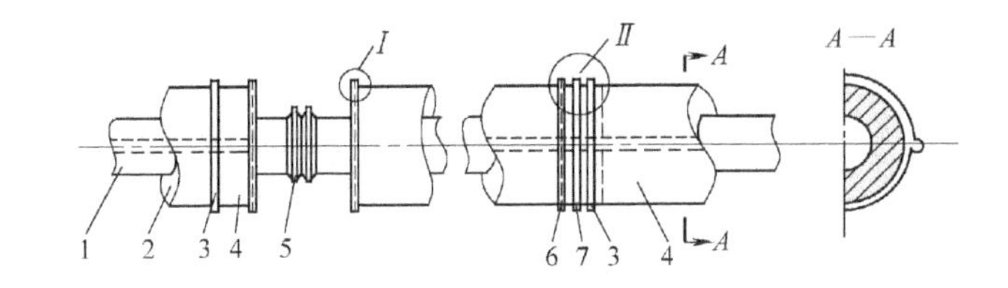


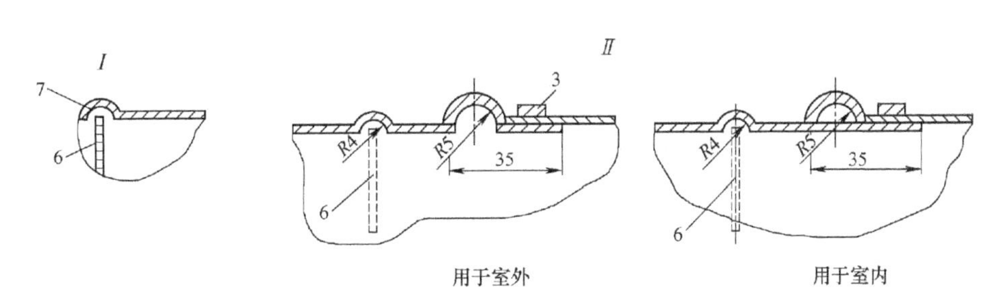


图11-8 金属保护壳的结构

1—管道 2—隔热层和防潮层 3—扎带 4—保护壳 5—法兰 6—加强板 7—肋

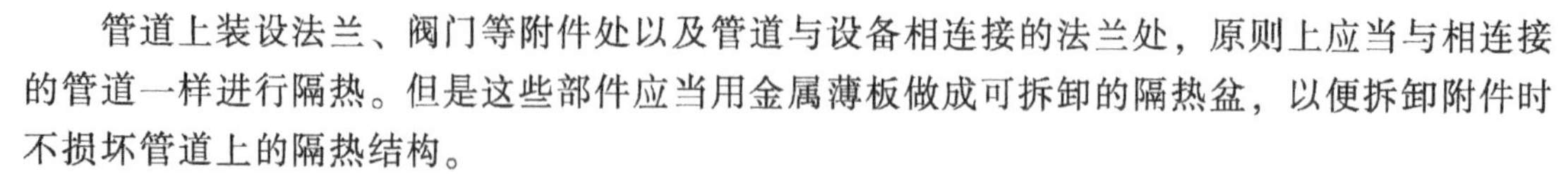

管道上装设法兰、阀门等附件处以及管道与设备相连接的法兰处，原则上应当与相连接的管道一样进行隔热。但是这些部件应当用金属薄板做成可拆卸的隔热盆，以便拆卸附件时不损坏管道上的隔热结构。

2. 涂抹料保护层

石棉水泥保护层易产生裂纹，故常用的涂抹料是以一般建筑用石膏与特级石棉灰或5、6级石棉绒配制，其容量比为3∶1或2∶1。保护层的厚度可根据设备和管道直径的大小，取10mm或15mm。保护层的厚度分两次涂抹：第一道灰浆占保护层厚度的1/5～2/5，抹上后以灰板抹刮平直；第二道灰浆抹上后仍用灰板找平，并趁灰浆未干时按螺旋形缠绕绷带，绷带之间应有10mm宽的搭接，灰浆干后绷带与灰浆将牢固地凝结在一起。如果发现有局部未凝结在一起，可用排笔刷涂刷稀石膏浆，使其牢固凝结。

3. 玻璃布保护层

采用玻璃布做保护层，是用平纹或斜纹玻璃布裁成幅宽为120～150mm的长条，然后缠绕成螺旋状，边缠边拉边整平，并刷黏结剂粘贴，缠绕时一般应搭接其幅宽的一半。

图11-9所示隔热层采用硬质材料，保护层用玻璃布外刷油漆。玻璃保护层施工比较方便，但由于玻璃布质地软，常年暴晒容易断裂，故使用范围受到一定限制。

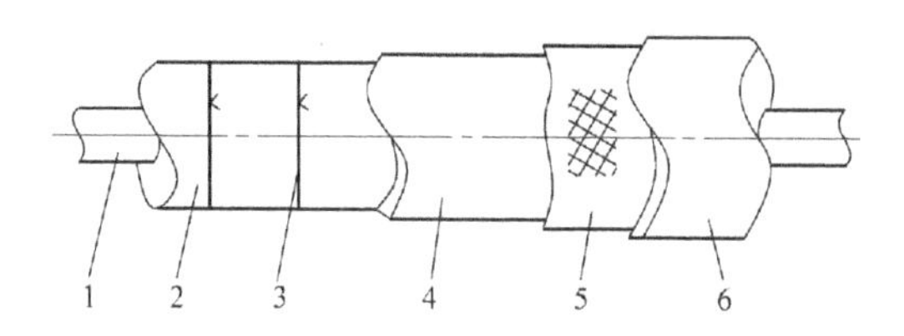


**图11-9　Ⅲ型隔热结构**

1—刷一层防锈漆　2—硬质隔热层　3—$\phi$1.2mm镀锌铁丝，间距300mm
4—防潮层：厚度为1.6mm的稀格玻璃布，厚度为3.2mm的沥青玛𤧛脂
5—密格玻璃布　6—刷两道调和漆

## 11.5.5　防腐蚀及识别层

在保护层的外表面应涂刷一层防腐蚀的材料作为防腐层。由于这一层是处于最外面，兼有识别管道内介质类别和流动方向的作用，故称为防腐蚀及识别层。防腐蚀及识别层上应标有管道内介质类别和流动方向的标志。

防腐处理设计无特殊要求时，具体做法如下：

1）镀锌钢板：一般涂刷磷化底漆一遍。

2）薄钢板：内外涂刷铁红防锈漆两遍。

3）铝板：内外涂刷锌黄类防锈底漆一遍。

玻璃布保护层也应涂刷两道油漆。所用油漆的性质、颜色等可参照工程的统一规定。

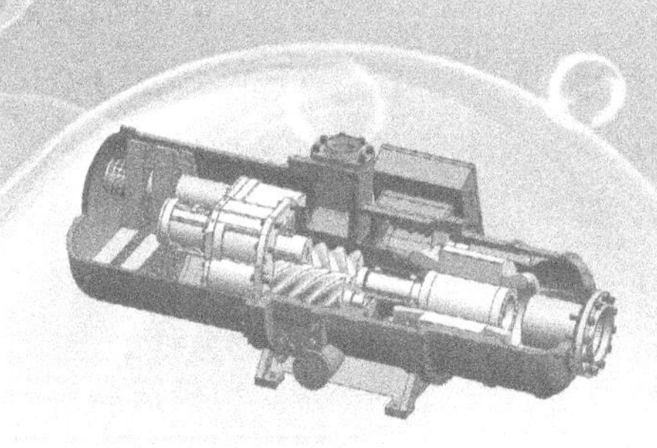

# 第 12 章 制冷系统的调试和压缩机的冷量测试原理

## 12.1 制冷系统调试

制冷系统的调试的目的就是把系统运行参数调整到所要求的范围内。制冷系统运行的参数主要有蒸发温度和蒸发压力，冷凝温度和冷凝压力，压缩机的吸、排气温度和吸、排气压力，节流前的制冷剂液体温度，两级压缩制冷系统的中间压力等。这些运行参数不是固定的，而是随外界条件（如冷却水温度、环境温度、冷间的冷负荷）的变化而变化的。所以，在制冷系统调试时，必须根据外界条件和装置的特点，调整各个运行参数，使它们在合理、经济和安全的数值下运行。

1. 蒸发温度和蒸发压力

蒸发温度和蒸发压力是根据用户的要求确定的。装置运行的蒸发温度应根据被冷却介质的温度要求及工作特点来确定。调整蒸发温度实际上是调整蒸发温度与冷却介质温度之间的温差值。从传热的观点考虑，温差取得大，其传热效果好，降温快。但是加大传热温差，就使蒸发温度降低。对压缩机的制冷量来说，当冷凝温度一定时，蒸发温度越低，其制冷量越小，由于冷量不足，反而使被冷却介质温度降不下去。而温差变小，则传热效果差，压缩机制冷量虽然增大，但蒸发器热交换不充分。因此，应根据制冷设备的不同形式，合理地选择温差。

对于直接蒸发式冷库制冷系统来说，空气为自然对流时，蒸发温度比要求库温低 10~15℃；空气为强制对流时，蒸发温度一般应比要求库温低 5~10℃；船用的冷库温差要大一些，一般为 8~12℃；对于冷却液体介质的蒸发器，它的蒸发温度应比被冷却液体介质温度低 4~6℃。

调整蒸发温度与被冷却介质温度的差值，实际上就是调节节流阀的阀孔开度。在调试运行时，主要靠观察蒸发压力的变化来判断膨胀阀的开度是否适中。如果阀开度过小，供液量不足，则使蒸发压力和蒸发温度下降，压缩机吸气过热，排气温度也升高；而供液量过多时，则蒸发压力和蒸发温度都升高，过量的液体还会使压缩机产生液击事故。所以，正确地控制节流阀门的开度是运行中调节蒸发温度和蒸发压力的主要方法之一。此外，当冷却设备

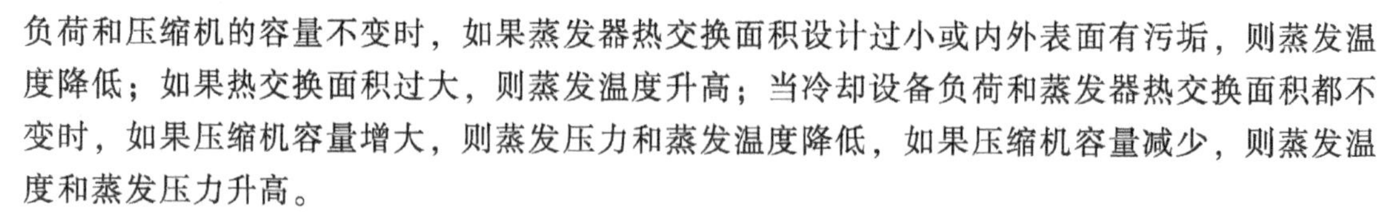


负荷和压缩机的容量不变时，如果蒸发器热交换面积设计过小或内外表面有污垢，则蒸发温度降低；如果热交换面积过大，则蒸发温度升高；当冷却设备负荷和蒸发器热交换面积都不变时，如果压缩机容量增大，则蒸发压力和蒸发温度降低，如果压缩机容量减少，则蒸发温度和蒸发压力升高。

2. 冷凝温度和冷凝压力

制冷系统的冷凝压力为高压表所指示的压力，用绝对压力表示。查制冷剂热力性质表所得的温度为冷凝温度，它与冷却介质的温度、冷却介质在冷凝器中的温升以及冷凝器的结构型式有关。在一般情况下，冷凝温度比冷却水进口温度高5~9℃，比强制通风的冷却空气进口温度高10~15℃。当蒸发温度不变时，冷凝温度升高，冷凝压力也升高，压缩机的压缩比增加，输气系数减小，压缩机制冷量降低，而耗电量却增加（从压焓图上容易分析得出）。此外，冷凝压力升高，使压缩机排气温度升高，从而给压缩机带来一系列的恶劣影响。

冷凝温度过高，从设计角度分析是因为冷凝面积过小。此时，不能在规定的压力下将压缩机排入冷凝器的过热蒸气全部冷凝为液体，而只有在较高的压力和温度下才冷凝。在这种情况下，只有考虑增加冷凝器面积或减少并联系统的压缩机运行台数。

运行过程中，冷凝器内表面有油膜、水垢或系统内有少量空气等不凝性气体，均可使传热热阻增加，使制冷剂蒸气不能及时冷凝。通常，处理方法是定期放油、放空气并根据水质情况定期清除水垢。

降低冷凝温度对制冷装置的运行有利。可采用的措施有两个：一是降低冷凝器冷却水的进水温度；二是加大冷却水流量。但冷却水温度取决于大气温度和相对湿度，受自然条件变化的影响和限制；而加大冷却水流量简单易行，但是加大冷却水流量将引起冷却水泵功耗增加，过高的流速还会加剧水管磨损，故应全面考虑。

此外，冷却水是开式循环系统，冷却塔在大气中运行。灰尘、杂物和大气中的腐蚀气体与有害物质，会溶解在冷却水中，在阳光的作用下易使氧化加剧及微生物在水中繁殖，对冷却水系统工作带来严重危害。因此，有关操作规程规定，冷却水系统和冷凝器管道每年必须彻底清洗一次，以保证冷凝器的正常工作性能。

3. 压缩机的吸气温度

对容积式压缩机来说，压缩机的吸气温度是指压缩机吸气腔中制冷剂气体的温度，可以从吸气阀上部的温度计测得。压缩机的吸气温度高，排气温度也高，制冷剂被吸入时的比体积大，此时压缩机的单位容积制冷量变小；相反，压缩机的吸气温度低时，其单位容积制冷量大。但是压缩机的吸气温度过低，可能造成制冷剂液体被压缩机吸入，使往复式压缩机产生液击现象。此外，压缩机吸入管道的长短和包扎的保温材料性能的好坏，对过热度的大小也有一定影响。实际运行中，制冷装置的吸气过热度为5~10℃。对于设回热热交换器的氟利昂系统，吸气过热度为15℃比较合适。因此在机器运行操作中，必须注意压缩机吸气温度的控制，通常是用调节热力膨胀阀的调节螺杆来调节过热度的大小。

4. 压缩机的排气温度

压缩机的排气温度是制冷剂经过压缩后的高压过热蒸气的温度，可以从排气阀上部的温度计测得。压缩机的排气温度与压缩比和吸气温度成正比，即压缩比越大（冷凝压力越高、蒸发压力越低），排气温度越高；吸气温度越高，排气温度也越高。

压缩机的排气温度过高时，将使润滑油的性能恶化，失去润滑作用，甚至会炭化结焦，积聚在阀门中影响阀门的密封性。排气温度升高，使进、排气阀门的温度变化加剧，使零件容易变形或损坏，使安全弹簧加速疲劳，安全假盖的密封性变坏。因此，制冷压缩机对排气温度有一定的限制，一般单级氨压缩机的排气温度不宜超过 135℃，最高不超过 145℃；双级氨压缩机高压级不宜超过 120℃。

5. 液体制冷剂的过冷度

为了保证进入膨胀阀的制冷剂全部是液体，提高制冷剂的单位制冷量，则应让液体制冷剂具有一定的过冷度。不同的装置按照膨胀阀（节流阀）前液体管总的压力损失不同，所需的过冷度也不一样，过冷以后，制冷剂流经膨胀阀（节流阀）时所产生的闪发气体减少。

对于单级压缩制冷系统，利用以水冷却的再冷却器使液体过冷，要求使用温度较低的冷却水，一般要求过冷温度应比冷却水的进水温度高 1.5~3℃；而对于双级压缩制冷系统，可让制冷剂通过中间冷却器中的蛇形盘管来使其过冷，一般过冷温度比中间温度高 5℃。

6. 两级压缩的中间压力

两级压缩的中间压力与高低压压缩机的气缸容积比、冷凝压力和蒸发压力等有关，它们中的任一数值变化时，中间压力都会发生相应的变化。此外，中间压力还与制冷系统的节流形式有关。

根据两级压缩压缩机的电动机配套原则，高压级压缩机按最大功率配用，低压级压缩机则按起动工况配用。所以，两级压缩机起动时，要先起动高压级压缩机，当蒸发压力逐渐下降到中间压力时，再起动低压级压缩机。此外，还可以对多台多缸的系统采取调节容积比的方法，遵循起动过程中蒸发温度逐渐下降的规律，按不同蒸发温度对高低压级容积比进行相应的调节，直至压缩机按设计工况正常运行。这样可以避免低压级压缩机电动机过载，保证制冷系统安全运行。单机双级系统的起动一般是采用管路切换的方法，使压缩机的高压级气缸和低压级气缸同时做单级运行，直到中间冷却器内压力接近设计中间压力时，再切换为两级，进行正常的两级压缩运行。

在一定范围内，两级压缩的中间压力是随着高低压级的容积比和冷凝压力、蒸发压力的变化而改变的。所以在运行操作过程中不能随意调整中间压力，而只能控制中间冷却器内的液面高度，使低压级压缩机来的过热气体冷却成饱和气体，以维护压缩机的正常运转。

制冷装置安装并调试结束后，又均达到设计规定要求，则可进行签字验收。

## 12.2 压缩机的冷量测试原理

制冷压缩机的性能参数，如制冷量、耗功率、单位功率制冷量等与运行工况有关，当工况确定后，这些性能参数可通过理论计算求得。但是，这些参数的计算值均为近似值，有时与实际数值间的误差较大，无法向用户直接提供使用。另外，制冷设备的性能参数不但与结构参数有关，而且与机件的加工、装配工艺有关，这些工艺方面的影响在计算过程中是无法修正的。因此，一台新型的制冷设备或结构经过重大改动的设备，均需通过规定的试验方法，求得其性能参数。同时，通过制冷压缩机的实际试验，还能检查设计或工艺方面的问题，寻求解决这些问题的方法。总之，制冷压缩机的性能试验是实际考核设备并验证设计、加工和装配等工艺是否正确的最有效方法。

国际制冷学会以及一些国家的相应学术机构或者政府有关部门，针对制冷压缩机制定了

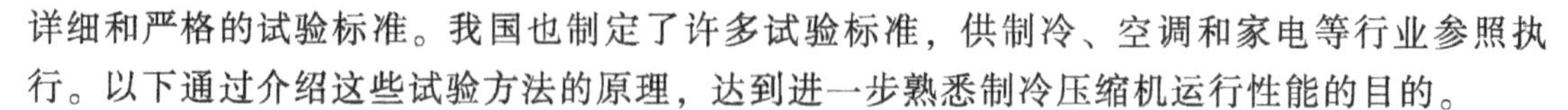

详细和严格的试验标准。我国也制定了许多试验标准，供制冷、空调和家电等行业参照执行。以下通过介绍这些试验方法的原理，达到进一步熟悉制冷压缩机运行性能的目的。

制冷压缩机应根据其容量大小选择其性能试验的主要方法和辅助方法。

1. 主要试验方法

(1) 电量热器法（或称第二制冷剂的电量热器法）　它适用于制冷量小于 11.5kW 的制冷压缩机。

(2) 液体载冷剂循环法　它适用于制冷量小于 58kW 的制冷压缩机。

(3) 制冷剂蒸气循环法　它适用于制冷量大于 58kW 的制冷压缩机。

2. 辅助试验方法

1) 冷凝器热平衡法。

2) 制冷剂蒸气冷却法。

用主要试验方法和辅助试验方法测得的两个制冷量误差，应在主要试验方法测得的制冷量的±3%之内，试验结果才能被认可，试验结果以主要试验方法测得的制冷量为准。

## 12.2.1　电量热器法

1. 试验装置和原理

电量热器法是间接测定制冷压缩机制冷量的方法。目前，全封闭以及小型半封闭压缩机均用该法测量其制冷量。电量热器法试验装置系统如图 12-1 所示，电量热器是一个绝热封闭容器，其上部装有一组或几组盘管式蒸发器，下部装有一定数量的第二制冷剂（通常为 R11 低压制冷剂）。在第二制冷剂中装有外界供给电能的电热管，试验时，先起动制冷压缩机，然后接通电热管电源，第二制冷剂被加热蒸发，其形成的蒸气在上部蒸发器盘管表面冷凝后下落至底部。蒸发器中的制冷剂被第二制冷剂加热蒸发后，其气体由压缩机吸入。显然，在电量热器法试验装置中有两个独立的制冷循环。压缩机的制冷量利用电热管产生的热量，并通过第二制冷剂的循环得到平衡。因此，当压缩机在一定工况下稳定运行时，它的制冷量就等于电热量（忽略电量热器等的传热因素）。

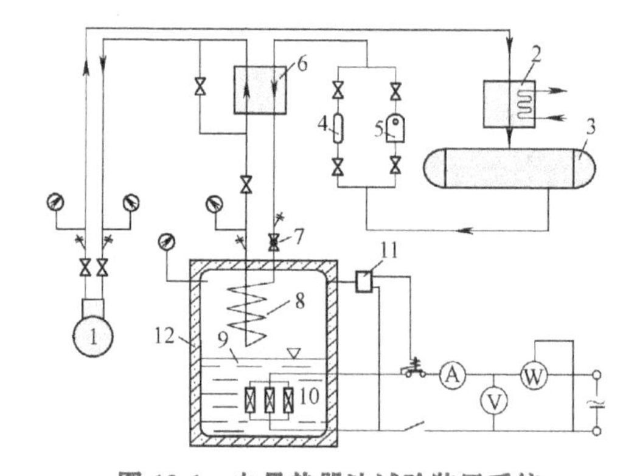


图 12-1　电量热器法试验装置系统

1—制冷压缩机　2—冷凝器　3—贮液器　4—干燥过滤器　5—油浓度测定仪　6—热交换器　7—膨胀阀　8—蒸发器　9—第二制冷剂　10—电热管　11—压力继电器　12—电量热器

2. 试验的主要操作方法

1) 试验前应对整个装置认真检查，确保制冷系统和供电加热系统安全、可靠。

2) 压缩机的排气压力 $p_k$ 可通过改变冷却水量、水温和冷凝器传热面积（有几台冷凝器并联时）进行调节。吸气压力 $p_0$ 可通过改变调节阀的开度进行调节。

3) 压缩机的吸气温度可通过改变供给第二制冷剂的电热量进行调节。

应该指出，在试验过程中，压缩机的排气压力和吸气压力必须严格控制在规定的波动范围之内，允许吸气温度和膨胀阀前的制冷剂温度与规定试验温度有一定偏差，在计算压缩机制冷量时再做修正。

3. 压缩机制冷量的计算

如果压缩机在试验过程中的工况及其转速能完全控制在规定的工况条件和额定转速下运行时，则根据电量热器法的试验原理，压缩机的制冷量为

$$Q_0=P+\Delta Q_2 \tag{12-1}$$

式中，$P$ 为电热管的实际输入功率（kW）；$\Delta Q_2$ 为电量热器的传热量（kW）。

电量热器的传热量可用式（12-2）计算：

$$\Delta Q_2=KA\ (t_n-t_b) \tag{12-2}$$

式中，$K$ 为电量热器的传热系数［kW/(m$^2$·℃)］；$A$ 为电量热器的传热面积（m$^2$）；$t_n$ 为试验时环境的平均温度（℃）；$t_b$ 为试验时第二制冷剂绝对压力下的饱和温度（℃）。

电量热器的 $KA$ 值可作为常数，通常用试验方法求得。

因为
$$KA=\frac{\Delta Q_2}{t_n-t_b}$$

所以，在制冷压缩机停止运行时，关闭与电量热器连接的阀门，给电加热器加入适当功率的电量，使第二制冷剂的压力稳定，然后记录加热电功率（即 $\Delta Q_2$）、环境温度 $t_n$ 和第二制冷剂绝对压力下的饱和温度 $t_b$，通过上式即能求得 $KA$ 值。由于 $KA$ 值作为常数，在以后的每次试验中，只要已知 $t_n$ 和 $t_b$，则 $\Delta Q_2$就可计算，显然 $\Delta Q_2$ 可能是正值，也可能是负值。在通常情况下，由于电量热器采用了极好的绝热措施，因此，当（$t_n-t_b$）的绝对值小于10℃时，$\Delta Q_2$ 可以忽略不计。

当压缩机在试验过程中的转速 $n$、吸气温度 $t_1$ 和膨胀阀前的制冷剂温度 $t_3$ 偏离规定试验工况时，则实测的制冷量必须修正到规定工况的制冷量。

压缩机在规定试验工况时的制冷量为

$$Q_0=M_r q_0=\eta_v\frac{\pi D^2}{240}SnZ\frac{h_1-h_4}{v_1} \tag{12-3}$$

由于压缩机运行时必须严格控制其排气压力 $p_k$ 和吸气压力 $p_0$ 的波动范围，根据压缩机的运行性能，则实测时的容积效率 $\eta_v$ 不变，实测试验工况时的制冷量为

$$Q'_0=\eta_v\frac{\pi D^2}{240}Sn'Z\frac{h_{1'}-h_{4'}}{v_{1'}} \tag{12-4}$$

$$\frac{Q_0}{Q'_0}=\frac{n}{n'}\frac{h_1-h_4}{h_{1'}-h_{4'}}\frac{v_{1'}}{v_1}$$

将实测试验工况时的制冷量换算为规定工况时的制冷量为

$$\begin{aligned}Q_0&=Q'_0\frac{n}{n'}\frac{h_1-h_4}{h_{1'}-h_{4'}}\frac{v_{1'}}{v_1}\\&=(P+\Delta Q_2)\frac{n}{n'}\frac{h_1-h_4}{h_{1'}-h_{4'}}\frac{v_{1'}}{v_1}\end{aligned} \tag{12-5}$$

式中，$\Delta Q_2$ 为电量热器的传热量（kW）；$n$ 为压缩机的额定转速（r/min）；$n'$为压缩机的实测转速（r/min）；$h_1$ 为压缩机规定工况时的吸气比焓（kJ/kg）；$h_{1'}$为压缩机实测工况时的吸气比焓（kJ/kg）；$h_4$ 为规定工况时膨胀阀前（或后）的制冷剂比焓（kJ/kg）；$h_{4'}$为实测

工况时膨胀阀前（或后）的制冷剂比焓（kJ/kg）；$v_1$ 为压缩机规定工况时的吸气比体积（$m^3/kg$）；$v_{1'}$ 为压缩机实测工况时的吸气比体积（$m^3/kg$）。

电量热器法操作简便，容易实现全自动操作和记录，测试的制冷量精度较高。但是压缩机的制冷量必须用电能平衡，压缩机容量增大时，耗电量也增加，因此，它适用于小型压缩机的制冷量测定。电量热器法压缩机制冷量试验记录见表 12-1。

表 12-1　电量热器法压缩机制冷量试验记录

压缩机型号＿＿＿＿＿＿　编　号＿＿＿＿＿＿　＿＿年＿＿月＿＿日

| 测定次数 | 排气 | | 吸气 | | 膨胀阀前温度/℃ | 电热管输入功率/kW | 电动机输入功率/kW | 压缩机转速/(r/min) | 备注 |
|---|---|---|---|---|---|---|---|---|---|
| | 压力/MPa | 温度/℃ | 压力/MPa | 温度/℃ | | | | | |
| | | | | | | | | | |
| | | | | | | | | | |
| | | | | | | | | | |
| | | | | | | | | | |
| 平均值 | | | | | | | | | |

## 12.2.2　液体载冷剂循环法

### 1. 试验装置和原理

液体载冷剂循环法试验装置系统如图 12-2 所示，当压缩机运行时，制冷剂将进行循环，蒸发器的冷量用一定温度和流量的载冷剂平衡，因此，只要测得蒸发器进、出口载冷剂的温度和流量，就能求得压缩机在运行工况下的制冷量。由于载冷剂循环使用，因此必须对载冷剂进行加热，使进、出口温度保持稳定。载冷剂的加热热源可以用电加热，也可以用蒸气或热水加热，但加热量必须稳定。载冷剂的循环量用流量计测定，当循环量较小时，也可用计时称重法进行测量和计算。

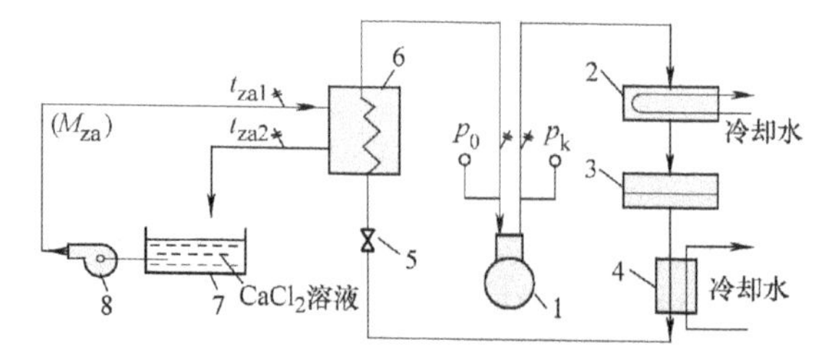


图 12-2　液体载冷剂循环法试验装置系统

1—制冷压缩机　2—冷凝器　3—贮液器　4—过冷器　5—膨胀阀　6—蒸发器　7—盐水箱　8—循环泵

考虑到压缩机经常在蒸发温度低于 0℃ 下进行试验，液体载冷剂通常采用氯化钙（$CaCl_2$）或氯化钠（NaCl）溶液，以防载冷剂凝固。

### 2. 试验的主要操作方法

1）试验前对整个试验系统应认真检查，配置的盐水溶液浓度应保证在最低试验蒸发温度时不凝固。

2）压缩机排气压力可通过改变冷却水流量、温度或冷凝面积进行调节。

3）压缩机吸气温度可通过载冷剂流量进行调节。

在试验过程中，压缩机的排气压力和吸气压力应严格控制在允许的波动范围内，允许吸气温度和膨胀阀前的制冷剂温度与规定工况有一定偏差，在计算压缩机制冷量时再做修正。

3. 压缩机制冷量的计算

液体载冷剂循环法与电量热器法的试验原理相同，只不过前者用外部循环的载冷剂潜热来平衡蒸发器的制冷量，而后者用内部循环的第二制冷剂潜热来平衡蒸发器的制冷量。因此，压缩机由实测工况的制冷量换算到规定工况制冷量的计算公式与式（12-5）基本相同。即

$$Q_0 = Q'_0 \frac{n}{n'} \frac{h_1 - h_4}{h_{1'} - h_{4'}} \frac{v_{1'}}{v_1} \tag{12-6}$$

$$= [M_{za} c_{za} (t_{za1} - t_{za2}) + \Delta Q_1] \frac{n}{n'} \frac{h_1 - h_4}{h_{1'} - h_{4'}} \frac{v_{1'}}{v_1}$$

式中，$M_{za}$ 为载冷剂循环量（kg/s）；$c_{za}$ 为载冷剂比热容［kJ/(kg·℃)］；$t_{za1}$ 为进蒸发器载冷剂的温度（℃）；$t_{za2}$ 为出蒸发器载冷剂的温度（℃）；$\Delta Q_1$ 为由于蒸发器中制冷剂与环境温度差的传热量（kW）。

对于管壳式蒸发器可用式（12-7）估算：

$$\Delta Q_1 = KA(t_n - t_0) \tag{12-7}$$

式中，$K$ 为蒸发器绝热层的传热系数［kW/(m$^2$·℃)］；$A$ 为绝热层外表面积（m$^2$）；$t_n$ 为距蒸发器 1m 处的环境温度（℃）；$t_0$ 为制冷剂的蒸发温度（℃）。

式（12-6）中的其他符号的意义与式（12-5）相同。

由于载冷剂通常为各类盐水溶液，试验装置容易锈蚀，故目前各制冷设备厂较少使用该方法。

液体载冷剂循环法压缩机制冷量试验记录见表 12-2。

表 12-2 液体载冷剂循环法压缩机制冷量试验记录

压缩机型号________ 编 号________ ____年____月____日

| 测定次数 | 排气 | | 吸气 | | 膨胀阀前温度/℃ | 液体载冷剂 | | | | | 电动机输入功率/kW | 压缩机转速/(r/min) | 备注 |
|---|---|---|---|---|---|---|---|---|---|---|---|---|---|
| | 压力/MPa | 温度/℃ | 压力/MPa | 温度/℃ | | 进口温度/℃ | 出口温度/℃ | 流量/(L/s) | 密度/(kg/L) | 比热容/[kJ/(kg·℃)] | | | |
| | | | | | | | | | | | | | |
| | | | | | | | | | | | | | |
| | | | | | | | | | | | | | |
| | | | | | | | | | | | | | |
| 平均值 | | | | | | | | | | | | | |

## 12.2.3 制冷剂蒸气循环法

电量热器法和液体载冷剂循环法的试验装置犹如一套常规使用的制冷系统，仅仅是为了稳定试验工况，求得制冷量，用外界供给的热量来平衡制冷剂在蒸发器中产生的制冷量。这

两种试验方法的原理简单，容易理解。但是在测试大容量制冷压缩机时，外界的供热量也相应增加，例如，一台制冷量为230kW的压缩机，如果全部用电热平衡其冷量，再加上驱动压缩机电动机和冷却水泵电动机，则全部耗功率达350kW左右，这不仅会浪费大量电能，而且受供电设备容量限制，这类试验也难以进行，只能用制冷剂蒸气循环法测定压缩机的制冷量。

### 1. 试验装置和原理

制冷剂蒸气循环法试验装置如图12-3所示，制冷剂循环过程的压焓图如图12-4所示。由两图可知，在制冷剂蒸气循环法中，制冷剂进行着一种特殊的、与常规制冷循环有所不同的循环，下面分析这种循环如何测得和计算压缩机的制冷量。

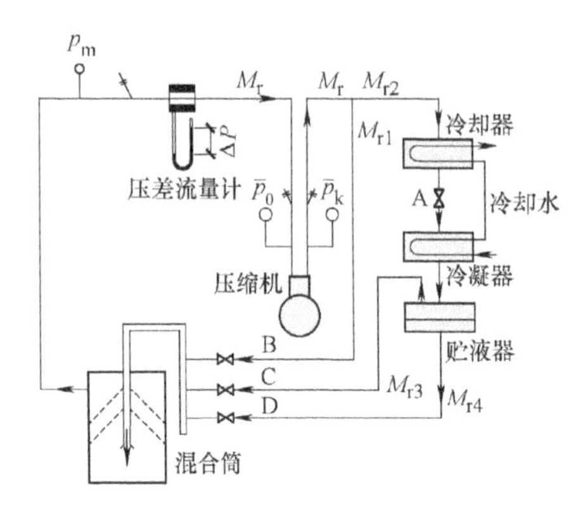


图12-3　制冷剂蒸气循环法试验装置

A、B、C、D—膨胀阀

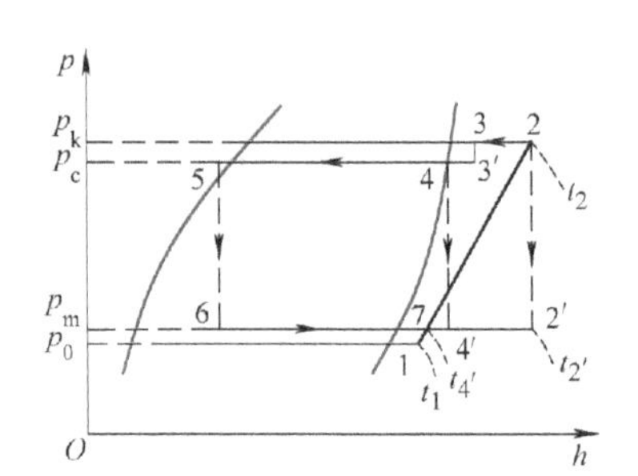


图12-4　制冷剂循环过程的压焓图

当压缩机运行时，吸入 $M_r$（kg/s）状态1的过热蒸气（$p_0$，$t_1$），并排出等量的状态2过热蒸气（$p_k$，$t_2$），排出的气体分为两部分：其中 $M_{r1}$（kg/s）经膨胀阀B节流后（状态2′—$p_m$，$t_{2'}$）直接进入混合筒；$M_{r2}$（kg/s）经冷却器和膨胀阀A节流后进入冷凝器，其中液体制冷剂 $M_{r4}$（状态5—$p_c$，$t_5$）经膨胀阀D节流后进入混合筒（状态6—$p_m$，$t_{4'}$），而饱和蒸气 $M_{r3}$（状态4—$p_c$，$t_4$）经膨胀阀C节流后进入混合筒（状态4′—$p_m$，$t_{4'}$）。显然，进入混合筒的三种制冷剂压力均为 $p_m$，而温度各不相同，在正常试验条件下，由恒温热源逆向循环可知，$t_{2'}>t_{4'}>0$，当这些气体在混合筒中充分进行热、质交换后，即达到平衡状态7，热平衡方程为

$$M_{r4}(h_7-h_6)=M_{r1}(h_{2'}-h_7)+M_{r3}(h_{4'}-h_7)$$

质平衡方程为

$$M_r=M_{r1}+M_{r2}=M_{r1}+M_{r3}+M_{r4}$$

$M_r$ 状态7（$p_m$，$t_7$）的过热蒸气流经孔板（或喷嘴）流量计后，节流为状态1（$p_0$，$t_1$）的过热蒸气，又被压缩机吸入、压缩，做再次循环。从上述制冷循环可以清楚地看到，当压缩机在吸入气体状态为（$p_0$，$t_1$），排出压力为 $p_k$ 工况下运行时，并未向外界产生冷量，因此，外界也无须提供平衡热量。但是，制冷剂蒸气循环法却利用装在吸气总管上（也可装在排气总管上）的孔板流量计测得了压缩机在规定工况下的实际吸气量 $M_r$（kg/s），压缩机的制冷量也就可以通过计算求得。

2. 试验的主要操作方法

1）排气压力可通过改变冷却水量和阀 A 的开度进行调节。

2）吸气压力可通过阀 B、C、D 调节。

3）吸气温度也可以通过阀 B、C、D 调节。

应该指出，改变阀 A、B、C、D 中任何一个阀的开度，均可能引起工况变化，熟悉阀门的调节性能，应通过一段时间的实践才能掌握。

3. 压缩机制冷量的计算

由压缩机的运行性能可知，它在某一工况下的实际吸气体积为

$$V_r = \eta_v V_h = \eta_v \frac{\pi D^2}{240} SnZ$$

压缩机在某一工况下的实际吸气质量（即循环量）为

$$M_r = \frac{\eta_v V_h}{v_1} = \frac{\eta_v \pi D^2}{240 v_1} SnZ \tag{12-8}$$

压缩机在运行过程中，它的结构参数气缸直径 $D$、活塞的行程 $S$、缸数 $Z$ 为常数，不随工况变化。转速 $n$ 因供电质量关系有可能发生变化，容积效率 $\eta_v$ 和吸气比体积 $v_1$ 随工况而变化。因为压缩机的容积效率 $\eta_v$ 与排气压力 $p_k$ 和吸气压力 $p_0$ 呈函数关系，即 $\eta_v = f(p_k, p_0)$，吸气比体积 $v_1$ 与吸气压力 $p_0$ 和温度 $t_1$ 呈函数关系，即 $v_1 = f(p_0, t_1)$。由式（12-8）可知，压缩机的实际吸气质量 $M_r$ 仅取决于三个工况参数，即 $p_k$、$p_0$ 和 $t_1$。

$$M_r = f(p_k, p_0, t_1)$$

制冷剂蒸气循环法就是根据上述原理，通过阀 A、B、C、D 和冷却水量的调节，控制压缩机在规定的 $p_k$、$p_0$ 和 $t_1$ 下运行，利用流量计测得的有关数据，就能算出压缩机在该工况下的吸气质量 $M_r$。至于制冷剂在循环过程中的其他参数，如 $p_c$、$t_4$ 和 $t_5$ 等的变化，只能引起 $M_{r1}$、$M_{r3}$ 和 $M_{r4}$ 分配比例的变化，而对压缩机的实际吸气量毫无影响。

由于制冷剂蒸气为可压缩性气体，流过孔板的流量（kg/s）可按式（12-9）计算：

$$M_r = 10^{-6} \frac{\pi d^2}{4} \alpha \varepsilon \sqrt{2\Delta p \rho} \tag{12-9}$$

式中，$d$ 为流量计的孔径（mm）；$\Delta p$ 为制冷剂蒸气流过孔板前后的压力降（Pa）；$\rho$ 为孔板前制冷剂蒸气的密度（kg/m$^3$）；$\alpha$ 为流量系数；$\varepsilon$ 为膨胀系数。

制冷压缩机在规定试验工况下的制冷量为

$$Q_0 = M_r q_0 \tag{12-10}$$

式中，$M_r$ 为压缩机在规定工况（$p_k$，$p_0$，$t_1$）下的实际吸气质量。前面已指出，可利用制冷剂蒸气循环法试验求得；$q_0$ 为单位质量制冷量，它与 $p_k$、$p_0$、$t_1$ 以及制冷系统膨胀阀前的液态制冷剂温度 $t_3$ 有关（图 12-5），当试验工况确定后，可直接利用压焓图进行计算。

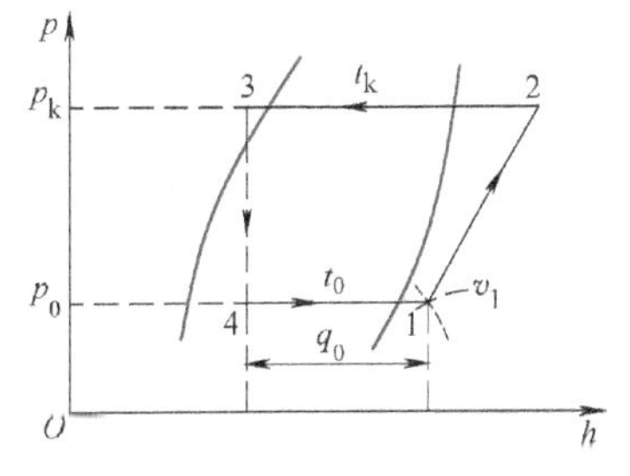

图 12-5　规定工况下 $q_0$ 值

在制冷剂蒸气循环法试验中，压缩机的 $p_k$、$p_0$ 也应严格控制在规定工况，所以压缩机的容积效率 $\eta_v$ 不变。吸气温度 $t_1$ 允许有一定偏差，转速 $n$ 也可能有改变。

显然，上述两个因素必然引起压缩机实际吸气质量

的变化，从而引起实测制冷量的改变，故必须进行修正。

规定工况压缩机的制冷量为

$$Q_0 = M_r q_0 = \frac{\eta_v V_h}{v_1} q_0 = \frac{\eta_v \frac{\pi D^2}{240} SnZ}{v_1} q_0$$

实测工况压缩机的制冷量（由于 $t_1$ 和 $n$ 可变化）为

$$Q_0' = M_{r'} q_0 = \frac{\eta_v \frac{\pi D^2}{240} Sn'Z}{v_{1'}} q_0$$

则

$$\frac{Q_0}{Q_0'} = \frac{v_{1'} n}{v_1 n'}$$

由实测工况时的制冷量 $Q_0'$ 换算到规定工况时的制冷量（kW）为

$$Q_0 = Q_0' \frac{v_{1'} n}{v_1 n'} = M_{r'}(h_1 - h_4)\frac{v_{1'} n}{v_1 n'} \tag{12-11}$$

式中，$M_{r'}$ 为实测工况下的压缩机实际吸气质量（kg/s）；$h_1$ 为规定工况下的压缩机吸气焓值（kJ/kg）；$h_4$ 为规定工况下膨胀阀后（或前）的制冷剂焓值（kJ/kg）；$v_1$ 为规定工况下的压缩机吸气比体积（$m^3$/kg）；$v_{1'}$ 为实测工况下的压缩机吸气比体积（$m^3$/kg）；$n$ 为压缩机的额定转速（r/min）；$n'$ 为压缩机的实测转速（r/min）。

制冷剂蒸气循环法实际上是测定压缩机在规定工况下的吸气质量，而不是制冷量，制冷量是通过实测吸气质量和规定工况下的单位质量制冷量（由压焓图中查得）计算求得。因为单位质量制冷量 $q_0 = h_1 - h_4$ 不可能产生测试误差，所以也无须修正。

制冷剂蒸气循环法压缩机制冷量试验记录见表 12-3。

表 12-3　制冷剂蒸气循环法压缩机制冷量试验记录

压缩机型号＿＿＿＿＿＿　　编　号＿＿＿＿＿＿　　＿＿年＿＿月＿＿日

| 测定次数 | 排气 | | 吸气 | | 孔板前 | | 压差流量计/mm | 电动机输入功率/kW | 压缩机转速/(r/min) | 备注 |
|---|---|---|---|---|---|---|---|---|---|---|
| | 压力/MPa | 温度/℃ | 压力/MPa | 温度/℃ | 压力/MPa | 温度/℃ | | | | |
| | | | | | | | | | | |
| | | | | | | | | | | |
| | | | | | | | | | | |
| | | | | | | | | | | |
| 平均值 | | | | | | | | | | |

采用电量热器法、液体载冷剂循环法和制冷剂蒸气循环法中的任何一种方法试验压缩机的制冷量时，必须同时再用一种辅助试验方法测试其制冷量，使主要试验方法的测量值有所比较，以便及时发现试验中的问题。

### 12.2.4　辅助试验方法

辅助试验通常有下述两种方法。

1. 冷凝器热平衡法

冷凝器是制冷装置中的主要设备之一，利用制冷剂在冷凝器中的放热量（图 12-6）等于冷却介质带走热量之间的平衡关系，也可以求得实测工况下的制冷剂循环量（即压缩机的实际吸气质量），即

$$M_{r'}(h_5-h_6)=M_w c_w(t_{w2}-t_{w1})+\Delta Q_k$$

制冷剂的循环量为

$$M_{r'}=\frac{M_w c_w(t_{w2}-t_{w1})+\Delta Q_k}{h_5-h_6} \tag{12-12}$$

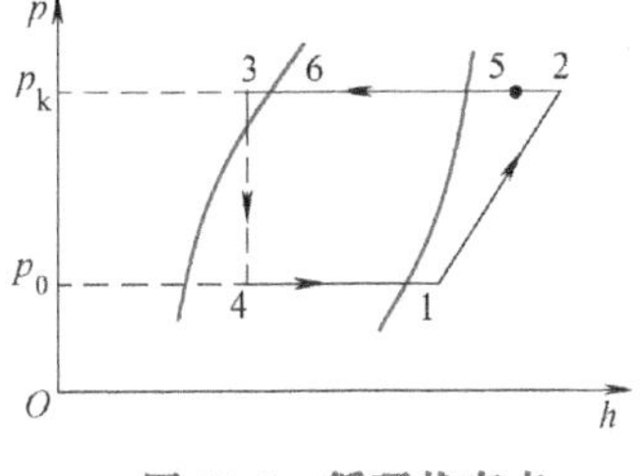


图 12-6　循环状态点

式中，$M_w$ 为冷凝器的冷却水量（kg/s）；$c_w$ 为冷却水比热容［kJ/(kg·℃)］；$t_{w2}$ 为冷凝器出水温度（℃）；$t_{w1}$ 为冷凝器进水温度（℃）；$h_5$ 为进冷凝器的制冷剂焓值（kJ/kg）；$h_6$ 为出冷凝器的制冷剂焓值（kJ/kg），$h_5$、$h_6$ 可根据制冷剂的冷凝压力 $p_k$ 和进、出冷凝器制冷剂温度在压焓图上查得；$\Delta Q_k$ 为冷凝器热损失（kW）。

冷凝器热损失 $\Delta Q_k$ 的计算公式为

$$\Delta Q_k=KA(t_k-t_n)$$

式中，$K$ 为冷凝器绝热后的外壳传热系数［kW/(m$^2$·℃)］；$A$ 为冷凝器外表面积（m$^2$）；$t_k$ 为制冷剂的冷凝温度（℃）；$t_n$ 为冷凝器所处环境温度（℃）。

通过冷凝器的热平衡方程式求得实测工况下的制冷剂循环量后，则压缩机在规定试验工况下的制冷量为

$$Q_0=M_{r'}(h_1-h_4)\frac{nv_{1'}}{n'v_1} \tag{12-13}$$

式（12-13）和式（12-11）虽然相同，但是，制冷剂循环量 $M_{r'}$ 是用两种不同的方法求得的，因此，主、辅两种试验方法测得的压缩机制冷量就具有比较价值，误差应在规定范围之内，试验结果才能被认可。

利用冷凝器热平衡法测试制冷剂循环量的方法简单、方便，在实际运行的制冷装置上，只要稍加几只仪表或不增加仪器就能测得它的制冷循环量。因此，该方法特别适用于现场估测制冷量试验。应该指出，在现场测定实际工况下的压缩机制冷量时，不必对其转速 $n$ 和吸气比体积 $v_1$ 进行修正，制冷量可直接按式（12-14）计算：

$$Q_0'=M_{r'}(h_{1'}-h_{4'}) \tag{12-14}$$

式中，$M_{r'}$ 为实测工况下的制冷剂循环量（kg/s）；$h_{1'}$ 为实测工况下的压缩机吸气焓值（kJ/kg）；$h_{4'}$ 为实测工况下膨胀阀前（或后）的制冷剂焓值（kJ/kg）。

冷凝器热平衡法压缩机制冷量试验记录见表 12-4。

表 12-4　冷凝器热平衡法压缩机制冷量试验记录

压缩机型号________　　编　　号________　　____年____月____日

| 测定次数 | 排气 | | 吸气 | | 制冷剂 | | 冷凝器冷却水 | | | 电动机输入功率/kW | 压缩机转速/(r/min) | 备注 |
|---|---|---|---|---|---|---|---|---|---|---|---|---|
| | 压力/MPa | 温度/℃ | 压力/MPa | 温度/℃ | 进冷凝器温度/℃ | 出冷凝器温度/℃ | 进口温度/℃ | 出口温度/℃ | 流量/(kg/s) | | | |
| | | | | | | | | | | | | |
| | | | | | | | | | | | | |
| | | | | | | | | | | | | |
| | | | | | | | | | | | | |
| 平均值 | | | | | | | | | | | | |

2. 制冷剂蒸气冷却法

制冷剂蒸气冷却法是利用装设在冷凝器前的冷却器热平衡原理，测定制冷剂的循环量，从而求得压缩机的制冷量。

由于制冷剂在冷却器中放出的热量等于冷却水带走的热量及冷却器表面放热量之和，则

$$M_{r'}(h_7-h_8)=M_{w'}c_w(t_{w2'}-t_{w1'})+\Delta Q_1$$

制冷剂的循环量为

$$M_{r'}=\frac{M_{w'}c_w(t_{w2'}-t_{w1'})+\Delta Q_1}{h_7-h_8} \tag{12-15}$$

式中，$M_{w'}$为冷却器冷却水量（kg/s）；$c_w$ 为冷却水比热容［kJ/(kg·℃)］；$t_{w2'}$为冷却器出水温度（℃）；$t_{w1'}$为冷却器进水温度（℃）；$h_7$ 为进冷却器的制冷剂焓值（kJ/kg）；$h_8$ 为出冷却器的制冷剂焓值（kJ/kg），$h_7$、$h_8$ 可根据冷凝压力 $p_k$ 和进、出冷却器的制冷剂温度在压焓图（图 12-7）上查得；$\Delta Q_1$ 为冷却器热损失（kW）。

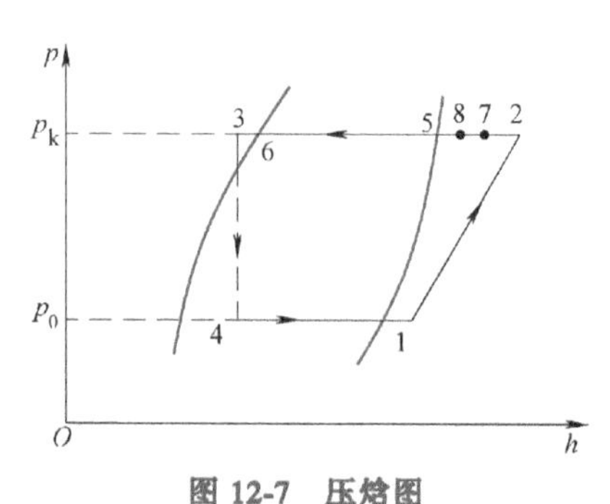

图 12-7　压焓图

冷却器热损失 $\Delta Q_1$的计算公式为

$$\Delta Q_1=KA\left(\frac{t_7+t_8}{2}-t_n\right)$$

式中，$K$ 为冷却器绝热后的外壳传热系数［kW/(m$^2$·℃)］；$A$ 为冷却器外壳传热面积（m$^2$）；$t_7$ 为进冷却器的制冷剂温度（℃）；$t_8$ 为出冷却器所处环境温度（℃）；$t_n$ 为冷却器所处环境温度（℃）。

通过冷却器的热平衡方程式求得实测工况下的制冷剂循环量后，则压缩机在规定试验工况下的制冷量为

$$Q_0=M_{r'}(h_1-h_4)\frac{n}{n'}\frac{v_{1'}}{v_1} \tag{12-16}$$

显然，式（12-16）也和式（12-11）相同，但式（12-16）中的制冷剂循环量是通过冷却器的热平衡求得的，因此制冷剂蒸气冷却法可作为辅助试验方法与主要试验方法求得的制冷量进行比较。

制冷剂蒸气冷却法压缩机制冷量试验记录见表 12-5。

表 12-5　制冷剂蒸气冷却法压缩机制冷量试验记录

压缩机型号＿＿＿＿＿＿　　编　号＿＿＿＿＿＿　　＿＿年＿＿月＿＿日

| 测定次数 | 排气 | | 吸气 | | 制冷剂 | | 冷却器冷却水 | | | 电动机输入功率/kW | 压缩机转速/(r/min) | 备注 |
|---|---|---|---|---|---|---|---|---|---|---|---|---|
| | 压力/MPa | 温度/℃ | 压力/MPa | 温度/℃ | 进冷却器温度/℃ | 出冷却器温度/℃ | 进口温度/℃ | 出口温度/℃ | 流量/(kg/s) | | | |
| | | | | | | | | | | | | |
| | | | | | | | | | | | | |
| | | | | | | | | | | | | |
| | | | | | | | | | | | | |
| 平均值 | | | | | | | | | | | | |

上述介绍的各种压缩机制冷量试验方法，主要是从试验原理和影响压缩机制冷量的外界参数方面进行了分析，在实际试验过程中，还有许多问题需要考虑，如使用仪表的精度、装设的位置及有关管路的绝热等。任何试验不但要有理论指导，而且要有丰富的实践知识，这样才能保证试验正常进行，取得高精度的试验数据。

## 12.3　制冷系统试运转和验收投产

制冷系统设备安装就位，整个系统焊接完毕之后，应按设计要求和管道安装试验技术条件的规定，对制冷系统进行吹污、气密性试验以及充注制冷剂检漏试验，并做好试运转前的各项工作。

### 12.3.1　制冷系统的吹污、检漏与抽空

1. 吹污

制冷设备和管道在安装之前已经进行了单体除锈吹污工作。但是，很多管道在焊接时不可避免地会有焊渣、铁锈及氧化皮等杂质污物残留在系统管道内，有可能被压缩机吸入到气缸内，造成气缸或活塞表面划痕、拉毛等现象。有时，污物还会堵塞膨胀阀、毛细管和过滤器，使制冷系统无法正常工作。因此，在正式运转以前，制冷系统必须进行吹污处理，进一步洁净系统，保证制冷系统安全运行。

吹污最好以专用的空气压缩机进行，如没有空气压缩机也可用制冷压缩机代替，但使用时要密切注意排气温度，使之不超过 120℃，否则会降低润滑油黏度，造成压缩机运动部件的损坏。

（1）氨制冷系统　氨制冷系统吹污时要将所有与大气相通的阀门关紧，其余阀门应全部开启。吹污的排出点设在系统的最低处，如果系统管道比较长，则可以采用几个吹污排出口，分段进行排污和检查。

吹污时用木塞（或螺栓）将排出口塞紧，然后向管道内部充入压缩空气，充气的同时用木槌轻击，待压缩空气上升到0.7~0.8MPa时，开启排出口，随着压缩空气的排出便可将污物带出，如此反复数次，在排污口放一绑扎在木板上的干净白布，当白布上不见污物即为合格。

（2）氟利昂系统　用干燥空气或二氧化碳对氟利昂系统进行吹污工作，其吹污要求与氨制冷系统相同。待系统吹污合格后，还应向系统充入氮气以保持清洁干燥。

另外，在制冷系统全面检修时，也需要用压缩空气将系统残存的油污、杂质等吹除干净。为了使油污溶解便于排出，可将适量的三氯化乙烯灌入系统，待油污溶解后进气吹污。由于三氯化乙烯对人体有害，因此使用时要注意室内通风，操作者要保持适当距离。

2. 气密性试验

制冷系统气密性试验的目的在于检查设备和管路焊口、法兰等有无泄漏，以便进行修理，保证制冷系统的严密性。制冷系统的气密性试验应尽量选用双级空气压缩机，若使用制冷压缩机，则应与系统吹污一样，指定一台专用机。

气密性试验包括压力试验和真空试验。

（1）压力试验　压力试验是指向制冷系统充压缩气体试漏。充压压力视制冷剂的种类而定，可按设计文件有关规定执行，一般R717、R22高压侧（自压缩机排出口起经冷凝器到机房调节站）用1.8MPa（表压），低压侧（自机房调节站起经蒸发器到压缩机入口）以及中间冷却器用1.4~1.6MPa（表压）。试验时间为24h，前6h因系统内气体冷却时允许下降0.02~0.03MPa（表压），以后18h内，当室温恒定不变时，压力不降为合格。

由于吸排气温度和试验压力都比较高，容易引起制冷压缩机磨损或损坏。因此，试压时应注意以下几点：

1）制冷机吸入口应包扎白绸子，运转时应间断进行，逐渐升压，严格控制排气温度不超过120℃，油压不低于0.3 MPa。

2）检查压缩机上的安全阀和压力继电器的调定值。压缩机的进、排气压力差不得超过1.4 MPa，严禁用堵塞安全阀的方法来提高压力差。当高压部分试压时，为了克服压缩机安全阀过早开启，可将整个系统的压力升至1.2 MPa，再关闭高低压系统之间的阀门，使压缩机吸入低压系统的气体。此时，应关小低压吸气阀，起动压缩机，调节吸气压力使低压系统内的压缩空气进入高压系统，由于低压系统有一定压力，则高压系统上升至1.8 MPa时，安全阀不会起跳。

3）试压时可以临时断开压力继电器电路。

氟利昂系统不能用压缩空气进行试压，只能用二氧化碳或氮气。氮气具有价廉、无腐蚀、无水分、不燃烧等优点，可以防止氟利昂系统产生冰塞现象。

无论氟利昂系统还是氨制冷系统，严禁使用氧气等可燃气体进行试压。若系统需要修理补焊时，必须将系统内压力释放，并与大气接通，决不能带压焊接。修补焊缝次数不能超过两次，否则应割掉换管重新焊接。系统试压时，可将氨泵、浮球阀及浮球液位器等有关设备控制阀关闭，以免损坏。

在旧的制冷系统中用压缩空气检漏时，必须将系统中残留的氨及油等污物全部清除干净，以免与空气混合遇火而引起爆炸事故。

检漏中发现表压下降（即有泄漏），但在系统中一时又找不到泄漏处，这时要考虑到以下几种可能：

1）冷凝器的氟利昂一侧向水一侧有泄漏，应打开水一侧两端封盖检查。

2）对旧系统检修，要注意低压管路隔热材料里面接头处有无泄漏。

3）各种自动调节设备上也可能产生泄漏，如电磁阀线圈罩顶螺钉孔、压力控制器的波纹管等。

（2）真空试验　在压力检漏工作结束后应进行真空试验。真空试验的主要目的有两个：一是检查系统在真空条件下的密封性；二是抽除系统中残余的气体和水分，为系统充加制冷剂做好准备（因为水在真空条件下容易蒸发而被抽除）。真空试验也可以帮助检查压缩机本身的气密性。

较大型制冷系统的抽真空工作一般应用真空泵进行，对真空度的要求如下：对于氨制冷系统，其剩余压力不应高于 8000Pa；对于氟利昂系统，其剩余压力不应高于 5333Pa。当系统内真空度达到要求时，先关闭与制冷系统相连的阀门，然后再关闭真空泵。

真空试验必须在整个系统抽出规定的真空度以后，视制冷系统规模使整个制冷系统继续运行数小时，以彻底消除系统中残存的水分，然后再静置 24h，除去因温度变化而引起变动外，压力无上升，方认为合格。

在没有真空泵的情况下，对于较小型或非低温氨制冷系统，可利用制冷压缩机本身来抽真空。对于全封闭式制冷压缩机的制冷系统，必须使用真空泵抽真空。抽真空过程中，应多次起动压缩机间断进行抽真空操作，以便将系统内的气体和水分抽尽。对于有高低压继电器或油压压差继电器的设备，为防止触头动作切断电源，应将继电器的触点暂时保持断开状态。同时应注意油压变化，油压至少要比曲轴箱内压力高 26664Pa，以防止油压失压烧毁轴承等摩擦部件。

### 12.3.2　添加制冷剂

制冷系统经过真空试验合格后，便可利用系统内的真空状态进行制冷剂的充注工作。

1. 制冷剂的充注

对于新安装的系统，可由高压端加入制冷剂，其操作方法如下：

1）开启冷凝器用的冷却水系统，系统中阀门保持真空试验时的状态。

2）用 $\phi$14mm×2mm 无缝钢管（充氟利昂时用纯铜管）将装有制冷剂的钢瓶接好。瓶口向下倾斜，钢瓶与地面成 30°角，或将钢瓶尾部垫高 200~300mm。添加制冷剂接管如图 12-8 和图 12-9 所示。

3）开启充剂阀。当系统内达到一定压力时（氨制冷系统为 0.1~0.2MPa，氟利昂系统为 0.2~0.3MPa），暂停充注制冷剂，再在各连接处和焊接处检查一次系统的密封情况，如无渗漏，可继续充入制冷剂。

4）关闭贮液器上的出液阀，继续充入制冷剂，当钢瓶压力与贮液器内压力达到平衡时，便应开启贮液器上的出液阀。

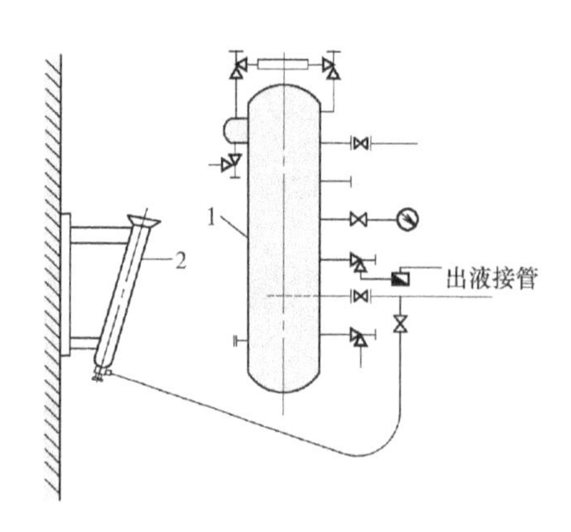


图 12-8　由贮液接管充制冷剂
1—贮液器　2—制冷剂瓶

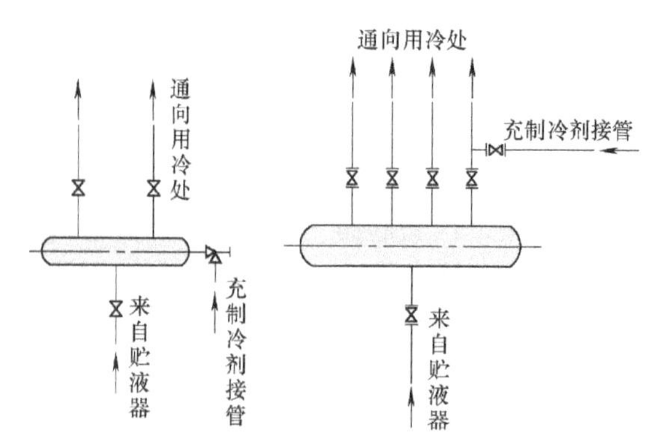


图 12-9　由调节站接管充制冷剂

5）起动制冷机，使制冷装置进入运行状态，同时继续充制冷剂。当钢瓶下部出现白霜时，表示瓶内液体制冷剂已接近充完，这时可关闭钢瓶阀和充剂阀，换瓶继续充加。

6）除非外界温度很低的情况下，充入制冷剂时一般不需采用在钢瓶上浇热水以提高钢瓶内压力的办法，因为这样做不安全。如需加快充注速度，热水温度也不得超过 50℃，并严禁用其他方法对钢瓶加热。

7）充氟利昂时必须在专用接管上设置干燥过滤器，以降低水分进入系统的可能性。采用高压段充注时，切不可起动压缩机，并注意排气阀不能泄漏，否则会产生液击。

8）充加制冷剂达到充剂量的 90%，可暂时停止充注工作，进行系统的试运转，以检查系统剂量是否已满足运行的要求，避免充剂过量而造成不必要的麻烦。对于旧制冷系统，需要补充制冷剂时，应由低压端充入。

2. 充注后的检漏

（1）试纸检漏法　一般以酚酞试纸对系统的焊口、法兰盘、螺纹接口等处进行检漏。将试纸湿润后接近受检处，如变红即表示有氨漏出（注意避免试纸与管道上的肥皂水接触产生错觉）。也可使用遇氨变蓝的石蕊试纸。

（2）卤素喷灯检漏法　卤素喷灯是氟利昂制冷系统检漏的常用工具，国产的卤素喷灯如图 12-10 所示，其使用方法如下：

1）加酒精。先将底座 1 旋开，向筒体内部添加纯度不低于 99.5%的无水酒精，但注入量不宜过多，只需装满灯筒容积的 1/2~3/4 即可，随后应速将底座旋紧。

2）生火。将手轮 2 向右旋，关闭阀芯，再将烧杯加满，然后点燃，使灯筒和喷灯上部加热，待加热少许，检查喷灯是否漏气。

3）发火。待烧杯内酒精接近烧完时，将手轮 2 向左转一圈，在火焰圈 4 内将喷嘴中的酒精挥发气体点燃，这时卤素灯的吸气软管 6 即发出有气体吸入的声音，便可开始用灯检漏。

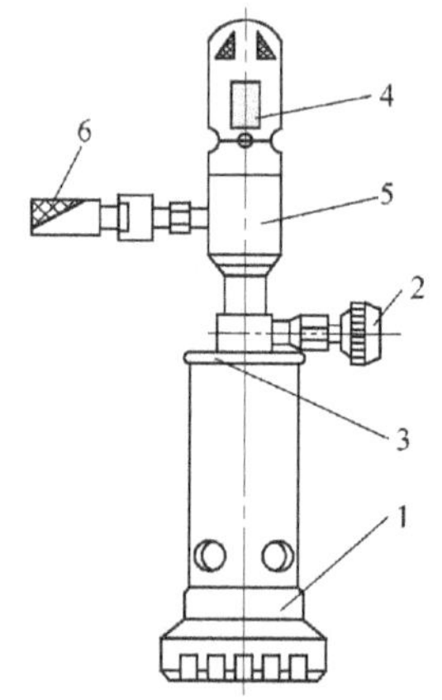


图 12-10　卤素喷灯
1—底座　2—手轮
3—烧杯　4—火焰圈
5—吸风罩　6—吸气软管

4）使用。检测时将吸气软管 6 管口接近受检查处，且缓慢地移动，如有氟利昂气体渗漏，遇火焰即分解，此时橙红色的火焰就会变成绿色，火焰颜色变化随氟利昂渗漏量有所不同，颜色越深表明氟利昂泄漏越严重。

3. 卤素电子检漏仪

使用时，先接通电源，把检漏仪的接收器顶端朝着被检处慢慢移动，探口移动速度为50mm/s，被检部位与探口之间的距离为3~5mm，如果遇到氟利昂泄漏，即可报警，同时指针摆动较大。卤素电子检漏仪灵敏度很高，一般不能在有卤素物质或其他烟雾污染的环境中使用。

如果发现泄漏处，必须将泄漏处做好标记，然后将有关管道局部抽空，用空气吹扫干净才允许更换附件或补焊，并再次充制冷剂检漏，直至系统完全不漏为止。

### 12.3.3 添加润滑油

制冷系统运行时，部分润滑油随着排气而离开曲轴箱，排油量的多少与制冷压缩机型式和曲轴箱油位高低有关。一般来说，气缸小、转速高的制冷压缩机要比同排气量的大气缸、低转速的排油量要多些。由于油分离器的效率不能达到100%，总有一部分润滑油随排气而进入冷凝器，最后进入蒸发器。对不溶于润滑油的制冷剂（如氨），润滑油进入蒸发器后不能随回气被带回曲轴箱，所以曲轴箱必须经常加油。

对于氟利昂系统来说，如R12，由于它溶解于润滑油中，故润滑油不可能从蒸发器放出，而是随制冷剂同时循环于系统中，当从制冷压缩机带出的润滑油量与从系统中带回的润滑油量相等时，油循环就达到了平衡，曲轴箱就不会缺油。因此，回油问题是氟利昂系统设计中十分重要的问题。假如需要添加比较多的润滑油或经常需要加油，则必定是系统存在问题或压缩机有故障，应予以检查和排除。

制冷压缩机用润滑油应符合国家标准或制冷压缩机制造厂的要求，不同牌号的润滑油一般不宜混合使用，以防变质。

现将加油的操作方法简单介绍如下：

1）添加少量润滑油或小型压缩机添加润滑油时，可利用吸入阀多用孔道添加，其步骤如下：

① 关闭吸入阀多用孔道，用接管一端接多用孔道，另一端通到贮油器（或多用孔上加接“T”形接头，一端接低压表，一端接管子一侧，另一端通到贮油容器）。

② 稍开多用孔道，以制冷剂吹光管内空气，随即把管端按住，防止漏气。

③ 关闭吸入阀（即开启多用孔道），起动压缩机瞬间即停（低压控制器强迫常通），反复2~3次，然后，运转几分钟，把曲轴箱拉成真空状态停机。

④ 按住接管的手指放开，油则被吸入曲轴箱。

⑤ 若润滑油尚未达到要求油位，油已不能吸入，则用手按住管口不让其漏气，起动压缩机抽真空（注意油敲缸）后继续吸油，直至油位达到油镜的1/3~1/2时，停止吸油。

⑥ 关闭吸入阀多用孔道，拆除接管，加油完毕。

2）装有放油三通阀的压缩机，可不停车加油，其步骤如下：

① 把油三通阀置于运转位置，接上加油管，油管通至盛油器内，盛油器的油面应高于曲轴箱油面。

② 关闭吸入阀，使压缩机曲轴箱压力略高于0MPa情况下运转。

③ 将油三通阀阀心向前（右）旋转少许到放油位置，让曲轴箱内的油流出赶走管内的空气，然后迅速向前（右）旋阀心到极限位置，盛油器内的油则被泵吸入。

④ 待油加足后，将油三通阀转至运转位置。

⑤ 拆下油管，装上闷头，旋上帽罩，把系统调整到正常运转工况。在加油过程中，要严防空气漏入。

### 12.3.4 制冷装置的试运转

由于制冷装置的类型较多，自动化、半自动化和手动操作等设计组成不同，因此，应按照制造厂的说明书或施工设计文件中的试运转要求进行。现将一般制冷装置的试运转简述如下：

#### 1. 起动前的准备工作

1）制冷装置在运行前，必须对所有设备（制冷系统、冷却系统、冷水或盐水系统、通风和电气系统）进行负荷试车。

2）准备好应有的劳动保护用品，如防毒面具、橡皮手套、防火用具等。

3）负责操作的人员，建设、安装单位的工作人员以及有关技术人员都必须到达现场。

4）测量点用的温度计和压力表应备齐，压力表阀应开启。

5）运动部件的安全装置必须齐全。搅拌器、水泵的旋转方向及转数必须检查测定。

6）制冷压缩机曲轴箱的油位高度应达到刻度线指定高度，油量不足应予以补充，要使机器保持良好的润滑状态。

7）准备好记录用品，制冷装置投入运行时，每小时应全面检查记录一次。

8）按试车规程检查调整各部位阀门的关、开情况（高压系统排气阀应打开，冷凝器、贮液器液体管路上的各阀门包括平衡阀均应开启，低压系统的吸气阀、手动节流阀应关闭）。检查安全阀、油压继电器、高低压继电器等安全保护装置的整定值。

#### 2. 制冷装置的起动和运行

需要人工起动的制冷装置，通常其起动步骤如下：

1）起动冷却水系统。给水泵、回水泵、通风机等投入运行。

2）起动冷水或盐水系统。回水泵、给水泵、蒸发器、搅拌器等投入运行。

3）将能量调节的手柄移至圆盘指示位的“0”位上。

4）将补偿手柄移至起动位置，起动电动机，当电动机达到全速时再将补偿器的手柄移至运行位置。

5）扳动能量调节阀手柄，根据吸气压力逐步将手柄加以调整，从“0”位移至“1”位。

6）将压缩机的油压调节至比吸气压力高0.15~0.3MPa。

7）根据压缩机运转情况，谨慎地开启低压吸气阀，使蒸发器压力下降至0.15 MPa以下，如机体吸气腔不进液时，可逐渐开大吸气阀，如气缸中有冲击声，表明液体制冷剂进入吸气腔，此时应将能量调节至“0”位，并立即关闭低压吸气阀。待吸入口的霜层融化后，再小心地开启此阀，直至调整到压缩机吸气腔无液体吸入，而低压吸气阀处于全开状态为止。

对于老系列的制冷压缩机，在起动前吸、排气阀均关闭，但应将旁通阀开启。待制冷压缩机起动后再将排气阀全部打开，同时关闭旁通阀，然后把吸气阀慢慢开启，直至全开。

8）制冷压缩机运转正常。根据蒸发器的负荷逐渐开启节流阀调整蒸发压力，直至达到制冷装置的设计工况。

9）制冷装置在运行中还应注意以下事项：

① 排气压力和温度。排气压力和温度应符合制冷装置的设计参数。R717 和 R22 制冷系统的排气温度不应超过 150℃，R12 制冷系统的排气温度不应超过 130℃。

② 蒸发压力和温度。低压级的吸入压力近似于蒸发器的蒸发压力，而蒸发压力和温度应符合制冷装置的设计运行参数。

③ 润滑油的温度最高不应超过 70℃。油压应比吸入压力高 0.15~0.3 MPa。

④ 制冷压缩机运行时的声音须正常，轴封不应漏油，轴封、轴承、缸盖等处于无过热现象。

10）辅助设备的运行。

① 贮液器。贮液器可分为高压贮液器和低压贮液器两类。

氨用高压贮液器，在启用前及运转中，其放油阀、放空气阀应关闭，安全阀下的截止阀、压力表阀、均压阀、进氨阀、液体平衡阀应呈开启状态，液位计的均压阀应打开（先开气阀、后开液阀），制冷装置启用时打开输液阀。

高压贮液器的贮氨量一般应维持容积的 1/3~2/3，在正常运转中液面不应有显著波动。

贮液器通常选择在停车前及时放油和放出其中不凝性气体。

低压贮液器上的阀门通常均呈关闭状态，只有安全阀下的截止阀和液位计的均压阀呈开启状态，当需贮液器投入运行时，应按操作规程开、关各类阀门。

② 中间冷却器和液体分离器。在制冷装置运行中，必须保持液面在正常位置，可借助液面控制器或液面指示器观察。设备上的阀门除安全阀和放油阀之外，均应调好开启状态。

③ 蒸发器。蒸发器的种类比较多，对立式和双头螺旋盘管式的氨蒸发器，运行中应定期检查蒸发器水箱内的含氨量，如有漏氨应设法处理。此外，还须定期放油，放油操作应在设备停止运行后进行，因为这时氨液已经停止沸腾，冷冻油易沉在设备底部，便于放出。蒸发器停用：首先关闭供液阀，将蒸发器内压力降至 0.3MPa 以下，再关闭回气阀，当出水温度高达 4~5℃才可停止冷水、盐水泵的工作，并同时停止搅拌器。

对冷却或干燥空气的氨和氟利昂蒸发器，除安全阀和放油阀外，通常均呈开启状态。

④ 油分离器。对于氨制冷系统的油分离器，在运行中油分离器上的进、排气阀和供液阀应呈开启状态，放油阀呈关闭状态，油分离器应经常放油，不停车放油时，先关闭供液阀 5~10min，待容器底部外壳温度升至 40~45℃时，打开放油阀，向集油器放油。

在运行中应经常注意油分离器的工作情况，如洗涤式油分离器，工作时底部温度约等于冷凝温度，运转时若发现底部发热，则说明供液不正常或里面有大量润滑油。此时必须调整供液，或将油放入集油器中。

通常，氟利昂油分离器均能自动回油，正常工作状态时，加油管时冷时热，如果回油管一直冷或一直热，则说明浮球阀工作失灵，必须进行检修。

⑤ 氨用集油器。集油器存油较多时（一般不超过 70%）应放出存油。放油时，首先开启降压阀，待压力接近吸气压力时关闭降压阀静置 20min，若压力有显著上升，则重开降压

阀，再静置20min。如此反复几次，直至压力不再上升，然后开启放油阀放油，放油后即关闭放油阀，此时集油器即处于工作状态，可接收其他设备的放油。

置于厂房内的集油器，放油时应开启通风装置，以消除泄漏于厂房内的氨气。

⑥ 氨用冷凝器。冷凝器使用前及正常运转过程中，其进气阀、出液阀、进出水阀、均压阀和安全阀下部的截止阀都必须开启，放空气阀和放油阀应关闭。

应定期放油和放空气，放油时须停止工作20~30min，使油沉淀后再进行放油，放油时应关闭进气阀、出液阀和均压阀，然后打开放油阀。

当冷凝器压力与出液温度相应的冷凝压力有显著出入，压力表指针剧烈摆动且排气温度高于正常温度时，说明系统内存有空气，此时应将系统内空气排除。

⑦ 空气分离器。首先打开空气分离器的混合气体进入阀，使混合气体进入空气分离器内；然后，开启回气阀和稍开供液节流阀，将混合气体中的氨气冷凝，最后稍开放空气阀，使不凝性空气通过盛水的容器中放出。放空气结束时，先关闭混合气体进入阀，再关闭节流阀，最后关闭放空气阀和回气阀。

操作中要注意调节放空气阀和节流阀，节流阀不宜开启过大，以免氨液进入压缩机气缸，造成湿压缩。进气阀应开大些，放空气阀则应开小些，以顺利排除不凝性气体。

⑧ 干燥器。氟利昂制冷系统设干燥过滤器以吸收制冷剂中的水分并过滤杂质。干燥器一般安装在贮液器（或冷凝器）与节流阀之间的输液管上，如系统中尚设有旁通，也可使干燥器投放运行适当时间后（视装置大小而定），再换用其旁通管路运行。考虑到制冷装置的运行中也可能渗入空气，所以应定期使用干燥器投入运行。

新系统充氟利昂时，必须在充氟利昂的管路上设置专用的干燥器。

干燥器中装入的干燥剂通常是硅胶，也可用分子筛，这类干燥剂吸水能力都很强，但随着吸入水分的增加而逐渐减弱，故必须定期把干燥剂取出，加热烘干后再装入使用。

#### 3. 制冷装置的停车

手动操作停车的一般步骤如下：

1）停车前10~30min关闭节流阀，停止向系统内供给制冷剂，适当降低蒸发器的压力，并将贮液器上的供液总阀关闭。

2）关闭制冷压缩机上的吸气阀，使曲轴箱内压力降至0.02~0.03 MPa。

3）切断电源，待压缩机停止转动后，关闭排气阀和回油阀，于10~30min后再关闭冷却水系统、给水泵、回水泵、冷却通风机等。

4）停止冷水或盐水系统的回水泵、给水泵、搅拌器等，使冷水系统停止运行。

5）按试车规程关闭各种操作阀门。

6）在夏季，制冷装置停车后，须打开冷凝器的冷却水阀向冷凝器供水，使冷凝压力保持一定值。冬季停车后，必须放掉压缩机冷却水套内的水，以防气缸冻裂。

### 12.3.5　验收投产

系统充制冷剂后，应将各压缩机逐台进行无负荷、空气负荷、负荷试运转，每台连续运转时间不得少于4h，当系统负荷试运转正常后，才能提请验收。

制冷工艺安装全部竣工，负荷试转合格后，按最新颁布的机械设备安装及验收的国家标准，并办理正式验收手续，未经验收之前，一律不得擅自投产。

### 12.3.6　冷库的降温

在冷库土建工程全部竣工，混凝土达到充分强度，制冷系统已经加氨，机器经过试车，设备和管道隔热工程也已完成后，冷库才可以实施降温。

为使建筑结构适应温度变化以及建筑物内的游离水分，在降温过程中逐渐由内向外挥发，冷库投产降温必须逐渐缓慢地进行。

冷库各楼层房间应同时全部降温，以使主体结构及各部分建筑构造的温度应力和干缩率保持均衡，避免建筑物产生裂缝。

冷库在投产前，应进行空库运转，空库运转一次控制在30天左右。关于降温幅度，一般按以下规定进行：

1）当库房温度为+5℃以上时，每天降温2~2.5℃。

2）当库房温度为0~+5℃时，每天降温1℃。当库房温度降至+4℃时，应暂停降温，保持+4℃达到5~7天，以利于库房结构中游离水分尽量被冷却设备抽析出来，减少冷库的隐患。

3）当库房温度为-4~0℃时，每天降温0.5~1℃。

4）当库房温度为-18~-4℃时，每天降温1~1.5℃。

5）当库房温度为-23~-18℃时，每天降温2℃。

6）当库房温度达到设计要求后，应停机封库保温24h以上，观察记录库房自然升温情况及保温效果。

新库在降温过程中因受到进度限制，在较长一段时间内回气压力较高，只宜用单级压缩机降温，待库温降到-10℃以下时，才能用双级压缩机组降温。

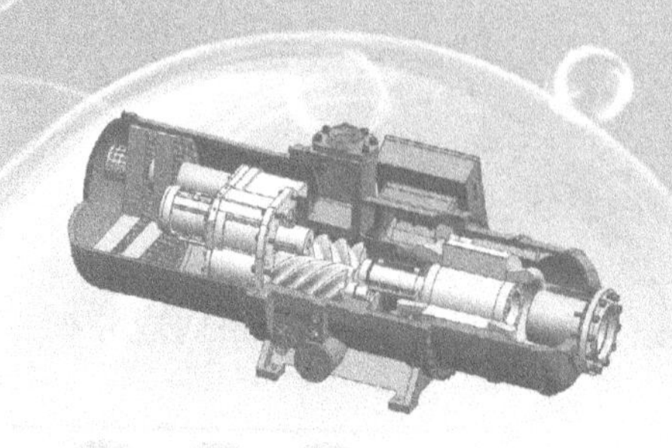

# 第 13 章

# 典型制冷工艺设计实例简介

前述所有的内容都是针对蒸气压缩式制冷系统的冷库制冷工艺设计中的问题加以讨论和分析的。从氨和氟利昂这两类制冷剂的使用情况来看，它们都在冷库制冷系统中得到了广泛的应用，本章就这两种类型的冷库制冷工艺的设计进行设计实例分析计算，以进一步熟悉冷库制冷工艺的设计流程，且供设计时作为参考。

## 13.1 小型氨制冷系统制冷工艺设计简介

一个单层 500t 生产性冷藏库，采用砖墙、钢筋混凝土梁、柱和板建成。隔热层外墙和阁楼采用聚氨酯现场发泡，冻结间内墙贴软木，地坪采用炉渣并装设水泥通风管。整个制冷系统设计计算如下。

### 13.1.1 设计条件

1. 气象和水文资料

夏季室外计算温度为+35℃，相对湿度为 50%～76%，太阳辐射按北纬 30°考虑，地下水温为 20℃，可以设置深井水，采用循环水。

2. 生产能力

冷藏容量为 500t，冻结能力为 20t/日。

3. 制冷系统

采用氨直接蒸发制冷系统。冷藏间温度为-18℃，冻结间温度为-23℃。

4. 冷藏库的平面布置

冷藏库的平面布置如图 13-1 所示。

### 13.1.2 设计计算

整个制冷系统的设计计算是在冷库的平面、立面和具体的建筑结构与围护结构确定之后进行的。首先计算冷库的耗冷量，然后计算制冷机器的耗冷量以及机器和设备的选型设计。计算程序如下。

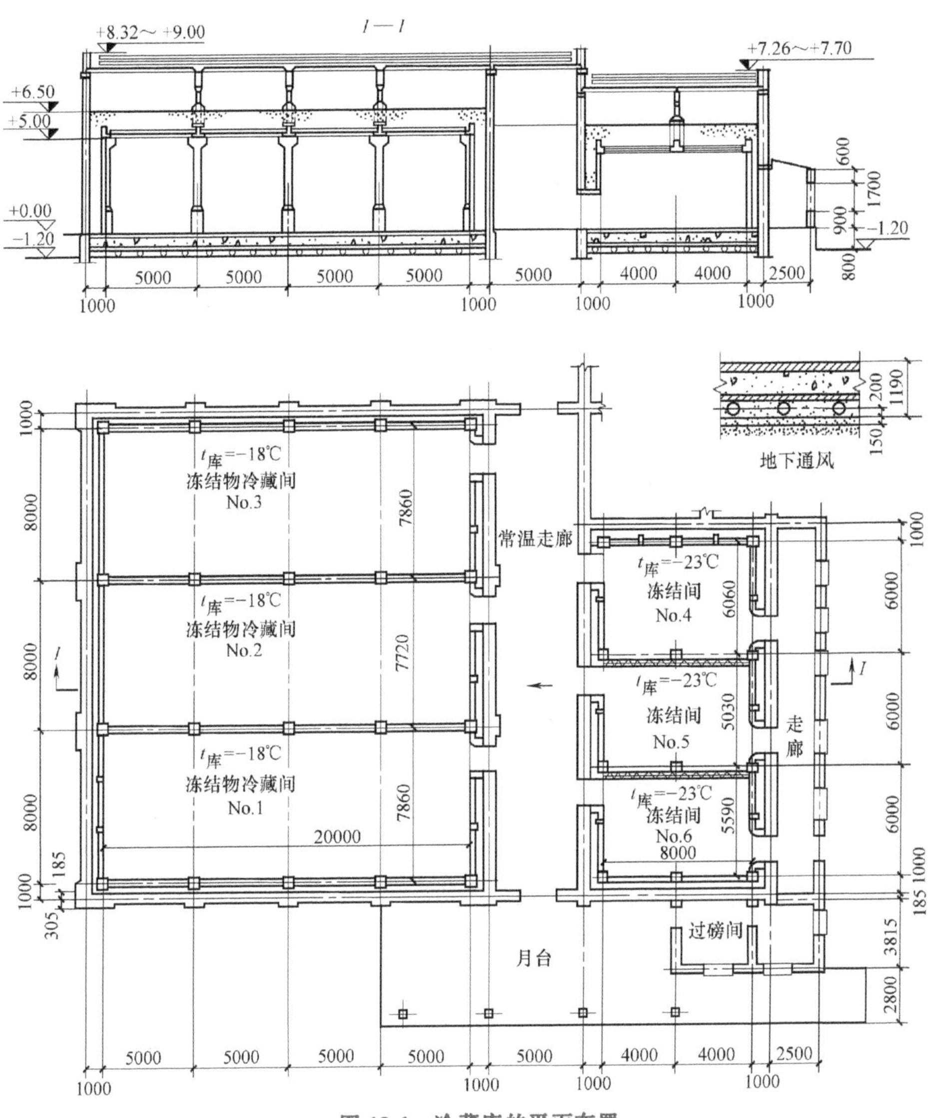


图 13-1 冷藏库的平面布置

### 1. 冷库围护结构的传热系数计算

主要计算外墙、内墙、阁楼层和地坪的传热系数，计算公式见第 3 章。

热阻的计算公式为

$$R_i = \delta_i / \lambda_i, \quad R_s = 1/\alpha$$

传热系数的计算公式为

$$K = \frac{1}{\frac{1}{\alpha_w} + \frac{\delta_1}{\lambda_1} + \frac{\delta_2}{\lambda_2} + \cdots + \frac{\delta_n}{\lambda_n} + \frac{1}{\alpha_n}}$$

对于墙面的表面传热系数 $\alpha$，外墙表面取 29W/($m^2$ · K)，内墙表面取 8W/($m^2$ · K)，冻结间的内墙表面取 29W/($m^2$ · K)。冷库围护结构及其传热系数的计算见表 13-1。

表 13-1　冷库围护结构及其传热系数的计算

| 结构层次 | | δ/m | λ/[kcal/(m·h·℃)] | R(=δ/λ)/[(m²·h·℃)/kcal] |
|---|---|---|---|---|
| 外墙结构设计及其计算 | | | | |
| 1 | 外墙外表面空气热阻 | $1/\alpha_w$ | 25 | 0.040 |
| 2 | 20mm 厚水泥砂浆抹面层 | 0.02 | 0.80 | 0.025 |
| 3 | 370mm 厚预制混凝土砖墙 | 0.37 | 0.70 | 0.5285 |
| 4 | 20mm 厚水泥砂浆抹面层 | 0.02 | 0.80 | 0.025 |
| 5 | 冷底子油一道 | | | |
| 6 | 一毡二油　油毡<br>沥青 | 0.002<br>0.003 | 0.15<br>0.4 | 0.0133<br>0.0075 |
| 7 | 650mm 厚稻壳隔热层 | 0.65 | 0.13 | 5.000 |
| 8 | 混合砂浆砌砖墙 | 0.12 | 0.70 | 0.1714 |
| 9 | 20mm 厚 1：2.5 水泥砂浆抹面层 | 0.02 | 0.80 | 0.0250 |
| 10 | 外墙内表面空气热阻 | $1/\alpha_n$ | 7 | 0.1428 |
| | 总热阻 $R_0$ | | | 5.9785 |
| | 传热系数 $K$ | | | 0.1672 |
| 冻结间内墙结构设计及其计算 | | | | |
| 1 | 内墙外表面空气热阻 | $1/\alpha_w$ | 25 | 0.040 |
| 2 | 20mm 厚水泥砂浆抹面层 | 0.02 | 0.80 | 0.025 |
| 3 | 120mm 混合砂浆砖砌墙 | 0.12 | 0.70 | 0.1714 |
| 4 | 20mm 厚水泥砂浆抹面层 | 0.02 | 0.80 | 0.025 |
| 5 | 冷底子油一道 | | | |
| 6 | 一毡二油　油毡<br>沥青 | 0.002<br>0.003 | 0.15<br>0.4 | 0.0133<br>0.0075 |
| 7 | 软木隔热层 | 0.15 | 0.06 | 2.500 |
| 8 | 一毡二油　油毡<br>沥青 | 0.002<br>0.003 | 0.002<br>0.003 | 0.0133<br>0.0075 |
| 9 | 20mm 厚 1：2.5 水泥砂浆抹面层 | 0.02 | 0.80 | 0.0250 |
| 10 | 内墙内表面空气热阻 | $1/\alpha_n$ | 7 | 0.1428 |
| | 总热阻 $R_0$ | | | 2.9708 |
| | 传热系数 $K$ | | | 0.3366 |
| 屋顶阁楼层结构设计及其计算 | | | | |
| 1 | 外表面空气热阻 | $1/\alpha_w$ | 25 | 0.040 |
| 2 | 40mm 厚预制混凝土板 | 0.04 | 1.1 | 0.0363 |
| 3 | 空气间层 | 0.02 | | 0.230 |
| 4 | 二毡三油　油毡<br>沥青 | 0.004<br>0.006 | 0.15<br>0.4 | 0.0266<br>0.015 |

（续）

| 结构层次 | | δ/m | λ/<br>[kcal/(m·h·℃)] | R(=δ/λ)/<br>[(m²·h·℃)/kcal] |
|---|---|---|---|---|
| 屋顶阁楼层结构设计及其计算 | | | | |
| 5 | 20mm 厚水泥砂浆找平层 | 0.02 | 0.8 | 0.025 |
| 6 | 30mm 厚钢筋混凝土屋盖 | 0.03 | 1.35 | 0.0222 |
| 7 | 空气间层 | 1.5 | | 0.240 |
| 8 | 1100mm 厚稻壳隔热层 | 1.1 | 0.13 | 8.4615 |
| 9 | 250mm 厚钢筋混凝土板 | 0.25 | 1.35 | 0.1851 |
| 10 | 内表面空气热阻　冷藏间<br>冻结间 | $1/\alpha_n$ | 7<br>25 | 0.1428<br>0.040 |
| | 总热阻 $R_0$ | 冷藏间<br>冻结间 | | 9.4245<br>9.3217 |
| | 传热系数 $K$ | 冷藏间<br>冻结间 | | 0.1061<br>0.1072 |
| 地坪结构设计及其计算 | | | | |
| 1 | 60mm 厚细石钢筋混凝土面层 | 0.06 | 1.35 | 0.0444 |
| 2 | 15mm 厚水泥砂浆抹面层 | 0.015 | 0.8 | 0.0187 |
| 3 | 一毡二油　油毡<br>沥青 | 0.002<br>0.003 | 0.15<br>0.4 | 0.0133<br>0.0075 |
| 4 | 20mm 厚水泥砂浆抹面层 | 0.02 | 0.8 | 0.025 |
| 5 | 50mm 厚炉渣预制块 | 0.05 | 0.35 | 0.1428 |
| 6 | 540mm 厚炉渣层 | 0.54 | 0.28 | 1.9285 |
| 7 | 15mm 厚水泥砂浆保护层 | 0.015 | 0.80 | 0.0187 |
| 8 | 二毡三油　油毡<br>沥青 | 0.004<br>0.006 | 0.15<br>0.4 | 0.0266<br>0.0150 |
| 9 | 20mm 厚水泥砂浆保护层 | 0.02 | 0.8 | 0.0250 |
| 10 | 53mm 厚单层红砖干铺 | 0.053 | 0.7 | 0.0757 |
| 11 | 400mm 厚干砂垫层 | 0.400 | 0.5 | 0.800 |
| 12 | 150mm 厚 3：7 灰土垫层 | 0.15 | 0.345 | 0.4347 |
| 13 | 100mm 厚碎石灌 50 号水泥砂浆 | 0.10 | 0.6 | 0.1666 |
| 14 | 内表面空气热阻　冷藏间<br>冻结间 | $1/\alpha_n$ | 7<br>25 | 0.1428<br>0.040 |
| | 总热阻 $R_0$ | 冷藏间<br>冻结间 | | 3.8853<br>3.7823 |
| | 传热系数 $K$ | 冷藏间<br>冻结间 | | 0.2573<br>0.2643 |

### 2. 冷库耗冷量的计算

（1）冷库围护结构传热引起的耗冷量　按围护结构传热面积计算原则来确定各库房围护结构的传热面积，然后计算耗冷量。

1）冷库围护结构的传热面积。冷库围护结构的传热面积计算见表 13-2。

表 13-2　冷库围护结构的传热面积计算

| 计算部位 | | 传热面积 | | | 计算部位 | | 传热面积 | | |
|---|---|---|---|---|---|---|---|---|---|
| | | 长/m | 高/m | 面积/m² | | | 长/m | 高/m | 面积/m² |
| No. 1 | 东墙 | 9.185 | 7.490 | 68.795 | No. 4 | 东墙 | 7.420 | 6.290 | 46.672 |
| | 南墙 | 22.370 | 7.490 | 167.551 | | 南墙 | 8.000 | 6.290 | 50.320 |
| | 西墙 | 9.185 | 7.490 | 68.795 | | 西墙 | 7.420 | 6.290 | 46.672 |
| | 北墙 | 20.000 | 7.490 | 149.800 | | 北墙 | 10.370 | 6.290 | 65.227 |
| | 屋顶、阁楼、地坪 | 20.000 | 7.860 | 157.200 | | 屋顶、阁楼、地坪 | 8.000 | 6.060 | 48.480 |
| No. 2 | 东墙 | 8.000 | 7.490 | 59.920 | No. 5 | 东墙 | 6.000 | 6.290 | 37.740 |
| | 西墙 | 8.000 | 7.490 | 59.920 | | 西墙 | 6.000 | 6.290 | 37.740 |
| | 屋顶、阁楼、地坪 | 20.000 | 7.720 | 154.400 | | 北墙 | 8.000 | 6.290 | 50.320 |
| | | | | | | 屋顶、阁楼、地坪 | 8.000 | 5.650 | 45.200 |
| No. 3 | 东墙 | 9.185 | 7.490 | 68.795 | No. 6 | 东墙 | 6.950 | 6.290 | 43.716 |
| | 西墙 | 9.185 | 7.490 | 68.795 | | 南墙 | 10.370 | 6.290 | 65.227 |
| | 北墙 | 22.370 | 7.490 | 167.551 | | 西墙 | 6.950 | 6.290 | 43.716 |
| | 屋顶、阁楼、地坪 | 20.000 | 7.860 | 157.200 | | 屋顶、阁楼、地坪 | 8.000 | 5.590 | 44.720 |

2）冷库围护结构的耗冷量计算见表 13-3。

表 13-3　冷库围护结构的耗冷量（$Q_1$）计算

| 冷间序号 | 墙体方向 | 计算公式：$Q_1=KAa(t_w-t_n)$ | $t_w$ | $t_n$ | $Q_1$/W |
|---|---|---|---|---|---|
| No. 1 | 东墙 | 0.1673×68.795×0.7×[35-(-18)] | 35 | -18 | 495.79 |
| | 南墙 | 0.1673×167.55×1×[35-(-18)] | 35 | -18 | 1723.35 |
| | 西墙 | 0.1673×68.795×1×[35-(-18)] | 35 | -18 | 707.80 |
| | 阁楼层 | 0.1061×157.2×0.8×[35-(-18)] | 35 | -18 | 820.34 |
| | 地坪 | 0.2573×157.2×0.8×[33-(-18)] | 33 | -18 | 1914.30 |
| | 此间合计 | | | | 5935.60 |
| No. 2 | 东墙 | 0.1673×59.82×0.7×[35-(-18)] | 35 | -18 | 430.70 |
| | 西墙 | 0.1673×59.82×1×[35-(-18)] | 35 | -18 | 615.28 |
| | 阁楼层 | 0.1061×154.40×0.8×[35-(-18)] | 35 | -18 | 805.72 |
| | 地坪 | 0.2573×154.4×0.8×[33-(-18)] | 33 | -18 | 1880.20 |
| | 此间合计 | | | | 3975.56 |
| No. 3 | 东墙 | 0.1673×68.795×0.7×[35-(-18)] | 35 | -18 | 495.79 |
| | 西墙 | 0.1673×68.795×1×[35-(-18)] | 35 | -18 | 707.80 |
| | 北墙 | 0.1673×167.55×1×[35-(-18)] | 35 | -18 | 1723.35 |
| | 阁楼层 | 0.1061×157.2×0.8×[35-(-18)] | 35 | -18 | 820.34 |
| | 地坪 | 0.2573×157.2×0.8×[33-(-18)] | 33 | -18 | 1914.30 |
| | 此间合计 | | | | 5914.80 |

（续）

| 冷间序号 | 墙体方向 | 计算公式：$Q_1=KAa(t_w-t_n)$ | $t_w$ | $t_n$ | $Q_1$/W |
|---|---|---|---|---|---|
| No. 4 | 东墙 | 0.1673×46.671×0.7×[35-(-23)] | 35 | -23 | 367.73 |
| | 南墙 | 0.3366×50.32×0.6×[35-(-23)] | 35 | -23 | 683.74 |
| | 西墙 | 0.1673×46.67×0.7×[35-(-23)] | 35 | -23 | 367.73 |
| | 北墙 | 0.1673×65.227×1×[35-(-23)] | 35 | -23 | 734.19 |
| | 阁楼层 | 0.1073×48.48×0.8×[35-(-23)] | 35 | -23 | 279.99 |
| | 地坪 | 0.2643×48.48×0.8×[33-(-23)] | 33 | -23 | 665.88 |
| | 此间合计 | | | | 3162.61 |
| No. 5 | 东墙 | 0.1673×37.74×0.7×[35-(-23)] | 35 | -23 | 297.36 |
| | 南墙 | 0.3366×50.32×0.6×[35-(-23)] | 35 | -23 | 683.74 |
| | 西墙 | 0.1673×37.74×0.7×[35-(-23)] | 35 | -23 | 297.36 |
| | 北墙 | 0.3366×50.32×1×[35-(-23)] | 35 | -23 | 683.74 |
| | 阁楼层 | 0.1073×45.20×0.8×[35-(-23)] | 35 | -23 | 261.04 |
| | 地坪 | 0.2643×48.48×0.8×[33-(-23)] | 33 | -23 | 620.83 |
| | 此间合计 | | | | 2903.14 |
| No. 6 | 东墙 | 0.1673×43.715×0.7×[35-(-23)] | 35 | -23 | 344.44 |
| | 南墙 | 0.1673×65.227×1×[35-(-23)] | 35 | -23 | 734.19 |
| | 西墙 | 0.1673×43.715×0.7×[35-(-23)] | 35 | -23 | 344.44 |
| | 北墙 | 0.3366×50.32×0.6×[35-(-23)] | 35 | -23 | 683.74 |
| | 阁楼层 | 0.1073×44.72×0.8×[35-(-23)] | 35 | -23 | 258.08 |
| | 地坪 | 0.2643×44.72×0.8×[33-(-23)] | 33 | -23 | 614.70 |
| | 此间合计 | | | | 3065.60 |

注：公式 $Q_1=KAa(t_w-t_n)$ 中，$K$ 为传热系数 [W/(m$^2$·℃)]，$A$ 为传热面积（m$^2$），$a$ 为温差修正系数，$t_w$ 为室外温度（℃），$t_n$ 为室内温度（℃）。

（2）食品冷加工的耗冷量　冻结间进行食品冷冻加工的耗冷量按第 3 章的计算公式计算。由于冷藏间属于生产性冷库，进入冷藏间贮存时的耗冷量，要按每昼夜冻结能力比例摊入各冷藏间内。该库有三间冻结间，每间冻结能力均为 6.5t/日，共 19.5t/日。三间冷藏间按比例分摊，每间进货量为 6.5t/日。假设冻结的食品为猪肉。

1）冻结间。食品在冻结前的温度按+35℃计算，经过 20h 后的温度为-15℃。食品的冻结加工量为 6.5t/日，即 $G=6500$kg/日。

食品冻结前后的焓值查表 A-3 可得：$h_1=317.26$kJ/kg；$h_2=12.122$kJ/kg，$n=1$，$T=20$h。

$$Q_{2.1}=\frac{G(h_1-h_2)}{nT}=\frac{6500\times(317.26-12.122)}{1\times20\times3600}\text{kW}=27.55\text{kW}$$

2）冻结物冷藏间。进货量为 19.5t/日，食品入库前的温度为-15℃，经冷藏 24h 后达-18℃。

$G=19500$kg/日，食品冷藏前后的焓值查表 A-3 得：$h_1=12.122$kJ/kg，$h_2=4.598$kJ/kg，$T=24$h。

$$Q_{2.1}=\frac{G(h_1-h_2)}{nT}=\frac{19500\times(12.122-4.598)}{1\times24\times3600}\text{kW}=1.70\text{kW}$$

（3）库内通风换气的耗冷量　该冷库没有需要换气的库房，因而没有通风换气的耗冷量。所以 $Q_3=0$。

（4）经营操作耗冷量　其计算公式为

$$Q_5=Q_{5a}+Q_{5b}+Q_{5c}$$
$$=q_dA+\frac{Vn(h_w-h_n)mr_n}{24}+\frac{3}{24}n_rq_r$$

① 1号冻结物冷藏间。库房面积 $A=158\text{m}^2$。

照明耗冷量：每平方米地板面积照明热量 $q_d=1.16\text{W/m}^2$。

开门耗冷量：在建筑上采用常温穿堂。查表得长沙地区（接近30°纬度），库内温度-20℃、500t冷库的开门耗冷量数值为4489W。按使用系数摊入，冻结间约为638.6W，冻结物冷藏间约为893.2W。

操作工人耗冷量：进入冷库操作的同期人数 $n_r=8$，查表得，单位时间内产生的热量 $q_r=382.8\text{W}$，每天进库3h。

$$Q_5=Q_{5a}+Q_{5b}+Q_{5c}=(158\times1.16+893.2+382.8\times8\times3/24)\text{W}=1459.28\text{W}$$

② 2号冻结物冷藏间。库房面积 $A=154\text{m}^2$。其余各量与上相同。

$$Q_5=Q_{5a}+Q_{5b}+Q_{5c}=(154\times1.16+893.2+382.8\times8\times3/24)\text{W}=1454.64\text{W}$$

③ 3号冻结物冷藏间与1号冻结物冷藏间相同，均为1459.28W。

④ 4号、5号、6号冻结间的经营操作耗冷量 $Q_5=638.6\text{W}$。

（5）电动机运行耗冷量　4号、5号、6号冻结间电动机的运行耗冷量相同：冷风机使用的电动机有三台，每台功率为2.2kW，$P=6.6\text{kW}$，电动机运行耗冷量 $Q_4=6.6\text{kW}$，冻结物冷藏间没有风机，此项耗冷量 $Q_4=0$。

（6）总耗冷量

1）库房冷却设备的总负荷：按公式计算于表13-4。

$$Q_q=Q_1+pQ_2+Q_3+Q_4+Q_5$$

其中，冻结物冷藏间 $p=1$；冻结间 $p=1.3$。

表13-4　库房冷却设备的总负荷

| 序号 | 冷间名称 | $Q_q(=Q_1+pQ_2+Q_3+Q_4+Q_5)$/W |
|---|---|---|
| 1 | No.1冻结物冷藏间 | 9091.37 |
| 2 | No.2冻结物冷藏间 | 7127.28 |
| 3 | No.3冻结物冷藏间 | 9070.57 |
| 4 | No.4冻结间 | 46215.43 |
| 5 | No.5冻结间 | 45955.96 |
| 6 | No.6冻结间 | 46118.43 |
| 总计 | | 163578.47 |

2）制冷机器的总负荷

$$Q_j=(n_1\sum Q_1+n_2\sum Q_2+n_3\sum Q_3+n_4\sum Q_4+n_5\sum Q_5)R$$

冷库的生产旺季不在夏季，$Q_1$ 的修正系数取 0.8；当冻结物冷藏间面积≥100m$^2$ 时，修正系数取 0.5；冻结间取 0.75；并将 $R=1.07$ 代入计算，制冷机器总负荷见表 13-5。

表 13-5 制冷机器总负荷

| 序号 | 冷间名称 | 各间的 $Q_j$/W |
|---|---|---|
| 1 | No. 1 冻结物冷藏间 | 7174.61 |
| 2 | No. 2 冻结物冷藏间 | 5605.32 |
| 3 | No. 3 冻结物冷藏间 | 7158.00 |
| 4 | No. 4 冻结间 | 35507.73 |
| 5 | No. 5 冻结间 | 35300.16 |
| 6 | No. 6 冻结间 | 35430.12 |
| 总计 | | 135008.16 |

### 3. 制冷压缩机及配用设备的选择计算

计算完整个冷库的耗冷量后，便可按制冷机器总负荷选择制冷压缩机及所配用的设备。按该冷库的设计条件，确定冷凝温度、氨液冷凝后的再冷温度以及制冷压缩机循环的级数，然后进行计算。

冷凝温度：建库地点深井水温为+20℃，可以采用循环水，考虑循环水进入冷凝器的温度为+30℃，出水温度为 32℃，所以冷凝温度为

$$t_k=[(30+32)/2+7]℃=38℃$$

氨液的再冷温度：氨液自冷凝器流入高压贮液器，在供至膨胀阀之前可以进行再冷却，一是冷凝器在室外，高压贮液器在室内，氨流进高压贮液器和供至膨胀阀的过程中，受环境温度的影响会自然降温，冷凝温度降低 3～5℃，氨液通过中间冷却器的蛇形盘管进行冷却，氨液再冷温度较中间温度高 3～5℃。

制冷压缩机循环的级数：该冷库要求冻结物冷藏间的温度为-18℃，冻结间温度为-23℃，如果蒸发温度与库房温度之差为 10℃，则蒸发温度分别为-28℃和-33℃。

当冷凝温度为+38℃时，相应的冷凝压力 $p_L=1467.0$kPa。

当蒸发温度为-28℃时，相应的蒸发压力 $p_Z=131.5$kPa。

当蒸发温度为-33℃时，相应的蒸发压力 $p_Z=103.1$kPa。

按冷凝压力和蒸发压力的比值考虑，则

$$\frac{p_L}{p_Z}=\frac{1467.0}{131.5}=11.16>8$$

$$\frac{p_L}{p_Z}=\frac{1467.0}{103.1}=14.23>8$$

压力比均大于 8，故应采用双级压缩制冷循环。

制冷系统采用双级压缩循环，当冷凝温度 $t_L=38℃$，蒸发温度 $t_Z=-33℃$ 时，其高低压级容积比采用 1/3；查图 4-2 得中间温度 $t_{zj}=-1.5℃$，此时中间压力为 409.64kPa。

流向冷却设备的氨液经由中间冷却器的蛇形盘管进行冷却，冷却后的过冷温度比中间温度高 5℃。然后通过膨胀阀节流降低到蒸发压力。

在制冷压缩机的实际运转过程中，所吸入的气体是过热气体而不是饱和蒸气，在计算制

冷压缩机的制冷量时，可以根据吸入气体的比体积来计算，即允许制冷剂有一定的过热。

按照允许吸气温度来计算制冷压缩机的制冷量，制冷压缩机循环图如图 13-2 所示。

$t_m=-1.5℃$，$t_{吸}=-21℃$，$t_{吸中}=-0.5℃$，查得吸气比体积：$v_{1'}=1.18m^3/kg$，$v_{3'}=0.3m^3/kg$。

按压力和温度条件，查得图 13-2 中相应各状态点的焓值见表 13-6。

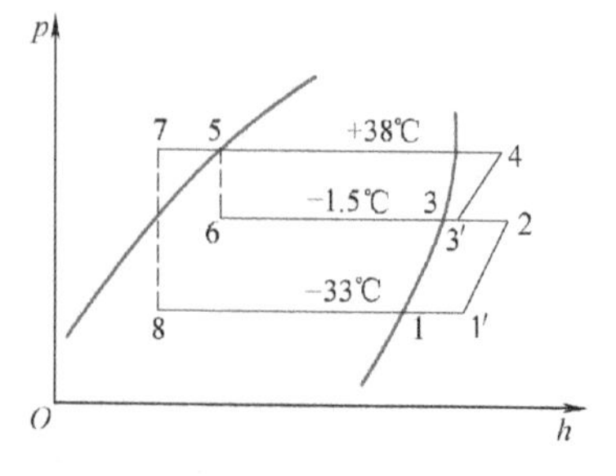


图 13-2　制冷压缩机循环图

表 13-6　各状态点的焓值

| 压力/kPa | | | 焓/(kJ/kg) | | | | | | | |
|---|---|---|---|---|---|---|---|---|---|---|
| $p_L$ | $p_m$ | $p_Z$ | $h_1$ | $h_{1'}$ | $h_2$ | $h_3$ | $h_{3'}$ | $h_4$ | $h_5$ | $h_7$ |
| 1476.0 | 409.64 | 103.1 | 1633.5 | 1663.64 | 1851.74 | 1676.18 | 1684.54 | 1860.1 | 598.41 | 432.13 |

（1）制冷压缩机的选用计算　双级压缩机的制冷量以低压级压缩制冷量为计算依据，选用计算的目的主要是求出需用的压缩机排气量和需用的电动机功率，先计算低压级然后计算高压级。选用压缩机时，一般不宜少于两台，要考虑维修时不停产；配备多台压缩机时，要注意型号以及零件的互换性，并按制冷压缩机产品目录样本选用。

另外，也可以考虑采用单级制冷压缩机，配组为双级制冷压缩，压缩机的高压级和低压级的容量比可以变化。

本例中制冷压缩机的选用计算见表 13-7。

表 13-7　制冷压缩机的选用计算

| 计算项目 | 计算公式和计算结果 |
|---|---|
| 低压级氨循环量 $G_d$/(kg/h) | $G_d=\dfrac{Q_j}{h_1-h_8}=404.94kg/h$ |
| 低压级理论排气量 $q_{Vd}$/(m³/h) | $q_{Vd}=\dfrac{G_d v_{1'}}{\lambda_{qd}}=\dfrac{404.94\times1.18}{0.74}m^3/h=645.72m^3/h$<br>选用 S8-12.5 型双级制冷压缩机两台<br>$q_{Vh}=2\times424m^3/h=848m^3/h>645.72m^3/h$ |
| 低压级电动机的功率/kW | 每台压缩机低压级的制冷剂流量为<br>$404.94kg/h/2=202.47kg/h$<br>低压级的指示效率为<br>$\eta_{id}=\lambda_i+bt_x=\dfrac{273-33}{273-1.5}+0.001\times(-33)=0.85$<br>指示功率为<br>$P_{id}=\dfrac{G_d(h_2-h_{1'})}{3600\eta_{id}}=12.46kW$<br>摩擦功率为<br>$P_{md}=\dfrac{P_M q_{Vh}}{3600}=\dfrac{60\times424}{3600}kW=7.07kW$<br>压缩机的轴功率为<br>$P_{ed}=P_{id}+P_{md}=19.53kW$ |

（续）

| 计算项目 | 计算公式和计算结果 |
| --- | --- |
| 高压级氨循环量 $G_g$/(kg/h) | $G_g=\frac{h_2-h_8}{h_3-h_5}G_d=533.37\text{kg/h}$ |
| 高压级理论排气量 $q_{V_g}$/($m^3$/h) | $q_{V_g}=\frac{G_g v_{3'}}{\lambda_{qg}}=273.69\text{m}^3/\text{h}$<br>所选的S8-12.5型双级制冷压缩机高压级的理论输气量 $q_{V_h}=2\times141\text{m}^3/\text{h}=282\text{m}^3/\text{h}>273.69\text{m}^3/\text{h}$ |
| 高压级电动机的功率/kW | 每台压缩机高压级的制冷剂流量为<br>$533.37\text{kg/h}/2=266.69\text{kg/h}$<br>高压级的指示效率为<br>$\eta_{id}=\lambda_i+bt_x=\frac{273-1.5}{273+38}+0.001\times(-1.5)=0.87$<br>指示功率为<br>$P_{ig}=\frac{G_g(h_4-h_{3'})}{3600\eta_{ig}}=14.97\text{kW}$<br>摩擦功率为<br>$P_{mg}=\frac{P_M q_{V_h}}{3600}=\frac{60\times141}{3600}\text{kW}=2.35\text{kW}$<br>压缩机的轴功率为<br>$P_{eg}=P_{ig}+P_{mg}=17.32\text{kW}$ |
| 总轴功率/kW | $P_e=P_{eg}+P_{ed}=36.85\text{kW}$<br>在选配电动机时还要加10%的裕度 |

（2）制冷压缩机配用设备的选用计算

1）冷凝器。冷凝热负荷 $Q_L$ 的计算公式为

$$Q_k=G_g\frac{h_4-h_5}{3600}=533.37\times\frac{1860.1-598.41}{3600}\text{kW}=186.93\text{kW}$$

采用立式冷凝器，考虑单位热负荷 $q_F=2.9\text{kW/m}^2$ 时，冷凝面积为

$$A=Q_k/q_F=186.93/2.9\text{m}^2=64.5\text{m}^2$$

应选用 $A=50\text{m}^2$ 的立式冷凝器两台。

2）中间冷却器。中间冷却器内径的计算公式为

$$d_{zj}=\sqrt{\frac{4V}{3600\pi w}}=\sqrt{\frac{4\times533.37\times0.39}{3.14\times0.5\times3600}}\text{m}=0.38\text{m}$$

式中，$w$ 为中间冷却器内流体的流速（m/s），选为0.5m/s；$d_{zj}$ 为中间冷却器的内径（m）。

蛇形盘管冷却面积 $A$（$m^2$）：取中间冷却器的 $K$ 值为580W/($m^2$·K)，其对数平均值温差的计算公式为

$$\Delta t_m=\frac{\Delta t_1-\Delta t_2}{2.3\lg\frac{\Delta t_1}{\Delta t_2}}=\frac{(38+1.5)-(3.5+1.5)}{2.3\lg\frac{38+1.5}{3.5+1.5}}℃=16.71℃$$

$$A=\frac{Q_{zj}}{K\Delta t_m}=\frac{G_d(h_5-h_7)}{K\Delta t_m}=\frac{18685.87}{580\times16.71}\text{m}^2=1.93\text{m}^2$$

应选用外径为500mm、蛇形盘管冷却面积为 $2.5m^2$ 的中间冷却器一台。

3）油分离器。按选用的两台双级压缩机的高压级活塞理论输气量 $q_{Vh}=282m^3/h$，输气系数 $\lambda_g=0.7852$，则

$$d_{yf}=0.021\sqrt{q_{Vh}\lambda_g}=0.304m=304mm$$

应选用 $\phi$325mm 油分离器一台。

4）放空气器。选用 KFA-32 型放空气器一台。

5）集油器。按规则选用 $\phi$159mm 集油器一台。

6）高压贮液桶。氨液的总循环量 $G=533.37kg/h$，冷凝温度下的氨液比体积 $v=0.001716m^3/kg$，容量系数 $\varphi$ 取为 1.2，充满度 $\beta$ 取为 0.7，则按式（4-71）计算得

$$V=\frac{Gv\varphi}{3600\beta}=\frac{533.37\times0.001716\times1.2}{3600\times0.7}m^3=1.57m^3$$

应选用 ZA-2.0 型贮液桶一只。

4. 供液方式的选择

该冷库有-18℃的冷藏间和-23℃的冻结间各三间，为了简化系统，采用-33℃的蒸发温度，并采用氨泵循环供液方式。冷却设备的进液采用下进上出方式。当制冷压缩机停止运行时，部分氨液存留在冷却设备内。冷藏间和冻结间分别设置液体分调节站与操作台，在操作台上调节各库的供液量。

5. 冷藏间冷却设备的设计

该冷库为生产性冷库，贮存冻肉的时间较短，考虑采用光滑管制的双层顶排管，有利于保持库内较高的相对湿度，管径采用 $\phi$38mm，管距为150mm，在库内集中布置。平时用人工扫霜，清库时采用人工扫霜和热氨冲霜相结合的除霜方法。

这种形式顶排管的传热系数一般为 $8.12\sim11.6W/(m^2\cdot K)$。

（1）需用冷却面积　按 $K=8.12W/(m^2\cdot K)$，传热温差按10℃计算，需用冷却面积 $A$ 的计算公式为

$$A=\frac{Q_0}{K\Delta t}$$

No. 1 冷藏间：$A=111.96m^2$；No. 2 冷藏间：$A=87.76m^2$；No. 3 冷藏间：$A=111.71m^2$。

（2）钢管长度　采用 $\phi$38mm 无缝钢管，每米长的面积为 $1\times3.14\times0.038m^2=0.119m^2$，计算出各冷藏间的钢管长度：No. 1 冷藏间为940.84m，No. 2 冷藏间为737.73m，No. 3 冷藏间为938.74m。

按计算得出顶排管管数见表13-8，顶排管材料见表13-9。

表13-8　顶排管管数

| 库房号 | A | | B | | 组数 | 总冷却面积/$m^2$ |
|---|---|---|---|---|---|---|
| | 长度/m | 根数 | 长度/m | 根数 | | |
| No. 1 冷藏间 | 18.5 | 30 | 2.066 | 2 | 2 | 2×66.06=132.10 |
| No. 2 冷藏间 | 18.5 | 26 | 1.788 | 2 | 2 | 2×57.24=114.48 |
| No. 3 冷藏间 | 18.5 | 30 | 2.066 | 2 | 2 | 2×66.05=132.10 |

注：$A$ 表示排管总长，$B$ 表示排管总宽，与图13-3中的标注一致。

表 13-9　顶排管材料

| 序号 | 材料名称及规格 | 数量/m | |
|---|---|---|---|
| | | 甲 | 乙 |
| 1 | 无缝钢管 $\phi$76mm | 4.13 | 3.58 |
| 2 | 无缝钢管 $\phi$38mm | 557.00 | 483.00 |
| 3 | 角钢 50mm×5mm | 42.18 | 37.73 |
| 4 | 管卡 $\phi$8mm | 240.00 | 208.00 |

注：甲为 No.1 库和 No.3 库用，乙为 No.2 库用。

顶排管制作图如图 13-3 所示。

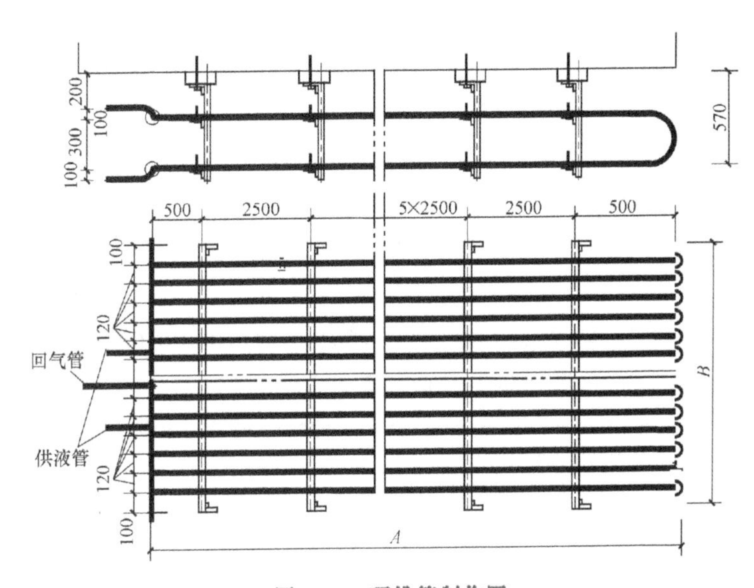


图 13-3　顶排管制作图

### 6. 冻结间冷却设备的设计

按要求食品的冻结时间为 20h，冻结间的冷却设备应采用强制通风的干式冷风机或强力吹风式搁架冻结排管。从冻结间的平面布置形式来看，吹风方式适合采用纵向吹风。如考虑冻结分割肉或副产品等，也可在一间冻结间设置强力吹风式搁架排管。本例采用强制通风的干式冷风机。

纵向吹风冻结间：

（1）需用冷风机的冷却面积　冷风机的单位热负荷 $q_F=116\text{W/m}^2$，No.4 冻结间的耗冷量为 46.215kW，计算其面积 $A=46215/116\text{m}^2=398.41\text{m}^2$。

选用 GN400B 干式冷风机一台，$A=412\text{m}^2>398.41\text{m}^2$；No.5 库和 No.6 库各选用一台。

（2）循环风量　假定冻结间内进入冷风机的空气温度为-20℃，出冷风机的空气温度为-23℃，进出口温度差为 3℃，循环风量按下式计算：

$$V=\frac{Q_0}{\xi C\gamma\Delta t}=\frac{46.215\times3600}{1.05\times1.016\times1.39\times3}\text{m}^3/\text{h}=37399.55\text{m}^3/\text{h}$$

GN400B 干式冷风机所配用风机为三台 T-40 型 6 号轴流风机，每台送风量为 $15700m^3/h$ 时，总风量 $=3\times15700m^3/h=47100m^3/h>37447.96m^3/h$。

7. 低压循环贮液桶的选用计算

本设计采用立式低压循环贮液桶，进液方式为下进上出，其需用容积计算如下：

低压循环贮液桶的容积 $V$ 按制冷设备容积的 40%、回气管容积的 60%和液管容积的总和除以 70%计算。

1）计算冷却设备的容积 $V_1$。

① 冷却排管。冷却排管的总长为 2617.31m，管子尺寸为 $\phi38mm\times2.5mm$，每米管长的容积为

$$1\times\frac{\pi d^2}{4}=1\times\frac{3.14\times0.033^2}{4}m^3=0.00085m^3$$

冷却排管的容积：$2617.31\times0.00085m^3=2.225m^3$

② 翅片管。共有三台 400 号冷风机，每台冷却面积为 $412.00m^2$，每平方米翅片管冷却表面积为 $0.71m^2$；总长 $=(3\times412/0.71)m=1740.00m$，计算出每米管长的容积为

$$1\times\frac{\pi d^2}{4}=1\times\frac{3.14\times0.0206^2}{4}m^3=0.00033m^3$$

冷风机翅片管（$\phi38mm\times2.2mm$ 翅片管）的容积：$1740.00\times0.00033m^3=0.574m^3$

冷却设备的容积：$V_1=(2.225+0.574)m^3=2.799m^3$

2）计算回气管的容积 $V_2$。冻结间的回气管（$\phi76mm\times3.5mm$）共长 40m，每米管长的容积为

$$1\times\frac{\pi d^2}{4}=1\times\frac{3.14\times0.069^2}{4}m^3=0.00374m^3$$

共有容积：$40\times0.00374m^3=0.149m^3$

冷藏间的回气管（$\phi57mm\times3.5mm$）共长 70m，每米管长的容积为

$$1\times\frac{\pi d^2}{4}=1\times\frac{3.14\times0.05^2}{4}m^3=0.00196m^3$$

共有容积：$70\times0.00196m^3=0.137m^3$

回气管的容积：$V_2=(0.149+0.137)m^3=0.286m^3$

3）计算液管的容积 $V_3$。冷藏间液管共长 70m，冻结间液管共长 40m，液管规格为 $\phi38mm\times2.5mm$，每米管长的容积为 $0.00085m^3$。

共有容积：$V_3=(70+40)\times0.00085m^3=0.0935m^3$

4）需用低压循环贮液桶容积 $V$ 为

$$V=\frac{0.4V_1+0.6V_2+V_3}{0.7}=1.98m^3$$

应选用外径为 800mm 的低压循环贮液桶两台，每台容积为 $1.6m^3$。

此外，低压循环贮液桶的直径是按气体流速为 0.5m/s 考虑决定的。所选择的 $\phi$800mm 桶径可用作如下复核：

氨气的循环量 $V=404.94\times1.1058\text{m}^3/\text{h}=447.78\text{m}^3/\text{h}$

氨气的流动速度为 0.5m/s，$D=\sqrt{\dfrac{4\times447.78}{3.14\times0.5\times3600}}\text{m}=0.56\text{m}$

因此，选用两台外径为 800mm 的低压循环贮液桶足够。

每台低压循环贮液桶前配一个手动节流阀，并按低压循环贮液桶上管接口的规格选用。

8. 氨泵的选用计算

冷藏间的冷却设备为顶排管，它是靠空气自然对流进行热交换的，氨泵的流量以氨的循环量的四倍计算。

冷藏间的制冷总负荷为 25.28864kW。

单位制冷量：$h_1-h_8=1201\text{kJ/kg}$

氨的循环量：$G_d=(25.28864\times3600/1201)\text{kg/h}=75.80\text{kg/h}$

查得$-33$℃的比体积为 $0.0014676\text{m}^3/\text{kg}$。

需用的氨泵流量 $V_1$：$V_1=4\times75.80\times0.0014676\text{m}^3/\text{h}=0.445\text{m}^3/\text{h}$

冻结间的冷却设备为冷风机，它是以强制通风对流进行热交换的，氨泵的流量以氨的循环量的五倍计算。

冻结间的制冷总负荷为 138.29kW。

单位制冷量：$h_1-h_8=1222.44\text{kJ/kg}$

氨的循环量：$G_d=(138.28\times3600/1222.44)\text{kg/h}=407.22\text{kg/h}$

查得$-33$℃的比体积为 $0.0014676\text{m}^3/\text{kg}$。

需用的氨泵流量 $V_2$：$V_2=5\times407.64\times0.0014676\text{m}^3/\text{h}=2.99\text{m}^3/\text{h}$

氨泵总的流量 $V$：$V=V_1+V_2=3.435\ \text{m}^3/\text{h}$

选用 YAB2-5 型氨泵两台，每台流量为 $2\text{m}^3/\text{h}$。压差 $\Delta p$ 为 0.5MPa。

氨泵压力损失（$\Delta p$）的校核计算：

各项损失引起的压力降按式（4-82）进行计算。

先按式（4-80）计算从氨泵排出口到蒸发器入口前输液管的总长度：

$$L=l+l_e$$

本例中，直液管长度按供液管道最长的路线计算，为 21m，即 $l=21\text{m}$。

局部弯头、阀门、管件等的当量长度，按式（4-81）计算：

$$l_e=n_1d_{n1}+n_2d_{n2}+\cdots+n_nd_{nn}=\sum nd_n$$

式中，$n$ 为管件的折算系数，查表 4-43 得出。

对于 90°弯头，折算系数 $n=32$。

$\phi$38mm×2.5 mm　90°弯头　3 只

$\phi$45mm×2.5 mm　90°弯头　1只

对于阀门，折算系数 $n=170$。

$\phi$50　角阀　　2只

$\phi$32　角阀　　1只

将以上数据代入当量长度的计算公式，则各局部管件的当量长度为

$$l_e=(3\times32\times0.038+1\times32\times0.045+2\times170\times0.050+1\times170\times0.032)\text{m}=27.528\text{m}$$

$$L=l+l_e=(21+27.528)\text{m}=48.528\text{m}$$

然后计算总压力损失 $\Delta p$：

$$\Delta p=\Delta p_m+\Delta p_\xi+(Z_2-Z_1)g\rho$$

$$=\lambda_m\frac{L}{d_n}\frac{\omega^2}{2}\rho+(Z_2-Z_1)g\rho=0.02563\text{MPa}$$

而选用的YAB2-5型氨泵的压差为0.5MPa，所以已足够用。

9. 系统管道的管径的确定

（1）回气管　按冷藏间和冻结间制冷设备总负荷查得冷藏间的回气管用 $\phi$40mm的管子，冻结间用 $\phi$89mm的管子，两管的总管用 $\phi$108mm的管子。

（2）吸入管　按制冷设备总负荷，管长为50m，查得 $\phi$90mm，可采用 $\phi$108mm的管子。

（3）排气管　按冷凝热负荷，管长为50m，查得 $\phi$57mm，可采用 $\phi$89mm的管子。

（4）贮液桶至调节站　按总管长度小于30m考虑，总负荷以冷凝热负荷计算时查图得内径为20mm，可采用 $\phi$32mm的管子。

（5）冷凝器至贮液器　按总管长度小于30m考虑，总负荷以冷凝热负荷计算时查图得内径38mm，可采用 $\phi$57mm的管子。

（6）其他管道　放油管采用 $\phi$32mm的管子，放空气管采用 $\phi$25mm的管子，平衡管采用 $\phi$25mm的管子，安全管采用 $\phi$25mm的管子。

10. 制冷设备和管道的隔热层厚度

查本书中相应的图表，得出各隔热层的厚度如下：

隔热层材料采用泡沫塑料或软木，导热系数为0.0696W/(m·K)。

中间冷却器：设备周围空气温度为+30℃，设备直径为0.5m；蛇形盘管冷却面积为2.5m$^2$；隔热层厚度为160mm。低压循环贮液桶：隔热层厚度为170mm；低压供液管的厚度和其他低温管的隔热层厚度查第6章相应的图表。

### 13.1.3　制冷系统的原理图及系统图

图13-4所示为500t冷库的制冷系统原理透视图，该系统是一个蒸发温度为-33℃的氨泵供液、双级压缩的制冷循环系统。

### 13.1.4　材料明细表

整个系统的主要材料明细表见表13-10。

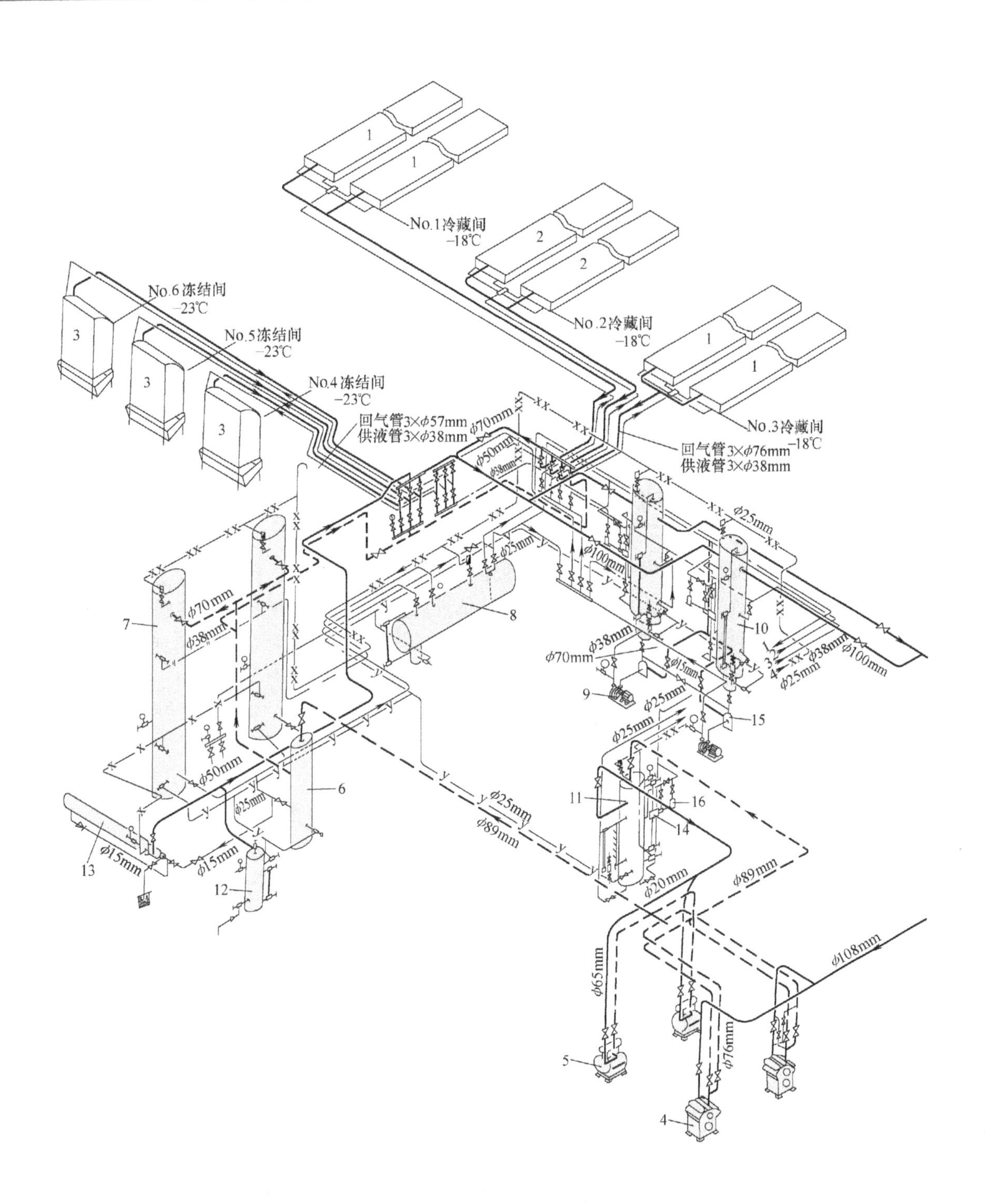


**图 13-4 500t冷库的制冷系统原理透视图**

1—甲型顶排管 2—乙型顶排管 3—冷风机 4—低压级压缩机 5—高压级压缩机 6—油分离器 7—冷凝器 8—高压贮液器 9—氨泵 10—低压循环贮液桶 11—中间冷却器 12—集油器 13—空气分离器 14—液位控制器 15—过滤器 16—液位显示器

表 13-10　整个系统的主要材料明细表

| 名称 | 型号规格 | 数量 | 名称 | 型号规格 | 数量 |
| --- | --- | --- | --- | --- | --- |
| 光滑顶管 | $\phi$38mm×2.5mm；管组规格 18.5m×30 根 | 4 组 | 低压循环贮液桶 | DXZ-80；$D$=800mm | 2 台 |
| 光滑顶管 | $\phi$38mm×2.5mm；管组规格 18.5m×20 根 | 2 组 | 中间冷却器 | ZL-50；$D$=500mm | 1 台 |
| 冷风机 | GN400B；冷却管冷却面积 412$m^2$ | 3 台 | 油分离器 | JY-325；$D$=325mm | 1 台 |
| 氨压缩机 | S8-12.5 | 2 台 | 放空气器 | KFA-32 | 1 台 |
| 油氨分离器 | YF80；$D$=400mm | 1 只 | 浮球阀 | 024-75 | 1 个 |
| 冷凝器 | LN-50；$A$=50$m^2$ | 2 台 | 过滤器 | $D$=133mm | 2 个 |
| 氨贮液桶 | ZA-2.0 | 1 只 | 过滤器 | 034-15 | 1 个 |
| 氨泵 | YAB2-5；流量 2$m^3$/h | 2 台 | 手动节流阀 |  | 2 个 |

## 13.2　小型氟利昂系统制冷工艺设计简介

目前，随着工农业生产的发展和人民生活需要的增长，库容量在 100t 及以上的氟利昂冷库有所增加，尤以外贸系统为多。一些设计单位设计绘制了 100t 氟利昂冷库通用图，编制了有关工艺设计的资料，有力地促进了氟利昂冷库的发展。本节从制冷工艺方面对某 100t 氟利昂冷库（简称甲库）和某外贸 100t 氟利昂冷库（简称乙库）简介如下。由于对蒸发温度的要求不同，甲库采用了以 R12 为制冷剂的单级压缩制冷系统，乙库采用了以 R22 为制冷剂的双级压缩制冷系统。

### 1. 冷库的组成及平面布置

冷库的组成取决于其服务对象和性质。大型工矿企业贮存食品用的冷库，应考虑到多品种食品的贮藏及加工，多由冻结间、冷却物冷藏间（高温库）、冻结物冷藏间（低温库）、机房、公路站台等组成；而对于以冷加工某种食品为主的生产性冷库，则常由冻结间、低温库、副产品冷藏间、包装间、机房、公路站台及屠宰加工车间等组成。图 13-5 和图 13-6 所示分别为甲、乙两库的平面布置。

由图 13-5 可以看出，甲库低温度的库容量共 100t，分成两间，并配有容量为 8t 的一间高温库，专门用以贮藏鲜蛋、水果等。为考虑多品种食品的冻结，冻结间设有两种冻结方式。对于白条肉，可吊挂在钢管制成的架子上（5 片/m）冻结，一次可冻 2t；而对于禽类、水产品等一些小型食品，又可装盘（20kg/盘）后放在搁架排管上冻结，一次冻结量为 1.2t，即总冻结量为 3.2t，冻结时间为 30h。

乙库是生产性冷库，该厂屠宰禽类。它配备了两间冻结间（冻结能力共 8t）和一间库容量为 100t 的低温库，并且还设有一间 30t 的副产品冷藏间。

### 2. 压缩机和冷分配设备的配备

（1）压缩机的配备　压缩机的选配应满足生产的需要，再根据计算所得的机械负荷 $Q_j$ 及冷凝温度、蒸发温度等选配单级或双级压缩机。选型时，还应考虑采购是否方便。鉴于小型冷库常用的氟利昂压缩机大都采用压缩冷凝机组型式，故可不必对其他辅助设备进行计算。

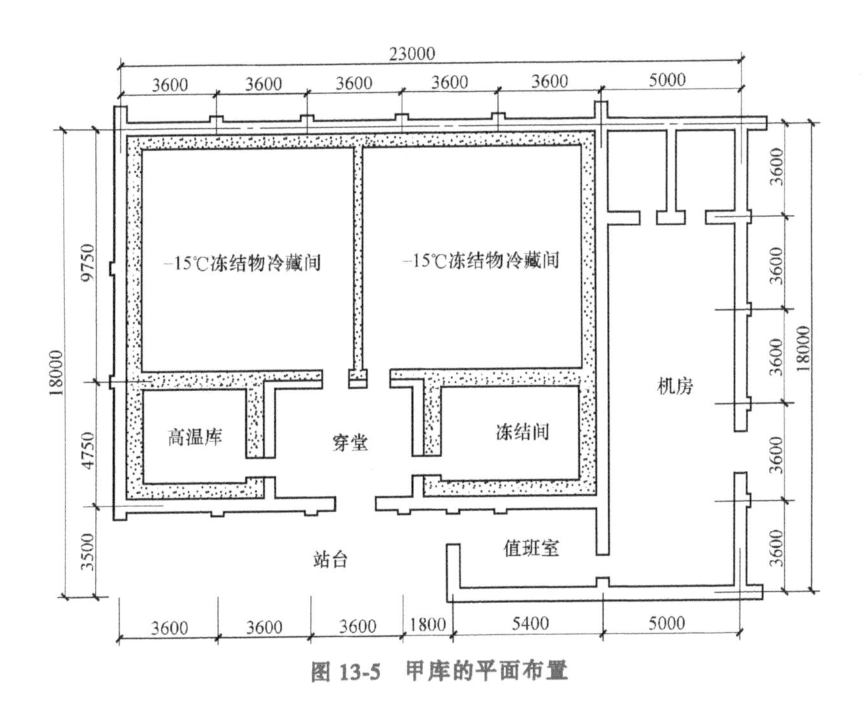


图 13-5　甲库的平面布置

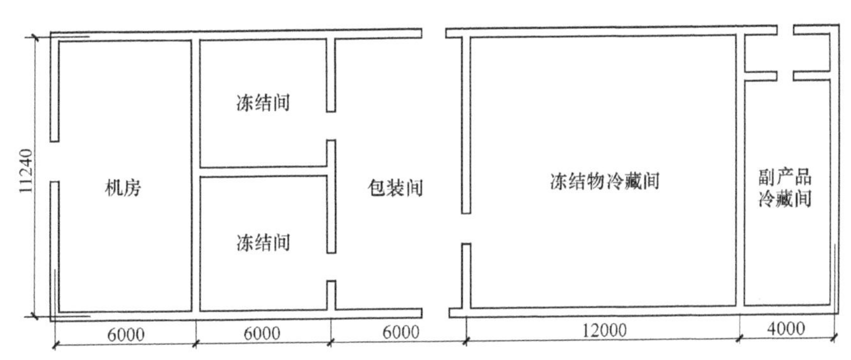


图 13-6　乙库的平面布置

表 13-11 是甲库耗冷量汇总，$Q_j=23.17\text{kW}$，选配了四组 2F10 型压缩冷凝机组，当冷凝温度 $t_L=40℃$，蒸发温度 $t_Z=-27℃$ 时，一组机组的制冷量 $Q_0=5.93\text{kW}$；当 $t_L=40℃$，$t_Z=-25℃$ 时，$Q_0=6.86\text{kW}$。即使按最不利的条件，四组机组的制冷量 $Q_{总}=23.72\text{kW}$，仍能满足要求。一组机组负担一间低温库，一组负担一间低温库和一间高温库，另两组则分别负担冻结间的搁架式排管和顶排管。

表 13-11　甲库耗冷量汇总

| 库　　名 | 库温/℃ | 耗冷量/kW | |
|---|---|---|---|
| | | 设备 $Q_k$ | 机器 $Q_j$ |
| 冻结间 | -20 | 15.12 | 12.67 |
| 低温库 | -15 | 8.6 | 8.6 |
| 高温库 | 0~5 | 1.895 | 1.895 |
| 合计 | | 25.62 | 23.17 |

乙库采用 2/6FS10 型压缩冷凝机组两组和 1/3F10 型机组一组，其中两间冻结间各配备一组 2/6FS10 型机组，冷藏间配备一组 1/3F10 型机组。

（2）冷分配设备的配备　冷分配设备的配备要以满足库内降温为前提，冻结间宜采用冷风机，无包装食品冷藏间必须采用墙排管、顶排管，以减小食品干耗，包装食品可采用微风速冷风机。

表 13-12 为甲库内冷分配设备，该库低温库和高温库都采用了墙排管或顶排管，冻结间采用搁架式排管和顶排管，并配了轴流风机。这主要是考虑设备自行加工及安装施工的方便，且可节省投资费用。

表 13-12　甲库内冷分配设备

| 库房名称 | 排管形式 | $Q_k$/kW | 排管面积/$m^2$ | | 管径/mm | 管长/m | 配管比 |
|---|---|---|---|---|---|---|---|
| | | | 计算 | 实配 | | | |
| 冻结间 | 搁架 | 7.558 | 42 | 45 | $\phi$38 | 377 | 1：4.04 |
| | 顶排管 | 7.558 | 53.6 | 56.8 | $\phi$32 | 565 | |
| 低温库 | 顶排管 | 8.60 | 122 | 132.5 | $\phi$32 | 1320 | 1：0.885 |
| 高温库 | 墙排管 | 1.86 | 6.2 | 8.5 | $\phi$32 | 85 | 1：0.45 |

表 13-13 为乙库内冷分配设备，共配备了四组冷风机，因为贮藏的食品均有包装，所以采用冷风机对干耗影响不大。

表 13-13　乙库内冷分配设备

| 库房名称 | 设备形式 | 设备型号 | 组　数 |
|---|---|---|---|
| 冻结间 1 | 冷风机 | F-145 | 2 |
| 冻结间 2 | 冷风机 | F-145 | 2 |
| 低温库 | 冷风机 | F-54 | 2 |
| 副产品冷藏间 | 冷风机 | F-54 | 1 |

### 3. 制冷系统

为便于润滑油及时从冷分配设备中返回压缩机曲轴箱，采取各库房分别单配一组机组或一组冷分配设备单配一组机组的单独系统，这样既有利于回油，又便于实现自动控制，且易于使冷分配设备的供液均匀。

图 13-7 所示为甲库的制冷系统原理，由图可以看出，该系统以单独系统为主，辅以调节站将各单独系统连通，以便在负荷较低或某个机组故障时进行调度。

与图 13-7 相应的设备及其明细表见表 13-14，图中①~⑤表示同一台机组的回气管和对应的供液管。

图 13-8 所示为乙库的双级压缩制冷系统原理，该系统机组与库房冷分配设备也成单独系统，两组 2/6FS10 型压缩冷凝机组分别负担两间冻结间的冷风机，另一组 1/3F10 型机组则负担低温库和副产品冷藏间的三组冷风机，并可利用过桥阀将各单独系统连通。

与图 13-8 相应的设备及其明细表见表 13-15。

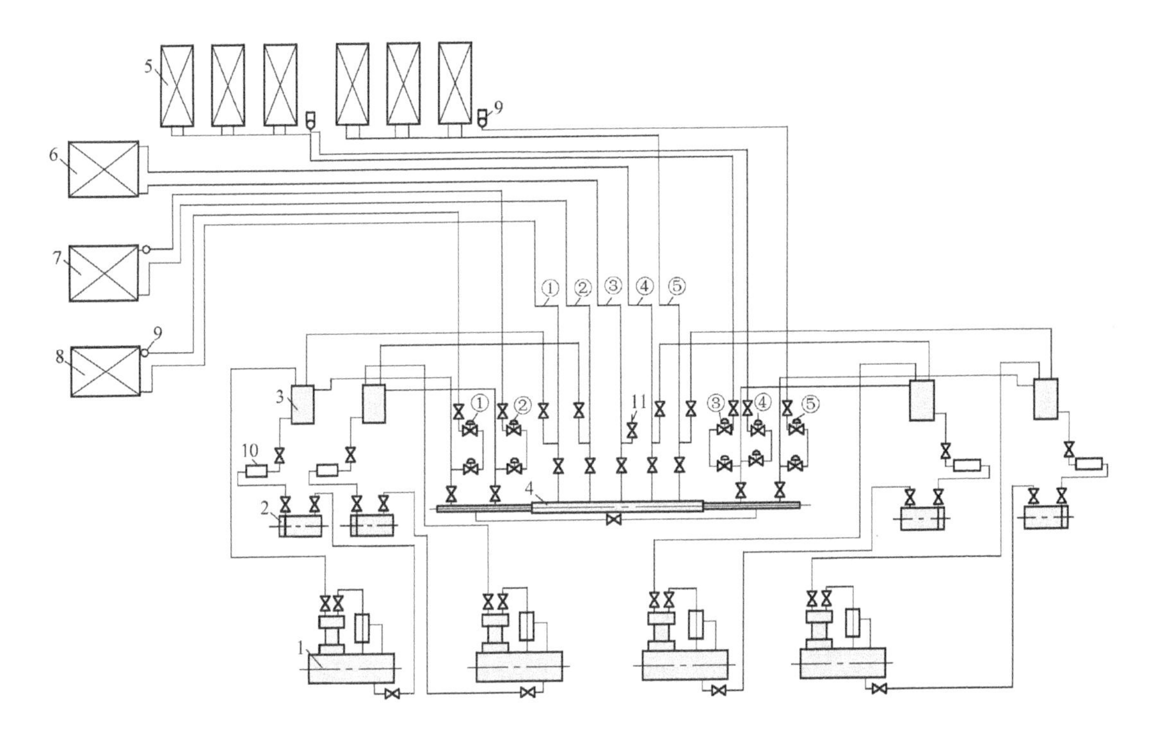


图 13-7 甲库的制冷系统原理

表 13-14 与图 13-7 相应的设备及其明细表

| 序号 | 名 称 | 规 格 | 单位 | 数量 |
|---|---|---|---|---|
| 1 | 制冷机 | 2F10 型压缩冷凝机组 | | 4 |
| 2 | 贮液器 | $\phi$400mm×1200mm，$V$=0.15m$^3$ | 只 | 4 |
| 3 | 热交换器 | $\phi$250mm×350mm，$A$=0.2m$^2$ | 只 | 4 |
| 4 | 调节站 | | 组 | 1 |
| 5 | 顶排管 | $\phi$32mm×2.5mm，220m | 组 | 6 |
| 6 | 墙排管 | $\phi$32mm×2.5mm，85m | 组 | 1 |
| 7 | 顶排管 | $\phi$32mm×2.5mm，565m | 组 | 1 |
| 8 | 搁架式排管 | $\phi$32mm×2.5mm，377m | 组 | 1 |
| 9 | 分液器 | 5、6、10 路 | 只 | 4 |
| 10 | 干燥过滤器 | 公称通径 $\phi$16mm | 只 | 4 |
| 11 | 接压力表 | 76~0~1.2MPa | 只 | 1 |

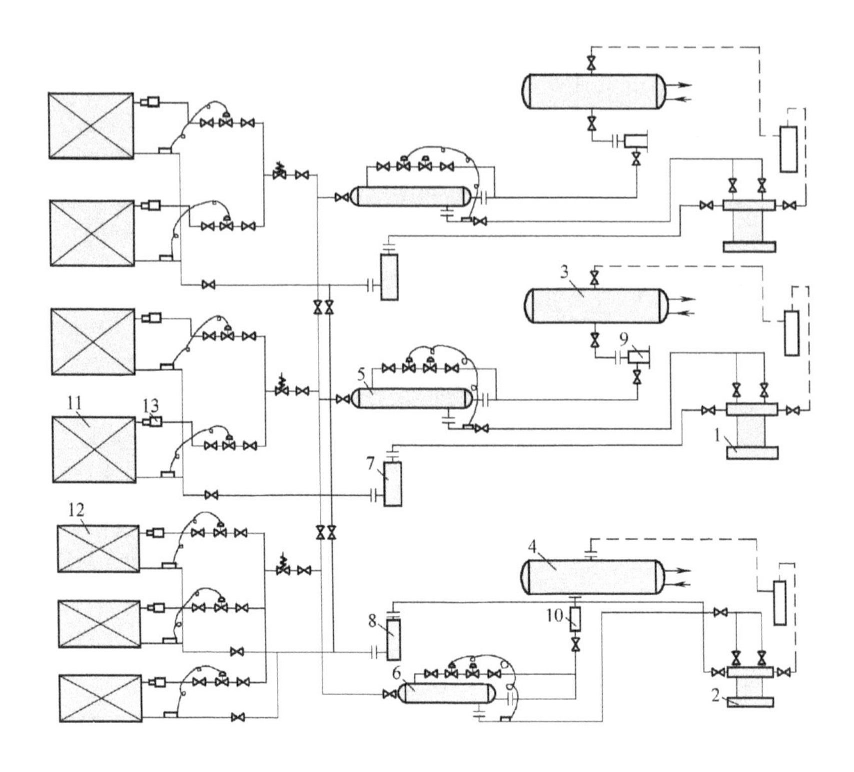


图 13-8 乙库的双级压缩制冷系统原理

表 13-15 与图 13-8 相应的设备及其明细表

| 序号 | 名称 | 型号(规格) | 单位 | 数量 |
|---|---|---|---|---|
| 1 | 压缩机 | 2/6FS10 型 | 台 | 2 |
| 2 | 压缩机 | 1/3F10 型 | 台 | 1 |
| 3 | 冷凝器 | LN35 型 | 台 | 2 |
| 4 | 冷凝器 | LN7. 2 型 | 台 | 1 |
| 5 | 中间冷却器 | ZL-1 | 只 | 2 |
| 6 | 中间冷却器 | ZI-0. 5 | 只 | 1 |
| 7 | 气液分离器 | QF(0. 025$m^2$) | 只 | 2 |
| 8 | 气液分离器 | QF(0. 030$m^2$) | 只 | 1 |
| 9 | 过滤器 | GJ-32 | 只 | 2 |
| 10 | 过滤器 | GJ-20 | 只 | 1 |
| 11 | 冷风机 | F-145 | 台 | 4 |
| 12 | 冷风机 | F-54 | 台 | 3 |
| 13 | 分液器 | FY-1 | 只 | 7 |

## 13.3 氨-二氧化碳系统制冷工艺设计简介

近20多年来，随着氟利昂被发现对臭氧层有破坏作用及产生温室效应，使制冷空调行业面临严峻的挑战。虽然人们耗费了大量精力研发替代工质并推广应用，但氯氟烃类人工合成制冷工质的绝大部分将扩散到大气中去。其中，有的物质在大气中会存留数百年，有的物质分解后会产生其他副作用或分解出有害物质，对地球的生态环境存在着潜在危险，其影响是长期的。近年来，ODP（臭氧破坏潜能）= 0，GWP（温室效应潜能）= 0或接近于0的天然工质开始得到制冷行业的重视和研究，天然工质的推广应用被称为解决制冷剂影响环境问题的最终方案。二氧化碳（$CO_2$）为天然工质，其化学性质稳定，是一种非常环保的制冷剂。氨（$NH_3$）作为一种传统工质，也是天然工质，有近150年的发展历史，其在制冷行业的应用成熟，使用广泛。

### 13.3.1 $CO_2$ 制冷剂的特点及比较

现在用来替代CFCs和HCFCs的是以R134A为代表的HFCs。HFCs具有较高的GWP，在发达国家已经进入使用冻结期，而且价格昂贵，单价是$NH_3$的10倍，是$CO_2$的40倍。氟利昂制冷系统的效率不同程度低于$NH_3$制冷系统10% ~ 30%，温度越低，效率降低得越多，而且制冷系统的造价高于$NH_3$系统，运行维护费用高。HCs是天然存在的物质，用它们作为制冷剂已经有几十年的历史，目前发达国家在小型的家用与商用制冷系统中已采用。HCs不能在大型系统推广的主要原因是HCs的可燃性和爆炸性。

### 13.3.2 国内行业规范

GB 18218—2018《危险化学品重大危险源辨识》，氨的临界量为10t。

氨用系统充注量及其相关规定见表13-16。$NH_3$和$CO_2$的特性参数见表13-17。

表13-16 氨用系统充注量及其相关规定

| 序号 | 名称 | 内容 | 措施 |
|---|---|---|---|
| 1 | 氨的灌注量 | ≥10t | 重大危险源，应进行严格监管 |
| 2 | 氨机房最大灌注量 | ≤40t | 超过将分设，并间隔一定的距离，重大危险源 |
| 3 | 氨机房位置 | ≥150m | 远离人口稠密的生活区 |
| 4 | 氨机房防护措施 | 有要求 | 防爆排风、有操作人员防毒面具、远离明火源 |
| 5 | 氨工质使用方式 | 安全监察 | 禁止在直接蒸发的空调系统使用，禁止进入车间 |
| 6 | R22及环保工质 | 无限制 | 除2030年废止外，无其他限制 |
| 7 | $CO_2$及环保工质 | 无限制 | 无限制 |

表13-17 $NH_3$和$CO_2$的特性参数

| 制冷剂 | 氨 | 二氧化碳 |
|---|---|---|
| 分子式 | $NH_3$ | $CO_2$ |
| ODP | 0 | 0 |

（续）

| 制冷剂 | 氨 | 二氧化碳 |
|---|---|---|
| GWP | 0 | 1 |
| 临界点 | 11.3MPa，132.4℃ | 7.36MPa，31.1℃ |
| 三相点 | 6kPa，-77.7℃ | 520kPa，-56.6℃ |
| 0℃饱和压力/MPa | 0.429 | 3.486 |
| -40℃饱和气体比体积/($m^3$/kg) | 1.551 | 0.0382 |
| -40℃汽化潜热/(kJ/kg) | 1387 | 322 |
| 毒性 | 有 | 无 |
| 可燃性 | 非 | 非 |

$CO_2$ 作为制冷剂的特点如下：

1）无毒，无味，不可燃，安全性和化学稳定性好，廉价易得。

2）热物性好，运动黏度低，流动性好，换热效率高。

3）单位容积制冷量高，设备紧凑。-40℃蒸发时，要产生相同的冷量，$CO_2$ 压缩机的排量只是 $NH_3$ 压缩机排量的 12%。

4）工作压力高，导致设备压力等级高。

5）工作范围窄。三相点温度为-56.6℃，临界点温度为 31.1℃，所以亚临界制冷的工作温度范围最大为-56~31℃。

$NH_3$ 作为制冷剂的特点如下：

1）几乎具有所有优秀制冷剂的优良特性。

2）有中等毒性，有刺激性气味。

氨是一种良好的制冷剂，作为制冷剂使用已经有上百年的历史，属于自然工质，ODP=0，GWP=0，是目前具有最好的热力学性能、制冷效率最高的制冷剂，价格低廉，运行维护费用低，制冷系统的相关设备、建设投资最低。目前世界发达国家的大型冷冻冷藏系统90%首选氨制冷剂，国内工商大型制冷系统采用氨也达到 85%以上。

### 13.3.3　氨-二氧化碳系统的工程实例

目前国内已有的氨-二氧化碳组合系统就有复叠式制冷系统和载冷剂制冷系统，均以二氧化碳为末端运行工质，将氨限制在机房比较小的区域内，且大大减少了氨的充注量，避免了大范围产生泄漏的风险。图 13-9 所示为一典型氨-二氧化碳复叠式制冷供冷系统原理，其高温压缩机及其匹配为 $NH_3$ 系统部分，低温压缩机及其匹配为 $CO_2$ 系统部分。

#### 1. 二氧化碳热气融霜配置的说明

工质热气融霜一直是最为节能且高效的融霜方式，$CO_2$ 制冷系统采用热气融霜也应该是比较高效的方式，需要特别注意以下几点：

1）融霜压力控制。控制融霜压力，保证恒定的融霜压力，以确保融霜压缩机的稳定运行。

2）融霜过程控制。避免热气进入引起的压力冲击，缩短融霜整体时间。根据末端设备

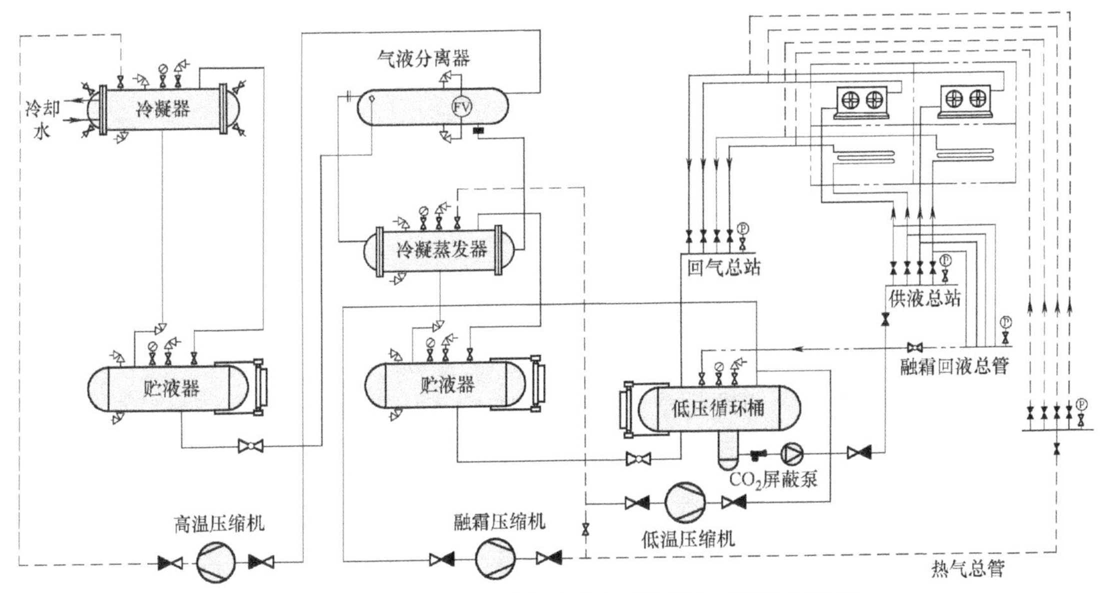


图 13-9　氨-二氧化碳复叠式制冷供冷系统原理（配热气融霜）

类型的不同，确定不同的抽空时间，避免吸气压力冲击及“液锤”风险。

对于复叠式制冷系统，也可采用 $CO_2$ 制冷压缩机兼作融霜压缩机；对于 $CO_2$ 载冷剂制冷系统，一定要设置融霜压缩机。

热气融霜方案在 $CO_2$ 复叠式制冷系统及 $CO_2$ 载冷剂制冷系统中目前都有成功应用的案例。

## 2. 二氧化碳制冷端供液方式的选择及特点

二氧化碳供液可以采用重力供液、泵供液和直接膨胀供液等方式。图 13-10 和图 13-11 所示均为重力供液方式。

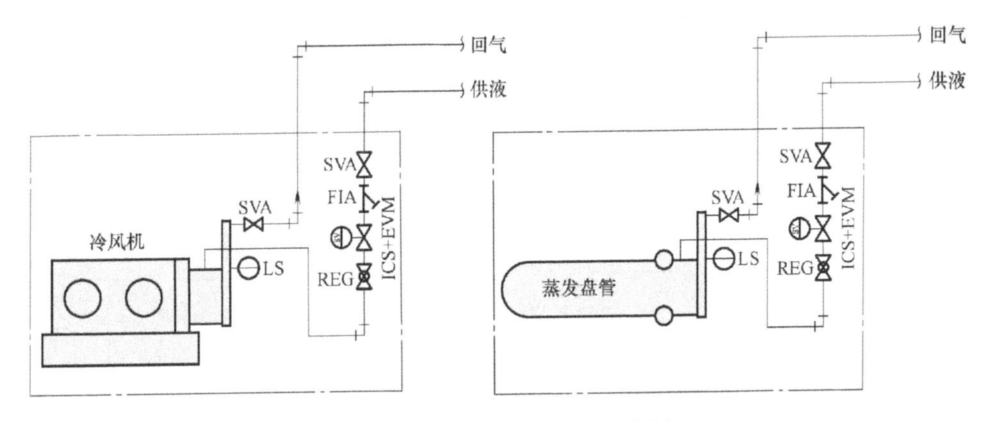


图 13-10　重力供液方式（高位控制）

SVA—截止阀　LS—湿度显示器　FIA—液流显示器　ICS+EVM—电磁阀　REG—节流阀

重力供液方式可用于复叠式制冷系统，主要应用于机房位于高处的多层库，其优势在于减小静液柱对不同层库间蒸发温度的影响。

图 13-12 所示为直接膨胀供液方式。

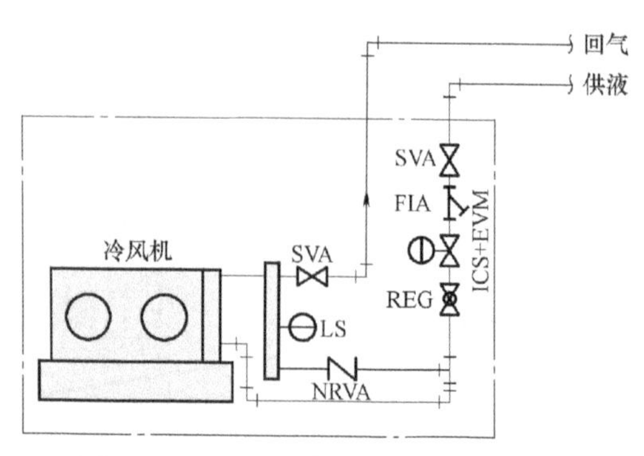


图 13-11　重力供液方式（低位控制）

SVA—截止阀　FIA—液流显示器　ICS+EVM—电磁阀　REG—节流阀　NRVA—止回阀

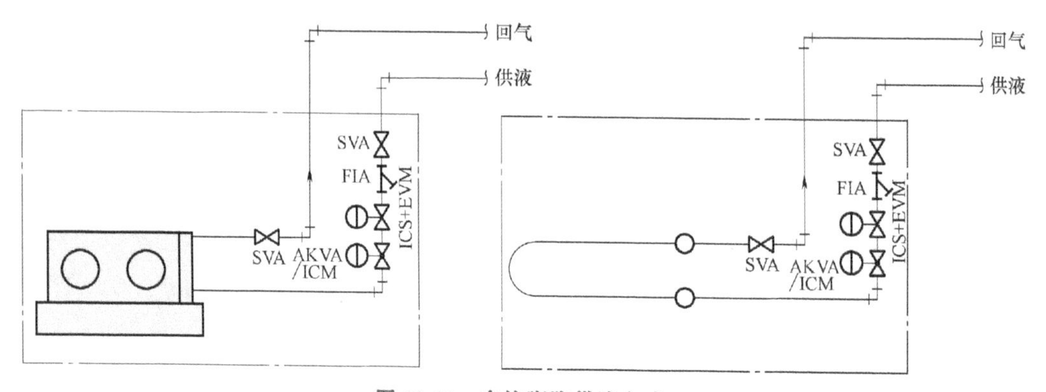


图 13-12　直接膨胀供液方式

SVA—截止阀　FIA—液流显示器　ICS+EVM—电磁阀　AKVA/ICM—热力膨胀阀

直接膨胀供液方式比较简单、直接，但要特别注意供液量的匹配及其回气带液量的影响。

液泵供液方式与氨制冷系统或氟利昂系统液泵供液方式具有相同之处，只是由于工质不同，在循环倍率的选择及其对管路压力损失的敏感度上会有区别。研究表明，二氧化碳循环倍率从 1 倍变化到 2 倍左右的过程中，蒸发器的换热效果会明显增大，但 2 倍以上继续增大循环倍率时，蒸发器的换热效果增势会减弱。$CO_2$ 液体的动力黏度较小，经过换热器及管路产生的压力降很小，但 $CO_2$ 气体或气液两相流存在较大的阻力损失，所以蒸发/吸气管路的阻力降对系统性能的影响会更大。图 13-13 所示为液泵供液方式及其热气融霜。

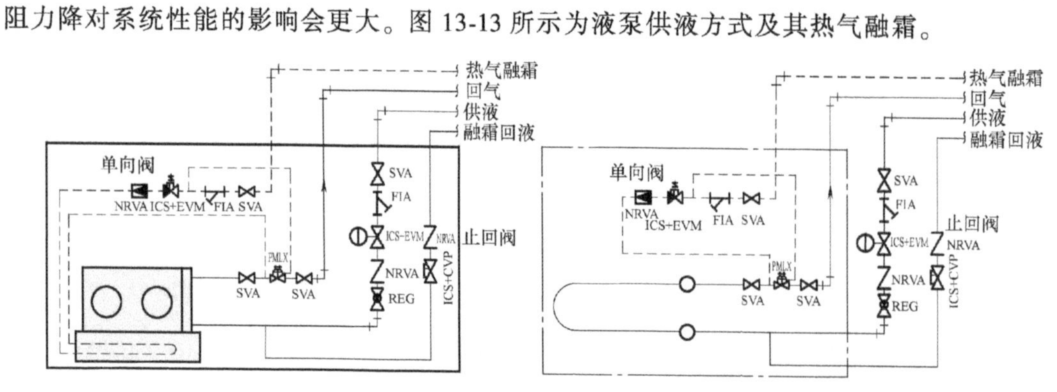


图 13-13　液泵供液方式及其热气融霜

ICS+EVM—电磁阀　ICS+CVP—回液电磁阀

### 3. 其他应用举例

$NH_3$ 和 $CO_2$ 双制冷剂系统匹配不同温区供冷流程，如图 13-14 所示。

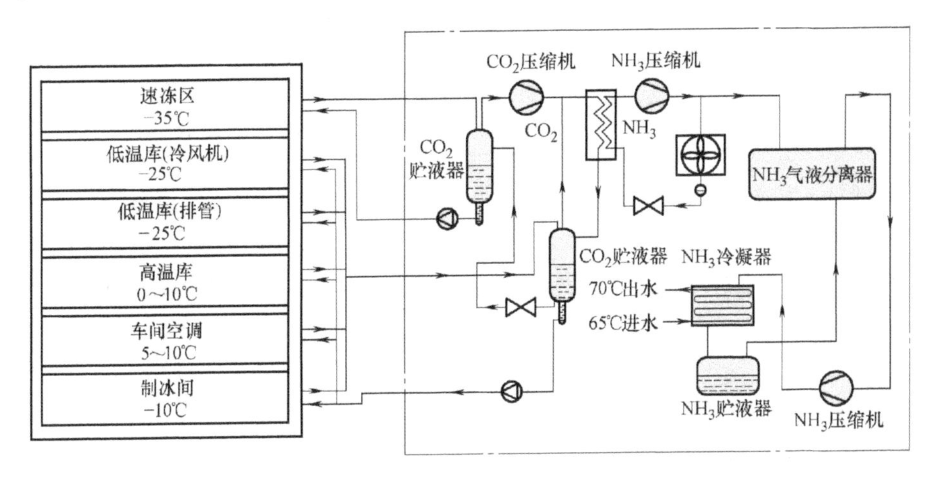


图 13-14 $NH_3$ 和 $CO_2$ 双制冷剂系统匹配不同温区供冷流程

其他制冷剂与二氧化碳复叠式制冷系统原理如图 13-15 所示。

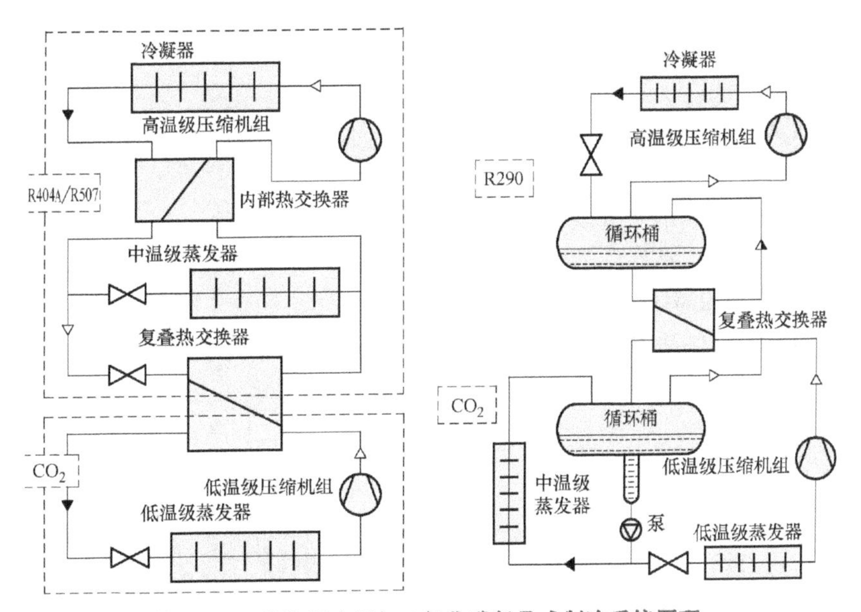


图 13-15 其他制冷剂与二氧化碳复叠式制冷系统原理

### 4. $NH_3/CO_2$ 载冷剂与常规水基载冷剂相比的优势

1）$CO_2$ 的换热效率高，黏度小，在蒸发器中主要是等温相变吸热，因此可提高 $NH_3$ 的蒸发温度，从而提高 $NH_3$ 制冷循环的 COP。

2）由于相变潜热大，$CO_2$ 液体流量小，故可大幅度减小管路尺寸和循环泵功率。

3）蒸发器中没有结冰的风险。

以冷库温度为-15℃，所需冷量为 500kW 为例，$CO_2$ 载冷剂和 50%乙二醇载冷剂性能的比较见表 13-18。

表 13-18　$CO_2$ 载冷剂和 50%乙二醇载冷剂性能的比较

| 载冷剂 | 冷风机进温度/℃ | 冷风机出温度/℃ | 氨蒸发温度/℃ | 体积流量/($m^3$/h) | 泵功率/kW | 管路尺寸 |
|---|---|---|---|---|---|---|
| 乙二醇 | -25 | -20 | -30 | 103 | 22 | DN200 |
| $CO_2$ | -22 | -22 | -27 | 9(液,1.5倍),130(气) | 2 | DN50(液),DN80(气) |

载冷剂制冷系统常用的蒸发温区为-35～-5℃，系统的设计压力一般不大于 4.0MPa。

5. $CO_2$ 制冷设备

(1) $CO_2$ 螺杆压缩机组　压缩机组按设计压力分为 4.0MPa 和 5.2MPa 两个系列。

4.0MPa 压缩机组（图 13-16，其相关的参数见表 13-19）的特点（由大连冰山集团有限公司提供）如下：

1) $CO_2$ 专用螺杆机设计，单台压缩机排量大。

2) 压缩机机体采用高性能球磨铸铁。

3) 齿形采用国际最新双边非对称形齿，齿数比为 5∶6，传动性能好，具有较高的面积利用系数和较小的泄漏三角形。

4) 转子材料采用高强度球墨铸铁或锻钢。

5) 转子磨床加工，加工精度等级高，磨损小，配合间隙可制造得更小，以减少内泄漏。

6) 径向轴承采用高承载能力的滑动轴承，轴向轴承采用国际顶级品牌角接触球轴承，可靠性高。

7) 采用进口 John. Crane 机械密封，密封可靠，使用寿命长。

8) 采用滑阀调节，调节范围为 10%～100%无级调节，可实行手动和自动两种控制方式，以满足具体情况的需要。

9) 采用油泵强制供油方式，供油压力稳定，可提高整机可靠性。

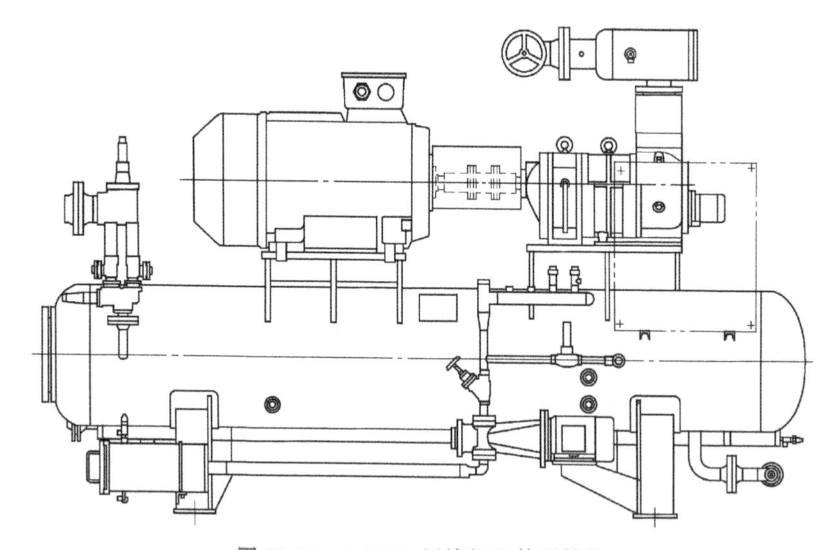

图 13-16　4.0MPa 压缩机组外形结构

10）采用高效卧式油分离器，通过独有的结构（高效滤芯可更换）来实现三级分离，降低油耗，分油率≤0.001%。

11）主要阀门采用国际知名品牌产品。

12）采用高性能的人工合成冷冻油，既保证了压缩机的润滑，又便于系统的回油管理。

13）控制中心运行速度快、可靠性高、控制功能强，实现了模块化、网络化，同时还具有操作方便、人机界面友好等特点。

表 13-19　4.0MPa 压缩机组的参数

| 机组型号 | JZLGC12.5D | | JZLGC16D | |
|---|---|---|---|---|
| 压缩机型号 | LG12.5-C | | LG16-C | |
| 转子公称直径 | 125mm | | 160mm | |
| 转速 | 2960r/min | | | |
| 制冷工质 | R744(二氧化碳) | | | |
| 理论排量 | 276m³/h | | 580m³/h | |
| 蒸发/冷凝温度/℃ | 制冷量/kW | 轴功率/kW | 制冷量/kW | 轴功率/kW |
| -35/-10 | 505 | 91 | 1079 | 193 |
| -35/-15 | 535 | 75 | 1143 | 159 |
| -35/-20 | 573 | 61 | 1225 | 129 |
| -40/-10 | 426 | 97 | 910 | 206 |
| -40/-15 | 444 | 80 | 949 | 170 |
| -40/-20 | 480 | 66 | 1026 | 140 |
| -45/-10 | 335 | 101 | 716 | 214 |
| -45/-15 | 351 | 82 | 750 | 174 |
| -45/-20 | 388 | 70 | 829 | 148 |
| -50/-10 | 243 | 102 | 519 | 216 |
| -50/-15 | 262 | 85 | 560 | 180 |
| -50/-20 | 294 | 72 | 628 | 153 |
| 电制 | 3P/380V/50Hz | | | |
| 冷冻油类型 | 合成冷冻油 | | | |
| 冷冻油充注量 | 150kg | | 260kg | |
| 油冷却器类型 | 液氨油冷 | | | |
| 管口表 吸气接口 | DN80,PN40 | | DN100,PN40 | |
| 管口表 排气接口 | DN65,PN40 | | DN80,PN40 | |
| 管口表 油冷却器接口 | DN25(进)/DN50(出),PN25 | | DN32(进)/DN65(出),PN25 | |

5.2MPa 压缩机组（图 13-17，其相关的参数见表 13-20）的特点如下：

1）高压设计，可满足融霜要求。

2）压缩机机体采用高性能球磨铸铁。

3）齿形采用国际最新双边非对称形齿，齿数比为 5∶7，传动性能好，齿间泄漏和泄漏

三角形都比较小。

4）转子材料采用高强度锻钢。

5）转子磨床加工，加工精度等级高，磨损小，配合间隙可制造得更小，以减少内泄漏。

6）径向轴承和轴向轴承均采用国际顶级品牌滚动轴承，定位精度高，可靠性高。

7）采用定制 John. Crane 机械密封，专门应对苛刻的工作条件。

8）采用滑阀调节，调节范围为 10%～100%无级调节，可实行手动和自动两种控制方式，以满足具体情况的需要。

9）采用油泵强制供油方式，供油压力稳定，可提高整机可靠性。

10）采用高效卧式油分离器，通过独有的结构（高效滤芯可更换）来实现三级分离，降低油耗，分油率≤0.001%。

11）主要阀门采用国际知名品牌产品。

12）采用高性能的人工合成冷冻油，既保证了压缩机的润滑，又便于系统的回油管理。

13）控制中心运行速度快、可靠性高、控制功能强，实现了模块化、网络化，同时还具有操作方便、人机界面友好等特点。

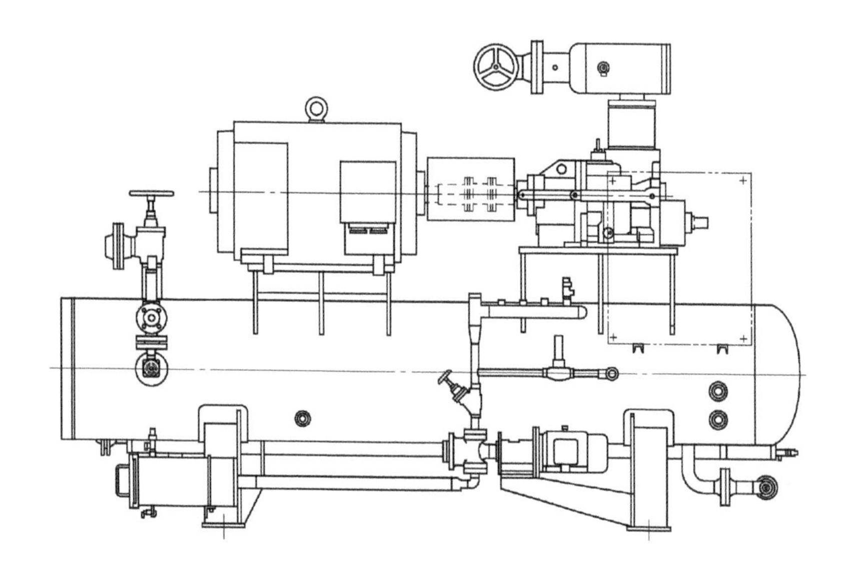

**图 13-17　5.2MPa 压缩机组外形结构**

**表 13-20　5.2MPa 压缩机组的参数**

| 机组型号 | JZLGC12.5Z | JZLGC16Z |
|---|---|---|
| 压缩机型号 | LGC12.5Z | LGC16Z |
| 转子直径 | 125mm | 160mm |
| 转速 | 2960r/min | |
| 制冷工质 | R744(二氧化碳) | |
| 理论排量 | $250m^3/h$ | $400m^3/h$ |

（续）

| 蒸发/冷凝温度/℃ | | 制冷量/kW | 轴功率/kW | 制冷量/kW |
|---|---|---|---|---|
| -35/-10 | | 449 | 82 | 734 |
| -35/-15 | | 483 | 69 | 789 |
| -35/-20 | | 517 | 57 | 845 |
| -40/-10 | | 361 | 86 | 589 |
| -40/-15 | | 387 | 73 | 632 |
| -40/-20 | | 416 | 61 | 678 |
| -45/-10 | | 290 | 88 | 474 |
| -45/-15 | | 310 | 76 | 506 |
| -45/-20 | | 331 | 64 | 541 |
| -50/-10 | | 229 | 90 | 374 |
| -50/-15 | | 245 | 78 | 400 |
| -50/-20 | | 260 | 66 | 425 |
| 电制 | | 3P/380V/50Hz | | |
| 冷冻油类型 | | 合成冷冻油 | | |
| 冷冻油充注量 | | 150kg | | 260kg |
| 油冷却器类型 | | 液氨油冷 | | |
| 管口表 | 吸气接口 | DN80,PN40 | | DN100,PN40 |
| | 排气接口 | DN65,PN63 | | DN80,PN63 |
| | 油冷却器接口 | DN25(进)/DN50(出),PN25 | | DN32(进)/DN65(出),PN25 |

（2）$CO_2$ 冷凝蒸发器　冷凝蒸发器是 $NH_3$ 系统和 $CO_2$ 系统的结合点，它既是 $NH_3$ 系统的蒸发器，又是 $CO_2$ 系统的冷凝器，$NH_3$ 和 $CO_2$ 在该设备内换热。冷凝蒸发器有两种类型：管壳式和板壳式。

1）管壳式冷凝蒸发器。管壳式冷凝蒸发器采用 $NH_3$ 管外蒸发的满液式，这种结构在运行时更加稳定。冷凝蒸发器带有气液分离功能，蒸发后的 $NH_3$ 可直接回压缩机。

管壳式冷凝蒸发器（图 13-18）按 $CO_2$ 侧最高允许工作压力可分为 4.0MPa 和 5.2MPa 两个系列；按设计温度可分为-20℃和-40℃两个系列。

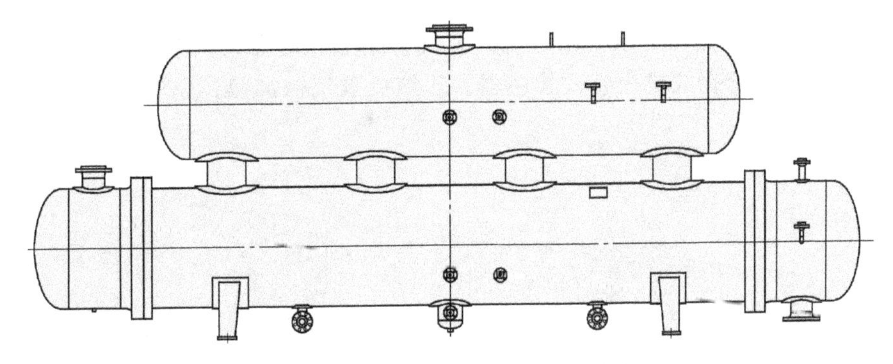

图 13-18　管壳式冷凝蒸发器外形结构

2）板壳式冷凝蒸发器。板壳式冷凝蒸发器被称为 $NH_3$/ $CO_2$ 模块。该模块主要由氨气液分离器、板壳式换热器、机架、阀门及管路组成。$NH_3$ 供液和气液分离功能由气液分离器完成，换热在板壳式换热器中进行。板壳式换热器是一种新型的换热器，全焊接结构，耐高压性能好，换热效率高。整个模块占地面积小。

（3）$CO_2$ 贮液器 $CO_2$ 贮液器（图 13-9）用来贮存 $CO_2$ 液体，以调节系统的循环量。

贮液器按最高允许工作压力可分为 4.0MPa 和 5.2MPa 两个系列。

（4）$CO_2$ 循环泵组 从冷凝器或贮液器来的液体 $CO_2$，经节流（复叠式制冷系统）或直接（载冷剂制冷系统）进入循环桶，再经供液管路进入循环泵，经加压后进入蒸发器。液体 $CO_2$ 在蒸发器蒸发后，以两相状态回到循环桶并完成气液分离，液体再次进入循环泵，分离后的气体回到冷凝蒸发器或 $CO_2$ 压缩机。复叠式制冷系统泵组还带有自动回油器，以维持冷冻油在系统中的平衡。

循环泵组分为载冷剂制冷系统用和复叠式制冷系统用两大类。载冷剂制冷系统无 $CO_2$ 节流机构和自动回油器，而复叠式制冷系统有这两个部件。每一大类按不同的设计温度和设计压力分为多个系列。

（5）$CO_2$ 空气冷却器 $CO_2$ 空气冷却器的特点如下：

1）适用于冷藏间、冷却间、速冻间和速冻机等多种场合，设计压力为 4.0~5.2MPa，蒸发温度范围为-55~5℃。

2）冷却器主要材质为不锈钢换热管和铝翅片。

3）采用整体波纹翅片，液压胀管，翅片与盘管结合紧密，换热效率高。

4）优秀的结构设计，换热效率高，风阻小，风量损失小，结霜平缓，融霜周期长，能效比大。

5）外转子轴流风机，多种材料叶轮，高效节能，噪声低，免维护。

6）多种融霜方式可选。

7）充注量低，整体结构紧凑，体积小，重量轻。

（6）润滑油系统 在复叠式制冷系统中，虽然经过了多次分离，但是 $CO_2$ 压缩机组排出的高压气体中还是不可避免地含有少量润滑油，这些润滑油会进入系统中。如果不将这些油及时地输送回压缩机组中，经过时间的积累，会给系统带来重大的不利影响。

$CO_2$ 系统的冷冻油有两种选择，一种是选择与 $CO_2$ 不相容的油品，如矿物油，这类油价格便宜，但很难解决系统的回油问题；另一种是选择与 $CO_2$ 互溶的合成冷冻油，这类油价格比较贵，但润滑性能好，能够实现系统的自动回油。

（7）压缩机吸气回热器 $CO_2$ 压缩机的回气管路上有时需设回热器，用来增加吸气过热度。回热器可采用管壳式或板壳式换热器，压缩机吸气被加热，$CO_2$ 液体或 $NH_3$ 液体被冷却。

# 附　　录

## 附录 A　冷库制冷工艺设计常用表

表 A-1　冷库常用建筑材料热物理系数

| 序号 | 材料名称 | 规　格 | 密度$\rho$/(kg/m$^3$) | 测定时质量湿度$W_z$(%) | 导热系数测定值$\lambda$/[W/(m·K)] | 设计采用导热系数$\lambda$/[W/(m·K)] | 热扩散率$a$/(m$^2$/h) | 比热容$c\times10^{-3}$/[J/(kg·K)] | 蓄热系数$S_{24}$/[W/(m$^2$·K)] | 蒸气渗透系数$\mu\times10^3$/[g/(m·h·Pa)] |
|---|---|---|---|---|---|---|---|---|---|---|
| 1 | 碎石混凝土 | | 2280 | 0 | 1.51 | 1.51 | 3.33 | 0.71 | 13.36 | 0.045 |
| 2 | 钢筋混凝土 | | 2400 | — | 1.55 | 1.55 | 2.77 | 0.84 | 14.94 | 0.030 |
| 3 | 石料<br>大理石、花岗岩、玄武岩、石灰岩 | | 2800<br>2000 | —<br>— | 3.49<br>1.16 | 3.49<br>1.16 | 4.87<br>2.27 | 0.92<br>0.92 | 25.47<br>12.56 | 0.021<br>0.065 |
| 4 | 实心重砂浆、普通黏土砖砌体 | | 1800 | — | 0.81 | 0.81 | 1.85 | 0.88 | 9.65 | 0.105 |
| 5 | 土壤、砂、碎石、亚黏土<br>亚黏土 | | 1980<br>1840 | 10<br>15 | 1.17<br>1.12 | 1.17<br>1.12 | 1.87<br>1.72 | 1.13<br>1.26 | 13.78<br>13.65 | 0.098<br>— |
| 6 | 干砂填料 | 中砂<br>粗砂 | 1460<br>1400 | 0<br>0 | 0.26<br>0.24 | 0.58<br>0.58 | 0.82<br>0.77 | 0.75<br>0.75 | 4.52<br>4.08 | 0.165<br>0.165 |
| 7 | 水泥砂浆 | 1∶2.5 | 2030 | 0 | 0.93 | 0.93 | 2.07 | 0.80 | 10.35 | 0.090 |
| 8 | 混合砂浆 | | 1700 | — | 0.87 | 0.87 | 2.21 | 0.84 | 9.47 | 0.098 |
| 9 | 石灰砂浆 | | 1600 | — | 0.81 | 0.81 | 2.19 | 0.84 | 8.87 | 0.120 |
| 10 | 建筑钢材 | | 7800 | 0 | 58.15 | 58.15 | 58.28 | 0.46 | 120.95 | 0 |
| 11 | 铝 | | 2710 | 0 | 202.94 | 202.94 | 309.00 | 0.84 | 182.59 | 0 |
| 12 | 红松 | 热流方向顺木纹<br>热流方向垂直木纹 | 510<br>420 | —<br>— | 0.44<br>0.11 | 0.44<br>0.12 | 1.40<br>0.53 | 2.22<br>1.80 | 6.05<br>2.44 | 0.035<br>0.168 |

（续）

| 序号 | 材料名称 | 规格 | 密度$\rho$/(kg/m$^3$) | 测定时质量湿度$W_z$(%) | 导热系数测定值$\lambda$/[W/(m·K)] | 设计采用导热系数$\lambda$/[W/(m·K)] | 热扩散率$a$/(m$^2$/h) | 比热容$c\times10^{-3}$/[J/(kg·K)] | 蓄热系数$S_{24}$/[W/(m$^2$·K)] | 蒸气渗透系数$\mu\times10^3$/[g/(m·h·Pa)] |
|---|---|---|---|---|---|---|---|---|---|---|
| 13 | 炉渣 | | 660 | 0 | 0.17 | 0.29 | 1.00 | 0.84 | 2.48 | 0.218 |
| | | | 900 | — | 0.24 | 0.35 | 0.91 | 1.09 | 4.12 | 0.203 |
| | | | 1000 | — | 0.29 | 0.41 | 1.25 | 0.84 | 4.22 | 0.195 |
| 14 | 炉渣混凝土 | 1∶1∶8 | 1280 | 0 | 0.42 | 0.58 | 1.41 | 0.84 | 5.70 | 0.105 |
| | | 1∶1∶10 | 1150 | 0 | 0.37 | 0.52 | 1.45 | 0.80 | 4.65 | 0.105 |
| 15 | 胶合板 | 三合板 | 540 | — | 0.15~0.17 | 0.17 | 0.46 | 1.55 | 2.56 | 0.105 |
| 16 | 纤维板 | | 945 | — | 0.27 | 0.27 | 0.30 | 1.51 | 3.49 | 0.105 |
| 17 | 刨花板 | | 650 | — | 0.22 | 0.22 | 0.42 | 1.63 | 3.02 | 0.105 |
| 18 | 聚苯乙烯泡沫塑料 | 普通型、自发性 | 18 | — | 0.036 | 0.047 | 6.23 | 1.17 | 0.23 | 0.028 |
| | | 自熄型、可发性 | 19 | — | 0.035 | 0.047 | 5.52 | 1.21 | 0.23 | 0.026 |
| 19 | 乳液聚苯乙烯泡沫塑料 | | 37 | — | 0.034 | 0.044 | 3.06 | 1.09 | 0.31 | — |
| 20 | 聚氨酯泡沫塑料 | 硬质聚醚型 | 40 | — | 0.022 | 0.031 | 1.65 | 1.26 | 0.28 | 0.026 |
| 21 | 沥青玻璃棉毡 | | 70 | — | 0.042 | 0.081 | 1.42 | 1.38 | 0.57 | — |
| | | | 100 | — | 0.044 | 0.081 | 1.037 | 1.34 | 0.62 | — |
| | | | 150 | — | 0.044 | 0.081 | 0.38 | 1.21 | 0.76 | 0.488 |
| 22 | 沥青玻璃棉半硬板 | | 120 | — | 0.041 | 0.076 | — | — | — | — |
| 23 | 玻璃纤维板 | | 60 | — | 0.037 | 0.076 | 1.90 | 1.17 | 0.44 | — |
| | | | 90 | — | 0.041 | 0.076 | 1.40 | 1.09 | 0.51 | — |
| | | | 120 | — | 0.043 | 0.081 | 1.13 | 1.00 | 0.57 | 0.488 |
| 24 | 矿渣棉① | | 60 | — | 0.034 | 0.081 | 2.16 | 1.09 | 0.38 | — |
| | | | 90 | — | 0.035 | 0.081 | 1.26 | 1.05 | 0.47 | 0.488 |

（续）

| 序号 | 材料名称 | 规　格 | 密度$\rho$/(kg/m$^3$) | 测定时质量湿度$W_z$(%) | 导热系数测定值$\lambda$/[W/(m·K)] | 设计采用导热系数$\lambda$/[W/(m·K)] | 热扩散率$a$/(m$^2$/h) | 比热容$c\times10^{-3}$/[J/(kg·K)] | 蓄热系数$S_{24}$/[W/(m$^2$·K)] | 蒸气渗透系数$\mu\times10^3$/[g/(m·h·Pa)] |
|---|---|---|---|---|---|---|---|---|---|---|
| 25 | 沥青矿渣棉毡[①] | | 120 | — | 0.036 | 0.081 | 1.09 | 1.00 | 0.56 | — |
| | | | 160 | — | 0.037 | 0.081 | 0.90 | 0.92 | 0.63 | 0.488 |
| 26 | 矿渣棉半硬板[①] | | 65 | — | 0.036 | 0.076 | 1.68 | 1.21 | 0.45 | — |
| 27 | 岩棉半硬板[①] | | 186 | — | 0.038 | 0.076 | 0.904 | 0.84 | 0.65 | 0.488 |
| | | | 100 | — | 0.036 | 0.076 | 1.35 | 0.96 | 0.50 | — |
| 28 | 膨胀珍珠岩 | Ⅰ类 | <80(70) | (5.8) | <0.052(0.052) | 0.087 | 2.11 | 1.30 | 0.58 | — |
| | | Ⅱ类 | 80~150(150) | (0.6) | 0.052~0.064(0.056) | 0.087~1.105 | 1.18 | 1.05 | 0.81 | — |
| | | Ⅲ | 150~250 | 0 | 0.064~0.076 | 0.105~0.128 | — | — | — | — |
| 29 | 水泥珍珠岩[②] | 1：12：1.6 | 380 | — | 0.086 | 沥青铺砌 0.116 | 0.91 | 0.88 | 1.51 | 0.090 |
| | | 1：8：1.45 | 540 | 0 | 0.116 | 沥青铺砌 0.151 | 0.92 | 0.88 | 2.04 | — |
| 30 | 水玻璃珍珠岩[②] | | 300 | 0 | 0.078 | 沥青铺砌 0.105 | 1.12 | 0.84 | 1.28 | 0.150 |
| 31 | 沥青珍珠岩 | 珍珠岩：沥青压比 1m$^2$：75kg 2：1 | 260 | — | 0.077 | 0.093 | 0.75 | 1.38 | 1.42 | 0.060 |
| | | 珍珠岩：沥青压比 1m$^3$：100kg 2：1 | 380 | — | 0.095 | 0.116 | 0.55 | 1.63 | 2.06 | — |
| | | 1m$^3$：60kg 1.5：1 | 220 | — | 0.062 | 0.076 | 0.81 | 1.26 | 1.12 | — |
| 32 | 乳化沥青膨胀珍珠岩 | 乳化沥青：珍珠岩=4：1 压比1.8：1 | 350 | — | 0.091 | 0.110 | 0.71 | 1.34 | 1.73 | 0.069 |

（续）

| 序号 | 材料名称 | 规　　格 | 密度$\rho$/(kg/m$^3$) | 测定时质量湿度$W_z$(%) | 导热系数测定值$\lambda$/[W/(m·K)] | 设计采用导热系数$\lambda$/[W/(m·K)] | 热扩散率$a$/(m$^2$/h) | 比热容$c\times10^{-3}$/[J/(kg·K)] | 蓄热系数$S_{24}$/[W/(m$^2$·K)] | 蒸气渗透系数$\mu\times10^3$/[g/(m·h·Pa)] |
|---|---|---|---|---|---|---|---|---|---|---|
| 33 | 加气混凝土[②] | 蒸气养护 | 500 | 0 | 0.116 | 沥青铺砌 0.151 | 0.93 | 0.96 | 2.02 | 0.100 |
| 34 | 泡沫混凝土[②] | | 370 | 0 | 0.098 | 沥青铺砌 0.128 | 0.89 | 0.84 | 1.33 | 0.180 |
| 35 | 软木 | | 170 | — | 0.058 | 0.07 | 0.62 | 2.05 | 1.19 | 0.026 |
| 36 | 稻壳 | | 120 | 5.9 | 0.060 | 0.151 | 1.09 | 1.67 | 0.94 | 0.450 |

① 棉材应按在围护结构内实际填充密实程度的密度选用设计采用的导热系数，凡棉材装置于双面铁皮夹层板内使用时，其设计采用的导热系数可按测定值乘以 1.3 修正系数。

② 水泥珍珠岩、水玻璃珍珠岩、加气混凝土、泡沫混凝土设计采用的导热系数为用沥青铺砌时的数值。

**表 A-2　冷库常用防潮、隔气材料的热物理系数**

| 序号 | 材料名称 | 密度$\rho$/(kg/m$^3$) | 厚度$\delta$/mm | 导热系数$\lambda$/[W/(m·K)] | 热阻$R$/[(m$^2$·K)/W] | 热扩散率$a\times10^3$/(m$^2$/h) | 比热容$c\times10^{-3}$/[J/(kg·K)] | 蓄热系数$S$/[W/(m$^2$·K)] | 蒸气渗透系数$\mu\times10^3$/[g/(m·h·Pa)] | 蒸气渗透阻/(m$^2$·h·Pa/g) |
|---|---|---|---|---|---|---|---|---|---|---|
| 1 | 石油沥青油毛毡(350 号) | 1130 | 1.5 | 0.27 | $5.56\times10^{-3}$ | 0.32 | 1.59 | 4.58 | $1.3503\times10^{-3}$ | 1106.4 |
| 2 | 石油沥青或玛琋脂一道 | 980 | 2.0 | 0.20 | 0.010 | 0.33 | 2.14 | 5.41 | $7.502\times10^{-3}$ | 266.6 |
| 3 | 一毡二油 | | 5.5 | | 0.026 | | | | | 1639.6 |
| 4 | 二毡三油 | | 9.0 | | 0.041 | | | | | 3012.6 |
| 5 | 聚乙烯塑料薄膜 | 1200 | 0.07 | 0.16 | $0.44\times10^{-3}$ | 0.28 | 1.42 | 3.98 | $2.03\times10^{-5}$ | 3332.5 |

表 A-3 食品的比焓

（单位：kJ/kg）

| 食品温度/℃ | 牛肉及各种禽类 | 羊肉 | 猪肉 | 肉类副产品 | 去骨牛肉 | 少脂鱼 | 多脂鱼 | 鱼片 | 鲜蛋 | 蛋黄 | 纯牛奶 | 奶油 | 炼制奶油 | 奶油冰淇淋 | 牛奶冰淇淋 | 葡萄杏子樱桃 | 水果及其他浆果 | 水果及糖浆浆果 | 加糖的浆果 |
|---|---|---|---|---|---|---|---|---|---|---|---|---|---|---|---|---|---|---|---|
| -25 | -10.9 | -10.9 | -10.5 | -11.7 | -11.3 | -12.2 | -12.2 | -12.6 | -8.8 | -9.6 | -12.6 | -9.2 | -8.8 | -16.3 | -14.7 | -17.2 | -14.2 | -17.6 | -22.2 |
| -20 | 0.0 | 0.0 | 0.0 | 0.0 | 0.0 | 0.0 | 0.0 | 0.0 | 0.0 | 0.0 | 0.0 | 0.0 | 0.0 | 0.0 | 0.0 | 0.0 | 0.0 | 0.0 | 0.0 |
| -19 | 2.1 | 2.1 | 2.1 | 2.5 | 2.5 | 2.5 | 2.5 | 2.5 | 2.1 | 2.1 | 2.9 | 1.7 | 1.7 | 3.4 | 2.9 | 3.8 | 3.4 | 3.8 | 5.0 |
| -18 | 4.6 | 4.6 | 4.6 | 5.0 | 5.0 | 5.0 | 5.0 | 5.4 | 4.2 | 4.6 | 5.4 | 3.8 | 3.4 | 7.1 | 6.3 | 7.5 | 6.7 | 8.0 | 10.0 |
| -17 | 7.1 | 7.1 | 7.1 | 8.0 | 8.0 | 8.0 | 8.0 | 8.4 | 6.3 | 6.7 | 8.4 | 5.9 | 5.0 | 11.3 | 9.6 | 11.7 | 10.0 | 12.0 | 15.5 |
| -16 | 10.0 | 9.6 | 9.6 | 10.9 | 10.5 | 10.9 | 10.9 | 11.3 | 8.4 | 8.8 | 11.3 | 8.0 | 7.1 | 15.5 | 13.4 | 15.9 | 13.4 | 16.8 | 21.0 |
| -15 | 13.0 | 12.6 | 12.2 | 13.8 | 13.4 | 14.2 | 14.2 | 14.7 | 10.5 | 11.3 | 14.2 | 10.1 | 9.2 | 19.7 | 17.6 | 20.5 | 17.2 | 21.4 | 26.8 |
| -14 | 15.9 | 15.5 | 15.1 | 17.2 | 16.8 | 17.6 | 17.2 | 18.0 | 12.6 | 13.8 | 17.6 | 12.6 | 11.3 | 24.3 | 22.2 | 25.6 | 21.0 | 26.4 | 33.1 |
| -13 | 18.9 | 18.4 | 18.0 | 20.5 | 20.1 | 21.0 | 20.5 | 21.8 | 15.1 | 15.9 | 21.4 | 15.1 | 13.4 | 29.3 | 27.2 | 31.0 | 25.1 | 31.4 | 39.8 |
| -12 | 22.2 | 21.8 | 21.4 | 24.3 | 23.5 | 24.7 | 24.3 | 25.6 | 17.6 | 18.4 | 25.1 | 17.6 | 15.9 | 34.8 | 33.1 | 36.5 | 29.7 | 36.9 | 46.9 |
| -11 | 26.0 | 25.6 | 25.1 | 28.5 | 27.2 | 28.9 | 28.1 | 29.7 | 20.1 | 21.4 | 28.9 | 20.5 | 18.0 | 40.6 | 39.8 | 42.7 | 34.4 | 43.2 | 54.9 |
| -10 | 30.2 | 29.7 | 28.9 | 33.1 | 31.4 | 33.5 | 32.7 | 34.8 | 22.6 | 24.3 | 32.7 | 23.5 | 20.5 | 46.9 | 47.3 | 49.9 | 39.4 | 49.4 | 63.7 |
| -9 | 34.8 | 33.9 | 33.1 | 38.1 | 36.0 | 38.5 | 37.3 | 40.2 | 25.6 | 28.5 | 37.3 | 26.4 | 23.5 | 54.1 | 55.7 | 57.8 | 44.8 | 56.6 | 73.7 |
| -8 | 39.4 | 38.5 | 37.3 | 43.2 | 41.1 | 43.6 | 42.3 | 45.7 | 28.5 | 31.0 | 42.3 | 29.3 | 26.0 | 62.4 | 65.4 | 66.6 | 51.1 | 64.9 | 85.9 |
| -7 | 44.4 | 43.6 | 41.9 | 48.6 | 46.1 | 49.4 | 47.8 | 51.5 | 31.8 | 34.4 | 48.2 | 32.7 | 28.5 | 72.9 | 77.1 | 78.8 | 58.7 | 75.8 | 101.0 |
| -6 | 50.7 | 49.4 | 47.3 | 55.3 | 52.4 | 56.6 | 54.5 | 58.7 | 36.0 | 39.0 | 54.9 | 36.5 | 31.4 | 86.7 | 92.2 | 93.9 | 68.7 | 89.7 | 120.3 |
| -5 | 57.4 | 55.7 | 54.5 | 62.9 | 59.9 | 74.2 | 61.6 | 67.0 | 41.5 | 44.8 | 62.9 | 40.6 | 34.4 | 105.6 | 111.9 | 116.1 | 82.1 | 108.1 | 147.5 |
| -4 | 66.2 | 64.5 | 62.0 | 72.9 | 69.1 | 80.9 | 71.2 | 77.5 | 47.8 | 52.0 | 73.7 | 44.8 | 36.9 | 132.0 | 138.7 | 150 | 104.3 | 135.3 | 169.7 |
| -3 | 75.4 | 77.1 | 73.7 | 88.0 | 83.0 | 89.2 | 85.5 | 93.9 | 227.9/57.8* | 63.3 | 88.8 | 50.7 | 39.8 | 178.9 | 181.4 | 202.8 | 139.1 | 180.6 | 173.5 |
| -2 | 98.9 | 96.0 | 91.8 | 109.8 | 103.5 | 111.9 | 106.4 | 117.7 | 230.9/75.8* | 83.4 | 111.5 | 60.3 | 43.2 | 221.2 | 230.0 | 229.2 | 211.2 | 240.1 | 176.4 |
| -1 | 186.0 | 179.8 | 170.1 | 204.5 | 194.4 | 212.4 | 199.9 | 225.0 | 234.2/128.6* | 142.0 | 184.4 | 91.8 | 49.0 | 224.6 | 233.4 | 233.0 | 268.2 | 243.9 | 179.8 |
| 0 | 232.5 | 224.2 | 212.0 | 261.5 | 243.0 | 266.0 | 249.3 | 282.0 | 237.6 | 264.4 | 319.3 | 95.1 | 52 | 227.9 | 236.7 | 236.3 | 271.9 | 247.2 | 182.7 |
| 1 | 235.9 | 227.5 | 214.9 | 264.8 | 246.4 | 269.8 | 253.1 | 285.8 | 240.5 | 267.7 | 323.0 | 98.0 | 55.3 | 231.3 | 240.1 | 240.1 | 275.7 | 251.0 | 180.0 |

（续）

| 食品温度/℃ | 牛肉及各种禽类 | 羊肉 | 猪肉 | 肉类副产品 | 去骨牛肉 | 少脂鱼 | 多脂鱼 | 鱼片 | 鲜蛋 | 蛋黄 | 纯牛奶 | 奶油 | 炼制奶油 | 奶油冰淇淋 | 牛奶冰淇淋 | 葡萄杏子樱桃 | 水果及其他浆果 | 水果及糖浆浆果 | 加糖的浆果 |
|---|---|---|---|---|---|---|---|---|---|---|---|---|---|---|---|---|---|---|---|
| 2 | 238.8 | 230.5 | 217.9 | 268.6 | 249.7 | 273.2 | 256.4 | 289.1 | 243.9 | 271.1 | 326.8 | 101.4 | 58.2 | 234.6 | 243.4 | 243.4 | 279.5 | 254.3 | 189.0 |
| 3 | 242.2 | 233.8 | 221.2 | 271.9 | 253.1 | 277.0 | 259.8 | 392.9 | 246.8 | 274.4 | 331.0 | 104.8 | 61.2 | 238.0 | 247.2 | 249.7 | 283.2 | 258.1 | 192.3 |
| 4 | 245.5 | 236.7 | 224.2 | 275.3 | 256.4 | 230.3 | 263.1 | 296.7 | 250.1 | 277.8 | 334.8 | 107.7 | 64.1 | 241.3 | 250.1 | 250.6 | 287.0 | 261.5 | 195.3 |
| 5 | 248.5 | 240.1 | 227.1 | 279.1 | 259.8 | 283.7 | 266.5 | 300.4 | 253.1 | 281.6 | 339.0 | 111.5 | 67.5 | 244.7 | 253.9 | 254.3 | 290.8 | 266.5 | 198.6 |
| 6 | 251.8 | 243.0 | 230.0 | 282.4 | 263.1 | 287.4 | 269.8 | 303.8 | 256.4 | 284.9 | 342.7 | 114.4 | 70.8 | 248.0 | 257.3 | 257.7 | 294.6 | 268.6 | 201.5 |
| 7 | 255.2 | 246.4 | 233.4 | 285.8 | 266.5 | 290.8 | 273.2 | 307.5 | 259.4 | 288.3 | 346.5 | 117.7 | 74.2 | 251.4 | 260.6 | 260.6 | 298.3 | 272.4 | 204.9 |
| 8 | 258.5 | 249.3 | 236.3 | 289.5 | 269.4 | 295.4 | 277.0 | 311.3 | 262.7 | 291.6 | 350.7 | 121.5 | 77.5 | 254.8 | 264 | 264.8 | 302.1 | 275.7 | 207.8 |
| 9 | 261.5 | 252.6 | 239.2 | 292.9 | 272.8 | 297.9 | 280.3 | 315.1 | 265.6 | 295.0 | 354.5 | 125.7 | 81.3 | 258.1 | 267.3 | 268.6 | 305.9 | 279.5 | 211.2 |
| 10 | 264.8 | 255.6 | 242.2 | 296.2 | 276.1 | 301.3 | 283.7 | 318.4 | 269.0 | 298.7 | 358.7 | 129.9 | 85.5 | 261.5 | 270.7 | 271.9 | 309.6 | 282.8 | 214.1 |
| 11 | 268.2 | 258.9 | 245.5 | 300.0 | 279.5 | 305.0 | 287.0 | 322.2 | 271.9 | 302.1 | 362.4 | 134.1 | 90.1 | 264.8 | 274.4 | 275.7 | 313.4 | 286.6 | 217.5 |
| 12 | 271.1 | 261.9 | 248.5 | 303.4 | 282.8 | 308.4 | 290.4 | 326.0 | 275.3 | 305.5 | 366.6 | 138.7 | 95.1 | 268.2 | 277.8 | 279.1 | 317.2 | 289.9 | 220.4 |
| 13 | 274.4 | 265.2 | 251.4 | 306.7 | 286.2 | 312.2 | 293.7 | 329.3 | 278.6 | 308.8 | 370.4 | 144.1 | 100.6 | 271.5 | 281.1 | 282.8 | 321.0 | 293.7 | 223.7 |
| 14 | 277.8 | 268.2 | 254.3 | 310.5 | 289.5 | 315.5 | 297.1 | 333.1 | 281.6 | 312.2 | 374.6 | 149.6 | 106.4 | 274.9 | 284.5 | 286.2 | 324.7 | 297.1 | 226.7 |
| 15 | 280.7 | 271.5 | 257.3 | 313.8 | 292.9 | 318.9 | 300.8 | 336.9 | 284.9 | 315.9 | 378.8 | 155.4 | 112.3 | 278.2 | 287.9 | 289.9 | 328.5 | 300.8 | 230.0 |
| 16 | 284.1 | 274.4 | 260.6 | 317.2 | 296.2 | 322.6 | 304.2 | 340.6 | 287.9 | 319.3 | 382.5 | 161.3 | 118.6 | 281.6 | 291.2 | 293.3 | 332.3 | 304.2 | 233.0 |
| 17 | 287.4 | 277.8 | 263.6 | 312.0 | 299.6 | 326.0 | 307.5 | 344.0 | 291.2 | 322.6 | 386.7 | 166.8 | 124.9 | 284.9 | 294.6 | 297.1 | 336.5 | 308.0 | 236.3 |
| 18 | 290.4 | 280.7 | 266.5 | 324.3 | 302.9 | 329.8 | 310.9 | 347.8 | 294.1 | 326.0 | 390.9 | 172.2 | 130.3 | 288.3 | 297.9 | 300.4 | 339.8 | 313.4 | 239.2 |
| 19 | 293.7 | 284.1 | 260.4 | 327.7 | 306.3 | 331.1 | 314.3 | 351.5 | 297.5 | 329.3 | 394.7 | 177.7 | 136.2 | 291.6 | 301.3 | 304.2 | 343.6 | 315.1 | 242.6 |
| 20 | 297.1 | 287.0 | 272.8 | 331.4 | 309.6 | 336.5 | 317.6 | 355.3 | 300.4 | 333.1 | 398.9 | 182.7 | 141.2 | 295.0 | 304.6 | 307.5 | 347.4 | 318.4 | 245.5 |
| 21 | 300.0 | 290.4 | 275.7 | 334.8 | 313 | 340.2 | 321.4 | 358.7 | 303.8 | 336.5 | 402.7 | 187.7 | 146.2 | 298.3 | 308.0 | 311.3 | 351.1 | 322.2 | 248.9 |
| 22 | 303.4 | 293.3 | 278.6 | 338.1 | 315.9 | 343.6 | 324.7 | 362.4 | 307.1 | 339.8 | 406.8 | 192.3 | 150.8 | 301.7 | 311.3 | 315.1 | 354.9 | 325.6 | 251.8 |
| 23 | 306.7 | 296.7 | 281.6 | 341.9 | 319.3 | 346.9 | 328.1 | 366.2 | 310.1 | 343.2 | 410.6 | 196.5 | 155.4 | 305.0 | 314.7 | 318.4 | 358.7 | 329.3 | 255.2 |
| 24 | 310.1 | 299.6 | 284.9 | 345.3 | 322.6 | 350.7 | 331.4 | 369.6 | 313.4 | 346.5 | 414.8 | 200.7 | 159.6 | 308.4 | 318.0 | 321.8 | 362.4 | 332.7 | 258.1 |
| 25 | 313.0 | 302.9 | 287.9 | 349.0 | 326.0 | 354.1 | 334.8 | 373.3 | 316.3 | 350.3 | 418.6 | 204.9 | 163.8 | 311.4 | 321.4 | 325.6 | 366.2 | 336.5 | 261.5 |

注：表中鲜蛋在-1℃、-2℃、-3℃三种温度条件下，可能处于冻结和未冻结状态，如果已冻结，其比焓取带“*”的数据。

表 A-4　水果与蔬菜的呼吸热

| 食品名称 | 不同温度下的呼吸热/(W/t) | | | | | |
|---|---|---|---|---|---|---|
| | 0℃ | 2℃ | 5℃ | 10℃ | 15℃ | 20℃ |
| 杏 | 17 | 27 | 50 | 102 | 155 | 199 |
| 香蕉(青) | — | — | 52 | 98 | 131 | 155 |
| 香蕉(熟) | — | — | 58 | 116 | 164 | 242 |
| 成熟柠檬 | 9 | 13 | 20 | 33 | 47 | 58 |
| 甜樱桃 | 21 | 31 | 47 | 97 | 165 | 219 |
| 橙 | 10 | 13 | 19 | 35 | 50 | 69 |
| 梨(早熟) | 20 | 28 | 47 | 63 | 160 | 278 |
| 梨(晚熟) | 10 | 22 | 41 | 56 | 126 | 219 |
| 苹果(早熟) | 19 | 21 | 31 | 60 | 92 | 121 |
| 苹果(晚熟) | 10 | 14 | 21 | 31 | 58 | 73 |
| 李子 | 21 | 35 | 65 | 126 | 184 | 233 |
| 葡萄 | 9 | 17 | 24 | 36 | 49 | 78 |
| 香瓜 | 20 | 23 | 28 | 43 | 76 | 102 |
| 桃 | 19 | 22 | 41 | 92 | 131 | 181 |
| 抱子甘蓝 | 67 | 78 | 135 | 228 | 295 | 520 |
| 菜花 | 63 | 17 | 88 | 138 | 259 | 402 |
| 洋白菜 | 33 | 36 | 51 | 78 | 121 | 194 |
| 结球甘蓝(冬天) | 19 | 24 | 24 | 38 | 58 | 116 |
| 土豆 | 20 | 22 | 24 | 26 | 36 | 44 |
| 胡萝卜 | 28 | 34 | 38 | 44 | 97 | 135 |
| 黄瓜 | 2 | 24 | 34 | 60 | 121 | 174 |
| 甜菜 | 20 | 28 | 34 | 60 | 116 | 213 |
| 番茄 | 17 | 20 | 28 | 41 | 87 | 102 |
| 蒜 | 22 | 31 | 47 | 71 | 128 | 152 |
| 葱 | 20 | 21 | 26 | 34 | 31 | 58 |

表 A-5　空气的比焓(压力为 $1.013\times10^5$Pa)　　(单位:kJ/kg)

| $t$/℃ | 相对湿度 $\varphi$(%) | | | | | | | | | | |
|---|---|---|---|---|---|---|---|---|---|---|---|
| | 0 | 10 | 20 | 30 | 40 | 50 | 60 | 70 | 80 | 90 | 100 |
| -20 | -20.10 | -19.93 | -19.72 | -19.51 | -19.34 | -19.18 | -18.97 | -18.76 | -18.59 | -18.38 | -18.21 |
| -19 | -18.84 | -18.88 | -18.67 | -18.46 | -18.26 | -18.05 | -17.88 | -17.67 | -17.46 | 17.21 | -17.04 |
| -18 | -18.09 | -17.88 | -17.63 | -17.42 | -17.21 | -17.00 | -16.75 | -16.54 | -16.29 | -16.08 | -15.87 |
| -17 | -17.08 | -16.83 | -16.58 | -16.37 | -16.16 | -15.87 | -15.62 | -15.37 | -15.11 | -14.91 | -14.65 |

（续）

| t/℃ | 相对湿度 φ(%) | | | | | | | | | | |
|---|---|---|---|---|---|---|---|---|---|---|---|
| | 0 | 10 | 20 | 30 | 40 | 50 | 60 | 70 | 80 | 90 | 100 |
| -16 | -16.08 | -15.83 | -15.53 | -15.28 | -15.03 | -14.74 | -14.49 | -14.24 | -13.94 | -13.69 | -13.44 |
| -15 | -15.07 | -14.78 | -14.49 | -14.19 | -13.82 | -13.65 | -13.36 | -13.06 | -12.77 | -12.48 | -12.18 |
| -14 | -14.07 | -13.78 | -13.44 | -13.15 | -12.81 | -12.52 | -12.18 | -11.89 | -11.56 | -11.26 | -10.93 |
| -13 | -13.06 | -12.73 | -12.39 | -12.06 | -11.72 | -11.35 | -11.01 | -10.68 | -10.34 | -10.01 | -9.67 |
| -12 | -12.06 | -11.68 | -11.30 | -10.97 | -10.59 | -10.22 | -9.84 | -9.46 | -9.09 | -8.75 | -8.37 |
| -11 | -11.05 | -10.64 | -10.26 | -9.84 | -9.46 | -9.04 | -8.67 | -8.25 | -7.83 | -7.45 | -7.03 |
| -10 | -10.05 | -9.67 | -9.25 | -8.88 | -8.46 | -8.08 | -7.70 | -7.29 | -6.91 | -6.49 | -6.11 |
| -9 | -9.04 | -8.63 | -8.16 | -7.75 | -7.33 | -6.91 | -6.45 | -6.03 | -5.61 | -5.15 | -4.73 |
| -8 | -8.04 | -7.58 | -7.12 | -6.62 | -6.15 | -5.69 | -5.23 | -4.73 | -4.27 | -3.81 | -3.31 |
| -7 | -7.03 | -6.53 | -6.03 | -5.48 | -4.98 | -4.48 | -3.94 | -3.43 | -2.93 | -2.39 | -1.88 |
| -6 | -6.03 | -5.48 | -4.90 | -4.35 | -3.77 | -3.22 | -2.68 | -2.09 | -1.55 | -0.96 | -0.42 |
| -5 | -5.02 | -4.40 | -3.81 | -3.18 | -2.60 | -1.97 | -1.34 | -0.75 | -0.13 | 0.50 | 1.13 |
| -4 | -4.02 | -3.35 | -2.68 | -2.01 | -1.34 | -0.67 | ±0.00 | 0.67 | 1.34 | 2.01 | 2.68 |
| -3 | -3.01 | -2.30 | -1.55 | -0.84 | -0.13 | 0.63 | 1.34 | 2.09 | 2.81 | 3.56 | 4.27 |
| -2 | -2.01 | -1.21 | -0.42 | 0.38 | 1.17 | 1.97 | 2.76 | 3.56 | 4.35 | 5.15 | 5.95 |
| -1 | -1.00 | -0.13 | 0.71 | 1.59 | 2.43 | 3.31 | 4.19 | 5.02 | 5.90 | 6.78 | 7.62 |
| 0 | 0.00 | 0.92 | 1.88 | 2.81 | 3.73 | 4.69 | 5.61 | 6.57 | 7.49 | 8.46 | 9.38 |
| 1 | 1.00 | 1.88 | 3.01 | 4.02 | 5.02 | 6.03 | 7.08 | 8.08 | 9.09 | 10.13 | 11.14 |
| 2 | 2.01 | 3.10 | 4.19 | 5.28 | 6.36 | 7.45 | 8.54 | 9.63 | 10.72 | 11.81 | 12.90 |
| 3 | 3.01 | 4.19 | 5.36 | 6.49 | 7.66 | 8.83 | 10.01 | 11.18 | 12.35 | 13.57 | 14.74 |
| 4 | 4.02 | 5.28 | 6.53 | 7.79 | 9.04 | 10.30 | 11.56 | 12.81 | 14.07 | 15.32 | 16.58 |
| 5 | 5.02 | 6.36 | 7.70 | 9.04 | 10.38 | 11.77 | 13.11 | 14.45 | 15.83 | 17.17 | 18.55 |
| 6 | 6.03 | 7.45 | 8.92 | 10.34 | 11.81 | 13.23 | 14.70 | 16.16 | 17.59 | 19.05 | 20.52 |
| 7 | 7.03 | 8.58 | 10.13 | 11.68 | 13.23 | 14.78 | 16.33 | 17.88 | 19.47 | 21.02 | 22.57 |
| 8 | 8.04 | 9.71 | 11.35 | 13.02 | 14.70 | 16.33 | 18.00 | 19.68 | 21.35 | 23.07 | 24.74 |
| 9 | 9.04 | 10.80 | 12.60 | 14.36 | 16.16 | 17.92 | 19.72 | 21.52 | 23.32 | 25.12 | 26.92 |
| 10 | 10.05 | 11.93 | 13.82 | 15.74 | 17.67 | 19.55 | 21.48 | 23.40 | 25.33 | 27.26 | 29.22 |
| 11 | 11.05 | 13.06 | 15.11 | 17.17 | 19.18 | 21.23 | 23.28 | 25.33 | 27.42 | 29.48 | 31.57 |
| 12 | 12.06 | 14.24 | 16.41 | 18.59 | 20.77 | 22.94 | 25.16 | 27.38 | 29.56 | 31.78 | 34.00 |
| 13 | 13.06 | 15.37 | 17.71 | 20.01 | 22.36 | 24.70 | 27.05 | 29.39 | 31.78 | 34.16 | 36.55 |
| 14 | 14.07 | 16.54 | 19.05 | 21.52 | 24.03 | 26.50 | 29.02 | 31.53 | 34.08 | 36.64 | 39.15 |
| 15 | 15.07 | 17.71 | 20.35 | 23.03 | 25.71 | 28.39 | 31.07 | 33.75 | 36.43 | 39.15 | 41.87 |

（续）

| t/℃ | 相对湿度 φ(%) | | | | | | | | | | |
|---|---|---|---|---|---|---|---|---|---|---|---|
| | 0 | 10 | 20 | 30 | 40 | 50 | 60 | 70 | 80 | 90 | 100 |
| 16 | 16.08 | 18.88 | 21.73 | 24.58 | 27.42 | 30.27 | 33.16 | 36.05 | 38.90 | 41.78 | 44.80 |
| 17 | 17.08 | 20.10 | 23.11 | 26.13 | 29.18 | 32.24 | 35.30 | 38.39 | 41.49 | 44.38 | 47.73 |
| 18 | 18.09 | 21.31 | 24.49 | 27.72 | 30.98 | 34.25 | 37.56 | 40.87 | 44.38 | 47.31 | 50.66 |
| 19 | 19.09 | 22.53 | 25.96 | 29.39 | 32.87 | 36.34 | 39.82 | 43.54 | 46.89 | 50.24 | 54.01 |
| 20 | 20.10 | 23.74 | 27.38 | 31.07 | 34.75 | 38.48 | 42.29 | 46.06 | 49.82 | 53.59 | 57.36 |
| 21 | 21.10 | 24.95 | 28.89 | 32.78 | 36.72 | 40.65 | 44.80 | 48.57 | 52.75 | 56.52 | 60.71 |
| 22 | 22.11 | 26.25 | 30.40 | 34.54 | 38.73 | 43.12 | 47.31 | 51.50 | 55.68 | 59.87 | 64.48 |
| 23 | 23.11 | 27.51 | 31.90 | 36.34 | 40.82 | 45.22 | 49.82 | 54.43 | 59.03 | 63.64 | 68.25 |
| 24 | 24.12 | 28.76 | 33.45 | 38.18 | 43.12 | 47.73 | 52.34 | 57.36 | 62.38 | 66.99 | 72.01 |
| 25 | 25.12 | 30.06 | 36.04 | 40.07 | 45.22 | 50.24 | 55.27 | 60.29 | 65.73 | 70.76 | 76.20 |
| 26 | 26.13 | 31.40 | 36.68 | 41.87 | 47.31 | 52.75 | 58.20 | 63.64 | 69.08 | 74.94 | 80.39 |
| 27 | 27.13 | 32.74 | 38.35 | 43.96 | 49.82 | 55.68 | 61.13 | 66.99 | 72.85 | 78.71 | 84.99 |
| 28 | 28.14 | 34.08 | 40.07 | 46.06 | 52.34 | 58.20 | 64.48 | 70.76 | 77.04 | 83.32 | 89.60 |
| 29 | 29.14 | 35.42 | 41.78 | 48.15 | 54.43 | 61.13 | 67.83 | 74.11 | 80.81 | 87.50 | 94.20 |
| 30 | 30.15 | 36.80 | 43.54 | 50.24 | 57.36 | 64.06 | 71.18 | 77.88 | 84.99 | 92.11 | 99.65 |
| 31 | 31.15 | 38.23 | 45.22 | 52.75 | 59.87 | 66.99 | 74.53 | 82.06 | 89.60 | 97.13 | 104.7 |
| 32 | 32.16 | 39.65 | 47.31 | 54.85 | 62.38 | 70.34 | 78.29 | 86.25 | 94.20 | 102.2 | 110.5 |
| 33 | 33.16 | 41.07 | 48.99 | 57.36 | 65.31 | 73.69 | 82.06 | 90.44 | 98.81 | 107.0 | 116.4 |
| 34 | 34.16 | 42.71 | 51.08 | 59.45 | 68.25 | 77.04 | 85.83 | 94.62 | 103.8 | 113.0 | 122.3 |
| 35 | 35.17 | 43.96 | 53.17 | 61.97 | 71.18 | 80.81 | 90.02 | 99.65 | 109.3 | 118.9 | 128.5 |
| 36 | 36.17 | 45.64 | 55.27 | 64.90 | 74.53 | 84.16 | 94.20 | 104.3 | 114.7 | 124.8 | 135.2 |
| 37 | 37.18 | 47.31 | 57.36 | 67.41 | 77.46 | 87.92 | 98.81 | 109.3 | 120.2 | 131.1 | 142.4 |
| 38 | 38.18 | 48.57 | 59.45 | 69.92 | 80.81 | 92.11 | 103.4 | 114.7 | 126.0 | 137.8 | 149.5 |
| 39 | 39.19 | 50.24 | 61.55 | 72.85 | 84.57 | 96.30 | 108.0 | 120.2 | 132.7 | 144.9 | 157.4 |
| 40 | 40.19 | 51.92 | 63.64 | 75.78 | 88.34 | 100.5 | 113.0 | 126.0 | 139.0 | 152.3 | 165.8 |
| 41 | 41.20 | 53.59 | 66.15 | 78.72 | 91.70 | 105.1 | 118.5 | 131.9 | 145.7 | 164.1 | 174.2 |
| 42 | 42.29 | 55.27 | 68.67 | 82.07 | 95.88 | 109.7 | 123.9 | 138.2 | 152.8 | 172.1 | 183.0 |
| 43 | 43.13 | 56.94 | 71.18 | 85.41 | 99.65 | 114.3 | 129.4 | 144.9 | 160.4 | 176.3 | 192.6 |
| 44 | 44.38 | 58.62 | 73.69 | 88.76 | 103.8 | 119.8 | 135.7 | 151.6 | 168.3 | 185.1 | 202.2 |
| 45 | 45.22 | 60.71 | 76.20 | 92.11 | 108.4 | 124.8 | 141.9 | 159.1 | 176.7 | 194.3 | 212.7 |
| 46 | 46.06 | 62.39 | 78.72 | 95.46 | 112.6 | 130.2 | 148.2 | 166.6 | 185.5 | 204.3 | 223.6 |
| 47 | 47.31 | 64.06 | 81.65 | 99.23 | 117.7 | 136.1 | 154.9 | 174.2 | 194.3 | 214.4 | 235.3 |
| 48 | 48.15 | 66.15 | 84.58 | 103.0 | 122.3 | 141.9 | 162.0 | 182.6 | 203.5 | 225.3 | 247.0 |

（续）

| t/℃ | 相对湿度 φ(%) | | | | | | | | | | |
|---|---|---|---|---|---|---|---|---|---|---|---|
| | 0 | 10 | 20 | 30 | 40 | 50 | 60 | 70 | 80 | 90 | 100 |
| 49 | 49.41 | 68.25 | 87.51 | 107.2 | 127.3 | 148.2 | 169.6 | 191.4 | 213.5 | 236.6 | 260.0 |
| 50 | 50.24 | 69.92 | 90.44 | 111.4 | 132.7 | 154.5 | 177.1 | 200.1 | 224.0 | 248.3 | 273.4 |
| 51 | 51.08 | 72.02 | 93.37 | 115.6 | 138.2 | 161.2 | 185.1 | 209.8 | 234.9 | 260.9 | 287.7 |
| 52 | 52.34 | 74.11 | 96.72 | 119.8 | 143.6 | 168.3 | 193.4 | 219.4 | 246.2 | 273.8 | 302.3 |
| 53 | 53.17 | 76.20 | 99.65 | 124.4 | 149.9 | 175.9 | 202.2 | 229.9 | 258.3 | 287.7 | 318.2 |
| 54 | 54.43 | 78.72 | 103.4 | 129.4 | 155.8 | 183.4 | 211.4 | 240.8 | 270.9 | 302.3 | 335.0 |
| 55 | 55.27 | 80.81 | 107.2 | 134.4 | 162.5 | 191.4 | 221.5 | 252.5 | 284.7 | 317.8 | 352.6 |
| 56 | 56.11 | 82.90 | 110.5 | 139.4 | 168.7 | 196.7 | 231.1 | 264.2 | 298.1 | 332.9 | 370.6 |
| 57 | 57.36 | 85.41 | 114.3 | 144.9 | 175.9 | 208.5 | 241.6 | 277.2 | 313.2 | 349.2 | 389.8 |
| 58 | 58.20 | 87.93 | 118.1 | 150.3 | 183.0 | 217.3 | 252.5 | 290.2 | 324.1 | 366.8 | 410.3 |
| 59 | 59.46 | 90.44 | 122.3 | 155.8 | 190.5 | 226.1 | 264.2 | 304.0 | 344.2 | 383.9 | 431.7 |
| 60 | 60.29 | 92.53 | 126.5 | 161.6 | 198.1 | 235.7 | 276.8 | 318.2 | 360.9 | 402.4 | 455.1 |
| 65 | 65.32 | 106.3 | 149.5 | 195.1 | 242.4 | 293.5 | 345.4 | 402.8 | 463.1 | 527.6 | 594.6 |
| 70 | 70.34 | 122.3 | 177.1 | 235.7 | 299.4 | 366.4 | 438.0 | 516.7 | 600.8 | 695.0 | 795.5 |
| 75 | 75.37 | 139.8 | 210.2 | 285.1 | 369.3 | 460.2 | 560.2 | 669.9 | 791.3 | 925.3 | 1080 |
| 80 | 80.39 | 160.8 | 249.5 | 348.4 | 457.2 | 582.0 | 720.2 | 879.3 | 1055 | 1277 | 1520 |
| 85 | 85.41 | 185.1 | 299.0 | 425.4 | 573.6 | 745.3 | 942.1 | 1181 | 1465 | 1830 | 2274 |
| 90 | 90.44 | 214.0 | 355.5 | 524.6 | 728.5 | 963.0 | 1269 | 1641 | 2140 | 2805 | 3806 |
| 95 | 95.46 | 246.6 | 428.3 | 649.0 | 929.5 | 1285 | 1763 | 2441 | 3446 | 5137 | 8416 |
| 100 | 100.5 | 285.6 | 519.2 | 816.5 | 1210 | 1771 | 2604 | 3999 | 6775 | 15123 | ∞ |

表 A-6　干空气在压力为 $1.013\times10^5$Pa 时对传热有影响的物理参数

| 温度/℃ | 密度 $\rho$/($kg/m^3$) | 比热容 $c_p$/[kJ/(kg·K)] | 导热系数 $\lambda\times10^2$/[W/(m·K)] | 热扩散率 $a\times10^2$/($m^2/h$) | 黏度 $\mu\times10^6$/(Pa·s) | 运动黏度 $\nu\times10^6$/($m^2/s$) | 普朗特数 $Pr$ |
|---|---|---|---|---|---|---|---|
| -50 | 1.584 | 1.013 | 2.04 | 4.57 | 14.61 | 9.23 | 0.728 |
| -40 | 1.515 | 1.013 | 2.12 | 4.96 | 15.20 | 10.04 | 0.728 |
| -30 | 1.453 | 1.013 | 2.20 | 5.37 | 15.69 | 10.80 | 0.723 |
| -20 | 1.395 | 1.009 | 2.28 | 5.83 | 16.18 | 12.79 | 0.716 |
| -10 | 1.342 | 1.009 | 2.36 | 6.28 | 16.67 | 12.43 | 0.712 |
| 0 | 1.293 | 1.005 | 2.44 | 6.77 | 17.16 | 13.28 | 0.707 |
| 10 | 1.247 | 1.005 | 2.51 | 7.22 | 17.65 | 14.16 | 0.705 |
| 20 | 1.205 | 1.005 | 2.59 | 7.71 | 18.14 | 15.06 | 0.703 |
| 30 | 1.165 | 1.005 | 2.67 | 8.23 | 18.63 | 16.00 | 0.700 |
| 40 | 1.128 | 1.005 | 2.76 | 8.75 | 19.12 | 16.96 | 0.699 |
| 50 | 1.093 | 1.005 | 2.83 | 9.26 | 19.61 | 17.95 | 0.698 |

# 附录B 冷库制冷工艺设计常用图

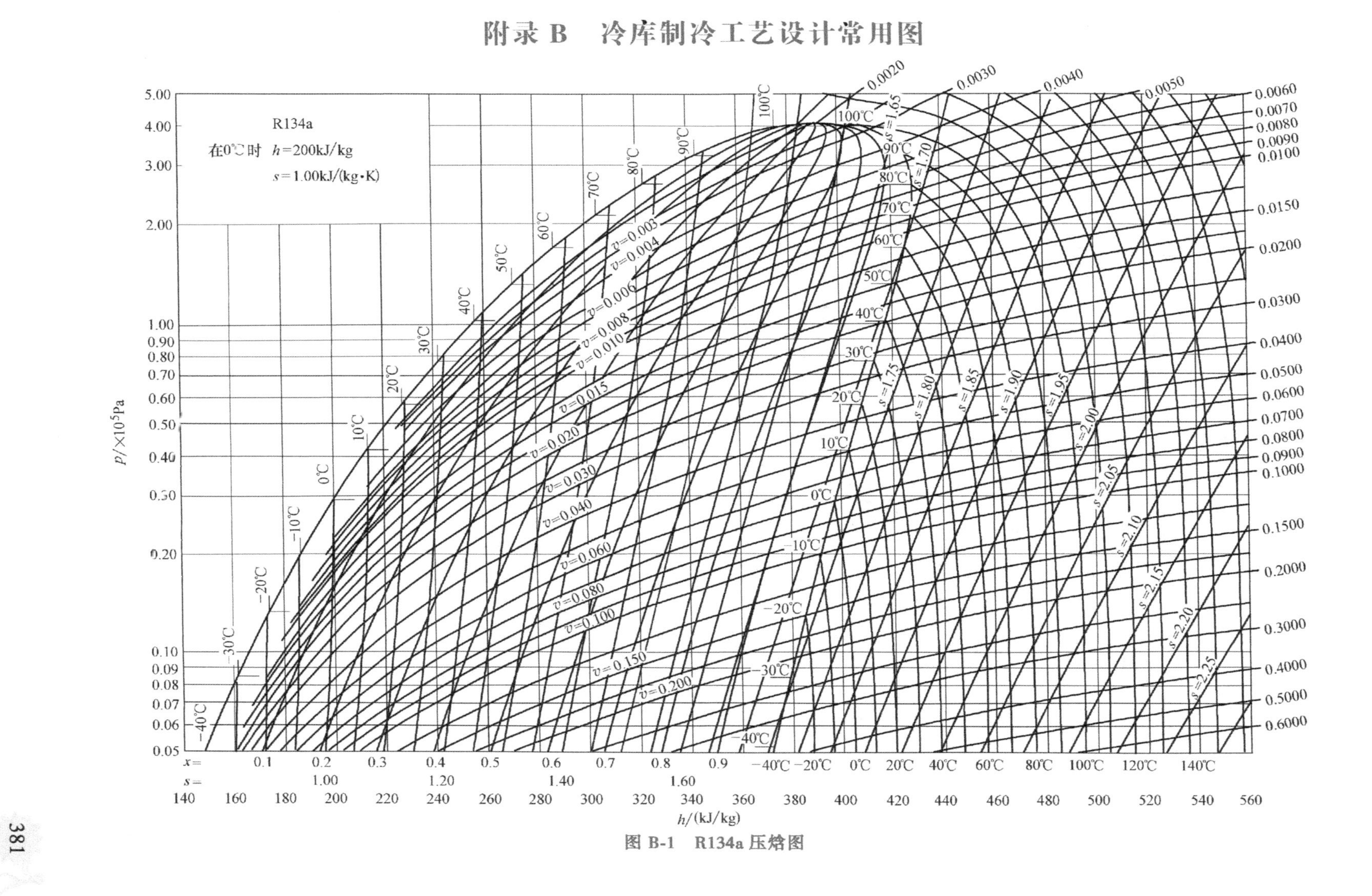


图 B-1 R134a 压焓图

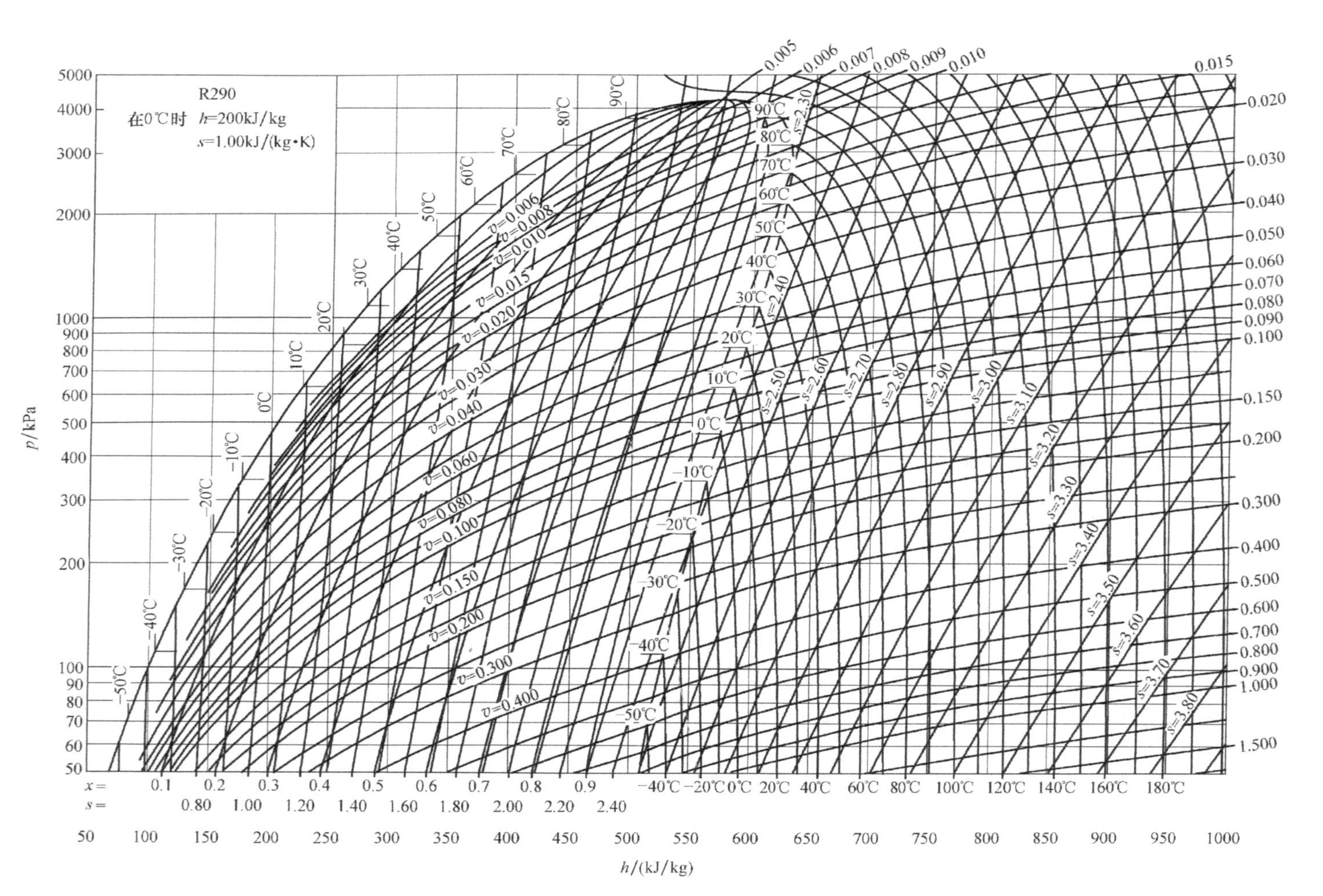
R290
在0℃时　h=200kJ/kg
s=1.00kJ/(kg·K)
p/kPa
h/(kJ/kg)
x=
s=
5000
4000
3000
2000
1000
900
800
700
600
500
400
300
200
100
90
80
70
60
50
100
150
200
250
300
350
400
450
500
550
600
650
700
750
800
850
900
950
1000
0.1
0.2
0.3
0.4
0.5
0.6
0.7
0.8
0.9
0.80
1.00
1.20
1.40
1.60
1.80
2.00
2.20
2.40
-40℃
-20℃
0℃
20℃
40℃
60℃
80℃
100℃
120℃
140℃
160℃
180℃
0.005
0.006
0.007
0.008
0.009
0.010
0.015
0.020
0.030
0.040
0.050
0.060
0.070
0.080
0.090
0.100
0.150
0.200
0.300
0.400
0.500
0.600
0.700
0.800
0.900
1.000
1.500
s=2.30
s=2.40
s=2.50
s=2.60
s=2.70
s=2.80
s=2.90
s=3.00
s=3.10
s=3.20
s=3.30
s=3.40
s=3.50
s=3.60
s=3.70
s=3.80
v=0.006
v=0.008
v=0.010
v=0.015
v=0.020
v=0.030
v=0.040
v=0.060
v=0.080
v=0.100
v=0.150
v=0.200
v=0.300
v=0.400

图 B-2　R290 压焓图

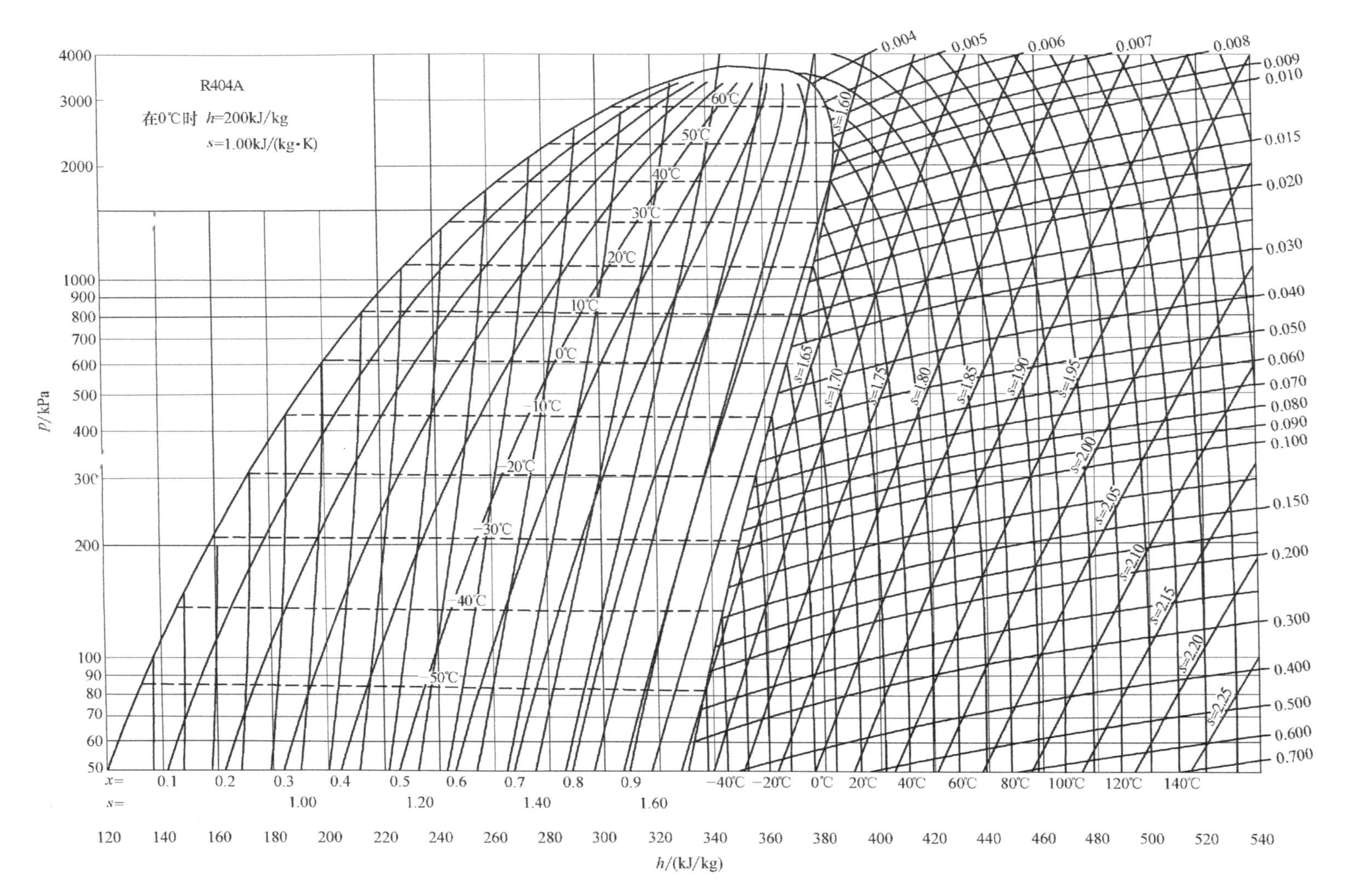


图 B-3 R404A 压焓图

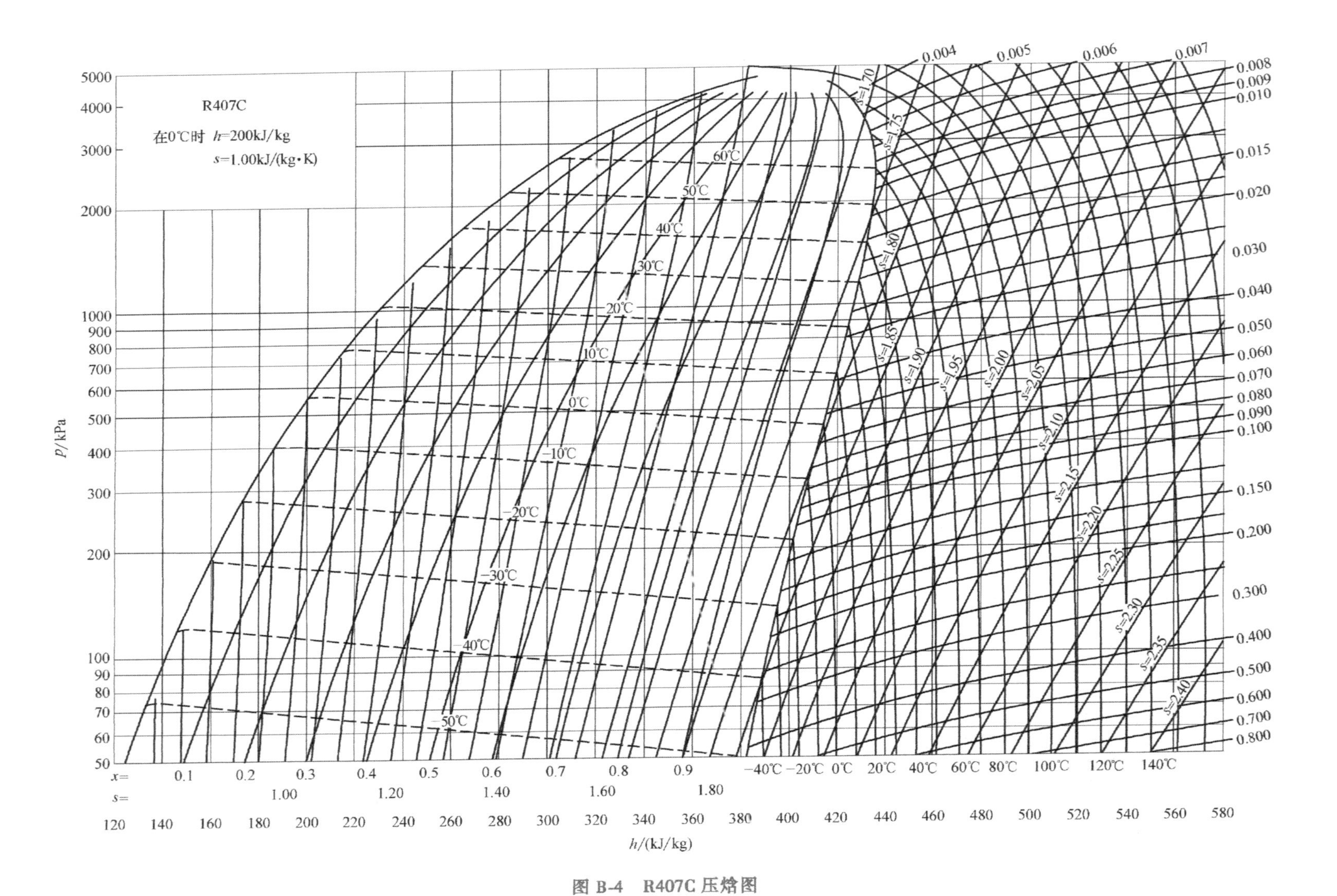


图 B-4 R407C 压焓图

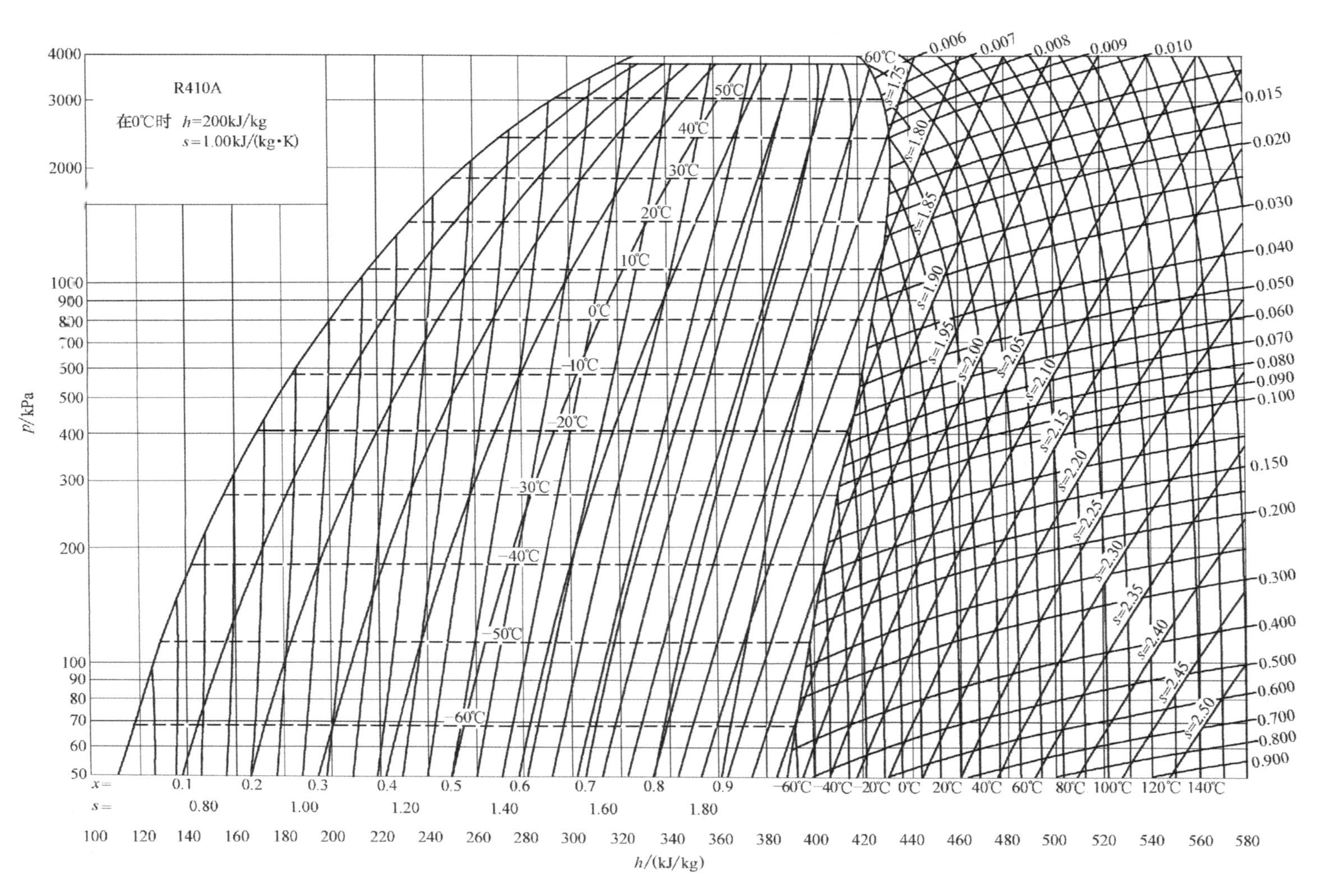


图 B-5 R410A 压焓图

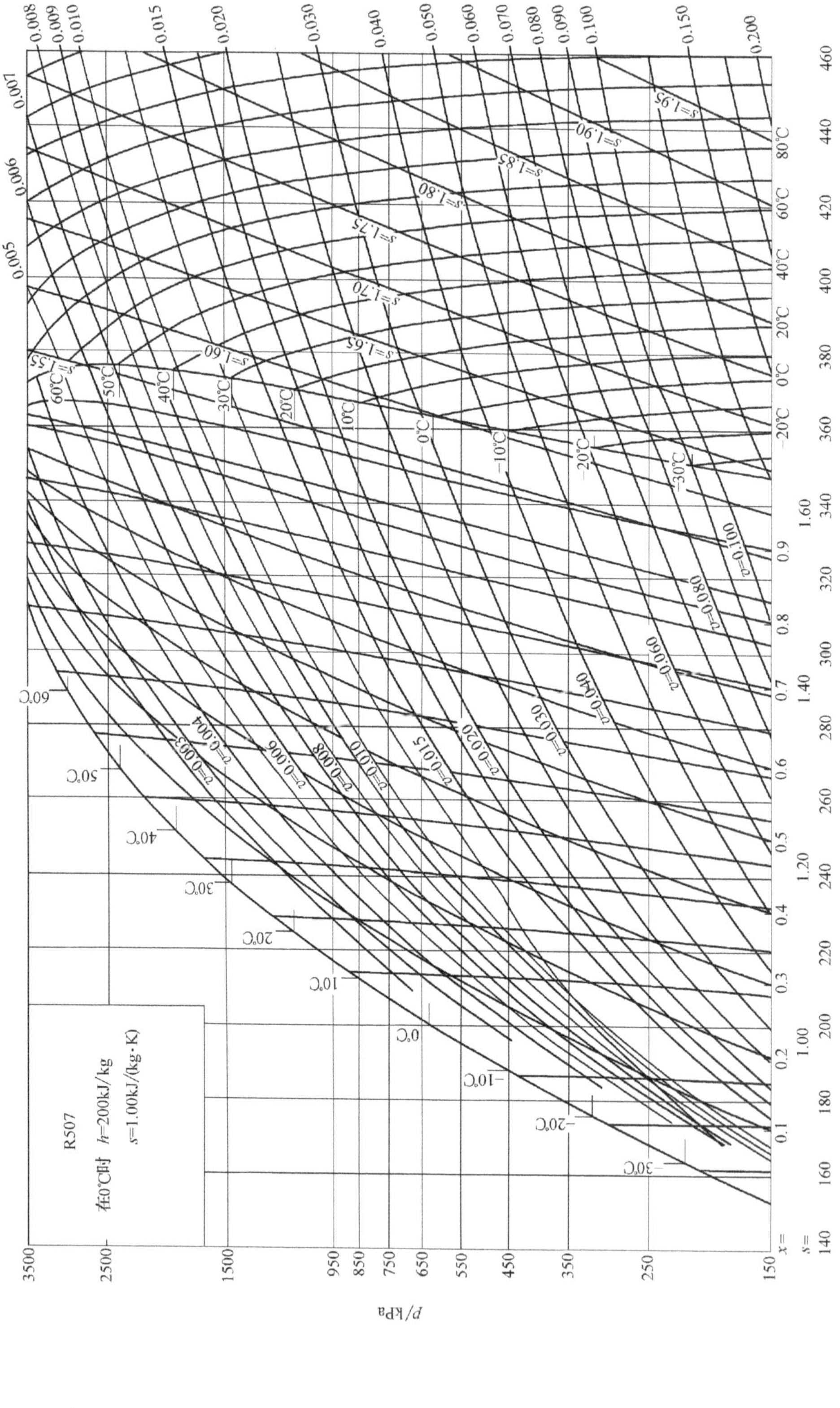

R507

在0℃时　$h$=200kJ/kg

$s$=1.00kJ/(kg·K)

$p$/kPa

$h$/(kJ/kg)

图 B-6　R507 压焓图

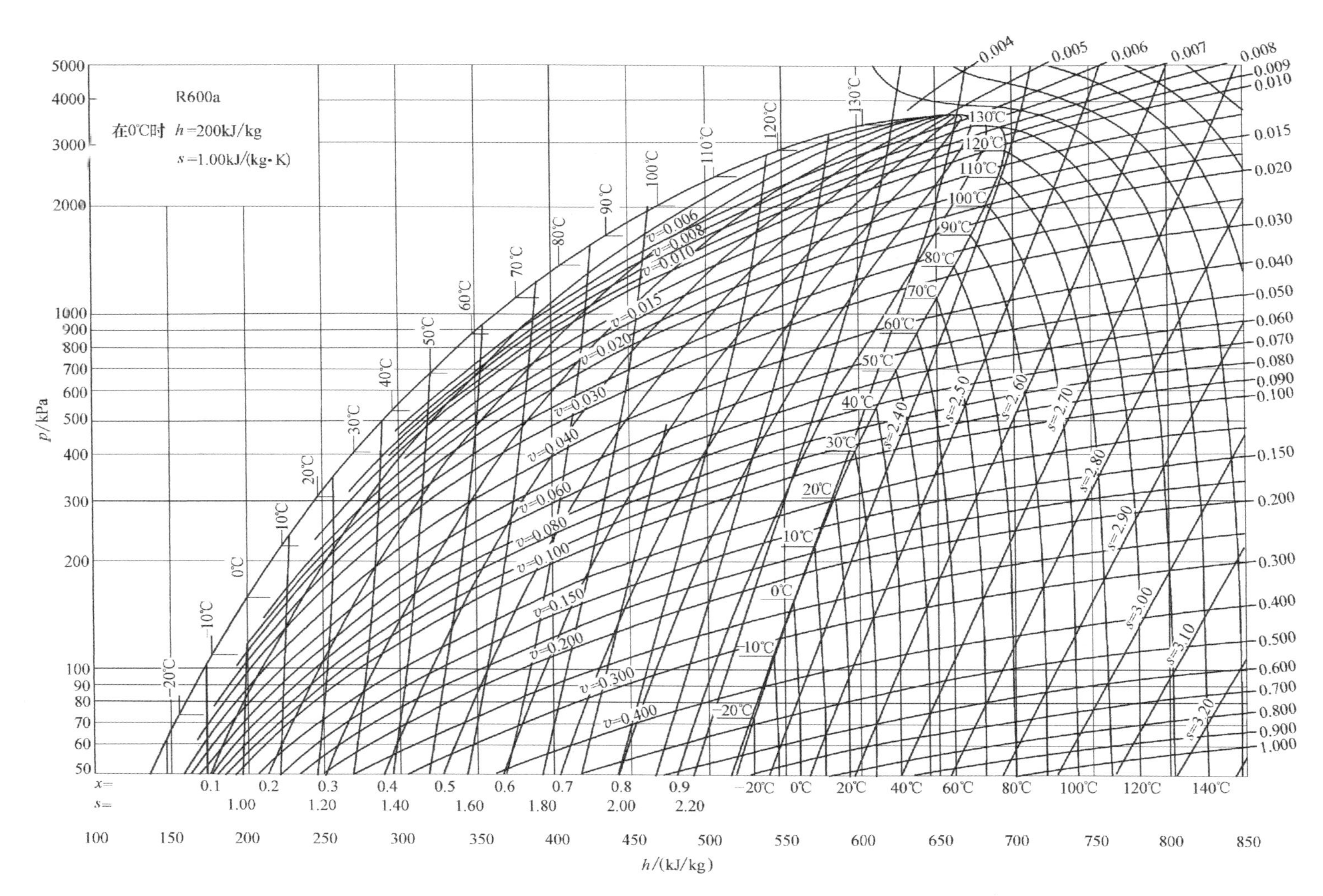


图 B-7 R600a压焓图

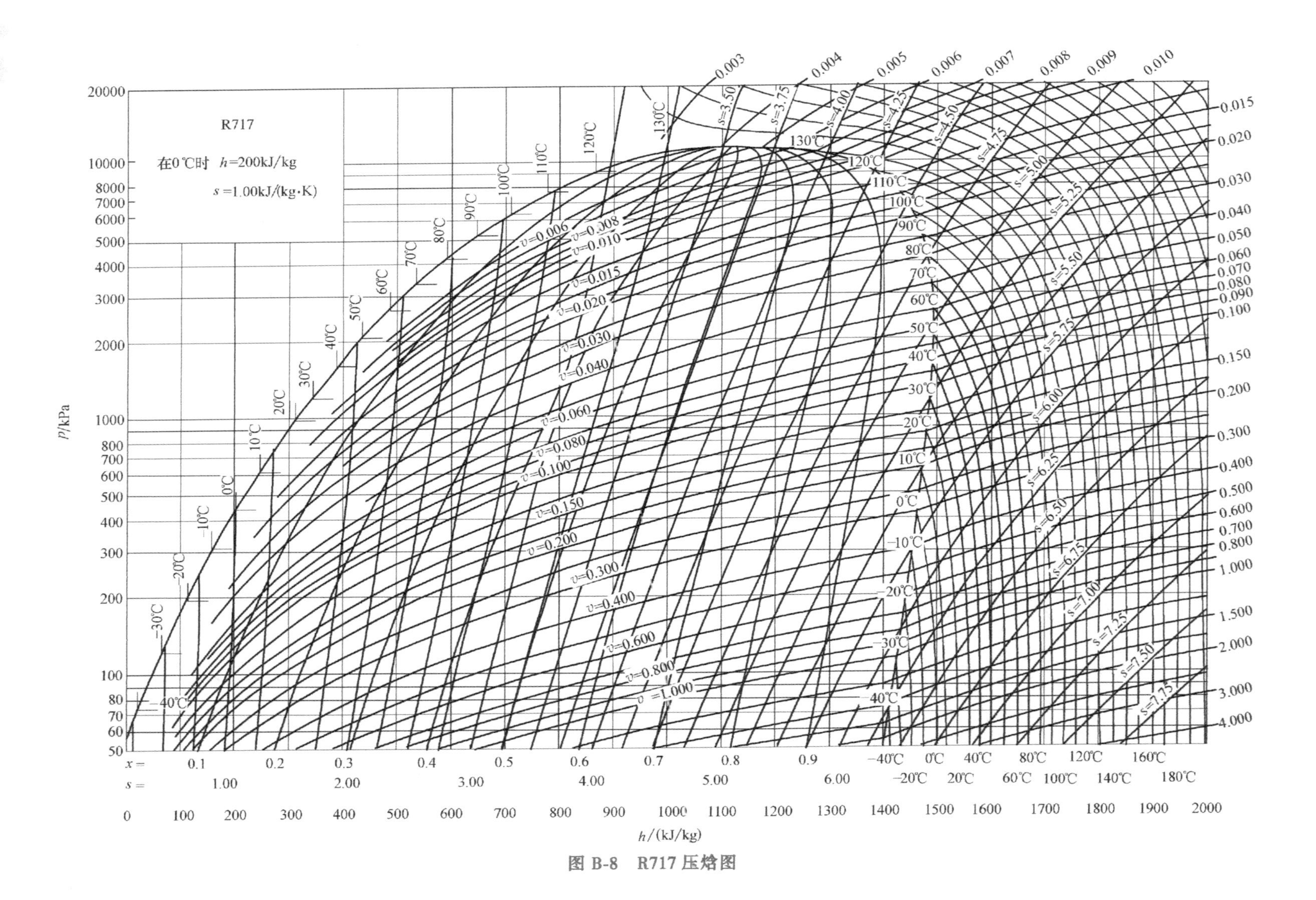


图 B-8　R717 压焓图

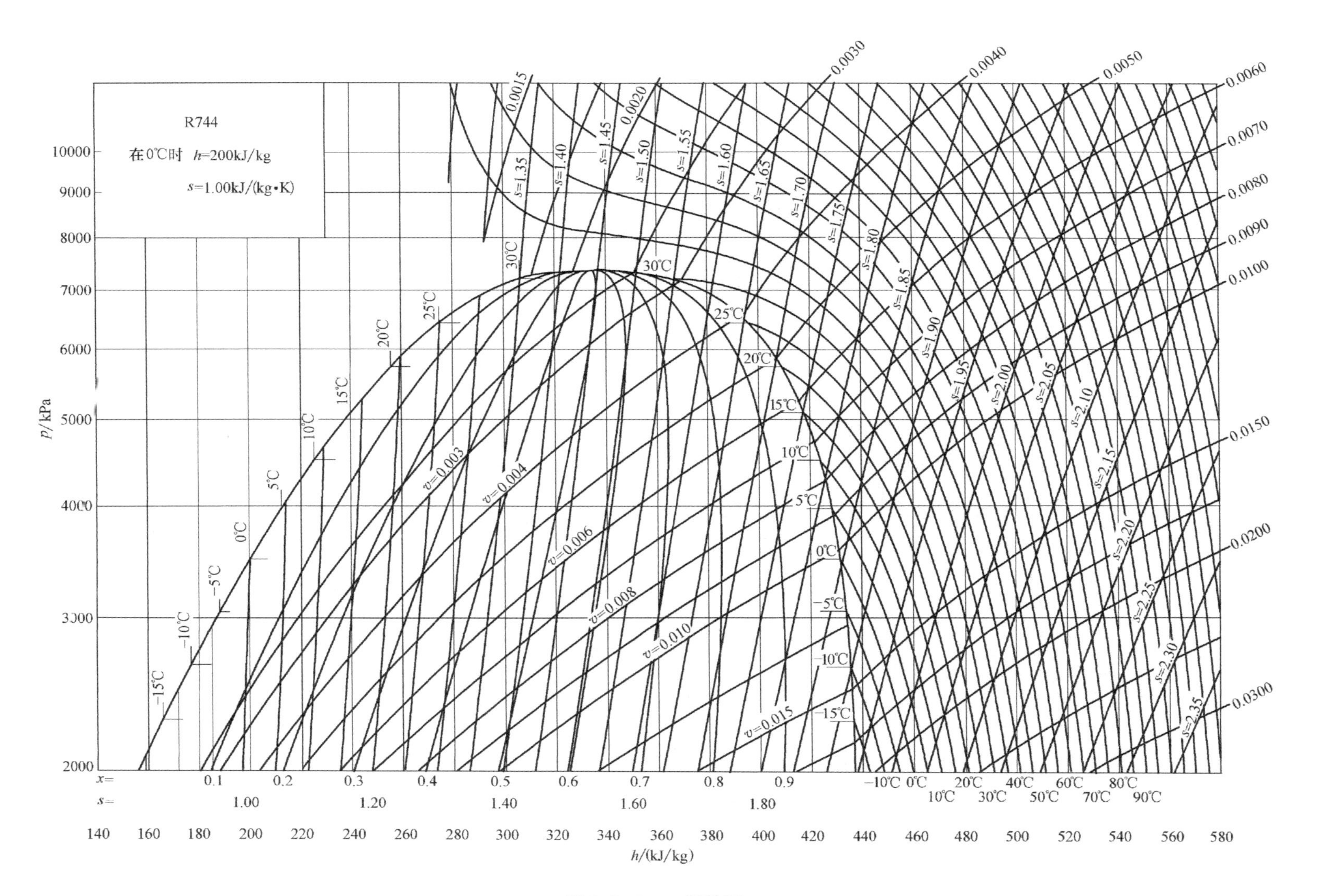


图 B-9 R744 压焓图

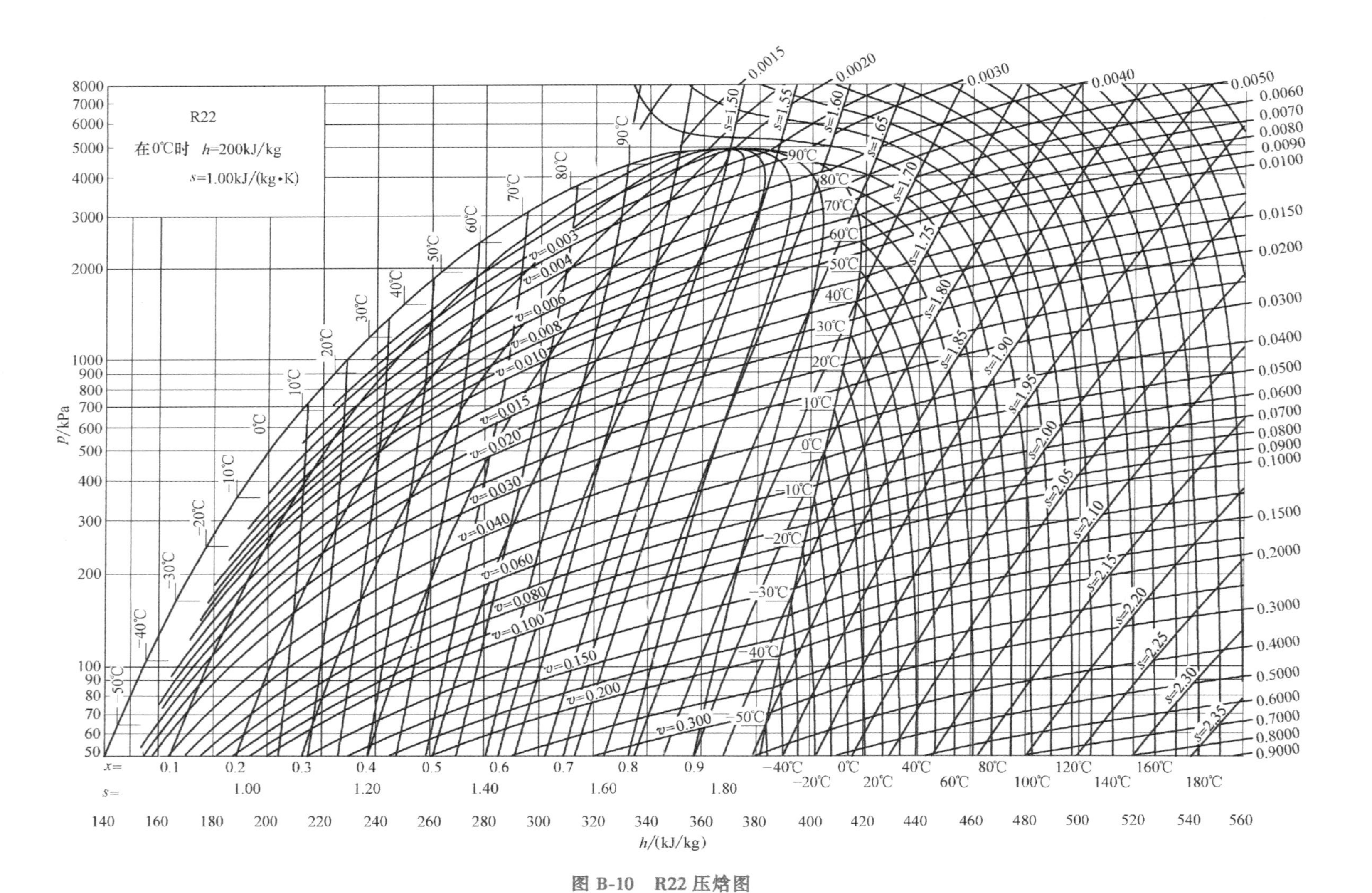


图 B-10　R22压焓图

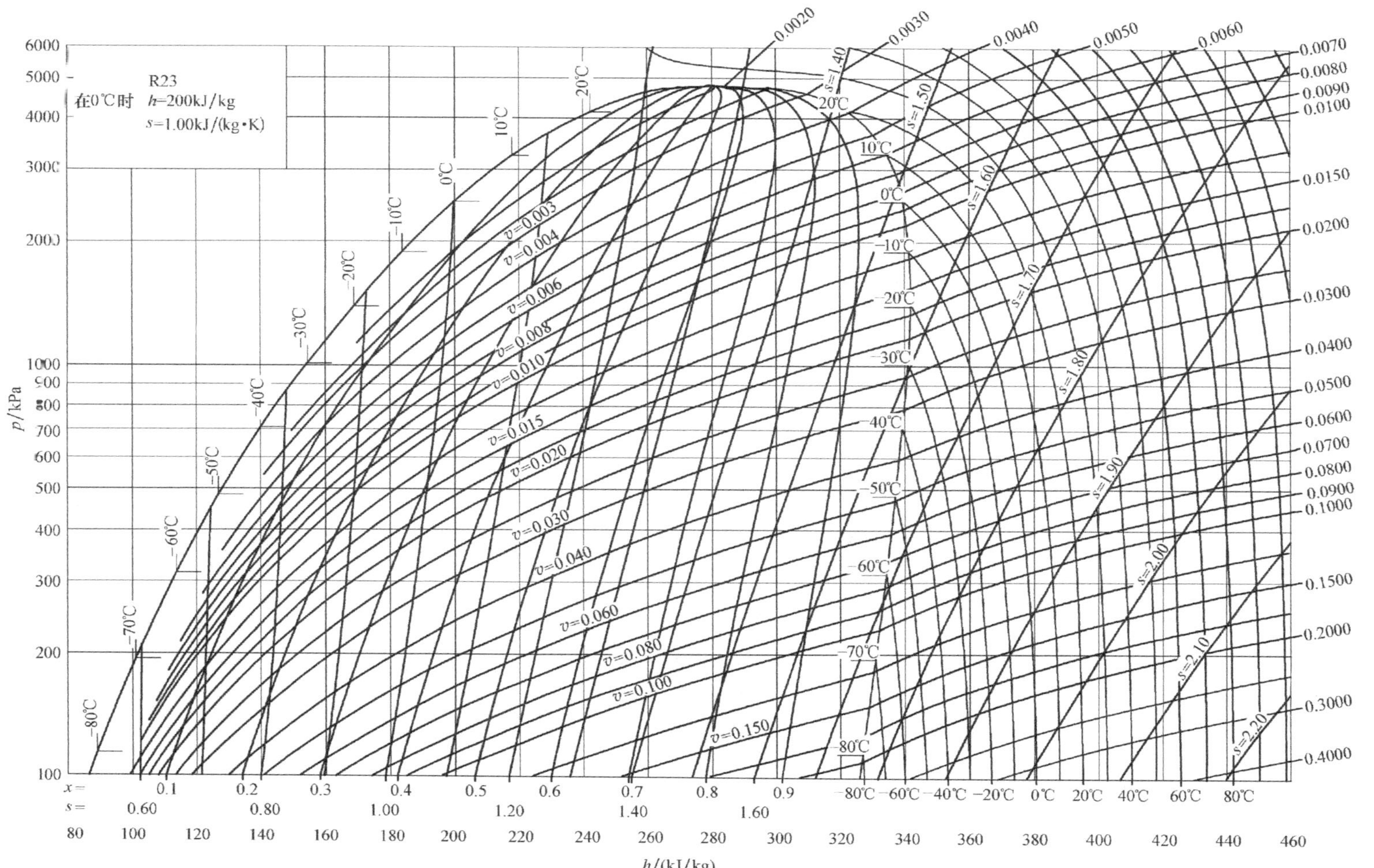


图 B-11 R23 压焓图

# 参考文献


[1] 李宪光. 工业制冷集成新技术与应用 [M]. 2版. 北京：机械工业出版社，2018.

[2] 康三江. 浅议国内外冷库行业发展现状与趋势 [J]. 保鲜与加工，2006（3）：6-8.

[3] 尉迟斌，卢士勋，周祖毅. 实用制冷与空调工程手册 [M]. 北京：机械工业出版社，2002.

[4] 张祉祐. 气调贮藏和气调库：水果保鲜新技术 [M]. 北京：机械工业出版社，1994.

[5] 住房和城乡建设部. 冷库设计规范：GB 50072—2010 [S]. 北京：中国计划出版社，2010.

[6] 关志强，李敏. 食品冷冻冷藏原理与技术 [M]. 北京：化学工业出版社，2010.

[7] 丁国良，黄冬平. 二氧化碳制冷技术 [M]. 北京：化学工业出版社，2007.

[8] 袁赖红，陈瀚，张瑜，等. 关于 $CO_2$ 制冷系统中管道安装的几点探讨 [J]. 制冷与空调，2018，18（3）：73-76.

[9] 中华人民共和国原化学工业部. 工业金属管道设计规范：GB 50316—2000 [S]. 北京：中国计划出版社，2008.

[10] 李军. 超市冷库制冷管道安装工艺规范探讨 [J]. 科技创业家，2014（7）：191.

[11] B G，C N，C G P，et al. Experimental performance evaluation for a carbon dioxide light commercial cooling application under transcritical and subcritical conditions [J]. Applide Thermal Engineering，2013，54（2）：528-535.

[12] SONG Y，WANG J，CAO F，et al. Experimental investigation on a capillary tube base transcritical $CO_2$ heat pump system [J]. Applied Thermal Engineering，2017，112：184-189.

[13] ZELEZANK K J，HOSENEY K C. The glass transition in starch [J]. Cereal Chemistry，1987，64（2）：121-123.

[14] 郭庆堂，吴进发. 实用制冷工程设计手册 [M]. 北京：中国建筑工业出版社，1994.

[15] 陈汝东. 制冷技术及应用 [M]. 2版. 上海：同济大学出版社，2006.

[16] 袁秀玲. 制冷与空调装置 [M]. 西安：西安交通大学出版社，2001.

[17] 龙恩深. 冷热源工程 [M]. 重庆：重庆大学出版社，2002.

[18] 丁国良，张春路，赵力. 制冷空调新工质 [M]. 上海：上海交通大学出版社，2003.

[19] 徐世琼. 新编制冷技术问答 [M]. 北京：中国农业出版社，1999.

[20] 盛德庄. 冷库电气技术应用手册 [M]. 北京：中国建筑工业出版社，2003.

[21] 余华明. 冷库及冷藏技术 [M]. 北京：人民邮电出版社，2007.

[22] 李建华，王春. 冷库设计 [M]. 北京：机械工业出版社，2003.

[23] 华泽钊，李云飞，刘宝林. 食品冷冻冷藏原理与设备 [M]. 北京：机械工业出版社，1999.

[24] 何耀东，何青. 中央空调实用技术 [M]. 北京：冶金工业出版社，2006.

[25] 周秋淑. 冷库制冷工艺 [M]. 北京：高等教育出版社，2002.

[26] 谈向东. 冷库建筑 [M]. 北京：中国轻工业出版社，2006.

[27] 白世贞，周维. 冷冻仓库设备安装与应用 [M]. 北京：中国物资出版社，2003.

[28] 中华人民共和国工业和信息化部. 压力容器中化学介质素性危害和爆炸危险程度分类标准：HG/T 20660—2017 [S]. 北京：化学工业出版社，2017.

[29] 中华人民共和国住房和城乡建设部，建筑设计防火规范：GB 50016—2014 [S]. 北京：中国计划出版社，2015.

[30] 中华人民共和国商务部. 氨制冷系统安装工程施工及验收规范：SBJ 12—2011 [S]. 北京：中国计划出版社，2011.

[31] 中华人民共和国住房和城乡建设部. 通风与空调工程施工质量验收规范：GB 50243—2016 [S]. 北京：中国计划出版社，2017.

[32] 权敏. 制冷系统保冷绝热材料的应用 [J]. 能源研究与利用，2001 (3)：25-27.

[33] 曲春明. 谈小型制冷系统管道设置对工况的影响 [J]. 河北建筑工程学院学报，2001，19 (2)：43-45.

[34] 朱利洪，张胜军，谢常欢. 氨制冷系统压力管道检验及安全评价 [J]. 制冷，2003 (2)：37-41.

[35] 杨一凡. 氨制冷技术的应用现状及发展趋势 [J]. 制冷学报，2007 (4)：12-19.

[36] 曹兴，邵宗义，邹声华. 建筑设备施工安装技术 [M]. 北京：机械工业出版社，2005.

[37] 王明明，马国远，许树学. $CO_2$ 制冷技术及其在冷冻冷藏中的应用 [J]. 制冷与空调，2014，14 (04)：54-61.

[38] 张新玉，郭宪民，任立乾. $CO_2$ 为载冷剂的氨制冷系统及其应用 [J]. 制冷技术，2014，34 (03)：29-33.

[39] 田雅芬，赵兆瑞，邢子文，等. $CO_2$ 复叠制冷系统与载冷剂制冷系统适用范围研究 [J]. 制冷学报，2016，37 (02)：22-29.

[40] 史敏，贾磊，张秀平，等. $CO_2$ 应用于我国工商制冷行业的适用性研究 [J]. 制冷学报，2016，37 (06)：97-103.

[41] 卢允庄，王岱，李郁，等. $CO_2$ 低温冷冻冷藏系统的节能分析 [J]. 制冷与空调，2012，12 (05)：23-27.

[42] 宁静红，李慧宇，彭苗. $CO_2$ 食品冷冻冷藏制冷系统的性能分析 [J]. 制冷与空调，2011，11 (05)：118-121.

[43] 马进. $CO_2$ 复合制冷系统在国内食品冷冻冷藏行业应用技术路线 [J]. 冷藏技术，2017，40 (01)：5-9.